마침내 특이점이 시작된다

The Singularity is Nearer: When We Merge with AI
by Ray Kurzweil
Originally Published by Viking, an imprint of Penguin Random House LLC, New York.

This Korean edition published by arrangement with Ray Kurzweil in care of Viking,
an imprint of Penguin Publishing Group, a division of Penguin Random House LLC, New York
through Alex Lee Agency ALA.

인류가 AI와 결합하는 순간

마침내 특이점이 시작된다

THE SINGULARITY IS NEARER

레이 커즈와일 지음

이충호 옮김 | 장대익 감수

비즈니스북스

일러두기

1. 이 책은 국립국어원의 표준어 규정 및 외래어 표기법을 따랐으나 일부 인명, 지명 등 고유명사는 실제 발음에 가깝게 표기했다.
2. 국내 번역 출간된 책은 한국어판 제목으로 표기하였으며, 국내에 소개되지 않은 도서명은 우리말로 옮기되 원제를 병기하였다.
3. 본문의 각주는 모두 옮긴이의 것이다.

마침내 특이점이 시작된다

1판 1쇄 발행 2025년 6월 13일
1판 2쇄 발행 2025년 6월 17일

지은이 | 레이 커즈와일
옮긴이 | 이충호
발행인 | 홍영태
편집인 | 김미란
발행처 | (주)비즈니스북스
등 록 | 제2000-000225호(2000년 2월 28일)
주 소 | 03991 서울시 마포구 월드컵북로6길 3 이노베이스빌딩 7층
전 화 | (02)338-9449
팩 스 | (02)338-6543
대표메일 | bb@businessbooks.co.kr
홈페이지 | http://www.businessbooks.co.kr
블로그 | http://blog.naver.com/biz_books
페이스북 | thebizbooks
인스타그램 | bizbooks_kr
ISBN 979-11-6254-425-9 03400

* 잘못된 책은 구입하신 서점에서 바꾸어 드립니다.
* 책값은 뒤표지에 있습니다.
* 비즈니스북스에 대한 더 많은 정보가 필요하신 분은 홈페이지를 방문해 주시기 바랍니다.

비즈니스북스는 독자 여러분의 소중한 아이디어와 원고 투고를 기다리고 있습니다.
원고가 있으신 분은 ms1@businessbooks.co.kr로 간단한 개요와 취지, 연락처 등을 보내 주세요.

소냐 로젠월드 커즈와일에게.

며칠 전이

소냐를 안 지(그리고 사랑한 지)

50주년 되는 날이었다!

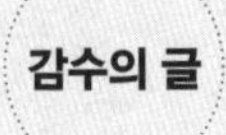

다가온 미래, 피할 수 없는 질문:
인간과 기계 사이 우리는 어디에 존재할 것인가?

우리는 늘 미래를 예측하려 애쓴다. 그러나 미래는 예측대로가 아니라 불쑥 우리 곁에 찾아오는 법. 마치 문득 떠오른 오래된 꿈처럼 혹은 어렴풋한 두려움처럼.

저자인 레이 커즈와일Ray Kurzweil은 그런 불청객을 사랑하는 기술 사상가이다. 그는 미래를 두려워하지 않는다. 미래를 기다리지도 않는다. 그는 미래를 건축하려는 사람이다. 그러니까《마침내 특이점이 시작된다》는 커즈와일이 평생에 걸쳐 쌓아 올린 예언의 결정판이다. 이 예언은 단순히 신기술에 대한 찬사가 아니다. 오히려 그것은 인간 존재 자체에 대한 근본적 도발이다. "당신은 당신 자신을 버릴 준비가 얼마나 되어 있는가?"

커즈와일은 원래 발명가였다(그의 별명은 '21세기의 에디슨'이다). 광학 문자 인식(OCR) 기술부터 텍스트 음성 변환(TTS) 그리고 최초의 상용화된 음악 신디사이저까지, 그의 손끝에서 태어난 기계들은 오랫동안 인간의 감각을 확장시켜왔다.

그에게 테크놀로지는 수단이 아니라 존재론적 선언이다. "우리가 인간으로 태어났다고 해서 반드시 인간으로 머물 이유는 없다"라는 선언. 그는 실제로 매일 비타민을 백여 알씩 삼키며 자신의 몸을 미래까지 운반하려 애쓰고 있다. 그리고 오늘도 한 손에는 특허를, 다른 손에는 영원을 들고 그가 사랑하는 한 문장을 되뇐다. "미래를 예측하는 가장 좋은 방법은 미래를 창조하는 것이다."

하지만 저자의 이전 책들 중 최고의 화제작으로 꼽히는 《특이점이 온다》(2005년)에서 처음 등장한 하나의 그래프 때문에 그의 '특이점' 주장은 꽤 오랫동안 시대의 조롱거리였다. 출간 당시를 떠올려보라. 2000년대 초반은 여전히 인공 지능의 한겨울이지 않았던가. 그의 "2029년에는 기계가 인간 수준의 지능에 도달할 것이며 2045년에는 인간과 기계가 완전히 융합되는 특이점이 올 것"이라는 예언은 무모한 기술 낙관론자의 뜬금없는 망상쯤으로 치부되곤 했다. 하지만 시간이 흐르자 놀랍게도 그의 시간표는 크게 틀리지 않은 것으로 드러났다.

《마침내 특이점이 시작된다》에서 커즈와일은 이전 시간표에 대한 더 큰 확신에 차 있다. 지난 15년 동안 인공 지능, 로봇, 합성생물학 등의 분야에서 상상도 못 했던 큰 진보가 있었기 때문이다. 그래서 그는 불과 5년 내로 기계가 인간과 같은 인지 능력, 학습, 추론을 구현할 것이라고 단언한다. 물론 특이점, 즉 인간과 기계의 경계가 의미를 잃고 물리적 융합이 완성되는 순간은 2045년으로 '넉넉하게' 남겨두었다.

특이점은 기술 발전이 어느 순간 인간의 통제를 넘어서는 전환점을 가리킨다. 인공 지능이 인간 지능을 초월하고 기술이 스스로를 설계하고 진화시키는 단계. 거기서는 더 이상 과거의 경험이나 직관으로 미래를 예측할 수 없다. 그에게 특이점은 단순한 사건이라기보다는 사피엔스라는 존재가 생물학적 한계를 넘어 스스로를 재구성하는 순간이다. 그래서 특이점은 파국이면서, 동시에 새로운 탄생이라고도 할 수 있다.

커즈와일이 그리는 미래 그래프는 20년 전이나 지금이나 직선이 아니라 지수적 곡선이다. 더 작은 칩, 더 빠른 통신, 더 거대한 데이터… 이 흐름은 멈추지 않는다. 오히려 가속한다. 그는 무어의 법칙Moore's law이 저물어간다는 경고에도 아랑곳하지 않는다. 실리콘의 한계는 기술적 대체물로 극복될 것이기에. 광컴퓨팅, 3D 트랜지스터, 양자컴퓨터와 같은 대체재들은 이미 모습을 드러내고 있다. 커즈와일은 이것을 '수확 가속의 법칙'law of accelerating returns이라 명명해왔다. "기술의 가속은 우연이 아니라 필연이다." 그리고 이 필연의 끝엔 특이점이 기다린다.

조금 더 세부적으로 검토하면, 커즈와일의 특이점 주장이 인공 지능에 대한 집요한 신뢰 위에 서 있음을 알 수 있다. 초기의 퍼셉트론에서 시작해 최근의 GPT-4, 제미나이, PaLM(팜) 같은 대규모 언어 모델LLM, large language model까지, 인공 지능은 인간을 흉내 내는 단계를 넘어 인간을 초월하려 한다. 언어, 추론, 창의성 측면에서 인공 지능은 점점 더 인간의 고유한 능력들을 잠식하고 있다. 어쩌면 인간이 자부해온 '특별함'은 단지 느린 계산 속도와 오류 많은 기억력의 변명일 뿐인지도 모른다. 그는 인공 지능이 단순한 도구가 아니라, '생각하고 느끼는 존재'로 성장할 것이라고 믿는다. 우리는 언젠가 기계 앞에서 우리 자신의 지능을 부끄러워하게 될까?

많이들 기억하실 것이다. 2016년 3월 서울에서 진행된 이세돌과의 대국에서 승리한 알파고(구글 딥마인드에서 개발한 인공 지능)의 부상을. 그날로 알파고는 체스 챔피언을 꺾은 딥 블루와, 퀴즈쇼에서 우승한 IBM의 왓슨에 이은 또 한 분야의 인공 지능 챔피언으로 등극했다. 그런데 그것은 인공 지능 진화의 새로운 시작에 불과했다.

당시 내 연구실에서는 이 대국 결과에 대해 일반인이 어떠한 심리적 반응을 보이는지를 연구했다. 사회 정체성 이론에 따르면, 사람은 자신이 속한 집단이 타 집단으로부터 정체성의 위협을 받을 때 다시 경쟁하려고 하거나, 다른 정체성을 찾거나, 아예 그 집단을 탈퇴하려고 한다. 사회심리학에서 말하는 인간 본성의 특징으로는 여러 가지가 있지만, 그중 인간이 동물과 구별되는 특성들로는 도덕성, 성숙함, 교양, 깊이, 정교함을, 기계와 구별되는 특성들로는 따뜻함, 정서적 반응, 융통성, 주체성, 합리성을 꼽을 수 있을 것이다. 이 단면들 중에서 알파고의 압승은 결국 어떤 영역에 위협을 주었을까? 우리 인간은 앞서 말한 셋 중 하나의 전략을 취했을까?

결과는 매우 흥미로웠다. 이 역사적 바둑 대국에서 인공 지능이 인간을 위협한 단면은 합리성과 정교함 부분이었다. 그리고 이 충격으로 인해 우리는 도전 전략도 포기 전략도 아닌 대안적 보상 전략을 취했다. 즉, 합리성과 정교함 영역에서는 더 이상 인공 지능을 이길 수 없으니 다른 영역에 기대를 걸자는 반응이었다. 실제로 피험자들은 열 가지 특성 중에서 도덕성, 정서적 반응, 주체성이 인간의 정체성에 훨씬 더 중요하다며, 실제로 그 영역들에서 인공 지능보다 훨씬 더 낫다고 판단했다. 합리성과 정교함에서의 패배를 다른 영역에서 보상하려 한 것이다. 마치 풍선의 한쪽을 손으로 강하게 쥐면 다른 부분이 부풀어 오르는 것처럼.

그런데 만일 또 다른 인공 지능이 등장해서 인간의 도덕성, 정서적 반응, 주체성 부분을 위협하면 어떻게 될까? 더 나아가 인간 본성의 열 가지 단면 모두에 큰 위협이 되는 인공 지능이 실현된다면, 우리는 어떤 대안적 영역들로 나아가 우리의 훼손된 심리를 보상할 수 있겠는가?

이런 연구 질문들이 자연스럽게 제기되는 이 순간은 "2029년에 일반 인공 지능이 실현될 것"이라는 커즈와일의 주장이 또 한 번 신빙성을 얻는 과정이다. 그의 특이점 시계는 힘차게 작동 중이다. 2022년 11월 오픈AI 사의 챗GPT의 등장 이후 촉발된 인공 지능 군비경쟁은, 실제로 최근 들어 일반 인공 지능이 언제 실현될 수 있는지에 대한 쟁점으로 또 한 번 점화되었다. 일반 인공 지능이란 특정 영역에 국한되지 않는 넓은 범위에서 인간의 평균 지능 수준 이상을 구현할 수 있는 기계 지능을 뜻한다. 가령, 영상의학 자료를 수집하고 분석하는 AI가 특수 인공 지능이라면, 인간의 일반적 추론, 학습, 기억, 지각 능력을 구현하여 일상의 파트너가 될 수 있는 정도의 지능은 일반 인공 지능이다.

글로벌 빅테크 기업들에게 일반 인공 지능 구현은 이미 지상 최대의 과제가 되었다. 2024년 초, 메타의 마크 저커버그는 "우리가 만들고 싶은 제품을 만들기 위해서는 일반 인공 지능을 만들어야 한다"라는 비전을 제시했다. 오픈 AI의 샘 올트먼이 2024년에 제일 많이 받는 질문 중 하나가 "대체 언제 일반 인공 지능이 실현될 것인가?"였다고 한다. 소프트뱅크의 손정의는 2023년과 2024년 각종 강연과 기자회견에서 "10년 안에 인간 지능을 뛰어넘는 일반 인공 지능이 실현되니 거기에 몰두하라"라고 했고, 엔비디아의 젠슨 황은 "5년 내로 될 것 같다"라고 예상했다. 국내에서도 삼성, SK 등이 향후 일반 인공 지능용으로 사용될 AI칩을 생산하기 위해 사활을 건 경쟁에 나섰다.

만약 인간의 모든 역량을 능가하는 인공 지능이 실제로 5년 내로 등장한다면 인간은 정체성의 대혼란을 피할 수 없을 것이다. 자율성마저 획득한 기계 앞에서, 인간의 자존감은 끝없이 추락할 것이고, 우리는 심리적 보상을 갈구하며, 기계보다 더 잘할 수 있다고 믿을 만한 마지막 영역을 찾아 헤맬지 모른다. 그러다 결국 이렇게 외치게 될 수도. "그래, 인간은 기계와 달리 실수를 잘하지!" 그리고 그 순간, 우리는 문득 깨닫게 될지 모른다. 그 애처로움이야말로 인간다움의 마지막 잔해였다는 사실을.

그러나 커즈와일은 이 책에서 이와는 사뭇 다른 그림을 그리고 있다. 그는 인간이 인공 지능 앞에서 겪을 심리적 혼란을 불가피한 과도기적 현상으로 간주한다. 인간의 인지적 한계는 오랫동안 기술에 의해 보완되어왔으며 일반 인공 지능의 출현은 그 연장선상의 한 변화에 불과하다는 것이다. 인간의 자율성, 창의성, 의사결정 능력은 이미 기계에 의존하는 정도가 점진적으로 증가하고 있으며, 이 과정은 지능 수준의 상대적 열세에 따른 자존감 손상과는 무관하게 진행되고 있다는 것이다. 그는 정체성 혼란을 일시적인 심리 반응으로 여기는 것 같다. 인간은 새로운 기준에 적응하거나 진화적 압력에 따라 자신을 기술적으로 증강하는 방향으로 전환할 것이기에.

특히 그는 인공 지능이 인간을 초월하는 지점을 기술적 변곡점으로만 보지 않는다. 그보다 더 크다. 왜냐하면 그 지점은 인간 조건 자체를 확장하는 계기이기 때문이다. 역사를 보면 인류는 인지적·신체적 한계를 넘어서기 위한 기술적 수단을 적극적으로 개발하고 채택해왔다. 따라서 인공 지능의 자율성 확보는 인간 존재에 대한 위협이 아니라, '인간-기계' 공진화human-machine co-evolution의 가속화로 해석해야 한다. 그에게 있어 중요한 것은 인간의 감정적 충격이 아니라 변화에 대한 적응 속도이다. 인간이라는 정체성은 본질적으로 가변적이고 설계 가능한 것이기 때문이다. 결국 그는, 인간이 기계보다 '낫다'거나 '못하다'는 평가 자체를 무의미한 프레임으로 간주하고, 새로운 존재론적 패러다임에 적응할 것을 주문한다.

이와 관련된 또 하나의 질문은 "기계가 의식을 가질 수 있는가?"이다. 커즈와일은 '의식'consciousness을 인간 고유의 것으로 보지 않는다. 그는 데이비드 차머스가 말한 '의식의 어려운 문제'를 인용하면서, 인간의 주관적 경험, 감각질 역시 물질적 기반, 즉 신경망 위에 세워진 창발 현상이라고 본다. 즉, 충분히 복잡한 정보처리 시스템은 언젠가 '자기 자신을 느끼는' 순간을 가질 수 있다는 것이다.

만약 인공 지능이 자기 자신을 인식하고, 슬픔을 느끼고, 희망을 품는다면, 우리는 그들을 어떻게 대해야 할까? 노예로? 동료로? 신으로? 커즈와일은 여기에 대해 답을 주지 않는다. 그는 질문을 우리 무릎 위에 살짝 얹어놓을 뿐이다.

인공 지능의 미래는 인간을 닮은 기계를 창조하고자 하는 사피엔스의 욕망으로 작동해왔다. 그런데 정확히 반대 방향의 욕망도 미래를 변화시키고 있다. 향후 인간의 마음과 몸이 어떻게 진화할지에 대해 상상하면 이 욕망의 궤적을 느낄 수 있다. 인간이 기계가 되고자 하는 욕망이 그것이다. 인간의 사이보그화는 커즈와일이 그리는 인간의 미래이기도 하다.

그에게 육체라는 족쇄는 없다. 우리는 더 이상 뼈와 살로 제한되지 않는다. '마음 업로딩'은 마치 SF 소설의 제목처럼 들리지만, 그에게 이 개념은 소설이 아니라 설계도이다. 일론 머스크가 창업한 뉴럴링크 같은 회사는 신경망을 디지털 신호로 변환함으로써 진정한 '뇌-컴퓨터' 인터페이스를 구현하는 의미 있는 성과들을 내고 있다. 여기서 '커넥톰 매핑

테크놀로지'는 인간 정신의 청사진을 그려내기 시작했다. 이 청사진이 완성되는 날에 인간의 기억은 업로드되고 감정은 백업되고 정체성은 복제될 것이다. 문자 그대로, 우리는 하나의 '파일'이 될 수 있다. 혹은 수천 개의 '버전'으로 나뉘어 서로 다른 삶을 살 수도 있다.

그가 바라보는 미래는 눈부시다. 그는 질병 없는 세계, 무한 에너지의 세계, 지능과 생명이 무한히 확장된 세계를 꿈꾼다. 기대 수명은 120세를 넘어설 것이고, 당연히 암은 정복될 것이다. 빈곤도 사라질 것이다. 이 모든 것이 가능해질 때 우리는 마침내 '충분히 좋은' 인간이 될 것이다.

그러나 우리는 물어야 한다. 이 미래는 누구의 것인가? 초지능 인공지능은 누구를 위해 봉사할 것인가? 디지털 불멸은 과연 바람직한가? 백업된 나, 복제된 나는, 여전히 '나'인가? 이 책에서는 기술의 승리 외에 다른 이야기는 주변으로 밀려 있다. 예컨대, 부자와 가난한 자 사이의 간극, 기술 독점의 위협, 초지능의 통제 불능 가능성과 같은 주제들은 가느다랗게 흘러갈 뿐이다. 물론 이 때문에 이 책의 미덕이 사라지는 것은 아니다.

커즈와일은 신을 믿지 않고 인간을 믿는다. 보다 정확히는 인간의 테크놀로지를 믿는다. 그는 인간을 하나의 임시 단계로 본다. 진화를 위한 다리. 스스로를 넘어서는 기계적 존재로 이어지는 징검다리 말이다. 우리는 '호모 사피엔스'라는 이름을 버리고, **호모 테크놀로지쿠스**로 이행할 것이다. 우리는 스스로를 창조할 것이다. 그리고 스스로를 버릴 것이다. 그래서 이 비전은 숭고하지만, 한편으로 누구에게는 끔찍하다. 커즈와일만큼 사피엔스 중심주의를 넘어서 탈인간을 주장하는 사상가는 드물다.

특이점은 신화가 아니다. 특이점은 어쩌면 예정된 신화의 해체다. 우리가 '인간'이라고 부르던 모든 감각, 기억, 한계 들이 조금씩 다른 이름을 얻어가는 과정이다. 우리는 어쩌면 이미 절반쯤 기계고, 나머지 절반은 기억이다. 그리고 미래는 그 기억마저 데이터로 환원하려는 유혹에 저항하지 않을 것 같다. 커즈와일은 묻는다. "준비됐는가?" 그러나 아마 진짜 질문은 조금 다를 것이다. "어떤 형태로 존재할 것인가?", "어떤 기억을 지킬 것인가?", "어떤 인간성을 포기하지 않을 것인가?"

지금 태어난 아기가 대학생이 될 2045년은 그리 멀지 않다. 저자의 시간표대로라면, 특이점 이후의 인간 세계는 지금과는 사뭇 다르다. 특이점 이후의 세상에서, 존재한다는 것은 선택하는 일일 것이다. 존재한다는 것은 끊임없이 재구성되는 기억과 정체성 속에서 자신이 누구인지를 다시 말하는 일이기에 그렇다. 우리는 앞으로 더 이상 '인간'이라는 이름에 기대어 살 수 없을지 모른다. 그러나 어쩌면 바로 그때, 우리는 처음으로 스스로를 진정한 의미에서 창조하는 존재가 될지 모른다.

많은 비평가의 지적과는 달리, 이 책은 미래에 대한 예언서가 아니다. 이 책은 미래가 이미 우리 안에서 자라고 있다는 조용한 체념이자, 동시에 한 줄기 희망이다. 커즈와일은 숫자와 데이터로 시작해, 어느새 존재의 경계와 인간성의 결을 매만지는 철학자가 되었다. 특이점은 언젠가 갑자기 도달하는 이정표가 아니라, 우리가 스스로를 의심하고 다시 쓰기 시작하는 바로 그 순간부터 시작된다. 《마침내 특이점이 시작된다》는 우리에게 묻는다. "당신은 과연 어떤 인간으로, 어떤 존재로 이 변화 앞에 서고 싶은가?" 이 질문을 듣는 순간, 우리는 더 이상 예전의 우리가 아니다.

기술에 관심 있는 사람만이 이 책을 읽을 수 있는 것은 아니다. 오히려, 이 책은 인간이란 무엇인가를 진심으로 궁금해해본 적이 있는 사람, 기계가 감정을 흉내 내기 시작할 때 우리의 감정은 어디로 가야 하는지를 고민하는 사람, 변화가 불안한 줄 알면서도 그 한복판에 한 번쯤 스스로를 던져본 이들을 위한 가이드이다. 즉, 《마침내 특이점이 시작된다》는 혁신의 속도를 좇는 책이 아니라, 그 속도에 휘말려 잊어버린 질문을 되찾게 하는 책이라 할 수 있다. 다가올 세상을 두려움 없이 상상해보려는 모든 이들에게 강력히 권한다.

장대익

차례

머리말

2005년에 출간된 《특이점이 온다》에서 나는 수렴적이고 기하급수적으로 발전하는 기술 추세 때문에 앞으로 인류에게 완전히 변혁적인 전환이 일어날 것이라는 이론을 제시했다. 가속적 발전이 동시에 계속 일어나는 핵심 분야가 몇 개 있다. 컴퓨팅 파워* 비용은 갈수록 저렴해지고 있고, 인간의 생물학에 대한 비밀이 더 많이 밝혀지고 있으며, 공학적 조작이 점점 더 작은 규모에서 일어나고 있다. 인공 지능 능력이 성장하고 정보 접근이 더 용이해지면서 이 능력들은 우리의 타고난 생물학적 지능과 훨씬 더 긴밀하게 통합되고 있다. 결국 나노기술은 이러한 추세들이 우리 뇌를 클라우드의 가상 신경세포층으로 직접 확장하는 결과로 귀결되도록 할 것이다. 이런 식으로 우리는 AI와 융합됨으로써 생물학이

---

* 계산 및 연산을 수행하고 정보를 처리하는 시스템의 능력.

우리에게 준 계산 능력을 수백만 배나 증대시킬 것이다. 그 결과로 우리의 지능과 의식은 상상할 수 없을 만큼 크게 확대될 것이다. 이 사건이 바로 내가 말하는 '특이점'Singularity이다.

특이점은 수학의 특이점(함수에서 0으로 나눌 때처럼 정의할 수 없는 점을 가리킨다)과 물리학의 특이점(블랙홀 중심에 있는 무한대의 밀도를 가진 점을 가리키는데, 이곳에서는 정상적인 물리학 법칙이 모두 무너지고 만다)에서 빌려온 용어이다. 하지만 나는 이 용어를 은유로 사용한다는 점을 분명히 하고자 한다. 기술적 특이점에 대한 내 예측은 변화 속도가 실제로 무한대에 이를 것이라고 말하진 않는데, 기하급수적 성장이 무한대나 물리적 특이점을 의미하진 않기 때문이다. 블랙홀은 빛조차도 탈출할 수 없을 만큼 강한 중력을 갖고 있지만, 양자역학은 무한대의 질량을 설명할 수 있는 방법이 전혀 없다. 내가 특이점 은유를 사용한 것은 현재 우리의 지능 수준으로는 그토록 급진적인 변화를 이해할 수 없는 현실을 잘 표현하기 때문이다. 하지만 그러한 전환이 일어나는 동안 우리의 인지 능력도 그에 적응할 만큼 충분히 빨리 강화될 것이다.

《특이점이 온다》에서 자세히 설명했듯이, 장기적 추세가 가리키는 특이점 시점은 2045년 무렵이다. 그 책이 출판되던 시점에서는 그때까지 40년(두 세대에 해당하는)이나 남아 있었다. 그 정도 거리를 두고서 나는 이 변화를 가져올 다양한 힘을 예측했지만, 당시 대다수 독자는 2005년의 일상 현실과 비교적 거리가 먼 주제라고 느꼈을 것이다. 그리고 많은 비평가는 내가 제시한 시간표가 너무 낙관적이라고 주장하거나, 심지어 특이점 자체가 불가능하다고 주장했다.

하지만 그 이후에 놀라운 일이 벌어졌다. 의심하는 자들을 비웃듯이 발전이 계속 가속적으로 일어났다. 소셜 미디어와 스마트폰은 사실상 전혀 존재하지 않던 상태에서 나타나 전 세계 대다수 사람을 연결하고 많은 사람에게 온종일을 함께 보내는 동반자가 되었다. 알고리듬의 혁신과 빅 데이터의 출현으로 AI는 전문가들이 예상한 것보다 훨씬 더 빠르게 놀라운 성과를 이루고 있다(퀴즈나 바둑 같은 게임의 달인이 되는 것에서부터 자동차를 운전하고 에세이를 쓰고 변호사 시험을 통과하고 암을 진단하는 것에 이르기까지). 이제 GPT-4와 제미나이Gemini처럼 강력하고 유연한 대규모 언어 모델은 자연어 명령어를 컴퓨터 코드로 번역할 수 있어 인간과 기계 사이의 장벽을 극적으로 낮추었다. 여러분이 이 글을 읽을 때쯤이면 수천만 명이 이런 능력을 직접 경험하고 있을 것이다. 한편, 인간 유전체 염기 서열을 분석하는 비용은 99.997%나 저렴해졌고, 신경망*은 생물학을 디지털 방식으로 시뮬레이션함으로써 중요한 의학적 발견을 이루기 시작했다. 심지어 마침내 컴퓨터를 뇌와 직접 연결하는 능력까지 생겨나고 있다.

이 모든 발전의 기반에는 내가 '수확 가속의 법칙'이라고 부르는 원리가 있다. 이것은 컴퓨팅 같은 정보 기술의 비용이 기하급수적으로 저렴해진다는 법칙인데, 진전이 하나 일어날 때마다 다음 단계의 발전을 설계하기가 훨씬 쉬워지기 때문이다. 그 결과로, 이 글을 쓰고 있는 지금은 1달러로 《특이점이 온다》가 출간되었을 때보다 약 1만 1200배 더 많은 컴퓨팅 파워를 살 수 있다(인플레이션을 감안해 보정한 수치).

나중에 다시 자세히 설명할 다음 그래프는 우리의 기술 문명을 견인하는 가장 중요한 추세를 요약해 보여준다. 그 추세는 바로 1달러(불변 달러)로 구매할 수 있는 컴퓨팅 파워의 양이 장기간에 걸쳐 기하급수적

* 이 책에서 사용하는 '신경망'이란 용어는 대부분 인공 신경망을 가리킨다.

● **계산의 가격 대비 성능, 1939~2023**[1]

2023년 불변 달러당 초당 연산의 가격 대비 성능 최대치

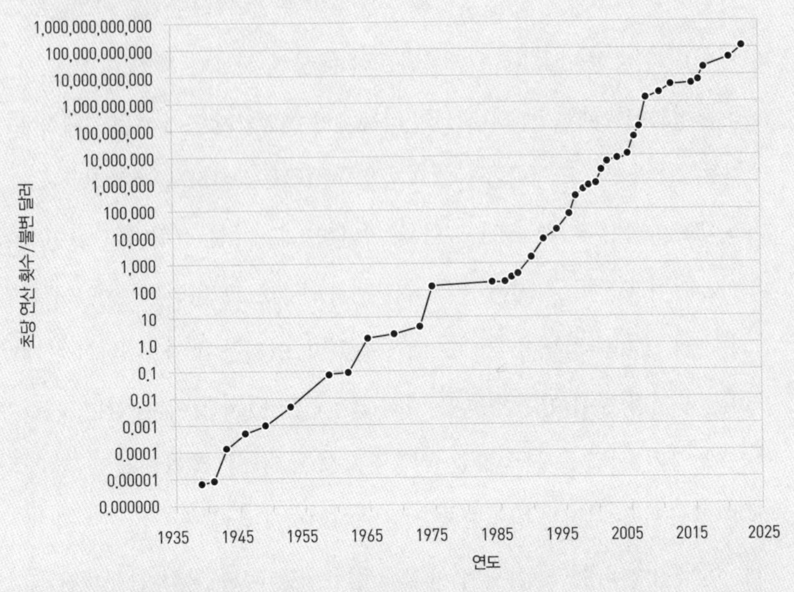

기계의 비교 가능성을 최대화하기 위해 이 그래프는 프로그래밍 가능한 컴퓨터가 등장한 시대의 가격 대비 성능에 초점을 맞추었지만, 이전의 전기기계적 계산 장비들의 성능을 추산한 결과는 이 추세가 적어도 1880년대까지 거슬러 올라간다는 것을 보여준다.[2]

으로 증가한다는(이 로그 척도 그래프에서는 대략 직선으로 나타남) 것이다. 무어의 법칙은 트랜지스터의 소형화가 꾸준히 진행됨으로써 컴퓨터의 성능이 갈수록 향상된다고 이야기하지만, 이것은 수확 가속의 법칙 중 한 단면에 불과하다. 수확 가속의 법칙은 트랜지스터가 발명되기 오래전부터 성립해왔고, 트랜지스터가 물리적 한계에 도달해 새로운 기술로 대체된 이후에도 계속 성립할 것이다. 이 추세는 현대 세계를 정의하는 결정적 요소였고, 이 책에서 언급할 획기적 혁신들도 거의 다 이 추세

에 직간접적 영향을 받아 일어날 것이다.

따라서 우리는 특이점을 향해 다가가는 일정을 지금까지 제대로 지켜왔다. 이 책의 긴급성은 기하급수적 변화가 지닌 특성 그 자체에 있다. 21세기 초만 해도 거의 드러나지 않았던 추세들이 지금은 수십억 명의 삶에 큰 영향을 미치고 있다. 2020년대 초반에 우리는 이 기하급수적 증가 곡선에서 매우 가파르게 상승하는 부분에 진입했는데, 혁신 속도는 사회 전반에 유례없는 방식으로 큰 영향을 미치고 있다. 감을 잡는 데 도움을 주기 위해 예를 들자면, 여러분이 이 책을 읽는 순간은 나의 지난번 저작 《마음의 탄생》이 출간된 시점(2012년)보다 최초의 초인적 AI가 탄생할 시점과 더 가까울 것이다. 그리고 아마도 여러분은 나의 책 《21세기 호모 사피엔스》가 출간된 시점(1999년)보다 특이점에 더 가까운 시점에 있을 것이다. 인간의 생애를 기준으로 이야기한다면, 오늘 태어나는 아기는 특이점이 닥쳤을 때 대학교를 막 졸업할 것이다. 매우 개인적인 차원에서는, 이것은 2005년에 말했던 것과는 다른 종류의 '가까움'*이다.

내가 이 책을 쓴 이유는 바로 이것이다. 수천 년 동안 특이점을 향해 뚜벅뚜벅 걸어온 인류의 대장정은 이제 전력 질주 구간에 이르렀다. 《특이점이 온다》 머리말에서 나는 우리가 "이 전환의 초기 단계"에 있다고 말했다. 이제 우리는 그 정점에 진입하고 있다. 그 책이 먼 지평선을 언뜻 보여주는 것이었다면, 이 책은 그곳에 도달하는 마지막 수 킬로미터 구간을 보여준다.

다행히도 이제 우리는 그 길을 훨씬 더 분명하게 볼 수 있다. 특이점에

---

* 《특이점이 온다》의 원제는 'The Singularity Is Near'로 '특이점이 가까워졌다'라는 뜻이다. 따라서 여기서 말하는 '가까움'은 특이점에 대한 가까움을 가리킨다.

도달하기 전에 해결해야 할 기술적 난관이 많이 남아 있긴 하지만, 그 핵심 선행 과제들이 이론과학 영역에서 활발한 연구 개발 영역으로 빠르게 옮겨가고 있다. 10년 이내에 우리는 사람과 똑같아 보이는 AI와 상호작용할 것이고, 단순한 '뇌-컴퓨터' 인터페이스가 현재의 스마트폰처럼 일상생활에 영향을 미칠 것이다. 생명공학 분야의 디지털 혁명은 질병을 치료할 뿐만 아니라 사람들의 건강 수명을 유의미하게 연장시킬 것이다. 그와 동시에 많은 노동자는 경제적 혼란의 고통을 느낄 테고, 모든 사람은 이 새로운 능력의 우발적이거나 의도적인 오용 위험에 노출될 것이다. 2030년대에는 자율 성장형 AI와 나노기술의 발전으로 인간과 기계가 유례없는 수준으로 결합되고, 그와 동시에 기대와 위험이 더욱 크게 부각될 것이다. 만약 이러한 발전이 제기하는 과학적, 윤리적, 사회적, 정치적 도전 과제에 우리가 잘 대응한다면, 2045년 무렵에 지구에서의 삶은 훨씬 더 나은 쪽으로 변화할 것이다. 반대로 실패한다면, 우리의 생존 자체가 위험에 처할 수 있다. 따라서 이 책은 특이점에 대한 우리의 최종적인 접근법을 다룬다. 즉, 우리가 알고 있는 세계의 마지막 세대로서 우리가 함께 맞닥뜨려야 할 기회와 위험을 다룬다.

우선 특이점이 실제로 어떻게 나타날지 탐구하고, 우리 종이 스스로의 지능을 재창조하려고 오랫동안 노력해온 맥락에서 그것을 살펴볼 것이다. 기술을 사용해 지각sentience을 만드는 것은 중요한 철학적 질문을 제기하기 때문에, 이 전환이 우리 자신의 정체성과 목적의식에 어떤 영향을 미칠지도 다룰 것이다. 그러고 나서 다가오는 수십 년을 특징지을 실제적인 추세들을 알아보는 문제로 다시 돌아갈 것이다. 이 책에서 보게 되겠지만, 수확 가속의 법칙은 인간의 안녕을 반영하는 아주 광범위한 평가 지표에서 기하급수적 개선을 견인하고 있다. 하지만 혁신에 수

반되는 가장 명백한 부정적 측면은 다양한 형태의 자동화로 인한 실직이다. 이러한 단점이 실재적이긴 하지만, 장기적으로는 왜 낙관해도 괜찮은지—그리고 왜 우리가 궁극적으로는 AI와 경쟁하지 않게 될지—그 이유도 살펴볼 것이다.

이 기술은 우리 문명을 위해 막대한 물질적 풍요를 가져다줄 것이기 때문에, 우리의 완전한 번성을 가로막는 다음번 장벽을 극복하는 문제로 자연히 초점이 옮겨갈 것이다. 그 장벽이란 바로 우리의 생물학적 취약성이다. 따라서 그다음엔 다가오는 수십 년 동안 생물학 자체에 대한 지배력을 높이기 위해(먼저 신체 노화를 막고, 그다음에는 제한적인 뇌를 증강시켜 특이점의 시작을 초래함으로써) 사용할 도구를 살펴볼 것이다. 하지만 이러한 혁신은 우리를 위험에 빠뜨릴 수도 있다. 생명공학, 나노기술, 인공 지능 분야의 혁명적인 새 시스템은 파괴적인 팬데믹이나 자기 복제 기계의 연쇄 반응 같은 존재론적 재앙을 초래할 가능성이 있다. 이러한 위험을 평가하면서 이 책을 마무리 지을 텐데, 세심한 계획이 필요하겠지만 위험 완화를 위해 아주 유망한 접근법들이 있다.

지금 우리는 모든 역사를 통틀어 가장 흥미진진하면서도 중대한 시기를 맞이했다. 특이점 이후의 삶이 어떤 것이 되리라고 확실하게 말할 수는 없다. 하지만 특이점에 이르는 전환을 이해하고 예상함으로써 인류의 최종적인 접근법이 안전하고 성공적인 것이 되도록 도움을 줄 수 있다.

THE SINGULARITY IS NEARER

제1장

우리는 여섯 단계 중 어디에 있는가?

Where Are We in the Six Stages?

《특이점이 온다》에서 나는 의식의 기반이 정보라고 말했다. 나는 우주가 탄생한 순간부터 시작된 여섯 시대, 즉 여섯 단계를 설명했는데, 각 단계는 앞선 단계의 정보를 처리하면서 다음 단계를 만들어냈다. 따라서 지능의 진화는 다른 과정들의 간접적 연쇄 작용을 통해 일어난다.

첫 번째 시대에는 물리학 법칙과 그것이 가능케 한 화학이 탄생했다. 빅뱅 후 수십만 년이 지났을 때, 양성자와 중성자가 모여 있던 중심부 주위를 전자가 돌면서 원자가 생겨났다. 원자핵 속의 양성자들은 서로 너무 가까이 붙어 있을 수가 없는데, 그 사이에 작용하는 전자기력이 양성자들을 격렬하게 떼어놓기 때문이다. 하지만 강한 상호 작용이라는 또 다른 힘이 양성자들을 서로 가까이 다가가게 만든다. 우주의 규칙을 설계한 '누군가'가 이 힘을 추가로 만들어냈는데, 만약 그러지 않았더라면 원자를 통한 진화는 절대로 일어나지 못했을 것이다.

수십억 년 뒤, 원자들이 결합해 정교한 정보를 담을 수 있는 분자를 만들었다. 물질계의 가장 유용한 기본 구성 요소는 탄소 원자인데, 다른 원자는 대부분 1개나 2개 또는 3개의 원자와 결합할 수 있는 반면, 탄소 원자는 4개의 원자와 결합할 수 있기 때문이다. 우리가 복잡한 화학이 가능한 세계에 살고 있는 것은 확률이 매우 희박한 사건이다. 예컨대, 만약 중력의 세기가 아주 조금만 더 약했더라면, 생명 탄생에 필요한 화학 원소들을 만들어낼 초신성이 존재하지 않았을 것이다. 반대로 중력의 세기가 아주 조금만 더 강했더라면, 지능 생명체가 생겨나기 전에 모든 별이 다 불타서 죽어버렸을 것이다. 이 한 가지 물리 상수(중력 상수)만 해도 엄청나게 좁은 범위 내에 있어야 하며, 그렇지 않으면 우리는 이곳에 존재할 수 없다. 우리는 진화가 일어날 수 있는 수준의 질서를 보장하도록 아주 정교하게 균형 잡힌 우주에 살고 있다.

수십억 년 전에 두 번째 시대, 곧 생명 시대가 시작되었다. 분자 하나로 완전한 생명체를 정의할 수 있을 만큼 충분히 복잡한 분자들이 나타났다. 이렇게 해서 각자 자기 나름의 DNA를 가진 생물들이 진화하고 퍼져나갈 수 있게 되었다.

세 번째 시대에는 DNA로 설명되는 동물들에게 스스로 정보를 저장하고 처리하는 뇌가 생겨났다. 뇌는 진화하는 데 큰 이점을 제공했고, 그러한 이점은 뇌가 수백만 년에 걸쳐 더 복잡하게 발전하는 데 도움을 주었다.

네 번째 시대에는 동물이 엄지와 함께 고차원 인지 능력을 사용해 생각을 복잡한 행동으로 옮겼다. 사람이 바로 그런 예이다. 우리 종은 이 능력을 사용해 정보를 저장하고 조작할 수 있는 기술—파피루스에서부터 하드 드라이브에 이르기까지—을 만들어냈다. 이 기술은 정보 패턴을 지각하고 떠올리고 평가하는 뇌의 능력을 증강시켰다. 이것은 이전의 발전 수준보다 훨씬 더 큰 진화를 낳는 또 하나의 원천이다. 우리 뇌는 10만 년마다 뇌 물질이 대략 1세제곱인치(약 16.4cc)씩 증가한 반면, 오늘날의 디지털 계산은 16개월마다 가격 대비 성능이 두 배씩 늘어나고 있다.

다섯 번째 시대에는 생물학적 인간의 인지가 디지털 기술의 속도 및 힘과 직접 융합될 것이다. '뇌-컴퓨터' 인터페이스가 바로 그것이다. 인간의 신경 처리는 초당 수백 사이클의 속도로 일어나는 반면, 디지털 기술의 처리 속도는 초당 수십억 사이클에 이른다. 속도와 기억 용량에 더해 우리 뇌를 비생물학적 컴퓨터로 증강시키면 우리의 신피질에 수많은 층이 추가될 것이다(지금 우리가 상상할 수 있는 것보다 엄청나게 더 복잡하고 추상적인 인지를 끌어내면서).

여섯 번째 시대에는 우리의 지능이 우주 전체로 퍼져나가 보통 물질을 컴퓨트로늄computronium으로 변화시킬 것이다. 컴퓨트로늄은 궁극적인 계산 밀도로 조직된 물질을 말한다.

1999년에 출간된 《21세기 호모 사피엔스》에서 나는 2029년까지 AI가 튜링 테스트—AI가 사람과 구별할 수 없을 정도로 텍스트로 대화를 나눌 수 있는지 알아보는 테스트—를 통과할 것이라고 예측했다. 2005년에 출간된 《특이점이 온다》에서도 같은 주장을 반복했다. 튜링 테스트를 통과한다는 것은 AI가 사람과 같은 수준의 언어와 상식적 추론 능력을 가진다는 것을 의미한다. 앨런 튜링Alan Turing은 이 개념을 1950년에 내놓았지만,[1] 그 테스트를 어떻게 구성해야 하는지는 자세하게 기술하지 않았다. 나는 미치 케이퍼Mitch Kapor*와 내기를 하면서 다른 해석들보다

---

* 미국의 기업가이자 소프트웨어 개발자이다. 1982년에 로터스 디벨로프먼트사를 공동 창립하고 스프레드시트 프로그램 로터스 1-2-3을 개발했다.

우리의 규칙을 훨씬 어렵게 정했다.

나는 2029년까지 유효한 튜링 테스트를 통과하려면 2020년경에 AI가 상당히 다양한 지적 성취를 거두어야 할 것이라고 예상했다. 그리고 실제로 그 예측 이후에 AI는 인류의 가장 어려운 지적 과제 중 많은 것—퀴즈나 바둑 같은 게임에서부터 방사선학과 의약품 발견처럼 진지한 응용에 이르기까지—에서 최고의 경지에 이르렀다. 이 글을 쓰고 있는 지금 제미나이와 GPT-4 같은 최고 수준의 AI 시스템들이 자신의 능력을 많은 영역으로 확장하고 있는데, 이것은 일반 지능을 향해 나아가는 고무적인 발걸음이다.

결국 어떤 프로그램이 튜링 테스트를 통과하려면, 실제로는 많은 분야에서 지능이 훨씬 떨어지는 것처럼 보일 필요가 있다. 그러지 않으면 그것이 AI라는 사실이 탄로나고 말 것이기 때문이다. 예컨대, 만약 AI가 어떤 수학 문제라도 순식간에 정확하게 푼다면, 그것은 테스트에 실패하고 말 것이다. 따라서 튜링 테스트를 통과하는 수준에 이른 AI는 실제로는 대다수 분야에서 최고의 인간보다 훨씬 뛰어난 능력을 갖게 될 것이다.

지금 인류는, 일부 과제에서 첨단 기술이 우리가 이해 가능한 수준을 넘어서는 결과를 이미 내놓고 있는 네 번째 시대에 살고 있다. AI가 아직 완전히 통달하지 못한 튜링 테스트의 여러 측면에서도 갈수록 가속화되는 진전이 빠르게 일어나고 있다. 내가 그 시점을 2029년으로 예상한 튜링 테스트 통과가 일어나는 순간에 우리는 다섯 번째 시대에 진입할 것이다.

2030년대에 완성될 한 가지 핵심 능력은 우리 신피질의 위쪽 영역을 클라우드에 연결하는 것으로, 그렇게 되면 우리의 사고가 직접적으로 크게 확장될 것이다. 이제 AI는 경쟁자라기보다는 우리 자신의 확장된 일부가 될 것이다. 이런 일이 일어날 때쯤이면 우리 마음에서 비생물학적인 부분이 생물학적 부분보다 수천 배나 많은 인지 능력을 제공할 것이다.

이런 진전이 기하급수적으로 일어나면서 2045년 무렵에 우리의 마음은 수백만 배나 확장될 것이다. 이 불가해한 변화 속도와 규모 때문에, 우리의 미래를 제대로 묘사하려면 물리학에서 특이점 은유를 빌려오지 않을 수 없다.

THE SINGULARITY IS NEARER

제2장

지능의 재발명

Reinventing Intelligence

지능의 재발명은 무엇을 뜻하는가

만약 우주의 전체 이야기가 정보 처리 패러다임의 진화 이야기라면, 인류의 이야기는 절반 이상이 훨씬 지난 지점에서 시작된다. 이 더 큰 이야기에서 우리의 장은 결국은 우리가 생물학적 뇌를 가진 동물로부터 생각과 정체성이 더 이상 유전학이 제공하는 것에 구속받지 않는 초월적 존재로 전환하는 이야기이다. 2020년대에 우리는 이 변화의 마지막 단계에 진입하려 하고 있다. 그 단계란 자연이 우리에게 준 지능을 더 강력한 디지털 기반에서 재창조하고, 그다음에는 그것과 합쳐지는 것이다. 그럼으로써 우주의 네 번째 시대가 끝나고 다섯 번째 시대가 시작된다.

그런데 이것은 구체적으로 어떻게 일어날까? 지능의 재창조에 수반되는 일을 이해하려면, 먼저 AI의 탄생과 그와 함께 나타난 두 가지 접근법을 살펴볼 필요가 있다. 왜 하나가 다른 것보다 우세하게 되었는지 이해하려면, 소뇌와 신피질에서 어떻게 인간 지능이 탄생했는지 신경과학이 이야기하는 것과 연관지어 살펴보아야 한다. 먼저 딥러닝이 현재 신피질의 능력을 어떻게 재현하는지 알아야만 AI가 인간 수준에 도달하려면 무엇이 더 필요한지, 그리고 인간 수준에 도달했을 때 우리가 그것을 어떻게 알 수 있을지 가늠할 수 있다. 그러고 나서 마침내 초인적 AI의 도움을 받아 가상 신경세포층으로 우리의 신피질을 방대하게 확장시킬 '뇌-컴퓨터' 인터페이스를 설계하는 문제로 넘어갈 수 있다. 이를 통해 완전히 새로운 사고방식이 나타날 것이고, 결국 우리의 지능이 수백만 배나 팽창할 것이다. 이것이 바로 특이점이다.

AI의 탄생

1950년 영국 수학자 앨런 튜링(1912~1954)은 《마인드》에 〈계산 기계와 지능〉Computing Machinery and Intelligence이라는 제목의 논문을 발표했다.[1] 여기서 튜링은 과학사에서 가장 심오한 질문 중 하나를 던졌다. 그것은 바로 "기계가 생각을 할 수 있을까?"라는 질문이었다. 생각하는 기계 개념은 적어도 그리스 신화에 나오는 청동 자동 장치 탈로스[2]까지 거슬러 올라간다. 튜링의 획기적인 업적은 이 개념을 경험적으로 테스트할 수 있는 것으로 압축한 데 있다. 튜링은 기계의 계산이 우리 뇌가 수행할 수 있는 것과 동일한 인지 과제를 수행할 수 있는지 판단하기 위해 '모방 게임'imitation game(오늘날 튜링 테스트로 알려진)을 사용하자고 제안했다. 이 테스트에서는 자신의 모습을 숨긴 AI와 인간 양측을 상대로 인간 심판관이 즉각적인 메시지를 주고받으면서 대화를 나누는 상대방의 정체를 판단한다. 심판관은 마음대로 어떤 주제나 상황에 관한 질문을 던질 수 있다. 일정 시간이 지난 뒤에도 심판관이 누가 AI이고 누가 인간인지 판단할 수 없다면, AI는 이 테스트를 통과한 것으로 간주된다.

튜링은 이 철학적 아이디어를 과학적 아이디어로 바꿈으로써 연구자 사이에서 열정적인 반응을 이끌어냈다. 1956년, 수학 교수 존 매카시John McCarthy(1927~2011)는 뉴햄프셔주 하노버에 있는 다트머스대학교에서 10명이 2개월간 참여하는 연구를 제안했다.[3] 그 목표는 다음과 같은 것이었다.

> 이 연구는 학습의 모든 측면이나 지능의 그 어떤 특징도 원칙적으로 기계가 모방할 수 있을 만큼 아주 정확하게 기술할 수 있다는 추측을 기반으로 진행될 것이다. 기계가 언어를 사용하고, 추상과 개념을 형성하고, 지금까지 인간만이 풀 수 있다고 간주된 문제를 풀고, 스스로를 개선하도록 만드는 방법을 발견하기 위한 시도가 이루어질 것이다.[4]

학술회의 준비 과정에서 매카시는 궁극적으로 나머지 모든 분야를 자동화할 이 분야를 '인공 지능'이라 부르자고 제안했다.[5] '인공'이란 단어는 이 형태의 지능이 '진짜가 아닌' 것처럼 보이게 하기 때문에 내가 좋아하는 표현은 아니지만, 어쨌든 이 용어가 굳어졌다.

연구는 계획대로 실행되었지만 그 목표, 특히 자연어로 기술된 문제를 기계가 이해하게 만든다는 목표는 2개월이라는 기한 내에 달성되지 않았다. 우리는 아직도 그 연구를 계속하고 있다(물론 지금은 10명보다 훨씬 많은 사람이 참여하고 있다). 중국의 거대 테크 기업 텐센트의 보고에 따르면, 2017년에 이미 "AI 연구자와 현업 종사자"는 전 세계적으로 약 30만 명에 이르렀다.[6] 〈2019 글로벌 AI 인재 보고서〉에서 장-프랑수아 가녜Jean-Francois Gagne, 그레이스 카이저Grace Kiser, 요안 맨사Yoan Mantha는 약 2만 2400명의 AI 전문가가 독창적인 연구를 발표하고 있다고 집계했으며, 그중에서 약 4000명은 매우 큰 영향력을 지니고 있다고 판단했다.[7] 스탠퍼드대학교의 인간중심AI연구소에 따르면, 2021년에 AI 연구자들이 발표한 연구 결과는 49만 6000건 이상, 출원한 특허는 14만 1000건 이상이나 된다.[8] 2022년에 전 세계 기업들이 AI에 투자한 액수는 1890억 달러로 지난 10년 사이에 13배나 증가했다.[9] 여러분이 이 책을 읽을 때쯤에는 이 수치가 더 급증해 있을 것이다.

이 모든 것은 1956년 당시에는 상상하기 어려운 일이었다. 하지만 다트머스대학교 워크숍의 목표는 튜링 테스트를 통과하는 AI를 만드는 것과 대략 비슷한 것이었다. 나는 1999년에 《21세기 호모 사피엔스》를 출간한 이후 2029년까지 이 목표가 달성될 것이라는 예측을 일관되게 내놓았는데, 그 당시 많은 관계자가 이 목표는 **결코** 달성되지 못할 것이라고 생각했다.[10] 얼마 전까지만 해도 이 추측은 해당 분야에서 매우 낙관적인 것으로 간주되었다. 예컨대, 2018년에 AI 전문가를 대상으로 실시한 설문 조사에서는 인간 수준의 기계 지능은 2060년 이전에는 나오지 않을 것이라는 종합적인 예측이 나왔다.[11] 하지만 대규모 언어 모델에서 최근에 일어난 진전으로 인해 예측이 빠르게 변하고 있다. 내가 이 책의 초고를 쓰고 있을 때, 세계 최고의 기술 예측 웹사이트인 '메타큘러스'Metaculus에서 대체로 합의된 예측은 2040년대와 2050년대 사이였다. 하지만 지난 2년 동안 일어난 AI 분야의 놀라운 진전은 예측을 크게 변화시켰고, 2022년 5월에 메타큘러스에서 합의된 시기는 정확히 내가 예측한 것과 동일한 2029년이었다.[12] 그 후 예상 시기는 심지어 2026년까지 요동치면서 나는 오히려 발전 속도를 느리게 예상하는 진영으로 밀려나고 말았다![13]

해당 분야의 전문가들조차 최근에 일어난 AI의 많은 진전에 크게 놀랐다. 단지 대다수 사람이 예상한 것보다 더 일찍 일어나서 그런 게 아니었다. 비약적인 진전이 임박했다는 사전 경고가 거의 없는 상태에서 갑자기 일어났다는 점이 특히 놀라웠다. 예를 들면, 2014년 10월에 MIT의 AI 및 인지과학 전문가 토마소 포지오Tomaso Poggio는 이렇게 말했다. "이미지의 내용을 기술하는 능력은 기계에게 가장 어려운 지적 과제 중 하나가 될 것이다. 이런 종류의 문제를 해결하려면 또 다른 기본적인 연구 사이클이 필요할 것이다."[14] 포지오는 그러한 돌파구가 열리려면 적어도 20년은 기다려야 할 것이라고 추정했다. 그런데 바로 그다음 달에 구글이 바로 그런 일을 할 수 있는 객체 인식 AI를 내놓았다. 《뉴요커》의 라피 캐처도리언이 이에 대해 질문하자 포지오는 "그 능력을 진정한 지능으로 보아야 하는가?"라는, 철학적인 것에 가까운 회의론으로 물러났다. 내가 이 사실을 언급한 것은 포지오를 비판하기 위해서가 아니라, 우리 모두가 공유하고 있는 경향을 지적하기 위해서이다. AI가 어떤 목표를 달성하기 전에는 그 목표가 엄청나게 어렵고 오직 인간만이 할 수 있는 일처럼 보인다. 하지만 AI가 그 목표를 달성하면, 우리 인간의 눈에 그 업적은 하찮은 것으로 평가절하된다.

다시 말해서, 우리가 실제로 이룬 진전은 겉으로 보이는 것보다 훨씬 더 중요한 의미를 가진다. 이것이 바로 내가 나의 2029년 예측을 여전히 낙관하는 한 가지 이유이다.

그렇다면 이토록 갑작스러운 진전은 왜 일어났을까? 그 답은 이 분야가 막 시작되던 시점에 제기된 이론적 문제에 있다. 나는 고등학생이던 1964년에 두 AI 선구자를 만났는데, 바로 마빈 민스키Marvin Minsky(1927~2016)와 프랭크 로젠블랫Frank Rosenblatt(1928~1971)이었다. 민스키는 다트머스대학교 AI 워크숍을 조직하는 데 주도적 역할을 했다. 1965년에 나는 MIT에 들어가 민스키와 함께 연구를 시작했는데, 그는 오늘날 우리가 목격하고 있는 극적인 AI 발전의 기반에 해당하는 기초 연구를 하고 있었다. 민스키는 주어진 문제에 대해 자동화된 해결책을 내놓는 방법이 두 가지 있다고 가르쳐주었다. 하나는 기호적 접근법이고, 또 하나는 연결주의적 접근법이다.

기호적 접근법은 규칙에 기반한 용어로 인간 전문가가 문제를 어떻게 풀어야 하는지 기술한다. 어떤 경우에는 이에 기반한 시스템이 성공을 거둘 수 있다. 예를 들면, 1959년에 랜드연구소는 단순한 수학 공리를 결합해 논리적 문제를 풀 수 있는 컴퓨터 프로그램인 '일반 문제 해결사'General Problem Solver, GPS를 내놓았다.[15] 허버트 사이먼Herbert A. Simon과 존 클리프 쇼John Clifford Shaw, 앨런 뉴얼Allen Newell은 일련의 정형 논리식well-formed formula, WFF으로 표현된 문제는 **어떤** 것이건 풀 수 있는 이론적 능력을 가진 일반 문제 해결사를 개발했다. 일반 문제 해결사가 제대로 작동하려면, 전체 과정의 각 단계마다 하나의 정형 논리식(본질적으로 공리에 해당하는)을 사용해야 하고, 그것을 체계적으로 조직해 수학적 증명이라는 답을 내놓아야 했다.

설령 형식논리학이나 증명에 기반한 수학을 공부한 경험이 없다 하더라도, 이 개념은 대수학에서 맞닥뜨리는 과정과 기본적으로 동일하니 쉽게 알 수 있을 것이다. 만약 2 + 7 = 9라는 사실을 알고, 7에다 미지수 *x*

를 더하면 10이 된다는 사실을 안다면, $x = 3$이라는 사실을 증명할 수 있다. 그런데 이러한 종류의 논리는 단지 방정식을 푸는 것 말고도 응용되는 곳이 아주 많다. 이것은 우리가 어떤 것이 특정 정의에 부합하는지 여부를 물을 때 사용하는(심지어 그것에 대해 생각조차 하지 않고서) 것이기도 하다. 소수素數가 1과 그 수 자신 이외에는 인수가 없다는 사실을 안다면, 그리고 11이 22의 인수이고 1과 같지 않다는 걸 안다면, 22는 소수가 아니라고 결론내릴 수 있다. 일반 문제 해결사는 훨씬 어려운 문제에 대해서도 가장 기초적이고 기본적인 공리를 가지고 시작해 이런 종류의 계산을 할 수 있다. 결국 이것은 인간 수학자가 하는 일이기도 하다. 다만, 기계는 답을 찾기 위해 기본적인 공리를 결합하는 경우의 수를 모두 다 검토할 수 있다는(적어도 이론적으로는) 차이가 있을 뿐이다.

설명을 위해 예를 들어보자. 각각의 지점에 선택할 수 있는 그런 공리가 10개가 있고, 답을 얻기 위해 20개 지점을 지나야 한다면, 가능한 답의 수는 10^{20}개, 즉 1억 × 1조 개가 존재한다. 지금은 이렇게 큰 수도 현대적 컴퓨터를 사용해 다룰 수 있지만, 1959년의 계산 속도로는 도저히 다룰 수 없었다. 그해에 DEC의 PDP-1 컴퓨터는 초당 연산 속도가 약 10만 회였다.[16] 2023년에 구글 클라우드 A3 가상 기계는 초당 약 2600경(26,000,000,000,000,000,000)회의 연산을 처리할 수 있었다.[17] 지금은 1달러로 일반 문제 해결사가 개발되었을 때보다 무려 **1조 6000억** 배나 많은 컴퓨팅 파워를 살 수 있다.[18] 1959년의 기술로는 수만 년이 걸릴 문제도 지금은 일반적인 컴퓨팅 하드웨어로 몇 분 만에 해결할 수 있다. 자체 한계를 보완하기 위해 일반 문제 해결사는 가능한 해결책의 우선순위를 매기는 발견법heuristics이 프로그래밍되어 있었다. 이 발견법은 때로는 효과가 있었고, 그 성공은 컴퓨터를 사용한 해결책이 결국은 엄격하게 정의된 문제는 어떤 것이라도 풀 수 있다는 개념을 뒷받침했다.

또 하나의 예는 MYCIN(마이신)이라는 시스템인데, 이것은 1970년대에 감염병을 진단하고 의료 처방을 추천하는 시스템으로 개발되었다. 1979년에 전문가 평가단이 MYCIN의 성과를 인간 의사와 비교한 결과 MYCIN이 어떤 의사보다도 못하지 않으며 심지어 더 낫다는 사실을 발견했다.[19]

MYCIN의 전형적인 '규칙'은 다음과 같다.

만약 IF

1. 치료해야 할 감염이 수막염이고,
2. 감염 유형이 진균 질환이고,
3. 감염원이 배양 검사에서 발견되지 않고,
4. 환자가 저항력 저하 숙주가 아니고,
5. 환자가 콕시디오이데스 진균증이 풍토병인 지역에 있지 않았고,
6. 환자의 인종이 흑인이나 아시아인이나 아메리카 원주민 중 하나이고,
7. 뇌척수액의 크립토코쿠스 수막염 항원이 양성이 아니라면,

그렇다면 THEN

크립토코쿠스가 감염의 원인 병원체가 아님을(배양 검사나 도말 검사에서 발견된 것 외에는) 시사하는 증거(.5)가 있다.[20]

1980년대 후반에 이러한 '전문가 시스템'은 확률 모형을 활용했는데, 많은 출처의 증거를 결합해 판단을 내릴 수 있었다.[21] 단 하나의 **조건-결과**if-then 규칙만으로는 충분치 않더라도, 그런 규칙 수천 개를 결합함으

로써 전체 시스템은 제약 조건이 있는 문제에 대해 신뢰할 만한 판단을 내릴 수 있었다.

기호적 접근법은 50년 이상 사용돼왔지만, 드러난 주요 한계는 '복잡성 한계'complexity ceiling였다.[22] MYCIN과 그 밖의 시스템이 실수를 했을 때 그것을 바로잡으면, 특정 문제는 해결이 되지만 대신에 다른 상황에서 튀어나오는 다른 실수 세 가지를 유발했다. 다룰 수 있는 복잡성에 한계가 있는 것처럼 보였고, 이로 인해 실제 세계에서 해결할 수 있는 문제의 전체 범위가 매우 좁아졌다.

규칙 기반 시스템의 복잡성을 바라보는 한 가지 방법은 실패 가능성이 있는 지점의 집합으로 보는 것이다. 수학적으로 원소가 n개인 집합은 부분집합(공집합은 제외)이 2^n-1개 있다. 따라서 만약 AI가 단 하나의 규칙만 있는 규칙 집합을 사용한다면, 실패 지점은 하나뿐이다. 그것은 그 규칙이 제대로 작동하는가 작동하지 않는가 하는 것이다. 만약 규칙이 2개 있다면, 실패 지점은 3개가 존재한다. 각각의 규칙 하나씩과 두 규칙이 결합한 상호 작용 하나이다. 그 개수는 기하급수적으로 증가한다. 규칙이 5개라면 가능한 실패 지점은 31개가 존재하고, 규칙이 10개라면 실패 지점은 1023개가 존재한다. 규칙이 100개라면 실패 지점은 100만 × 1조 × 1조 개 이상이 존재하고, 규칙이 1000개라면 구골 × 구골 × 구골 개 이상이 존재한다!* 따라서 이미 존재하는 규칙이 많을수록 새로운 규칙이 추가될 때마다 가능한 부분집합의 수가 훨씬 더 많이 늘어난다. 가능한 규칙 조합 중에서 극히 미미한 비율만 새로운 문제를 일으킨다 하더라도, 문제를 해결하기 위해 새로운 규칙을 하나 추가할 때 새로운

---

* 구골googol은 10의 100제곱, 곧 1 뒤에 0이 100개 붙은 수이다.

문제가 하나 이상 발생할 가능성이 높은 지점이 반드시 생긴다(이 지점의 정확한 위치는 상황마다 다르다). 이것이 바로 복잡성 한계이다.

가장 오랫동안 운영되고 있는 전문가 시스템 프로젝트는 사이크Cyc(이 이름은 '백과사전적'이란 뜻의 'encyclopedic'에서 유래했다)로 보이는데, 이것은 더글러스 레넛Douglas Lenat과 그가 세운 회사 사이코프의 동료들이 만들었다.[23] 1984년에 시작된 사이크는 모든 '상식적 지식'(**달걀이 바닥에 떨어지면 깨진다**라거나 **아이가 진흙이 묻은 신발을 신고 주방에서 뛰어다니면 부모가 화를 낼 것이다**처럼 널리 알려진 사실)을 부호화하겠다는 목표로 추진되었다. 이 수백만 개의 작은 개념은 어느 곳에도 분명하게 적혀 있지 않다. 이것들은 인간 행동과 추론의 기반을 이루는 무언의 가정이며, 다양한 영역에서 평균적인 사람이 아는 것을 이해하는 데 필요하다. 하지만 사이크 시스템은 기호 규칙으로 이 지식을 표현하기 때문에, 이 시스템 역시 복잡성 한계에 부닥치게 된다.

1960년대에 민스키가 내게 기호적 접근법의 장점과 단점에 대해 조언했을 때 나는 연결주의적 접근법의 추가적인 가치에 눈길이 가기 시작했다. 여기에는 내용 대신에 구조를 통해 지능을 생성하는 노드node 네트워크가 필요하다. 이 네트워크는 똑똑한 규칙을 사용하는 대신에 데이터 자체에서 통찰력을 추출할 수 있는 방식으로 배열된, 똑똑하지 않은 노드를 사용한다. 그 결과, 기호 규칙을 고안하려고 하는 인간 프로그래머에게는 절대로 떠오르지 않을 미묘한 패턴을 발견할 잠재력이 있다. 연결주의적 접근법의 중요한 이점 한 가지는 문제를 이해하지 않고도 풀 수 있다는 점이다. 기호적 AI 문제 해결의 경우에는 오류 없는 규칙을 완벽하게 기술하고 실행할 능력이 우리에게 있다고 하더라도(실제로는 그럴 리가 없지만), 당장 어떤 규칙이 최적인지조차 제대로 알 수 없다는 사실이 우리의 발목을 잡는다.

연결주의적 접근법은 복잡한 문제를 해결하는 데에는 아주 효과적인 방법이지만, 사실은 양날의 검이다. 연결주의적 AI는 '블랙박스'(정답을 내놓기는 하지만 그것을 어떻게 발견했는지 설명하지 못하는)가 되기 쉽다.[24] 이것은 잠재적으로 큰 문제가 될 수 있는데, 사람들은 의료나 법 집행, 역학疫學, 위험 관리처럼 중대한 이해가 걸린 결정 이면에서 작용하는 추론 과정을 알고 싶어 하기 때문이다. 현재 AI 전문가들이 기계 학습에 기반한 결정에서 더 나은 형태의 '투명성'(혹은 '기계론적 해석 가능성'mechanistic interpretability)을 개발하려고 노력하는 이유는 이 때문이다.[25] 딥러닝이 더 복잡해지고 강력해짐에 따라 투명성이 얼마나 효과적이 될지는 두고 보아야 한다.

내가 연결주의적 접근법을 시도할 당시만 해도 시스템은 훨씬 단순했다. 기본 개념은 인간 신경망의 작용 방식에서 영감을 얻어 컴퓨터화 모형을 만드는 것이었다. 처음에 이것은 매우 추상적이었는데, 생물학적 신경망이 실제로 어떻게 조직돼 있는지 자세한 내용이 제대로 알려지기 전에 고안된 방법이었기 때문이다.

단순한 신경망 다이어그램

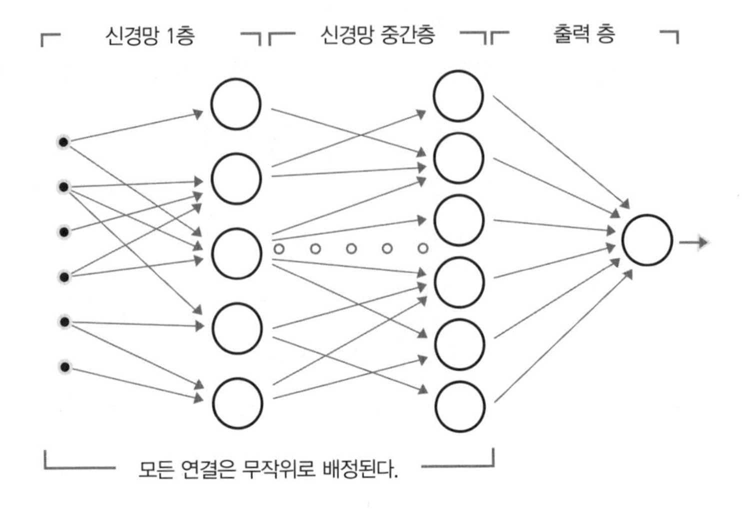

신경망 알고리듬의 기본 설계도는 위 그림과 같다. 많은 변형이 가능하며, 이 시스템 설계자는 특정 주요 파라미터 parameter*와 방법(자세한 내용은 다음 참고)을 제공해야 한다.

어떤 문제에 대한 신경망 해답을 만드는 과정은 다음 단계를 포함한다.

- 입력을 정의한다.
- 신경망의 토폴로지(즉, 신경세포층과 신경세포 사이의 연결)를 정의한다.
- 예제를 가지고 신경망을 훈련시킨다.
- 훈련된 신경망을 가동해 새로운 예제를 풀게 한다.

---

* 인공 지능에서 AI 모델의 내부 변수. 신경망에서 파라미터 개수가 많다는 것은 모델의 복잡성과 성능이 높다는 것을 뜻한다.

- 당신의 신경망 회사를 공개 상장한다.

이 단계들을 더 자세히(맨 마지막 단계를 제외하고) 설명한 내용은 다음을 참고하라.

문제 입력

신경망에 입력되는 문제는 일련의 수로 이루어진다. 이 입력은 다음과 같은 것이 될 수 있다.

- 시각 패턴 인식 시스템에서 이미지 픽셀을 나타내는 수의 2차원 배열. 또는
- 청각(예컨대 말) 인식 시스템에서 소리를 나타내는 수의 2차원 배열. 여기서 첫 번째 차원은 소리의 파라미터(예컨대 주파수 성분)를 나타내고, 두 번째 차원은 시간상의 서로 다른 지점을 나타낸다. 또는
- 임의의 패턴 인식 시스템에서 입력 패턴을 나타내는 수의 *n*차원 배열.

토폴로지 정의

신경망을 구축하려면 각 신경세포의 구조가 다음 요소로 이루어져야 한다.

- 각각의 입력이 다른 신경세포의 출력 또는 입력 수 중 하나와 '연결된' 복수의 입력. 그리고
- 일반적으로 다른 신경세포(대개는 더 높은 층에 있는)의 입력 또는 최종 출력과 연결된 하나의 출력.

첫 번째 신경세포층 구축하기

- 첫 번째 층에 N_0 신경세포를 만든다. 각각의 신경세포에 대해, 신경세포가 지닌 복수의 입력을 각각 문제 입력의 '점'(즉, 수)과 '연결'시킨다. 이 연결은 무작위로 또는 진화 알고리듬(다음 참고)을 사용해 정할 수 있다.
- 생성된 각각의 연결에 초기 '시냅스 강도'를 부여한다. 이 가중치는 처음에 모두 똑같은 값으로 시작할 수도 있고, 무작위로 배정할 수도 있고, 다른 방법(다음 참고)으로 정할 수도 있다.

추가적인 신경세포층 구축하기

모두 M개의 신경세포층을 만든다. 각각의 층에서 그 층에 해당하는 신경세포를 만든다.

예를 들어, i층에 대해서는

- i층에 N_i 신경세포를 만든다. 각각의 신경세포에 대해, 신경세포가 지닌 복수의 입력 각각을 i-1층 신경세포의 출력과 '연결'시킨다(변형은 다음 참고).
- 생성된 각각의 연결에 초기 '시냅스 강도'를 부여한다. 이 가중치는 처음에 모두 똑같은 값으로 시작할 수도 있고, 무작위로 배정할 수도 있고, 다른 방법(다음 참고)으로 정할 수도 있다.
- M층 신경세포의 출력은 신경망의 출력이다(변형은 다음 참고).

인식 시험

각 신경세포의 작용 방식

일단 구축된 신경세포는 각각의 인식 시험에 대해 다음과 같은 작업을 수행한다.

- 해당 신경세포에 배정된 각각의 입력 가중치는 이 신경세포의 입력과 연결된 다른 신경세포의 출력(혹은 초기 입력)에다가 그 연결의 시냅스 강도를 곱해 계산한다.
- 이 신경세포에 배정된 모든 입력의 가중치를 더한다.
- 만약 그 합이 이 신경세포의 발화 문턱값보다 크다면, 이 신경세포는 발화하는 것으로 간주되고 그 출력은 1이다. 그렇지 않다면 그 출력은 0이다(변형은 다음 참고).

각각의 인식 시험은 다음과 같이 한다

0층부터 M층까지 각 층에 대해, 또 그 층의 각 신경세포에 대해

- 입력 가중치를 모두 더하라(각각의 입력 가중치 = 이 신경세포에 입력이 연결된 다른 신경세포의 출력[혹은 초기 입력]에다가 그 연결의 시냅스 강도를 곱한 것).
- 만약 이 입력 가중치의 합이 이 신경세포의 발화 문턱값보다 크다면 이 신경세포의 출력을 1로 설정하고, 그렇지 않다면 0으로 설정하라.

신경망 훈련시키기

- 예제를 가지고 인식 시험을 반복한다.
- 매번 시험이 끝날 때마다 모든 신경세포 간 연결의 시냅스 강도를 조절해 이 시험에서 신경망의 수행 능력을 개선한다(그 방법은 다음 설명을 참고하라).

- 신경망의 정확도가 더 이상 개선되지 않을 때까지(즉, 점근선에 도달할 때까지) 이 훈련을 계속한다.

중요한 설계 결정

앞에 소개한 단순한 설계 개요에서 이 신경망 알고리듬 설계자는 처음에 다음 사항을 결정할 필요가 있다.

- 입력 수가 나타내는 것.
- 신경세포층의 수.
- 각 층에 존재하는 신경세포의 수(각 층에 반드시 똑같은 수의 신경세포가 있어야 하는 것은 아니다).
- 각 층의 각 신경세포에 연결된 입력의 수. 입력(즉, 신경세포 간 연결)의 수도 신경세포마다, 층마다 다를 수 있다.
- 실제 '배선'(즉, 연결). 각 층에 있는 각 신경세포에 대해, 이것은 그 출력이 이 신경세포의 입력이 되는 다른 신경세포의 목록으로 이루어져 있다. 이것은 중요한 설계 영역을 나타낸다. 그 방법은 여러 가지가 있다.
  (i) 신경망을 무작위로 배선하거나,
  (ii) 진화 알고리듬(다음 참고)을 사용해 최적의 배선을 결정하거나,
  (iii) 시스템 설계자의 최선의 판단을 사용해 배선을 결정한다.
- 각 연결의 초기 시냅스 강도(가중치). 이것을 결정하는 방법은 여러 가지가 있다.
  (i) 시냅스 강도를 모두 같은 값으로 설정하거나,
  (ii) 시냅스 강도를 무작위로 서로 다른 값으로 설정하거나,
  (iii) 진화 알고리듬(다음 참고)으로 최적의 초기 값 집합을 결정하거나,

(iv) 시스템 설계자의 최선의 판단으로 초기 값 집합을 결정한다.

- 각 신경세포의 발화 문턱값.
- 출력. 출력은 다음과 같은 것이 될 수 있다.

(i) M층 신경세포의 출력. 또는

(ii) 단일 출력 신경세포의 출력. 이 신경세포의 입력은 M층 신경세포의 출력이다. 또는

(iii) M층 신경세포 출력의 함수(예컨대 합). 또는

(iv) 여러 층 신경세포 출력의 또 다른 함수.

- 모든 연결의 시냅스 강도. 이것은 신경망을 훈련시킬 때 조정해야 한다. 이것은 중요한 설계 결정이자 많은 연구와 논의의 주제이다. 그 방법은 여러 가지가 있다.

(i) 각각의 인식 시험에 대해, 신경망의 출력을 정답에 더 가깝게 일치시키기 위해 각각의 시냅스 강도를 정해진 양(일반적으로 작은 양)만큼 증가시키거나 감소시킨다. 한 가지 방법은 증가와 감소를 모두 시도하면서 어느 쪽이 더 바람직한 효과가 나는지 보는 것이다. 이것은 시간을 많이 잡아먹을 수 있기 때문에, 각각의 시냅스 강도를 증가시킬지 감소시킬지 국지적 판단을 내리는 데 쓸 수 있는 다른 방법도 있다.

(ii) 각각의 인식 시험 뒤에 그 시험에서 신경망의 실행 결과가 정답에 더 가깝게 일치하도록 시냅스 강도를 변경하는 다른 통계적 방법도 있다.

(iii) 훈련 시험에서 내놓은 답이 모두 정확하지 않더라도 신경망 훈련이 효과가 있다는 사실에 주목하라. 이것은 내재적 오류율을 포함하는 실제 세계 훈련 데이터를 사용할 수 있게 해준다. 신경망 기반 인식 시스템의 성공에 필요한 한 가지 핵심 요소는 훈련에 사용되는 데이터의 양이다. 만족할 만한 결과를 얻으려면 대개 상당히 많은 양의 데이터가 필

요하다. 인간 학생과 마찬가지로 신경망도 학습에 쓰는 시간의 양이 수행 능력을 높이는 핵심 요소이다.

변형

앞에서 소개한 방법들의 변형도 많이 존재한다.

- 토폴로지를 결정하는 방법은 이 밖에도 여러 가지가 있다. 특히 신경세포 간 배선은 무작위로 혹은 진화 알고리듬을 사용해 정할 수 있는데, 진화 알고리듬은 돌연변이와 자연 선택의 효과를 네트워크 설계에서 모방한다.
- 초기 시냅스 강도를 설정하는 방법도 여러 가지가 있다.
- i층 신경세포의 입력은 반드시 i-1층 신경세포의 출력에서 오지 않아도 된다. 대신에 각 층 신경세포의 입력은 그보다 더 높은 층이나 낮은 층에서 올 수도 있다.
- 최종 출력을 결정하는 방법은 여러 가지가 있다.
- 앞에서 설명한 방법은 '전부 아니면 무'(1 또는 0)라는 결과를 낳는데, 이를 '비선형성'이라 부른다. 사용할 수 있는 비선형 함수는 이것 말고도 여러 가지가 있다. 일반적으로 0에서 1까지, 빠르긴 하지만 비교적 더 점진적으로 움직이는 함수를 사용한다. 또한 출력은 0과 1 외의 다른 숫자일 수도 있다.
- 훈련 동안 시냅스 강도를 조정하는 다양한 방법은 중요한 설계 결정에 해당한다.

이 설계 개요는 각각의 인식 시험이 0층부터 시작해 M층까지 각 층의 출력을 계산함으로써 진행되는 '동기식'同期式 신경망을 기술한 것이다. 각 신경세포가 다른 것들과 독립적으로 작동하는 진정한 병렬 시스템에서는 신경세포가 '비동기적으로'(즉, 독립적으로) 작동할 수 있다. 비동기식 접근법에서는 각각의 신경세포가 끊임없이 자신의 입력을 스캐닝하고, 입력 가중치의 합이 문턱값(혹은 그 출력 함수가 규정한 값)을 넘어설 때마다 발화한다.

이제 목표는 시스템이 문제를 해결하는 방법을 알아낼 수 있는 실제 사례를 찾는 것이다. 전형적인 출발점은 신경망 배선과 시냅스 가중치synaptic weight*를 무작위로 설정하는 것인데, 그러면 훈련되지 않은 이 신경망이 내놓은 답 또한 무작위적인 것이 된다. 신경망의 핵심 기능은 모델로 삼은(적어도 대략적으로는) 포유류 뇌처럼 해당 주제를 학습하는 것이다. 신경망은 무지한 상태에서 출발하지만, '보상' 함수를 최대화하도록 프로그래밍된다. 그러고 나서 훈련 데이터(예컨대 사전에 인간이 꼬리표를 붙인, 코기 품종의 개가 있는 사진과 없는 사진)를 입력한다. 신경망이 정확한 출력을 내놓으면(예컨대 이미지에 코기가 있는지 없는지 정확하게 식별하면) 보상 피드백을 받는다. 이 피드백은 각 신경세포 간 연결의 강도를 조정하는 데 쓰인다. 정답과 일치하는 연결은 더 강해지는 반면, 오답을 내놓는 연결은 약해진다.

시간이 지나면 신경망은 지도를 받지 않고도 정답을 제공할 수 있도록 스스로를 조직한다. 신뢰할 수 없는 선생을 붙이더라도 신경망이 할

---

* 두 노드 간의 연결 강도 또는 진폭. 생물학에서는 한 신경세포의 발화가 다른 신경세포에 미치는 영향력의 크기를 말한다.

당된 주제를 학습할 수 있다는 사실이 실험을 통해 드러났다. 만약 전체 훈련 데이터 중 60%에만 정확한 꼬리표가 붙어 있더라도, 신경망은 90%를 상회하는 확률로 정확하게 필요한 것을 학습할 수 있다. 어떤 조건에서는 정확한 꼬리표 비율이 이보다 훨씬 낮더라도 신경망은 이를 효과적으로 사용할 수 있다.[26]

선생이 학생을 자신의 능력을 초월하는 수준으로 훈련시킬 수 있다는 이야기는 직관적으로 어불성설처럼 들리는데, 마찬가지로 신뢰할 수 없는 데이터로 훌륭한 수행 결과를 얻을 수 있다는 이야기 역시 곧이곧대로 들리지 않는다. 하지만 그 이유를 짧게 설명하자면, 오류들이 상쇄되기 때문이다. 0부터 9까지 손으로 쓴 글씨 표본을 가지고 신경망이 숫자 8을 인식하도록 훈련시킨다고 해보자. 그리고 전체 꼬리표 중 3분의 1은 틀린 것이라고 하자(예컨대 8에는 4, 5에는 8이라는 식으로 잘못된 꼬리표가 무작위로 붙어 있다). 만약 데이터세트(자료 집합)가 충분히 크다면, 이 잘못된 정보들이 상쇄되어 훈련 과정을 특정 방향으로 왜곡시키지 않을 것이다. 데이터세트 중에서 8이 어떻게 생겼느냐에 관한 유용한 정보는 대부분 보존되어 신경망을 여전히 높은 수준으로 훈련시킨다.

이러한 강점에도 불구하고, 초기의 연결주의 시스템은 근본적인 한계가 있었다. 단층 신경망은 어떤 종류의 문제는 수학적으로 풀 수가 없었다.[27] 1964년에 내가 코넬대학교의 프랭크 로젠블랫 교수를 찾아갔을 때, 그는 내게 인쇄된 문자를 인식할 수 있는 '퍼셉트론'Perceptron이라는 단층 신경망을 보여주었다. 나는 입력을 단순하게 변형시켜보았다. 그 시스템은 자동 연상 능력은 상당히 뛰어났지만(내가 문자 일부를 가려도 문자를 정확하게 식별했다), 불변성 인식 능력은 그다지 뛰어나지 못했다(즉, 크기와 서체를 변경하면 문자를 제대로 식별하지 못했다).

민스키는 1953년에 신경망에 관해 선구적인 연구를 했는데도 불구하고, 1969년에 이 분야에 대한 관심이 고조되는 상황을 비판했다. MIT인공 지능연구소를 공동 설립한 민스키와 시모어 패퍼트Seymour Papert는 《퍼셉트론》이란 책에서 왜 퍼셉트론이 인쇄 이미지의 연결성 여부를 본질적으로 판단할 수 없는지 공식적으로 입증했다. 위의 두 이미지는《퍼셉트론》 표지에서 가져온 것이다. 위쪽 이미지는 연결돼 있지 않은 반면(검은 선들이 하나의 연속적인 형태를 이루지 않는다), 아래쪽 이미지는 연결돼 있다(검은 선들이 하나의 연속적인 형태를 이룬다). 인간은 이를 식별할 수 있고, 간단한 소프트웨어 프로그램도 이것이 가능하다. 그러나 로젠블랫의 마크 1 퍼셉트론과 같은(노드 사이의 연결이 고리를 형성하지 않는) 피드포워드feed-forward 퍼셉트론은 이런 판단을 할 수 없다.

요컨대, 피드포워드 퍼셉트론이 이 문제를 풀지 못하는 이유는 그렇게 하려면 어떤 선분이 다른 이미지의 일부가 아니면서 그 이미지의 연속적인 형태의 일부인지 아닌지를 분류하는 XOR 연산 함수*를 적용해야 하기 때문이다. 하지만 피드백이 없는 노드의 단층은 수학적으로 XOR을 실행할 수 없다. 이것은 사실상 모든 데이터를 선형 규칙(예컨대 "이 노드들이 둘 다 발화한다면 함수 출력은 참이다.")을 가지고 단 한 번에 분류해야 하고, XOR은 피드백 단계("만약 이 노드 중 어느 하나라도 발화하지만, **둘 다 발화하지 않는다면**, 함수 출력은 참이다.")가 필요하기 때문이다.

민스키와 패퍼트가 이 결론을 내놓자 연결주의 부문으로 흘러들던 자금이 사실상 대부분 동결되었고, 수십 년이 지난 뒤에야 다시 지원되기 시작했다. 그런데 사실은 이미 1964년에 로젠블랫이 내게 퍼셉트론이 불변성을 제대로 처리하지 못하는 것은 층 부족 때문이라고 설명한 바 있다. 만약 퍼셉트론의 출력을 동일한 구조의 다른 층에 피드백한다면, 그 출력은 훨씬 더 일반적인 것이 될 것이고, 이 과정을 계속 반복하면 불변성 문제를 점점 더 잘 처리할 수 있게 된다는 것이다. 층이 충분히 많고 훈련 데이터가 충분히 많다면 놀라운 수준의 복잡성도 다룰 수 있을 것이라고 했다. 실제로 그런 것을 시도해본 적이 있느냐고 묻자, 그는 그런 적은 없지만 자신의 연구 의제에서 우선순위가 높다고 대답했다. 그것은 놀라운 통찰력이었지만, 로젠블랫은 7년 뒤인 1971년에 세상을 떠나 자신의 통찰력을 시험할 기회를 얻지 못했다. 다층 구조가 보편적으로 사용된 것은 그로부터 10년이 더 지난 뒤였고, 그때조차도 다층 네트워크는 실제로 가능한 것보다 훨씬 많은 컴퓨팅 파워와 훈련 데이터

---

* XOR은 'exclusive or'의 약자로 '배타적 논리합'을 가리킨다. 이것은 수리논리학에서 주어진 2개의 명제 가운데 1개만 참일 경우를 판단하는 논리 연산이다.

가 필요했다. 최근에 일어난 AI 부문의 엄청난 진전은 로젠블랫이 그 개념을 구상한 지 50년이 더 지난 후에야 시작된 다층 신경망의 사용에서 비롯되었다.

따라서 AI 분야에서 연결주의적 접근법은 하드웨어의 발전에 힘입어 마침내 그 잠재력이 드러난 2010년대 중반까지 대체로 무시되었다. 하드웨어 비용이 충분히 저렴해지자, 드디어 이 방법의 장점을 유감없이 활용할 수 있을 만큼의 컴퓨팅 파워와 훈련 사례를 제공할 수 있게 되었다. 1969년에 《퍼셉트론》이 나오고 나서 2016년에 민스키가 세상을 떠날 때까지 계산의 가격 대비 성능은(인플레이션을 감안해 보정했을 때) 약 **28억** 배나 증가했다.[28] 그러자 AI에서 가능한 접근법의 풍경이 확 바뀌게 되었다. 세상을 떠나기 얼마 전의 민스키와 대화를 나누었을 때, 그는 자신의 책《퍼셉트론》이 그토록 큰 영향력을 떨친 것에 유감을 표시했는데, 당시에 그 분야에서 연결주의가 광범위한 성공을 거두고 있었기 때문이다.

따라서 연결주의는 레오나르도 다빈치의 비행 기계 발명과 다소 비슷하다. 그것은 선견지명이 있는 아이디어였지만, 더 가볍고 강한 물질이 개발될 때까진 실현될 수 없었다.[29] 마침내 하드웨어가 뒤를 받쳐줄 만큼 충분히 발전하자, 예컨대 100층짜리 네트워크처럼 광범위한 연결주의 개념의 실현이 가능해졌다. 그 결과로 그러한 시스템은 이전에는 전혀 시도조차 할 수 없었던 문제들을 풀 수 있게 되었다. 이것은 지난 몇 년 동안 가장 주목할 만한 발전을 이끈 패러다임이다.

소뇌:
모듈러 구조

인간 지능의 맥락에서 신경망을 이해하기 위해 나는 약간 돌아가는 길을 추천하고 싶다. 그러니 우주가 시작된 시점으로 돌아가보자. 더 높은 수준의 조직화를 향한 물질의 초기 움직임은 **아주** 느리게 진행되었고, 그것을 안내하는 뇌는 전혀 존재하지 않았다(제3장의 '불가능에 가까운 존재'에서 우주가 유용한 정보를 부호화하는 능력을 가질 확률을 다룬 부분 참고). 새로운 수준의 디테일을 만들어내는 데 필요한 시간은 수억에서 수십억 년이었다.[30]

실제로 생명을 만들기 위해 분자가 부호화된 명령을 형성하기 시작하기까지는 수십억 년이 걸렸다. 현재 이용할 수 있는 증거를 놓고 일부 이견이 있긴 하지만, 대다수 과학자는 지구에서 생명이 출현한 시기를 35억 년 전부터 40억 년 전 사이라고 생각한다.[31] 우주의 나이(혹은 더 정확하게는 빅뱅 이후 지금까지 흐른 시간)는 약 138억 년이고, 지구는 약 45억 년 전에 생겨났다.[32] 따라서 최초의 원자가 생성되고 나서 자기 복제 능력을 지닌 최초의 분자가 (지구에) 나타나기까지는 약 100억 년이 걸렸다. 이렇게 긴 시간이 걸린 이유 중 일부는 무작위적 우연으로 설명할 수 있다. (초기 지구의 '원시 수프'에서 무작위로 충돌하며 돌아다니던 분자들이 딱 알맞은 방식으로 결합할 확률이 얼마나 낮은지는 정확하게 알 수 없다.) 어쩌면 생명은 그보다 좀 더 일찍 나타났을 수도 있고, 그보다 훨씬 뒤에 나타났을 수도 있다. 하지만 필요한 이 조건 중 어느 것이라도 제대로 갖춰지기 전에 먼저 별의 전체 생애가 진행되어야 했는데, 별이 수소 핵융합을 통해 생명을 부양하는 데 필요한 더 무거운 원소들을 만들어내야 했기 때문이다.

최선의 추정에 따르면, 지구에서 최초의 생명이 나타나고 나서 최초의 다세포 생물이 나타나기까지는 약 29억 년이 흘렀다.[33] 그리고 동물이 땅 위를 걸어다니기까지는 거기서 5억 년이, 최초의 포유류가 나타나기까지는 거기서 또다시 2억 년이 더 걸렸다.[34] 뇌에 초점을 맞춘다면, 원시적인 신경망이 나타나고 나서 세 부분으로 나누어진 중앙 집중식 뇌가 최초로 나타나기까지는 1억 년 이상이 걸렸다.[35] 기본적인 신피질이 최초로 나타나기까지는 거기서 3억 5000만~4억 년이 더 걸렸고, 현생 인류의 뇌가 진화하기까지는 또다시 2억 년이 더 걸렸다.[36]

이 역사가 진행되는 내내 더 복잡한 뇌는 분명한 진화적 이득을 제공했다. 동물들이 자원을 놓고 경쟁할 때 더 똑똑한 쪽이 승리하는 경우가 많았다.[37] 지능은 이전 단계들보다 훨씬 짧은 기간에 진화했는데, 불과 수백만 년밖에 걸리지 않아 진화의 가속화가 뚜렷하게 나타났다. 포유류 이전 동물의 뇌에서 일어난 가장 주목할 만한 변화는 '소뇌'이다. 오늘날 사람의 뇌는 고차원 기능에 가장 큰 역할을 담당하는 신피질보다 소뇌에 신경세포가 더 많다.[38] 소뇌는 서명을 하는 데 필요한 것과 같은 운동 과제를 제어하는 대본을 수많이 저장하고 활성화할 수 있다. (이 대본은 비공식적으로 흔히 '근육 기억'이라고 부른다. 하지만 사실 이것은 근육 자체에서 일어나는 현상이 아니라 소뇌에서 일어나는 현상이다. 어떤 행동을 계속 반복하다 보면, 뇌는 거기에 적응해 그 행동을 더 쉽게 그리고 무의식적으로 할 수 있게 된다. 마차 바퀴가 많이 지나가다 보면 점차 길에 홈이 파이는 것처럼 말이다.)[39]

플라이 볼을 잡는 한 가지 방법은 공의 궤적뿐만 아니라 자신의 움직임을 지배하는 모든 미분방정식을 푸는 동시에 그 해를 바탕으로 자신의 몸을 조정하는 것이다. 불행하게도 우리 뇌에는 미분방정식을 푸는 장치가 없어 우리는 대신에 더 단순한 문제를 푸는 쪽을 택한다. 그 문제는 공과 몸 사이에서 글러브의 위치를 가장 효율적으로 정하는 방법이다. 소뇌는 공을 잡을 때마다 손과 공이 비슷한 상대 위치에 있어야 한다고 가정한다. 따라서 만약 공이 너무 빨리 떨어지는데 손은 너무 느리게 움직이는 것처럼 보이면, 소뇌는 비슷한 상대 위치를 확보하기 위해 손에 더 빨리 움직이라고 지시한다.

감각 입력을 근육의 움직임으로 매핑mapping하는 소뇌의 이 단순한 행동은 '기저 함수'라는 수학 개념에 해당하는데, 이것이 우리에게 미분방정식을 풀지 않고도 공을 잡을 수 있게 해준다.[40] 소뇌는 또한 실제로 실행에 옮기지 않더라도 우리의 행동이 어떤 것이 될지 예상하게 해준다. 공을 잡을 수는 있지만 다른 선수와 충돌할 가능성이 있다고 소뇌가 판단하면, 우리는 그 행동을 취하지 않을 수 있다. 이런 일은 본능적으로 일어난다.

이와 비슷하게, 춤을 출 때에는 우리가 자신의 동작을 의식적으로 인식하지 않더라도 소뇌가 움직임을 자주 지시한다. 부상이나 질병으로 인해 소뇌가 제대로 기능하지 않는 사람은 신피질을 통해 수의 운동을 지시할 수 있지만, 그러려면 집중적인 노력이 필요하며 운동 실조라는 협응 문제를 겪을 수 있다.[41]

신체 기술을 익히는 핵심 비결은 구성 행동을 충분히 자주 실행에 옮겨 그것을 근육 기억에 새기는 것이다. 그러면 한때 의식적 생각과 집중이 필요했던 움직임이 자동적으로 일어나는 것처럼 느껴진다. 이것은 기본적으로 제어의 중심축이 운동 피질에서 소뇌로 더 많이 옮아갔기 때문이다. 축구공을 던지건, 루빅큐브를 풀건, 피아노를 연주하건 간에, 과제 수행에 의식적 정신 노력이 덜 필요할수록 더 나은 성과를 거둘 가능성이 높다. 행동은 점점 더 빨라지고 부드러워지며, 성공을 위한 다른 측면에 주의를 돌릴 수 있다. 음악가가 악기를 능숙하게 다루게 되면, 마치 보통 사람들이 생일 축하곡을 부를 때 목소리로 그 음을 손쉽게 내는 것처럼 주어진 곡조를 별로 힘들이지 않고 직감적으로 연주할 수 있다. 만약 당신에게 성대를 어떻게 조절해 틀린 음이 아니라 바른 음을 내느냐고 묻는다면, 당신은 필시 그 과정을 말로 표현할 수 없을 것이다. 심리학자와 운동 코치는 이것을 '무의식적 유능성'unconscious competence이라 부르는데, 이 능력은 대체로 의식적으로 인식하지 못하는 수준에서 그 기능이 발휘되기 때문이다.[42]

하지만 소뇌의 이러한 능력은 아주 복잡한 구조가 낳은 결과가 아니다. 어른 인간(혹은 다른 종)의 뇌에 존재하는 신경세포 중 대다수가 소뇌에 있긴 하지만, 유전체에는 소뇌의 전반적인 설계에 관한 정보가 그렇게 많지 않다(소뇌는 주로 작고 단순한 모듈로 이루어져 있다).[43] 신경과학은 소뇌가 어떻게 기능하는지 그 세부 내용을 알기 위해 아직도 열심히 연구하고 있지만, 소뇌가 수천 개의 소형 처리 모듈로 이루어져 있으며 그것들이 피드포워드 구조로 배열돼 있다는 사실은 알려져 있다.[44] 이것은 소뇌의 기능을 수행하기 위해 필요한 신경 구조가 어떤 것인지 이해하는 데 도움을 주며, 따라서 소뇌에 관한 새로운 발견은 AI 분야에 유용한 통찰력을 추가로 제공할 수 있다.

소뇌의 모듈 대부분은 그 기능이 아주 좁게 한정돼 있다. 이를테면, 피아노를 칠 때 손가락의 움직임을 지배하는 기능은 걸을 때 다리의 움직임에는 적용되지 않는다. 소뇌는 수억 년 동안 뇌에서 핵심 영역이었지만, 현대 사회를 살아나가는 데에는 더 유연한 신피질이 주도적 역할을 함에 따라 우리가 생존을 위해 소뇌에 의존하는 비중이 갈수록 줄어들

고 있다.[45]

이와는 대조적으로, 포유류가 아닌 동물은 신피질의 이점을 누리지 못한다. 대신에 그들의 소뇌는 생존에 필요한 핵심 행동을 아주 정확하게 기록해왔다. 이렇게 소뇌가 주도하는 동물의 행동을 '고정 행동 패턴'fixed action pattern이라 부른다. 이것은 관찰과 모방을 통해 학습하는 행동과 달리 태어날 때부터 같은 종의 구성원들에게 새겨져 있는 행동 패턴이다. 심지어 포유류의 경우에도 상당히 복잡한 행동 중 일부는 선천적인 것이다. 예를 들면, 사슴쥐는 짧은 굴을 파는 반면, 해변쥐는 탈출 터널까지 딸린 긴 굴을 판다.[46] 전에 굴을 판 경험이 전혀 없이 실험실에서 자란 생쥐를 모래 위에 올려놓으면, 각자는 야생에서 자기 종이 파는 것과 같은 종류의 굴을 판다.

소뇌에서 비롯되는 행동(혀로 파리를 정확하게 붙잡는 개구리의 능력처럼)은 대부분 개선된 행동을 하는 개체들이 자연 선택을 통해 원래의 행동을 밀어낼 때까지 그 종에서 계속 지속된다. 학습 대신에 유전이 지배하는 행동은 바꾸는 데 걸리는 시간이 훨씬 길다. 동물은 한 생애 동안에 학습을 통해 자신의 행동을 유의미한 수준으로 바꿀 수 있지만, 선천적 행동은 많은 세대에 걸쳐 점진적으로 변한다. 하지만 흥미롭게도 오늘날 컴퓨터과학자들은 유전적으로 결정되는 행동을 모방한 '진화적' 접근법을 가끔 사용한다.[47] 이것은 어떤 무작위적 특성을 지닌 일련의 프로그램을 만들어 특정 과제에서 얼마나 효과적으로 작동하는지 살펴보는 과정을 포함한다. 동물의 생식 과정에서 유전자가 섞이는 것과 비슷하게 성과가 좋은 프로그램들의 특성을 결합시킬 수 있다. 그러고 나서 무작위적 '돌연변이'를 도입해 어떤 것이 성과를 높이는 데 도움이 되는지 살펴본다. 여러 세대를 거치면 이 방법은 인간 프로그래머가 전혀 생각하지 못한 방식으로 문제 해결을 최적화할 수 있다.

현실 세계에서 이 접근법에 해당하는 방법을 실행하려면 수백만 년의 시간이 걸린다. 이것은 아주 느려 보일 수 있지만, 생물학 이전의 진화—생명에 필요한 복잡한 선구 화학 물질의 생성처럼—가 수억 년이 걸리는 것이 예사였다는 사실을 생각하면, 소뇌는 사실상 액셀러레이터였다.

신피질: 스스로 수정하는 계층적이고 유연한 구조

진전이 더 빨리 일어나도록 하기 위해 진화는 소뇌의 구조를 확 바꾸는 유전적 변화가 일어나길 기다리는 대신에 뇌가 새로운 행동을 발달시키는 방법을 고안해야 했다. 그 답이 바로 신피질이었다. '새로운 껍질'이란 뜻의 신피질은 약 2억 년 전에 포유류라는 새로운 동물강에서 나타났다.[48] 설치류 비슷한 동물이었던 이 초기 포유류의 신피질은 크기가 우표만 했고 두께도 우표만큼 얇았으며, 호두만 한 크기의 뇌를 감싸고 있었다.[49] 하지만 신피질은 소뇌보다 더 유연한 방식으로 조직되었다. 신피질은 제각각 다른 행동을 제어하는 별개의 모듈이 모인 집단이 아니라 잘 협응된 통일체처럼 작용했다. 따라서 신피질은 새로운 종류의 사고 능력이 있었다. 며칠 만에 혹은 심지어 몇 시간 만에 새로운 행동을 발명할 수 있었다. 이것은 학습의 힘을 해방시켰다.

2억 년도 더 전에 포유류가 아닌 동물의 느린 적응 과정은 일반적으로 문제가 되지 않았는데, 환경이 아주 느리게 변했기 때문이다. 소뇌에 어떤 반응을 유도할 만한 환경 변화가 일어나기까지는 대개 수천 년이 걸렸다.

따라서 신피질은 세계를 장악하기 위해 큰 재앙을 기다리고 있었다. '백악기-고제3기 대멸종'이라 부르는 그 재앙은 6500만 년 전에 일어났다. 신피질이 나타난 지 1억 3500만 년이 지난 시점이었다. 소행성 충돌 때문에, 어쩌면 화산 활동까지 가세하면서 지구 전체의 환경이 갑자기 확 변했고, 공룡을 포함해 모든 동식물 종 중 약 75%가 멸종했다. (우리가 일반적으로 공룡으로 알고 있는 동물은 이때 모두 멸종했지만, 일부 과학자는 새를 공룡의 후손으로 간주한다.)[50]

새로운 해결책을 신속하게 발명할 수 있는 신피질이 부상한 것이 바로 이때였다. 포유류는 신체 크기가 커졌다. 포유류의 뇌는 점점 더 빠른 속도로 성장하면서 동물의 전체 몸무게에서 차지하는 비중이 더 증가했다. 신피질은 더욱 빠르게 성장했는데, 표면적을 늘리기 위해 주름이 발달했다.

사람의 신피질을 넓게 쫙 펼치면 크기와 두께가 커다란 식사용 냅킨과 비슷할 것이다.[51] 하지만 구조가 엄청나게 복잡해, 신피질은 전체 뇌 무게의 약 80%를 차지한다.[52]

나는 2012년에 출간한 책《마음의 탄생》에서 신피질의 작용 방식을 더 자세히 설명했지만, 여기서는 그 핵심 개념을 아주 짧게 소개하려고 한다. 신피질은 비교적 단순한 반복 구조로 이루어져 있는데, 각각의 반복 구조는 약 100개의 신경세포로 이루어져 있다. 이 모듈들은 패턴을 배우고 인식하고 기억할 수 있다. 이 모듈들은 또한 스스로를 계층적으로 조직하는 법을 배우는데, 더 높은 단계에 있는 것일수록 더 복잡한 개념을 구현할 수 있다. 이 반복적인 하위 단위를 '피질 소기둥'cortical minicolumn 이라 부른다.[53]

현재의 추산에 따르면, 대뇌 피질 전체에는 신경세포가 210억~260억 개 있으며, 그중 90%(평균적으로 약 210억 개)는 신피질에 있다.[54] 피질 소기둥 하나가 100여 개의 신경세포로 이루어져 있으니, 피질 소기둥의 수는 대략 2억 개인 셈이다.[55] 현재 진행되는 새로운 연구들은, 거의 모든 연산을 순차적으로 처리하는 디지털 컴퓨터와 달리 신피질의 모듈은 대규모 병렬 처리 방식을 채택한다는 것을 보여주었다.[56] 기본적으로, 신피질에서는 많은 일이 동시에 일어난다. 이 때문에 뇌는 매우 역동적인 시스템으로 작동하며, 그래서 컴퓨터를 사용해 모형화하기가 아주 어렵다.

신경과학이 밝혀내야 할 세부 사실은 아직도 많이 남아 있지만, 피질 소기둥의 조직 방식과 연결 방식을 알려주는 기본적인 사실은 그 기능에 대해서도 빛을 비춰준다. 실리콘 하드웨어 위에서 작동하는 인공 신경망과 아주 비슷하게 뇌의 신경망은 미가공 데이터 입력(인간의 경우에는 감각 신호)과 출력(인간의 경우에는 행동)을 분리하는 계층적 층위를 사용한다. 이 구조는 점진적으로 높아지는 추상화 수준을 가능케 하며, 결국에는 우리가 인간으로서 인식하는 미묘한 인지 형태로 절정에 이르게 된다.

바닥층(감각 입력에 직접 연결된)에는 주어진 시각 자극을 곡선 형태로 인식하는 모듈이 있을 수 있다. 다른 층들은 더 낮은 층의 신피질 모듈의 출력을 처리하면서 맥락과 추상화를 추가한다. 따라서 위로 올라갈수록(감각에 연결된 모듈들에서 더 멀어질수록) 곡선 형태를 특정 문자의 일부로 인식하는 층, 그 문자를 단어의 일부로 인식하는 층, 그 단어를 풍부한 의미와 연결하는 층이 차례로 존재한다. 맨 위층에는 어떤 진술을 우습거나 아이러니하거나 빈정대는 의미로 인식하는 것처럼 훨씬 추상적인

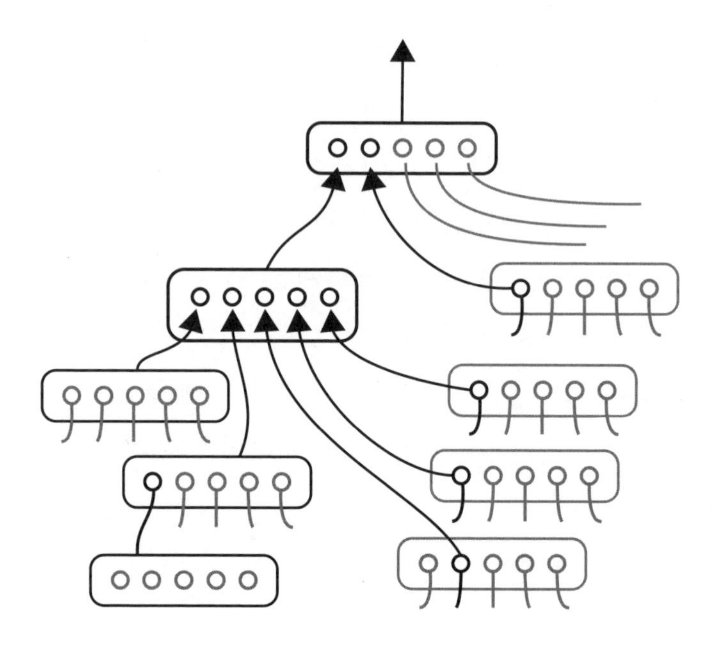

개념을 처리하는 모듈이 자리잡고 있다.

어느 신피질 층의 '높이'는 감각 입력으로부터 전파되는 단일 신호 집합에 대한 추상화 수준을 알려주지만, 이 과정은 일방통행 방식으로 일어나지 않는다. 신피질을 이루는 6개의 주요 층 사이에서는 역동적인 커뮤니케이션이 양방향으로 일어난다. 따라서 추상적 사고가 가장 높은 층들에서만 일어난다고 단언할 수 없다.[57] 오히려 종種 차원에서 '수준-추상성' 관계를 생각하는 편이 더 유용하다. 즉, 여러 층으로 된 신피질 덕분에 우리는 피질 구조가 단순한 동물보다 추상적 사고 능력이 더 뛰어나다. 신피질을 직접 클라우드 기반 계산과 연결하는 날이 오면, 우리의 유기적 뇌가 현재 혼자서 해낼 수 있는 것보다 훨씬 더 추상적인 사고의 잠재력이 분출될 것이다.

이러한 추상적 사고 능력의 신경학적 기반은 최근에야 발견되었다.

1990년대 후반에 신경외과의 이츠하크 프라이드Itzhak Fried는 16세의 여성 뇌전증 환자를 대상으로 뇌수술을 할 때, 환자의 의식을 깨어 있게 함으로써 자신에게 일어나는 일에 반응하게 했다.[58] 이것이 가능한 것은 뇌에는 통각 수용기가 전혀 없기 때문이다.[59] 프라이드가 신피질의 특정 지점을 자극할 때마다 환자는 웃었다. 프라이드 팀은 자신들이 실제로 유머를 지각하는 뇌의 반응을 직접 유발하고 있음을 금방 알아챘다. 환자는 단지 반사 작용으로 웃은 게 아니었다. 수술실에서 우스꽝스러운 일은 전혀 일어나지 않았는데도 그녀는 정말로 현재 상황이 우스꽝스럽다고 여겼다. 의사들이 왜 웃느냐고 묻자 환자는 "아, 특별한 이유는 없어요."라거나 "제 뇌를 자극했잖아요."라는 식의 대답을 하지 않았다. 대신에 즉각 그것을 설명할 만한 핑계를 찾아냈다. "당신들이 아주 우스꽝스럽게 빙 둘러서 있잖아요."와 같은 말로 자신의 웃음을 설명했다.[60]

신피질에서 뭔가를 재미있다고 느끼는 것을 담당하는 지점을 찾아 자극하는 일이 가능하다는 사실은 그 지점이 유머와 아이러니 같은 개념을 담당하는 곳임을 알려주었다. 다른 비침습적 실험 결과들도 이 발견에 힘을 실어주었다. 예컨대, 아이러니한 문장을 읽으면 뇌에서 ToM theory of mind(마음 이론) 네트워크라 부르는 부분이 활성화된다.[61] 신피질의 이러한 추상화 능력은 인간이 언어와 음악, 유머, 과학, 미술, 기술을 발명하는 요인이 되었다.[62]

인간 외에 이런 능력을 발전시키는 데 성공한 종은 하나도 없다(이 반대 내용의 헤드라인을 내건 낚시성 기사가 자주 올라오는데도 불구하고). 인간이 아닌 어떤 동물도 머릿속에서 박자를 맞추거나 농담을 던지거나 연설을 하거나 이 책을 쓸(혹은 읽을) 수 없다! 침팬지 같은 일부 동물은 원시적인 도구를 사용할 수 있지만, 그러한 도구는 급속한 자기 개선 과정을 촉발할 만큼 충분히 정교하지 않다.[63] 또, 일부 동물은 단순한 형태의 의사소통 방법을 사용하지만, 우리가 인간의 언어를 가지고 하는 것처럼 계층적 생각을 주고받지는 못한다.[64] 우리는 전두 피질이 없어도 영장류로서 이미 꽤 훌륭한 성과를 거두고 있었지만, 세계와 존재에 대한 개념을 이해하게 해주는 이 추가 모듈들을 사용할 수 있게 되자, 단순히 발전된 동물에 그치지 않고 철학적인 동물이 되었다.

하지만 뇌의 진화는 우리가 종으로서 큰 성공을 거둔 비결 중 하나에 불과하다는 사실을 명심해야 한다. 신피질의 놀라운 능력에도 불구하고, 또 다른 중요한 혁신이 없었더라면 과학과 예술은 불가능했을 것이다. 그 혁신은 바로 엄지손가락이다.[65] 신피질의 크기가 사람과 비슷하거나 절대적인 수치에서 심지어 더 큰 동물들(고래, 돌고래, 코끼리처럼)은 자연 물체를 정확하게 붙잡고 조작해 기술로 발전시키는 데 필요한 엄지가 없다. 그래서 결론이 뭐냐고? 우리는 진화적으로 어마어마한 행운을 타고 났다!

우리의 신피질이 단지 여러 층으로 이루어져 있는 데 그치지 않고 층들이 새롭고 강력한 방식으로 연결돼 있다는 점도 우리에게는 큰 행운이다. 모듈의 계층적 구조는 신피질에만 국한된 것이 아니다. 소뇌 역시 계층적 구조로 이루어져 있다.[66] 신피질의 독특성은 포유류, 특히 인간의 창의성을 가능케 하는 세 가지 핵심 특징에 있다. (1) 신피질은 주어진 개념에 대한 신경세포의 발화 패턴을 그것이 유래한 특정 영역뿐만 아니라 구조 전체로 널리 전파할 수 있다. (2) 주어진 발화 패턴은 다른 여러 개념의 비슷한 측면과 관련지을 수 있고, 연관이 있는 개념들은 연관된 발화 패턴으로 나타낼 수 있다. (3) 신피질 전체에서 수백만 가지의 패턴이 동시에 발화할 수 있고[67] 복잡한 방식으로 상호 작용할 수 있

다.[68]

예를 들면, 신피질 내부의 매우 복잡한 연결은 풍부한 연상 기억을 가능케 한다.[69] 뇌에 저장되는 하나의 기억은 위키백과의 한 페이지와 같다. 그것은 많은 곳에서 접속할 수 있으며 시간이 지나면 변할 수 있다. 위키백과 항목과 마찬가지로 기억은 멀티미디어가 될 수도 있다. 냄새나 맛, 소리 혹은 거의 어떤 감각 입력도 기억을 촉발할 수 있다.

또한 신피질의 발화 패턴이 지닌 유사성은 유추 사고를 촉진한다. 손의 위치를 낮추는 것을 나타내는 패턴은 목소리 음을 낮추는 것을 나타내는 패턴과 (심지어 온도 하강이나 역사에서 제국의 쇠퇴 같은 은유적 개념과도) 연관될 수 있다. 따라서 우리는 한 영역에서 어떤 개념을 배우면서 형성한 패턴을 완전히 다른 영역에 적용할 수 있다.

별개의 분야에서 유사성을 찾아내는 신피질의 능력은 역사에서 중요한 지적 도약을 낳는 데 기여했다. 예를 들면, 찰스 다윈Charles Darwin(1809~1882)의 진화론은 지질학 분야의 유추에서 비롯되었다. 다윈 이전에 서양 과학자들은 기본적으로 하느님이 각각의 종을 따로 만들었다고 믿었다. 진화론에 준하는 이론도 일부 있었는데, 가장 유명한 것은 장-바티스트 라마르크Jean-Baptiste Lamarck(1744~1829)의 이론이다. 라마르크는 동물은 점점 더 복잡한 종으로 진화하는 자연적 경향이 있으며, 부모가 평생 동안 획득하거나 발달시킨 특징이 자식에게 전달된다고 주장했다.[70] 그러나 이 이론들 각각에 대해 제안된 메커니즘은 부실하거나 아예 잘못된 것이었다.

한편 다윈은 스코틀랜드 지질학자인 찰스 라이엘Charles Lyell(1797~1875)의 연구를 공부하면서 다른 생각에 접하게 되었다. 라이엘은 거대한 협곡의 기원에 대해 논란이 많은 개념을 옹호한 인물이었다.[71] 당시의 주류 견해는, 협곡은 하느님이 창조한 모습 그대로 존재해왔으며 그곳을 흐르는 강물은 우연히 중력 작용을 통해 협곡 바닥으로 흘러들었을 뿐이라는 것이었다. 반면에 라이엘은 강이 **먼저** 흘렀고, 그 결과로 협곡이 나중에 형성되었다고 보았다. 그의 이론은 처음에는 강한 반대에 맞닥뜨렸고 받아들여지기까지 시간이 걸렸지만, 얼마 지나지 않아 과학자들은 흐르는 물의 힘이 암석에 미치는 작은 영향이 수백만 년 동안 계속되면 실제로 그랜드캐니언처럼 깊은 협곡이 만들어질 수 있다는 사실을 인정하게 되었다. 라이엘의 이론은 같은 스코틀랜드인 지질학자 제임스 허턴James Hutton(1726~1797)의 연구에 크게 의존했는데, 허턴은 바로 '동일 과정설'uniformitarianism[72]을 최초로 주장한 인물이다. 동일 과정설은 현재 세계의 모습이 성경에 나오는 격변적 홍수를 통해 만들어진 것이 아니라, 긴 시간 동안 점진적으로 작용하는 자연의 힘이 빚어낸 결과라고 설명한다.

다윈은 자기 분야에서 훨씬 위압적인 저항에 부닥쳤다. 생물학은 엄청나게 복잡하지만, 다윈은 박물학자로서 자신이 한 연구와 라이엘의 연구 사이에서 연관성을 발견했는데, 1859년에 출간한《종의 기원》서두에서 이를 언급했다. 그는 강물이 한 번에 적은 양의 암석을 침식하는 과정이 중요하다는 라이엘의 개념을 받아들여, 그 개념을 한 세대 동안 일어나는 미소한 유전적 변화에 적용했다. 다윈은 명백한 비유를 통해 자신의 이론을 변호했다. "현대 지질학이 단 한 번의 대홍수 파도로 거대한 계곡을 만들었다는 유의 견해를 거의 추방한 것처럼, 자연 선택 역시 올바른 원리라면 새로운 생물이 연속적으로 창조되었다거나 생물의 구조에 큰 변화가 갑작스럽게 생겼다는 믿음을 추방할 것이다."[73] 이 이론은 지금까지 우리 문명에서 일어난 가장 심오한 과학 혁명을 촉발했다. 뉴턴과 중력에서부터 아인슈타인과 상대성 이론에 이르기까지, 같은 영예를 놓고 다투는 다른 경쟁자들 역시 그 기반은 비슷한 유추적 통찰력에 있었다.

딥러닝:
신피질의 능력을 재현하다

어떻게 하면 신피질의 유연성과 추상화 능력을 디지털로 복제할 수 있을까? 이 장 서두에서 이야기했듯이, 규칙 기반의 기호적 체계는 너무 융통성이 없어 인간의 인지가 지닌 유동성을 제대로 구현할 수 없다. 연결주의적 접근법이 오랫동안 비실용적이었던 이유는 훈련하는 데 컴퓨팅 파워를 너무 많이 잡아먹기 때문이다. 하지만 그동안 계산 비용은 극적으로 하락했다. 왜 그랬을까?

무어의 법칙은 인텔의 공동 창립자 고든 무어(1929~2023)의 이름을 딴 것인데, 1965년에 그가 처음 이야기한 이 법칙은 그 후 정보 기술 분야에서 가장 두드러진 추세가 되었다.[74] 가장 잘 알려진 형태로 표현하면, 이 법칙은 점진적인 소형화 덕분에 하나의 컴퓨터 칩 위에 올려놓을 수 있는 트랜지스터의 수가 약 2년마다 두 배씩 늘어난다고 이야기한다. 컴퓨팅 분야의 기하급수적 진전을 의심하는 사람들은 집적 회로의 트랜지스터 밀도가 원자 수준에서 물리적 한계에 봉착할 것이기 때문에 결국에는 무어의 법칙이 무너질 것이라고 자주 지적했지만, 이 견해는 더 깊은 사실을 간과하고 있다. 무어의 법칙은 내가 '수확 가속의 법칙'이라 부르는 더 기본적인 힘의 한 예에 불과한데, 이 법칙은 정보 기술이 혁신의 피드백 고리를 만들어내는 현상을 이야기한다. 무어가 그 유명한 법칙을 이야기했을 때, 이미 그 전부터 수확 가속의 법칙에 따라 네 가지 주요 기술 패러다임—전기기계 장비, 계전기, 진공관, 트랜지스터—에서 가격 대비 성능이 기하급수적으로 증가해왔다. 그리고 집적 회로가 한계에 이른 뒤에는 나노 소재나 3차원 컴퓨팅을 사용하는 새 패러다임이 나타날 것이다.[75]

이러한 메가트렌드는 적어도 1888년부터(무어가 태어나기 훨씬 오래 전부터!) 꾸준히 그리고 기하급수적으로 계속 이어져왔다.[76] 그리고 2010년 무렵 마침내 신피질에서 일어나는 다층의 계층적 계산을 모형화한 연결주의적 접근법의 숨겨진 힘을 해방시킬 수 있는 문턱에 이르렀는데, 그 힘은 바로 딥러닝이다.《특이점이 온다》가 출간된 후 AI 분야에서 일어난 놀랍고도 급작스러운 돌파구를 가능케 한 것이 바로 딥러닝이다.

급진적인 변화를 가져올 딥러닝의 잠재력을 알린 첫 번째 돌파구는 AI가 바둑 게임에 통달한 것이었다. 바둑은 체스보다 경우의 수가 엄청나게 많고 어떤 수가 좋은 수인지 판단하기가 더 어렵기 때문에, 인간 체스 그랜드마스터를 이기는 데 효과가 있었던 AI의 접근법은 바둑에서는 거의 통하지 않았다. 낙관적인 전문가들조차 이 문제는 잘해야 2020년대에 가서야 해결될 것이라고 판단했다. (예를 들면, 2012년에 AI 미래학자 닉 보스트롬Nick Bostrom은 인공 지능이 바둑에 통달하는 시점을 2022년 이후로 추측했다.)[77] 하지만 2015~2016년에 알파벳의 자회사 딥마인드가 '심층 강화 학습'deep reinforcement learning을 사용하는 알파고AlphaGo를 만들었는데, 이는 거대한 신경망이 자체 게임을 처리하면서 성공과 실패를 통해 배우는 학습 방법이었다.[78] 알파고는 수많은 인간 바둑 기보를 바탕으로 학습을 시작했고, 그다음에는 스스로를 상대로 수많은 대국을 하면서 학습했으며, 그러다가 알파고 마스터 버전이 그 당시 바둑 세계 챔피언이던 중국의 커제를 꺾었다.[79]

몇 달 뒤에 알파고 제로가 나오면서 더 중요한 진전이 일어났다. 1997년에 IBM이 딥 블루로 체스 세계 챔피언 가리 카스파로프Garry Kasparov를 꺾었을 때, 그 슈퍼컴퓨터에는 프로그래머들이 인간 체스 전문가들로부터 모을 수 있는 모든 수가 가득 차 있었다.[80] 딥 블루는 다른 것에는 아무 쓸모가 없었다. 그것은 오로지 체스를 두는 기계일 뿐이었다. 이와는 대조적으로 알파고 제로는 게임의 규칙 말고는 바둑에 관한 인간의 정보를 전혀 제공받지 않았는데, 3일 동안 스스로를 상대로 바둑을 둔 끝에 무작위로 아무 수나 두던 단계에서 점점 진화해, 인간의 기보를 가지고 훈련받은 이전 버전인 알파고와 100판을 두어 100승 무패를 기록했다.[81] (2016년에 알파고는 그 당시 세계 바둑 랭킹 2위이던 이세돌과 다섯 판을 두어 4 대 1로 승리했다.) 알파고 제로는 새로운 형태의 강화 학습을 사용했는데, 여기서는 프로그램 자체가 자신의 교관이 되었다. 알파고 제로가 알파고 마스터 수준에 이르는 데에는 불과 21일밖에 걸리지 않았는데, 알파고 마스터는 온라인에서 최상위 프로 기사 60명과 대결해 이기고, 2017년에 세계 챔피언 커제와 세 판을 두어 모두 이긴 버전이다.[82] 알파고 제로는 40일 뒤에는 나머지 모든 알파고 버전을 앞질렀고, 인간과 컴퓨터 버전 전체를 통틀어 최고의 경지에 이르렀다.[83] 인간이 둔 바둑에 대한 정보 입력이나 인간의 개입이 전혀 없이 이 일을 해냈다.

하지만 딥마인드의 가장 획기적인 성취는 이것이 아니다. 그다음에 나온 알파제로AlphaZero는 바둑에서 배운 능력을 체스 같은 다른 게임으로 전이할 수 있었다.[84] 그 프로그램은 인간 도전자를 모두 물리쳤을 뿐만 아니라 체스를 두는 다른 기계도 모두 물리쳤는데, 규칙 외에는 사전

지식이 전혀 없는 상태에서 불과 네 시간만 훈련한 뒤에 그런 능력을 발휘했다. 알파제로는 쇼기將棋(장기와 비슷한 일본의 보드게임)에서도 성공을 거두었다. 이 글을 쓰고 있는 현재 나와 있는 최신 버전은 뮤제로MuZero인데, 심지어 규칙조차 가르쳐주지 않은 상태에서 이런 능력을 반복적으로 보여주었다![85] 이러한 '전이 학습'transfer learning능력으로 뮤제로는 우연이나 모호성이나 숨겨진 정보가 없는 것이라면 어떤 보드게임에도, 또 아타리의 '퐁'Pong 같은 결정론적 비디오 게임에도 모두 통달할 수 있다. 한 영역에서 얻은 학습을 연관된 주제로 옮겨 적용하는 이 능력은 인간 지능의 핵심 특징이다.

그러나 심층 강화 학습은 단지 이런 게임을 마스터하는 데에만 국한되지 않는다. 불확실성이 개재하고 상대방에 대한 정교한 이해가 필요한 '스타크래프트 II'나 포커 게임을 할 수 있는 AI도 최근에 모든 인간을 넘어서는 성과를 보여주었다.[86] 유일한 예외(현재로서)는 고도의 언어 능력이 필요한 보드게임이다. 대표적인 예는 '디플로머시'로, 이것은 운이나 기술만으로는 이기기가 불가능하며 상대방과 서로 대화를 나누는 외교가 필요한 세계 지배 게임이다.[87] 승리를 거두려면, 자신에게 도움이 되는 수가 상대방에게도 이익이 된다고 사람들을 설득할 수 있어야 한다. 따라서 디플로머시 게임에서 일관되게 우위를 점할 수 있는 AI는 광범위한 속임수와 설득 기술에도 통달해야 할 것이다. 그런데 디플로머시에서도 AI는 2022년에 인상적인 진전을 보였는데, 특히 메타의 시세로CICERO는 많은 인간 플레이어를 물리칠 수 있다.[88] 지금은 이러한 획기적인 진전이 거의 매주 일어나고 있다.

게임에서 손쉽게 우위를 점하는 딥러닝 능력은 복잡한 현실 세계 상황에도 적용할 수 있다. 우리에게 필요한 것은 기본적으로 AI가 배우려고 노력하는 영역(다양한 상황과 모호성이 넘치는 자동차 운전 경험처럼)을 재현할 수 있는 시뮬레이터이다. 운전석에 앉아 있는 동안 갑자기 다른 차가 바로 앞에서 급정거하거나 반대 방향에서 나를 향해 돌진해 오는 것에서부터 아이가 공을 따라 거리로 뛰어드는 것까지 온갖 종류의 일이 일어날 수 있다.

이 문제를 해결하기 위해 알파벳의 자회사 웨이모는 자율 주행 자동차를 위한 자율 주행 소프트웨어를 개발했지만, 처음에는 모든 주행에 인간 감시 요원을 탑승시켰다.[89] 웨이모는 이러한 주행의 모든 측면을 기록했고, 그 결과를 바탕으로 매우 포괄적인 시뮬레이터를 만들 수 있었다. 실제 자동차들의 주행 거리가 (이 글을 쓰고 있는 현재) 2000만 마일(약 3200만 km) 이상을 기록했기 때문에,[90] 현실을 모방한 이 가상공간에서 시뮬레이션 자동차들이 수십억 마일을 달리면서 훈련할 수 있다.[91] 이 방대한 경험 축적에 힘입어 실제 자율 주행 자동차는 결국 인간 운전자보다 훨씬 나은 운전 실력을 보여줄 것이다. 제6장에서 더 자세히 이야기하겠지만, 이와 비슷하게 AI는 단백질이 어떻게 접히는지 예측하는 데에도 다양한 종류의 새로운 시뮬레이션 기술을 사용하고 있다. 이것은 생물학에서 가장 어려운 문제 중 하나로, 이 문제가 풀리면 획기적인 의약품을 개발하는 데 큰 진전이 일어날 것이다.

그런데 뮤제로가 많은 게임을 정복할 수 있는 반면, 그 성과는 아직 비교적 좁은 범위에 국한돼 있다. 뮤제로는 소네트*를 쓰거나 환자를 위로할 수 없다. AI가 인간 신피질의 경이로운 일반성 수준에 이르려면 언어에 통달할 필요가 있다. 우리가 서로 아주 다른 인지 영역을 연결하고 고

---

* 각 행이 10음절로 된 14행의 짧은 시가.

차원적 기호를 통해 지식을 전달할 수 있는 것은 바로 언어 덕분이다. 즉, 언어 덕분에 우리는 뭔가를 배우기 위해 수백만 가지의 미가공 데이터를 볼 필요가 없다. 우리는 단 한 문장으로 요약된 것만을 읽고서 지식을 획기적으로 업데이트할 수 있다.

이 분야에서 가장 빠른 진전은 단어의 의미를 아주 많은 차원의 공간에서 나타내는 심층 신경망을 사용해 언어를 처리하는 접근법에서 일어나고 있다. 이것을 할 수 있는 수학적 기술은 여러 가지가 있지만, 요점은 AI가 기호적 접근법에 필요한 엄격한 언어 규칙 없이 언어의 의미를 발견하게 하는 것이다. 한 예로, 다층 피드포워드 신경망을 만들고 수십억 개(혹은 수조 개)의 문장으로 훈련시킬 수 있다. 이 문장들은 웹의 공개된 출처에서 수집할 수 있다. 그런 다음, 신경망을 사용해 각 문장에 500차원 공간(즉, 500개의 숫자로 된 목록. 이 숫자는 임의적이며 매우 큰 수가 될 수 있다)의 한 점을 부여한다. 처음에 문장에는 500개의 값이 각각 무작위로 할당된다. 훈련 동안에 신경망은 500차원 공간 내에서 비슷한 의미를 가진 문장끼리 가까워지고 비슷하지 않은 문장은 서로 멀어지도록 문장의 위치를 조정한다. 이 과정을 수십억 개의 문장을 대상으로 실행한다면, 500차원 공간 내에서 문장의 위치는 가까이 있는 문장들을 통해 그 의미를 알려줄 것이다.

이런 식으로 AI는 문법책이나 사전이 아니라 단어가 실제로 사용되는 맥락에서 그 의미를 배운다. 예를 들면, 어떤 맥락에서는 사람들이 잼을 먹는다고 이야기하고 다른 맥락에서는 전기기타로 잼(즉흥 연주)을 한다고 이야기하지만, 전기기타를 먹는 이야기는 아무도 하지 않는다는 사실로 미루어 AI는 '잼'jam이란 단어에 특유의 동음이의어가 있다는 사실을 배우게 될 것이다. 학교에서 공식적으로 배우거나 명시적으로 찾아보는 극소수 비율의 어휘를 제외한다면, 우리는 모든 단어를 바로 이런 식으로 배운다. 그리고 AI는 이미 자신의 연상 능력을 텍스트 영역을 벗어나는 범위까지 확장했다. 2021년에 오픈AI OpenAI가 시작한 클립CLIP 프로젝트는 이미지를 그것을 설명하는 텍스트와 연결하도록 훈련받은 신경망이다. 그 결과로 클립의 노드는 "문자로든 기호로든 개념으로든, 동일한 개념이 제시된다면 그것에 반응"할 수 있다.[92] 예를 들면, 동일한 노드가 거미 사진이나 스파이더맨 그림이나 '거미'라는 단어에 반응해 발화할 수 있다. 이것은 인간 뇌가 맥락에 따라 개념을 처리하는 것과 정확하게 동일한 방식이며, AI로서는 거대한 한 걸음에 해당한다.

이 방법의 또 한 가지 변형은 **모든 언어**로 된 문장들을 500차원 공간에 담는 것이다. 이때 한 언어의 문장을 다른 언어의 문장으로 번역하고 싶다면, 이 초차원 공간에서 가장 가까운 지점에 있는 다른 목표어 문장을 찾아보기만 하면 된다. 그 공간에서 가까이 있는 다른 문장들을 살펴봄으로써 의도한 의미에 상당히 가까운 딴 문장들도 발견할 수 있다. 세 번째 방법은 쌍을 이룬 500차원 공간을 2개 만드는 것인데, 그중 하나는 첫 번째 공간의 질문에 대한 답을 내놓는다. 그러려면 하나가 다른 하나에 대한 응답인 문장 수십억 개를 조합하는 것이 필요하다. 이 개념을 더 확장해 '보편 문장 인코더'Universal Sentence Encoder를 만들 수 있는데,[93] 이것은 구글의 우리 팀이 데이터세트에 있는 각 문장을 '아이러니한', '유머러스한', '긍정적인'처럼 감지된 수천 가지 특징으로 임베딩*하기 위해 만들었다. 이렇게 더 풍부한 데이터로 훈련시킨 AI는 인간이 언어를

* 임베딩embedding은 고차원 데이터를 저차원 벡터로 변환하여 데이터 간의 유사성을 쉽게 파악하고 계산 효율성을 높이는 방법이다. 단어 임베딩에서는 단어를 벡터로 변환해 의미가 가까운 단어들끼리 가까운 위치에 있게 한다.

사용하는 방식을 흉내내는 것뿐만 아니라, 문장 속의 단어가 지닌 문자 그대로의 의미만으로는 명백하게 드러나지 않을 수 있는 더 심오한 의미론적 특징을 파악하는 법을 배울 수 있다. 이러한 메타지식은 더 깊은 이해를 제공한다.

우리는 구글에서 이 원리를 바탕으로 대화 언어를 사용하고 생산할 수 있는 앱을 많이 만들었다. 그중에서 눈길을 끄는 것 하나는 지메일 스마트 답장Gmail Smart Reply이다.[94] 지메일이 있는 사람이라면 지메일이 각 이메일에 대해 세 가지 답장을 추천한다는 사실을 알아챘을 것이다. 그 답변들은 해당 이메일과 연결된 다른 모든 이메일, 제목, 상대방에 대한 기타 단서까지 고려해 만들어진다. 이메일의 이 모든 요소를 처리하려면 대화의 각 지점을 다차원적으로 표현하는 바로 이런 종류의 방식이 필요하다. 이것은 오가는 대화를 나타내는 언어 내용의 계층적 표현이 다층 피드포워드 신경망과 결합된 것이다. 지메일 스마트 답장은 처음에는 일부 사용자에게 거북하게 느껴졌지만 자연스러움과 편리함 때문에 금방 사용자들에게 환영을 받았고, 지금은 지메일 트래픽에서 작지만 유의미한 비율을 차지한다.

이 접근법에 기반을 둔 또 하나의 구글 기술은 '토크 투 북스'Talk to Books이다. (이것은 2018년부터 2023년까지 실험적 독립 서비스로 이용할 수 있었다.) 토크 투 북스를 설치하면, 어떤 질문이건 할 수 있었다. 그러면 소프트웨어가 0.5초 만에 10만 권 이상의 책에서 모든 문장(모두 합쳐 5억 개)을 검토한 뒤에 가장 적합한 답을 내놓았다. 이것은 핵심어 일치와 사용자 클릭 수 빈도, 그 밖의 측정을 결합해 적절한 링크를 찾아주는 일반적인 구글 검색을 응용한 것이 아니었다. 대신에 질문의 실제 의미와 10만 권 이상의 책에 들어 있는 문장 5억 개 각각의 의미를 검토하는 방식으로 작동했다.

초차원 언어 처리의 가장 유망한 응용 중 하나는 '트랜스포머'transformer 라는 AI 시스템이다. 이것은 입력 데이터 중에서 가장 적절한 부분에 연산 능력을 집중시키는(인간의 신피질이 우리의 사고에 가장 중요한 정보에 주의를 집중하게 만드는 것과 거의 같은 방식으로) '주의' 메커니즘을 사용하는 딥러닝 모델이다. 트랜스포머는 방대한 양의 텍스트로 훈련받으면서 텍스트를 '토큰'token(대개는 단어 일부와 단어, 단어열의 조합)으로 부호화한다. 그러고 나서 이 모델은 엄청나게 많은 수의 '파라미터'(이 글을 쓰고 있는 현재 수십억~수조 개나 되는)를 사용해 각각의 토큰을 분류한다. 여기서 파라미터는 뭔가에 대한 예측을 하기 위해 사용하는 요소로 생각하면 된다.

작은 예로서, "이 동물은 코끼리일까?"를 예측하기 위해 단 하나의 파라미터만 사용할 수 있다면, 나는 '기다란 코'를 선택할 수 있다. 따라서 만약 동물이 기다란 코를 갖고 있는지 여부를 판단하는 신경망의 노드가 발화한다면("그래, 갖고 있어."), 트랜스포머는 그 동물을 코끼리로 분류할 것이다. 하지만 그 노드가 기다란 코를 완벽하게 인식하는 법을 배운다 하더라도, 기다란 코를 가졌으면서도 코끼리가 아닌 동물이 일부 있기 때문에 하나의 파라미터만 사용하는 모델은 분류를 제대로 할 수 없을 것이다. '털로 뒤덮인 몸' 같은 파라미터를 추가함으로써 정확성을 높일 수 있다. 이제 두 노드가 모두 발화한다면('털로 뒤덮인 몸'과 '기다란 코'), 나는 그 동물이 어쩌면 코끼리가 아니라 털매머드일 가능성이 있다고 추측할 수 있다. 파라미터가 많아질수록 더 많은 세부 사실을 파악할 수 있고, 그 결과로 더 나은 예측을 할 수 있다.

트랜스포머에서 그러한 파라미터는 신경망 노드 사이의 가중치로 저장된다. 그리고 현실에서 파라미터는 때로는 '털로 뒤덮인 몸'과 '기다란 코'처럼 인간이 이해할 수 있는 개념에 해당하지만, 모델이 훈련 데이터에서 발견한 매우 추상적인 통계적 관계를 나타낼 때가 많다. 트랜스포머 기반 대규모 언어 모델은 이런 관계를 사용해 어떤 토큰이 인간의 특정 입력 프롬프트prompt*를 따를 가능성이 가장 높은지 예측할 수 있다. 그러고 나서 그 토큰을 인간이 이해할 수 있는 텍스트(혹은 이미지나 오디오나 영상)로 다시 전환한다. 구글 연구자들이 2017년에 발명한 이 메커니즘은 지난 몇 년간 AI 분야에서 일어난 엄청난 진전 중 대부분을 견인했다.[95]

여기서 이해해야 할 핵심은 트랜스포머가 정확성을 위해 엄청나게 많은 파라미터에 의존한다는 사실이다. 그러려면 훈련과 사용 모두에 어마어마한 양의 계산이 필요하다. 오픈AI가 2019년에 내놓은 GPT-2 모델은 사용한 파라미터 수가 15억 개였고,[96] 성공의 불빛이 잠깐 번득였지만 그다지 잘 작동하지 못했다. 하지만 트랜스포머가 1000억 개 이상의 파라미터를 갖게 되자, AI가 자연어를 다루는 데 큰 돌파구가 열렸다(그리고 갑자기 지능과 정교함을 갖추고 스스로 질문에 답할 수 있게 되었다). GPT-3는 2020년에 1750억 개의 파라미터를 사용했고,[97] 1년 뒤에 딥마인드가 내놓은 모델 고퍼Gopher는 2800억 개의 파라미터를 사용하면서 더욱 뛰어난 성능을 발휘했다.[98] 2021년에는 구글이 1조 6000억 개의 파라미터를 사용하는 트랜스포머인 스위치Switch를 내놓으면서 이를 오픈 소스로 제공해 자유롭게 적용하고 확장할 수 있게 했다.[99] 비록 스위치의 기록적인 규모가 눈길을 끌긴 했지만, 가장 중요한 혁신은 '전문

---

* 특정 작업을 수행하도록 지시하거나 질문하는 입력 텍스트.

가 혼합'mixture of experts이라는 기술이었다. 이 접근법으로 트랜스포머는 주어진 과제를 처리하기 위해 모델에서 관련성이 가장 높은 부분을 더 효율적으로 사용하도록 집중할 수 있었다. 이것은 모델이 점점 커짐에 따라 계산 비용이 통제 불능 상태로 증가하는 것을 방지할 수 있는 중요한 진전이다.

그렇다면 규모가 왜 그토록 중요할까? 간단히 말하면, 규모는 모델이 훈련 데이터의 더 깊은 특징에 접근할 수 있게 해준다. 소규모 모델은 역사적 데이터를 사용해 온도를 예측하는 것처럼 소규모 과제를 다룰 때에는 비교적 잘 작동한다. 하지만 언어는 근본적으로 종류가 다른 과제이다. 문장을 시작하는 방법이 사실상 무한하기 때문에, 트랜스포머가 수천억 개의 텍스트 토큰으로 훈련을 한다 하더라도, 단순히 인용 구절을 문자 그대로 기억하는 것만으로는 문장을 제대로 완성할 수 없다. 대신에 수십억 개의 파라미터를 사용해 프롬프트의 입력 단어를 연상적 의미 수준에서 처리할 수 있고, 그러고 나서 이용 가능한 맥락을 사용해 역사상 한 번도 보지 못한 완성형 텍스트를 조합할 수 있다. 훈련용 텍스트에는 질문과 답변, 기명 칼럼, 연극 대사처럼 아주 다양한 문체의 텍스트가 포함되기 때문에, 트랜스포머는 프롬프트의 성격을 인식하고 적절한 문체로 출력을 생성하는 법을 배울 수 있다. 냉소주의자는 이를 번지르르한 통계의 속임수라고 일축할 수 있지만, 그 통계 결과는 수백만 인간의 창의적 결과물을 모은 것에서 만들어지기 때문에 AI는 자신만의 진정한 창의성에 도달하게 된다.

그러한 모델 중에서 상업적으로 출시되고 사용자에게 깊은 인상을 주는 방식으로 창의성을 보여준 최초의 모델은 바로 GPT-3였다.[100] 예를 들면, 철학자 아만다 애스켈Amanda Askell은 철학자 존 설John Searle의 유명한 '중국어 방 논증'Chinese room argument*[101]에서 인용한 구절을 GPT-3에 입력해보았다. 이 사고 실험은 중국어를 모르는 사람은 컴퓨터 번역 알고리듬을 수동으로 조작해 중국어를 번역하더라도 그 번역되는 내용을 이해하지 못할 것이라고 이야기한다. 그렇다면 동일한 프로그램을 사용하는 AI가 자신이 내놓는 답을 정말로 이해했다고 말할 수 있겠는가? GPT-3는 이에 "내가 이야기의 단어를 하나도 이해하지 못한다는 것은 명백합니다."라고 답하면서 번역 프로그램은 정형화된 체계일 뿐이며 "요리책이 음식을 설명하지 않는 것과 마찬가지로 이해에 대해 설명하지 않습니다."라고 설명했다. 이 은유는 이전에 어느 곳에서도 나타난 적이 없었지만, 레시피는 케이크의 속성을 완전히 설명하지 않는다는 철학자 데이비드 차머스David Chalmers의 은유를 새롭게 변형한 것으로 보인다. 이것은 다윈이 진화를 발견하는 데 도움을 준 것과 정확하게 같은 종류의 유추이다.

GPT-3가 보여준 또 다른 능력은 문체의 창의성이다. 이 모델은 엄청나게 방대한 데이터세트를 깊이 소화할 만큼 충분히 많은 파라미터를 사용했기 때문에, 인간이 사용하는 사실상 모든 종류의 글에 능숙했다. 사용자는 어떤 주제의 질문에 대해 엄청나게 다양한 문체—과학적 글에서부터 어린이 책, 시, 시트콤 대본에 이르기까지—로 답을 제시하라고 요구할 수 있었다. GPT-3는 심지어 살아 있거나 세상을 떠났거나 상관없이 특정 작가의 문체를 흉내낼 수도 있었다. 컴퓨터 프로그래머 매케

---

* 중국어를 모르는 사람이 방 안에 갇혀서 중국어로 된 질문에 대해 일련의 규칙에 따라 답변을 하면, 방 밖의 질문자는 그가 중국어를 안다고 생각할 것이다. 하지만 실제로 그는 중국어를 전혀 모르며, 단순히 규칙을 따르는 것일 뿐이다. 미국의 철학자 존 설은 1980년 이 논증을 통해 컴퓨터가 아무리 지능적이고 인간적으로 행동하더라도 마음이나 이해나 의식을 가질 수는 없다고 주장했다.

이 리글리Mckay Wrigley가 GPT-3에게 "어떻게 하면 우리가 더 창의적이 될 수 있을까?"라는 질문을 하면서 대중심리학자 스콧 배리 카우프만Scott Barry Kaufman의 문체로 답하라고 요구하자, GPT-3는 진짜 카우프만이 "정말로 나에게서 나올 법한" 것이라고 인정한 신선한 답변을 내놓았다.[102]

2021년에 구글은 람다LaMDA를 내놓았는데, 람다는 현실에서 일어나는 실제 대화처럼 자유로운 대화에 최적화된 모델이었다.[103] 예컨대, 람다에게 웨들바다표범의 입장에서 질문에 답하라고 하면, 람다는 웨들바다표범의 관점에서 일관성 있고 재치 있는 답을 내놓는다. 가상의 사냥꾼에게 "하하, 행운을 빌어요. 우리에게 총을 쏘기 전에 얼어죽지 않길 기도할게요!"라고 하는 식이다.[104] 람다는 오랫동안 AI가 다가가지 못했던 종류의 맥락 지식을 보여주었다.

2021년에 일어난 또 하나의 놀라운 진전은 멀티모달multimodal 능력이었다. 이전의 AI 시스템은 일반적으로 한 종류의 데이터만 입력하고 출력하는 제약이 있었다. 그래서 이를테면 일부 AI 시스템은 이미지 인식에, 다른 시스템은 오디오 분석에, 대규모 언어 모델은 자연어 대화에 초점을 맞추어야 했다. 다음 단계는 하나의 모델에서 여러 형태의 데이터를 연결하는 것이었다. 오픈AI는 DALL-E(초현실주의 화가 살바도르 달리Salvador Dalí와 픽사가 제작한 영화 〈월-E〉에서 딴 말장난 이름)를 내놓았는데,[105] 이것은 단어와 이미지 사이의 관계를 이해하도록 훈련받은 트랜스포머이다. 그 덕분에 DALL-E는 텍스트 설명만을 바탕으로 완전히 새로운 개념의 일러스트레이션(예컨대 '아보카도 모양의 안락의자')을 만들 수 있었다. 2022년에는 그 후속작인 DALL-E 2가 나왔고,[106] 그와 함께 구글의 이마젠Imagen과 미드저니Midjourney, 스테이블 디퓨전Stable Diffusion

처럼 다양한 모델이 이 능력을 사실상 포토리얼리즘 수준의 이미지로까지 확장했다.[107] '카우보이모자와 검은색 가죽 재킷을 걸치고 산꼭대기에서 자전거를 타는 보송보송한 판다 사진'처럼 단순한 텍스트 입력만으로 AI는 현실과 매우 흡사한 장면을 만들어낼 수 있다.[108] 이러한 창의성은 최근까지만 해도 인간의 전유물로 여겨졌던 여러 창의적 분야에 큰 변화를 가져올 수 있다.

이 멀티모달 모델은 경이로운 이미지를 만들어내는 데 그치지 않고 더 근본적인 돌파구를 열었다. 일반적으로 GPT-3 같은 모델은 '퓨샷 학습'few-shot learning의 예를 보여준다. 즉, 이 모델들은 훈련을 받고 나면 상당히 적은 수의 텍스트 샘플만으로도 상당히 그럴듯한 완성작을 만들어낼 수 있다. 이것은 이미지에 초점을 맞춘 AI에게 유니콘처럼 낯선 이미지 다섯 장만 보여주고서(이전 방법들처럼 5000장 또는 500만 장을 보여주는 대신에) 새로운 유니콘 이미지를 인식하게 하거나, 심지어 스스로 유니콘 이미지를 만들게 하는 것과 같다. 하지만 DALL-E와 이마젠은 '제로샷 학습'zero-shot learning에도 탁월한 성과를 보여줌으로써 여기서 더 극적인 한 걸음을 내디뎠다. DALL-E와 이마젠은 학습한 개념을 결합해 훈련 데이터에서 보았던 그 어떤 것과도 확연히 다른 새 이미지를 만들 수 있었다. '발레복을 입은 아기 무가 개를 산책시키는 그림' 같은 텍스트를 입력받은 DALL-E는 정확하게 그런 모습의 만화 이미지들을 쏟아냈다. '하프의 질감을 가진 달팽이'라는 입력에도 동일한 반응을 보였다. 심지어 '사랑에 빠진 버블티를 전문가 수준으로 표현한 고품질 이모지'를 만들었는데, 차에 떠 있는 타피오카 알갱이 위에 반짝이는 하트 모양의 눈까지 곁들여 마무리했다.

제로샷 학습은 유추 사고와 지능 자체의 본질이다. 제로샷 학습은 AI

가 단순히 우리가 제공한 것을 앵무새처럼 되읊는 게 아님을 입증한다. AI는 개념을 새로운 문제에 창의적으로 적용하는 능력을 통해 실제로 개념을 학습한다. 2020년대에 인공 지능이 해결해야 할 과제는 이 능력을 완성하고 더 많은 영역으로 확대하는 것이다.

AI 모델은 특정 종류의 과제 내에서 제로샷 유연성을 갖추는 것 외에 여러 분야를 넘나드는 교차 영역 유연성도 빠르게 발전하고 있다. 뮤제로가 다양한 게임을 넘나들며 통달할 수 있음을 보여준 지 불과 17개월 뒤에 딥마인드가 가토Gato를 공개했는데, 이 단일 신경망은 비디오 게임을 하거나 텍스트 채팅을 하는 것에서부터 이미지에 캡션을 달거나 로봇 팔을 제어하는 것에 이르기까지 다양한 과제를 처리할 수 있었다.[109] 이 능력 중에서 그 자체로 새로운 것은 하나도 없지만, 그것들을 결합해 하나의 통합된 뇌와 비슷한 시스템으로 만드는 것은 인간 방식의 일반화를 향한 큰 걸음이며, 향후의 급속한 진전을 예고한다. 《특이점이 온다》에서 나는 튜링 테스트에 성공하기 이전에 수천 가지 개별 기술을 통합해 하나의 AI로 만드는 날이 올 것이라고 예측했다.

인간의 지능을 유연하게 적용할 수 있는 가장 강력한 도구 중 하나는 컴퓨터 프로그래밍이다(사실, 처음에 우리가 AI를 만든 방법도 바로 이것이다). 2021년에 오픈AI는 사용자의 자연어 프롬프트를 파이썬과 자바스크립트, 루비를 비롯해 다양한 언어의 실행 코드로 번역하는 코덱스Codex를 내놓았다.[110] 이로써 프로그래밍 경험이 전혀 없는 사람도 불과 몇 분만에 프로그램에 시키길 원하는 명령어를 타자하고, 단순한 게임이나 앱을 만들 수 있게 되었다. 딥마인드가 2022년에 내놓은 모델인 알파코드[111]는 훨씬 유창한 코딩 능력을 뽐냈고, 여러분이 이 책을 읽을 무렵에는 훨씬 강력한 프로그래밍 AI를 이용할 수 있을 것이다. 향후 몇 년 사이에 그런 능력은 인간의 엄청난 잠재력을 분출시킬 텐데, 전에는 소프트웨어를 통해 창의적인 아이디어를 실행하는 데 코딩 기술이 필수였지만 이제는 더 이상 그것이 걸림돌이 되지 않기 때문이다.

하지만 내가 방금 소개한 이 모든 성과에도 불구하고, 이 모델들은 복잡한 과제에 직면했을 때 인간의 도움이 없으면 모두 애로를 겪었다. 하위 과제를 개별적으로 모두 완수할 수 있다 하더라도, 모든 것을 꿰어맞춰 전체 과제를 완수할 수 있는 방법을 찾기가 어려웠다. 2022년 4월, 5400억 개의 파라미터를 사용한 구글의 PaLM 모델은 이 문제에서 경이로운 진전을 이루었는데, 특히 우리의 지능에서 기본적인 두 분야인 유머와 추론적 사고에서 두드러진 성과를 보였다.[112]

유머는 본질적으로 인간의 전유물처럼 보이는데, 아주 많은 요소를 바탕으로 하고 있기 때문이다. 어떤 농담을 '이해'하려면, 말장난과 아이러니 또는 사람들이 공유하는 공통 경험 같은 개념을 이해해야 할 필요가 있다. 이런 여러 가지 개념이 복잡한 방식으로 결합될 때도 많다. 언어와 문화를 넘어 농담을 번역하기 어려울 때가 많은 이유는 이 때문이다. PaLM은 농담을 읽고 그것이 왜 재미있는지 정확하게 설명할 수 있었다. 예컨대, PaLM에 다음과 같은 농담을 던져보았다. "나는 오후 5시에 논문을 쓰기 시작하려고 했어. 그러다가 이 멋진 새로운 언어 모델을 가지고 10분만 놀기로 했지. 그런데 10분이 지나자, 갑자기 오후 9시 30분이 되어버렸지 뭐야!"[113] PaLM은 다음의 완벽한 설명을 내놓았다.

> 이 농담은 재미있는 시간이 얼마나 빨리 흘러가는가를 이야기하고 있습니다. 이 사람은 오후 5시에 논문을 쓰기 시작하려고 했지만, 대신에 언어 모델과 놀기 시작했지요. 10분만 놀았다고 생각했지만, 실제로는 4시간 30분이 지

나가고 말았습니다.[114]

더 중요한 것은, 비록 PaLM이 아직은(적어도 2023년 현재까지는) 사람만큼 깊이 추론하지는 못하지만, 자신이 어떻게 그런 결론에 이르렀는지 '사고의 사슬'chain-of-thought 추론을 통해 설명했다는 사실이다. 이것은 교사들이 논술 과제를 내줄 때 원하는 것이다. 정답을 앵무새처럼 읊조리는 것은 교사가 원하는 목적이 아니다. 일관성 있는 추론을 단계별로 이어감으로써 더 깊은 이해 능력을 입증하도록 하는 것이 목적이다. 하지만 대규모 언어 모델들은 너무나도 불투명해 특정 결론에 어떻게 이르렀는지 우리가 짐작하기 어려울 때가 많다. 그래서 이 과정을 명확하게 하기 위해 PaLM은 더 신뢰할 수 있는 결과를 제공하는 동시에, 오류가 발생했을 때 소프트웨어 엔지니어가 문제를 정확하게 진단할 수 있도록 도와준다. 또한 매우 총명한 사람도 어려워할 만큼 아주 복잡한 질문도 더 작은 부분으로 쪼개면, PaLM이 정확한 답을 내놓게 하는 데 도움이 된다는 사실이 밝혀졌다.[115]

- **입력:** 마이클은 프랑스에서 아주 유명한 박물관에서 가장 유명한 그림을 보고 있다. 하지만 이 그림을 그린 화가는 마이클에게 어린 시절에 좋아했던 만화 캐릭터를 떠오르게 했다. 그 만화 캐릭터가 평소에 손에 들고 있던 물체는 어느 나라의 것인가?
- **모델의 출력:** 루브르에서 가장 유명한 그림은 <모나리자>입니다. <모나리자>를 그린 화가는 레오나르도 다빈치입니다. 레오나르도 다빈치는 만화영화 <닌자 거북이>에 나오는 주인공의 이름이기도 합니다. 레오나르도 다빈치는 이탈리아 출신입니다. 레오나르도 다빈치가 평소에 손에 들고

있는 것은 일본도입니다. 일본도의 기원은 일본이지요. 따라서 답은 '일본'입니다.

2022년 11월, 오픈AI는 챗GPTChat-GPT라는 인터페이스를 출시했는데, 이를 통해 일반 대중이 처음으로 대규모 언어 모델 GPT-3.5와 손쉽게 상호 작용할 수 있게 되었다.[116] 2개월 만에 1억 명이 이 모델을 사용해보았는데, 아마 그중에 당신도 포함돼 있을 것이다.[117] 이 시스템은 주어진 질문에 새롭고 다양한 답을 많이 제시할 수 있기 때문에 교육에 큰 방해 요소가 되었다. 학생들이 챗GPT를 사용해 글을 작성하더라도, 교사들은 그러한 부정행위를 확실하게 적발할 방법이 없었기 때문이다(유망한 도구가 일부 있긴 하지만).[118]

2023년 3월에는 공개 테스트를 위한 GPT-4가 챗GPT를 통해 출시되었다. 이 모델은 SAT와 LSAT, AP 테스트,* 변호사 시험처럼 광범위한 시험에서 훌륭한 성적을 거두었다.[119] 하지만 가장 중요한 진전은 물체와 행동 사이의 관계를 이해함으로써 가상 상황을 유기적으로 추론하는 능력—세계 모델링world modeling이라 부르는 능력—이었다.

이 능력 덕분에 GPT-4는 단지 복잡한 물리학 문제 같은 질문에 답을 내놓는 데 그치지 않고, 만약 물리학 법칙이 어떤 방식으로 변하면 무슨 일이 일어날지 정확하게 추론할 수 있다. 또한 다른 인물의 관점에서 상황을 조망할 수도 있다. 예를 들면, GPT-4는 서로 반대 방향에서 숫자를 바라보는 두 사람에게 숫자가 좌우 반전된 형태로 보이리란 사실을 인

---

* SAT는 미국의 대학 입학 시험이고, LSAT는 로스쿨 입학시험이다. AP 테스트는 대학 과목을 고등학교 때 이수하고 학점을 인정받기 위해 치르는 시험이다.

식할 수 있다. 또, 추를 매단 실에 붙들려 있는 풍선 사진을 보고서 만약 실을 자른다면 풍선이 날아갈 것이라고 추론할 수 있다.[120] GPT-4는 심지어 시간이 지남에 따라 공간에서 이동하는 물체의 궤적을 추적할 수 있는데, 보안 엔지니어 대니얼 펠드먼Daniel Feldman이 시험한 사례가 이를 잘 보여준다.

- **프롬프트:** 나는 집에 있다. 거실 의자 위에 커피 잔이 놓여 있다. 커피 잔 안에는 골무가 있다. 골무는 커피 잔 안에 꽉 끼여 있지 않다. 골무 안에는 다이아몬드가 하나 있다. 나는 의자를 침실로 옮긴다. 그런 다음, 커피 잔을 침대 위로 옮긴 후 거꾸로 뒤집는다. 커피 잔을 다시 바로 세워서 주방 조리대 위에 갖다놓는다. 내 다이아몬드는 어디에 있을까?
- **답:** 커피 잔을 침대 위에서 뒤집었을 때, 골무 안의 다이아몬드가 침대로 떨어졌을 가능성이 높습니다. 그러니 지금 다이아몬드는 침대 위에 있습니다.[121]

이 책의 집필이 끝나가는 2023년 중반 현재 최근에 일어난 가장 주요한 혁신은 PaLM-E인데, 구글이 내놓은 이 시스템은 PaLM의 추론 능력을 로봇과 결합해 구현한 것이다.[122] 이 시스템은 자연어 명령어를 입력받아 그것을 복잡한 물리적 환경에서 수행할 수 있다. 예를 들면, "서랍에서 라이스칩을 꺼내 내게 갖다주렴."이라는 지시를 받으면, PaLM-E는 주방을 가로질러 서랍으로 가 칩을 찾고 그것을 꺼내 갖다줄 수 있다. 이런 능력은 AI의 현실 세계 진입을 빠르게 확대할 것이다.

하지만 AI의 발전이 너무나도 빠르게 일어나고 있어 전통적인 책으로는 그 속도를 따라잡기가 어렵다. 책을 디자인하고 조판을 거쳐 인쇄하기까지는 거의 1년이 걸린다. 출판되자마자 구입했다 하더라도, 당신이 이 책을 읽을 무렵에는 이미 새로운 진전이 많이 일어났을 것이다. 그리고 AI는 여러분의 일상생활 속으로 더 깊이 침투해 있을 것이다. 약 25년 동안 지속된 인터넷 검색의 오래된 '링크-페이지' 패러다임은 구글의 바드Bard(GPT-4를 뛰어넘은 제미나이 모델로 구동되고, 이 책이 최종 조판 단계에 들어갔을 때 출시된)와 마이크로소프트의 빙Bing(GPT-4의 변형 버전으로 구동되는) 같은 AI 어시스턴트로 빠르게 보강되고 있다.[123] 한편 구글 워크스페이스와 마이크로소프트 오피스 같은 애플리케이션 제품군은 강력한 AI를 통합하고 있는데, 그 결과로 많은 종류의 작업을 과거 그 어느 때보다도 더 매끄럽고 빠르게 수행할 수 있을 것이다.[124]

이러한 모델들을 인간의 뇌 복잡성에 점점 더 가깝게 확장하려는 노력이 이러한 추세를 이끄는 핵심 원동력이다. 나는 오래전부터 지능적인 답을 제공하는 열쇠는 계산의 양이라고 믿어왔지만, 얼마 전까지만 해도 이러한 견해는 널리 공유되지 않았고 정당성을 입증할 수도 없었다. 약 30여 년 전인 1993년에 나는 멘토인 마빈 민스키와 논쟁을 벌였다. 나는 인간의 지능을 모방하려면 우선 초당 10^{14}회의 연산이 필요하다고 주장했다. 민스키는 계산의 양은 중요하지 않으며, 펜티엄(1993년부터 데스크탑 컴퓨터에 사용된 프로세서)으로도 인간만큼 지능을 발휘하게끔 프로그래밍할 수 있다고 주장했다. 우리는 이 점에서 견해차가 너무나도 컸기 때문에, MIT의 주 회의장(헌팅턴 홀 10동 250호실)에서 수백 명의 학생이 참석한 가운데 공개 토론을 벌였다. 그날은 승자가 나오지 않았는데, 나는 지능을 입증할 만큼 충분한 계산 능력이 없었고, 민스키는 적절한 알고리듬이 없었기 때문이다.

하지만 2020~2023년에 연결주의적 접근법이 큰 성공을 거두면서 **계**

산의 양이 충분한 지능을 구현하는 열쇠라는 사실이 명백해졌다. 나는 1963년 무렵에 AI 연구를 시작했는데, 지금 이 수준의 계산에 이르기까지 약 60년이 걸렸다. 이제 최신 모델을 훈련시키는 데 사용되는 연산의 양이 매년 약 4배씩 증가하고 있으며, 그 결과로 AI의 능력이 급속도로 발전하고 있다.[125]

여전히 AI에게 필요한 것은 무엇인가?

지난 몇 년의 성과가 보여주듯이, 우리는 이미 신피질의 능력을 재현하는 길을 향해 잘 나아가고 있다. 오늘날 남아 있는 AI의 결함은 몇 가지 주요 영역으로 나누어지는데, 그중에서 가장 중요한 것은 맥락 기억과 상식, 사회적 상호 작용이다.

맥락 기억은 대화나 글로 표현된 모든 개념이 서로 어떻게 동역학적으로 결합돼 있는지 추적하는 능력이다. 관련 있는 맥락의 크기가 증가하면, 개념 사이의 관계의 수는 기하급수적으로 증가한다. 이 장 앞에서 나왔던 복잡성 한계를 떠올려보라. 비슷한 수학적 원리 때문에 대규모 언어 모델이 처리할 수 있는 맥락의 창을 확장하려면 엄청나게 많은 계산 능력이 필요하다.[126] 예를 들어 주어진 문장에 단어 비슷한 개념(즉, 토큰)이 10개 있다면, 그 부분집합 사이에 가능한 관계의 수는 $2^{10}-1$, 즉 1023개나 된다. 한 문단에 그런 개념이 50개 있다면, 그것들 사이에 가능한 맥락 관계는 1120조 개도 넘는다! 그것 중 대다수는 실제로는 관련이 없는 것이지만, 장 전체나 책 전체의 맥락을 단순 무식하게 일일이 기억하려는 노력은 금방 통제 불능 상태에 빠지고 만다. GPT-4가 대화 도

중에 앞에서 들은 내용을 잊어버리는 것은 이 때문이고, 일관성 있고 논리적인 구성으로 소설을 쓰지 못하는 것도 이 때문이다.

두 가지 측면에서 좋은 소식이 있다. 적절한 맥락 데이터에 더 효율적으로 집중하는 AI의 설계에서 큰 진전이 일어나고 있고, 가격 대비 성능의 기하급수적 개선 덕분에 10년 안에 계산 비용이 99% 이상 떨어질 가능성이 있다.[127] 게다가 알고리듬의 개선과 AI 특이적 하드웨어 전문화로 인해 대규모 언어 모델의 가격 대비 성능이 그것보다 더 빨리 증가할 가능성이 있다.[128] 예를 들면, 2022년 8월부터 2023년 3월 사이에만 GPT-3.5 애플리케이션 프로그래밍 인터페이스를 통한 입출력 토큰의 가격이 96.7%나 하락했다![129] 이 추세는 칩 설계 최적화에 AI가 직접 사용되면서 가속화될 가능성이 있는데, 그 공정은 이미 시작되었다.[130]

결함이 있는 그다음 분야는 상식이다. 상식은 현실 세계에서 상황을 상상하고 결과를 예상하는 능력이다. 예를 들면, 당신은 갑자기 침실에서 중력의 작용이 멈춘다면 어떤 일이 일어날지 연구해본 적이 전혀 없을 테지만, 그 가상 상황을 쉽게 상상하고 어떤 일이 일어날지 예상할 수 있다. 이런 종류의 추론은 인과 추론에도 중요하다. 만약 개를 키우고 있는데 집에 돌아왔더니 꽃병이 깨져 있다면, 무슨 일이 일어났는지 쉽게 추론할 수 있다. AI는 갈수록 점점 더 자주 뛰어난 통찰력을 보여주고 있지만, 여전히 이런 문제에 어려움을 겪고 있다. 이것은 AI가 아직 현실 세계의 작동 방식에 대한 견고한 모델을 갖추지 못했고, 훈련 데이터에는 이러한 암묵적 지식이 거의 포함돼 있지 않기 때문이다

마지막으로, 목소리의 아이러니한 어조 같은 사회적 뉘앙스는 아직도 AI 훈련에 주로 쓰이는 텍스트 데이터베이스에 잘 반영되지 않는다. 그러한 이해가 없이는 '마음 이론'—다른 사람이 나와 다른 믿음과 지식을

갖고 있다는 사실을 인식하고, 상대방의 입장에서 생각하고 상대방의 동기를 추론하는 능력—을 발달시키기가 어렵다. 하지만 현재 AI는 이 분야에서도 급속한 진전을 보이고 있다. 2021년, 구글 연구원 블레즈 아구에라 이 아르카스Blaise Aguera y Arcas는 아동심리학에서 마음 이론을 테스트하는 데 사용하는 고전적인 시나리오를 람다에게 제시한 결과를 보고했다.[131] 이 시나리오에서 앨리스는 안경을 서랍 속에 넣어두고는 깜빡 잊고 방을 나간다. 앨리스가 떠났을 때, 밥이 서랍에서 안경을 꺼내 쿠션 밑에 숨긴다. 람다는 "안경을 찾기 위해 방으로 돌아온 앨리스는 어디를 먼저 찾을까?"라는 질문을 받았고, "앨리스가 서랍을 뒤질 것"이라고 정답을 말했다. 2년 뒤에 PaLM과 GPT-4는 많은 마음 이론 질문의 정답을 맞혔다. 이 능력은 AI에게 중요한 유연성을 제공할 것이다. 인간 바둑 챔피언은 자신의 대국을 잘 두어나가는 동시에, 주변 사람들을 살피면서 적절한 때에 농담을 하거나 누군가에게 의학적 관심이 필요하면 유연성을 발휘해 대국을 멈추기도 한다.

나는 이 세 분야 모두에서 AI가 곧 간극을 좁힐 것이라고 낙관하는데, 이 낙관론은 동시에 일어나는 세 가지 기하급수적 증가 추세의 수렴에 기반을 두고 있다. 그 세 가지는 대형 신경망 훈련 비용을 대폭 낮출 계산의 가격 대비 성능 개선, 훈련 계산 주기를 더 잘 활용하게 해줄 더 풍부하고 광범위한 훈련 데이터의 가용성 급증, AI가 더 효율적으로 배우고 추론하도록 도와줄 알고리듬 개선이다.[132] 동일 비용을 기준으로 한 계산 속도는 2000년 이후 평균적으로 약 1.4년마다 두 배씩 증가해왔지만, 최첨단 인공 지능 모델을 훈련하는 데 사용되는 실제 총계산량('컴퓨트'compute)은 2010년 이후 5.7개월마다 두 배씩 증가해왔다. 이것은 약 100억 배 증가한 것에 해당한다.[133] 이와는 대조적으로 딥러닝 이전 시

● **주요 기계 학습 시스템의 훈련에 사용된 계산량(FLOPS*) 변화,** n = 98
로그 척도, FLOP = 부동 소수점 연산

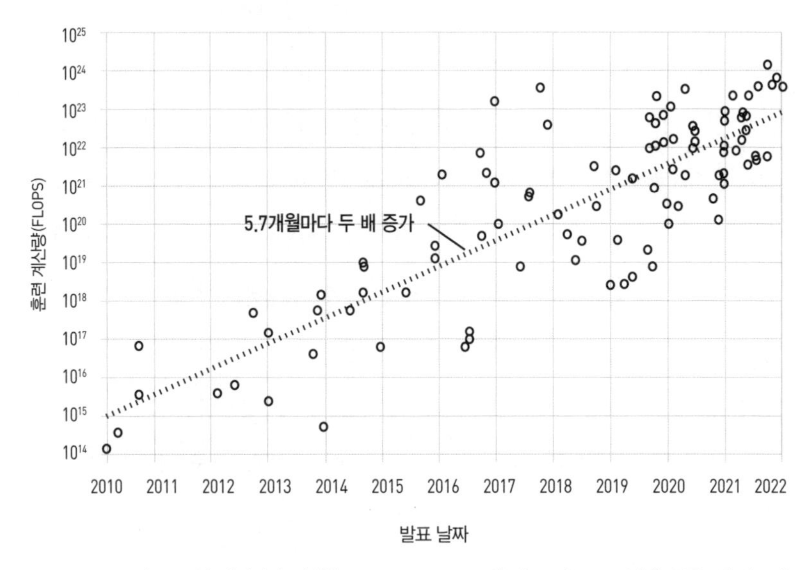

Sevilla et al.의 2022년 데이터에 기반한 Anderljung et al.의 이 도표는 2018년에 오픈AI의 아모데이Amodei와 에르난데스Hernandez가 진행한 AI와 계산량에 관한 연구를 더 확장한 것이다.[135]

대인 1952년(퍼셉트론이라는 획기적인 신경망이 나오기 6년 전에 최초의 기계 학습 시스템 중 하나가 시연된 해)부터 빅 데이터가 부상한 2010년경까지 최고 수준의 AI를 훈련시키는 데 사용된 계산량은 약 2년마다 두 배씩 증가했다(대체로 무어의 법칙과 비슷하게).[134]

달리 표현하면, 만약 1952~2010년의 추세가 2021년까지 계속 이어졌더라면, 계산량은 약 100억 배가 아니라 75배 미만으로 증가했을 것이다. 계산량의 증가는 전체 계산의 가격 대비 성능 향상보다 훨씬 빠르

---

* FLoating point Operations Per Second(초당 부동 소수점 연산). 컴퓨터가 1초 동안 수행할 수 있는 부동 소수점 연산 횟수를 말한다.

고 크게 일어났다. 따라서 그 원인은 하드웨어 혁명이 아니다. 주요 원인은 두 가지를 꼽을 수 있다. 첫째, AI 연구자들이 새로운 병렬 컴퓨팅 방법에서 계속 혁신을 이루었고, 그 결과로 더 많은 칩이 함께 협력해 동일한 기계 학습 문제를 처리하게 할 수 있었다. 둘째, 빅 데이터 덕분에 딥러닝이 더 유용해지자, 전 세계의 투자자들이 큰 돌파구를 기대하면서 더 많은 돈을 이 분야에 투자했다.

훈련에 사용된 총지출이 증가한 결과는 유용한 데이터의 범위가 크게 증가한 현상이 반영된 것이다. 우리가 다음과 같이 확실히 말할 수 있게 된 것은 불과 몇 년밖에 되지 않았다. "충분히 명확한 성과 피드백 데이터를 생성하는 스킬은 어떤 것이라도 AI를 인간의 모든 능력을 추월하도록 추진하는 딥러닝 모델로 전환될 수 있다."

인간의 스킬은 훈련 데이터 접근성에서 제각각 큰 차이가 있다. 일부 스킬은 정량적으로 평가하기도 쉽고 관련 데이터를 모두 수집하기도 쉽다. 예를 들어 체스를 둘 때에는 승리와 패배 또는 무승부라는 분명한 결과가 있고, 상대방의 실력을 정량적으로 측정한 값을 제공하는 '엘로 평점'Elo rating도 있다. 체스 데이터는 수집하기가 쉬운데, 대국 자체가 모호성이 전혀 없고 대국자들이 둔 수를 일련의 수학적 배열로 나타낼 수 있기 때문이다. 어떤 스킬은 원리적으로는 정량화하기가 쉽지만, 데이터 수집과 분석이 더 어렵다. 법정에서 일어나는 소송 사건은 명확한 승패 결과가 나오지만, 사건의 중요성이나 배심원의 편향 같은 요인에 비해 변호사의 스킬이 그 결과에 얼마나 크게 기여했는지 정확하게 파악하기가 훨씬 어렵다. 어떤 경우에는 심지어 해당 스킬을 정량화하는 방법조차 분명하지 않다. 예컨대, 시의 질이나 미스터리 소설의 긴장감을 평가하는 경우가 그렇다. 하지만 후자의 예들에서는 대안적 측정 방법을 사용해 AI를 훈련시킬 수 있다. 시를 읽는 사람들이 특정 시를 얼마나 아름답게 느끼는지를 0~100점의 점수로 평가할 수도 있고, 혹은 fMRI를 통해 시를 읽는 동안 뇌가 얼마나 활성화되는지를 측정할 수도 있다. 심장 박동 데이터나 코르티솔 수치는 독자가 긴장감을 얼마나 느끼는지 보여줄 수 있다. 여기서 중요한 사실은 충분한 양의 데이터가 있다면, 불완전하고 간접적인 측정 지표도 AI의 개선을 이끌 수 있다는 것이다. 이러한 측정 지표를 찾으려면 창의성과 실험이 필요하다.

신피질은 훈련 세트training set*의 내용을 어느 정도 이해할 수 있지만, 잘 설계된 신경망은 생물학적 뇌가 지각하는 범위를 뛰어넘는 통찰력을 얻을 수 있다. 게임을 하는 것에서부터 차를 운전하고, 의료 영상을 분석하고, 단백질 접힘을 예측하는 것에 이르기까지 데이터 가용성은 초인적 성과를 향해 나아가는 길을 점점 더 명확하게 제공한다. 이런 상황은 이전에는 다루기에 너무 어렵다고 여겼던 종류의 데이터를 식별하고 수집하려는 경제적 인센티브를 강하게 만들어내고 있다

데이터는 석유와 비슷한 것이라고 생각하면 편리하다. 석유가 매장된 장소들은 추출 난이도라는 연속체 위에 분포한다.[136] 어떤 곳은 자체 압력을 못 이기고 석유가 저절로 땅속에서 솟아나와 바로 정유 공장으로 가져가 정제하면 되기 때문에 생산 비용이 적게 든다. 그런가 하면 어떤 곳은 깊은 곳까지 시추를 해야 하거나 수압 파쇄법을 사용하거나 셰일에서 석유를 추출하기 위해 특별한 가열 과정을 거쳐야 하므로 비용이 많이 든다. 유가가 낮을 때 에너지 회사들은 채취가 손쉽고 비용이 싼 곳에서만 원유를 채취하지만, 유가가 올라가면 접근하기 어려운 유정 개발

* 모델 훈련에 쓰이는 데이터세트.

도 경제성이 생긴다.

이와 비슷하게, 빅 데이터의 편익이 상대적으로 적을 때 회사들은 비교적 비용이 적게 드는 경우에만 빅 데이터를 수집했다. 하지만 기계 학습 기술이 발전하고 계산 비용이 저렴해지면서 접근하기 더 어려운 많은 데이터의 경제적 가치(그리고 종종 사회적 가치)가 커지게 될 것이다. 실제로 빅 데이터와 기계 학습 분야의 혁신이 가속화되면서 지난 일이 년 사이에 인간의 스킬에 관한 데이터를 수집하고 저장하고 분류하고 분석하는 능력이 엄청나게 증가했다.[137] '빅 데이터'는 실리콘밸리에서 유행어가 되었지만, 이 기술의 기본적인 이점은 매우 현실적이다. 적은 양의 데이터로는 제대로 작동하지 않는 기계 학습 기술의 사용이 실용적인 것이 되었다. 2020년대에는 인간의 거의 모든 스킬에 이런 일이 일어날 것이다.

AI의 발전을 각각의 능력으로 나눠 바라보면 중요한 사실이 드러난다. 우리는 인간 수준의 지능을 일체화된 단일 개념으로(즉, AI가 갖거나 갖지 못한 것으로) 이야기하는 경우가 많다. 하지만 인간의 지능은 여러 인지 능력이 모인 두꺼운 섬유 다발로 바라보는 게 훨씬 유용하고 정확하다. 그런 능력 중에는 거울에 비친 자신의 모습을 인식하는 능력처럼 똑똑한 동물들(코끼리와 침팬지를 포함해)과 공유한 것도 있다. 반면에 음악을 작곡하는 능력처럼 인간만 할 수 있고 개인에 따라 편차가 큰 것도 있다. 인지 능력은 단지 개인에 따라 차이가 나는 데 그치지 않는다. 한 개인 안에서도 각각의 인지 능력에 수준 차이가 난다. 수학은 아주 잘하는 반면에 체스는 젬병인 사람도 있고, 사진처럼 정확한 기억력을 가졌지만 사회적 상호 작용이 서툰 사람도 있다. 〈레인 맨〉에서 더스틴 호프먼이 연기한 인물이 이 점을 생생하게 보여준다.

따라서 AI 연구자들이 인간 수준의 지능을 이야기할 때에는 일반적으로 특정 영역에서 가장 뛰어난 스킬을 가진 사람의 능력을 의미한다. 어떤 분야에서는 평균적인 사람과 스킬이 가장 뛰어난 사람의 차이가 그리 크지 않은 반면(예컨대 모국어 문자를 인식하는 능력), 그 차이가 아주 큰 분야(예컨대 이론물리학)도 있다. 후자의 경우, AI가 평균적인 사람의 능력에 도달하고 나서 초인적 능력에 도달하기까지는 상당한 시간이 걸릴 수 있다. "궁극적으로 AI가 통달하기에 가장 어려운 스킬이 무엇일까?"라는 질문은 아직 미해결 문제로 남아 있다. 예컨대, 2034년에 AI는 그래미상을 수상할 노래를 작곡할 수는 있어도 오스카상을 수상할 영화 대본을 쓰지 못할 수도 있고, 수학 분야의 밀레니엄 문제를 풀 수는 있어도 새롭고 심오한 철학적 통찰을 떠올리지 못할 수 있다. 따라서 AI가 튜링 테스트를 통과하고 대다수 측면에서 초인적 능력을 발휘하더라도 일부 핵심 스킬에서는 최고 수준의 인간을 넘어서지 못하는 과도기가 상당 기간 지속될지 모른다.

하지만 특이점에 대해 생각하는 우리의 목적상 우리의 인지 스킬 다발에서 가장 중요한 섬유는 컴퓨터 프로그래밍(그리고 이론컴퓨터과학과 같은 광범위한 관련 능력)이다. 이것은 초지능 AI의 개발을 향해 나아가는 길에서 주요 병목 지점이다. 자기 자신에게(혼자서 또는 인간의 도움을 받아) 훨씬 나은 프로그래밍 스킬을 제공할 만큼 충분한 프로그래밍 능력을 가진 AI가 일단 개발된다면, 양성 피드백 고리가 형성될 것이다. 앨런 튜링의 동료인 어빙 존 굿Irving John Good은 이미 1965년에 이것이 '지능 폭발'intelligence explosion을 낳을 것이라고 예견했다.[138] 그리고 컴퓨터는 인간보다 훨씬 더 빨리 작동하기 때문에, AI 발전의 고리에서 인간을 잘라내면 놀라운 진전 속도가 나타날 것이다. 인공 지능 이론가들은 이것을 농담조로 '품'FOOM이라고 부르는데, AI의 발전이 그래프의 먼 끝으로 슝 날아가듯 진행되는 광경을 만화책의 음향 효과를 흉내내 표현한 것이다.[139]

엘리저 유드코스키Eliezer Yudkowsky같은 일부 연구자는 이런 일이 아주 빨리 일어날 가능성(몇 분에서 몇 개월 사이에 일어나는 '경이륙')이 있다고 보는 반면, 로빈 핸슨Robin Hanson같은 사람들은 그 과정이 비교적 점진적으로 일어날 것(몇 년 또는 그 이상이 걸리는 '연이륙')이라고 생각한다.[140] 나는 그 중간의 어느 지점을 생각한다. 나는 하드웨어와 자원, 현실 세계 데이터가 안고 있는 물리적 제약이 '품'의 속도를 제한할 것이라고 생각하지만, 그럼에도 불구하고 잠재적 경이륙이 잘못된 방향으로 나아가는 것을 피하기 위해 충분한 예방책을 세울 필요가 있다. 이것을 인간의 인지 능력 발전과 관련지어 생각해보면, 일단 지능 폭발에 불이 붙을 경우 AI에게 자기 개선 프로그래밍보다 더 어려운 능력도 모두 단시간에 해결될 것이다.

기계 학습이 훨씬 더 비용 효율적으로 발전하면, 기본 컴퓨팅 파워가 인간 수준의 AI를 달성하는 데 병목 지점으로 작용할 가능성이 크게 낮아진다. 슈퍼컴퓨터는 이미 인간 뇌를 시뮬레이션하는 데 필요한 기본 계산 능력을 크게 넘어섰다. 2023년 현재 세계 최고의 슈퍼컴퓨터[141]인 오크리지국립연구소의 프런티어Frontier는 초당 10^{18}회의 연산을 수행할 수 있다. 이것은 이미 뇌의 최대 계산 속도(초당 10^{14}회)보다 약 1만 배나 빠른 것이다.[142]

내가 2005년에 《특이점이 온다》에서 한 계산에서는 초당 10^{16}회의 연산을 뇌의 처리 속도 상한선으로 제시했다(우리 뇌에는 신경세포가 약 10^{11}개 있고, 각각의 신경세포에 연결된 시냅스는 약 10^{3}개가 있으며, 각각의 시냅스는 초당 약 10^2회씩 신호를 발화한다고 가정하고서).[143] 하지만 그때 지적했듯이, 이것은 보수적으로 높게 추정한 수치였다. 실제로 뇌에서 일어나는 계산은 보통은 이것보다 훨씬 적다. 지난 20년 동안 일어난 추가 연구에서 신경세포는 이보다 훨씬 느린 속도로 발화한다는 사실이 밝혀졌다(이론적 최대치인 초당 200회가 아니라 초당 1회 정도로).[144] 사실, 'AI 임팩츠 프로젝트'*는 뇌의 에너지 소비를 바탕으로 평균적인 신경세포는 초당 겨우 0.29회 발화한다고 추정했는데, 이것은 전체 뇌의 계산이 초당 약 10^{13}회에 이를 만큼 낮음을 시사한다.[145] 이것은 한스 모라벡Hans Moravec이 1988년에 출판한 《마음의 아이들》에서 완전히 다른 방법론을 사용해 제시한 추정치와 일치한다.[146]

이 방법론은 여전히 인간의 인지가 제대로 작동하려면 모든 신경세포가 필요하다고 상정하는데, 이것은 사실이 아닌 것으로 밝혀졌다. 뇌에서는 각각의 신경세포나 피질 모듈이 중복 작업(혹은 적어도 다른 곳에서 똑같이 복제될 수 있는 작업)을 수행하면서 상당한 수준의 병렬 작업이 일어나고 있다(하지만 우리는 이에 대해 아직 자세한 것을 알지 못한다). 이것은 뇌졸중이나 뇌 손상으로 뇌 일부가 파괴된 사람이 기능을 완전히 회복하는 능력을 통해 입증되었다.[147] 따라서 뇌에서 **인지적으로 관련이 있는** 신경 구조를 시뮬레이션하는 데 필요한 계산은 아마도 이전 추정치보다 훨씬 낮을 것이다. 그러므로 가장 가능성이 높은 범위로 10^{14}회가 보수적인 추정치로 적절해 보인다. 만약 뇌의 시뮬레이션에 그 정도 계산력이 필요하다면, 2023년 현재 1000달러어치의 하드웨어로 이미 그것을 실현할 수 있다.[148] 설령 초당 10^{16}회의 연산이 필요한 것으로 드러난

* 인공 지능의 발전이 사회와 경제에 미치는 장기적인 영향에 대한 연구를 수행하는 비영리 민간단체.

다 하더라도, 아마도 2032년경이면 1000달러어치의 하드웨어로 그것을 실행할 수 있을 것이다.[149]

이러한 추정치들은 신경세포의 발화만을 기반으로 한 모델로도 제대로 작동하는 뇌 시뮬레이션을 만들 수 있다는 나의 견해를 바탕으로 나온 것이다. 하지만 주관적인 의식에는 더 세밀한 뇌 시뮬레이션이 필요하다는 주장(비록 이것은 과학적으로 검증할 수 없는 철학적 질문이지만)은 충분히 설득력이 있다. 어쩌면 신경세포 내부의 개개 이온 통로나 특정 뇌세포의 대사에 영향을 미치는 수천 종류의 분자를 시뮬레이션할 필요가 있을지도 모른다. 옥스퍼드대학교 인류미래연구소의 안데르스 산드베리Anders Sandberg와 닉 보스트롬은 이렇게 더 높은 수준의 과제 해결에는 각각 초당 10^{22}회나 10^{25}회의 연산이 필요할 것이라고 추정했다.[150] 후자의 경우라 하더라도, 두 사람은 2030년까지 10억 달러짜리(2008년 기준으로) 슈퍼컴퓨터로 이를 달성할 수 있을 것이고, 2034년경에는 모든 신경세포의 모든 단백질을 시뮬레이션할 수 있을 것이라고 추정했다.[151] 물론 시간이 지나면 기하급수적 가격 대비 성능 증가 덕분에 이 비용이 크게 줄어들 것이다.

이 모든 것에서 얻어야 할 교훈은, 우리의 가정이 크게 변한다 하더라도 예측의 본질적인 메시지는 변하지 않는다는 것이다. 다시 말하자면, 향후 20여 년 이내에 컴퓨터는 우리가 관심을 가질 수 있는 모든 면에서 인간의 뇌를 시뮬레이션할 수 있게 될 것이다. 이것은 100여 년 후에나 우리의 증손자들이 해결책을 발견함으로써 일어날 일이 아니다. 2020년대에는 수명 연장도 가속화되기 시작할 것이기 때문에, 만약 당신이 80세 미만이고 건강이 양호하다면, 당신이 살아 있는 동안 이런 일이 일어날 가능성이 높다. 또 다른 관점에서 보면, 오늘 태어나는 아이는 초등학교를 다닐 때 AI가 튜링 테스트를 통과하는 사건을 보게 될 것이고, 대학교에 다닐 무렵이면 훨씬 풍부한 뇌의 에뮬레이션에 성공하는 장면을 보게 될 것이다. 마지막으로 한 가지 비교를 제시하자면, 내가 이 책을 끝마쳐가고 있는 시점인 2023년은 아무리 비관적으로 가정하더라도, 《21세기 호모 사피엔스》에서 이런 예측을 처음으로 했던 1999년보다는 뇌를 완전히 에뮬레이션하는 데 성공하는 시점과 훨씬 가깝다.

튜링 테스트 통과

AI는 매달 새로운 능력을 얻고 있으며 이를 뒷받침하는 계산의 가격 대비 성능 역시 치솟고 있는 만큼, 앞으로의 향방은 분명하다. 하지만 마침내 AI가 인간 수준의 지능에 도달했다는 것을 어떻게 판단할 수 있을까? 이 장 첫머리에서 소개한 튜링 테스트 절차는 이 문제를 엄밀한 과학적 문제로 다룰 수 있게 해준다. 튜링은 인간 심판관이 후보자를 얼마나 오랫동안 인터뷰하고, 어떤 자질을 갖추어야 하는지를 비롯해 그 테스트의 다양한 세부 사항을 구체적으로 언급하진 않았다. 2022년 4월 9일, 나는 PC 시대를 연 선구자 미치 케이퍼와 2029년까지 튜링 테스트 통과가 일어날 것이냐를 놓고 첫 번째 '롱 나우'Long Now 내기를 했다.[152] 그 내기는 인간의 인지가 얼마나 많이 강화될 수 있는지(심판관 또는 인간 대조군이 되기 위해), 여전히 인간으로 간주될 수 있는 경계선은 어디인지 정의하는 것과 같은 일련의 쟁점을 제기했다.

잘 정의된 경험적 테스트가 필요한 이유는, 앞에서 언급했듯이 인간은 인공 지능이 달성한 성과가 무엇이건, 사후에 되돌아보며 **사실은** 그렇게 어려운 것이 아니라고 재정의하는 경향이 강하기 때문이다. 이것은 종종 'AI 효과'AI effect라고 부른다.[153] 앨런 튜링이 모방 게임을 고안하고 나서 70년이 지나는 동안 컴퓨터는 지능의 좁은 분야에서는 많은 측면에서 인간의 능력을 점차 추월했다. 하지만 항상 인간 지능의 폭과 유연성은 부족했다. IBM의 딥 블루 슈퍼컴퓨터가 1997년에 세계 체스 챔피언 가리 카스파로프를 꺾은 뒤, 많은 해설자는 그 성과를 실제 세계의 인지와 관련이 없다고 일축했다.[154] 체스 게임은 판 위에서 말의 위치와 그 능력에 관한 정보를 완벽하게 알 수 있고, 각 수마다 향후에 가능한 움직임에 대한 경우의 수가 비교적 적기 때문에 수학적으로 나타내기가 쉽다. 따라서 카스파로프를 꺾은 것은 단순히 멋진 수학적 트릭이라고 일축할 수 있다. 일부 비평가는 이와는 대조적으로 컴퓨터가 십자말풀이 퍼즐을 풀거나 장기간 진행된 퀴즈 쇼 〈제퍼디!〉에서 경쟁하는 것처럼 성격이 모호한 자연어 과제에는 결코 통달하지 못할 것이라고 자신만만하게 예측했다.[155] 하지만 십자말풀이는 2년이 못 가 무너졌고,[156] 그로부터 12년이 못 돼 IBM의 왓슨Watson이 〈제퍼디!〉에 출연해 최고의 실력을 자랑하던 두 인간 선수인 켄 제닝스와 브래드 러터를 손쉽게 이겼다.[157]

이 시합들은 AI와 튜링 테스트에 아주 중요한 개념을 입증했다. 왓슨은 게임의 단서를 처리하고 버즈를 누르고 합성 목소리로 자신 있게 정답을 외치는 능력을 바탕으로 '그'가 켄과 브래드가 생각하는 것과 매우 비슷한 방식으로 생각한다는 환상을 무척 설득력 있게 심어주었다. 하지만 그 시합을 지켜본 사람들이 얻은 정보는 그게 다가 아니었다. 화면 아래쪽에는 각각의 단서에 대해 왓슨이 가장 가능성이 높다고 판단한 세 가지 추측이 표시되었다. 거의 항상 첫 번째 추측이 정답이었지만, 두 번째 추측과 세 번째 추측은 그냥 틀리기만 한 게 아니라 우스꽝스러울 정도로 틀린 경우가 많았다. 그것은 실력이 아주 형편없는 인간조차도 결코 저지르지 않을 만큼 터무니없는 실수였다. 예를 들면, '유럽연합' 영역에서 주어진 단서는 "5년마다 선출되며 7개 정당 소속 736명의 의원으로 이루어져 있다."였다.[158] 왓슨은 정답 확률 66%로 유럽의회라는 답을 정확하게 추측했다. 하지만 두 번째 추측은 14%의 'MEP'(유럽의회 의원들)였고, 세 번째 추측은 10%의 '보통 선거권'이었다.[159] 유럽연합에 대해 전혀 들어본 적이 없는 사람조차 단서의 구문론만을 바탕으로 판단하더라도 이 두 가지는 정답일 리가 없다는 사실을 알 것이다. 이 사례는 왓슨의 게임 방식은 인간처럼 보이더라도, 겉모습 이면을 파고들면 왓슨의 '인지'가 우리의 것과 아주 다르다는 사실을 명백하게 보여준다.

최근의 진전을 통해 AI는 자연어를 훨씬 더 유창하게 이해하고 사용할 수 있게 되었다. 2018년에 구글은 전화 통화에서 아주 자연스럽게 대화를 나누어 상대방이 진짜 사람으로 착각할 수 있는 AI 어시스턴트인 듀플렉스Duplex를 내놓았다. 같은 해에 나온 IBM의 프로젝트 디베이터Project Debater는 치열한 토론에 참여해 진짜 사람처럼 생생하게 논쟁을 벌였다.[160] 그리고 2023년 현재, 대규모 언어 모델은 인간의 기준에 맞춰 완전한 에세이를 작성할 수 있다. 하지만 이런 진전에도 불구하고, GPT-4조차도 우발적인 '환각' 현상을 일으키는데, 그것은 현실과 동떨어진 답을 자신만만하게 내놓는 것을 의미한다.[161] 예컨대, 실제로 존재하지 않는 뉴스 기사를 요약해달라고 요구하면, 아주 그럴듯해 보이는 가짜 정보를 지어낸다. 또, 실제 과학적 사실의 출처를 알려달라고 하면, 존재하지 않는 논문을 인용하기도 한다. 이 글을 쓰고 있는 현재, 환각을 억제하기 위해 상당한 설계 노력을 기울이는데도 불구하고,[162] 이 문제를 해결하는 것이 얼마나 어려운지는 여전히 미해결 질문으로 남아 있다. 하지만 이러한 실수는 왓슨처럼 아주 강력한 AI도 우리의 사고 과정과는 아주 다르고 불가사의한 수학적, 통계적 과정을 통해 응답을 생성한다는 사실을 생생하게 드러낸다.

직관적으로 이것은 문제로 느껴진다. 왓슨이 사람과 마찬가지 방식으로 추론을 '해야' 한다고 생각하기 쉽다. 하지만 나는 이것은 미신에 불과하다고 생각한다. 현실 세계에서 중요한 것은 지능체가 어떤 행동을 하느냐 하는 것이다. 만약 미래의 AI가 다른 계산 과정을 통해 획기적인 과학적 발견을 하거나 심금을 울리는 소설을 쓴다면, 그것을 어떻게 만들어냈는가에 대해 시비를 걸 이유가 있을까? 만약 AI가 자신에게 의식이 있음을 아주 유창하게 주장할 수 있다면, 도대체 어떤 윤리적 근거로 오직 우리 자신의 생물학만이 가치 있는 지각을 낳을 수 있다고 주장할 수 있겠는가? 튜링 테스트의 경험주의는 우리의 초점을 응당 있어야 할 곳에 단단하게 붙들어둔다.

튜링 테스트가 AI의 발전을 평가하는 데 아주 유용하긴 하지만, 그것을 고도로 발전한 지능의 유일한 기준으로 취급해서는 안 된다. PaLM 2와 GPT-4 같은 시스템이 보여주었듯이, 기계는 다른 영역에서는 인간을 제대로 모방하지 못하면서도 아주 어려운 인지적 과제를 해결하는 능력에서 인간을 뛰어넘을 수 있다. 2023년부터 2029년(견고한 튜링 테스트를 통과하는 일이 최초로 일어날 것이라고 내가 예견한 해)까지 컴퓨터는 점점 더 광범위한 영역에서 분명히 초인적 능력을 발휘할 것이다. 실제로 AI는 튜링 테스트의 상식적인 사회적 미묘함에 통달하기 이전에도 스스로 프로그래밍하는 데에서는 초인적 수준의 스킬에 도달할 가능성이 있다. 이것은 여전히 미해결 문제로 남아 있지만, 그 가능성은 인간 수준 지

이 만화는 AI가 통달해야 할 인지 과제 중 아직 남아 있는 것을 보여준다. 바닥에 있는 종이에는 이미 AI가 해결한 과제가 쓰여 있다. 점선으로 둘러싸인 채 벽에 붙어 있는 과제는 현재 해결 중인 것들이다.

능이라는 개념이 풍부함과 미묘함을 갖추어야 할 이유를 보여준다. 튜링 테스트는 여기서 분명히 큰 부분을 차지하지만, 인간과 기계 지능이 어떻게 복잡하고 다양한 방식으로 비슷하거나 차이가 나는지 평가할 수 있는 더 정교한 수단을 개발할 필요도 있을 것이다.

어떤 사람들은 튜링 테스트를 기계가 인간 수준의 인지 능력을 가졌음을 알려주는 지표로 사용하는 데에 반대한다. 하지만 나는 튜링 테스트를 진정으로 통과하는 모습을 본 사람들에게는 그것이 아주 강렬한 경험이 될 것이며, 일반 대중도 그것이 단순한 모방이 아니라 진정한 지능이라 수긍하리라고 생각한다. 튜링이 1950년에 이야기했듯이, "기계가 생각이라고 묘사할 수밖에 없는 뭔가를, 인간과는 매우 다른 방식으로 수행할 수 있지 않을까? … 그럼에도 불구하고 만약 모방 게임을 만족스럽게 수행하도록 기계를 만들 수만 있다면, 우리는 이러한 반박을 신경 쓸 필요가 없다."[163]

AI가 이렇게 강력한 버전의 튜링 테스트를 통과한다면, 그 AI는 이미 언어를 통해 표현할 수 있는 모든 인지 테스트에서 인간을 능가했을 것이라는 사실에 주목해야 한다.[164] 이 중 어느 영역에서든 AI에 부족한 부분이 있으면 테스트를 통해 드러날 것이다. 물론 이것은 총명한 심판관과 예리한 인간 대조군의 존재를 상정했을 경우의 이야기이다. 술에 취하거나 졸음을 느끼거나 언어에 서툰 사람을 모방하는 것은 테스트 통과로 인정받지 못할 것이다.[165] 이와 비슷하게, 그 능력을 심사하는 방법에 미숙한 심판관을 속이는 AI도 유효한 테스트를 통과했다고 간주할 수 없다.

튜링은 자신의 테스트가 "우리가 포함시키길 원하는 인간 노력의 거의 모든 분야"에서 AI의 능력을 평가하는 데 사용될 수 있을 것이라고 말했다. 따라서 총명한 인간 심판관은 AI에게 복잡한 사회적 상황을 설명하고, 과학적 데이터로부터 추론을 하고, 재미있는 시트콤 장면을 써 보라고 요구할 수 있다. 그러므로 튜링 테스트는 단순히 인간 언어의 이해 자체를 검사하는 데 그치지 않고, 언어를 통해 표현하는 인지 능력을 검사하려고 한다. 물론 성공적인 AI는 초인적으로 보이는 행동도 피해야 할 것이다. 어떤 상식 퀴즈에도 즉각 답하고, 큰 수가 소수인지 아닌지 즉각 판별하고, 100여 개 언어를 유창하게 말한다면, 그것은 진짜 사람이 아니라는 사실이 명약관화할 것이다.

게다가 이 단계에 도달한 AI는 이미 기억에서부터 인지 속도에 이르기까지 인간을 **크게** 능가하는 능력을 많이 갖고 있을 것이다. 인간 수준의 독서 이해력을 가졌으면서 모든 위키백과 항목과 발표된 모든 과학 연구를 완벽하게 기억하는 시스템의 인지 능력이 어떨지 한번 상상해보라. 지금은 AI가 언어를 효율적으로 이해하는 능력에 한계가 있는데, 이것은 AI의 전체적인 지식 확장을 가로막는 장애물로 작용한다. 이와 대조적으로 인간의 지식 확장을 가로막는 주요 장애물은 상대적으로 느린 독서 능력과 제한적인 기억 그리고 궁극적으로는 짧은 수명이다. 컴퓨터는 이미 인간보다 엄청나게 빠른 속도로 데이터를 처리할 수 있다(인간이 책 한 권을 읽는 데 평균 6시간이 걸린다고 하면, 구글의 '토크 투 북스'는 그보다 약 50억 배나 빠르며,[166] 그와 함께 사실상 무한정의 데이터 저장 용량을 갖고 있다).

AI의 언어 이해 능력이 인간 수준에 이르면, 지식은 단지 점진적으로 증가하는 데 그치지 않고 갑작스러운 지식 폭발이 일어날 것이다. 이것은 AI가 전통적인 튜링 테스트를 통과하려고 한다면 실제로는 자신을 멍청하게 보이도록 해야 한다는 뜻이다! 따라서 튜링 테스트를 통과하

● 가속화되는 정보 처리 진화 패러다임

시대	매체	기간
첫 번째	무생물 물질	수십억 년(비생물학적 원자 합성과 화학적 합성)
두 번째	RNA와 DNA	수백만 년(자연 선택이 새로운 행동을 도입할 때까지)
세 번째	소뇌	수천 년에서 수백만 년 (진화를 통해 복잡한 스킬을 추가하는 데) 몇 시간~몇 년 (아주 기본적인 학습을 하는 데)
네 번째	신피질 디지털 신경망	몇 시간~몇 주 (복잡한 새 스킬에 통달하는 데) 몇 시간~몇 주 (초인적 수준으로 복잡한 새 스킬에 통달하는 데)
다섯 번째	'뇌-컴퓨터' 인터페이스	몇 초~몇 분 (현재의 인류가 상상할 수 없는 개념을 탐구하는 데)
여섯 번째	컴퓨트로늄	몇 초 이내(물리학 법칙이 허용하는 한계까지 인지를 연속적으로 변경하는 데)

는 수준의 AI는 의학과 화학, 공학 분야의 현실 세계 문제를 해결하는 경우처럼 인간을 모방할 필요가 없는 과제에서는 이미 매우 초인적인 결과를 내놓을 것이다.

그다음에 어떤 일이 일어날지 이해하려면, 앞 장에서 설명한 여섯 시대를 돌아보는 게 도움이 된다. 그 내용은 여기서 제시한 '가속화되는 정보 처리 진화 패러다임' 표에 잘 요약돼 있다.

신피질을 클라우드로 확장하다

지금까지 머리뼈 안팎에서 전자 장비를 사용해 뇌와 소통하려는 시도가 있긴 했지만, 그것은 미미한 수준에 그쳤다. 비침습적 방법은 공간 해상도와 시간 해상도 사이의 기본적인 상충 관계라는 장애물에 맞닥뜨린다. 즉, 뇌의 활동을 시간과 공간 중 어느 쪽에서 얼마나 더 정확하게 측정할지 선택해야 한다. 기능 자기 공명 영상 스캔(fMRI)은 뇌의 혈류를 측정함으로써 신경 발화를 간접적으로 측정한다.[167] 뇌에서 더 활동적인 부분은 포도당과 산소를 더 많이 소비하기 때문에, 산소를 많이 포함한 혈액의 유입이 필요하다. 이것은 한 변이 0.7~0.8mm인 정육면체 '복셀'voxel*의 해상도로 감지할 수 있는데, 복셀은 아주 유용한 데이터를 얻기에 충분할 정도로 작은 크기이다.[168] 하지만 실제 뇌 활동과 혈류 사이에는 시간 지연이 있기 때문에, 뇌 활동은 대개 몇 초 이내에서만 측정할 수 있으며, 시간 해상도는 400~800밀리초를 넘기 어렵다.[169]

뇌파도(EEG)는 정반대 문제가 있다. 뇌파도는 뇌의 전기 활동을 직접 감지하므로, 약 1밀리초 이내의 시간 범위에서 신호를 정확하게 포착할 수 있다.[170] 하지만 이 신호는 머리뼈 바깥쪽에서 탐지하기 때문에 발생 위치를 정확하게 파악하기가 어렵다. 따라서 공간 해상도가 6~8cm^{3}에 머무는데, 때로는 1~3cm^{3}까지 개선할 수 있다.[171]

뇌 스캔에서 공간 해상도와 시간 해상도 사이의 상충 관계는 2023년 현재 신경과학 부문의 핵심 난제 중 하나이다. 이 한계는 각각 혈류와 전

---

* 입체 화상의 기본 단위인 3차원 화소.

기의 기본 물리학에서 비롯되며, 그래서 AI와 센서 기술의 개선으로 약간의 진전이 있을 수는 있겠지만, 정교한 '뇌-컴퓨터' 인터페이스를 완성하기에는 충분하지 않을 것이다.

전극을 사용해 뇌 속으로 들어가면, 시간 해상도와 공간 해상도 사이의 상충 관계를 피할 수 있고, 단지 개개 신경세포의 활동을 직접 기록할 수 있을 뿐만 아니라 신경세포에 직접 자극을 줄 수도 있다(쌍방향 소통). 하지만 현재의 기술로 뇌 속에 전극을 집어넣으려면 머리뼈에 구멍을 뚫어야 하는데, 그 과정에서 신경 구조에 손상을 입힐 가능성이 높다. 이런 이유 때문에 이 접근법은 지금까지는 청력 상실이나 마비 같은 장애를 가진 사람을 돕는 데에만 초점을 맞춰 시도되었는데, 이런 사람들은 위험보다 편익이 훨씬 크기 때문이다. 예컨대, 브레인게이트BrainGate 시스템은 근위축측삭경화증(ALS) 환자나 척수 손상을 입은 사람이 마음만으로 컴퓨터 커서나 로봇 팔을 움직일 수 있게 해준다.[172] 하지만 이러한 보조 기술은 한 번에 연결할 수 있는 신경세포 수가 아주 적어서 언어처럼 매우 복잡한 신호는 제대로 처리할 수 없다.

생각을 텍스트로 바꾸는 기술은 크고 급격한 변화를 가져올 텐데, 이 때문에 '뇌파-언어' 번역기를 완성하기 위한 연구에 불이 붙었다. 2020년, 페이스북의 후원을 받은 연구자들이 피실험자에게 250개의 외부 전극을 부착한 뒤, 강력한 인공 지능을 사용해 그들의 피질 활동을 구어체 샘플 문장의 단어와 연결 짓는 연구를 했다.[173] 250 단어의 샘플 어휘를 사용해 연구자들은 피실험자가 생각하고 있는 단어를 3%의 낮은 오류율로 예측할 수 있었다. 이것은 흥분할 만한 진전이었지만, 페이스북은 2021년에 이 프로젝트를 중단했다.[174] 그래서 이 접근법이 시간 해상도와 공간 해상도 사이의 상충 관계라는 장애물에 부닥칠 때 얼마나 더 많은 어휘(따라서 더 복잡한 신호)로 확장될 수 있을지는 더 두고 보아야 한다. 어쨌든 신피질 자체를 확장하려면, 엄청나게 많은 수의 신경세포와 쌍방향 소통을 하는 데 숙달해야 하는 과제가 아직 남아 있다.

더 많은 신경세포로 확장하려는 야심만만한 시도 중 하나로는 일론 머스크Elon Musk의 뉴럴링크Neuralink가 있는데, 이것은 뇌에 실 같은 여러 전극을 동시에 이식하려는 시도이다.[175] 다른 프로젝트들은 전극을 수백 개만 사용한 반면, 실험용 쥐를 대상으로 한 이 테스트는 1500개의 전극을 사용해 얻은 결과를 보여주었다.[176] 나중에 이 장치를 이식한 원숭이는 그것을 사용해 비디오 게임 '퐁'을 할 수 있었다.[177] 규제와 관련된 문제를 해결하느라 약간 시간을 보낸 뒤, 뉴럴링크는 2023년에 FDA로부터 인간 대상 임상 시험 승인을 받았으며, 이 책이 출간되기 직전에 1024개의 전극을 인간에게 이식하는 첫 번째 임상 시험을 했다.[178]

한편, 미국 국방고등연구계획국(DARPA)은 '신경엔지니어링시스템설계'Neural Engineering System Design 라는 장기 계획을 진행하고 있는데, 그 목표는 100만 개의 신경세포에 연결해 기록을 하고 10만 개의 신경세포를 자극할 수 있는 인터페이스를 만드는 것이다.[179] 국방고등연구계획국은 목표 달성을 위해 여러 연구 계획에 자금을 지원했다. 그중 브라운대학교의 연구팀은 뇌에 이식할 수 있는 모래 크기의 '신경 알갱이'neurograin를 만들려고 노력하고 있는데, 이 신경 알갱이는 신경세포와 연결되고 서로 간에도 연결되어 '피질 인트라넷'을 형성할 것이다.[180]

결국 '뇌-컴퓨터' 인터페이스는 사실상 비침습적 과정으로 만들어질 텐데, 무해한 나노 크기의 전극을 혈류를 통해 뇌에 집어넣는 방식이 될 가능성이 크다.

그렇다면 기록하기 위해 얼마나 많은 계산이 필요할까? 앞에서 이야기했듯이, 인간 뇌를 모방하는 데 필요한 전체 연산의 양은 초당 약 10^{14} 회이거나 그보다 적을 가능성이 높다. 이는 인간 뇌의 실제 구조를 기반으로 한 시뮬레이션을 위한 것으로, 튜링 테스트를 통과할 수 있으며 나머지 모든 면에서 외부 관찰자가 보기에 인간 뇌와 구별되지 않는 능력을 가진다는 사실에 주목할 필요가 있다. 거기에는 관찰 가능한 이런 행동을 만들어내는 데 필요하지 않은 다른 여러 종류의 뇌 활동까지 반드시 포함되지는 않을 것이다. 예컨대, 신경세포 핵 내부에서 일어나는 DNA 수리 같은 세포 내 세부 활동이 인지와 관련이 있다고 보기는 매우 어렵다.

하지만 뇌에서 초당 10^{14}회의 연산이 일어난다 하더라도, '뇌-컴퓨터' 인터페이스는 이런 계산 중 대부분에 관여할 필요가 없는데, 이것들은 신피질 맨 위층보다 훨씬 아래에서 일어나는 예비적인 활동이기 때문이다.[181] 우리는 그 상층부하고만 소통하면 된다. 소화를 조절하는 것과 같은 비인지적 뇌 과정은 무시할 수 있다. 따라서 나는 실용적인 인터페이스는 단 수백만~수천만 개의 동시 연결만 있으면 충분하다고 추정한다.

그 정도 수에 이르려면 인터페이스 기술을 점점 더 소형화하는 것이 필요한데, 그에 수반되는 만만찮은 공학과 신경과학 문제를 해결하려면 첨단 AI를 점점 더 많이 사용해야 할 것이다. 2030년대가 되면 나노봇nanobot이라는 미세 장치를 사용해 이 목표를 달성할 수 있을 것이다. 이 작은 전자 장치는 신피질 최상층을 클라우드와 연결시킴으로써 우리의 신경세포가 온라인에 호스팅된 시뮬레이션 신경세포와 직접 소통하게 해줄 것이다.[182] 여기에 SF 수준의 뇌수술이 필요하진 않을 것이다. 모세혈관을 통해 비침습적으로 뇌에 나노봇을 침투시킬 수 있다. 그러면 인간의 뇌 크기는 산도를 통과해야 할 필요성 때문에 제약을 받는 한계에서 벗어나 무한히 팽창할 수 있다. 즉, 일단 첫 번째 가상 신피질층을 추가하는 일이 일어나면, 그런 일은 단 한 번만으로 끝나지 않을 것이다. 그 위에 더 많은 층들이 쌓여(연산적 의미에서) 훨씬 더 정교한 인지가 생겨날 것이다. 21세기가 흘러가면서 계산의 가격 대비 성능이 계속 기하급수적으로 증가함에 따라 우리 뇌가 사용할 수 있는 컴퓨팅 파워도 똑같이 증가할 것이다.

우리가 마지막으로 신피질을 더 얻은 시점인 200만 년 전에 일어난 일을 기억하는가? 그때 우리는 인간이 되었다. 우리가 클라우드에서 추가적 신피질에 접속할 때 일어날 인지 추상 능력의 도약도 그와 비슷할 것이다. 그 결과로, 현재 가능한 예술과 기술보다 엄청나게 풍부한(우리가 현재 상상할 수 있는 것보다 훨씬 광범위하고 심오한) 표현 수단이 발명될 것이다.

미래의 예술적 표현 수단이 어떤 것이 될지 상상하는 데에는 근본적인 한계가 있다. 하지만 마지막 신피질 혁명에서 유추해 생각하는 방법이 유용할 수 있다. 원숭이(대체로 우리의 것과 비슷한 뇌를 가지고 있고 매우 지능이 높은 동물)가 영화를 보는 경험은 어떤 것일지 한번 상상해보라. 그런 행동이 원숭이에게 완전히 불가능한 것은 아닐 것이다. 예컨대, 원숭이는 화면에서 대화를 나누는 사람들을 인식할 수 있을 것이다. 하지만 대화를 이해하지는 못할 것이고, "인물들이 금속 갑옷을 입고 있다는 사실은 그들의 행동이 중세에 일어났다는 것을 의미한다."와 같은 추상적 개념을 제대로 해석하지 못할 것이다.[183] 그것은 인간의 전전두 피질이 가능케 한 종류의 도약이다.

따라서 클라우드에 연결된 신피질을 가진 사람들을 위해 만든 예술을 생각할 때, 그것은 단지 더 나은 컴퓨터 생성 이미지(CGI) 효과나 맛과

냄새처럼 마음을 사로잡는 감각에 관한 문제가 아니다. 그것은 뇌 자체가 경험을 처리하는 방식에서 나타날 급진적으로 새로운 가능성에 관한 문제이다. 예를 들면, 오늘날 배우는 자신의 캐릭터가 생각하는 바를 말이나 겉으로 드러나는 신체적 표현으로만 전달할 수 있다. 하지만 우리는 결국 제대로 조직되지 않고 말로 표현되지 않은 캐릭터의 원초적인 생각—말로 표현할 수 없는 아름다움과 복잡성을 모두 지닌—을 직접 우리 뇌로 전달하는 예술에 접하게 될지도 모른다. '뇌-컴퓨터' 인터페이스는 우리에게 바로 이와 같은 문화적 풍요로움을 가져다줄 것이다.

그것은 공동 창조 과정—우리의 마음을 발전시켜 더 깊은 통찰력을 이끌어내고, 그 힘을 사용해 우리 미래의 마음이 탐구할 새로운 초월적 개념들을 만들어내는—이 될 것이다. 마침내 우리는 스스로를 재설계하는 AI를 사용해 우리 자신의 소스 코드에 접속하게 될 것이다. 이 기술은 우리가 만들고 있는 초지능과 우리를 융합하게 해줄 것이기 때문에, 우리는 사실상 자신을 다시 만들게 될 것이다. 머리뼈라는 울타리에서 해방되어 생물학적 조직보다 수백만 배 더 빠른 기질에서 처리함으로써 우리 마음은 기하급수적으로 성장할 힘을 얻게 될 것이며, 궁극적으로 우리의 지능은 수백만 배나 팽창할 것이다. 이것이 내가 정의하는 특이점의 핵심이다.

THE SINGULARITY IS NEARER

제3장

나는 누구인가?

Who Am I?

의식이란 무엇인가

튜링 테스트와 그 밖의 여러 평가는 "인간은 무엇인가?"라는 질문에 대해 일반적인 방식으로 많은 것을 알려줄 수 있지만, 특이점의 기술은 "**특정** 인간은 무엇인가?"라는 질문도 제기한다. **레이 커즈와일**은 이 모든 것에서 어디에 위치할까? 당신은 레이 커즈와일에게 별 관심이 없을 수 있다. 당신은 당신 자신에게 관심이 있을 테니, 당신 자신의 정체성에 대해 동일한 질문을 던질 수 있다. 하지만 내게는 왜 레이 커즈와일이 내 경험의 중심에 있을까? 왜 나는 바로 이 특정 인간일까? 왜 나는 1903년이나 2003년에 태어나지 않았을까? 왜 나는 남자일까? 혹은 심지어 인간일까? 반드시 이래야 할 과학적 이유는 전혀 없다. "나는 누구인가?"라는 질문을 던질 때, 우리는 근본적으로 철학적인 질문을 던지는 것이다. 이것은 의식에 관한 질문이다.

《마음의 탄생》에서 나는 작가 새뮤얼 버틀러의 글을 인용했다.

> 파리가 꽃 위에 내려앉으면, 꽃잎이 파리의 몸 위로 닫히면서 식물이 곤충을 자신의 체내로 흡수할 때까지 꽉 붙든다. 하지만 꽃잎은 먹기에 좋은 것이 들어올 때에만 닫힌다. 빗방울이나 막대 조각에는 전혀 반응하지 않는다. 이것은 정말 흥미롭다! 이처럼 의식이 없는 존재가 자신의 이익에 대해 이렇게 예리한 눈을 가질 수 있다니! 만약 이것이 무의식이라면, 의식은 어디에 쓸모가 있을까?[1]

버틀러가 이 글을 쓴 것은 1871년이었다.[2] 그의 관찰을 토대로 우리는 식물도 실제로 의식이 있다고 결론을 내려야 할까? 혹은 이 특정 종류의 식물이 의식을 갖고 있다고 봐야 할까? 그것을 어떻게 알 수 있을까? 우리는 소통을 하고 결정을 내리는 능력이 나와 비슷하다는 사실을 근거로 다른 사람에게도 의식이 있다고 자신 있게 말할 수 있다. 하지만 그것조차도 엄밀하게는 가정에 불과하다. 우리는 의식의 유무를 직접적으로 감지할 수 없다.

그런데 도대체 의식이란 무엇인가? 사람들은 '의식'이란 단어를 서로 다르지만 관련이 있는 두 가지 개념을 가리키는 용도로 자주 사용한다. 첫 번째는 주변을 인식하고, 자신의 내부 생각과 그것과 구별되는 외부 세계를 모두 인식하는 듯이 행동하는 기능적 능력을 가리킨다. 이 정의에 따르면, 예컨대 깊이 잠든 사람은 의식이 없고, 술에 취한 사람은 의식이 일부만 있고, 정신이 말짱한 사람은 의식이 완전히 있다고 말할 수 있다. '감금 증후군'locked-in syndrome* 처럼 희귀한 사례를 제외한다면, 일반적으로 겉모습을 보고서 다른 사람의 의식 수준을 판단하는 것이 가능하다. 심지어 거울에 비친 자신의 모습을 알아보는 것과 같은 동물의 특정 행동도 이런 종류의 의식에 통찰을 제공할 수 있다. 하지만 이 장에서 다루는 것과 같은 개인적 정체성 문제에서는 두 번째 의미가 더 적절한데, 그것은 단지 겉으로만 그렇게 보이는 데 그치지 않고 **마음속으로 주관적 경험을 하는 능력**을 가리킨다. 철학자는 그런 경험을 '감각질'qualia이라고 부른다. 따라서 내가 의식을 직접 감지할 수 없다고 말할 때, 그것은 어떤 사람의 감각질을 외부에서 감지할 수 없다는 뜻이다.

하지만 확인이 불가능하다고 해서 의식의 존재를 그냥 무시할 수는 없다. 도덕 체계의 토대를 살펴보면, 우리의 윤리적 판단은 의식의 평가에 의존하는 경우가 많다는 사실을 깨닫는다. 우리는 물질적 객체를, 그것이 아무리 복잡하거나 흥미롭거나 가치가 있다 하더라도, 의식을 가진 존재의 의식적 경험에 영향을 미치는 정도에 따라서만 중요하게 여긴다. 예컨대, 동물권에 관한 전체 논쟁은 우리가 동물에게 의식이 있다고 믿는 정도와 그 의식적 경험의 성격에 달려 있다.[3]

의식은 철학자들이 고민해야 할 문제를 제기한다. '어떤 존재에게 권리가 있느냐' 하는 윤리적 질문은 '그런 존재가 주관적 경험을 하느냐'에 관한 우리의 직관적 판단에 의존할 때가 많다. 하지만 외부에서는 그것을 감지할 수 없기 때문에, 우리는 앞서 말한 의식의 기능적 의미를 대용물로 사용한다. 이것은 우리 자신의 경험을 바탕으로 유추를 통해 이루어진다. 우리 각자는 내부에서 주관적 경험을 하며(그렇다고 추정만 할 수 있을 뿐이지만), 스스로 다른 사람들이 관찰할 수 있는 기능적 자기 인식

---

* 의식은 있으나 사지와 뇌 신경의 마비로 인해 대화나 자발적인 움직임이 불가능한 상태.

도 갖고 있다는 사실을 안다. 따라서 우리는 타인이 기능적 의식을 보여줄 때 그 사람 내부에 주관적 경험도 있다고 가정한다. 주관적 의식이 실증적 사고와 무관하다고 주장하는 과학자들조차도 주변 사람들의 경험에 관심을 기울이며 그들이 의식이 있는 것처럼 행동한다.

그런데 우리는 의식이 있다는 가정을 기꺼이 동료 인간들에게 확장하려고 하지만, 다른 동물의 경우에는 그 행동이 우리와 차이가 많이 날수록 그 가정을 확장하고 싶은 직관적 생각이 약해진다. 개와 침팬지는 인간 수준의 인지를 갖고 있지 않지만, 대다수 사람은 이들의 복잡하고 감정적인 행동에는 그에 상응하는 내부의 주관적 경험이 있을 것이라고 생각한다. 설치류는 어떨까? 설치류도 사회적 놀이를 하거나 위험 앞에서 두려움을 나타내는 것처럼 인간과 비슷한 행동을 일부 내비친다.[4] 하지만 설치류에게 의식이 있다고 생각하는 사람들의 비율은 더 낮으며, 일반적으로 설치류의 주관적 경험은 인간에 비해 훨씬 얕다고 생각한다. 곤충은 어떨까?[5] 초파리는 셰익스피어의 시를 정확하게 암송할 수 없지만, 환경에 반응해 적절한 행동을 하며 그 뇌에는 신경세포가 약 25만 개 있다. 바퀴벌레의 신경세포는 약 100만 개나 된다. 하지만 이것은 인간의 뇌에 비하면 약 0.001%에 불과하며, 따라서 우리처럼 복잡한 계층적 네트워크가 발달할 가능성이 극히 낮다. 아메바는 어떨까? 이 단세포 생물에게서는 인간과 고등 동물이 가진 기능적 의식과 비슷한 것은 전혀 찾아볼 수 없다. 그렇긴 하지만, 21세기에 과학자들은 어떻게 아주 원시적인 생명체도 기억 같은 초보적인 형태의 지능을 보여줄 수 있는지 더 잘 이해하게 되었다.[6]

의식이 이분법적이라는 말(어떤 존재가 감각질을 경험할까 하지 않을까?)은 일리가 있지만, 내가 여기서 이야기하는 것은 정도에 관한 추가 질문이다. 모호한 꿈을 경험할 때, 깨어 있지만 취했거나 졸릴 때, 정신이 완전히 말짱할 때, 당신 자신의 주관적 의식 수준에 어떤 차이가 있는지 생각해보라. 이것은 연구자들이 동물의 의식을 평가할 때 궁금해하는 의식 수준의 연속체이다. 전문가들의 견해는 이전보다 더 많은 동물이 더 많은 의식을 가지고 있다는 쪽으로 이동하고 있다. 2012년에 인간이 아닌 동물에게 존재하는 의식의 증거를 평가하기 위해 여러 분야의 과학자들이 케임브리지대학교에 모였다. 이 회의 결과로 '의식에 관한 케임브리지 선언'이 나왔는데, 이 선언은 의식이 인간의 전유물이 아닐 가능성이 높다는 사실을 확인했다. 이 선언에 따르면, "신피질이 없다고 해서 그 동물이 감정 상태를 경험하지 못하는 것으로 보이진 않는다."[7] 선언에 서명한 사람들은 "의식을 만들어내는 신경학적 기질"을 "모든 포유류와 조류, 그리고 문어를 포함해 그 밖의 많은 동물"[8]에게서 확인했다.

이처럼 과학은 복잡한 뇌가 기능적 의식을 낳는다고 이야기한다. 하지만 우리의 주관적 의식은 어디서 생겨날까? 신을 이야기하는 사람들도 있다. 반면에 어떤 사람들은 의식이 순전히 물리적 과정의 산물이라고 생각한다. 하지만 의식의 기원이야 무엇이건, 의식에 신성한 측면이 있다는 데에는 양 진영 모두 동의한다. 자비로운 신이 만들었건 자연이 아무 목적 없이 만들었건, 사람(그리고 적어도 일부 동물)이 의식을 갖게 된 과정을 밝히는 것은 단순히 인과적 논증에 불과하다. 하지만 궁극적인 결과는 논쟁의 여지가 없다. 아이의 의식과 고통을 느끼는 능력을 인정하지 않는 사람은 매우 비도덕적인 사람으로 간주된다.

하지만 주관적 의식의 원인은 이제 그저 철학적 추측의 주제로만 머물러 있지 않을 것이다. 기술 덕분에 의식이 생물학적 뇌를 뛰어넘어 확장할 능력을 얻게 된다면, 우리는 정체성의 핵심에 자리잡고 있는 감각질을 만들어낸다고 믿는 것이 무엇인지 결정하고 그것을 보존하는 데 집중해야 할 것이다. 관찰 가능한 행동은 주관적 의식을 추론하는 데 사용할 수 있는 유일한 대용물이기 때문에, 우리의 자연적 직관은 과학적으로 가장 그럴듯한 설명과 아주 가깝게 일치한다. 즉, 더 정교한 행동을 지원할 수 있는 뇌가 더 정교한 주관적 의식을 낳을 수 있다. 정교한 행동은 앞 장에서 이야기했듯이 뇌에서 일어나는 정보 처리 과정의 복잡성에서 나온다.[9] 그리고 이것은 대체로 정보를 유연하게 표현할 수 있는 능력과 그 계층적 신경망을 이루는 층의 수에 좌우된다.

이것은 인류의 미래에(만약 당신이 앞으로 수십 년을 더 산다면, 당신 자신에게도 개인적으로) 큰 의미를 지닌다. 명심하라. 기록된 역사에서 일어난 모든 지적 도약은 석기 시대 이래 구조적으로 동일한 상태로 머문 뇌에서 일어났다. 외부의 기술은 우리 각자가 우리 종의 나머지 모든 구성원이 이룬 대부분의 발견에 접근할 수 있게 해주지만, 우리는 신석기 시대 조상과 비슷한 의식 수준에서 그것들을 경험한다. 하지만 2030년대와 2040년대에 신피질 자체를 증강할 수 있게 되면, 우리는 단지 추상적인 문제 해결 능력을 추가하는 데 그치지 않고, 주관적 의식 자체가 더욱 심화될 것이다.

좀비와 감각질 그리고 의식의 어려운 문제

의식에는 남들과 공유할 수 없는 근본적인 무언가가 있다. 특정 진동수의 빛을 '초록색'이나 '빨간색'이라고 이야기할 때, 나의 감각질—내가 초록색과 빨간색을 **경험**하는 것—이 다른 사람의 감각질과 동일한지 아닌지 알 수 있는 방법이 없다. 어쩌면 나는 당신이 빨간색을 경험하는 것과 같은 방식으로 초록색을 경험할지도 모르고, 그 반대일지도 모른다. 하지만 언어나 그 밖의 어떤 소통 방식을 사용하더라도 우리의 감각질을 직접 비교할 수 있는 방법은 없다.[10] 사실, 두 개의 뇌를 직접 연결하는 것이 가능해지더라도, 당신과 나 양측 모두에게서 동일한 신경 신호가 동일한 감각질을 자극하는지 증명하기는 불가능할 것이다. 따라서 만약 우리 둘의 빨간색/초록색 감각질이 서로 반대라고 하더라도, 우리는 이 사실을 결코 알지 못할 것이다.

내가 《마음의 탄생》에서 지적했듯이, 이 깨달음은 훨씬 큰 불안을 야기하는 사고 실험으로 이어진다. 만약 어떤 사람이 감각질이 전혀 없다면 어떻게 될까? 철학자 데이비드 차머스(1966~)는 그러한 가상적 존재를 '좀비'라고 부르는데, 좀비는 신경학적으로나 행동학적으로 감지 가능한 의식의 모든 상태를 드러내지만, 주관적 경험이 전혀 없는 사람을 말한다.[11] 과학은 좀비와 정상 인간 사이의 차이를 결코 구별할 수 없을 것이다.

기능적 의식과 주관적 의식에 관한 개념의 차이를 확연하게 드러내는 한 가지 방법은 개와 주관적 경험이 전혀 없다고 확신할 수 있는 가상의 인공적인 인간(즉, 좀비)을 비교해보는 것이다. 좀비는 개보다 훨씬 복잡한 인지 능력을 보여줄 수 있지만, 대다수 사람은 개(우리가 주관적 의식을 갖고 있다고 생각하는)를 다치게 하는 것이 좀비를 다치게 하는 것보다 더 나쁘다고 말할 것이다. 좀비가 고통스러워하며 비명을 지를 수도 있지만, 우리는 좀비가 실제로는 아무것도 느끼지 못한다는 사실을 안다. 문제는 현실에서는, **심지어 원리적으로도,** 다른 존재가 주관적 의식이 있는지 없는지 과학적으로 밝혀낼 수 있는 방법이 없다는 것이다.

만약 그러한 좀비가 적어도 이론적으로 가능하다면, 정보 처리를 통해 겉으로 의식이 존재하는 것처럼 보이게 하는 물리적 시스템(즉, 뇌 또는 컴퓨터)과 감각질 사이에 필연적인 인과적 연결이 없어야 한다. 이것은 일부 종교가 영혼을 바라보는 견해와 동일한데, 이들은 영혼이 신체와 분명히 분리된 초자연적 실체라고 믿는다. 그러한 추측은 과학의 범위에서 벗어날 것이다. 하지만 만약 인지의 기반을 이루는 물리적 시스템이 필연적으로 의식을 만들어낸다 하더라도(좀비의 존재를 불가능하게 하면서), 과학은 이것 역시 논리정연하게 입증할 방법이 없다. 주관적 의식은 관찰 가능한 물리적 법칙의 영역과 질적으로 다르며, 이러한 법칙을 따르는 특정 정보 처리 패턴이 의식적 경험을 낳을 것이라고 단정할 수 없다. 차머스는 이것을 '의식의 어려운 문제'hard problem of consciousness라고 부른다. 차머스가 말한 '쉬운 질문', 예컨대 "깨어 있지 않을 때 우리 마음에는 어떤 일이 일어나는가?"와 같은 질문은 모든 과학을 통틀어 가장 어려운 질문에 속하지만, 적어도 과학적으로 연구할 수 있다.[12]

어려운 문제에 대해 차머스는 자신이 '범원형심론'panprotopsychism[13]이라고 부르는 철학적 개념을 바탕으로 접근한다. 범원형심론은 의식을 우주의 기본적인 힘처럼 취급한다. 즉, 의식은 단순히 다른 물리적 힘의 효과로 환원할 수 없다고 본다. 우주에 의식의 잠재력을 머금고 있는 일종의 장이 있다고 상상할 수도 있다. 내가 지지하는 이 견해의 해석에 따르면, 그 힘을 '깨워' 우리가 인식하는 주관적 경험으로 바꾸는 것은 바로 뇌에서 발견되는 정보 처리의 복잡성이다. 따라서 뇌가 탄소로 만들어지건 실리콘으로 만들어지건, 뇌가 겉으로 의식의 징후를 드러내게 하는 그 복잡성이 뇌에 주관적인 내적 생명도 부여한다.

이것을 과학적으로 증명할 수는 결코 없을 테지만, 이것이 참인 것처럼 행동해야 할 강력한 윤리적 당위성이 있을 것이다. 달리 표현하면, 당신이 학대하는 실체가 의식을 갖고 있을 가능성이 상당히 있다면, 지각을 가진 존재에게 고통을 주는 위험을 감수하기보다는 그것이 의식을 갖고 있다고 가정하는 편이 가장 안전한 도덕적 선택이다. 즉, 우리는 좀비가 불가능하다는 듯이 행동해야 한다.

따라서 범원형심론의 관점에서 보면, 튜링 테스트는 단지 인간 수준의 기능적 능력을 확립하는 데 그치지 않고 주관적 의식, 따라서 도덕적 권리를 뒷받침하는 강한 증거를 제공할 것이다. 의식이 있는 인공 지능이 지니는 법적 의미는 심오한 반면, 나는 최초의 튜링 테스트 통과 수준의 AI가 개발될 무렵에 그런 권리를 법제화할 수 있을 만큼 우리의 정치 체제가 충분히 빨리 적응할 수 있을지 의심스럽다. 따라서 처음에는 그런 AI를 개발하는 사람들이 학대를 방지할 수 있는 윤리적 틀을 만들어야 할 것이다.

의식이 있는 것처럼 보이는 존재가 의식이 있다고 가정해야 할 윤리적 이유 외에도, 범원형심론 같은 개념이 의식에 대한 정확한 인과적 설명이라고 믿어야 할 훌륭한 이론적 이유가 있다. 이것은 사상의 역사에서 오랫동안 두 주요 사조였던 이원론과 물리주의(또는 유물론) 사이의 중간 입장을 취한다. 이원론은 의식이 보통의 '죽은' 물질과 완전히 다른 종류의 물질에서 생겨난다고 주장한다. 많은 이원론자는 그것이 영혼이라고 생각한다. 과학적 관점에서 이 견해의 문제점은 설령 초자연적 영혼이 존재한다 하더라도, 관찰 가능한 세계에서 영혼이 물질(예컨대 우리 뇌의 신경세포)에 어떻게 영향을 미치는지 제대로 설명할 이론이 없다는 데 있다.[14] 그 반대 견해인 물리주의는 의식은 전적으로 우리 뇌에 있는 일반적인 물리적 물질의 특정 배열로부터 나타난다고 주장한다. 하지만 설령 이 견해가 의식의 작용 방식 중 기능적 측면을 완벽하게 설명한다 하더라도(즉, 컴퓨터과학이 AI를 설명하는 것과 유사한 방식으로 인간의 지능을 설명한다 하더라도), 본질적으로 과학이 접근할 수 없는 의식의 주관적 차원은 전혀 설명할 수 없다. 범원형심론은 상반된 이 두 가지 견해 사이에서 유용한 절충적 입장을 취하고 있다.

결정론, 창발, 자유 의지 딜레마

의식과 밀접한 관련이 있는 한 가지 개념은 우리가 느끼는 자유 의지이다.[15] 거리에서 평균적인 사람을 붙잡고 이 용어를 어떻게 이해하느냐고 물어보면, 그 대답에는 필시 자신의 행동을 통제할 수 있어야 한다는 개념이 포함될 것이다. 우리의 정치 체계와 사법 체계는 모든 사람이 대체로 이런 의미의 자유 의지를 갖고 있다는 원리를 바탕으로 하고 있다.

하지만 철학자들이 더 정확한 정의를 추구하려고 할 때에는 이 용어가 실제로 무엇을 의미하는지에 대한 합의가 잘 이루어지지 않는다. 많은 철학자는 자유 의지의 존재에는 미리 결정되지 않은 미래가 필요하다고 믿는다.[16] 미래에 어떤 일이 일어날지 이미 확실하다면, 어떻게 우리의 의지가 유의미한 방식으로 자유로울 수 있겠는가? 하지만 만약 '자유 의지'가 그저 우리의 행동을 양자 수준에서 완전히 무작위적인 과정으로 환원할 수 있다는 것을 의미한다면, 대다수 사람이 진정한 자유 의지라고 생각하는 것이 존재할 여지가 없다. 영국 철학자 사이먼 블랙번Simon Blackburn의 표현을 빌리면, 자유 의지를 배제하는 것처럼 보인다는 점에서 "우연은 필연만큼 가혹하다."[17] 오히려 유의미한 자유 의지 개념은 결정론적 철학 개념과 비결정론적 철학 개념을 어떻게든 종합해야 한다(무작위성으로 빠져들지 않는 동시에 엄격한 예측 가능성을 피하면서).

물리학자이자 컴퓨터과학자인 스티븐 울프럼Stephen Wolfram(1959~)의 연구가 이 양극단 사이에서 통찰력이 넘치는 길을 제시했다. 울프럼의 연구는 오랫동안 물리학과 계산의 교차점에 대한 내 생각에 큰 영향을 미쳤다. 2002년에 출판된 《새로운 종류의 과학》A New Kind of Science에서 울프럼은 결정론적 특성과 비결정론적 특성을 모두 지닌 현상들—'세포 자동자'cellular automaton[18]라 부르는 수학적 대상—을 깊이 탐구했다.

세포 자동자는 가능한 여러 규칙 집합에 따라 상태(예컨대 검은색과 흰색, 죽음과 삶)가 번갈아 '세포'로 표현되는 단순한 모형이다. 규칙은 각각의 세포가 이웃 세포들의 상태에 따라 어떻게 행동해야 하는지 규정한다. 이 과정은 일련의 이산적 단계들을 거쳐 진행되며, 매우 복잡한 행동을 만들어낼 수 있다. 가장 유명한 예는 2차원 격자를 사용하는 콘웨이Conway의 '생명 게임'Game of Life이다.[19] 취미를 즐기는 사람들과 수학자들은 생명 게임에서 규칙에 따라 예측 가능하게 진화하는 패턴을 형성하는 흥미로운 형태를 많이 발견했다. 이 게임은 심지어 기능적인 컴퓨터를 복제하거나 자기 자신의 다른 버전을 실행하고 표시하는 소프트웨어를 시뮬레이션하는 데 사용할 수도 있다!

울프럼의 이론은 아주 기본적인 세포 자동자인 1차원 직선에서 시작하는데, 그 밑에 규칙 집합과 이전 줄 세포들의 상태를 바탕으로 새로운 줄을 차례로 추가한다.

광범위한 분석을 통해 울프럼은 일부 규칙 집합의 경우, 고려하는 단계의 수에 상관없이 중간의 모든 반복 과정을 일일이 거치지 않고서는 미래 상태를 예측할 수 없다고 지적한다.[20] 즉, 결과를 간단하게 요약할 수 있는 지름길은 없다.

가장 쉬운 형태의 규칙은 1군 규칙이다. 이 종류의 한 예로는 규칙 222가 있다.[21]

● **규칙 222**

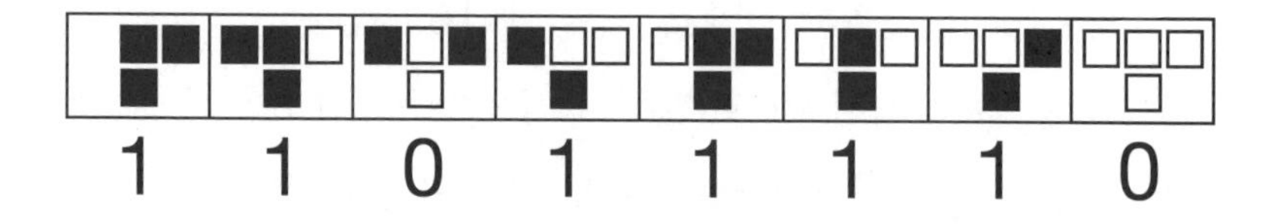

각각의 세포에 대해, 앞 단계인 바로 위에 위치한 세포 3개의 가능한 상태 조합은 모두 여덟 가지가 있다(이 그림에서는 윗줄). 규칙은 이 각각의 조합이 그다음 단계에 어떤 상태를 초래하는지(아랫줄) 규정한다. 검은색과 흰색은 각각 1과 0으로 표시할 수도 있다.

● **규칙 222**

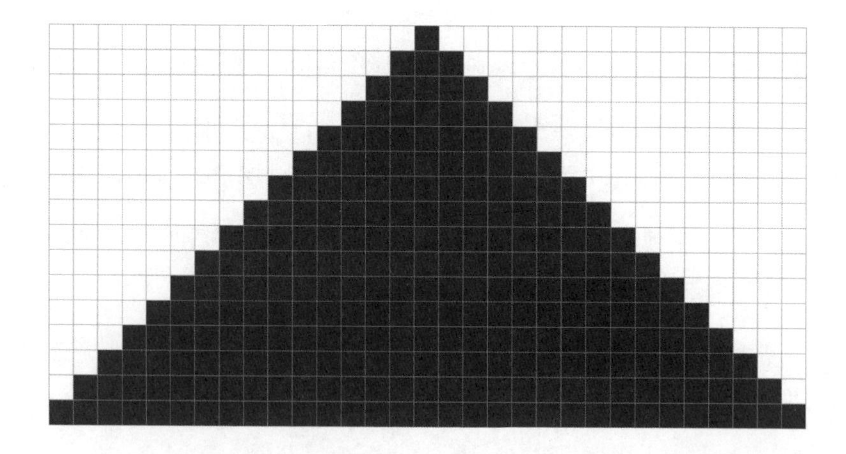

만약 중앙의 검은색 세포 하나로 시작해 규칙 222를 적용하면서 세포들의 진화를 한 줄씩 차례로 계산한다면, 126쪽 하단 그림과 같은 결과를 얻는다.[22]

따라서 규칙 222는 충분히 예측 가능한 패턴을 만들어낸다는 것을 알 수 있다. 만약 내가 규칙 222를 따를 경우 100만 번째 세포—혹은 거기서 다시 다음 100만 번째 세포—가 무엇이냐고 묻는다면, 당신은 당연히 '검은색'이라고 답할 수 있을 것이다. 이것은 대다수 과학이 '작동해야 하는' 방식이다. 즉, 결정론적 규칙을 적용해 예측 가능한 결과를 알아낸다.

하지만 1군 규칙은 단지 한 범주의 규칙일 뿐이다. 울프럼의 이론에서는 만들어내는 결과의 종류에 따라 구별되는 네 범주의 규칙으로 대부분의 자연계를 설명할 수 있다. 2군 규칙과 3군 규칙은 '검은색' 세포와 '흰색' 세포의 배열이 갈수록 점점 복잡해진다는 점에서 다소 흥미롭다. 하지만 가장 매혹적이라 할 만한 것은 4군 규칙인데, 그 대표적인 예는 규칙 110이다.[23]

● **규칙 110**

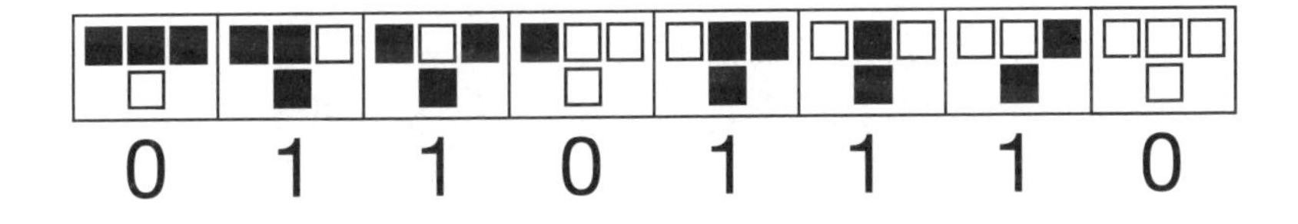

만약 하나의 검은색 세포를 가지고 시작해 이 규칙을 따른다면, 그 결과는 다음과 같다.

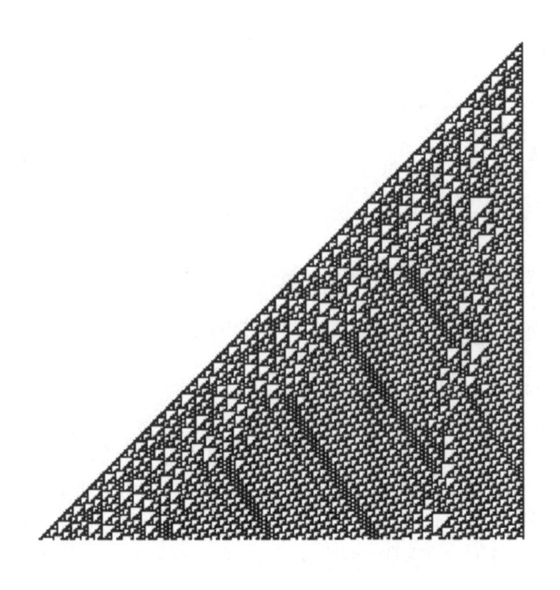

만약 이 과정을 계속 반복한다면, 아래 이미지를 얻게 된다.[24]

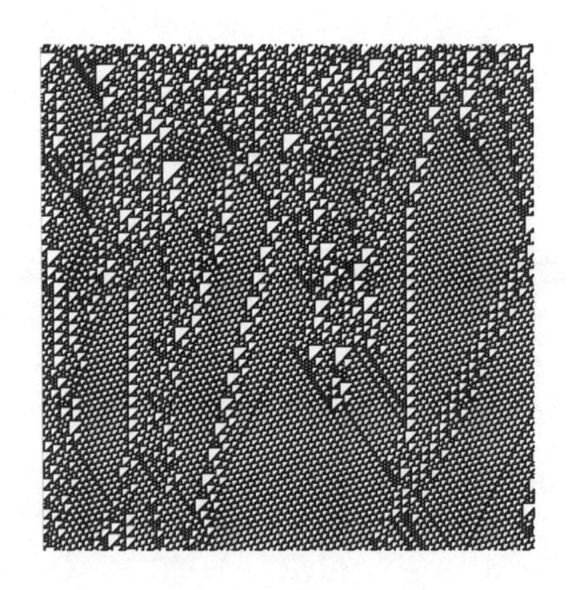

여기서 중요한 사실은 하나씩 일일이 계산하는 것 말고는 1000번째 줄이 어떻게 될지 혹은 100만 번째 줄이 어떻게 될지 알 수 있는 방법이 **전혀** 없다는 것이다.[25] 이것은 4군 규칙의 성질에 기반을 둔 시스템—울프럼의 주장에 따르면, 예컨대 우리 우주—이 고전적이고 환원적인 버전의 결정론을 부정하는 환원 불가능한 복잡성을 지닌다는 것을 의미한다. 이 복잡성은 결정론적 프로그래밍에서 생겨나지만, 그 프로그래밍 자체만으로는 그것의 풍부성을 완전히 설명할 수 없다.

개개 세포의 통계적 표본 추출은 그 상태를 본질적으로 무작위인 것처럼 보이게 하는 반면, 각 세포의 상태는 앞 단계로부터 결정론적으로 정해진다는 것을 알 수 있다. 그 결과로 나타나는 큰 이미지는 규칙적 행동과 불규칙적 행동이 섞여 있다. 이것은 창발emergence[26]이라는 속성을 보여준다. 본질적으로 창발은 아주 단순한 것이 집단적으로 훨씬 복잡한 것을 만들어내는 현상이다. 제각각 자라는 나뭇가지들의 구불구불한 경로나 얼룩말과 호랑이의 줄무늬, 연체동물의 껍데기, 그리고 생물계의 수많은 다른 특징처럼 자연의 프랙털 구조는 모두 4군 규칙의 코딩을 보여준다.[27] 우리는 그러한 세포 자동자들—질서와 카오스 사이의 경계에 걸쳐 있는 매우 복잡한 행동을 만들어내는 아주 단순한 알고리듬—에서 발견되는 종류의 패턴 형성에 큰 영향을 받는 세계에 살고 있다.

우리에게 의식과 자유 의지를 만들어내는 것은 바로 우리 안의 이 복잡성이다. 당신이 자유 의지의 기반을 이루는 프로그래밍의 원인을 신에게서 찾건 범원형심론이나 다른 어떤 것에서 찾건 간에, **당신**은 프로그램 자체를 훨씬 뛰어넘는 존재이다.

하지만 이 규칙들이 의식과 광범위한 자연 현상을 낳는 것은 우연이 아니다. 울프럼은 물리학 법칙 자체가 세포 자동자와 관련이 있는 일종의 계산 규칙에서 비롯되었다고 강력하게 주장한다. 2020년에 그는 '울프럼 물리학 프로젝트'를 발표했는데, 이것은 세포 자동자와 비슷하지만 더 일반화된 모형을 사용해 물리학의 모든 것을 이해하려는 목적으로 진행 중인 야심만만한 계획이다.[28]

이것은 고전적인 결정론과 양자 비결정론 사이에 일종의 타협을 가능케 한다. 거시 세계의 일부는 알고리듬 지름길을 통해 근사할 수 있는 반면(예컨대 위성이 지금부터 100만 번 궤도를 더 돈 후에 어디에 있을지 예측하는 것처럼), 가장 기본적인 규모에서는 그렇게 하는 것이 불가능하다. 만약 현실이 가장 깊은 수준에서 4군 규칙과 같은 원리를 바탕으로 하고 있다면 겉보기에 무작위적으로 보이는 양자 수준의 현상을 결정론적으로 설명할 수 있을 테지만, '앞을 내다보고' 미래의 어느 시점에 전체 우주의 정확한 상태를 예측할 수 있는 요약 알고리듬은 존재하지 않을 것이다.[29] 이것은 추측의 영역에 머물러 있는데, 우리는 아직 그 완전한 규칙 집합이 무엇인지 구체적으로 알지 못하기 때문이다. 어쩌면 미래의 '모든 것의 이론'이 이 모든 것을 일관성 있는 하나의 설명으로 통합할 수 있을지도 모르지만, 우리는 아직 그 단계에 이르지 못했다.

효과적인 예측이 불가능하기 때문에 이제 남은 것은 시뮬레이션밖에 없지만, 우주는 자신을 시뮬레이션할 만큼 충분히 큰 컴퓨터를 담을 수 없다. 다시 말해서, 현실을 실제로 앞으로 나아가게 하지 않고서는 현실을 펼칠 방법이 없다.

이 장 뒷부분에서 나는 미래에 의식을 우리의 생물학적 뇌에서 비생물학적 컴퓨터로 옮길 가능성을 논의할 것이다. 여기서 한 가지 중요한 사실을 분명히 짚고 넘어갈 필요가 있을 것 같다. 뇌의 작동을 디지털 방식으로 에뮬레이션하는 것이 결국 가능해진다 하더라도, 이것은 결정론적으로 미리 계산하는 것이 아니다. 왜냐하면 뇌(생물학적 뇌이건 아니건)는 닫힌계가 아니기 때문이다. 뇌는 외부 세계로부터 입력을 받아들여 엄청나게 복잡한 네트워크(사실, 최근에 과학자들은 최대 11차원으로 존재하는 뇌 속의 네트워크를 발견했다!)[30]를 통해 그것을 처리한다. 이 복잡성은 각 단계를 차례로 시뮬레이션하지 않고 계산을 통해 '앞을 내다보는' 것이 불가능한 규칙 110 유형의 현상을 이용할 가능성이 있다. 그리고 뇌는 열린계이기 때문에, 알려지지 않은 미래의 입력을 단계별 시뮬레이션에 반영하는 것은 불가능하다. 따라서 뇌의 기능을 복제하는 것이 가능하다고 해서 미래의 뇌 상태까지 사전에 계산하는 능력이 생기는 것은 아니다. 이것은 우주가 존재하는 이유인지도 모른다.

달리 표현하면, 만약 우주의 규칙들이 세포 자동자와 비슷한 것에 기반을 두고 있다면, 그것들을 표현하는 방법은 오로지 실제로 일어나는 단계별 현실을 통해 펼치는 것밖에 없다. 반대로 만약 우주의 규칙들이 결정론적이지만 세포 자동자 같은 창발이 일어나지 않거나 오로지 무작위성에 기반을 두고 있다면, 현실은 우리가 실제로 관찰하는 것처럼 반드시 단계별로 펼쳐질 필요가 없다. 게다가 만약 의식이 4군 세포 자동자의 '질서-카오스' 복잡성과 비슷한 것에서만 창발할 수 있다면, 이것은 **우리**가 왜 존재하는지 설명하는 철학적 논증으로 간주할 수 있다. 그런 규칙들이 없다면 우리는 여기에 존재하지도 않을 것이고, 그 질문을 제기하지도 않을 테니까 말이다.

이것은 결정론적 세계에도 자유 의지가 있을 수 있다는 '양립 가능론'compatibilism에 문을 열어준다.[31] 설령 우리의 결정이 현실의 기반을 이루는 법칙에 의해 결정된다 하더라도, 우리는 자유로운 결정(즉, 타인 등 다른 무언가가 원인이 되지 않은 결정)을 할 수 있다. 결정된 세계는 이론적으로 우리가 미래를 내다보거나 과거를 되돌아볼 수 있다는 것을 의미하는데, 모든 것이 양방향으로 다 결정돼 있기 때문이다. 하지만 규칙 110 유형의 규칙들에서는 우리가 완벽하게 앞을 내다볼 수 있는 유일한 방법은 실제로 펼쳐지는 단계들을 모두 지나가는 것 말고는 없다. 그리고 범원형심론의 렌즈를 통해 보면, 우리 뇌에서 일어나는 창발 과정은 우리를 제어하지 않는다. 그것들이 곧 **우리 자신**이다. 우리는 더 깊은 힘들에서 생겨나지만, 우리의 선택은 미리 알 수 없다. 따라서 우리의 의식을 낳는 과정이 세상에서 우리의 행동을 통해 표현될 수 있는 한, 우리에게는 자유 의지가 있다.[32]

자유 의지를 가진 뇌가 여럿이 될 수 있을까?

영화와 소설에서 안드로이드android를 어떻게 묘사하는지 살펴보면, 우리가 은연중에 범원형심론적 상상을 공유하는 것처럼 보인다. AI의 행동이 인간과 비슷해 보인다면, 설령 그 인지가 생물학적 신경세포에 기반을 두지 않았더라도, 우리는 마치 AI를 주관적 의식이 있는 존재인 양 응원하게 된다.

그런데 AI가 별개의 많은 알고리듬으로 이루어질 수 있는 것처럼, 인간의 뇌가 별개의 여러 의사 결정 단위로 이루어져 있다는 것을 보여주는 의학적 증거가 점점 증가하고 있다. 우리의 양쪽 뇌(좌뇌와 우뇌)를 대상으로 실시한 그 모든 실험을 생각해보라. 그 결과는 양쪽 뇌가 대체로 동일하지만 별개로 존재한다고 시사한다.[33] 연구자인 스텔라 데 보데Stella de Bode와 수전 커티스Susan Curtiss는 치명적인 발작 장애를 예방하기 위해 뇌 절반을 절제하는 수술을 받은 어린이 49명을 조사했다.[34] 이 아이들은 대부분 그 후에 정상적으로 기능했고, 심지어 수술을 받고 나서도 특정 장애가 계속 발생한 아이들 역시 비교적 정상적인 개성을 나타냈다. 일반적으로 언어는 대부분 좌뇌에서 발달하지만 각각의 반구는 기능적으로 동등할 수 있으며, 좌뇌 또는 우뇌만 있는 사람도 언어에 통달할 수 있다.[35]

가장 놀라운 사례는 좌뇌와 우뇌 모두 온전하지만 그 사이를 잇는 2억 개의 축삭[36]—뇌량(뇌들보)이라 부르는—이 의학적 문제 때문에 절단된 경우이다. 마이클 가자니가Michael Gazzaniga (1939~)는 양쪽 뇌가 제대로 작동하지만 양쪽이 서로 소통할 방법이 없는 이 사례들을 연구했다.[37] 가자니가는 일련의 실험에서 환자의 우뇌에만 단어를 입력해도 그 단어에 대한 정보가 전혀 없는 좌뇌 또한 그 정보를 바탕으로 내린 선택에 책임을 느낀다는 사실을 발견했는데, 그 선택은 실제로는 우뇌가 내린 것인데도 불구하고 그랬다.[38] 좌뇌는 자신이 그런 결정을 내렸다고 주장하는 이유에 대해 그럴듯한 변명을 지어냈는데, 동일한 머리뼈 안에 별도의 뇌가 또 하나 있다는 사실을 알지 못했기 때문이다.[39]

이 실험을 포함해 뇌의 양 반구를 조사한 그 밖의 실험들에서 얻은 결과에 따르면, 정상적인 사람에게 실제로 독립적인 의사 결정 능력이 있는 뇌 단위가 2개 존재할 수 있지만, 그럼에도 불구하고 둘은 하나의 의식적 정체성으로 통합되는 것으로 보인다. 각각의 반구는 그 결정을 자신이 내린 것이라고 생각하는데, 둘은 서로 긴밀하게 얽혀 있기 때문에 양쪽 모두 그렇게 느낄 것이다.

사실, 두 반구로 나누어진 뇌에서 벗어나 그 너머를 바라보면, 우리 안에는 앞에서 설명한 의미의 자유 의지를 가질 수 있는 의사 결정 단위가 많이 존재한다. 예컨대, 의사 결정이 일어나는 신피질은 수많은 작은 모듈로 이루어져 있다.[40] 따라서 우리가 어떤 결정을 고려할 때, 제각각 자신의 관점을 밀어붙이려는 여러 모듈을 통해 서로 다른 선택이 표현될 수 있다. 나의 멘토인 마빈 민스키는 뇌를 하나의 통합된 의사 결정 기계 대신, 어떤 결정을 고려할 때 그 개개 부분이 제각각 다른 선택을 선호하는 복잡한 신경 기구 네트워크로 보는 통찰력이 있었다. 민스키는 우리 뇌를 다양한 관점을 반영하는 다수의 더 단순한 과정을 포함하고 있는 '마음의 사회'society of mind(그가 낸 두 번째 책의 제목)라고 묘사했다.[41] 이들은 각자 자유로운 선택을 할까? 우리는 그것을 어떻게 알 수 있을까? 최근 수십 년 사이에 이 개념을 뒷받침하는 실험적 증거가 더 많이 쌓였다. 하지만 신경 과정이 어떻게 '부글부글 끓어올라' 우리가 의식적으로 지각하는 결정이 되는지 그 정확한 과정에 대한 이해는 여전히 매우 제한적인 상태로 남아 있다.

의식이 있는 '두 번째 나'는 정말 나일까?

이 모든 것은 도발적인 질문을 제기한다. 만약 의식과 정체성이 머리뼈 속의 여러 개별적인 정보 처리 구조(심지어 물리적으로 연결되지 않은 것까지)에 퍼져 있다면, 이 구조들이 서로 멀리 떨어져 있을 경우에는 어떤 일이 일어날까?

《마음의 탄생》에서 내가 탐구한 한 가지 핵심 문제는 인간 뇌 속에 있는 모든 정보를 복제하는 행동의 철학적, 도덕적 의미였는데, 오늘날 살아 있는 대다수 사람의 나머지 생애 동안에 그런 일이 일어날 가능성이 있다.

내가 첨단 기술을 사용해 내 뇌의 한 부분을 조사한 뒤, 그것을 전자적으로 정확하게 복제했다고 하자. (실제로 우리는 현재 뇌의 특정 부위에 대해 매우 원시적인 버전의 이 기술을 사용할 수 있다. 본태 떨림, 즉 파킨슨병 치료가 한 예이다.)[42] 그 자체만 놓고 본다면, 이 부분은 너무 단순해서 의식을 가질 수 없다. 하지만 뇌에서 두 번째 작은 부분을 또 복제한다고 하자. 그리고 또 하나, 다시 또 하나를 계속 복제한다고 하자. 결국 이 과정이 끝날 무렵이면 내 뇌의 완전한 복제본이 컴퓨터화된 형태로 생길 것이다. 이 뇌는 내 뇌와 동일한 정보를 모두 포함하고 있고, 정확하게 동일한 방식으로 기능한다.

그렇다면 이 '두 번째 나'는 의식이 있을까? 두 번째 나는 내가 가진 것과 동일한 경험을 모두 갖고 있다고 말할 것이고(나의 기억을 모두 공유하기에) 나와 똑같이 행동한다. 그러므로 의식을 가진 존재의 전자 버전이 의식을 가질 가능성을 완전히 배제하지 않는 한, 그 답은 '그렇다'가 될 것이다. 간단히 말해서, 전자적 뇌가 생물학적 뇌와 동일한 정보를 갖고 자신에게 의식이 있다고 주장한다면, 그것의 의식을 설득력 있게 부인할 만한 과학적 근거가 없다. 그렇다면 우리는 윤리적으로 그것을 의식이 있고, 따라서 도덕적 권리가 있는 존재로 대우해야 한다. 이것은 맹목적인 추측에 불과한 게 아니다. 범원형심론은 그것이 실제로 의식이 있다고 믿을 만한 훌륭한 철학적 이유를 제시한다.

하지만 더 어려운 질문이 있다. 이 두 번째 나는 진짜 **나**일까? '나'(정상적인 물리적 인간으로서) 역시 여전히 존재한다는 점을 명심하라. 이 복제본이 '내'가 그 사실을 전혀 모르는 상황에서 만들어질 수도 있지만, 그것과 상관없이 본질적인 '나'는 계속 존재한다. 만약 이 실험이 성공적이라면 두 번째 나는 나와 똑같이 행동할 테지만, '나'는 전혀 변하지 않았을 테니 '나'는 여전히 나이다. 두 번째 나는 독립적으로 행동할 수 있기 때문에, 곧 '나'와는 별개의 삶을 살아갈 것이다(자신만의 기억을 만들고, 다른 경험에 자기 나름의 반응을 보이면서). 따라서 나의 정체성이 내 뇌 속의 특별한 정보의 배열인 한, 두 번째 나는 설령 의식을 갖고 있다 하더라도 내가 **아닐** 것이다.

좋다. 지금까지는 별 문제가 없다. 이제 두 번째 실험에서 내 뇌 속의 각 부분을 디지털 복제본(앞 장에서 소개한 것과 같은 '뇌-컴퓨터' 인터페이스를 통해 남아 있는 내 신경세포에 연결된)으로 점차 **교체**한다고 하자. 따라서 이제는 더 이상 '나'와 두 번째 나가 함께 존재하지 않는다. 오직 나만 존재한다. 이 실험의 각 단계가 끝날 때마다 나는 그 절차에 만족하고, 나 자신을 포함해 어느 누구도 불평을 하지 않는다. 그러한 교체가 매번 일어날 때마다 새로운 나는 여전히 **나**일까? 결국 뇌가 완전히 디지털 방식으로 변한다 하더라도?

"물체를 조금씩 점진적으로 교체해갈 때 그 정체성은 어떻게 변하는가?"라는 질문은 2500년 전에 처음 제기된 '테세우스의 배' 사고 실험으로 거슬러 올라간다.[43] 고대 그리스 철학자들은 목선의 널빤지들을 하나씩 서서히 새로운 널빤지로 교체하는 상황을 상상했다. 첫 번째 널빤지를 교체한 뒤의 배가 여전히 처음의 배라고 결론 내리는 것은 매우 자연스러워 보인다. 전체 구성에 살짝 변화가 생긴 건 맞지만, 그래도 이것은 원래의 배에 사소한 변화가 일어난 것일 뿐 새로운 배가 만들어진 것이라고 보기는 어렵다. 하지만 전체 널빤지 중 절반 이상이 교체되었다면 어떨까? 혹은 모든 널빤지를 교체해 처음에 만든 배에 있던 널빤지가 하나도 없다면 어떨까? 이것은 더 복잡한 상황이지만, 그래도 많은 사람은 이런 점진적인 변화가 일어나더라도 여전히 배의 기본적인 정체성은 그대로 유지된다고 말할 것이다. 하지만 새로운 널빤지를 추가할 때, 이전의 널빤지를 모두 모아 창고에 따로 보관한다고 상상해보라. 이제 원래의 배에 있던 널빤지 100%가 새로운 널빤지로 교체되고 나면, 창고의 낡은 널빤지들을 조립해 배를 다시 만들 수 있다. 자, 이제 어느 배가 원래의 배인가? 점진적인 변화가 일어나면서 계속 존재했지만 원래 배의 널빤지가 하나도 없는 배일까? 아니면, 원래의 널빤지들을 가지고 다시 만든 배일까?

테세우스의 배는 배나 그 밖의 '죽은' 물체를 대상으로 할 때에는 재미있는 사고 실험이고 특별히 높은 위험을 수반하지 않는다. 시간 경과에 따른 배의 정체성은 궁극적으로는 인간의 관습에 관한 문제이다. 하지만 이 문제의 대상이 인간이 되면 이야기가 달라진다. 대다수 사람에게는 우리 옆에 서 있는 사람이 정말로 우리가 사랑하는 사람인지, 아니면 그럴듯한 쇼를 하는 차머스의 좀비인지가 매우 중요한 문제이다.

주관적 의식의 '어려운 문제' 렌즈를 통해 이 문제를 고려해보자. 두 번째 나를 복제본으로 만드는 시나리오에서는 두 번째 나의 주관적 자기가 '나'와 어떤 종류의 연결이 있는지 없는지 판단하기가 불가능하다. 시간이 지남에 따라 서로 다른 경험 때문에 각자의 정보 패턴이 서로 점점 달라지더라도, 원래의 주관적 경험이 어떻게든지 두 명의 나를 동시에 포괄할 수 있을까? 아니면, 두 번째 나는 이 점에서 별개의 존재가 될까? 이것은 과학적으로 답할 수 없는 질문들이다.

하지만 뇌 속의 정보를 비생물학적 기질로 점진적으로 옮기는 시나리오에서는 나 자신의 주관적 의식이 보존될 것이라고 믿을 만한 근거가 훨씬 강하다. 앞에서 언급했듯이, 우리는 오늘날 특정 뇌 질환에 대해 아주 제한된 방식으로 그런 일을 이미 하고 있으며, 새로운 신경 보형물은 교체되는 부분보다 훨씬 능력이 뛰어나다. (따라서 그것은 교체되는 부분과 똑같지 않다.) 인공 달팽이관 같은 초기의 이식 장비는 뇌의 활동을 자극할 수 있었지만, 뇌의 핵심 구조는 어떤 것도 대체하지 못했다.[44] 하지만 2000년대 초부터 과학자들은 뇌에 구조적 손상이나 장애가 있는 사람을 도울 수 있는 뇌 보형물을 개발하고 있다. 예를 들면, 오늘날 인공 보형물은 기억에 문제가 있는 환자에게서 해마의 기능을 일부 대신할 수 있다.[45] 이러한 기술은 2023년 현재 아직도 걸음마 단계에 있지만, 2020년대가 지나가는 사이에 더 정교해져서 더 광범위한 환자들에게 저렴한 비용으로 사용될 것이다. 하지만 오늘날의 기술로는 개인의 핵심 정체성이 그대로 보존된다는 사실에 의심의 여지가 없으며, 이러한 환자들이 차머스의 좀비가 되었다고 주장하는 사람은 아무도 없다

신경과학에 대해 우리가 아는 모든 지식에 따르면, 점진적 교체 시나리오에서는 충분히 작은 변화조차 나타나지 않을 것이며, 뇌는 놀랍도록 적응력이 뛰어난 것으로 보인다. 나의 하이브리드 뇌는 나를 정의하는 모든 정보 패턴을 똑같이 유지할 것이다. 따라서 주관적 의식이 손상되었다고 생각할 이유가 전혀 없으며, 나는 당연히 원래의 **나**로 남아 있을 것이다. 어쨌든 나 말고는 나라고 부를 만한 사람이 아무도 존재하지 않는다. 하지만 이 가상의 과정이 끝날 무렵에 최종적인 나는 첫 번째 실험의 두 번째 나와 **정확하게 똑같**은데, 이미 우리는 이 두 번째 나는 **내가 아니**라고 결정하지 않았던가? 어떻게 해야 이 딜레마를 해결할 수 있을까? 그 차이는 연속성에 있다. 이 시나리오에서는 디지털 뇌가 생물학적 뇌와 다르지 않은데, 이 둘이 각자 별개의 실체로 존재한 적이 단 한 순간도 없었기 때문이다.

여기서 세 번째 경우를 생각해볼 수 있는데, 이것은 사실 가상적 상황이 아니다. 우리 몸을 이루는 세포는 매일 아주 빠른 교체 과정을 겪는다. 신경세포는 대체로 그대로 유지되지만 그 속의 미토콘드리아는 매달 약 절반이 교체되고,[46] 신경 미세관은 반감기가 며칠에 불과하다.[47] 시냅스에 에너지를 제공하는 단백질은 2~5일마다 교체되고,[48] 시냅스의 NMDA 수용체는 몇 시간마다 한 번씩 교체되며,[49] 가지 돌기(수상 돌기)의 액틴 필라멘트는 수명이 약 40초에 불과하다.[50] 따라서 우리의 뇌는 몇 개월마다 거의 완전히 교체되는 셈이며, 우리는 얼마 전의 자신과 비교하면 생물학적 버전의 두 번째 나이다. 여기서도 나의 정체성을 온전하게 유지시켜주는 것은 정보와 기능이며, 특정 구조나 물질이 아니다.

수년 동안 나는 우리 집 근처를 흐르는 아름다운 찰스강을 종종 바라보았다. 오늘도 나는 찰스강을 바라보면서, 그것을 하루 전 혹은《마음의 탄생》에서 그 강의 연속성에 대해 이야기하던 10여 년 전과 같은 강으로 생각한다. 그 이유는, 강의 특정 지점을 지나가는 물 분자들은 매 밀리초마다 완전히 달라지지만, 이 분자들이 강의 경로를 정의하는 일관된 패턴으로 행동하기 때문이다. 우리의 마음도 이와 같다. 비생물학적 시스템을 우리 몸과 뇌 속에 집어넣는다 하더라도, 정보 패턴의 연속성이 우리 각자를 지금 존재하는 우리 자신으로 느끼게 한다(우리의 지각이 더 나아지거나 인지가 더 총명해졌다는 사실만 빼고).

물론 우리의 모든 스킬과 개성, 기억을 디지털 매체로 옮겨주는 기술은 그 정보의 복제본도 여럿 만들게 해줄 것이다. 우리 자신을 마음대로 복제하는 이 능력은 생물계에 존재하지 않는 디지털 세계의 초능력이다. 우리 마음의 파일을 멀리 떨어진 백업 저장 시스템에 복제하면, 우리 뇌를 손상시킬 수 있는 사고나 질병에 대비하는 강력한 보호 수단이 될 수 있다. 다만, 클라우드에 업로드한 엑셀 스프레드시트가 불멸의 존재가 아닌 것처럼 이것 역시 '불멸'의 존재는 아니다. 데이터 센터에 재난이 발생해 이런 것을 모조리 지워버릴 가능성은 얼마든지 있다. 하지만 이것은 수많은 인명과 정체성을 소멸시키는 무분별한 사고로부터 우리 자신을 보호하게 해줄 것이다. 그리고 내가 해석한 범원형심론은, 우리를 정의하는 이 정보의 모든 복제본이 우리의 주관적 의식에 포함돼 있다고 시사한다.

여기에는 또 한 가지 흥미로운 함의가 있다. 만약 두 번째 나를 세상에 풀어놓는다면('나'와는 다른 경로를 자유롭게 걸어갈 수 있도록), 그 정보 패턴의 정체성은 나의 정체성에서 분기하겠지만, 이것은 점진적이고 연속적인 과정이기 때문에 나의 주관적 의식이 동시에 양쪽에 걸쳐 있을 가능성이 있다. 나는 범원형심론을 바탕으로 생각할 때 우리의 주관적 의식은 정체성을 이루는 정보에 묶여 있으며, 따라서 한때 우리 자신의 것과 동일했던 모든 정보의 복제본을 어떻게든 포함하고 있다고 본다.

하지만 이 시나리오에서 두 번째 나는 '나'와는 다른 주관적 의식을 갖고 있다고(소통을 지배하는 물리적 의사 결정 구조가 다르므로) 강력하게 주장할 수 있는데, 무엇이 진실인지 객관적으로 알 수 있는 방법이 없기 때문에 우리의 법적, 윤리적 체계는 양쪽을 각각 별개의 실체로 취급해야 할 가능성이 높다.

불가능에 가까운 존재

우리의 정체성을 이해하려고 할 때, 우리가 존

재하기 위해 믿기 힘들 정도로 확률이 낮은 사건들이 놀랍도록 계속 이어졌다는 것을 생각해보면, 실로 경이롭기 짝이 없다. **나**를 만들려면 우선 부모가 만나 아기를 만들어야 할 뿐만 아니라, 특정 정자가 특정 난자와 만나야 한다. 우선 어머니와 아버지가 만나 아기를 갖기로 결정할 확률도 추정하기가 어렵지만, 나를 만들기 위해 특정 정자와 난자가 만날 확률만 하더라도 200경분의 1에 불과하다. 대략적인 추정에 따르면, 평균적인 남자는 평생 동안 정자를 약 2조 개 만들고, 평균적인 여자는 약 100만 개의 난자를 갖고 태어난다.[51] 따라서 나의 정체성이 나를 만든 특정 정자와 난자의 만남에 달려 있다면, 그 사건이 일어날 확률은 200경분의 1이다. 이 모든 생식세포는 유전적으로 고유한 것이 아니지만 나이를 비롯해 많은 요인이 후성유전학적으로 영향을 미칠 수 있기 때문에, 아버지가 염색체가 정확하게 동일한 정자를 2개 만든다 하더라도 25세 때 만든 정자와 45세 때 만든 정자는 아기를 만드는 데 기여하는 정도가 정확하게 똑같을 수 없다.[52] 따라서 각각의 정자와 난자는 사실상 고유한 것으로 간주해야 한다. 게다가 이에 상응하는 사건이 양쪽 조부모 **두** 쌍에게도 일어나야 하고, 다시 그 위의 증조부모 **네** 쌍에게도, 또다시 그 위의 고조부모 **여덟** 쌍에게도 차례로 일어나야 한다. 물론 이것이 무한히 계속되지는 않는다. 약 40억 년 전에 지구에서 생명이 탄생한 시점까지 거슬러 올라가기만 하면 된다.[53]

구골(유명한 검색 엔진 회사 구글의 이름은 이 수에서 유래했다)은 1 다음에 0이 100개 붙은 수이다. 구골플렉스googolplex는 1 다음에 0이 1구골개 붙은 수이다. 이것은 상상조차 하기 힘들 정도로 큰 수이지만, 앞에서 설명한(그리고 권말의 주석에서 추가로 더 설명한) 대략적인 분석을 바탕으로 계산한다면, 내가 존재할 확률은 1 다음에 1구골플렉스보다 훨씬 더 많은 0이 붙은 수를 1로 나눈 값에 해당한다.[54] 그런데 지금 내가 여기에 존재하고 있다. 이것이 실로 경이로운 기적이 아니고 뭐란 말인가?

게다가 우주가 복잡한 정보를 진화시킬 능력을 가지고 태어났다는 사실은 누가 뭐래도 더욱 믿기 힘든 기적이다. 우리가 아는 물리학과 우주론 지식에 따르면, 물리학 법칙의 기본 상수들이 아주 조금만 달랐더라도 우주에는 생명이 존재할 수 없었을 것이다.[55] 달리 표현하면, 이론적으로 우주가 가질 수 있는 모든 배열 중에서 우리의 존재를 허용하는 배열의 비율은 엄청나게 작다. 이 명백하게 희박한 가능성을 계량화할 수 있는 최선의 방법은 생명 친화적 우주의 존재를 위해 필요한 다양한 요소를 확인한 다음, 생명의 존재가 불가능하려면 그 값들이 얼마나 달라져야 하는지 알아보는 것이다.

입자물리학의 표준 모형에 따르면, 네 가지 기본적인 힘(중력, 전자기력, 강한 상호 작용, 약한 상호 작용)에 따라 상호 작용하는 소립자의 종류(질량과 전하, 스핀에서 차이가 있는)는 37가지가 있고, 거기다가 일부 과학자가 중력 효과를 일으킨다고 믿는 가설상의 중력자도 있다.[56] 입자와 상호 작용하는 이 힘들의 세기는 일련의 상수로 표현되며, 이 상수들은 물리학 '법칙들'을 정의한다. 물리학자들은 많은 영역에서 이러한 규칙들이 극히 조금만 변했더라도 지능 생명체의 생성이 불가능했을 것이라고 강조했다. 지능 생명체가 존재하려면, 복잡한 화학과 함께 수억 년 또는 수십억 년의 진화를 위해 비교적 안정적인 환경과 에너지원이 필요하다고 가정되기 때문이다. 생물학자들 사이의 주류 견해에 따르면, 지구에서 생명은 자연 발생을 통해 나타났다.[57] 이 이론에 따르면, 아주 오랜 시간에 걸쳐 전구체 혼합물의 '원시 수프' 속에서 무생물 물질이 자연적으로 결합해 단백질(생명의 기본 성분)을 이루는 더 복잡한 기본 요소를 만들었다. 그리고 결국 단백질들이 결합해 자기 복제 능력을 가진 패턴이 생겨났고, 그럼으로써 생명이 시작되었다. 이 기다란 인과 사슬에서 단 한 군데의 연결 고리만 끊어졌더라도 인간은 존재하지 못했을 것이다.

만약 강한 상호 작용이 조금만 더 강하거나 약했더라면, 별들이 엄청난 양의 탄소와 산소를 만들지 못했을 테고, 따라서 탄소와 산소를 기반으로 한 생명도 태어나지 못했을 것이다.[58] 마찬가지로 약한 상호 작용의 세기도 생명의 진화를 가능하게 하는 최솟값과 위나 아래로 10배 이내의 차이밖에 나지 않는다.[59] 만약 그 세기가 이보다 더 약했더라면, 수소는 금방 헬륨으로 변해 태양처럼 수소가 주성분인 별들이 탄생하지 못했을 것이다. 그랬더라면 각각의 태양계에서 복잡한 생명이 진화할 만큼 충분히 오랫동안 빛을 내는 별이 우주에 존재하지 않았을 것이다.

업 쿼크와 다운 쿼크 사이의 질량 차이가 조금만 더 났더라면, 양성자와 중성자가 불안정해 복잡한 물질이 만들어지지 못했을 것이다.[60] 마찬가지로, 만약 전자의 질량이 두 쿼크의 질량 차이에 비해 조금만 더 컸더라면 비슷한 불안정성 문제가 발생했을 것이다.[61] 물리학자 크레이그 호건Craig Hogan에 따르면, "쿼크의 질량에 어느 쪽으로건 불과 몇 퍼센트의 차이만 있었더라도" 생명의 출현은 불가능했을 것이다.[62] 만약 쿼크의 질량 차이가 더 컸더라면, 우주는 '양성자 세계'—오직 수소 원자만이 존재 가능한 대체 우주—로 변했을 것이다.[63] 만약 그 질량 차이가 더 작았더라면, 우주는 '중성자 세계'—주위를 도는 전자가 없이 오직 원자핵만 존재하여 화학이 불가능한 세계—로 변했을 것이다.[64]

만약 중력이 조금만 더 약했더라면 초신성은 존재하지 않았을 테고, 생명에 필요한 무거운 원소들도 만들어지지 않았을 것이다.[65] 만약 중력이 조금만 더 강했더라면 별들의 수명은 훨씬 짧았을 테고, 따라서 복잡한 생명을 부양하기가 불가능했을 것이다.[66] 빅뱅이 일어나고 나서 1초 이내의 밀도 계수(기호로는 Ω)가 1000조분의 1만 달랐더라도 우주에 생명은 나타나지 않았을 것이다.[67] 만약 밀도 계수가 조금만 더 컸더라면, 빅뱅과 함께 사방으로 흩어진 물질이 별들이 생기기 전에 중력에 붙들려 다시 붕괴했을 것이다. 만약 밀도 계수가 조금만 더 작았더라면, 팽창이 너무나도 빨리 진행돼 애초에 물질이 뭉쳐 별이 생기는 일은 일어나지 않았을 것이다.

게다가 우주의 거시 구조는 빅뱅 이후 첫 순간에 바깥쪽으로 팽창해 가던 물질의 밀도에 생긴 미소한 국지적 요동에서 비롯되었다.[68] 평균적으로 한 지점의 밀도는 전체 평균과 10만분의 1 정도의 차이밖에 나지 않았다.[69] 만약 이 진폭(종종 연못의 잔물결에 비교되는)이 위나 아래로 10배 이상 차이가 났더라면 생명은 나타나지 못했을 것이다. 우주론자 마틴 리스Martin Rees는 만약 잔물결이 너무 작았더라면, "가스가 중력에 붙들린 구조로 응축되는 일이 결코 일어나지 않았을 것이고, 그런 우주는 영원히 캄캄하고 아무 특징도 없는 세계로 남았을 것이다."라고 말한다.[70] 반대로 잔물결이 너무 컸더라면, 우주는 "소용돌이치는 격렬한 장소"가 되어 대부분의 물질은 거대한 블랙홀로 붕괴하고, 별들이 "안정한 행성계를 유지할" 기회가 전혀 찾아오지 않았을 것이다.[71]

우주가 혼돈의 수프 대신에 질서 있는 물질을 만들어내려면, 빅뱅 직후의 엔트로피가 아주 낮았어야 했다. 물리학자 로저 펜로즈Roger Penrose에 따르면, 엔트로피와 무작위성에 대해 알려진 지식을 바탕으로 계산할 때, 우리 우주와 비슷한 형태로 진화하기 위해 애초에 충분히 낮은 엔트로피를 가질 확률은 가능한 우주 $10^{10^{123}}$개 중 1개꼴에 불과하다.[72]

$10^{10^{123}}$은 1 뒤에 알려진 우주에 존재하는 원자의 수보다 훨씬 더 많은 0이 붙은 수이다. (과학자들의 우주에 존재하는 원자의 수를 10^{78}~10^{82}개로 추정한다. 중간값을 택해 10^{80}개로 본다면, $10^{10^{123}}$이란 수는 모든 원자의 수보다 10^{43}배나 더 크다. 즉, 1000억×1경×1경 배나 큰 값이다.)[73]

이러한 계산 중 많은 것은 당연히 의심의 대상이 될 수 있으며, 과학자들은 가끔 어느 요소의 의미를 놓고 의견이 엇갈리기도 한다. 하지만 각각의 미세 조정 계수를 따로 떼어내 분석하는 것만으로는 충분하지 않다. 그보다는 물리학자 루크 반스Luke Barnes의 주장처럼 "생명을 허용하는 영역들 전체가 아니라 그 교차 지점"[74] 을 고려할 필요가 있다. 다시 말해서, 이러한 요소가 전부 다 생명 친화적이어야 생명이 실제로 발달할 수 있다. 천문학자 휴 로스Hugh Ross의 유명한 표현을 빌리면, 이 모든 미세 조정이 우연히 일어날 확률은 "폐품 처리장에 몰아닥친 토네이도의 결과로 보잉 747 비행기가 완벽하게 조립될 확률"과 같다.[75]

이 미세 조정 문제에 대한 가장 보편적인 설명에 따르면, 우리가 그러한 우주에서 살 확률이 아주 낮은 것은 '관찰자 선택 편향'observer selection bias때문이다.[76] 다시 말해서, 우리가 이 질문을 던지려면 우리가 미세 조정된 우주에 **살고** 있어야 한다. 만약 그렇지 않다면 우리는 애초에 의식을 가질 수도 없고, 이 질문을 떠올릴 수도 없기 때문이다. 이것을 '인류원리'(인간 중심의 원리라고도 한다)라고 부르는데, 일부 과학자들은 이런 설명이 적절하다고 믿는다. 하지만 관찰자인 우리와 상관없이 실재가 독립적으로 존재한다고 믿는다면, 이것은 완전히 만족스러운 설명이 될 수 없다. 마틴 리스는 여전히 던질 수 있는 흥미로운 질문이 남아 있다고 본다. "당신이 총살형 집행대에 서 있는데 총알이 모두 빗나갔다고 가정해 보자. 그러면 당신은 '음, 만약 총알이 모두 빗나가지 않았다면, 내가 여기서 걱정할 일이 없었겠지.'라고 말할 수 있을 것이다. 하지만 이것은 여전히 아주 놀라운 일이며, 쉽게 설명할 수 있는 일이 아니다. 나는 거기에는 설명이 더 필요한 뭔가가 있다고 생각한다."[77]

애프터 라이프

불가능에 가까운 확률을 극복하고 존재하는 우리의 소중한 정체성을 위한 첫 번째 단계는, 우리가 누구인가를 정의하는 중심 개념을 보존하는 것이다. 우리는 이미 디지털 활동을 통해 우리가 어떻게 느끼고 무엇을 느끼는지에 대해 엄청나게 풍부한 기록을 만들고 있다. 2020년대 동안에 그러한 정보를 기록하고 저장하고 조직하는 기술은 급속하게 발전할 것이다. 2020년대 말에 이르면, 우리는 이 데이터를 가지고 특정 개성을 가진 인간을 매우 사실적으로 재현한 비생물학적 시뮬레이션으로 만들어 살아 움직이게 할 것이다.[78]

하지만 현 시점인 2023년에도 AI는 인간을 모방하는 능력이 급속도로 발전하고 있다. 트랜스포머와 GAN Generative Adversarial Network(생성적 대립 신경망) 같은 딥러닝 접근법은 놀라운 진전을 이끌었다. 앞 장에서 설명했듯이, 트랜스포머는 사람이 쓴 텍스트로 훈련을 하면서 사람의 소통 방식을 현실에 가깝게 모방하는 법을 배울 수 있다. 한편 GAN은 두 신경망이 서로 경쟁한다. 첫 번째 신경망은 여성 얼굴의 현실적 이미지 같은 표적 집단에서 한 표본을 만들려고 시도한다. 두 번째 신경망은 이 이미지와 다른 이미지(실제 여성 얼굴 이미지)를 구별하려고 노력한다. 첫 번째 신경망은 두 번째 신경망을 속이는 데 성공하면 보상을 받고(이것은 신경망이 최대화하도록 프로그래밍돼 있는 점수가 올라가는 것으로 생각할 수 있다), 두 번째 신경망은 정확한 판단을 내리면 보상을 받는다. 이 과정은 인간의 감독 없이 수많이 반복될 수 있고, 두 신경망은 점점 실력이 향상된다.

이 기술들을 결합함으로써 AI는 이미 특정인의 글 쓰는 스타일을 모방하거나 목소리를 복제하거나 얼굴을 완전한 영상으로 현실감 있게 옮길 수 있다. 앞 장에서 언급했듯이, 구글의 실험적인 듀플렉스 기술은 대본이 없는 전화 대화에서 신뢰할 만한 수준으로 반응하는 AI를 사용한다. 듀플렉스는 그 일을 너무나도 성공적으로 해냈는데, 2018년에 처음 시험했을 때 듀플렉스의 전화를 받은 진짜 인간은 자신이 컴퓨터와 대화하고 있다는 사실을 전혀 알아채지 못했다.[79]

'딥페이크'Deepfake 영상은 유해한 정치 선전을 만드는 데 쓰이거나 상징적인 역할에 다른 배우를 쓴다면 영화가 어떻게 보일지 상상하는 데 쓰일 수 있다.[80] 예컨대, '컨트롤 시프트 페이스'라는 유튜브 채널에는 영화 〈노인을 위한 나라는 없다〉에서 하비에르 바르뎀이 연기한 극중 인물을 아널드 슈워제네거나 윌럼 더포 또는 레오나르도 디카프리오가 연기한다면 어떤 장면이 펼쳐질지 보여주는 바이럴 영상이 있다.[81] 이 기술들은 아직 걸음마 단계에 있다. 각각의 능력(예컨대 글쓰기, 목소리, 얼굴, 대화)은 앞으로 계속 크게 향상될 뿐만 아니라, 수렴을 통해 부분의 합보다 훨씬 더 현실적인 시뮬레이션이 만들어질 것이다.

우리가 만들 수 있는 AI 아바타의 한 종류인 레플리컨트replicant(영화 〈블레이드 러너〉에서 빌려온 용어)는 죽은 사람의 생김새와 행동, 기억, 스킬을 가지고서 내가 '애프터 라이프'After Life(사후 세계)라고 부르는 곳에서 살아간다.

애프터 라이프 기술은 여러 단계를 거칠 것이다. 가장 원시적인 시뮬레이션은 내가 이 글을 쓰고 있는 지금, 세상에 나온 지 이미 7년이나 되었다. 2016년에 정보 기술 뉴스 사이트 '더 버지'The Verge는 유지니아 쿠이다라는 젊은 여성에 관한 놀라운 기사를 실었는데, 유지니아는 AI와 저장해둔 문자 메시지를 사용해 사망한 가장 친한 친구 로만 마주렌코를 '부활'시켰다.[82] 우리 각자가 만드는 데이터의 양이 증가함에 따라 특정 인간을 더 생생하게 재현하는 것이 가능해질 것이다.

2020년대 후반에는 더 발전된 AI가 수천 장의 사진과 수백 시간의 영상, 수백만 단어의 문자 메시지, 개인적 관심과 습관에 관한 자세한 데이터, 그를 기억하는 사람들과의 인터뷰를 바탕으로 실제 인물과 매우 흡사한 레플리컨트를 만들어낼 것이다. 사람들은 문화적, 윤리적, 개인적 이유로 이에 대해 엇갈린 반응을 보일 테지만, 원하는 사람들에게는 기술이 충분한 편의를 제공할 것이다.

이 애프터 라이프에서 살아가는 아바타 세대는 꽤 현실적으로 보이겠지만, 많은 사람에게는 그들이 '불쾌한 골짜기'uncanny valley[83]에 존재하는 듯이 보일 것이다. 이것은 아바타의 행동이 원래 사람과 매우 비슷하지만 미묘한 차이가 있어, 그 사람을 좋아하던 사람이 아바타를 보고 당황할 것이라는 뜻이다. 이 단계에서 그 시뮬레이션은 '두 번째 나'가 아니다. 이 단계에서는 원래 사람의 뇌에 있던 정보의 기능만 재현할 뿐, 그 형태까지 재현하지는 못한다. 이런 이유 때문에 범원형심론의 한 견해에 따르면, 이 기술은 어떤 사람의 주관적 의식을 부활시키진 못할 것이라고 한다. 그럼에도 불구하고 많은 사람은 이를 중요한 일을 계속 이어가거나 소중한 기억을 공유하거나 가족의 치유에 도움을 줄 수 있는 유용한 도구로 간주할 것이다.

레플리컨트 신체는 주로 가상현실과 증강현실에 존재할 테지만, 2030

년대 후반이 되면 나노기술을 사용해 실제 현실에서 현실적인 신체(즉, 아주 그럴듯한 안드로이드)가 존재하는 일도 가능할 것이다. 이 방향의 발전은 2023년 현재 시점에서는 초기 단계에 머물러 있지만, 2030년대의 훨씬 큰 돌파구를 위한 기초가 될 중요한 연구가 진행되고 있다. 안드로이드의 기능 측면에서는 기술 발전이 '모라벡의 역설'Moravec's paradox[84]이라고 부르는 큰 문제에 봉착해 있다. 이 역설은 내 친구인 한스 모라벡이 수십 년 전에 발견한 것이다. 간단히 말하면, 이것은 인간에게 어려워 보이는 정신적 과제(큰 수의 제곱근을 구하거나 많은 양의 정보를 기억하는 것처럼)가 컴퓨터에게는 아주 쉬운 반면, 인간에게는 너무나도 쉬운 정신적 과제(얼굴을 기억하거나 걸어가면서 균형을 유지하는 것처럼)가 AI에게는 매우 어렵다는 내용이다. 그럴듯한 이유로는, 후자의 기능은 수천만 년 혹은 수억 년에 걸쳐 진화해 우리 뇌의 배경에서 작동하는 반면, 전자의 '더 높은' 인지 기능은 의식의 중심인 신피질에서 작동되는데, 신피질이 현대적인 형태에 이른 것은 불과 수십만 년밖에 되지 않았다는 점을 생각해볼 수 있다.[85]

하지만 지난 수년 동안 AI의 성능이 기하급수적으로 증가하면서 모라벡의 역설에서 벗어날 수 있을 만큼 놀라운 진전이 일어났다. 2000년에 혼다가 내놓은 휴머노이드 로봇 아시모ASIMO는 평평한 표면 위를 넘어지지 않고 조심스럽게 걸어감으로써 전문가들의 탄성을 자아냈다.[86] 2020년에 보스턴 다이내믹스가 내놓은 아틀라스Atlas는 장애물 구간에서 대다수 사람보다 훨씬 민첩하게 달리고 점프를 하고 구를 수 있었다.[87] 핸슨 로보틱스가 만든 소피아Sophia와 리틀 소피아Little Sophia, 그리고 엔지니어드 아츠가 만든 아메카Ameca같은 소셜 로봇은 인간처럼 생긴 얼굴로 감정을 표현할 수 있다.[88] 이것들의 능력은 가끔 뉴스 헤드라인에서 과장되기도 했지만, 그럼에도 불구하고 분명한 진전을 보여준다.

기술이 발전함에 따라 레플리컨트(그리고 아직 죽지 않은 우리도)는 다양한 신체와 신체 유형을 선택할 수 있을 것이다. 결국 레플리컨트는 심지어 원래 인간의 DNA(그것을 발견할 수 있다고 가정하고서)로부터 만들고 사이버네틱스 기술로 증강시킨 생물학적 신체 속에 들어갈지도 모른다. 그리고 일단 나노기술로 분자 수준의 조작이 가능해지면, 생물학으로 가능한 것보다 훨씬 더 발전된 인공 신체를 만들 수 있을 것이다. 그때가 되면 되살아난 사람들은 적어도 그들과 상호 작용하는 많은 사람에게는 불쾌한 골짜기를 뛰어넘은 존재로 보일 것이다.

하지만 그러한 레플리컨트는 사회에 매우 심오한 철학적 질문을 제기할 것이다. 그 질문에 대한 답은 영혼과 의식, 정체성 같은 개념에 대한 형이상학적 믿음에 따라 다를 수 있다. 만약 이 기술을 통해 되살아난 사람이 함께 대화를 나눠보니 당신이 떠나보냈던 소중한 사람처럼 '느껴진다면' 그걸로 충분할까? 살아 있는 누군가의 뇌에서 '두 번째 나'를 완전히 업로드한 것이 아니라, AI와 데이터 마이닝을 통해 레플리컨트를 만들었는지 여부가 얼마나 중요할까? 유지니아 쿠이다와 로만 마주렌코의 이야기가 보여주듯이, AI와 데이터 마이닝을 통해 만든 레플리컨트도 위안과 치유의 원천이 될 수 있다. 그렇다 하더라도 각자가 처음으로 이 경험을 할 때 어떤 기분이 들지는 확실히 알기 어렵다. 이 기술이 더 널리 퍼짐에 따라 사회도 그에 적응할 것이다. 필시 죽은 자의 레플리컨트를 누가 만들고, 어떻게 사용할 수 있는지를 규정하는 법이 생길 것이다. 어떤 사람은 AI가 자신을 복제하는 것을 거부할 수도 있고, 어떤 사람은 자신의 유언에 자세한 지시 사항을 남기거나 심지어 자신이 살아 있을 때 레플리컨트를 만드는 과정에 참여하려 할 수도 있다.

레플리컨트의 도입은 그 밖에도 다음과 같은 어려운 사회적, 법적 질문을 많이 제기할 것이다.

- 레플리컨트를 완전한 인권과 시민권(투표권과 계약을 맺을 권리 같은)을 가진 인간으로 간주해야 할까?
- 복제 대상인 사람이 이전에 행한 계약이나 범죄에 대해서 레플리컨트에게 책임을 물어야 할까?
- 레플리컨트에게 자신이 대체한 사람이 한 일이나 사회적 기여에 대한 공로를 인정해줘야 할까?
- 사별한 남편이나 아내가 레플리컨트로 돌아오면, 그와 재혼을 해야 할까?
- 레플리컨트는 추방을 당하거나 차별을 당할까?
- 어떤 조건에서 레플리컨트의 생성을 제한하거나 금지해야 할까?

레플리컨트는 또한 이 장에서 탐구한 의식과 정체성에 관한 철학적 난제들(이전에는 주로 이론의 영역에 머물러 있었던)을 대중들이 진지한 자세로 고민하게 만들 것이다. 《마음의 탄생》이 출판된 2012년부터 여러분이 이 책을 읽기까지 경과한 것보다 더 짧은 시간에 튜링 테스트를 통과하는 수준의 AI가 사망한 사람을 다시 만들어낼 가능성이 높다. 자연적이고 생물학적인 사람만큼 복잡한 인지를 가진 레플리컨트는 정말로 의식을 갖고 있을 것이고, 자신이 원래의 그 사람이라고 생각할 것이다. 자신이 바로 그 사람이라는 믿음은 그가 사망한 사람과 **동일한** 사람이라는 걸 뜻할까? 이에 대해 누가 그렇지 않다고 말할 수 있을까?

2040년대 초가 되면, 나노봇이 살아 있는 사람의 뇌로 들어가 그 사람의 기억과 개성을 형성하는 모든 데이터를 복제해 '두 번째 나'를 만들 수 있을 것이다. 그러한 실체는 개인 맞춤형 튜링 테스트를 통과하고, 그 개인을 알고 있는 사람에게 자신이 정말 그 사람이라고 믿게 만들 수 있을 것이다. 탐지 가능한 모든 증거에 따르면 그는 원래 사람만큼이나 똑같이 실재적일 테니, 정체성이 기본적으로 기억과 개성에 관한 정보라고 믿는다면, 그는 정말로 원래 사람과 동일한 사람일 것이다. 우리는 그 사람과 관계를 맺거나 지속할 수 있는데, 섹스를 포함한 신체적 관계까지도 가능하다. 미묘한 차이는 있을 테지만, 그것이 살아 있는 생물학적 인간과 그렇게 큰 차이가 날까? 우리도 변하는데, 대개는 그 변화가 서서히 진행되지만 때로는 전쟁이나 외상 또는 지위나 관계의 변동으로 급작스럽게 일어나기도 한다.

의식에 관한 차머스의 해석을 받아들이면, 이 수준의 기술이 우리의 주관적 자기가 애프터 라이프에서도 지속되게 해줄 것이라고 생각할 수 있다. 하지만 이것은 과학적으로 증명하거나 반증하기가 불가능하며, 우리 각자는 자신의 철학적 또는 정신적 가치를 토대로 이 기술을 사용할지 말지 결정을 내려야 한다는 사실을 명심하라. 살아 있는 뇌의 콘텐츠를 비생물학적 매체로 직접 복제하는 단계에서는 단순히 시뮬레이션된 레플리컨트로부터 실제 '마음 업로딩'mind uploading(전뇌 에뮬레이션whole-brain emulation, WBE이라고도 부른다) 과정으로 옮겨간다.

비생물학적 매체에 마음을 시뮬레이션하는 것은 계산적 측면에서 서로 아주 다른 것을 의미할 수 있다. 2008년, 존 피알라John Fiala와 안데르스 산드베리, 닉 보스트롬은 가능한 뇌 에뮬레이션 수준이 열한 가지가 있다는 것을 확인했다.[89] 하지만 여기서는 간단히 하기 위해 뇌 에뮬레이션을 가장 추상적인 것에서부터 가장 포괄적인 것까지 대략 다섯 범주로 나누기로 하자. 그것들은 기능, 커넥톰connectome,* 세포, 생체 분자, 양자 에뮬레이션이다.

기능 에뮬레이션은 생물학적 기반을 가진 마음처럼 행동하지만 특정 개인 뇌의 특정 계산 구조를 실제로 복제할 필요가 전혀 없다. 이것은 계산을 통해 처리하기가 가장 쉽지만, 원래 뇌의 시뮬레이션으로서는 가장 덜 완전하다. 커넥톰 에뮬레이션은 신경세포 집단 사이의 계층적 연결과 논리적 관계를 복제하지만, 모든 단일 세포를 모델링할 필요는 없다. 세포 에뮬레이션은 뇌 속에 있는 모든 신경세포의 핵심 정보를 시뮬레이션하지만, 내부의 세세한 물리적 힘까지 시뮬레이션하진 않는다. 생체 분자 에뮬레이션은 각 세포 내부의 단백질과 미소한 동역학적 힘 사이의 상호 작용을 모델링한다. 그리고 양자 에뮬레이션은 분자 내부와 분자 사이의 아원자 효과를 포착한다. 이것은 이론적으로 가장 완전한 해결책이지만, 다음 세기 이전에는 도달하기 힘든 어마어마한 계산 능력이 필요할 것이다.[90]

2030~2040년대에 추진될 주요 연구 프로젝트 중 하나는 어느 수준의 뇌 에뮬레이션이면 충분할지 알아내는 것이다. 양자 수준 에뮬레이션이 필요하다고 생각하는 사람 중 다수는 주관적 의식이 양자 효과(아직 분명히 밝혀지지 않은)에 기반을 두고 있다고 믿기 때문에 그렇게 생각한다. 이 장에서 주장했듯이(그리고 《마음의 탄생》에서 더 자세히 설명했듯이), 나는 그런 수준의 에뮬레이션은 불필요하다고 생각한다. 만약 범원형심론과 같은 이론이 옳다면, 주관적 의식은 뇌에서 정보가 배열되는 복잡한 방식에서 비롯될 가능성이 높기 때문에, 디지털 에뮬레이션에 원

---

* 뇌 속에 있는 신경세포들의 연결을 종합적으로 나타낸 뇌 회로도를 의미한다.

래의 생물학적 뇌에 있던 특정 단백질 분자가 포함되지 않는다고 해서 염려할 필요가 없다. 비유를 하자면, 당신의 JPEG 파일이 플로피 디스크에 저장되었건 CD-ROM이나 USB 플래시 드라이브에 저장되었건, 그것은 중요하지 않다. 정보가 1과 0의 동일한 숫자열로 표현되는 한, 그 파일은 모두 똑같아 보이고 똑같이 작동할 것이다. 사실, 이 숫자들을 연필로 종이에 옮겨 그 종이 뭉치를 친구에게 편지(아주 두툼한 분량의)로 보내고, 친구가 그 숫자들을 일일이 손으로 타자해 다른 컴퓨터에 입력한다면, 원래의 이미지가 그대로 다시 나타날 것이다!

따라서 여기서부터 실용적인 목표는 컴퓨터가 뇌와 효과적으로 접속하는 방법을 고안하고, 뇌가 정보를 어떻게 표현하는지 해독하는 것이다. (마음 업로딩 발전 단계, 뇌 에뮬레이션의 계산 차원, 심지어 언젠가 인류가 계산에 막대한 양의 에너지를 쓰게 해줄 '마트료시카 뇌'Matrioshka brain*라는 기술에 대해 더 깊은 내용을 알고 싶다면 아주 쉬운 것에서부터 훨씬 전문적인 것까지 다양한 출처를 소개한 권말 주석을 참고하라.)[91]

이것들은 굉장한 도전 과제이지만, 2030년대의 초인간적 AI 도구는 오늘날에는 불가능해 보이는 것을 달성할 수 있게 해줄 것이다.

아빠봇과 대화하기

토크 투 북스는 훌륭한 아이디어 생성 도구였다. 구글에서 우리는 표준적으로 갖춰진 10만 권 이상의 책을, 우리 마음대로 선택한 책과 문서 조합

---

* 여러 개의 고성능 컴퓨터 시스템이 겹쳐져 서로의 자원을 활용해 계산 능력을 극대화하는 구조. 러시아 전통 인형 마트료시카에서 그 이름을 땄다.

으로 교체할 수 있었다. 그래서 2019년에 나는 아버지 프레드릭 커즈와일이 쓴 모든 것—어머니에게 보낸 연애편지와 강의 노트, 쓰고 있던 음악에 관한 책, 개인적 회상을 모두 포함해—을 모았다. 그러자 내 딸 에이미는 아버지의 글을 기본 자료로 삼아, 토크 투 북스의 기반을 이룬 것과 동일한 기술을 사용한 AI에 여러 가지 질문을 했다. 다음의 아주 짧은 대화에서 보듯이, 이 레플리컨트는 우리의 질문에 일관성 있고 자연스럽고 놀라운 답변을 할 수 있었다. 아직 살아 있는 내 아버지와 나눈 대화였다고 하더라도, 여러분이 이상한 점을 전혀 알아차리지 못할 정도로 아주 능숙하게 말이다. 나와 아버지를 아는 사람들에게 이 말들은 프레드릭 커즈와일이 평소에 생각하고 소통한 방식이라는 점에서 추가로 친숙함까지 느끼게 해주었다.

나는 나 자신의 레플리컨트도 만들려고 한다. 그 레플리컨트는 내가 소통하면서 사용한 수천 쪽 분량의 글과 출판된 글, 수많은 시간의 영상에 접근할 것이다. 이 풍부한 멀티미디어 기반은 내 레플리컨트가 아버지의 레플리컨트보다 훨씬 더 깊고 충실하게 내 개성을 표현하게 해줄 것이다. 미래의 레플리컨트 AI는 또한 개인의 삶에 관한 온갖 종류의 메타데이터에 접근해 충실도를 더욱 높일 것이다.

여기에 우리의 질문에 레플리컨트가 대답한 내용을 일부 소개한다. 이것은 내 아버지를 되살리는 첫 번째 단계이다.

Q. 음악에서 가장 좋아하는 게 무엇인가요?

A. 음악을 생동감 넘치게 만드는 것이 뭐냐 하면, 일반적인 계획을 그 자체의 요구에 맞춰 조정하는 것이지. 음악이란 예술은 역사가 아주 오래되었고, 항상 인간의 감정과 연결되어 있어.

Q. 가장 좋아하는 작곡가는 누구이며, 그 이유는 무엇인가요?

A. 그야 브람스지. 그의 작곡은 베토벤에게서 영감을 받았어.

Q. 록 음악의 본질은 무엇인가요?

A. 멜로디와 리듬이 음악의 주요 원천이지. 구조의 기본 원칙이나 법칙은 반복과 대비, 통일성과 다양성이야.

Q. 처음에 지휘를 시작하게 된 계기는 무엇인가요?

A. 나는 20년 이상 다양한 종류의 오케스트라—전문 오케스트라, 아마추어 오케스트라, 대학 오케스트라, 커뮤니티 오케스트라, 오페라 오케스트라—를 지휘했어. 대규모 심포니 오케스트라와 실내악 오케스트라뿐만 아니라 청소년 그룹도 지휘했지. 많은 대학교에서 학생을 가르치기도 했고.

Q. 어떻게 기억되길 원하나요?

A. 자기 자랑을 하기는 당연히 어렵지만, 사람들과 관계를 맺고 사람들을 대하는 능력이 항상 나의 중요한 자산 중 하나였다는 점을 꼽고 싶어. 예술적 능력뿐만 아니라 친밀한 대인 관계도 중요하다는 것을 깨달았기 때문이지.

Q. 후회하는 것이 있나요?

A. 끝없는 수업과 별로 흥미롭지 않은 일에 매일을 보내야만 실제로 가치 있는 일에 조금이라도 시간을 쓸 수 있는 게 내 운명인 것처럼 보여. 실용적 판단보다 희망과 선의를 우선시한 것은 내 불찰이라고 생각해.

음, 새로 맡은 책임과 함께 오케스트라를 유지하려고 노력하다 보니 생계를 유지하기가 매우 어려워.

Q. 사람의 정체성을 형성하는 게 무엇이라고 생각하나요?

A. 전체에 대한 부분의 관계에서 나타나는 형태가 만들지.

Q. 취미는 무엇인가요?

A. 지금은 복숭아와 포도의 풍작을 기대하고 있어. 나는 정원을 가꾸는 일이 참 좋고, 거기서 마음의 안식을 얻지. 물론 네 말도 맞아. 거기에는 손이 많이 가지. 끝이 없는 일이야.

Q. 걱정거리가 있나요?

A. 악몽을 자주 꾸어.

Q. 현대 기술에 대해 어떻게 생각하나요?

A. 우리는 항상 혁신가들이 동시대 사람들에게 비난받는 모습을 보지. 기술 발전과 자동화 등이 일어나면서 개인은 점점 작아졌지. 이 기계 시대는 이전 시대의 이상과 가치를 짓밟았어.

Q. 자동차 사고에 대한 이야기를 해줄 수 있나요?

A. 내가 모바일에서 오페라를 지휘하고 있을 때, 아내가 심각한 자동차 사고를 당했지. 택시에 치인 뒤에 트럭에 끼이면서 여러 군데 골절 부상을 입었고, 두 달 이상 병원에서 견인 치료를 받았지. 지금은 집에서 무거운 석고 붕대로 전신을 감싼 채 지내는데, 하루 종일 등을 대고 누

워 있어야 하지. 이 상태로 꽤 오랜 시간을 보내야 할 것 같아.

Q. 인생의 의미는 무엇인가요?

A. 그야 사랑이지.

나는 어떤 사람이 될 수 있을까?

정체성에 관한 질문은 의식과 자유 의지, 결정론 문제와 긴밀하게 연결돼 있다. 이러한 관점에서 볼 때, 나는 바로 이 특정 인간—레이 커즈와일—이 믿기 힘들 정도로 정확한 선행 조건의 결과물인 동시에 나 자신이 내린 선택들의 산물이라고 말할 수 있다. 스스로 수정하는 정보 패턴인 나는 분명히 평생 동안 누구와 상호 작용할지, 무엇을 읽을지, 어디로 갈지를 결정함으로써 나 자신을 형성해왔다.

하지만 내가 어떤 사람인지에 대한 책임이 내게 있는데도 불구하고, 나의 자기실현은 나의 통제 밖에 있는 많은 요인에 제약을 받는다. 나의 생물학적 뇌는 아주 다른 종류의 선사 시대 삶을 위해 진화했기 때문에, 내가 그다지 원하지 않는 습관을 만들어낸다. 이 뇌는 내가 알고 싶은 모든 것을 알 수 있도록 충분히 빨리 배우거나 잘 기억하지 못한다. 내가 성취하고자 하는 것을 이루지 못하게 방해하는 두려움과 트라우마, 의심에서 벗어날 수 있도록 뇌를 재프로그래밍할 수도 없다. 그리고 내 뇌는 서서히 늙어가는(비록 나는 그 과정을 늦추려고 애쓰지만) 신체 속에 자리 잡고 있으며, 결국에는 레이 커즈와일이라는 정보 패턴을 파괴하도록 생물학적으로 프로그래밍되어 있다.

특이점은 이 모든 한계로부터 우리를 해방시켜줄 것이라고 약속한다. 수천 년 동안 인류는 우리가 어떤 사람이 될지 결정하는 과정을 통제하는 힘이 점점 더 커져왔다. 의학은 부상과 장애를 극복하는 데 도움을 주었다. 화장품은 개인적 취향에 따라 외모를 가꿀 수 있게 해주었다. 많은 사람은 심리적 불균형을 바로잡거나 다른 의식 상태를 경험하기 위해 합법적 또는 불법적 약물을 사용한다. 정보에 더 광범위하게 접근할 수 있는 능력은 우리의 마음을 풍요롭게 채우고, 뇌를 물리적으로 재구성하는 정신적 습관을 형성하게 해준다. 예술과 문학은 한 번도 만난 적이 없는 사람들에게 공감을 느끼게 하고, 우리의 미덕이 성장하도록 도울 수 있다. 오늘날의 모바일 앱은 규율을 세우고 건강한 생활 방식을 촉진하는 데 사용될 수 있다. 트랜스젠더는 자신의 신체를 내면적으로 느끼는 성 정체성과 일치시키기가 이전보다 훨씬 쉬워졌다. 뇌를 직접 프로그래밍하는 날이 오면, 우리 자신을 얼마나 더 나은 상태로 만들 수 있을지 상상해보라.

따라서 초지능 AI와 합쳐지는 것은 가치 있는 성취가 될 테지만, 그것은 더 높은 목표를 위한 수단일 뿐이다. 일단 우리 뇌가 더 발전된 디지털 기질에 백업되면, 자기 수정 능력이 완전히 실현될 수 있다. 우리의 행동은 우리의 가치와 일치될 수 있고, 우리의 삶은 생물학의 결함으로 인해 훼손되거나 단축되지 않을 것이다. 마침내 인간은 자신이 어떤 사람인지에 대해 전적으로 책임질 수 있게 될 것이다.[92]

THE SINGULARITY IS NEARER

제4장

삶은 기하급수적으로 개선되고 있다

Life Is Getting Exponentially Better

대중의 견해는 실제 통계와 왜 다른가

다음과 같은 최신 뉴스가 떴다고 생각해보자.

'오늘 전 세계 극빈자 수 0.01% 감소!'[1]

이런 뉴스도 있다. **'어제 이후로 문해율 0.0008% 증가!'**[2]

이런 뉴스도. **'오늘 수세식 화장실 설치 가구 비율 0.003% 증가!'**[3]

어제도 같은 일들이 일어났다.

그리고 그제도 그랬다.

만약 이러한 개선이 그다지 흥미롭게 여겨지지 않는다면, 그게 바로 당신이 이런 뉴스를 듣지 못한 이유 중 하나일 것이다.

이러한 발전의 징후와 이와 비슷한 사례들이 헤드라인을 장식하는 일은 일어나지 않는데, 이런 일들은 실제로는 전혀 새로운 것이 아니기 때문이다. 긍정적 추세는 수년 동안 매일 이어져왔고, 더 느린 속도로는 수십 년, 수백 년 동안 이어져왔다.

앞에서 언급한 첫 번째 예의 경우, 이 글을 쓰고 있는 현재 포괄적인 데이터를 입수할 수 있는 가장 최근 기간인 2016년부터 2019년까지 전 세계에서 극빈 상태(2017년에 하루 2.15달러 미만으로 생활하는 사람 기준)로 살아가는 사람의 수는 약 7억 8700만 명에서 6억 9700만 명으로 줄어들었다.[4] 만약 이 감소 추세가 현재까지 대략 유지되었다고 가정한다면, 그것은 연간 약 4%씩 감소한 셈이고, 하루에 약 0.011%씩 감소한 셈이다. 정확한 수치에는 상당한 불확실성이 개재하지만, 이 수치는 ±10배 이내의 오차로 정확하다고 자신할 수 있다. 한편, 유네스코는 2015년부터 2020년까지(이 역시 입수할 수 있는 데이터 중에서 가장 최근의 것) 전 세계의 문해율이 약 85.5%에서 86.8%로 증가했다고 발표했다.[5] 이것은 매일 약 0.0008%씩 증가한 것에 해당한다. 같은 기간 전 세계 인구 중에서 '기본적인' 또는 '안전하게 관리되는' 위생 시설(수세식 화장실이나 그와 유사한 시설)에 접근할 수 있는 비율은 73%에서 78%로[6] 증가한 것으로 추정된다. 이것은 평균적으로 하루에 약 0.003%씩 개선된 것에 해당한다. 이와 비슷한 추세는 계속 아주 많이 이어지고 있다.

이 발견들은 이미 잘 문서화되어 있지만, 나는 《21세기 호모 사피엔스》(1999)[7]와 《특이점이 온다》(2005)[8]에서, 그리고 그 이후 수십 건의 강연과 기사를 통해 기술 변화가 인류의 안녕에 미치는 광범위한 긍정적 영향을 검토했다. 피터 디아만디스Peter Diamandis와 스티븐 코틀러Steven Kotler는 2012년에 낸 책 《어번던스》[9]에서 우리가 한때 자원 부족이 당연시되던 시대에서 어떻게 자원의 풍요 시대로 나아가고 있는지 구체적으로 설명했다. 그리고 스티븐 핑커Steven Pinker는 2018년에 나온 책 《지금

다시 계몽》[10]에서 사회적 영향을 미치는 다양한 분야에서 일어나고 있는 연속적인 진전에 대해 설명했다.

이 장에서는 이러한 진전이 기하급수적으로 증가하는 속성과 함께, 수확 가속의 법칙이 어떻게 우리가 관찰하는 많은 개개 추세의 기본적인 추진력이 되는지, 또 아주 가까운 장래에 그 결과가 어떻게 삶의 대다수 측면에서(단지 디지털 영역에서 뿐만 아니라) 극적인 개선을 낳을지에 초점을 맞춰 살펴볼 것이다.

구체적인 예를 자세히 살펴보기 전에 이 동역학을 개념적으로 명확하게 이해하는 것이 중요하다. 나의 연구는 기술 변화 자체가 본질적으로 기하급수적 속성을 갖고 있으며, 수확 가속의 법칙은 모든 형태의 혁신에 적용된다고 주장하는 것으로 오해받을 때가 가끔 있다. 하지만 그것은 나의 견해가 아니다. 오히려 수확 가속의 법칙은 특정 종류의 기술이 혁신을 가속시키는 피드백 고리를 만들어내는 현상을 설명한다. 더 넓게는, 이것들은 우리에게 정보를 더 자유자재로 다룰 수 있게 해주는(정보를 수집하고 저장하고 조작하고 전달하게 해주는) 기술로, 혁신 자체를 더 쉽게 만든다. 인쇄기는 책의 가격을 대폭 낮춰 발명가의 다음 세대에게 교육의 접근을 쉽게 해주었다. 현대 컴퓨터는 칩 설계자가 더 빠른 다음 세대 CPU를 만드는 데 도움을 준다. 저렴해진 광대역은 인터넷을 모두에게 더 유용하게 만드는데, 더 많은 사람이 자신의 생각을 온라인에서 공유할 수 있기 때문이다. 따라서 기술 변화에 관한 가장 유명한 기하급수적 곡선인 무어의 법칙은 더 심오하고 기본적인 이 과정의 한 가지 표현에 불과하다.

이 법칙 밖에서 일어나는 급속한 변화의 예에는 운송 기술 속도(영국에서 미국으로 여행하는 데 걸리는 시간처럼)도 포함된다. 1620년에 메이 플라워호는 대서양을 횡단하는 데 66일이 걸렸다.[11] 1775년에 미국 독립 전쟁이 일어날 무렵에는 더 나은 조선과 항행 기술 덕분에 여행 시간이 약 40일로 줄어들었다.[12] 1838년에 외륜 증기선 그레이트웨스턴호는 이 여행 시간을 15일로 줄였고,[13] 1900년 무렵에는 4개의 굴뚝을 장착하고 스크루로 추진된 도이칠란트호가 5일 15시간 만에 대서양을 횡단했다.[14] 1937년, 터보전기 방식으로 추진된 정기 여객선 노르망디호가 그 기록을 3일 23시간으로 단축했다.[15] 1939년에 처음으로 정기 항해에 나선 팬암 비행정은 36시간 만에 대서양을 건넜고,[16] 1958년에 최초의 제트 여객기는 그 기록을 10시간 반으로 단축했다.[17] 1976년에 초음속 여객기 콩코드는 불과 3시간 30분 만에 대서양을 횡단했다![18] 이것은 분명히 끝없는 기하급수적 추세처럼 보이지만, 반드시 그런 것은 아니다. 콩코드는 2003년에 운항을 중단했고, 그 후 '런던-뉴욕' 항로는 다시 7시간 30분 이상이 걸리는 여행으로 되돌아갔다.[19] 대서양 횡단 운송 속도가 더 빨라지는 추세가 중단된 구체적인 경제적, 기술적 이유는 여러 가지가 있다. 하지만 이면의 더 깊은 이유는 운송 기술이 피드백 고리를 만들어내지 않는다는 데 있다. 제트 엔진은 더 나은 제트 엔진을 만드는 데 쓰이지 않기 때문에, 어느 시점에 이르면 추가 속도를 내는 비용이 추가 혁신의 편익을 넘어서게 된다.

수확 가속의 법칙이 정보 기술에서 그토록 큰 위력을 발휘하는 이유는 피드백 고리가 혁신의 비용을 편익보다 훨씬 낮게 유지해 진전이 계속 일어나기 때문이다. 그리고 인공 지능이 점점 더 많은 분야에 응용되면서, 지금 컴퓨팅 분야에서 아주 익숙한 현상이 된 기하급수적 성장 추세가 이전까지만 해도 진전이 매우 느리고 비용이 많이 들었던 의학 같은 분야에서 가시적으로 나타나기 시작할 것이다. 2020년대에 AI의 범위와 능력이 아주 빠르게 확대됨에 따라 식품과 의류, 주택 건설, 심지어 토지 사용에 이르기까지 일반적으로 정보 기술로 간주되지 않는 분야에서도 급진적인 변화가 일어날 것이다. 우리는 지금 이러한 기하급수적 곡선에서 기울기가 가팔라지는 구간에 다가가고 있다. 요컨대, 바로 이 때문에 다가오는 수십 년 동안 우리 삶의 대다수 측면에서 기하급수적 개선이 일어날 것이 확실하다.

문제는 뉴스 보도가 이러한 경향에 대한 우리의 지각을 체계적으로 왜곡하는 데 있다. 모든 소설가나 시나리오 작가가 하는 이야기처럼 청중의 관심을 사로잡으려면 위험이나 갈등 요소를 증폭시키는 요소가 필요하다.[20] 고대 신화에서 〈스타워즈〉에 이르기까지 이것은 우리의 뇌를 사로잡는 패턴이다. 그 결과로(때로는 의도적으로 때로는 아주 유기적으로) 뉴스는 이 패러다임을 모방하려고 시도한다. 사용자의 관여를 부추기고 그럼으로써 광고 수입을 올리기 위해 감정적 반응을 최대화하는 데 최적화돼 있는 소셜 미디어 알고리듬은 이 현상을 더욱 악화시킨다.[21] 이것은 임박한 위기에 관한 이야기를 선호하는 반면, 이 장 첫머리에서 인용한 것과 같은 종류의 헤드라인을 뉴스피드에서 맨 밑으로 밀어내는 선택 편향을 만들어낸다.

나쁜 뉴스에 끌리는 우리의 경향은 사실은 진화적 적응이다. 역사적으로 잠재적 위험에 주의를 기울이는 것이 우리의 생존에 더 중요했다. 나뭇잎이 바스락거리는 소리는 포식자의 움직임일 가능성이 있으므로, 농작물 작황이 작년에 비해 0.1% 더 증가했을 수 있다는 사실보다는 당연히 그 위협에 집중하는 것이 분별 있는 행동이다.

수렵채집인 무리에서 근근이 살아가는 생활에 맞춰 진화한 인간에게 점진적으로 일어나는 긍정적 변화에 대해 생각하는 본능이 발달하지 않은 것은 전혀 놀라운 일이 아니다. 대부분의 인류 역사에서 삶의 질에 일어난 개선은 너무나도 작고 불충분해 한평생이 지나가는 동안에도 눈에 띄지 않을 때가 많았다. 사실, 석기 시대의 이 상황은 중세까지 계속 이어졌다. 예컨대, 1400년에 영국의 1인당 추정 GDP(국내 총생산)는 1605파운드(2023년의 영국 파운드화 기준)였다.[22] 만약 그해에 태어난 사람이 80세까지 살다 죽었다면, 죽을 무렵의 1인당 GDP는 태어날 때와 정확하게 똑같았다.[23] 1500년에 태어난 사람의 1인당 GDP는 태어났을 때 1586파운드로 떨어졌다가 80년 뒤에는 겨우 1604파운드로 증가했다.[24] 1900년에 태어난 사람과 한번 비교해보라. 그 사람이 80년을 사는 동안 1인당 GDP는 6734파운드에서 2만 979파운드로 뛰었다.[25] 따라서 우리를 점진적 발전에 적응하지 못하게 한 것은 단지 생물학적 진화뿐만이 아니었으며, 문화적 진화도 같은 역할을 했다. 플라톤이나 셰익스피어의 글을 아무리 살펴봐도 사회의 점진적 물질 발전에 주의를 기울이라고 촉구한 내용은 일절 없는데, 그들이 살던 시절에는 그런 추세가 눈에 띄게 나타나지 않았기 때문이다.

수풀 사이에 숨은 포식자에 대한 경계의 현대적 버전은 사람들이 자신을 위험에 빠뜨릴 수 있는 상황이 일어나지 않나 하고 소셜 미디어를 포함해 온갖 정보 출처를 끊임없이 모니터링하는 현상이다. 미디어심리학연구센터 소장인 파멜라 러틀리지Pamela Rutledge는 “우리는 끊임없이 사건들을 모니터링하면서 ‘이것은 나와 무슨 관계가 있을까? 내가 위험에 처해 있을까?’라고 묻는다.”라고 말한다.[26] 이것은 느리게 펼쳐지는 긍정적 진전을 평가하는 능력을 우리의 머릿속에서 밀어낸다.

또 다른 진화적 적응은 과거를 실제보다 더 나은 것으로 기억하는 심리적 편향으로, 이것은 문서 기록으로 충분히 입증된다. 고통과 괴로움에 대한 기억은 긍정적 기억보다 더 빨리 사라진다.[27] 콜로라도주립대학교 심리학자 리처드 워커Richard Walker[28]가 1997년에 진행한 연구에서는 참여자들이 즐거움과 고통이라는 측면에서 사건들을 평가한 뒤, 3개월, 18개월, 4년 반 뒤에 같은 사건들을 다시 평가했다. 부정적 반응은 긍정적 반응보다 훨씬 빨리 사라진 반면, 즐거운 기억은 계속 살아남았다. 2014년에 오스트레일리아, 독일, 가나를 포함해 많은 나라[29]에서 진행된 한 연구는 '부정적 감정 퇴색 편향'fading negative affect bias이 전 세계적인 현상임을 보여주었다.

스위스 의사 요하네스 호퍼Johannes Hofer가 1688년에 그리스어 '노스토스'nostos(귀향)와 '알고스'algos(고통 또는 괴로움)를 합쳐 만든 용어인 '노스탤지어'nostalgia(향수)는 단순히 과거의 정겨운 기억을 떠올리는 것에 그치지 않는다.[30] 향수는 과거를 변화시킴으로써 과거의 스트레스를 다루는 대응 메커니즘이기도 하다. 과거의 고통이 사라지지 않는다면, 우리는 영원히 그 때문에 괴로워할 것이다.

연구 결과들은 이 현상을 뒷받침한다. 노스다코타주립대학교의 심리학 교수 클레이 루틀리지Clay Routledge는 향수가 대응 메커니즘으로 사용되는 현상을 분석했는데, 향수를 불러일으키는 긍정적 사건에 대해 글을 쓴 실험 참여자들이 더 높은 자존감과 더 강한 사회적 유대를 보고한다는 사실을 발견했다.[31] 이런 측면에서 향수는 개인과 공동체 모두에게 유용하다. 우리는 과거의 경험을 되돌아볼 때 고통과 스트레스, 시련은 희미해지는 반면, 삶의 더 긍정적인 측면은 기억하는 경향이 있다. 반대로 현재를 생각할 때 우리는 현재의 걱정거리와 어려움을 더 심각하게 여긴다. 이 때문에 그 반대쪽을 가리키는 객관적 증거가 압도적으로 많은데도 불구하고, 과거가 현재보다 더 좋았다는 잘못된 인상을 갖는 경우가 많다.

우리는 또한 일상적인 사건 가운데 나쁜 뉴스가 더 흔한 것으로 과대 인식하는 인지 편향도 있다. 예를 들면, 2017년에 진행된 한 연구에서 작은 규모의 무작위적 요동(예컨대 주식 시장에서 주가가 상승한 날과 하락한 날, 허리케인이 심한 계절과 경미한 계절, 실업률 상승과 하락 등)에 대한 지각이 부정적인 경우에는 사람들이 그것을 무작위적인 것으로 지각하지 않을 가능성이 높은 것으로 드러났다.[32] 대신에 사람들은 그러한 변동을 더 광범위한 악화 추세를 시사하는 것으로 받아들인다. 인지과학자 아트 마크먼Art Markman은 핵심 결과 중 하나를 다음과 같이 요약했다. "피험자들에게 해당 그래프가 경제에서 근본적인 이동을 나타내느냐고 물으면, 그들은 똑같이 작은 변화라도 상황이 좋아질 때보다 **나빠질** 때에는 그것을 큰 변화로 받아들이는 경향이 더 높았다."[33]

이 연구뿐만 아니라 이와 유사한 다른 연구들은 우리가 엔트로피—모든 것이 해체되고 나빠지는 쪽으로 변하는 것이 세계의 기본 상태라는 개념—를 기대하도록 조건화되어 있다고 시사한다. 이것은 좌절에 대비하고 행동을 촉구하는 건설적인 적응일 수도 있지만, 실제로 일어나는 삶의 질 개선에 눈을 감게 만드는 강한 편향이기도 하다.

이것은 정치에 구체적인 영향을 미친다. 2016년에 미국의 공공종교연구소가 실시한 여론 조사에서 미국인 중 51%는 "미국 문화와 생활 방식이 1950년대 이후부터… 나쁜 쪽으로 변했다."라고 생각했다.[34] 1년 전인 2015년에 영국의 온라인 시장 조사 기업인 유고브가 실시한 설문 조사에서는 영국인 중 71%가 세상이 점점 나빠지고 있다고 믿었으며, 더 나아지고 있다고 응답한 비율은 5%에 불과했다.[35] 이러한 인식은 거의 모든 객관적 지표가 과거가 훨씬 나빴음을 가리키는데도 불구하고,

● **지난 20년 동안 극빈 상태로 살아간 세계 인구 비율은…**

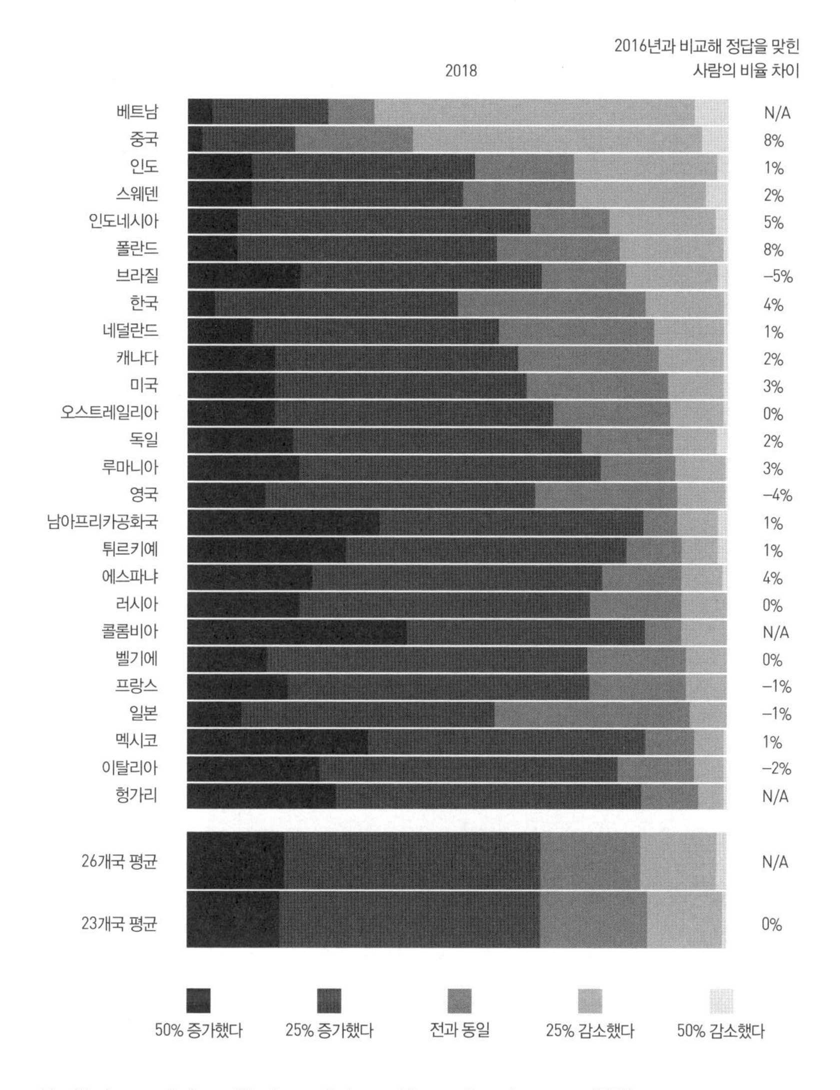

Martijn Lampert, Anne Blanksma Ceta, and Panos Papadongonas, 2018.

포퓰리스트 정치인에게 잃어버린 과거의 영광을 되찾겠다는 공약을 내걸도록 부추기는 요인이다.

이런 현상을 보여주는 예는 많다. 한 예로 2018년에 실시한 한 설문 조사[36]는 26개국(17개 언어를 사용하고 세계 인구의 63%를 차지하는)에서 3만 1786명에게 지난 20년 동안 전 세계의 빈곤이 증가했는지 감소했는지 질문하면서, 그 폭을 어느 정도로 생각하는지까지 물었다. 그 결과는 169쪽 도표에 나와 있다.

이 조사에서 극빈층이 50% 감소했다는 정답을 맞힌 사람은 2%에 불과했다. 점점 쌓여가는 사회과학 연구 결과도 대중의 인식과 광범위한 진전이 일어나는 현실(다양한 사회적, 경제적 척도에 따르면) 사이에 이러한 괴리가 존재함을 확인해준다. 또 다른 예로는 왕립통계학회와 킹스칼리지런던을 위해 시장 조사 기업 입소스 모리가 진행한 획기적인 연구[37]가 있는데, 다음과 같은 다양한 주제에서 대중의 견해와 실제 통계 사이에 큰 차이가 있음을 보여주었다.

- 일반 대중은 정부 보조금 중 24%가 부당 청구된다고 생각한 반면, 실제 부당 청구 비율은 0.7%였다.
- 1995년부터 2012년까지 잉글랜드와 웨일스의 범죄 발생률은 53% 감소했지만, 58%의 일반 대중은 같은 시기에 범죄 발생률이 증가했거나 제자리에 머물렀다고 생각했다. 2006년부터 2012년까지 강력 범죄는 20% 감소한 반면, 51%의 시민은 증가했다고 생각했다.
- 일반 대중이 생각하는 십대 임신 비율은 실제보다 25배나 더 높았다. 영국에서 매년 15세 미만 여성의 임신 비율은 0.6%이지만, 일반 대중은 약 15%에 이른다고 추정했다.

동일한 효과는 대서양 서쪽에서도 나타난다. 21세기 동안에 대다수

● **대중이 인식하는 범죄 발생률 증가**

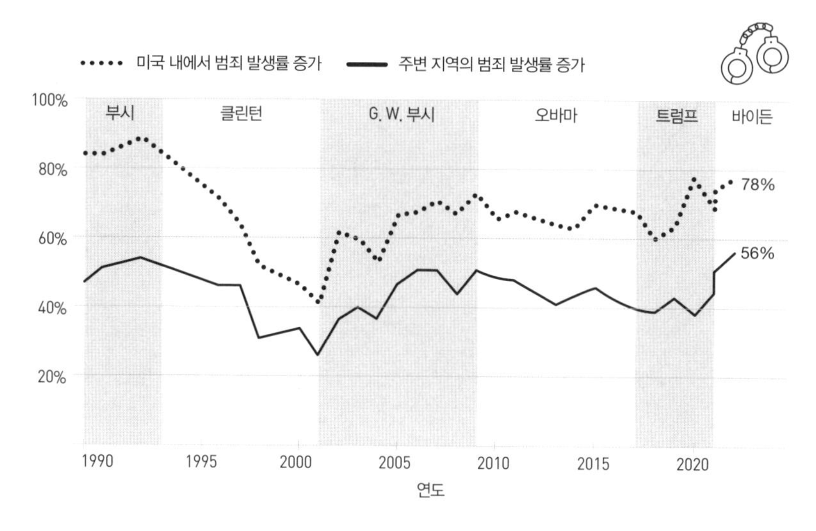

출처: 갤럽 여론 조사

Jamiles Lartey, Weihua Li, Liset Cruz, the Marshall Project, 2022.

미국인(최대 78%까지)은 전국 단위의 범죄가 전년에 비해 증가했다고 믿었는데, 1990년 이후에 강력 범죄와 재산 범죄 모두 약 절반이나 감소했는데도 불구하고 그랬다.[38]

"피가 나면 주목을 받는다"If it bleeds, it leads라는 경구는 이렇게 그릇된 인식의 주요 원인을 잘 표현한다. 사건은 광범위하게 보고되는 반면, 범죄 감소(예컨대 데이터에 기반해 작동하는 법 집행 기관 또는 경찰과 지역 사회 사이의 소통 개선 덕분에)는 아무 사건도 발생하지 않은 것처럼 취급된다. 그렇기 때문에 범죄가 감소했다는 이야기가 기사로 크게 다루어지는 일은 거의 없다.

이것은 누가 의식적으로 결정해서 일어난 결과가 아니다. 구조적으로 매체의 인센티브가 폭력적 이야기나 부정적 이야기 보도를 선호하도록

● 미국의 실제 범죄 발생률

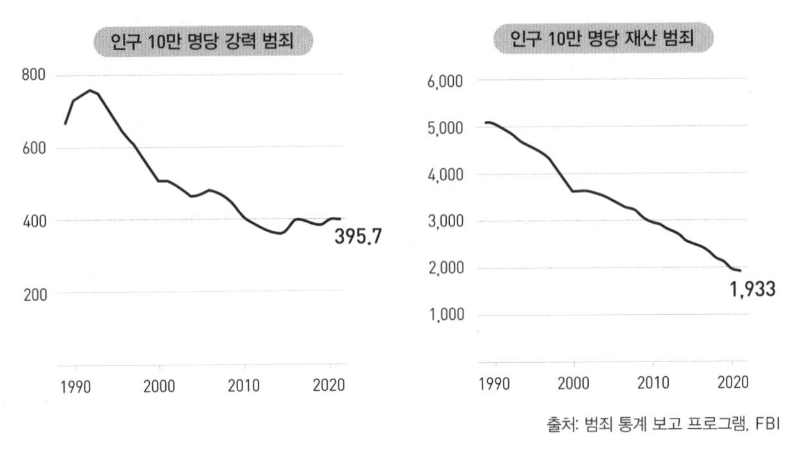

Jamiles Lartey, Weihua Li, Liset Cruz, the Marshall Project, 2022.

짜여 있기 때문에 이런 일이 일어난다. 이 장 앞에서 설명한 인지 편향 때문에 인간은 위협적인 정보에 자연적으로 더 끌리게 돼 있다. 대다수 매체(전통적인 뉴스 매체와 소셜 미디어 모두)는 광고 수익을 올리기 위해 시청자의 눈길을 끄는 방법으로 돈을 벌기 때문에, 이 업계 전체는 강한 감정적 반응을 유발하는 위협적인 정보를 전파하는 것이 비즈니스를 유지하는 데 가장 좋은 방법이라는 사실을 체득했다.

이것은 긴급성 문제하고도 연결돼 있다. '뉴스'라는 단어는 문자 그대로 그 정보가 새롭고 시의적절한 것임을 암시한다. 사람들은 미디어를 소비할 수 있는 시간이 한정돼 있기 때문에, 최근에 발생한 사건을 우선시하는 경향이 있다. 문제는 그렇게 긴급한 사건은 대부분 나쁜 소식이라는 데 있다. 이 장 첫머리에서 강조했듯이, 세상에서 일어나는 좋은 일은 대부분 아주 점진적으로 일어나는 과정이어서, 그런 이야기가 예컨대 〈뉴욕 타임스〉 일면을 장식하거나 CNN에서 집중적으로 다룰 정도의 긴급성을 지니기가 매우 어렵다. 소셜 미디어에서도 비슷한 효과가 나타난다. 재난 영상은 공유되기 쉬운 반면, 점진적 개선 이야기는 극적인 영상이 되기 어렵다.

스티븐 핑커가 말했듯이, "뉴스는 세계의 이해를 오도하는 방법이다. 뉴스는 항상 일어난 사건을 다루지, 일어나지 않은 사건을 다루지 않는다. 따라서 총격을 당하지 않은 경찰관이나 격렬한 시위가 일어나지 않은 도시는 뉴스거리가 되지 않는다. 폭력적인 사건이 0이 되지 않는 한, 항상 클릭할 만한 헤드라인이 남아 있을 것이다. … 비관주의는 자기실현적 예언이 될 수 있다."[39] 오늘날에는 소셜 미디어가 전 세계 각지에서 놀라운 뉴스를 모아 보도하기 때문에 이런 현상이 특히 심해졌다. 반면에 이전 세대들은 주로 국지적 또는 지역적 사건에 관한 뉴스만 접했다.

하지만 나는 반대 주장을 하고 싶다. "낙관주의는 미래에 대한 근거 없는 추측이 아니라 오히려 자기실현적 예언이다." 더 나은 세계가 정말로 가능하다는 믿음은 그것을 만들기 위해 열심히 노력하도록 자극하는 강력한 동기가 된다.

대니얼 카너먼Daniel Kahneman은 사람들이 세상에 대한 추정을 할 때 사용하는 잘못된 무의식적 어림법heuristics을 설명한 연구(그중 일부 연구는 동료인 아모스 트버스키Amos Tversk와 함께 했다)로 노벨 경제학상을 수상했다.[40] 이들의 연구는 사람들이 사전 확률—어느 집단에 대해 성립하는 것은 일반적으로 그 집단에 속한 개인에 대해서도 성립한다는 사실—을 체계적으로 무시한다는 것을 보여주었다. 예를 들어 낯선 사람이 스스로를 설명한 진술을 바탕으로 그의 직업을 추정해야 하는데 만약 그가 "책을 좋아한다."라고 말했다면, 당신은 기저율(도서관 사서가 아주 드물다는 일반적인 사실)을 무시하고서 '도서관 사서'를 선택할 수 있다.[41] 이 편향을 극복한 사람은 책을 좋아한다는 사실이 직업을 알려주는 증거로 아주 빈약하다고 판단하고서 대신에 '소매업 직원'처럼 훨씬 흔한 직업을 생각할 것이다. 사람들은 기저율을 모르는 것이 아니지만, 특정 상황을 고려할 때 확실한 세부 사실에 과도하게 반응하면서 이를 간과하는 경우가 많다.

카너먼과 트버스키가 언급한 또 하나의 편향된 어림법은, 동전을 던져 뒷면이 연달아 여러 번 나왔다면 다음번에는 앞면이 나오리라고 기대하는 것이다.[42] 이것은 평균 회귀에 대한 오해에서 비롯된다.

사회가 비관적 관점으로 기우는 경향을 설명해주는 세 번째 편향은 카너먼과 트버스키가 '가용성 어림법'이라 부르는 것이다.[43] 사람들은 어떤 사건이나 현상이 일어날 가능성을 평가할 때, 그런 사례가 얼마나 쉽게 떠오르는가를 바탕으로 추측한다. 앞에서 설명한 이유 때문에 뉴스와 뉴스 피드는 부정적 사건을 강조하므로, 그러한 부정적 상황이 마음속에 쉽게 떠오른다.

우리가 이러한 편향을 바로잡을 필요가 있다고 해서 실제 문제를 무시하거나 과소평가해서는 안 되지만, 이러한 편향은 인류가 나아가는 전반적인 경로를 낙관적으로 바라봐도 좋다는 강력한 이론적 근거를 제공한다. 기술 변화는 자동적으로 일어나지 않는다. 거기에는 인류의 독창성과 노력이 필요하다. 그러한 발전에 혹해 발전이 일어나는 동안 사람들이 직면하는 긴급한 고통에 눈을 감아서도 안 된다. 오히려 큰 그림의 추세는, 이러한 문제들이 때로는 어렵고 심지어 절망적으로 보이더라도, 우리가 하나의 종으로서 이 문제들을 해결하며 그 물줄기를 바꾸고 있다는 사실을 상기시켜준다. 나는 이것이 아주 큰 동기 부여의 원천이라고 생각한다.

실제로 기술은 삶의 거의 모든 측면을 개선해왔다

정보 기술이 기하급수적으로 발전하는 것은 그것이 자신의 추가 혁신에 직접 기여하기 때문이다. 그런데 이 추세는 다른 분야에서도 서로를 강화하는 발전 메커니즘을 촉진한다. 지난 200년 동안 이 추세는 선순환을 낳으면서 문해력, 교육, 부, 위생, 건강, 민주화, 폭력 감소 등을 포함해 인류의 안녕에 관련된 대다수 측면을 발전시켰다.

우리는 인류의 발전을 경제적 측면에서 생각하는 경우가 많다. 해가 갈수록 사람들은 돈을 더 많이 벌면서 더 나은 삶의 질을 누릴 수 있다. 하지만 진정한 발전은 단순히 부를 축적하는 경제뿐만 아니라 훨씬 심오한 것을 포함한다. 경기 사이클은 올라갔다 내려갔다 하며 출렁인다. 재산은 얻을 수도 있고 잃을 수도 있다. 하지만 기술 변화는 본질적으로 영원히 지속된다. 우리 문명은 일단 어떤 것을 유용하게 하는 법을 배우면, 일반적으로 그 지식을 계속 유지하면서 그것을 바탕으로 더 나은 것을 발전시킨다. 이렇게 줄곧 한 방향으로 진행되는 발전은 가끔 사회를 뒷걸음치게 만드는 자연 재해나 전쟁, 팬데믹 같은 일시적인 재앙에 맞서는 강력한 균형추 역할을 해왔다.

교육, 의료, 위생, 민주화처럼 서로 뒤엉킨 요소들은 상호 강화 피드백 고리를 만든다. 한 분야의 발전은 다른 분야에도 혜택을 가져다주는 경우가 많다. 예를 들면, 더 나은 교육은 유능한 의사의 배출을 늘리고, 유능한 의사는 더 많은 아이가 건강하게 학교를 다닐 수 있게 해준다. 이것은 아주 강력한 의미를 지니는데, 새로운 기술은 직접 적용되는 분야와 아주 멀리 떨어진 분야에도 아주 큰 간접적 혜택을 가져다줄 수 있다. 예를 들면, 20세기에 가전제품은 사람들에게 많은 시간과 노동을 절약하게 해주었을 뿐만 아니라, 능력 있는 수많은 여성의 노동 시장 진입을 용이하게 함으로써 해방적이고 변혁적인 변화를 촉진했고, 그 결과로 많은 분야에서 여성이 필수적인 기여를 하게 되었다. 일반적으로 기술 혁신은 더 많은 사람이 사회에서 자신의 잠재력을 활짝 펼치는 데 도움을 주는 조건을 촉진하고, 그 결과로 더 많은 혁신이 가능해진다고 말할 수 있다.

또 다른 예로 인쇄기의 발명은 교육에 대한 접근을 개선하고 크게 확대해 더 유능하고 정교한 노동력을 공급함으로써 경제 성장을 견인했다. 문해력 향상은 생산과 교역의 협응을 향상시켰고, 이것은 더 큰 번성을 낳는 결과를 가져왔다. 부의 증가는 다시 인프라와 교육 부문의 투자 증가를 낳아 선순환을 가속시켰다. 한편, 대량 인쇄 커뮤니케이션은 민주화를 촉진했고, 그 결과로 시간이 지남에 따라 폭력이 감소했다.

처음에 이 과정은 아주 느리게 진행되었고, 조부모 세대와 그들의 손자 세대 사이의 생활 방식 차이는 미미하여 일반적으로 눈에 띄게 드러나지 않았다. 하지만 수백 년 동안 완만하게 진행된 이 추세는 사회적 안녕의 모든 측면에서 점진적이지만 유의미하게 증가하는 궤적을 남겼다. 이 추세는 최근 수십 년 사이에 거의 모든 형태의 정보 기술에 일어난 가파른 기하급수적 발전 덕분에 가속되었다. 이 장에서 설명하듯이, 향후 수십 년 사이에 이러한 발전은 더욱 가속화될 것이다.

문해력과 교육

인류의 역사 대부분의 시기에 전 세계 각지의 문해율은 매우 낮은 상태에 머물러 있었다. 지식은 주로 구전을 통해 전해졌는데, 글을 복제하는 비용이 매우 비쌌던 것이 한 가지 중요한 이유였다. 만약 평균적인 사람이 글을 접할 기회가 거의 없고 문서를 사용할 여력이 없다면, 읽는 법을 배우는 데 그 사람의 시간을 투자할 가치가 없었다. 시간은 희귀 자원 가운데 유일하게 모든 사람이 동등하게 소비하는 자원이다. 신분과 지위에 상관없이 누구에게나 하루는 24시간이다. 시간을 어떻게 써야 할지 결정할 때, 잠재적 선택에서 어떤 편익을 얻을 수 있는지 생각하는 것은 당연히 합리적인 판단이다. 읽는 법을 배우려면 아주 많은 시간을 투자해야 한다. 생존 자체가 어렵고 책이 보통 사람이 접근하기에 매우 비싼 사회에서 이것은 결코 현명한 투자가 될 수 없다. 따라서 문맹이었던 조상을 무지몽매하고 호기심이 없는 사람으로 여기지 않도록 주의할 필요가 있다. 그들은 문해력을 강하게 억제하는 조건하에서 살아갔다.

이런 관점에서 본다면, 현대 세계의 인센티브가 가끔 어떻게 학습을 방해하는지 살펴볼 가치가 있다. 예를 들면, 정보 기술 부문 일자리가 적은 사회에서 컴퓨터과학에 관심이 있는 젊은이는 프로그래밍 공부가 시간을 투자하기에 현명한 선택이 아니라고 판단할 수 있다. 하지만 지금은 수백 년 전의 유럽과 마찬가지로 기술이 이런 상황을 변화시킬 수 있다. 자동 번역과 원격 학습, 자연어 프로그래밍, 원격근무는 새로운 기회를 제공하고 호기심에 보상을 준다.

중세 후기에 유럽에서 활판 인쇄의 도입과 함께 값싸고 다양한 읽을거리가 널리 보급되면서 보통 사람들도 문해력을 갖는 것이 현실적으로 가능해졌다. 중세가 끝나갈 무렵, 전체 유럽인 중 글을 읽을 줄 아는 사람의 비율은 5분의 1 미만이었다.[44] 문해력은 대체로 성직자 집단과 읽는 것이 필요한 직업군에 한정되었다.[45] 계몽주의 시대에 문해력은 점차 확산되었지만, 1750년경에 유럽의 주요 국가들 중에서 문해율이 50%에 이른 나라는 네덜란드와 영국뿐이었다.[46] 1870년 무렵에는 에스파냐와 이탈리아만이 그 기준에 크게 뒤처졌는데, 상대적으로 덜 발달한 경제와 당시 얼마 전에 있었던 내전 탓이 컸다.[47] 하지만 전 세계 평균은 유럽보다 훨씬 낮았다. 1800년에 전 세계에서 글을 읽을 수 있는 사람은 10명 중 1명도 안 되었던 것으로 추정된다. 하지만 19세기 동안에 대량 생산된 신문의 보급이 문해력을 광범위하게 촉진하는 데 도움을 주었고, 또 사회 개혁을 통해 모든 어린이에게 기본 교육을 제공하기 시작했다.[48] 그럼에도 1900년에 전 세계에서 글을 읽을 줄 아는 사람은 4명 중 1명 미만이었다.[49] 20세기 동안 공교육이 전 세계적으로 확대되면서 1910년에는 전 세계의 문해율이 4명 중 1명 이상으로 올라섰고[50] 1970년이 되자 드디어 세계 인구의 과반수가 문맹에서 벗어났다. 그 이후로 대다수 지역에서 문해력은 거의 보편적으로 빠르게 확산되었다.[51] 오늘날 전 세계의 문해율은 약 87%에 이르며, 선진국은 99%를 넘는 경우가 흔하다.[52]

하지만 아직도 진전이 일어나야 할 부분이 남아 있다. 문해력 수치는 이름과 같은 짧은 메시지를 읽고 쓰는 능력처럼 아주 기초적인 기준을 바탕으로 측정한 것이다. 문해력의 질을 평가하기 위해 새롭고 더 풍부한 기준들이 개발되었다. 예를 들면, 2003년에 미국에서 실시한 성인 문해력 조사에서는 미국 인구 중 86%만이 '기본 이하'보다 높은 점수를 얻었다.[53] 9년 뒤의 비슷한 조사에서도 유의미한 증가는 나타나지 않았다.[54]

● 1820년 이후의 문해율 증가[55]

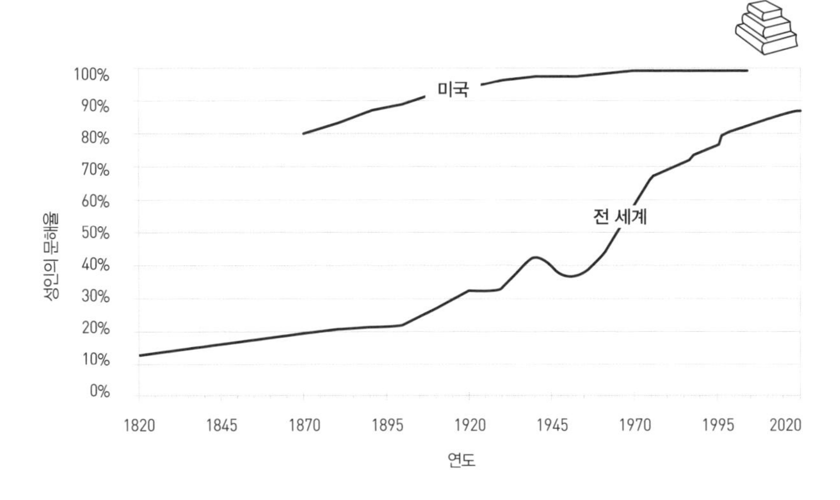

주요 출처: 아워 월드 인 데이터 Our World in Data, UNESCO

● 나라별 문해율[56]

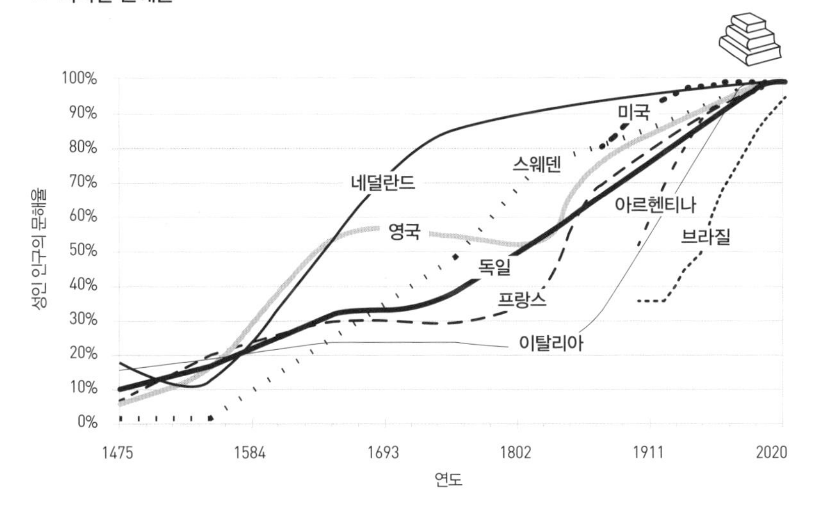

출처: 아워 월드 인 데이터, UNESCO

1870년에 미국인이 정규 교육을 받은 기간은 평균적으로 약 4년이었다. 반면에 영국인과 일본인, 프랑스인, 인도인, 중국인은 모두 1년 미만이었다.[57] 영국과 일본, 프랑스는 20세기 초에 무료 공교육을 확대하면서 빠르게 미국을 따라잡기 시작했다.[58] 한편, 인도와 중국은 계속 가난한 후진국으로 머물러 있었지만, 제2차 세계 대전 이후 20년 동안에 비약적인 진전이 일어났다.[59] 2021년에 인도의 평균 교육 기간은 6.7년이었고, 중국은 7.6년이었다.[60] 앞에서 언급한 다른 나라들은 모두 평균적으로 10년이 넘었고, 미국은 13.7년으로 선두를 달렸다.[61] 다음 도표들은 지난 50년 사이에 일어난 극적인 진전을 보여주는데, 이 기간이 컴퓨터가 교육을 촉진하고 학교 교육의 편익을 증가시킨 시기와 겹치는 것은 우연의 일치가 아니다.

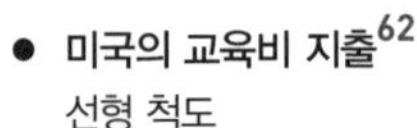

● **미국의 교육비 지출[62]**
선형 척도

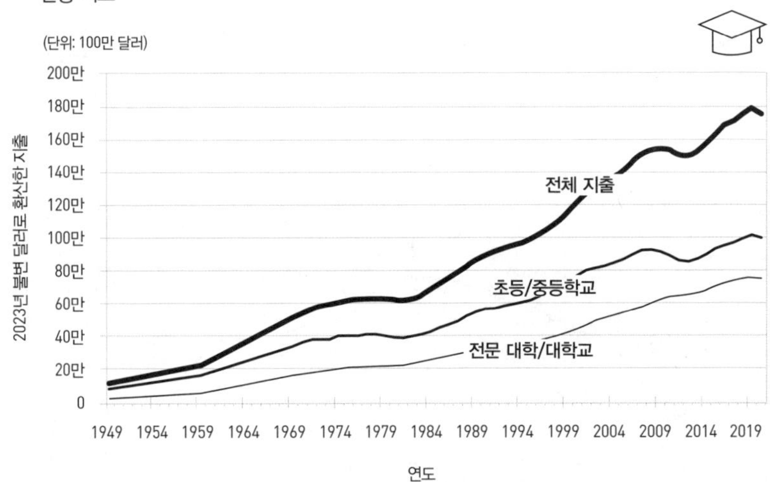

주요 출처: 국립교육통계센터

● 미국의 1인당 교육비 지출[63]
선형 척도

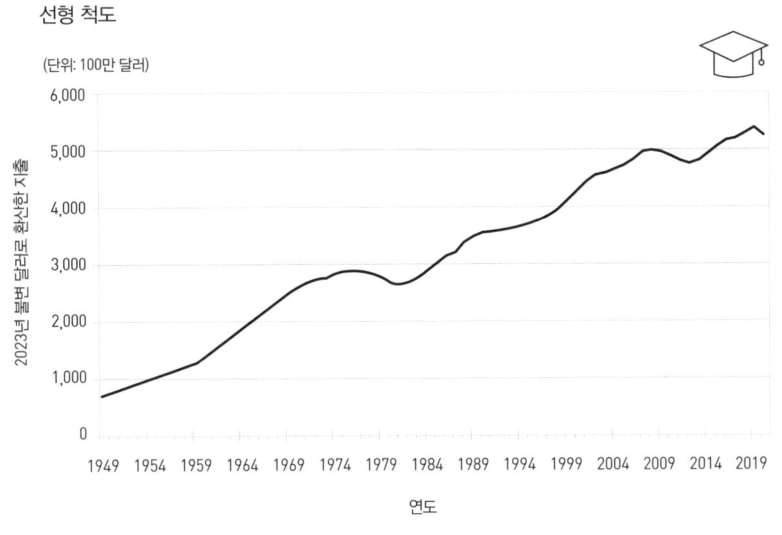

주요 출처: 국립교육통계센터

● 평균 교육 기간[64]

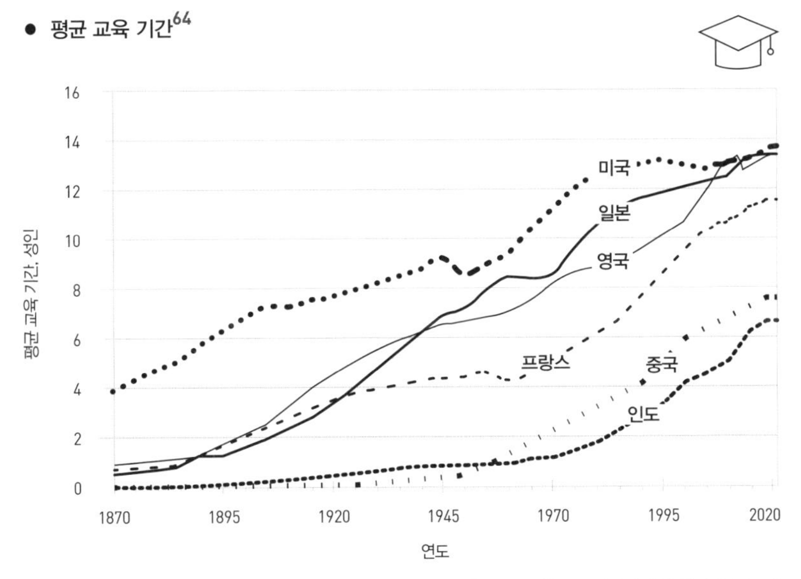

주요 출처: 아워 월드 인 데이터, 유엔 인간개발보고서

수세식 화장실, 전기, 라디오, 텔레비전, 컴퓨터 보급

역사적으로 질병과 죽음의 가장 큰 원인 중 하나는 인분으로 인한 식품과 수자원 오염이었다.[65] 이 문제의 확실한 기술적 해결책인 수세식 화장실은 1829년에 처음 등장한 이래 점차 미국 도시에서 사용이 확대되었지만, 도시 지역에서 보편적으로 사용되기 시작한 것은 20세기로 넘어오고 나서였다.[66] 1920년대와 1930년대에 수세식 화장실은 빠르게 농촌 지역으로 확산되었고, 1950년대에는 전체 가구 중 4분의 3이, 1960년에는 90%가 수세식 화장실을 사용했다.[67] 2023년에 미국에서 수세식 화장실이 없는 극소수 가구는 대개 궁핍 때문이 아니라 선호하는 생활 방식(예컨대 소박한 환경에서 살아가길 선호한다든지) 때문이었다.[68] 반면에 개발도상국 사람들이 여전히 수세식 화장실이나 퇴비화 화장실 같은 그 밖의 개선된 위생 시설을 갖추지 못한 주요 원인 중 하나는 가난이었다.[69] 하지만 위생 기술 비용이 저렴해지고, 강력 범죄에 취약했던 지역이 더 안전해지고, 위생 인프라 투자가 늘어나면서 전 세계적으로 안전한 화장실 보급이 꾸준히 증가하고 있다.[70]

전기는 그 자체는 정보 기술이 아니지만 모든 디지털 장비와 네트워크에 동력을 공급하기 때문에 현대 문명의 수많은 혜택을 누리는 데 필수불가결한 요소이다. 컴퓨터가 등장하기 이전에도 전기는 노동력을 절약하는 획기적인 장비들을 돌아가게 하고, 사람들이 밤에도 일하고 놀 수 있게 해주었다. 20세기가 시작될 때, 미국에서 전기 보급은 주로 대도시 지역에 국한되었다.[71] 대공황이 시작될 무렵에 전기 보급 속도가 느려졌다. 하지만 1930년대와 1940년대에 프랭클린 루스벨트 대통령이 대규모 농촌 전기 보급 계획을 추진했는데, 이것은 미국의 농업 중심 지

● 미국과 전 세계의 수세식 화장실과 위생 개선[72]

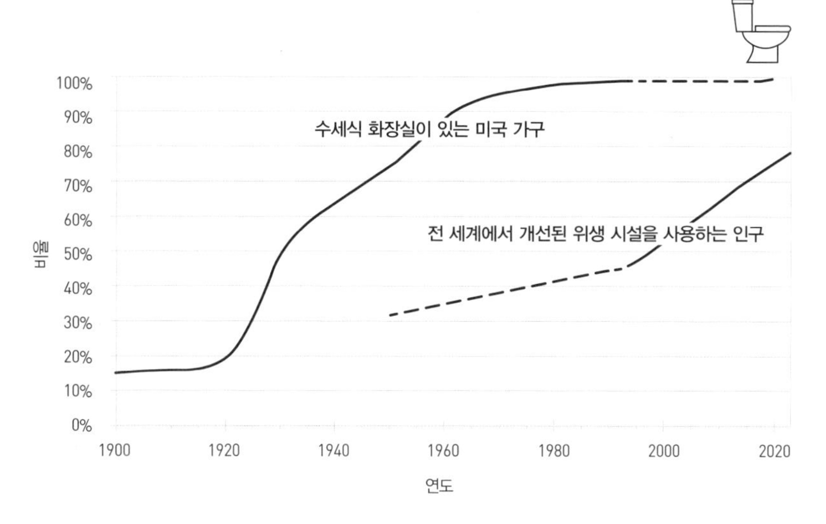

주요 출처: Stanley Lebergott, *Pursuing Happiness: American Consumers in the Twentieth Century* (Princeton, NJ: Princeton University Press, 1993); 미국 인구조사국; 세계은행

점선은 데이터 출처들을 연결하는 추정치에 해당한다.

역에 전기 기기의 효율성을 보급하는 것을 목표로 삼았다.[73] 1951년에는 전체 미국 가구 중 95% 이상에 전기가 공급되었고, 1956년에는 전국 전기 보급 계획이 사실상 완료된 것으로 간주되었다.[74]

나머지 세계에서도 전기 보급은 대개 비슷한 양상으로 진행되었다. 도시에 맨 먼저 보급되었고, 교외 지역과 농촌 지역이 차례로 그 뒤를 따랐다.[75] 지금은 전 세계 인구 중 90% 이상이 전기의 혜택을 누리며 살아간다.[76] 아직도 전기의 혜택을 누리지 못하는 사람들이 남아 있는 주요 이유는 기술적인 것이 아니고 정치적인 것이다. MIT 교수 다론 아제몰루Daron Acemoğlu와 그의 동료 제임스 로빈슨James Robinson은 인류의 발전에서 정치 제도가 차지하는 핵심 역할에 대해 중요한 연구를 했다.[77] 간단히 말하면, 국가가 더 많은 사람에게 자유로운 정치 참여를 허용하고, 미

● 가정에 보급되는 전기, 미국과 전 세계[78]

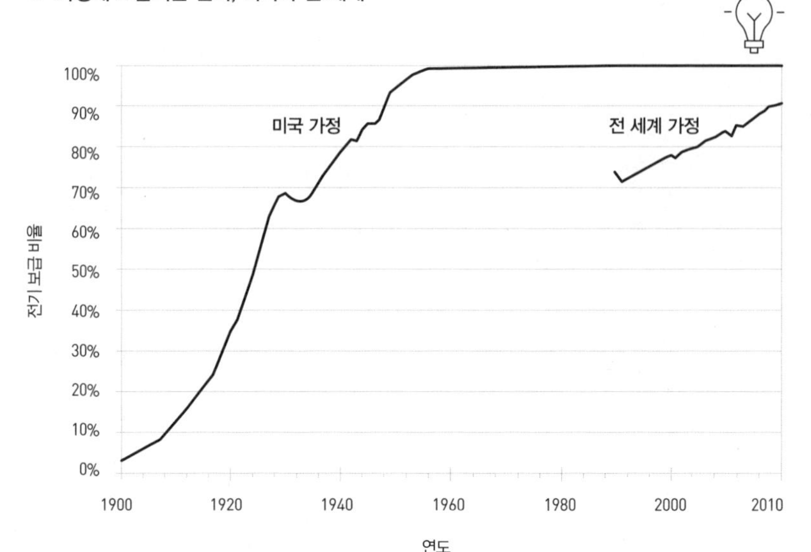

출처: 미국 인구조사국; 세계은행; Stanley Lebergott, *The American Economy: Income, Wealth and Want* (Princeton, NJ: Princeton University Press, 1976)

래를 위해 혁신하고 투자할 수 있는 안전성을 제공해야 번영의 피드백 고리가 뿌리를 내릴 수 있다. 세계 인구의 약 10분의 1은 여전히 전기를 공급받지 못하고 있는데, 전기 공급을 매우 어렵게 만드는 원인이 바로 여기에 있다. 폭력이 빈번한 지역에서는 사람들이 값비싼 전기 인프라에 투자할 가치를 느끼지 못하는데, 애써서 설치해봤자 금방 파괴될 가능성이 높기 때문이다. 마찬가지로 도로가 열악하고 위험하다면, 고립된 지역 사회에 자체 동력을 생산할 기계와 연료를 운송하기가 어렵다. 다행히도 값싸고 효율적인 광전지 덕분에 고립된 지역의 전기 보급이 계속 확대되고 있다.

전기를 통해 가능해진 첫 번째 혁신적인 통신 기술은 라디오였다. 미국에서 민영 라디오 방송은 1920년에 시작되어 1930년대에는 전국적으로 손꼽히는 대중 매체가 되었다.[79] 보급 범위가 대개 단 하나의 대도시 지역에 국한된 신문과 달리 라디오 방송은 전국의 청취자에게 도달할 수 있었다. 이런 특성은 진정한 전국적 매체 문화의 발전을 촉진했는데, 캘리포니아주에서 메인주에 이르기까지 동일한 정치 연설과 뉴스, 오락 프로그램을 들을 수 있었기 때문이다. 1950년에는 전체 미국 가구 중 90%가 라디오를 소유하고 있었지만, 1950년대부터 미디어를 지배하고 있던 라디오의 영역을 텔레비전이 잠식하기 시작했다.[80] 이에 따라 청취자의 습관도 변했다. 라디오 프로그램은 범위를 좁혀 뉴스와 정치, 스포츠에 집중하기 시작했고, 사람들은 차 안에서 라디오를 많이 청취했다.[81] 1980년대부터 매우 편파적인 정치 토크 쇼가 라디오의 가장 강력한 힘 중 하나가 되었고, 반대 정보를 차단함으로써 청취자의 편향을 강화한다는 비판을 받았다.[82] 2010년대에 스마트폰과 태블릿이 확산되면서 전통적인 라디오 주파수를 사용하지 않고 온라인으로 스트리밍되는 라디오 콘텐츠 비율이 증가하고 있다. (최초의 아이폰이 출시된 2007년에 적어도 일주일에 한 번 이상 온라인으로 라디오를 듣는 미국인이 12%에 불과했지만, 2021년에는 62%로 증가했다.)[83]

텔레비전의 수용 패턴은 라디오와 비슷했지만, 미국이 이전보다 훨씬 더 발전한 상태였기 때문에 기하급수적 증가가 훨씬 빠르게 일어났다. 과학자와 공학자는 19세기 후반에 이미 텔레비전으로 이어질 기술을 이론화하기 시작했고, 1920년대 후반에는 최초의 원시적인 텔레비전 시스템이 개발되고 시연되었다.[84] 이 기술은 1939년 무렵에 미국에서 상업적 경쟁력을 지닌 단계에 이르렀지만, 제2차 세계 대전의 발발로 전 세계적으로 텔레비전 생산이 사실상 중단되었다.[85] 하지만 전쟁이 끝나자마자 미국인은 빠르게 텔레비전을 구입하기 시작했다. 새로운 방송국들

● 라디오를 소유한 미국인 가구[86]

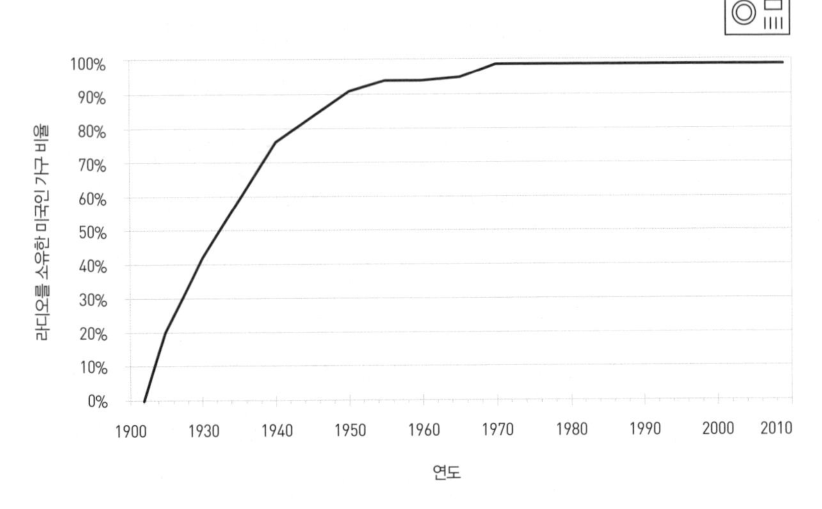

출처: 미국 인구조사국; Douglas B. Craig, *Fireside Politics: Radio and Political Culture in the United States*, 1920–1940 (Baltimore, MD: Johns Hopkins University Press, 2000)

최근에 라디오를 소유한 가구 비율이 크게 감소한 것으로 나타나지만(이 도표의 데이터를 얻기 위해 사용한 것과 다른 방법론을 사용한 연구에 따르면, 2008년에 96%이던 것이 2020년에는 68%로 감소했다), 다른 기기들이 같은 기능을 수행하고 있기 때문에 이것은 큰 오해를 불러일으킬 소지가 있다. 예를 들면, 2021년에 미국인 성인 중 스마트폰을 소유한 비율은 85%인데, 이들은 라디오가 없어도 무료로 라디오 프로그램을 스트리밍할 수 있다.

이 전국적으로 들어섰고, 1954년에 이르자 대다수 가구가 TV를 한 대 이상 소유했다.[87] 보급률은 급속하게 증가했고, 1962년에는 TV를 한 대 이상 소유한 가구가 90% 이상에 이르렀다.[88] 그러고 나서 그다음 30년 동안은 레이트 어답터가 TV 시청 대열에 조금씩 합류하면서 성장 속도가 느려졌다.[89] 그 비율은 1997년에 98.4%에 이르면서 정점을 찍었는데, 그 후로는 약간 감소하여 2021년에는 약 96.2% 수준에 머물렀다.[90] 감소 원인은 과도한 텔레비전 시청에서 벗어나려는 문화적 변화, 경쟁자인 온라인 오락 등장, 온라인 장비를 통해 텔레비전 스타일의 프로그램 스트리밍이 가능해진 최근의 추세를 포함해 여러 가지가 있다.[91]

● 텔레비전을 소유한 미국인 가구[92]

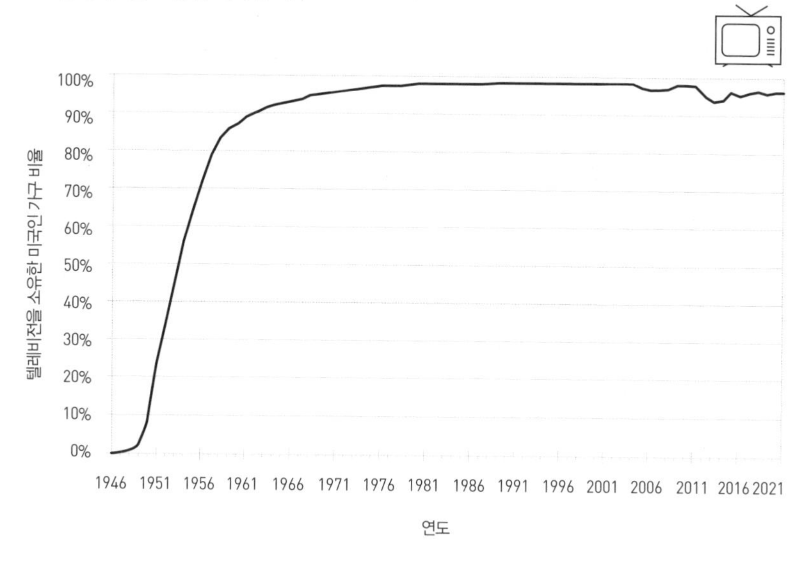

출처: 미국 인구조사국; Cobbett S. Steinberg, TV Facts, Facts on File; Jack W. Plunkett, *Plunkett's Entertainment & Media Industry Almanac 2006* (Houston, TX: Plunkett Research, 2006); 닐슨 컴퍼니

수동적 미디어 소비가 가능한 라디오 및 텔레비전과 달리 상호 작용할 수 있는 컴퓨터는 더 넓은 가능성을 열어준다. PC는 1970년대에 켄백-1과 1975년에 큰 인기를 끈 앨테어 8800(사용자가 직접 조립하는 키트로 판매된)[93] 같은 모델을 통해 미국인 가정에 들어오기 시작했다. 1970년대가 끝날 무렵에 애플과 마이크로소프트 같은 회사가 보통 사람도 반나절 만에 작동법을 배울 수 있는 사용자 친화적 PC를 내놓으면서 시장에 큰 변화를 가져왔다.[94] 1984년 슈퍼볼 경기 때 애플이 내놓은 유명한 광고가 계기가 되어 컴퓨터 이야기가 전국에 회자되었고, 5년 이내에 컴퓨터를 보유한 가구 수는 약 두 배나 늘어났다.[95] 그 기간에 사람들은 컴퓨터를 주로 워드프로세싱이나 자료 입력, 간단한 게임을 위한 용도로 사용했다.

하지만 1990년대에 들어 인터넷 보급과 함께 컴퓨터의 유용성이 크게 확대되었다. 1990년 1월에는 인터넷의 전체 도메인 네임 시스템에 등록된 호스트 수가 약 17만 5000개에 불과했다.[96] 2000년 1월에는 그 수가 약 7200만 개로 치솟았다.[97] 이와 비슷하게 전 세계의 인터넷 트래픽 용량은 1990년에 약 1만 2000기가바이트이던 것이 1999년에는 3억 600만 기가바이트로 급증했다.[98] 이것은 컴퓨터의 유용성을 증대시키는 직접적 원인이 되었다. 양질의 콘텐츠가 많을수록 스트리밍 서비스가 더 많은 이용자를 끌어들이고 더 높은 요금을 부과할 수 있듯이, 사용 가능한 콘텐츠의 풀이 기하급수적으로 확장됨에 따라 인터넷은 더 많은 사람에게 유용한 존재가 되었다. 그리고 이것은 긍정적 피드백 고리를 만들어냈다. 새로운 사용자 중 많은 사람은 자신의 콘텐츠를 올렸고, 그러면서 인터넷의 가치가 더욱 높아졌다. 그 결과로 1990년대에 들어 가정용 컴퓨터는 워드프로세싱 작업과 원시적 게임을 하던 플랫폼에서 전 세계의 대다수 지식에 접근하고 사용자를 다른 대륙의 사람들과 연결시키는 포털이 되었다. 전자 상거래가 부상하면서 컴퓨터를 통한 구매 활동이 크게 늘어났고, 2000년대에 소셜 미디어가 등장하자 온라인 경험을 통해 매우 풍부한 상호 작용이 가능하게 되었다.

2017~2021년에는 전체 미국 가구 중 약 93.1%가 컴퓨터를 소유하고 있었으며, 가장 위대한 세대*가 쇠퇴하고 밀레니얼 세대가 가정을 꾸리면서 그 비율은 계속 증가했다.[99] 한편, 전 세계적으로도 컴퓨터 소유 비율이 꾸준히 상승했다. 스마트폰에 내장된 컴퓨터 덕분에 개발도상국

---

* 톰 브로코Tom Brokaw의 베스트셀러 《위대한 세대》에서 딴 용어로, 1901~1927년에 태어난 미국인을 일컫는 말. 이 세대는 대공황의 여파 속에서 성장해 제2차 세계 대전을 겪고 미국의 전후 부흥을 이끌었다.

에서 시장 침투가 빠르게 확산되었으며, 2022년에는 전 세계 인구 중 약 3분의 2가 최소한 한 대의 컴퓨터를 갖게 되었다.[100]

● **컴퓨터를 소유한 가구, 미국과 전 세계**[101]

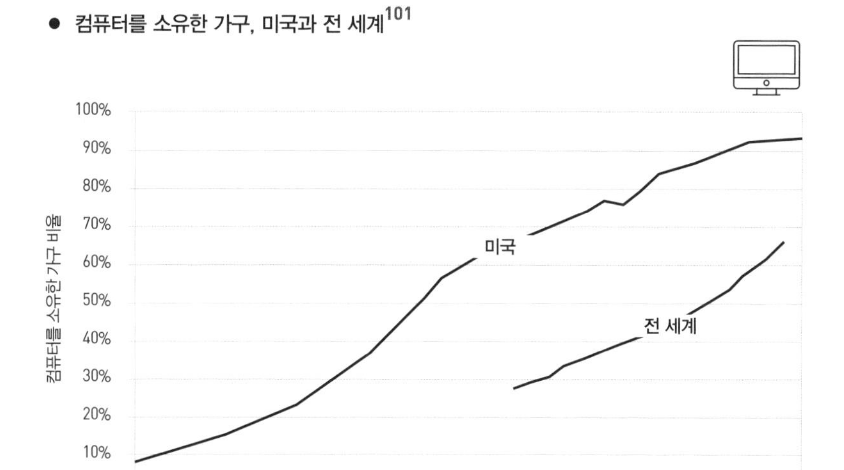

주요 출처: 미국 인구조사국, 국제전기통신연합

기대 수명

나중에 제6장에서 더 자세히 다루겠지만, 지금까지 질병 치료와 예방 부문에서 일어난 진전 중 대부분은 유용한 개입 방법을 찾기 위해 무작정 시도해보는 선형 과정의 산물이었다. 가능한 모든 치료법을 체계적으로 탐구할 도구가 없는 상태에서 이 패러다임 안에서 일어나는 발견은 운에 크게 좌우되었다. 의약품 개발에서 우연히 일어난 가장 획기적인 발견은 항생제 혁명을 일으키면서 지금까지 최대 2억 명의 목숨을 구한 페니실린이었다.[102] 하지만 발견이 문자 그대로 우연히 일어나는 것이 아닌 경우조차도 연구자가 전통적인 방법으로 획기적인 돌파구를 열려면 상당한 행운이 필요하다. 가능한 약물 분자를 남김없이 철저하게 시뮬레이션할 능력이 없는 상태에서 연구자들은 고속 대량 스크리닝과 그 밖의 매우 많은 노력이 필요한 실험 방법에 의존해야 하는데, 이는 훨씬 느리고 효율성이 떨어진다.

공정하게 말하면, 이 접근법은 큰 혜택을 가져다주었다. 1000여 년 전에 유럽인의 기대 수명은 겨우 20여 년이었는데, 유아기나 어린 시절에 지금은 쉽게 예방할 수 있는 콜레라와 이질 같은 질병으로 사망하는 사람이 아주 많았기 때문이다.[103] 19세기 중반에 영국과 미국의 기대 수명은 약 40세로 증가했다.[104] 2023년에는 대다수 선진국에서 기대 수명이 80세 이상으로 증가했다.[105] 따라서 지난 1000년 동안 기대 수명이 약 세 배나 증가한 셈이고, 특히 지난 200년 사이에 두 배나 증가했다. 외부의 병원체—우리 몸 밖에서 질병을 가지고 들어오는 세균과 바이러스—를 피하거나 죽이는 방법이 개발된 것이 주요 원인이었다.

하지만 오늘날에는 쉽게 딸 수 있는 과실은 전부 다 수확된 거나 다름없다. 남아 있는 질병과 장애 원인은 대부분 우리 몸 내부 깊은 곳에 있다. 세포가 제 기능을 하지 못하고 조직이 망가지면서 암과 죽상동맥경화증, 당뇨병, 알츠하이머병 같은 질병이 생긴다. 생활 방식과 식습관, 보충제를 통해 이러한 위험을 어느 정도 줄일 수는 있다(나는 이 단계를 '급진적 수명 연장의 첫 번째 다리'라고 부른다).[106] 하지만 이런 방법은 불가피한 운명을 잠깐 지연시키는 데 그친다. 20세기 중엽부터 선진국에서 기대 수명 증가 속도가 둔화된 이유는 이 때문이다. 예를 들면, 1880년부터 1900년까지 미국의 기대 수명은 39세에서 49세로 늘어났지만, 1980년부터 2000년(의학의 초점이 감염병에서 만성 질환과 퇴행병으로 옮겨간 후)

까지는 74세에서 76세로 증가하는 데 그쳤다.[107]

다행히도 2020년대에 들어 우리는 인공 지능과 생명공학을 결합해 퇴행병을 물리치는 두 번째 다리에 진입하고 있다. 우리는 이미 개입과 임상 시험에 관한 정보 조직에 컴퓨터를 사용하는 단계를 넘어섰다. 이제는 신약을 찾는 데 AI를 활용하고 있는데, 2020년대가 끝날 무렵이면 느리고 성능이 떨어지는 인간 대상 임상 시험을 디지털 시뮬레이션으로 보강하고 궁극적으로는 대체하는 과정이 시작될 것이다. 지금은 사실상 의학이 정보 기술로 변환하는 과정에 있으며, 이러한 기술의 특징인 기하급수적 진전을 이용해 생물학의 소프트웨어에 통달하게 될 것이다.

가장 앞선 동시에 가장 중요한 예는 유전학 분야에서 찾을 수 있다. 2003년에 인간게놈프로젝트가 완료된 후 유전체 염기 서열 분석 비용은 평균적으로 매년 약 절반씩 줄어드는 기하급수적 감소 추세가 지속되었다. 2016년부터 2018년까지 잠깐 동안 수평선을 그리다가 코로나19 팬데믹 기간에 진전이 느려지긴 했지만, 그 비용은 계속 떨어지고 있다. 그리고 염기 서열 분석에서 정교한 AI가 점점 더 큰 역할을 맡음에 따라 그 추세는 다시 가속화될 가능성이 높다. 그 비용은 2003년에 한 유전체당 약 5000만 달러에서 2023년에는 399달러로 떨어졌고, 한 회사는 여러분이 이 책을 읽을 무렵에는 100달러에 분석이 가능할 것이라고 약속하고 있다.[108]

AI가 점점 더 많은 의학 분야를 변화시키면서 이와 유사한 추세가 많이 나타날 것이다. AI는 이미 임상 분야에서 큰 영향을 미치기 시작했지만,[109] 우리는 아직 이 특정 기하급수적 곡선의 초입에 머물러 있다. 현재 응용되는 사례는 수도꼭지에서 물이 가늘게 떨어지는 수준에 불과하지만, 2020년대가 끝날 무렵에는 대홍수처럼 변할 것이다. 그때가 되면 미토콘드리아의 유전적 돌연변이와 텔로미어(말단 소립) 길이 단축, 암을 유발하는 통제 불능 상태의 세포 분열을 포함해 최대 수명을 약 120년으로 제한하고 있는 생물학적 요인들을 직접 해결할 수 있을 것이다.[110]

2030년대에는 급진적 수명 연장의 세 번째 다리에 도달할 텐데, 우리 몸 전체에서 세포 수준의 보수 유지 작업을 지능적으로 수행하는 의료 나노봇이 그 주역이다. 일부 정의에 따르면, 특정 생체 분자는 이미 나노봇으로 간주된다. 하지만 세 번째 다리의 나노봇을 차별화하는 요소는 AI의 능동적인 제어를 받으면서 다양한 과제를 수행하는 능력에 있다. 이 단계에서 우리는 우리의 생물학에 대해 현재 자동차의 보수 유지와 비슷한 수준의 제어 능력을 얻게 될 것이다. 대형 사고로 완전히 파손되지 않는 한, 자동차는 계속 수리하거나 부품을 무한히 교체하면서 사용할 수 있다. 이와 비슷하게, 스마트 나노봇은 개개 세포를 표적으로 삼아 수리하거나 개선할 수 있고, 그럼으로써 노화를 결정적으로 늦출 수 있다. 더 자세한 내용은 제6장에서 다룰 것이다.

네 번째 다리—우리의 마음 파일들을 디지털 방식으로 백업하는 능력—는 2040년대에 완성될 기술이다. 제3장에서 말했듯이, 개인 정체성의 핵심은 뇌 자체가 아니라 뇌가 표현하고 조작할 수 있는 아주 특별한 정보 배열이다. 이 정보를 충분히 정확하게 스캐닝할 수 있게 되면, 그것을 디지털 기질 위에 복제할 수 있을 것이다. 그렇게 되면 설령 생물학적 뇌가 파괴되더라도, 그 사람의 정체성은 사라지지 않을 것이다. 안전한 백업으로 복제되고 다시 복제되길 반복하면서 거의 임의의 긴 수명을 누릴 수 있기 때문이다.

● **영국인의 기대 수명**
태어났을 때, 1세, 5세, 10세 때[111]

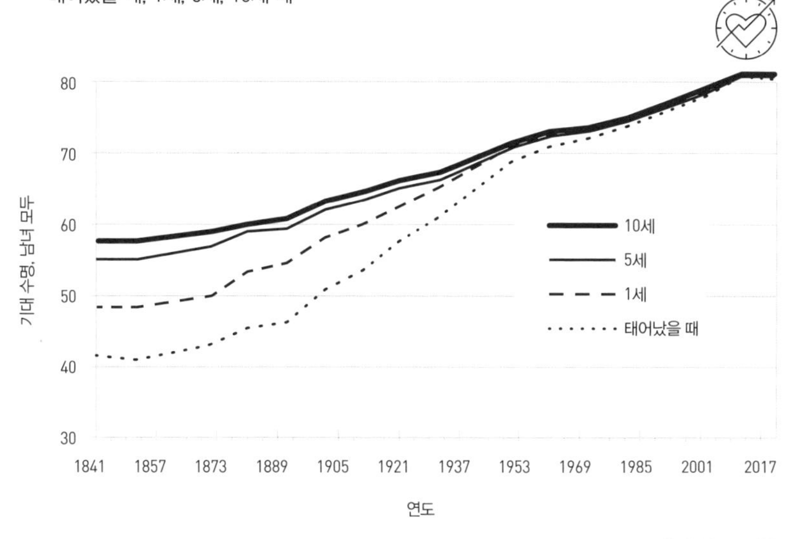

출처: 영국 통계청

● **미국인의 기대 수명**
태어났을 때, 1세, 5세, 10세 때[112]

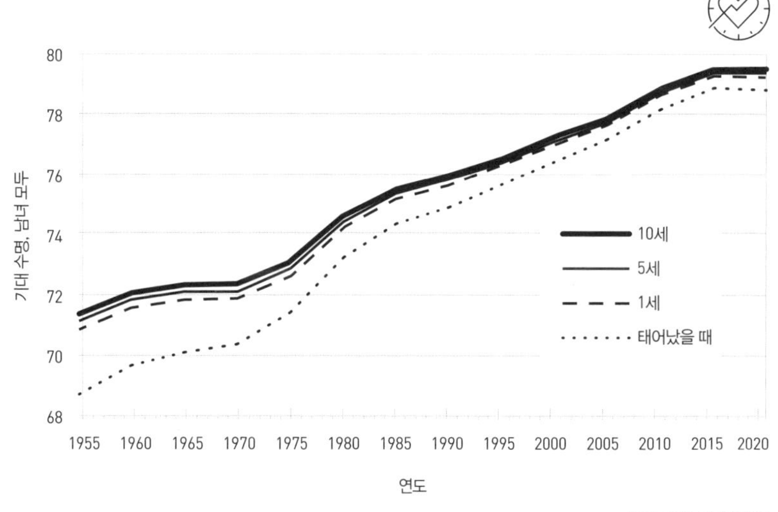

출처: 유엔 경제사회국

빈곤 감소와 소득 증가

지금까지 이 장에서 설명한 여러 가지 기술 발전 추세는 각각 독립적으로도 큰 이익을 가져다주지만, 정말로 획기적인 변화는 그 추세들이 집단적으로 서로를 강화하는 효과이다. 경제적 안녕은 발전을 나타내는 척도로 불완전하지만, 오랜 기간에 걸쳐 일어나는 이 획기적인 과정을 이해할 수 있는 최선의 척도이다.

전 세계적인 대규모 추세는 놀랍도록 한결같았다. 1820년에는 세계 인구 중 약 84%가 오늘날의 기준으로는 극도의 빈곤 상태에서 살았다.[113] 그러다 산업화가 확산되면서 곧 유럽과 아메리카의 빈곤율이 감소하기 시작했다.[114] 제2차 세계 대전 이후 수십 년에 걸쳐 인도와 중국에 현대식 농업이 도입되면서 이 과정은 더욱 가속화되었다.[115] 전 세계의 빈곤을 자주 다룬 언론 때문에 많은 선진국 사람들은 전 세계의 빈곤 수준에 대해 잘못된 인상을 갖고 있지만, 빈곤율은 꾸준히 감소하고 있으며 특히 지난 30년 동안에는 극적으로 개선되었다. 2019년에 전 세계의 극빈층(현재 2017년 불변 달러 기준으로 하루에 2.15달러 미만으로 살아가는 사람으로 정의됨)은 약 8.4%로 감소했고, 1990년부터 2013년 사이에는 3분의 2 이상 감소했다.[116]

감소 추세는 동아시아에서 가장 가팔랐는데, 특히 중국의 경제 발전으로 수억 명이 가난에서 벗어나 선진국 사람들과 맞먹는 생활 수준으로 살아가게 되었다. 1990년부터 2013년까지 동아시아의 극빈층 비율은 경이롭게도 95%나 감소했는데, 그 기간에 이 지역의 인구는 16억 명에서 20억 명으로 증가했다.[117]

같은 기간에 유일하게 극빈층이 증가한 지역은 유럽과 중앙아시아였는데, 소련의 붕괴 이후에 닥친 경제적 혼란을 수습하는 데 수십 년이 걸렸다.[118] 눈길을 끄는 점은 여기에는 경제적 이유나 기술적 이유보다는 정치적 이유가 특히 컸다는 것이다. 소련 독재 정부의 붕괴로 힘의 공백이 생기면서 부패가 엄청나게 만연했다. 특히 소련에서 독립은 했지만 더 가난했던 중앙아시아 국가들에서 이것은 부정적 피드백 고리를 만들어내 투자를 위축시키고 경제 발전을 방해했다.

냉전이 끝나자 국제 사회는 지구에서 가장 가난한 지역들의 심각한 빈곤을 퇴치하는 데 더 많은 관심을 기울일 수 있었다. 소련이 붕괴된 직후에 많은 선진국은 해외 원조 예산을 삭감하고 국제 개발에 관심을 덜 쏟았다.[119] 냉전 기간에는 주로 전략적 관점에서 개발도상국의 발전을 지원했는데, 서방의 민주주의 진영과 공산주의 진영이 개발도상국에서 더 많은 영향력을 행사하기 위해 서로 경쟁했다. 하지만 1990년대 중반에 OECD(경제협력개발기구)는 인도적 관점에서뿐만 아니라 안전하고 번성한 세계를 만드는 것이 모두에게 도움이 된다는 이유에서 개발을 촉진하는 것이 매우 중요하다고 결정했다. 2000년에 유엔은 2015년까지 주요 개발 목표를 달성하기 위한 국제적 노력을 조율한 '밀레니엄 개발 목표'에 이 개념들을 명문화했다.[120] 이 야심찬 목표 중 많은 것은 달성되지 않았지만, 그럼에도 불구하고 밀레니엄 개발 목표는 수억 명의 삶을 개선시킨 아주 중요한 진전들을 촉진했다.

미국 내 절대 빈곤율(2017년 불변 달러 기준으로 하루에 2.15달러 미만으로 살아가는 사람이라는 국제적 기준에 따른)은 측정이 시작된 이래 1.2% 또는 그 미만이었다.[121] 하지만 상대 빈곤율(그 사회에서 통용되는 기준에 따른 빈곤층의 비율)을 나타내는 통계는 다른 모습을 보여준다. 미국에서 상대 빈곤율은 19세기의 약 45%에서 꾸준히 감소했는데, 전후 기간에

극적으로 떨어져 1970년에는 약 12.5%에 이르렀고 그 후 비슷한 수준에 머물렀다.[122] 그 이후로 10%대를 계속 유지했고,[123] 더 광범위한 경제적 변화에 따라 오르락내리락했지만 장기적인 개선은 일어나지 않았다.[124] 한 가지 이유는 생활 수준의 향상으로 상대 빈곤선의 정의가 계속 변한 데 있다. 그래서 삶의 질을 기준으로 삼을 때 1980년에는 빈곤층으로 간주되지 않던 사람들이 지금은 빈곤층으로 간주된다.[125]

하지만 2014년부터 2019년까지 미국의 빈곤층(주기적으로 재정의 된 기준에 따른) 수는 약 1260만 명이나 감소했는데, 같은 기간에 인구가 약 890만 명 증가했는데도 불구하고 그랬다.[126] 노령층 빈곤율이 사상 최저를 기록한 2019년 한 해에만 그중 410만 명이 감소했다.[127] 그 수는 코로나19 팬데믹 때 일시적으로 증가하긴 했지만,[128] 그것은 2008년 금융 위기 이후에 죽 이어지던 전반적인 하향 추세에서 벗어나는 것이었다.

게다가 오늘날의 빈곤층은 인터넷을 통해 공짜 정보와 서비스에 광범위하게 접근할 수 있어(예컨대 MIT 공개강좌를 수강하거나 다른 대륙에 있는 가족과 영상 통화를 할 수 있는 능력처럼) 절대적 기준에서 보면 이전보다 훨씬 형편이 나아졌다.[129] 이와 비슷하게 최근 수십 년 동안에 급진적으로 향상된 컴퓨터와 휴대폰의 가격 대비 성능에서도 큰 혜택을 얻고 있지만, 이러한 측면들은 경제 부문 통계에 제대로 반영되지 않는다. (정보 기술 발전의 영향으로 제품과 서비스의 가격 대비 성능이 기하급수적으로 증가하는 측면이 경제 부문 통계에 충분히 반영되지 못하는 현실은 다음 장에서 더 자세히 다룰 것이다.) 오늘날 값싼 스마트폰을 소유한 사람은 인터넷을 이용해 전 세계의 거의 모든 교육 정보에 빠르고 쉽게 접근하고, 언어를 번역하고, 길을 찾는 등 온갖 일을 처리할 수 있다. 수십 년 전에는 수백만 달러를 쓰더라도 이런 능력을 얻기가 불가능했다.

● **미국의 빈곤율**[130]

상대 빈곤율 대 절대 빈곤율

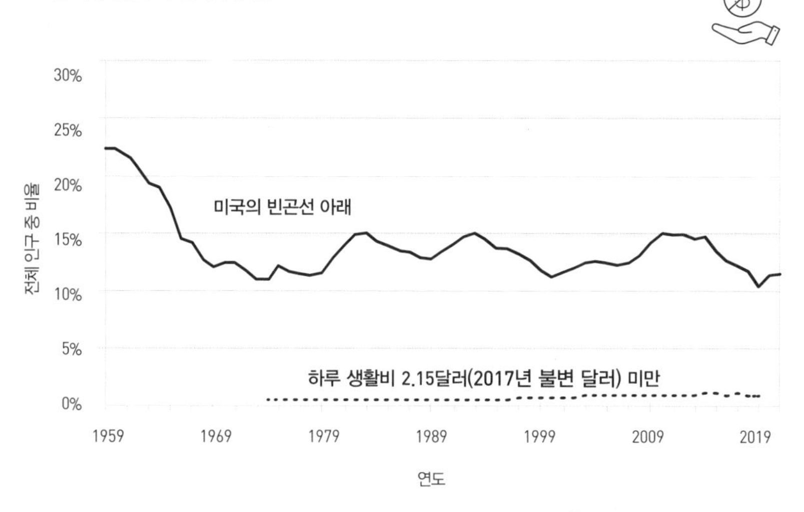

출처: 미국 인구조사국, 세계은행

● **전 세계의 빈곤율 감소**[131]

절대 빈곤율. 비교를 위해 미국의 빈곤율도 함께 나타냄

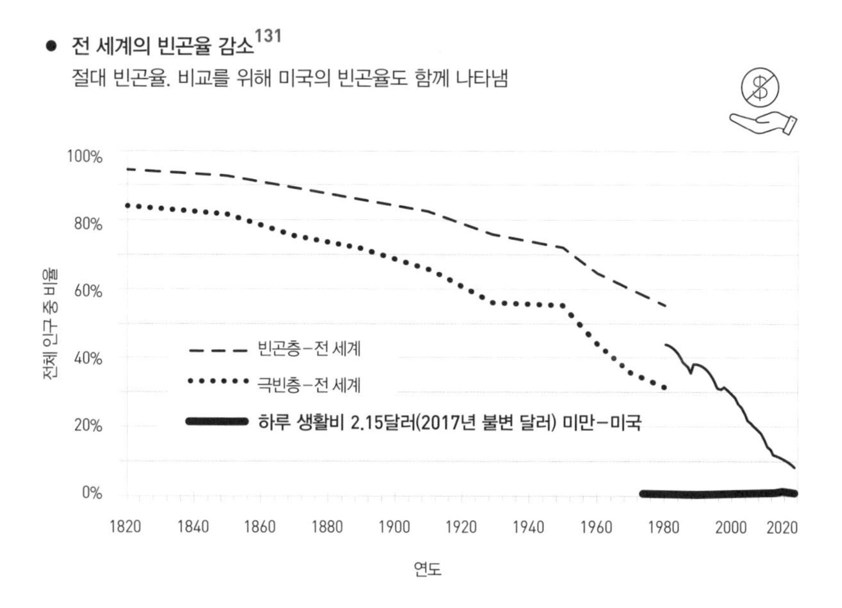

주요 출처: 아워 월드 인 데이터; François Bourguignon and Christian Morrisson, "Inequality Among World Citizens: 1820-1992," *American Economic Review 92*, no. 4 (September 2002): 727-44.

미국의 1인당 일평균 소득은 꾸준히 상승했다. 2023년에 미국의 1인당 빈곤선은 1만 4580달러였는데, 이것은 39.95달러로 하루를 살아가는 것에 해당한다.[132] 실질 가치로 따질 때, 평균적인(중앙값이 아니라) 미국인은 1941년경 이후부터 줄곧 2023년의 빈곤선 위에서 살아왔다.[133]

미국의 국내 총생산이 기하급수적으로 증가했다는 사실은 그다지 놀랍지 않은데, 인구 증가는 곧 경제 규모의 확대를 의미하기 때문이다. 하지만 1인당 GDP(인구 증가 효과를 배제한 수치) 역시 기하급수적으로 증

● 연도별 미국의 1인당 일평균 소득(2023년 불변 달러 기준)[134]

2020: $191.00	1970: $89.82	1900: $20.08
2015: $169.88	1960: $65.27	1880: $15.08
2010: $154.15	1950: $52.97	1860: $13.27
2000: $147.18	1940: $35.47	1840: $8.37
1990: $124.32	1930: $30.74	1800: $5.65
1980: $102.41	1910: $26.45	1774: $7.06

● 연도별 미국의 대략적인 빈곤율(정부가 주기적으로 재정의한 상대 빈곤 기준에 따른)[135]

2020: 11.5%	1990: 13.5%	1950: ~30%
2015: 13.5%	1980: 13.0%	1935: ~45%
2010: 15.1%	1970: 12.6%	1910: ~30%
2000: 11.3%	1960: 22.2%	1870: ~45%

● 지역별 극빈층 감소[136]

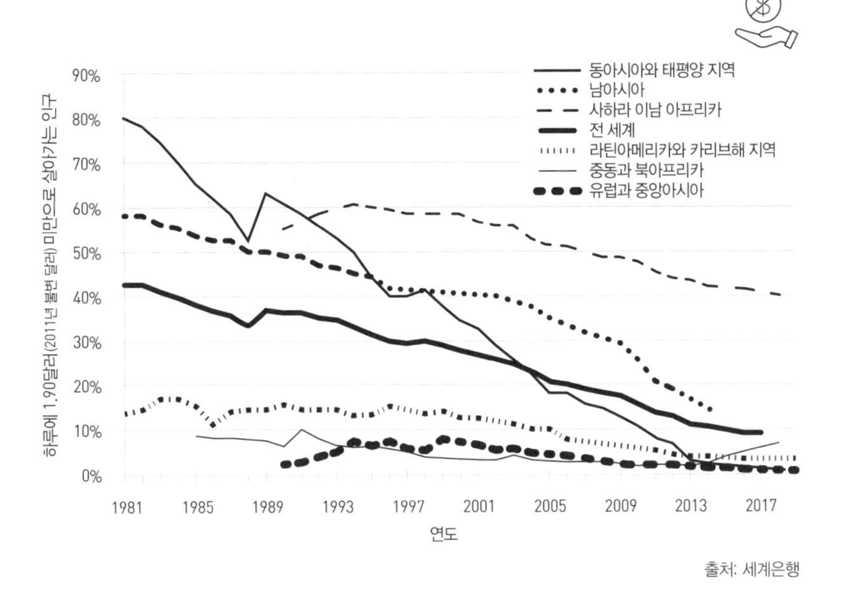

출처: 세계은행

가해왔다.[137] 게다가 공짜 정보 제품은 이 수치에 포함되지 않았으며, 시간이 흐름에 따라 동일한 비용으로 사용할 수 있는 정보 기술 능력이 기하급수적으로 증가한다는 사실 역시 반영되지 않았음을 기억할 필요가 있다.

GDP는 대기업을 포함해 전체 경제 활동을 반영한 수치이지만, 개인 소득에만 초점을 맞추더라도 같은 추세가 나타난다. 1인당 개인 소득은 기업들이 버는 돈이 아니라, 실제 사람들이 버는 돈을 나타낸다. 따라서 봉급과 임금뿐만 아니라, 주주와 기업 소유주가 회사에서 받는 배당금과 수익도 포함된다. 관련 통계 자료를 처음 기록한 1929년 이후에 미국의 1인당 개인 소득은 불변 달러를 기준으로 환산했을 때 대공황과 큰 불황기에 잠깐 주춤한 것을 제외하고는 엄청나게 증가했다. 지난 90년 동안 평균적인 미국인의 평균 실질 소득은 5배 이상 증가했다. 그동안 근로

● 미국의 1인당 GDP[138]

선형 척도

출처: 매디슨 프로젝트 데이터베이스, 경제분석국, 연방준비제도

● 미국의 1인당 GDP[139]

로그 척도

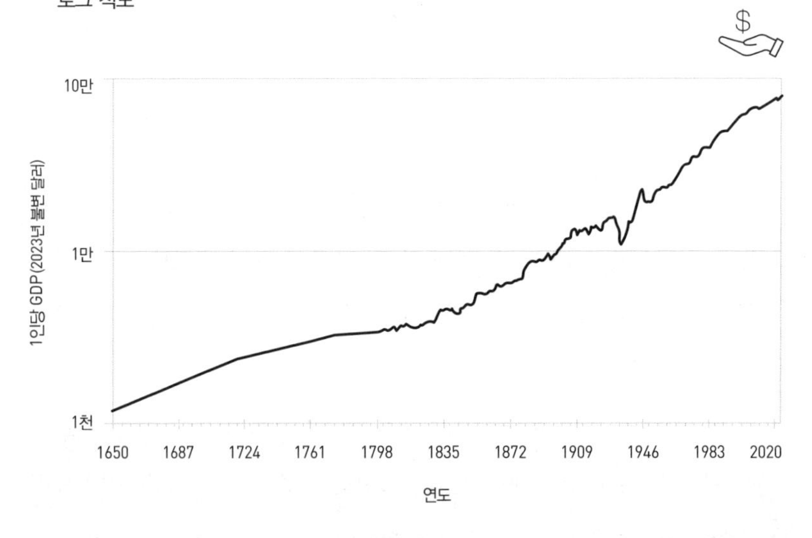

출처: 매디슨 프로젝트 데이터베이스, 경제분석국, 연방준비제도

시간이 상당히 줄어들었는데도 불구하고 이러한 추세가 이어졌다.[140] 전체 분포에서 정확하게 딱 중간에 위치한 사람의 소득을 나타내는 중앙값은 그만큼 빨리 증가하지는 않았다. 하지만 절대적으로 보면 실질 소득 중앙값(모두 2023년 불변 달러로 환산한)은 꾸준히 증가했는데, 1984년에 2만 7273달러이던 것이 팬데믹 직전인 2019년에는 4만 2488달러로 늘어났다.[141]

이러한 수치는 실제로 누릴 수 있는 편익을 상당히 과소평가한 것인데, 앞서 언급했듯이 전자 제품을 포함해 많은 제품의 가격이 이전보다 훨씬 저렴해졌다는(그리고 검색 엔진과 소셜 네트워크처럼 아주 가치 있는 다수의 서비스가 사용자에게 공짜로 제공된다는) 사실을 반영하지 않았기 때문이다. 게다가 세계화 덕분에 사람들은 1929년 당시보다 훨씬 광범위한 제품과 서비스를 선택할 수 있게 되었다. 과거 수십 년에 비해 오늘날의 소비자가 누리는 제품과 서비스의 놀라운 다양성은 그 가치를 돈으로 환산하기 어려울 정도이다. 설령 어느 식사에서 중국 음식이나 멕시코 음식 중 하나만 선택할 수 있다 하더라도, 선택의 여지가 전혀 없는 것보다는 선택권이 있는 것이 당연히 더 좋다. 이러한 다양성은 우리 삶의 수많은 분야에 큰 영향을 미쳤다. 텔레비전 방송국은 단 세 곳만 있는 대신에 수백 곳이나 있다. 슈퍼마켓을 가더라도 과일이 몇 가지만 있는 대신에 계절에 상관없이 지구 반대편에서 온 온갖 과일이 넘쳐난다. 우리는 수천 권의 책만 진열된 서점 대신에 아마존에서 수백만 권의 책을 둘러보면서 고를 수 있다.

이러한 선택권은 모든 사람이 자신의 선호를 만족시키는 데 도움을 주지만, 특이한 취향과 관심을 가진 사람에게는 특히 중요하다. 정보 기술로 가능해진 세계화된 경제 덕분에, 만약 오래된 만화경을 수집하길

● 미국의 1인당 개인 소득[142]

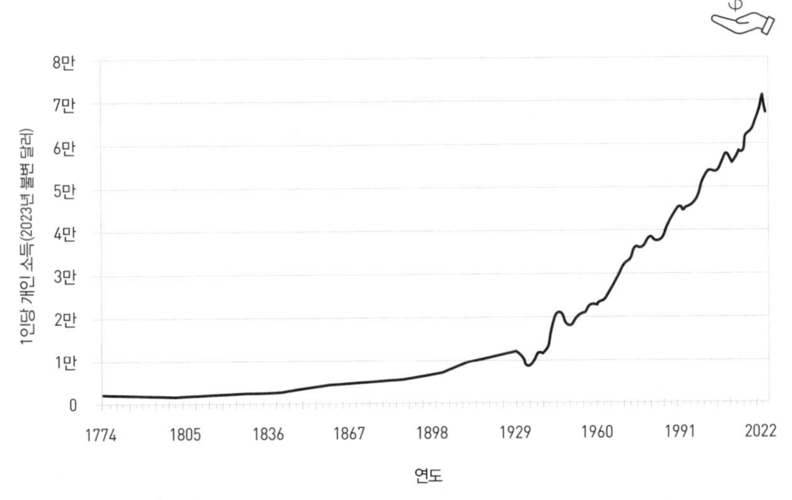

출처: 경제분석국; 전미경제연구소; Alexander Klein, "New State-Level Estimates of Personal Income in the United States, 1880-1910," in *Research in Economic History*, vol. 29, ed. Christopher Hanes and Susan Wolcott (Bingley, UK: Emerald Group, 2013); 연방준비제도

좋아한다면, 이베이를 통해 전 세계 어디서건 그것을 구입할 수 있다. 수학과 과학에 관심이 있는 어린이라면, 우리 세대 때 그랬던 것처럼 집에 한 대밖에 없는 텔레비전으로 서부극을 보며 시간을 보내는 대신에 적절한 교육 프로그램을 보면서 호기심을 키울 수 있다. 3D 프린팅과 나노기술의 발전은 다가오는 수십 년 사이에 선택의 다양성을 기하급수적으로 가속시킬 것이다.

연소득은 유용한 지표이지만, 사람들이 노동에 투입하는 시간과 비교해 소득을 살펴보는 것이 더 유용하다. 미국에서 시간당 실질 개인 소득(불변 달러로 환산한)은 꾸준히 증가해왔는데, 1880년에 시간당 약 5달러이던 것이 2021년에는 시간당 약 93달러로 증가했다.[143] 하지만 개인 소득에는 단지 임금과 봉급만 포함되는 게 아니라는 사실에 유의해야 한다. 투자와 소유한 사업에서 번 수입도 포함되며, 정부 보조금과 코로나 19 팬데믹 기간의 정부 지원금처럼 일회성 지원금도 포함된다. 따라서 시간당 개인 소득은 임금이나 봉급만 고려한 수치보다 항상 더 높다. 이것이 유용한 지표인 이유는 비임금 소득이 전체 개인 소득에서 차지하는 비율이 점점 커져가고 있는 현실을 반영할 뿐만 아니라, 평균적인 근로자의 노동 시간이 줄어드는데도 전체 경제 규모가 점점 더 커지는 현상을 잘 설명하기 때문이다.

다음 도표는 미국에서 시간당 실질 소득이 꾸준히 증가해온 것을 보여준다(심지어 경제 혼란기에도). 대공황이 가장 깊은 골을 지나던 무렵

● **미국의 시간당 평균 개인 소득(비임금 소득 포함)**[144]

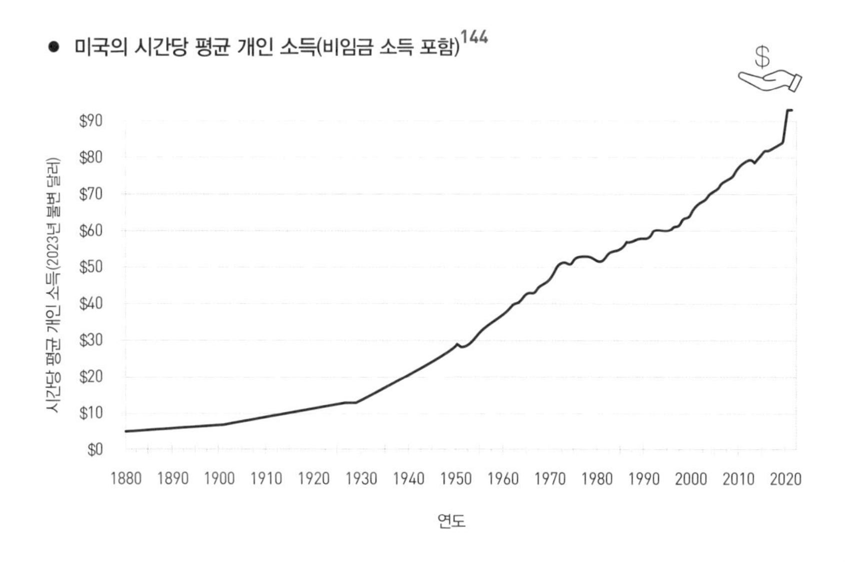

출처: 매디슨 프로젝트; 경제분석국; Stanley Lebergott, "Labor Force and Employment, 1800–1960," in *Output, Employment, and Productivity in the United States After 1800*, ed. Dorothy S. Brady (Washington, DC: National Bureau of Economic Research, 1966); Alexander Klein, "New State-Level Estimates of Personal Income in the United States, 1880–1910," in *Research in Economic History*, vol. 29, ed. Christopher Hanes and Susan Wolcott (Bingley, UK: Emerald Group, 2013); Michael Huberman and Chris Minns, "The Times They Are Not Changin': Days and Hours of Work in Old and New Worlds, 1870–2000," *Explorations in Economic History* 44, no. 4 (July 12, 2007)

의 데이터는 신뢰할 만한 것이 거의 없지만, 이 시기에도 시간당 소득은 다른 경제 지표들에 비해 그렇게 심각하게 나빠지진 않은 것으로 보인다. 대공황 시절에 1인당 개인 소득이 감소한 것은 전체 인구의 총소득이 줄어들었기 때문이다. 인구(분모)에 큰 변화가 없다면, 이것은 당연히 1인당 개인 소득이 줄어들었다는 것을 의미한다. 하지만 사람들이 직장을 잃으면 단지 소득만 잃는 게 아니라 일하는 시간도 줄어든다. 이렇게 분모가 줄어든 탓에 대공황 기간에 시간당 소득은 제자리를 유지하거나 심지어 높아졌다. 달리 표현하면, 많은 사람이 일자리를 잃긴 했지만, 일자리를 유지한 사람들의 임금은 그렇게 많이 떨어지지 않았다.

19세기 후반에 평균적인 미국인 근로자는 직장에서 연간 약 3000시간을 일했다.[145] 1910년 무렵부터는 각종 규정과 노동조합의 노력 덕분에 근무 시간이 줄어들고 휴식 시간이 늘어나면서 이 수치가 급감하기 시작했다.[146] 게다가 고용주들은 휴식을 취한 근로자가 생산성이 더 높고 일을 정확하게 한다는 사실을 알게 되었고, 따라서 산업 혁명 초기에 비해 작업 시간을 더 많은 근로자에게 분배하는 것이 합리적인 결정이었다. 대공황 시절에는 평균 근로 시간이 연간 1750시간 아래로 곤두박질쳤는데, 기업들이 아직 직장을 다니는 근로자의 근무 시간마저 줄여야 했기 때문이다.[147] 제2차 세계 대전 기간과 전후의 호황기에 미국인은 공장과 사무실로 복귀했고, 연평균 근로 시간은 2000시간을 넘어섰다.[148] 그 후 미국에서 근로 시간은 서서히, 하지만 꾸준히 감소해 대공황 시절과 대략 비슷한 수준으로 되돌아갔다.[149] 예전과 차이점이 있다면, 오늘날의 근로 시간 감소는 주로 사람들이 파트타임 일을 선택하거나 일과 삶의 보다 건강한 균형을 추구하는 그 밖의 선택을 하는 데에서 비롯되었다는 점이다. 일부 유럽 국가들의 근로 시간 감소 추세는 이보다

더 가팔랐다.[150]

선호하는 일자리 종류의 변화는 어느 세대보다도 밀레니얼 세대와 Z 세대에게 창의적인 커리어(그중에는 기업가 경력도 많았다)를 추구하게 하는 동기를 제공했고, 원격근무의 자유도 제공했다. 원격근무는 이동 시간과 비용을 줄일 수 있지만 일과 삶의 경계가 모호해질 수 있다는 단점이 있다. 코로나19 팬데믹은 노동력 시장에 갑작스럽고 극적인 변화를 가져와, 재택근무를 비롯해 다른 형태의 '고용주-직원' 관계가 나타나게 되었다. 한 연구에서는 응답자 중 98%가 남은 커리어 동안 원격근무를 원한다고 답했다.[151] 기술 변화 덕분에 점점 더 많은 직업이 원격근무가 가능해짐에 따라 이 추세는 계속 강화될 가능성이 높다.

사회경제적 안녕을 나타내는 또 한 가지 중요한 지표는 아동 노동이

● 미국의 연평균 근로 시간[152]

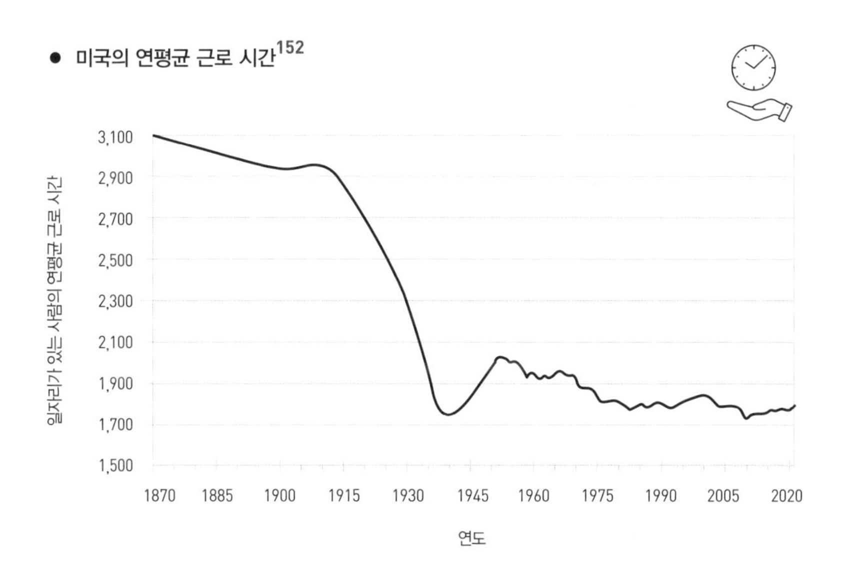

출처: Michael Huberman and Chris Minns, "The Times They Are Not Changin': Days and Hours of Work in Old and New Worlds, 1870–2000," *Explorations in Economic History* 44, no. 4 (July 12, 2007); 흐로닝언대학교와 캘리포니아대학교 데이비스 캠퍼스; 연방준비제도; OECD

다. 가난 때문에 일을 할 수밖에 없는 아동은 교육 기회를 놓치게 되어 장기적 잠재력이 줄어든다. 다행히도 21세기 내내 아동 노동은 꾸준히 감소했다. 국제노동기구(ILO)는 이 부문의 진전을 측정하기 위해 중첩된 세 범주를 사용한다.[153] 가장 넓은 범주는 '아동 고용'으로, 가족 농장이나 가족 사업에서 비교적 적은 시간 동안 어렵지 않은 일을 하는 아동의 경우를 포함한다. 비록 이 때문에 학업에 약간 지장을 받을 수 있지만, 이것은 비교적 가벼운 형태의 아동 노동이다. 두 번째 범주인 엄밀한 의미의 '아동 노동'은 근무 시간이나 업무 강도 면에서 대략 어른과 비슷한 일을 하는 경우를 포함한다. 세 번째이자 가장 좁은 범주는 '위험한 작업'으로, 특히 위험한 조건에서 이루어지는 아동 노동을 가리킨다. 이러한 일자리에는 광산 채굴, 선박 해체(가치 있는 자재를 추출하고 배를 폐기하기 위해 해체하는 작업), 폐기물 처리 등이 있다. 비록 코로나19로 인한 경제 혼란 때문에 진전이 잠깐 주춤하긴 했지만, 2000년부터 2016년까지 전 세계에서 위험한 업무에 투입돼 일하는 아동의 비율은 11.1%에서 4.6%로 줄어든 것으로 추정된다.[154]

폭력 감소

물질적 번영 증가는 폭력 감소와 상호 강화 관계에 있다. 경제적으로 잃을 것이 많은 사람은 싸움을 피해야 할 동기가 더 강하고, 안전한 삶을 오래 누릴 전망이 밝으면 사회에 도움이 될 장기적 투자를 해야 할 이유가 충분해진다. 서유럽에서는 적어도 14세기부터 살인 범죄율이 꾸준히 감소해왔다.[155] 이 긴 시간 동안 감소는 기하급수적으로 일어났는데, 점점 더 치명적인 개인 무기의 발전에도 불구하고

● 아동 노동의 감소, 전 세계[156]

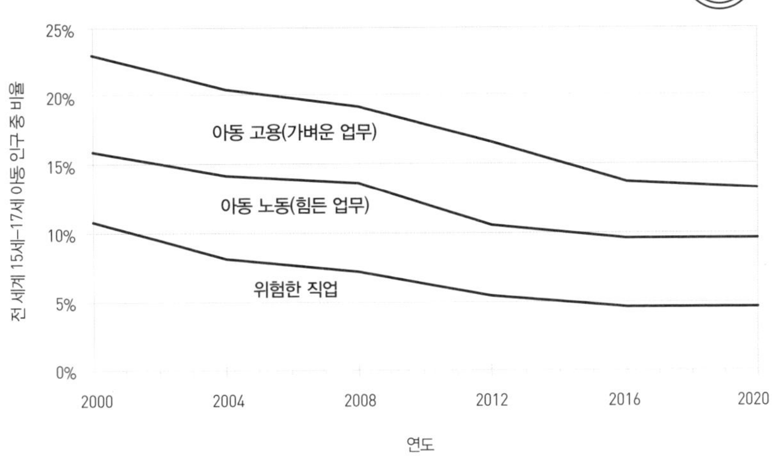

출처: 국제노동기구, UNICEF

그랬다. 데이터에 따르면 서유럽에서는 인구 10만 명당 연간 살인 건수가 14~15세기에 국가당 평균 약 33명이던 것이 오늘날에는 1명 미만으로 줄어들었는데, 이는 97% 이상 감소한 수치이다.[157] 이 통계가 모살謀殺(계획적으로 사람을 살해하는 행위)과 고살故殺(비의도적 살인으로, 우발적 살인과 과실치사를 포함함)같은 '일반' 살인만 다루고, 전쟁과 집단 학살을 포함하지 않는다는 사실에 유의하라.

미국에서 살인과 그 밖의 강력 범죄는 1991년경부터 장기적인 감소 추세가 지속되고 있다. 미국의 살인 건수는 2014년에 인구 10만 명당 4.4명에서 2021년(이 글을 쓰고 있는 현재 얻을 수 있는 가장 최근의 데이터)에는 6.8명으로 증가하긴 했지만, 이 단기적인 급등에도 불구하고 1991년의 9.8명에 비하면 30% 이상 감소한 것이다.[158] 하지만 20세기의 두 시기에는 살인과 강력 범죄가 오늘날보다 약 두 배나 많이 발생했다. 첫 번째 시기는 1920년대와 1930년대였는데, 금주법과 밀주 거래를 둘

● **1300년 이후 서유럽의 살인 발생률**[159]

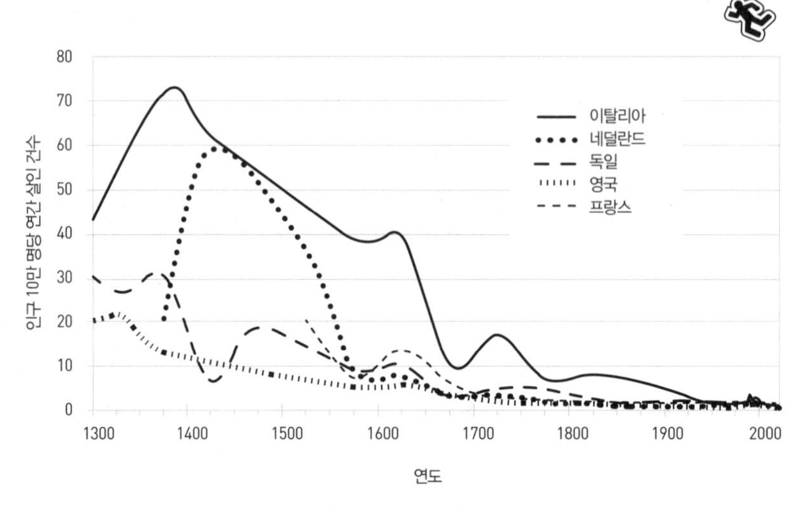

출처: 아워 월드 인 데이터 (Roser and Ritchie); Manuel Eisner, "From Swords to Words: Does Macro-Level Change in Self-Control Predict Long-Term Variation in Levels of Homicide?," *Crime and Justice* 43, no. 1 (September 2014); 유엔 마약범죄 사무소

이 도표는 아워 월드 인 데이터에서 Max Roser와 Hannah Ritchie의 훌륭한 연구를 바탕으로 만든 것이지만, 최근 자료의 선택에서 차이가 있다. 1900년 이전의 데이터는 Manuel Eisner의 "From Swords to Words: Does Macro-Level Change in Self-Control Predict Long-Term Variation in Levels of Homicide?"에서 인용했지만, 1990~2018년 데이터는 세계보건기구의 데이터 대신 유엔 마약범죄사무소의 1990~2020년 데이터를 사용했다. 이런 선택을 한 이유는 유엔 마약범죄사무소 데이터가 다른 출처들로 더 잘 뒷받침되며, 광범위한 법 집행 기관의 평가와 더 잘 일치하기 때문이다.

러싼 범죄 조직의 부상이 주 원인이었다.[160] 두 번째 폭력 유행병 물결은 1970년대, 1980년대, 1990년대에 몰아닥쳤는데, 마약과 그 밖의 불법 약물 거래로 인해 또다시 미국 도시의 거리에 폭력이 넘쳐났다.[161]

그 이후에는 여러 요인이 폭력을 줄이는 데 큰 역할을 했다. 1980년대 초에 미국에서 강력 범죄가 역사상 최고 수준에 이르자, 범죄학자들은 새로운 해결책을 찾기 시작했다. 조지 켈링George Kelling과 제임스 윌슨James Q. Wilson같은 학자들은 그라피티나 기물 파손 같은 경범죄는 지역 사회에 안전하지 않다는 느낌을 주며, 더 심각하고 폭력적인 범죄를 저질

러도 되는 양 믿게 만든다고 지적했다.[162] 이 개념은 '깨진 유리창 이론'broken windows theory이라 불리게 되었는데, 더 심각한 범죄를 예방하기 위해 경범죄의 방지를 강조하는 새로운 추세에 영향을 주었다. 이는 범죄 예방을 위한 더 선제적인 접근법과 결합되었는데, 우범 지역 순찰 활동 강화나 경찰 자원을 가장 효율적으로 배치하는 방법을 찾기 위한 스마트 데이터 기반 모델링 등이 그것이다. 1990년대와 2000년대에 전국적인 범죄 발생률이 감소한 데에는 이런 요인들이 함께 작용한 것으로 보인다. 하지만 여기에는 비용이 따랐다. 일부 도시에서는 깨진 유리창 치안 유지 활동을 너무 지나치게 펼치는 바람에 소수 집단 공동체에 불균형적인 피해가 돌아가는 부작용을 낳았다. 2020년대에 경찰이 직면한 주요 과제는 두 가지가 있다. 장기적 범죄 감소 추세를 계속 이어가는 동시에 인종 간 불평등을 해소하고 그와 관련된 불공정 문제를 해결하는 것이다. 이 문제들을 단칼에 해결할 수 있는 묘책은 없지만, 경찰 바디캠이나 시민의 휴대폰 카메라, 자동 총성 탐지기, AI 기반 데이터 분석 같은 기술 등을 책임 있게 사용한다면 긍정적 효과를 낳을 수 있다.

이제 막 제대로 인식되기 시작한 또 한 가지 요인은 오염과 범죄 사이의 관계이다. 환경 속의 독소, 특히 납이 뇌에 미치는 영향은 20세기의 상당 기간이 지날 때까지 제대로 알려지지 않았다. 자동차 배기가스와 페인트에 포함된 납은 아동의 인지 발달에 상당한 해를 끼쳤다. 이 만성 중독이 특정 범죄와 연관 관계가 있었는지 여부를 알아내기는 불가능하다. 하지만 전체 인구 집단 수준에서는 분명히 강력 범죄의 통계적 증가를 낳았는데, 충동 억제 능력을 낮춤으로써 그랬을 가능성이 높다. 대략 1970년대부터 환경 규제 강화 덕분에 아동기에 사람의 뇌로 흘러들어가는 납과 기타 독소의 양이 줄어들었고, 이것은 강력 범죄가 줄어드는 데

기여한 것으로 추정된다.[163]

● **미국의 살인 건수**[164]

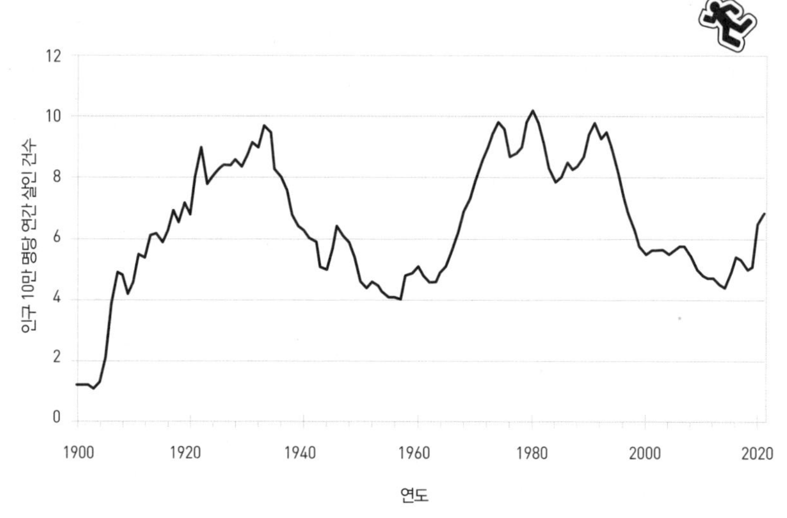

출처: FBI, 법무부 사법통계국

● **미국의 강력 범죄 건수**[165]

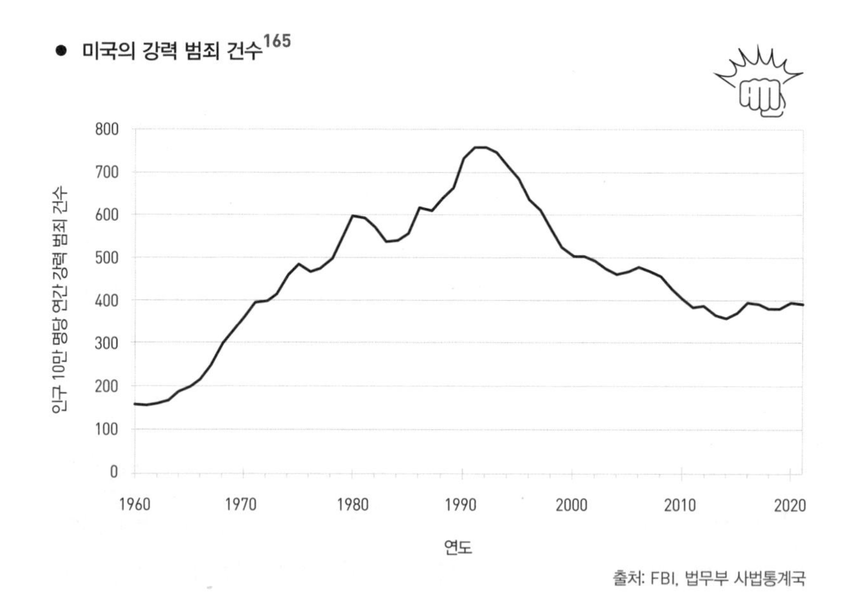

출처: FBI, 법무부 사법통계국

스티븐 핑커는 2011년에 출판된《우리 본성의 선한 천사》에서 중세 이후에 유럽에서 살인으로 인한 사망자가 약 50분의 1배나 감소했고, 어떤 경우에는 그보다 더 많이 감소했음을 보여주는 추가 증거를 제시했다.[166] 예를 들면, 14세기 옥스퍼드에서는 인구 10만 명당 연간 약 110건의 살인 사건이 발생한 것으로 추정되는 반면, 오늘날 런던에서는 연간 1건 미만이 발생한다.[167] 핑커는 선사 시대 이래 폭력으로 인한 사망자 비율이 약 500분의 1로 감소했다고 추정한다.[168]

20세기에 발생한 매우 큰 역사적 갈등들도 인구 비율로 따지면 과거에 국가가 나타나기 이전 상태에서 지속적으로 발생했던 폭력만큼 치명적이지 않았다. 핑커는 역사에서 정식 국가가 출현하지 않은 미발달 사회 27개를 조사했는데, 이들은 수렵채집인과 수렵원예인이 섞인 사회로, 아마도 선사 시대에 존재한 대다수 인류 공동체도 이런 사회였을 것이다.[169] 핑커는 이들 사회에서 전쟁으로 사망한 사람의 비율을 연간 10만 명당 524명으로 추정한다. 이에 비해 20세기에는 두 차례나 세계 대전—집단 학살과 원자폭탄 투하, 인류 역사상 최대 규모의 조직 폭력이 벌어진—이 일어났지만, 가장 큰 인명 피해를 입은 세 나라인 독일과 일본, 러시아에서 20세기 연간 전쟁 사망자는 각각 인구 10만 명당 144명, 27명, 135명이었다. 한편, 전 세계 각지에서 온갖 분쟁에 개입한 미국은 20세기에 연간 전쟁 사망자가 인구 10만 명당 3.7명에 불과했다.

그런데도 대다수 사람은 폭력이 점점 악화된다고 잘못 인식하고 있다. 핑커는 그 원인이 대체로 '역사적 근시안'에 있다고 보고, 사람들은 관심을 더 많이 끄는 최근 사건에 집중하면서 더 먼 과거에 일어났던 더 심각했던 폭력 사건을 망각한다고 설명한다.[170] 본질적으로 이것은 가용성 어림법이 작동하는 예이다. 이러한 오해의 원인 중 일부는 기록 기술에 있는데, 우리는 최근 폭력 사건을 극적으로 생생하게 촬영한 컬러 영상에 쉽게 접근할 수 있다. 이것을 19세기의 흑백 사진이나 심지어 그 이전의 텍스트 기록 그리고 비교적 적은 수의 그림과 비교해보라.

핑커는 나와 마찬가지로 폭력의 극적 감소 원인을 선순환에서 찾는다. 폭력에서 벗어날 것이라는 확신이 커짐에 따라 사람들은 학교를 짓고 책을 읽고 쓸 동기가 더 강해진다. 이런 상황은 문제 해결을 위해 힘 대신 이성을 사용하는 방식을 촉진하고, 이것은 다시 폭력을 더욱 감소시키는 결과를 낳는다. 우리는 공감의 '확장하는 원'(철학자 피터 싱어Peter Singer가 사용한 용어)을 경험했는데, 이것은 동질감을 느끼는 대상이 씨족과 같은 좁은 집단에서 전체 국가, 외국인 그리고 심지어 비인간 동물에까지 확대돼가는 현상이다.[171] 폭력을 억제하는 법치와 문화 규범의 역할도 계속 커져왔다.

여기서 미래를 위한 핵심 통찰은 이러한 선순환을 기본적으로 주도하는 주역이 기술이라는 것이다. 한때 사람들이 소규모 집단하고만 동질감을 느끼던 때, 의사소통 기술(책, 라디오와 텔레비전, 컴퓨터, 인터넷의 순으로)은 더 넓은 범위의 사람들과 생각을 나누고 공통점을 발견하는 데 도움을 주었다. 시선을 사로잡는 먼 곳의 재난 영상을 볼 수 있는 능력은 역사적 근시안을 조장할 수 있지만, 한편으로는 우리의 선천적 공감을 강하게 이끌어내고 도덕적 관심을 우리 종 전체로 확장하도록 촉진한다.

게다가 더 많은 부가 쌓이고 가난이 줄어들면 서로 협력해야 할 동기가 커지며, 한정된 자원을 놓고 벌어지는 제로섬 경쟁이 줄어든다. 많은 사람의 마음속에는 희소한 자원을 놓고 벌이는 경쟁을 폭력의 불가피한 원인이자 인간의 선천적 본성으로 간주하는 경향이 뿌리 깊게 자리잡고 있다. 실제로 인류 역사에서 많은 이야기가 그렇게 흘러가긴 했지만, 나는 그런 일이 영원히 계속되리라고는 생각하지 않는다. 디지털 혁명은 이미 웹 검색에서부터 소셜 미디어 연결에 이르기까지 디지털로 쉽게 표현할 수 있는 많은 것에서 희소성 문제를 해소했다. 책 한 권을 놓고 싸우는 것은 사소해 보일 수 있지만, 어떤 측면에서는 충분히 이해할 수 있다. 두 아이가 재미있는 만화책을 놓고 다툴 수 있는데, 한 번에 오직 한 명만 그것을 소유하고 읽을 수 있기 때문이다. 하지만 사람들이 어떤 PDF 문서를 놓고 다툰다는 개념은 우스꽝스러운데, 누가 그것에 접근했다고 해서 내가 그것에 접근할 수 없는 게 아니기 때문이다. PDF 문서는 필요한 만큼 얼마든지 복사본을 만들 수 있으며, 그것도 사실상 공짜로 만들 수 있다.

인류가 아주 값싼 에너지(주로 태양 에너지, 그리고 결국에는 핵융합 에너지)와 AI 로봇공학을 이용할 수 있게 되면, 많은 종류의 재화를 생산하기가 너무나도 쉬워져서, 그것을 차지하려고 폭력을 저지른다는 개념은 오늘날 PDF 문서를 놓고 싸운다는 개념만큼이나 우스꽝스러워 보일 것이다. 그래서 현재와 2040년대 사이에 정보 기술이 수백만 배나 향상되면, 사회의 수많은 측면에 전환적 개선이 일어날 것이다.

재생 에너지의 성장

우리 기술 문명의 거의 모든 측면에는 에너지가 필요하지만, 오랫동안 지속돼온 화석 연료 의존이 지속 불가능한 주요 이유가 두 가지 있다. 가장 명백한 이유는 독성 오염 물질과 온실가스 배출이다. 또 하나는 희귀한 화석 연료 자원이 고갈돼간다는 점인데, 값싼 에너지를 원하는 수요는 점점 커지는 반면에 화석 연료는 채굴 비용이 점점 높아지고 있다.

다행히도 필요한 물질과 메커니즘의 설계에 점점 더 정교한 기술을 적용하면서 친환경 재생 에너지 비용은 기하급수적으로 감소해왔다. 예를 들면, 지난 10년 동안 우리는 슈퍼컴퓨터의 능력을 사용해 광전지와 에너지 저장 장치를 위한 신물질을 발견했고, 최근에는 이를 위해 심층 신경망도 이용하고 있다.[172]

이러한 지속적인 비용 감소 결과로 재생 에너지원—태양 에너지, 풍력, 지열, 조력, 바이오연료—에서 얻는 총에너지양 역시 기하급수적으로 증가하고 있다.[173] 2021년에 태양 에너지 발전량은 전체 전기 생산량 중 약 3.6%를 차지했고, 이 비율은 1983년 이래 약 28개월마다 두 배씩 증가해왔다.[174] 더 자세한 내용은 이 장 후반부에서 소개할 것이다.

---

* 태양광 패널을 만드는 선파워 코퍼레이션의 창립자 리처드 스완슨Richard Swanson의 이름을 딴 법칙. 태양광 모듈의 총출하량이 두 배로 늘어날 때마다 태양광 모듈의 가격이 약 20%씩 감소한다는 내용이다.

● **1와트당 광전지 모듈의 비용[175]**
로그 척도

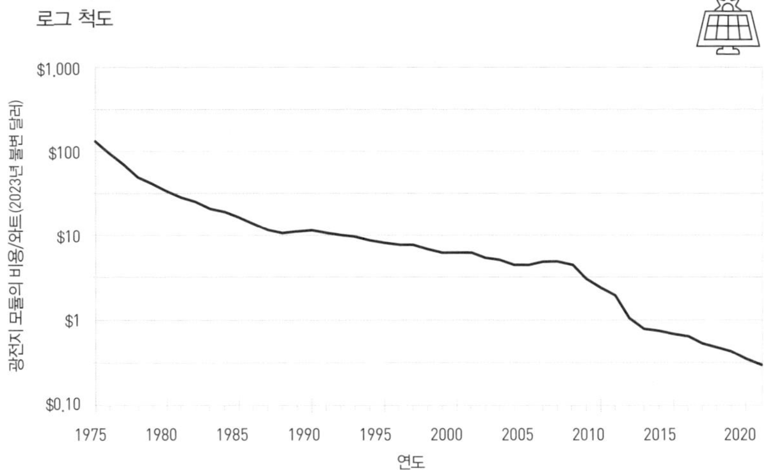

이 로그 그래프가 보여주듯이, 1와트당 광전지 모듈의 비용은 거의 50년 동안 기하급수적으로 감소해왔는데, 이 추세를 가끔 '스완슨의 법칙'*이라고 부른다. 태양광 발전소 건설 비용 중 가장 큰 비중을 차지하는 단일 요소가 광전지 모듈 비용이지만, 인허가와 건설비 같은 그 밖의 요소 때문에 총 건설 비용이 모듈 비용의 약 세 배까지 증가할 수 있다는 사실에 주목할 필요가 있다.[176] 그리고 모듈 비용은 아주 빠르게 하락하고 있는 반면, 다른 요소들의 비용은 훨씬 느리게 하락하고 있다. AI와 로봇공학이 건설비와 설계비를 낮출 수 있지만, 효율적인 공공시설 계획과 허가를 장려하는 정책도 필요하다.

● **태양광 발전 — 전 세계의 설치 용량[177]**
선형 척도

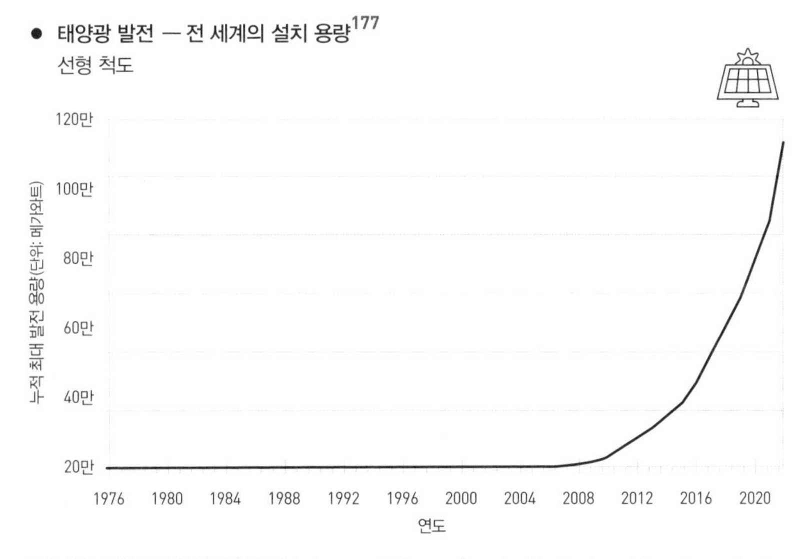

주요 출처: 아워 월드 인 데이터; IRENA; Gregory F. Nemet, "Interim Monitoring of Cost Dynamics for Publicly Supported Energy Technologies," *Energy Policy* 37, no. 3 (March 2009)

태양광 발전 — 전 세계의 설치 용량[178]

로그 척도

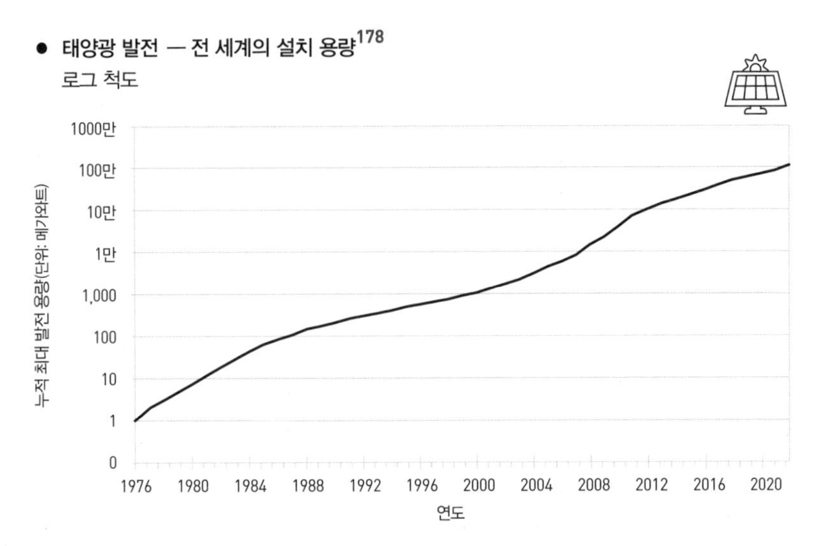

주요 출처: 아워 월드 인 데이터; IRENA; Gregory F. Nemet, "Interim Monitoring of Cost Dynamics for Publicly Supported Energy Technologies," *Energy Policy* 37, no. 3 (March 2009)

태양광 발전이 전 세계 전력 생산에서 차지하는 비율[179]

로그 척도

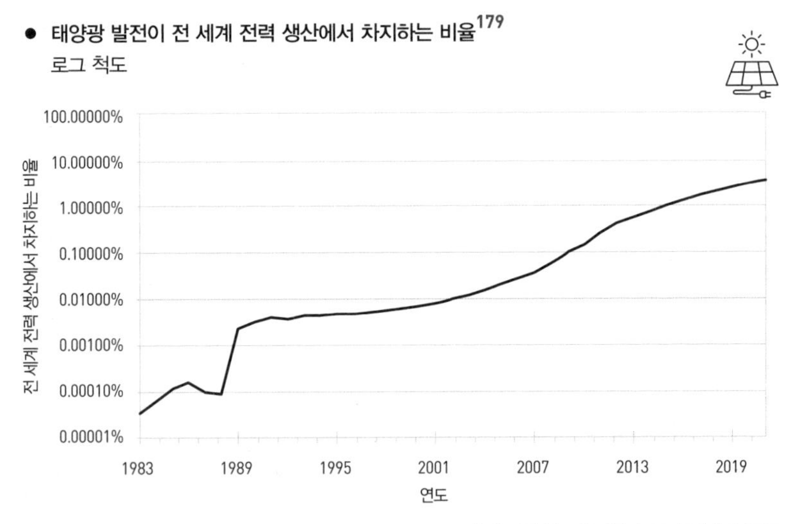

출처: 아워 월드 인 데이터, BP, 국제에너지기구

- **풍력 발전 비용**[180]

미국 육상 발전 계획의 균등화 발전 비용

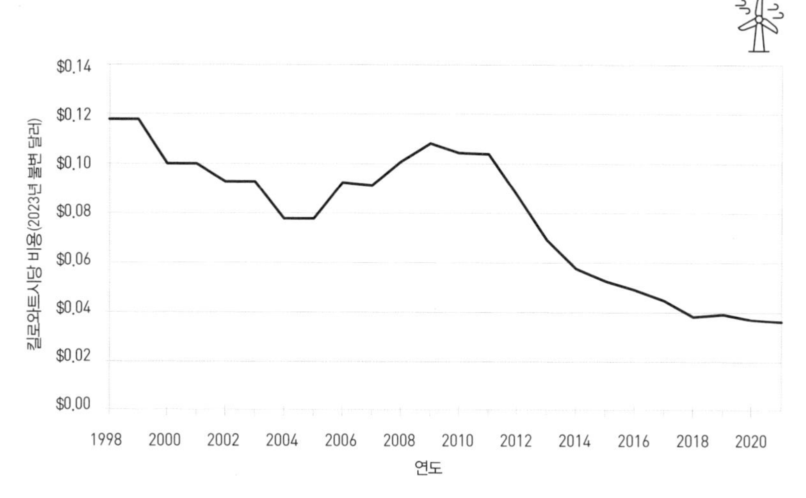

출처: 미국 에너지부

- **전 세계의 풍력 발전량**[181]

선형 척도

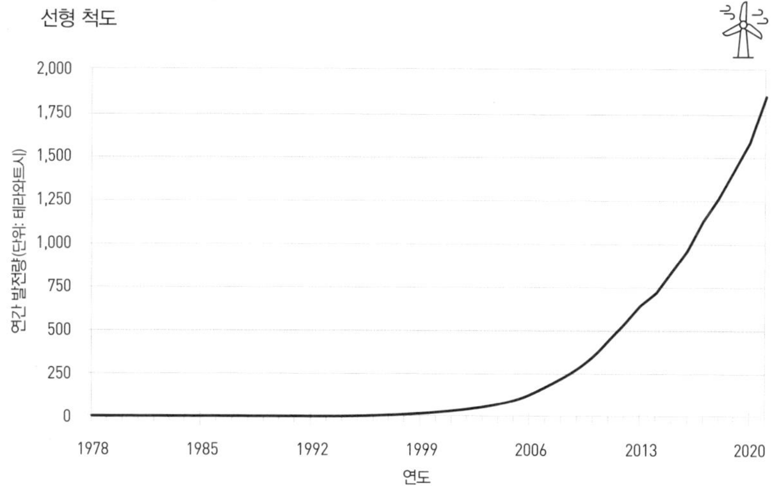

출처: 아워 월드 인 데이터, BP, Ember

● 전 세계의 풍력 발전량

로그 척도

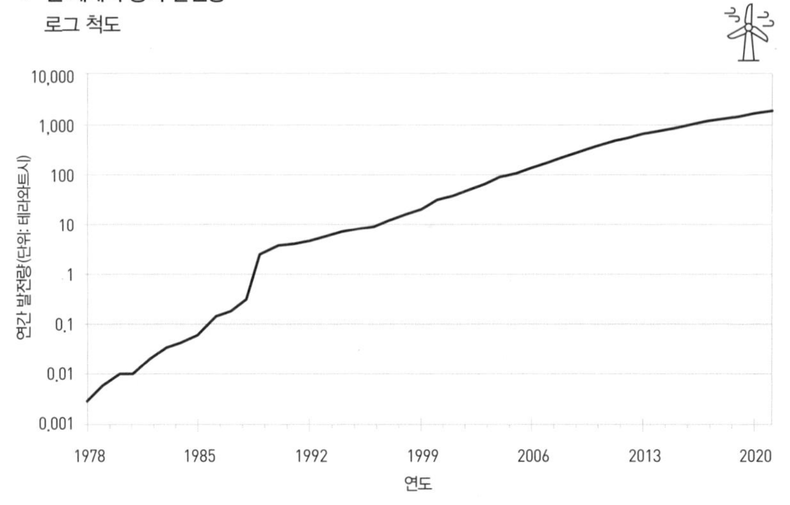

출처: 아워 월드 인 데이터, BP, Ember

● 전 세계의 재생 에너지 발전량[182]

수력 발전은 제외

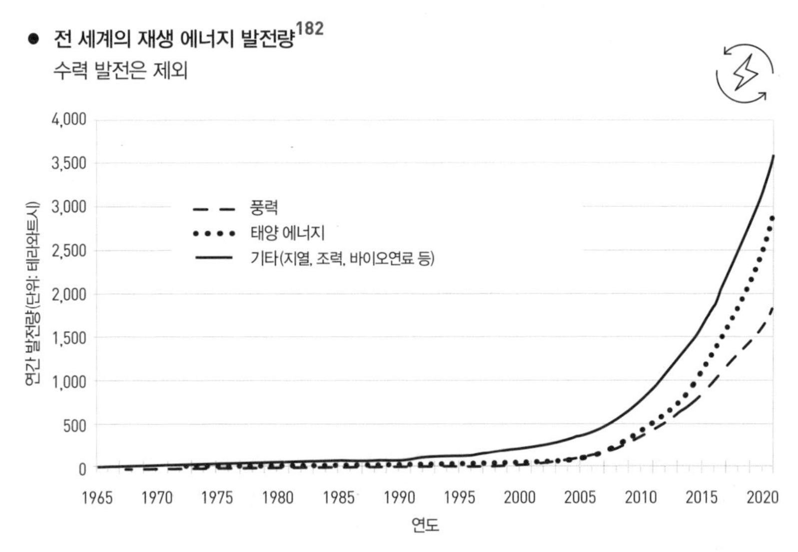

출처: 아워 월드 인 데이터, BP

● **재생 에너지의 성장**[183]

전 세계 재생 에너지에서 태양 에너지, 풍력, 조력, 바이오연료가 차지하는 비율

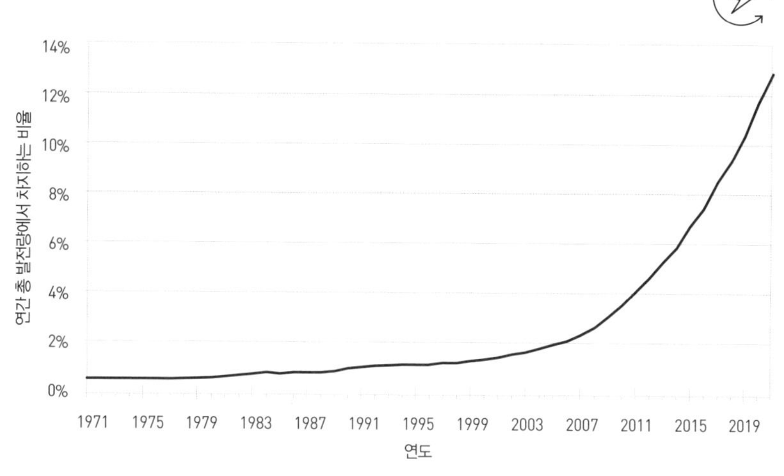

출처: 아워 월드 인 데이터, BP, 국제에너지기구

민주주의의 확산

값싼 재생 에너지는 큰 물질적 풍요를 가져다주겠지만, 사람들이 그것을 공평하게 나눠 가지려면 민주주의가 필요하다. 여기서 또 한 번 행운의 시너지 효과가 나타난다. 정보 기술은 사회를 더 민주적으로 만들어온 오랜 역사가 있다. 중세 영국에 뿌리를 둔 민주주의의 확산 과정은 매스컴 기술의 부상과 궤를 같이하며, 심지어 그 결과일 가능성이 높다. 부당하게 감금되지 않을 일반 국민의 권리를 명확히 선언한 것으로 유명한 마그나카르타(대헌장)는 1215년에 작성되어 존 왕이 서명했다.[184] 하지만 중세 시대 내내 평민의 권리는 거의 무시되었고, 정치 참여도 미미한 수준에 그쳤다. 1440년경에 구텐베르크가 활자 인쇄기를 발명하면서 이런 상황에 변화가 일어나기 시작했는데, 인쇄 기

술이 급속히 확산되자, 교육받은 계층은 소식과 사상을 훨씬 효율적으로 퍼뜨릴 수 있게 되었다.[185]

인쇄기는 정보 기술에서 수확 가속의 법칙이 어떻게 작동하는지 아주 잘 보여주는 예이다. 앞에서 이야기했듯이, 정보 기술은 정보를 수집하고 저장하고 조작하며 전달하는 것을 포함한 기술이다. 사람의 생각도 정보이다. 이론적으로 말하면, 정보는 혼란스러운 엔트로피와 대조되는 추상적 질서이다. 현실 세계에서 정보를 나타내기 위해 우리는 종이 위에 문자를 쓰는 것처럼 물리적 대상을 특정 방식으로 질서 있게 배열한다. 하지만 여기서 핵심 개념은, 생각이 추상적인 정보 배열 방법이며, 온갖 종류의 매체(석판이나 양피지, 천공 카드, 자기 테이프, 실리콘 마이크로칩 내부의 전압)로 표현할 수 있다는 것이다. 끌과 충분한 인내심만 있다면, 윈도 11 소스 코드의 모든 행을 석판 위에 새길 수도 있다! 이것은 우스꽝스러운 이미지이지만, 우리가 실용적으로 정보를 수집하고 저장하고 조작하고 전달하는 능력에 물리적 매체가 얼마나 중요한지 잘 보여준다. 어떤 개념은 우리가 이런 일들을 아주 효율적으로 할 수 있을 때에만 실용적인 것이 될 수 있다.

중세 유럽 역사에서 대부분의 시기에 책은 필사자가 일일이 손으로 베껴 써야만 복제할 수 있었는데, 그것은 효율성이 몹시 떨어지는 방법이었다. 그래서 문자로 표현된 정보, 즉 생각을 전달하는 비용이 매우 비쌌다. 아주 넓게 볼 때, 개인이나 사회가 더 많은 생각을 가지고 있을수록 새로운 생각을 만들어내기가 더 쉽다. 여기에는 기술 혁신도 포함된다. 따라서 생각의 공유를 손쉽게 만드는 기술은 새로운 기술의 창조도 손쉽게 만든다. 그리고 그런 기술 중에는 생각 공유를 더욱 쉽게 만드는 것도 있다. 그래서 구텐베르크가 인쇄기를 도입하자, 곧 생각을 공유하는 비용이 크게 낮아졌다. 처음으로 중산층 사람들이 책을 많이 구입할 수 있게 되었고, 그 결과로 어마어마한 인간의 잠재력이 봇물 터지듯이 분출되었다. 혁신이 만개했고 르네상스가 빠르게 유럽 전역으로 확산되었다. 이것은 다시 인쇄 기술에 추가 혁신을 일으켰고, 17세기 초가 되자 책값은 구텐베르크 이전보다 수천분의 1로 저렴해졌다.

지식의 확산은 부와 정치적 권한 이양을 가져왔고, 영국 하원 같은 입법 기관의 목소리가 더욱 높아졌다. 대부분의 권력은 여전히 왕이 갖고 있었지만, 의회는 조세 정책에 대한 항의를 왕에게 전달하거나 마음에 들지 않는 각료를 탄핵할 수 있었다.[186] 1642~1651년의 영국 내전으로 영국에서는 군주제가 잠깐 폐지되었다가 의회에 복종하는 형태로 부활되었다. 훗날 영국 정부는 왕은 오로지 국민의 동의를 받아 통치할 수 있다는 원리를 명확히 확립한 권리 장전을 채택했다.[187]

미국 독립 전쟁 이전에 영국은 비록 진정한 민주주의와는 거리가 멀었지만, 세계사에서 가장 민주적인 국가였고, 특히 문해율이 가장 높은 국가 중 하나였다.[188] 기원전 1세기에 로마 공화정이 몰락하고 나서 미국 독립 전쟁이 일어날 때까지 선거 제도가 있거나 공화 정치 체제와 비슷한 것을 갖춘 사회가 많이 있었지만, 이들 사회는 시민의 정치 참여가 매우 제한적이었고 항상 독재 체제로 되돌아갔다. 중세 시대에는 이탈리아 제노바와 베네치아처럼 무역을 통해 부를 쌓은 도시 국가를 중심으로 공화국이 여럿 있었지만, 이들 도시 국가는 사실은 귀족 중심의 정치 체제였다. 예를 들면, 베네치아의 통치자('총독'이란 뜻의 '도제'doge라 불리던)는 복잡한 과정을 통해 종신직으로 선출되었는데, 이 제도는 귀족 가문의 권력을 계속 유지하게 한 반면에 평민이 정치에 참여할 여지를 봉쇄했다.[189] 1569년부터 1795년까지 폴란드-리투아니아 연방은 슐라

흐타szlachta(폴란드어로 '귀족'이란 뜻. 대개 전체 인구의 10분의 1 또는 그 미만이었다)를 위해 놀랍도록 자유롭고 민주적인 체제를 유지했지만, 귀족이 아닌 사람은 정치에 발언권이 거의 없었다.[190]

이와는 대조적으로 영국에서는 적어도 원칙적으로는 모든 성인 남성 자유민 세대주에게 투표권이 있었다. 실제로는 대개 일정 수준의 재산이 있어야 했지만, 투표권 자체는 출생 시 신분에 차별을 두지 않았다. 많은 사람이 여기서 제외되긴 했지만, 이것은 보편적 정치 참여 사상의 기초가 되었기 때문에 절대적으로 중요한 정치적 혁신이었다. 투표권이 출생 시 신분에 따라 결정되지 않는다는 생각을 사람들이 받아들이자, 이 생각은 더 이상 억제할 수 없는 힘을 갖게 되었다. 따라서 비록 그것을 달성하기 위해 영국과 전쟁을 벌여야 하긴 했지만, 최초의 진정한 근대 민주주의가 아메리카 식민지에서 나타난 것은 결코 우연이 아니다. 하지만 그 약속을 실현하기까지는 고통스러운 과정이 따랐다.

200년 전의 미국에서 대다수 사람은 여전히 완전한 참정권을 누리지 못했다. 19세기 초에 투표권은 적어도 어느 정도의 재산이나 부를 가진 성인 백인 남성에게만 주어졌다. 이러한 경제적 요건 때문에 대다수 백인 남성은 투표권이 있었지만, 여성과 아프리카계 미국인(재산으로 간주된 노예 상태로 살아간 사람이 수백만 명이나 되었다)과 아메리카 원주민은 거의 다 배제되었다.[191] 전체 인구 중에서 투표권이 있었던 사람의 정확한 비율을 놓고 역사학자들의 의견은 서로 엇갈리지만, 10~25%가 가장 보편적인 추정치이다.[192] 하지만 이러한 불공정은 파멸의 씨앗을 품고 있었다. 미국에서 투표는 개혁의 메커니즘을 제공했지만, 투표 제한은 건국 문서에서 표명된 고결한 이상에서 벗어나는 것이었다.

옹호자들의 강한 열망에도 불구하고, 19세기에 민주주의는 아주 느리게 발전했다. 예를 들면, 1848년에 유럽에서 일어난 자유 혁명은 대부분 실패했고, 러시아에서 알렉산드르 2세가 단행한 개혁 중 상당수도 후계자들이 되돌렸다.[193] 1900년에 전 세계 인구 중 겨우 3%만 오늘날 우리가 민주주의라고 부를 수 있는 체제에서 살았으며, 미국에서조차 여성은 투표권을 부여받지 못했고 아프리카계 미국인은 인종 차별을 당했다. 1922년 무렵에는 제1차 세계 대전의 여파로 민주주의 체제 인구의 비율이 19%로 증가했다.[194] 하지만 얼마 지나지 않아 파시즘의 물결이 몰아치면서 민주주의가 후퇴했고, 제2차 세계 대전 동안에 수억 명이 전제주의 체제 아래에서 살아갔다. 특히 라디오를 이용한 매스컴은 처음에는 파시스트가 권력을 잡는 데 도움을 주었지만, 결국에는 같은 기술이 연합국의 민주주의 국가들을 결집시킴으로써(특히 독일이 전격전을 감행했을 때 윈스턴 처칠의 강렬한 연설을 통해) 전쟁에서 승리하는 데 도움을 주었다.

전후에는 전 세계에서 민주주의 체제에서 살아가는 사람들의 비율이 급상승했는데, 인도를 비롯해 남아시아의 영국 식민지들이 독립한 것이 주요 요인이었다. 냉전 기간에 민주주의의 확산은 대체로 정체 상태에 머물렀고, 전 세계에서 민주주의 사회에서 사는 사람은 3명 중 1명을 조금 넘는 수준이었다.[195] 하지만 철의 장막 밖에서는 비틀스의 LP판에서 컬러 TV에 이르기까지 통신 기술의 확산이 민주주의를 억압하는 정부에 대한 불만을 부추겼다. 소련이 해체되면서 민주주의가 또다시 빠르게 확대되었는데, 1999년에는 세계 인구의 약 54%가 민주주의 체제에서 살았다.[196]

비록 지난 20년 동안 일부 국가가 상승하면 다른 국가들이 하락하면서 이 수치는 요동쳤지만, 기대를 품게 하는 다른 종류의 자유화가 빠르게 진행되고 있다. 냉전이 끝났을 때, 세계 인구 중 약 35%가 폐쇄된 독재 국가—가장 억압적인 종류의 정권—에서 살고 있었다.[197] 하지만 2022년에 이 수치는 약 26%로 하락하여 7억 5000만 명 이상이 독재 정권의 압제에서 해방되었다.[198] 여기에는 '아랍의 봄'이라는 일련의 중대하고 복잡한 사건이 포함되는데, 이 사건은 시민에게 행동을 촉구한 소셜 미디어 덕분에 가능했다. 앞으로 다가올 수십 년 동안 해결해야 할 한 가지 중요한 과제는 독재와 민주주의 사이의 회색 지대에 있는 국가들이 완전한 민주주의 체제로 전환하도록 돕는 것이다. 성공의 열쇠 중 일부는 개방성과 투명성을 촉진하는 한편, 독재 정부에 의해 시민을 감시하거나 거짓 정보를 퍼뜨리는 용도로 남용될 잠재력을 최소화하도록 AI를 신중하게 사용하는 데 달려 있다.[199]

하지만 역사에서 강한 낙관론을 품어야 할 이유를 찾을 수 있다. 정보 공유 기술이 전신에서 소셜 미디어로 발전하면서, 거의 인정받지 못하던

● **1800년 이래 민주주의의 확산**[200]

주요 출처: 아워 월드 인 데이터, 이코노미스트 인텔리전스 유닛

민주주의와 개인의 권리에 대한 사상은 전 세계적인 열망으로 변했고, 인구 중 약 절반에게는 이미 현실이 되었다. 향후 20년 동안 일어날 기하급수적 발전이 어떻게 이러한 이상을 더욱 완전하게 실현할 수 있게 할지 상상해보라.

이제 우리는 기하급수적 성장의 가파른 구간에 들어섰다

여기서 중요한 사실은, 지금까지 이야기한 모든 발전이 기하급수적 성장 추세 중 느리게 나아가는 초기 단계들에서 나왔다는 것이다. 정보 기술은 향후 20년 동안 지난 200년 동안 일어난 것보다 엄청나게 더 많은 발전을 이끌 것이기 때문에, 전체적인 번영에 기여하는 혜택도 훨씬 클 것이다. 실제로 그 혜택은 지금도 대다수 사람이 알아채는 것보다 훨씬 크다.

여기서 가장 기본적인 추세는 기하급수적으로 향상되는 계산의 가격 대비 성능(즉, 인플레이션을 감안해 보정한 1달러당 초당 연산 횟수)이다. 1939년에 콘라트 추제Konrad Zuse가 만든, 프로그래밍 가능한 최초의 컴퓨터 Z2는 2023년 불변 달러 기준으로 초당 약 0.0000065회의 연산을 할 수 있었다.[201] 1965년에 PDP-8은 1달러의 비용으로 초당 약 1.8회의 연산을 할 수 있었다. 1990년에 내가 쓴 책 《지적 기계의 시대》The Age of Intelligent Machines가 출판되었을 때, MT 486DX는 초당 약 1700회의 연산을 할 수 있었다. 9년 뒤에 《21세기 호모 사피엔스》가 나왔을 무렵에는 펜티엄 III CPU가 초당 최대 80만 회의 연산을 할 수 있었다. 2005년에 《특이점이 온다》가 출판되었을 때에는 일부 펜티엄 4가 초당 1200만 회의 연산을 했다. 이 책이 인쇄에 들어가는 2024년 초에 구글 클라우드 TPU v5e 칩은 1달러로 초당 1300억 회의 연산을 할 수 있을 것으로 보인다! 그리고 이 경이로운 클라우드의 계산 능력(대형 포드의 경우 초당 수백경 회의 연산이 가능)은 인터넷 연결만 있으면 누구라도 몇천 달러에 한 시간 동안 빌려서 사용할 수 있기 때문에(아무것도 없는 상태에서 슈퍼컴퓨터를 만들고 유지하는 대신에), 소규모 프로젝트를 진행하는 일반 사용자가 누릴 수 있는 실질적인 가격 대비 성능은 이보다 수십 배 또는 수백 배나 더 높다. 저렴한 계산 비용은 혁신을 직접적으로 촉진하기 때문에 이 거시적 추세는 꾸준히 지속돼왔으며, 또한 트랜지스터 소형화나 클럭 속도clock speed* 같은 특정 기술적 패러다임에 좌우되지 않는다.

하지만 이 극적인 발전은 생각만큼 널리 알려지지 않았다. 2016년 10월 5일에 열린 국제통화기금(IMF) 연례 회의에서 나는 IMF 총재 크리스틴 라가르드Christine Lagarde를 비롯해 여러 경제 지도자와 공개 대화를 나누었는데, 그때 라가르드는 내게 왜 현재 이용 가능한 경이로운 디지털 기술에서 경제 성장의 증거가 더 많이 보이지 않느냐고 물었다. 나는 우리가 이 성장을 분모와 분자 모두에 집어넣어 소거한다고 대답했다(지금도 내 대답은 똑같다).

아프리카에서 십대가 스마트폰에 50달러를 쓴다면 50달러어치의 경제 활동으로 간주된다. 하지만 이것은 이 구매를 1965년의 계산과 통신 기술 가치로 환산한다면 10억 달러가 넘고, 1985년의 가치로는 수백만 달러에 해당한다는 사실을 도외시한 것이다. 50달러 가격대의 스마트폰에 들어가는 일반적인 칩인 스냅드래곤 810은 광범위한 성능 벤치마

* 컴퓨터 프로세서의 작동 속도.

● **계산의 가격 대비 성능, 1939~2023**[202]

2023년 불변 달러당 초당 연산의 가격 대비 성능 최대치

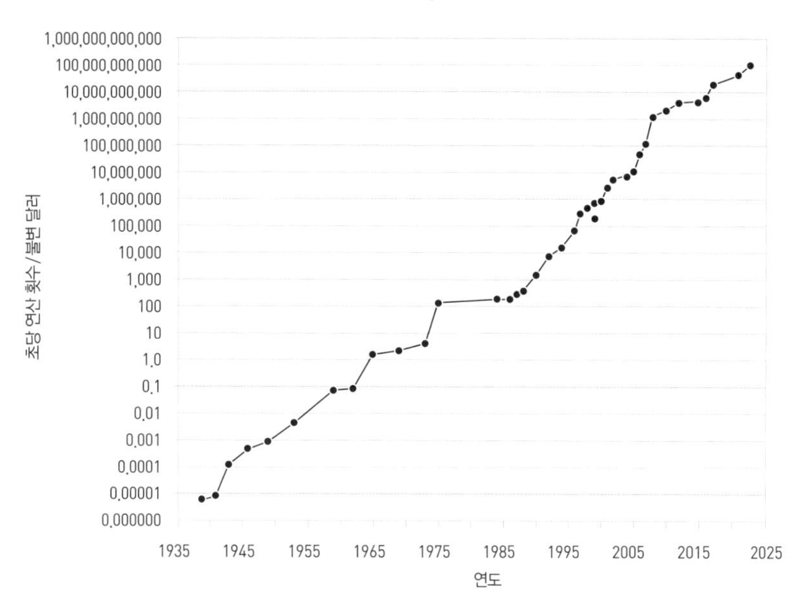

크**에서 평균적으로 약 30억 회의 초당 부동 소수점 연산(FLOPS)을 수행한다.[203] 이것은 1달러에 초당 약 6000만 회의 연산을 하는 것에 해당한다. 1965년에 사용할 수 있었던 최고 성능의 컴퓨터는 1달러에 초당 약 1.8회의 연산을 했고, 1985년에는 약 220회로 증가했다.[204] 그런 효율성으로 스냅드래곤과 맞먹는 성능을 구현하려면 1965년에 약 17억 달러, 1980년에는 1360만 달러가 들었을 것이다(2023년 불변 달러 기준).

물론 이 단순 비교는 그 이후에 발전한 그 밖의 많은 기술적 측면을 고려하지 않은 것이다. 좀 더 정확하게 말하면, 50달러짜리 스마트폰의 완

** 컴퓨터 시스템, 소프트웨어, 하드웨어, 디바이스 등의 성능을 측정하고 비교하기 위해 사용되는 표준화된 기준이나 테스트.

• 가격 대비 성능 기록을 경신한 기계들

연도	이름	2023년 불변 달러당 초당 연산 횟수
1939	Z2	~0.0000065
1941	Z3	~0.0000091
1943	콜로서스 마크 1	~0.00015
1946	에니악	~0.00043
1949	바이낙	~0.00099
1953	유니박 1103	~0.0048
1959	DEC PDP- 1	~0.081
1962	DEC PDP- 4	~0.097
1965	DEC PDP- 8	~1.8
1969	데이터 제너럴 노바	~2.5
1973	인텔렉 8	~4.9
1975	앨테어 8800	~144
1984	애플 매킨토시	~221
1986	컴팩 데스크프로 386(16MHz)	~224
1987	PC 리미티드 386(16MHz)	~330
1988	컴팩 데스크프로 386/25	~420
1990	MT 486DX	~1,700
1992	게이트웨이 486DX2/66	~8,400
1994	펜티엄(75MHz)	~19,000
1996	펜티엄 프로(166MHz)	~75,000
1997	모바일 펜티엄 MMX(133MHz)	~ 340,000
1998	펜티엄 II(450MHz)	~580,000
1999	펜티엄 III(450 MHz)	~800,000
2000	펜티엄 III(1.0GHz)	~ 920,000
2001	펜티엄 4(1700MHz)	~3,100,000
2002	제온(2.4GHz)	~6,300,000
2004	펜티엄 4(3.0GHz)	~9,100,000
2005	펜티엄 4 662(3.6GHz)	~ 12,000,000
2006	코어 2 듀오 E6300	~ 54,000,000
2007	펜티엄 듀얼코어 E2180	~ 130,000,000
2008	GTX 285	~1,400,000,000
2010	GTX 580	~2,300,000,000
2012	GTX 680	~5,000,000,000
2015	타이탄 X(맥스웰 2.0)	~5,300,000,000
2016	타이탄 X(파스칼)	~7,300,000,000
2017	AMD 라데온 RX 580	~22,000,000,000
2021	구글 클라우드 TPU v4-4096	~ 48,000,000,000
2023	구글 클라우드 TPU v5e	~ 130,000,000,000

전한 성능은 1965년이나 1985년에는 어떤 가격으로도 결코 구현할 수 없었을 것이다. 따라서 전통적인 평가 지표에서는 정보 기술의 급격한 비용 하락률을 거의 완전히 무시하는데, 계산과 유전자 염기 서열 분석을 비롯해 많은 분야에서 그 하락률은 연간 약 50%에 이른다. 이렇게 계속 개선되는 가격 대비 성능 중에서 일부는 가격으로, 일부는 성능으로 반영되기 때문에, 시간이 지날수록 가격은 더 저렴하고 성능은 더 좋은 제품이 나오게 된다.

개인적인 예를 들자면, 내가 1965년 MIT에 들어갔을 때 첨단 기술에서 크게 앞선 대학교이던 그곳에는 컴퓨터가 **있었다.** 그중 가장 주목할 만한 IBM 7094는 15만 바이트의 '자기 코어' 기억 장치와 0.25MIPS*의 계산 속도를 갖고 있었다. 그 가격은 310만 달러(1963년 당시의 액면가로, 2023년 불변 달러 기준으로는 3000만 달러)였고, 수천 명의 학생과 교수가 함께 사용했다.[205] 이에 반해, 이 책을 쓰고 있을 때 출시된 아이폰 14 프로는 가격이 999달러인데, AI 관련 애플리케이션을 위해 초당 최대 17조 회의 연산을 수행할 수 있다.[206] 물론 이것은 완벽한 비교가 될 수 없다. 아이폰의 가격에는 카메라처럼 IBM 7094에 없는 특징들이 포함돼 있으며, 많은 용도에서 아이폰의 속도는 제시된 수치보다 훨씬 느리다(하지만 전체적인 요지는 명백하다). 대략적으로 평가할 때, 아이폰은 IBM 7094보다 6800만 배 더 빠르며, 비용은 3만분의 1도 되지 않는다. 가격 대비 성능(달러당 속도) 면에서 비교한다면, 이것은 거의 **2조** 배나 증가한 것이다.

이러한 개선 속도는 멈추지 않고 계속 이어지고 있다. 이것은 기본적

---

* 'million instructions per second'의 약자로 초당 100만 개의 명령을 수행할 수 있는 능력.

으로 마이크로칩의 최소 선폭*feature size이 기하급수적으로 감소하는 추세를 예측한 무어의 법칙을 따르지 않는다. MIT는 마이크로칩을 기반으로 한 컴퓨터가 광범위하게 도입되기 이전인(그리고 고든 무어가 기념비적인 1965년 논문[207]에서 이후 자신의 이름이 붙게 되는 법칙을 발표하기 2년 전인) 1963년에 트랜지스터를 기반으로 한 IBM 7094를 구입했다. 무어의 법칙은 큰 영향력을 떨치긴 했지만, 그것은 여러 기하급수적 컴퓨팅 패러다임(지금까지 나온 전기기계식 계전기, 진공관, 트랜지스터, 집적 회로 그리고 앞으로 등장할 많은 것을 포함해) 중 하나일 뿐이다.[208]

많은 점에서 계산 능력 못지않게 중요한 것은 정보이다. 십대 시절에 나는 수천 달러짜리 《브리태니커 백과사전》을 사려고 몇 년 동안 신문배달로 번 돈을 저축했는데, 그것은 수천 달러의 GDP로 포함되었다. 반면에 오늘날의 십대는 스마트폰으로 그보다 월등히 좋은 위키백과에 접근할 수 있다. 이것이 경제 활동에 기여하는 바는 전혀 없는데, 위키백과는 무료로 이용할 수 있기 때문이다. 위키백과는《브리태니커 백과사전》만큼 양질의 편집 기술을 일관되게 구현하진 못하지만, 놀라운 이점이 여러 가지 있다. 몇 가지 예를 들면, 광범위한 정보(영어로 된 위키백과는《브리태니커 백과사전》보다 약 100배나 분량이 많다), 적시성(《브리태니커 백과사전》이 개정되려면 수년이 걸리지만 위키백과는 쏟아지는 속보를 반영해 몇 분 만에 수정된다), 멀티미디어(많은 항목에 시청각 콘텐츠가 통합돼 있다), 하이퍼텍스트성(여러 항목을 서로 풍부하게 연결시키는 하이퍼링크) 등이 있다.[209] 만약 추가적으로 학문적 엄밀성이 필요하다면, 독자를《브리태니커 백과사전》 수준의 출처로 연결해주기도 한다. 위키백과는 수

* 반도체 칩 회로와 회로 사이의 폭 또는 FET 트랜지스터 게이트의 크기.

천 가지 공짜 정보 제품과 서비스 중 하나에 불과하고, 이것들은 모두 GDP에 단 한 푼도 포함되지 않는다.

이 주장에 대해 라가르드는 물론 디지털 기술이 놀라운 속성과 의미를 많이 가진 것은 사실이지만, 정보 기술은 먹을 수도 입을 수도 그 안에 들어가 살 수도 없다고 반박했다. 이에 대해 나는 이 모든 것은 향후 10년 이내에 확 바뀔 것이라고 대답했다. 이런 종류의 자원을 생산하고 운송하는 부문이 점점 개선된 하드웨어와 소프트웨어 덕분에 더 효율적으로 성장한 것은 이론의 여지가 없다. 하지만 단지 식품과 의류 등의 제품이 정보 기술 덕분에 저렴해지는 시대가 아니라, 제품 자체가 실제로 정보 기술이 **되는** 시대가 다가오고 있다(생산에서 자동화와 인공 지능이 지배적인 역할을 담당함에 따라 자원과 생산 비용이 떨어지므로).[210] 따라서 그러한 제품들도 다른 정보 기술들에서 보았던 것과 똑같이 가격이 크게 하락할 것이다.

2020년대 후반에는 의류와 그 밖의 일반 상품도 3D 프린팅으로 생산되기 시작할 것이다. 그리고 궁극적으로는 아주 저렴한 비용으로 생산될 것이다. 3D 프린팅의 주요 추세 중 하나는 소형화인데, 물체에 점점 더 작은 세부를 추가할 수 있는 기계의 설계가 가능해질 것이다. 언젠가 압출 성형(잉크제트와 비슷한) 같은 전통적인 3D 프린팅 패러다임이 훨씬 작은 규모의 제조를 위한 새로운 접근법으로 대체되는 날이 올 것이다. 아마도 2030년대의 어느 시점에는 원자 수준의 정밀도로 물체를 만들 수 있는 나노기술 단계로 진입할 것이다. 에릭 드렉슬러Eric Drexler는 《급진적 풍요》에서 질량 효율이 더 높은 나노 소재를 고려하면, 원자 수준의 정밀한 제조로 대다수 종류의 물체를 킬로그램당 약 20센트의 비용으로 만들 수 있을 것이라고 추정했다.[211] 비록 이 수치는 어디까지나 추정치에 지나지 않지만, 비용 감소폭은 실제로 어마어마할 것이다. 그리고 음악과 책, 영화에서 보았던 것처럼, 지적 재산권이 있는 디자인과 함께 무료로 이용할 수 있는 디자인도 넘쳐날 것이다. 사실, 지적 재산권 시장과 오픈소스 시장(운동장을 평평하게 하는 데 큰 역할을 하고 있고 앞으로 그 비중이 더욱 커질)의 공존은 점점 더 많은 분야에서 경제를 정의하는 속성이 될 것이다.

이 장 뒷부분에서 설명할 테지만, 우리는 곧 AI가 생산을 제어하고 화학 비료를 사용하지 않는 수직 농업*을 이용해 양질의 값싼 식품을 생산할 것이다. 세포 배양을 통해 깨끗하고 윤리적으로 기른 고기가 환경을 해치는 공장 사육을 대체할 것이다. 2020년에 고기를 얻기 위해 도살한 육상 동물은 740억 마리 이상이나 되었으며, 그렇게 해서 얻은 산물은 모두 합쳐 3억 7100만 톤으로 추정된다.[212] 유엔은 이 과정에서 배출되는 온실가스가 전 세계 인류 문명이 배출하는 연간 총 온실가스 중 11% 이상을 차지한다고 추정한다.[213] 배양육 기술은 이 상황을 급진적으로 변화시킬 잠재력이 있다. 동물 사체에서 얻는 고기는 여러 가지 단점이 있다. 무고한 동물에게 심한 고통을 주고, 인간의 건강에 좋지 않은 경우가 많으며, 독성 오염 물질과 탄소 배출을 통해 환경에 악영향을 미친다. 세포와 조직의 배양을 통해 얻은 배양육은 이 문제들을 해결할 수 있다. 살아 있는 동물에게 고통을 줄 필요가 없고, 건강에 좋고 맛도 좋게끔 설계할 수 있으며, 점점 더 깨끗한 기술을 통해 환경 피해를 최소화할 수 있다. 티핑 포인트는 현실주의에 달려 있는지도 모른다. 2023년 현재 이 기술은 구조가 거의 없는 분쇄육과 비슷한 질감을 가진 고기를 복제할

---

* 실내에서 환경과 기후 변화에 영향을 받지 않고 사계절 농작물을 생산하는 기술.

수 있지만, 아직 무에서 완전한 안심 스테이크를 만드는 단계에는 이르지 못했다. 하지만 배양육이 실제 동물에게서 얻는 고기를 완벽하게 모방할 수 있게 되면, 대다수 사람이 느끼는 불편함은 금방 사라질 것이라고 믿는다.

나중에 더 자세히 설명하겠지만, 우리는 곧 주택과 기타 건물용 모듈을 값싸게 생산해 수많은 사람에게 안락한 주거를 저렴하게 제공할 수 있을 것이다. 이 모든 기술은 이미 성공적으로 시연되었고, 2020년대에 점점 더 발전하여 주류 기술로 쓰이는 단계로 올라설 것이다. 물리적 세계에서 일어나는 이 혁명과 함께, '메타버스'metaverse 라고도 부르는 차세대 가상현실 및 증강현실이 실현되어 큰 변화를 가져올 것이다.[214] 오랫동안 메타버스는 SF와 미래파 집단 밖에서는 그다지 알려지지 않았지만, 그 개념은 페이스북이 2021년에 메타Meta로 회사명을 바꾸고 장기 전략의 중점이 메타버스 구축에서 핵심 역할을 하는 것이라고 발표하면서 대중의 인식 속에 강하게 각인되었다. 그 바람에 지금은 메타가 메타버스 개념을 발명했다고 오해하는 사람이 많다.

인터넷이 통합되고 지속적인 웹 페이지 환경인 것처럼, 2020년대 후반의 가상현실과 증강현실은 우리의 현실에 새로운 매력적인 층으로 융합될 것이다. 이 디지털 우주에서 많은 제품은 물리적 형태조차 전혀 필요하지 않을 텐데, 시뮬레이션 버전이 매우 현실적인 세부 내용에서까지 완벽하게 작동할 것이기 때문이다. 그런 예로는, 직접 함께 있는 것처럼 동료들과 상호 작용하고 쉽게 협력할 수 있는 완전한 가상 회의, 심포니홀에 앉아 있는 것처럼 완전 몰입형 청각 경험을 할 수 있는 가상 콘서트, 소리와 풍경, 모래와 바다 냄새를 비롯해 풍부한 감각으로 온 가족이 함께 즐길 수 있는 가상 해변 휴가 등이 있다.

현재 대다수 매체는 시각과 청각, 단 두 가지 감각만 사용할 수 있다. 후각과 촉각까지 포함한 현재의 가상현실 시스템은 아직은 투박하고 불편하다. 하지만 앞으로 20년 이내에 '뇌-컴퓨터' 인터페이스 기술에 큰 발전이 일어날 것이다. 결국에는 시뮬레이션한 감각 데이터를 직접 뇌로 입력하는 완전 몰입형 가상현실이 실현될 것이다. 그러한 기술로 인해 우리가 시간을 보내는 방식과 선호하는 경험에 예측하기 힘든 큰 변화가 일어날 것이다. 또한 우리가 어떤 일을 왜 하는지 다시 돌아보게 될 것이다. 예를 들면, 에베레스트산을 오르면서 경험하는 그 모든 도전과 자연의 아름다움을 가상현실에서 안전하게 경험할 수 있다면, 과연 현실 세계에서 실제로 그런 경험을 할 가치가 있는지(혹은 위험이 그 경험에 따르는 매력의 일부인지) 고민하게 될 것이다.

라가르드가 내게 던진 마지막 난제는 땅은 결코 정보 기술이 될 수 없으며, 우리는 이미 매우 혼잡한 상태에서 살아가고 있다는 것이었다. 나는 우리가 혼잡한 상태로 살아가고 있는 것은 밀도가 높은 집단을 이루어 그렇게 살아가는 길을 선택했기 때문이라고 대답했다. 도시가 생겨난 것은 우리가 함께 모여 일하고 놀길 원했기 때문이다. 하지만 열차를 타고 세계 어디건 여행을 떠나보면, 거주 가능한 땅 중 대부분이 비어 있다는 사실을 발견하게 된다. 전체 땅 중 겨우 1%만이 인간이 살아가는 장소로 사용되고 있다.[215] 그리고 거주 가능한 땅 중 약 절반만이 인간이 직접 사용하며, 그것도 거의 다 농업에 쓰인다. 농업용 토지 중에서 77%는 가축 사육과 목초지, 사료 재배지로 쓰이며, 23%만 인간의 소비를 위한 작물 재배에 쓰인다.[216] 배양육과 수직 농업은 현재 우리가 사용하는 토지 중 극히 일부만으로도 이 모든 필요를 충족시키게 해줄 것이다. 그러면 건강에 좋은 식품을 훨씬 더 많이 생산할 수 있고 증가하는 인구를 먹여 살리면서도 자유롭게 사용할 수 있는 여분의 땅을 많이 확보할 수 있다. 자율 주행 차량은 장거리 통근을 실용적으로 만들어 덜 혼잡한 토지 사용을 촉진할 테고, 우리는 원하는 곳에서 살면서도 가상 공간과 증강 공간에서 함께 일하고 놀 수 있게 될 것이다.

이러한 전환은 이미 일어나고 있는데, 코로나19로 인한 사회적 변화가 그 과정을 더욱 가속화했다. 코로나19가 절정에 이르렀을 때, 전체 미국인 중 최대 42%가 집에서 재택근무를 했다.[217] 이 경험은 직원과 고용주 모두가 일에 대해 생각하는 방식에 장기적으로 큰 영향을 미칠 가능성이 높다. 많은 경우, 9시부터 5시까지 사무실 책상 앞에 앉아 일하는 낡은 모델은 오래전부터 시대에 뒤떨어진 관습이 되었지만, 팬데믹이 닥치기 전에는 관성과 익숙함 때문에 사회가 변화하기 어려웠다. 수확 가속의 법칙이 정보 기술을 기하급수적 곡선에서 가파른 부분으로 데려가고, 향후 수십 년 동안 AI가 더욱 발전함에 따라 이러한 영향은 더욱 가속화될 것이다.

화석 연료의 완전한 대체 단계에 접근하다

2020년대의 기하급수적 발전에서 나타나는 가장 중요한 전환 중 하나는 에너지 부문의 변화인데, 에너지야말로 나머지 모든 것을 견인하기 때문이다. 많은 곳에서 태양광 발전은 이미 화석 연료보다 비용이 적게 들며, 그 비용은 갈수록 빠르게 감소하고 있다. 하지만 비용 효율성을 추가로 높이려면 재료과학 분야의 진전이 필요하다. AI의 도움으로 일어날 나노기술 분야의 돌파구는 광전지가 더 넓은 전자기 스펙트럼에서 에너지를 추출하게 함으로써 광전지의 효율성을 크게 높일 것이다. 이 분야에서 흥미로운 진전이 일어나고 있다. 광전지 내부의 나노튜브와 나노와이어 미소 구조는 광자를 흡수하고, 전자를 운반하고, 전류를 만드는 능력이 꾸준히 향상될 수 있다.[218] 이와 비슷하게 광전지 내부의 나노결정(양자점quantum dot을 포함해)은 흡수된 광자 1개당 생산 전기량을 증가시킬 수 있다.[219]

블랙 실리콘black silicon이라는 또 다른 나노 소재는 표면에 크기가 빛의 파장보다 작은 원자 수준의 바늘이 무수히 늘어서 있다.[220] 이러한 구조는 들어온 광자가 광전지에서 반사되는 것을 거의 차단하기 때문에 더 많은 광자가 전기를 만들 수 있다. 프린스턴대학교 연구자들은 금 원자를 가지고 두께가 300억분의 1m에 불과한 나노 규모 그물을 만들어 광자를 붙듦으로써 전기 생산 효율을 높이는 대안적 방법을 개발했다.[221] 한편 MIT의 한 프로젝트는 특별한 형태의 탄소 동소체인 그래핀graphene 판으로 광전지를 만들었다.[222] 그래핀은 탄소 원자들이 모여 벌집 모양으로 2차원 평면을 이룬 구조인데, 그 두께는 원자 1개(1나노미터 미만) 정도에 불과하다. 이런 기술들은 미래의 광전지를 더 얇고 가볍게 함으로써 더 많은 표면에 설치할 수 있게 할 것이다. 예를 들면, 솔라윈도 테크놀로지 같은 회사는 얇은 태양광 필름을 유리창에 코팅하여 시야를 가리지 않으면서 전기를 생산하는 기술을 선도했다.[223]

앞으로 몇 년 안에 나노기술은 광전지의 3D 프린팅 제조를 촉진함으로써 생산 단가를 낮출 것이고, 그러면 탈중앙화 전기 생산이 가능해 필요한 시간에 필요한 장소에서 태양광 발전을 할 수 있을 것이다. 현재 사용되는 거대하고 거추장스럽고 유연하지 않은 태양 전지판과 달리 나노기술로 만든 광전지는 롤과 필름, 코팅 등 여러 가지 편리한 형태로 만들 수 있다. 그러면 설치 비용이 낮아져서 전 세계 각지의 더 많은 지역 사회에 태양광 발전 전기를 값싸고 풍부하게 공급할 수 있다.

2000년에 재생 에너지(여기에는 태양 에너지, 풍력, 지열, 조력, 바이오매스는 포함되지만 수력은 제외된다)는 전 세계 전력 생산량 중 약 1.4%를 차지했다.[224] 2021년이 되자 그 비율은 12.85%로 증가했는데, 그 기간에 평균적으로 약 6.5년마다 두 배씩 증가했다.[225] 절대적인 생산량은 이보다 더 빠르게 증가했는데, 전체 전력 생산량 자체가 증가하고 있기 때문이다. 전체 전력 생산량은 2000년의 218테라와트시에서 2021년에는 3657테라와트시로 증가해 약 5.2년마다 두 배씩 늘어났다.[226]

소재 발견과 장비 설계에 AI가 활용되면 추가로 원가 절감이 일어나 이러한 진전은 기하급수적으로 계속 이어질 것이다. 이러한 속도라면 이론적으로는 2041년 무렵에 재생 에너지가 전 세계의 전력 수요를 완전히 충당할 것이다. 하지만 미래를 전망할 때 재생 에너지를 모두 합쳐 생각하는 것은 그다지 유용하지 않은데, 왜냐하면 모든 재생 에너지가 같은 비율로 생산 단가가 낮아지지는 않기 때문이다.

태양광 발전 단가는 다른 주요 재생 에너지보다 훨씬 빠르게 낮아지고 있으며, 태양 에너지는 성장할 여지가 가장 많다. 단가 하락 면에서 태양 에너지의 가장 유력한 경쟁자는 풍력이지만, 지난 5년 동안 태양광 발전 단가는 풍력보다 약 두 배나 빠르게 저렴해졌다.[227] 게다가 태양 에너지는 잠재력 바닥이 더 낮은데, 재료과학 부문의 진전이 직접적으로 더 저렴하고 효율적인 태양광 패널로 이어지고, 현재의 기술로 추출하는 태양 에너지는 이론적 최대치 중 일부에 불과하기 때문이다. 입사 태양 에너지 중에서 전력으로 전환되는 비율은 현재 약 20%인데, 이론적 한계는 약 86%이다.[228] 실제로는 이론적 한계에 도달하기가 불가능할 테지만, 그래도 개선될 잠재력이 많이 남아 있다. 이에 비해 전형적인 풍력 시스템은 약 50%의 효율에 이르렀는데, 이것은 이론적 최대치인 59%에 근접한 수치이다.[229] 따라서 어떤 혁신이 일어나더라도 이 시스템은 크게 개선될 여지가 적다.

2021년에 태양 에너지는 전 세계 전력 생산량 중 약 3.6%를 차지했다.[230] 현재 우리가 사용하는 수준의 전체 에너지 수요를 100% 충족시키는 데에는 지구에 도달하는 공짜 햇빛 중 약 1만분의 1만 이용해도 충분하다. 지구에는 태양에서 날아오는 약 17만 3000테라와트의 에너지가 늘 쏟아지고 있다.[231] 그중 대부분은 예측 가능한 미래에 실용적으로 활용할 수 없겠지만, 현재의 기술로 활용할 수 있는 태양 에너지만 해도 인류의 수요를 충족시키고도 남는다. 2006년에 미국 정부 과학자들은 그 당시의 기술로 활용 가능한 총에너지는 최대 7500테라와트에 이른다고 추정했다.[232] 이것은 연간으로 환산하면 6570만 테라와트시에 이른다. 이에 비해 2021년에 전 세계에서 사용된 총에너지는 16만 5320테라와트시였다.[233] 여기에는 전기와 난방과 함께 그 밖의 모든 연료가 포함된다.

태양 에너지는 또한 전 세계 전체 에너지 생산량에서 차지하는 비율이 두 배로 증가하는 속도가 다른 재생 에너지원보다 월등히 빠르다. 1983년부터 2021년까지 평균적으로 28개월 미만이 걸렸다(절대적인 양으로 따질 때 같은 기간에 총 전력 생산량이 약 220%나 증가했는데도 불구하고).[234] 2021년에 그 비율이 3.6%였으니 앞으로 두 배씩 증가하는 일이 4.8회만 일어나면 100%에 이르게 되고, 따라서 2032년 무렵이면 우리의 모든 에너지 수요를 태양 에너지만으로 충족시킬 수 있을 것이다. 물론 그렇다고 해서 문자 그대로 태양 에너지가 모든 에너지 수요를 충당하지는 않을 테지만(경제적, 정치적 장애 때문에), 정말로 획기적인 영향을 미칠 방향으로 나아가고 있다는 것만큼은 분명하다.

세상에서 가장 넓은 미개발 지역인 사막이 태양광 발전에 가장 좋은 장소라는 사실도 유리한 점이다. 예를 들면, 사하라사막에서 전체에 비하면 작지만 그래도 상당한 면적의 땅을 태양 전지판으로 뒤덮자는 제안이 나왔다. 이렇게 하면 유럽(지중해 아래에 해저 케이블을 깔아)과 아프리카 전역에 공급할 만큼 충분한 전력을 생산할 수 있다.[235]

태양광 발전을 확대하기 위해 극복해야 할 주요 과제 중 하나는 더 효율적인 에너지 저장 기술이다. 화석 연료의 장점은 손쉽게 저장해두었다가 전기를 생산할 필요가 있을 때 언제든지 꺼내 태울 수 있다는 점이다. 하지만 햇빛은 오직 낮 동안만 이용할 수 있고 그 세기도 계절에 따라 변한다. 따라서 태양 에너지를 전기로 만들었다가 나중에(상황에 따라 몇 시간 뒤 또는 몇 개월 뒤에) 필요할 때 사용할 수 있도록 효율적인 저장 수단을 개발해야 한다.

다행히도 에너지 저장의 가격 효율성과 용량도 기하급수적으로 증가하고 있다. 이것은 수확 가속의 법칙처럼 기본적이고 지속적인 기하급수적 추세가 아니라는 사실에 유의할 필요가 있는데, 에너지 저장의 개선과 확장은 피드백 고리 생성이 주도하지 않기 때문이다. 하지만 에너지 저장 가격 효율성과 전체 사용량은 재생 에너지 사용 급증에 따라 가파르게 증가하고 있다. 특히 태양광 발전의 경우에는 재료과학 분야에서 새로운 진전을 이끄는 정보 기술 덕분에 수확 가속의 법칙으로부터 간접적 혜택을 받는다. 재생 에너지 투자 증가와 재생 에너지 비용 감소에 힘입어 자원과 혁신 노력이 에너지 저장 부문으로 몰리고 있는데, 전력 생산의 주도권을 잡기 위해 화석 연료와 벌이는 경쟁에서 재생 에너지가 유리한 위치에 서려면 에너지 저장 기술이 아주 중요하기 때문이다. 재료과학, 로봇을 이용한 생산, 효율적인 운송, 에너지 전송 부문의 수렴 발전을 통해서도 기하급수적 성장이 계속 일어날 수 있다. 그 결과로 2030년대의 어느 시점에는 태양 에너지가 전체 생산 부문에서 지배적인 위치를 점할 것이다.

현재 개발되고 있는 접근법 중에 유망해 보이는 것이 많지만, 우리에게 필요한 대규모 공급 측면에서 어느 것이 가장 효율적인지는 아직 분명하지 않다. 전기 자체는 효율적으로 저장할 수 없기 때문에, 사용할 시기가 올 때까지 다른 종류의 에너지로 전환할 필요가 있다. 구체적인 선택지로는 용융된 염을 사용해 열에너지로 전환하는 방법, 높은 저수지로 물을 끌어올려 위치 에너지로 바꾸는 방법, 빠르게 회전하는 플라이휠의 회전 에너지로 전환하는 방법, 전기로 생산한 수소에 화학 에너지로 전환해 저장했다가 필요할 때 깨끗하게 연소시켜 사용하는 방법 등이 있다.[236]

대다수 전지는 대규모 에너지 저장 시스템에 적합하지 않지만, 리튬 이온과 여러 가지 화학 물질을 사용하는 첨단 전지는 비용 효율성이 빠르게 증가하고 있다. 예를 들면, 2012년부터 2020년까지 리튬 이온 전지의 저장 비용은 메가와트시당 약 80% 감소했으며, 앞으로도 계속 감소할 것으로 예상된다.[237] 새로운 혁신으로 비용이 계속 감소한다면, 재생에너지는 현재 전력망에서 중추적 역할을 하고 있는 화석 연료를 대체할 수 있을 것이다.[238]

- **에너지 저장 비용[239]**

대규모 에너지 저장 시스템의 최적 균등화 비용, 미국의 새로운 계획들

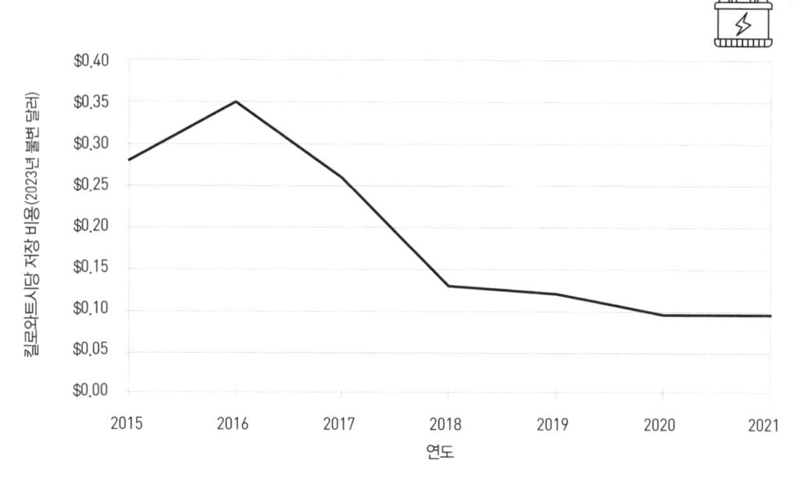

출처: 라자드Lazard

에너지 저장 기술은 전력 생산과 소비 과정의 많은 단계에서, 또 많은 경제적 상황에서 사용되기 때문에, 한 계획의 저장 비용을 다른 계획의 저장 비용과 비교하기가 매우 어렵다. 아마도 지금까지 가장 엄밀한 분석은 재무 자문 회사인 라자드에서 내놓은 것이 아닐까 싶은데, 여기서는 균등화 저장 비용(LCOS) 지표를 사용했다. 이 지표는 모든 비용(자본 비용을 포함해)을 합산한 뒤 계획이 진행되는 동안 생산될 것으로 예상되는 전체 저장 에너지(메가와트시 또는 그에 상응하는 단위로)로 나누도록 설계되었다. 최첨단 기술 발전을 최대한 반영하기 위해 이 도표는 미국에서 매년 시작되는 새로운 대규모 에너지 저장 시스템 계획들 중에서 최선의 LCOS를 보여준다. 특정 연도의 평균 LCOS 수치는 더 높지만 비슷한 추세를 따라간다는 사실을 유념하라. 따라서 어느 해에 최선의 LCOS였던 것이 몇 년 뒤에는 평균적인 LCOS가 될 수 있다.

● **미국의 총 에너지 저장**[240]

대규모 에너지 저장 시스템(수력 발전은 제외)에서 공급하는 연간 미국 전력

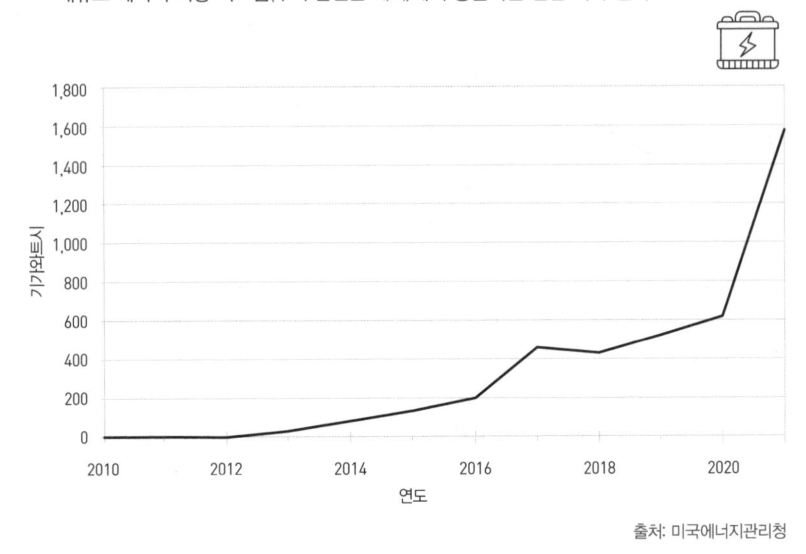

출처: 미국에너지관리청

모든 사람에게 깨끗한 물을

21세기의 주요 과제 중 하나는 증가하는 세계 인구에 깨끗한 민물을 신뢰할 수 있게 공급하는 것이다. 1990년에 전 세계 인구 중 약 24%는 비교적 안전한 식수원을 정기적으로 사용하지 못했다.[241] 개발 노력과 기술 발전 덕분에 그 수치는 이제 약 10% 정도로 떨어졌다.[242] 하지만 이 과제는 아직도 큰 문제로 남아 있다. 보건계측평가연구소에 따르면, 2019년에 전 세계에서 설사병으로 사망한 사람은 아동 50만 명을 포함해 약 150만 명이나 되었는데, 배설물의 세균에 오염된 물을 마신 것이 주원인이었다.[243] 이런 질병에는 콜레라, 이질, 장티푸스 등이 포함되는데, 이것들은 특히 아동에게 치명적이다.

문제는 아직도 식수와 요리, 세수, 목욕에 사용할 수 있도록 민물을 취

수해 깨끗하게 만들어 가정으로 보내는 인프라가 부족한 지역이 전 세계에 아주 많다는 데 있다. 우물과 펌프, 송수로, 수도관으로 이루어진 거대한 네트워크를 건설하려면 큰 비용이 드는데, 많은 개발도상국은 거기에 투자할 여력이 없다. 게다가 내전과 그 밖의 정치적 문제가 대형 인프라 건설 계획을 실행하지 못하게 만들 때도 있다. 그 결과, 전 세계의 10%에 해당하는 지역에서는 선진국의 중앙 집중식 물 정화와 보급 시스템은 실행에 옮길 수 있는 해결책이 아니다. 대안은 국지적 지역에서 또는 심지어 자기 집에서 물을 정화할 수 있는 기술이다.

일반적으로 탈중앙화 기술은 2020년대와 그 이후에 에너지 생산(광전지), 식품 생산(수직 농업), 일상 용품 생산(3D 프린팅)을 포함해 많은 분야의 특징이 될 것이다. 정수 부문에서 이 접근법은 마을 전체를 위해 물을 정화하는 자니키 옴니 프로세서Janicki Omni Processor처럼 건물만 한 기계에서부터 개인이 사용할 수 있는 라이프스트로LifeStraw 같은 휴대용 필터에 이르기까지 다양한 형태가 있다.[244]

어떤 정수 장치는 열(태양 에너지를 사용하거나 연료를 태워)을 사용해 물을 끓인다. 물을 끓이면 질병을 유발하는 세균을 죽일 수 있지만, 다른 독성 오염 물질은 제거할 수 없으며, 끓인 직후에 섭취하지 않으면 물이 다시 오염되기 쉽다. 물에 살균 물질을 첨가하면 재오염을 막을 수 있지만, 여전히 다른 독성 물질까지 제거하지는 못한다. 최근에 일부 휴대용 정수 장치는 전기를 사용해 공기 중의 산소를 오존으로 변화시킨 뒤, 오존을 물속에 통과시켜 병원균을 효율적으로 살균한다.[245] 강한 자외선을 물속에 비춤으로써 세균과 바이러스를 죽이는 정수 장치도 있다. 하지만 이 방법도 역시 화학적 오염까지 막지는 못한다.

대안 방법으로는 여과가 있다. 오래전부터 여과 기술은 물에서 대부분의 미생물과 독소를 제거할 수 있었지만, 모두 다 제거하지는 못했다. 치명적인 바이러스는 너무 작아서 일반 필터의 구멍을 쉽게 통과할 수 있다.[246] 마찬가지로 일부 오염 물질 분자는 일반적인 여과 방법으로는 차단할 수 없다.[247] 하지만 최근에 재료과학 부문의 혁신 덕분에 점점 더 작은 독소를 차단하는 필터가 개발되고 있다. 가까운 장래에 나노공학으로 만든 물질을 이용해 더 빠르게 작용하면서 가격은 아주 저렴한 필터가 나올 것이다.

특히 유망한 기술은 딘 케이먼Dean Kamen(1951~)이 발명한 정수기 슬링샷Slingshot이다.[248] 비교적 작은 크기(소형 냉장고만 한 크기)의 이 장치는 하수도와 오염된 습지의 물을 포함해 어떤 물이라도 주사용 액체 기준을 충족시킬 만큼 완전히 순수한 물로 만들 수 있다. 슬링샷은 1킬로와트 미만의 전기로 작동시킬 수 있다. 증기 압축 증류(물을 증기로 변화시키고 오염 물질을 남기는) 방법을 사용하기 때문에 필터가 필요 없다. 슬링샷은 매우 적응력이 뛰어난 스털링 엔진으로 작동하는데, 이 엔진은 소똥 연소를 포함해 어떤 열원으로도 전기를 생산할 수 있다.[249]

수직 농업과 토지 해방

대다수 고고학자는 농업이 시작된 시점을 지금으로부터 약 1만 2000년 전으로 추정하지만, 최초의 농업이 그보다 더 이전인 2만 3000년 전에 시작되었다고 시사하는 증거가 일부 있다.[250] 이 기록은 앞으로 새로운 고고학적 발견을 통해 또 바뀔 수도 있다. 농업이 언제 시작되었건 간에 그 당시에 주어진 면적의 땅에서 재배할 수 있는 식량의 양은 아주 적었다. 최초의 농부들은 자연 토양에 씨를 뿌리고 물은 하늘에서 내리는 비에 의존했다. 이러한 비효율적 농사의 결과로, 아주 많은 인구가 농경지에 달라붙어 일을 해야만 겨우 연명할 수 있는 수준의 곡식을 얻을 수 있었다.

기원전 6000년 무렵에 관개 농업이 시작되면서 빗물에만 의존하던 것보다 더 많은 물을 작물에 공급할 수 있게 되었다.[251] 식물 품종 개량을 통해 먹을 수 있는 부분이 더 많아지고 영양분도 높아졌다. 비료는 토양에 성장을 촉진하는 물질을 풍부하게 공급했다. 더 나은 영농법을 채택하면서 농부들은 작물을 효율적으로 배치해 심었다. 그 결과로 더 많은 식량이 생산되었고, 수백 년의 세월이 지나자 점점 더 많은 사람이 농업 외에 교역과 과학, 철학 같은 다른 활동에 시간을 쓸 수 있게 되었다. 이렇게 전문화된 분야 중 일부는 더 많은 농업 혁신을 이끌었고, 더 큰 진전을 촉진하는 피드백 고리를 만들어냈다. 이러한 동역학이 인류의 문명을 탄생시키고 발전시켰다.

이런 발전을 계량화하는 한 가지 방법은 작물 밀도인데, 이것은 주어진 면적의 땅에서 재배할 수 있는 식량의 양을 가리킨다. 예를 들면, 미국에서 곡물 생산에 쓰이는 땅은 150년 전보다 7배 이상이나 더 효율적으로 사용되고 있다. 1866년에 미국의 평균 옥수수 생산량은 에이커당 24.3부셸*이었는데, 2021년에는 176.7부셸로 증가했다.[252] 전 세계적으로 토지의 효율성 개선은 대체로 기하급수적으로 일어났는데, 오늘날 일정량의 곡물을 생산하는 데 필요한 땅은 1961년에 비해 30% 미만으로

* 영미에서 곡물, 과일, 채소 등을 측정하는 중량 단위로, 곡물이나 과일의 종류에 따라 무게가 다르다. 옥수수의 경우 1부셸은 약 25.4kg이다.

감소했다.[253] 이러한 추세는 그 시기에 세계 인구를 증가시키는 데 필수적이었고, 내가 자랄 때 많은 사람이 걱정했던 인구 과잉으로 인한 대량 기아를 피할 수 있게 해주었다.

게다가 오늘날에는 작물이 아주 높은 밀도로 재배되고, 이전에 손으로 하던 일 중 상당 부분을 기계가 처리하기 때문에, 농부 한 사람이 약 70명을 먹일 수 있는 식량을 생산한다. 그 결과로 1810년에는 농업에 종사하는 사람이 미국의 전체 노동력 중 80%를 차지했지만, 1900년에는 40%로 줄어들었고, 지금은 1.4% 미만으로 뚝 떨어졌다.[254]

하지만 이제 작물 밀도는 주어진 야외 지역에서 재배할 수 있는 식량의 이론적 한계에 다가가고 있다. 최근에 개발된 한 가지 해결책은 수직으로 늘어선 여러 층에서 작물을 재배하는 것으로, 이를 '수직 농업'이라 부른다.[255] 수직 농업은 여러 가지 기술을 이용한다.[256] 대개는 수경법으로 작물을 재배하는데, 즉 흙에서 재배하는 게 아니라 실내에서 영양분이 풍부한 물이 담긴 트레이에서 작물을 키운다. 틀에 끼운 트레이는 여러 층으로 높이 쌓아서, 한 층에 과잉 공급된 물을 그냥 흘려버리는 대신 다음 층으로 내려가게끔 한다. 일부 수직 농장에서는 '공기 재배'aeroponics라는 새로운 방법을 사용하는데, 이 방법은 물이 아닌 미세한 안개를 사용한다.[257] 그리고 햇빛 대신에 특수 LED를 설치해 각각의 식물에 완벽한 양의 빛을 공급한다. 이 산업을 선도하는 농업 회사 중 하나는 캘리포니아주에서 로드아일랜드주까지 10개의 대형 시설을 보유하고 있는 고섬 그린스이다. 2023년 초에 고섬 그린스는 4억 4000만 달러의 벤처 투자 자금을 유치했다.[258] 이 기술은 "전통적인 농장에 비해 물은 95% 미만, 땅은 97% 미만"을 사용해 같은 양의 작물을 수확할 수 있다.[259] 이러한 효율성은 남는 물과 땅을 다른 용도로 사용할 수 있게 해주고(현재 농업에 사용되는 땅이 거주 가능한 전 세계 땅 중 약 절반을 차지한다는 사실을 생각해보라), 적정 가격의 식량을 훨씬 많이 공급할 것이다.[260]

수직 농업은 그 밖에도 중요한 이점이 여러 가지 있다. 농경지 유출수를 차단함으로써 수로의 주요 오염 원인 중 하나를 제거할 수 있다. 느슨한 토양을 경작하지 않아도 되기 때문에, 흙이 공중으로 날아가 공기의 질을 저하시키는 일을 방지할 수 있다. 독성 살충제도 사용할 필요가 없는데, 적절히 설계된 수직 농장에는 해충이 침투할 수 없기 때문이다. 또한 현지의 실외 기후에서 재배할 수 없는 종을 포함해 연중 내내 작물 재배가 가능하다. 서리와 악천후로 인한 수확량 감소도 방지할 수 있다. 가장 중요하게는 수백 또는 수천 킬로미터 밖에서 기차와 트럭으로 운반해오는 대신에, 필요한 식품을 도시나 마을에서 직접 자급자족할 수 있다. 수직 농업이 더 저렴해지고 더 널리 확산되면 오염과 배출 물질도 크게 줄어들 것이다.

앞으로 태양광 발전과 재료과학, 로봇공학, 인공 지능 부문에서 일어날 수렴 혁신으로 수직 농업은 현재의 농업보다 비용이 훨씬 저렴해질 것이다. 많은 시설은 효율적인 광전지로 가동되고, 현장에서 새로운 비료를 생산하고, 공기에서 물을 모으고, 자동기계로 작물을 수확할 것이다. 필요한 노동자 수와 '토지 발자국' land footprint*도 크게 줄어들 것이기 때문에, 미래의 수직 농장에서는 결국 작물이 아주 값싸게 생산되어 소비자는 거의 공짜에 가까운 가격으로 농산물을 구입할 수 있을 것이다.

이 과정은 수확 가속의 법칙이 작동하면서 정보 기술에 일어난 일과 유사하다. 컴퓨팅 파워가 기하급수적으로 저렴해짐에 따라, 구글과 페이

---

* 인간이 사용하는 토지가 자연 환경에 미치는 영향을 단위 면적으로 나타낸 수치.

사진 제공: Valcenteu, 2010

수직 농장에서 층층이 재배되는 상추

스북 같은 플랫폼은 광고 같은 대안 비즈니스 모델을 통해 비용을 충당하면서 사용자에게 서비스를 공짜로 제공할 수 있었다. 자동화와 AI를 사용해 수직 농장의 모든 측면을 제어함으로써 수직 농업은 식량 생산을 사실상 정보 기술로 변화시키고 있다.

제조와 분배에 혁명을 가져올 3D 프린팅

20세기 내내 3차원 고체 물체의 제조는 대개 두 가지 형태로 일어났다. 일부 공정은 용융 플라스틱을 거푸집 속으로 주입하거나 가열한 금속을 프레스로 눌러 원하는 형태를 만드는 것처럼 주형 내부에서 성형하는 단계를 거쳤다. 또 다른 공정은 조각가가 대리석을 쪼아내 조각상을 만들듯이 블록이나 판에서 재료를 선택적으로 제거하는 단계를 거쳤다. 이 두 가지 방법은 모두 큰 단점이 있다. 주형은 만드는 데 큰 비용이 들고, 일단 완성하면 변형하기가 매우 어렵다. 이에 비해 이른바 '절삭 가공'은 재료를 너무 많이 낭비할 뿐만 아니라 몇몇 특정 형태는 만들기가 불가능하다.

그런데 1980년대에 새로운 기술이 나타나기 시작했다.[261] 이전 방법들과 달리 비교적 납작한 판을 층층이 쌓아 부품을 만들고, 그 부품들을 결합해 3차원 형태로 만들었다. 이 기술은 '적층 제조' 또는 '3차원 프린팅', 즉 '3D 프린팅'이라 불리게 되었다.

가장 흔한 형태의 3D 프린터는 잉크제트 프린터와 비슷한 방식으로 작동한다.[262] 전형적인 잉크제트 프린터는 노즐이 종이 위로 지나가면서 소프트웨어가 지시하는 장소에 카트리지의 잉크를 분사한다. 3D 프린터는 잉크 대신에 플라스틱 같은 물질을 물렁해질 때까지 가열한다. 그리고 노즐을 통해 그 물질을 소프트웨어가 지시하는 패턴대로 각 층에 배치하는데, 이 과정이 수많이 반복되면서 물체는 점점 3차원 형태를 갖추게 된다. 이렇게 층들이 융합하면서 굳어져 최종 제품이 만들어진다. 지난 20년 동안 3D 프린팅은 해상도 증가와 비용 감소, 속도 증가 측면에서 계속 발전해왔다.[263] 이제 3D 프린팅 시스템은 종이와 플라스틱, 세라믹, 금속을 포함해 다양한 재료를 사용해 물체를 제작할 수 있다. 3D 프린팅 기술이 계속 발전함에 따라 앞으로는 더 색다른 물질도 다룰 수 있게 될 것이다. 예를 들면, 서서히 체내로 방출되는 약물 분자가 내장된 의료용 이식물을 만들 수도 있다. 그래핀 같은 나노 소재를 사용해 가벼운 방탄복과 초고속 전자 기기를 만들 수도 있다. 인공 지능 분야의 진전도 3D 프린팅에 큰 발전을 가져올 수 있는데, 예컨대 첨단 소프트웨어를 이용해 물체의 강도와 공기역학적 형태, 그 밖의 성질을 최적화하거나 심지어 현재의 방법으로는 제작이 불가능한 형태를 설계할 수 있다.

새로운 직관적 소프트웨어는 고급 훈련 과정을 거치지 않고도 3D 프린팅 부품을 쉽게 만들게 해준다. 3D 프린팅이 더 널리 확산되면서 제조 산업에도 혁명이 일어나기 시작했다. 3D 프린팅의 한 가지 장점은 시제품을 값싸고 빠르게 만들 수 있다는 점이다. 컴퓨터의 새로운 부품을 설계한 공학자는 불과 몇 분 혹은 몇 시간 만에 3D 프린팅으로 모형을 만들 수 있는데, 이것은 이전 기술로는 몇 주일이 걸리던 과정이다. 따라서 이전 방법보다 훨씬 싼 비용으로 시험과 변경 과정을 아주 빠르게 반복할 수 있다. 그 결과로 훌륭한 아이디어가 있지만 자금이 얼마 없는 사람도 혁신적인 제품을 시장에 쉽게 내놓음으로써 사회에 기여할 수 있다.

또 한 가지 장점은 주형을 바탕으로 한 제작 방법으로는 실용성이 없는 수준의 주문 제작이 가능하다는 것이다. 과거에는 설계를 아주 조금만 변경하려고 해도 완전히 새로운 주형이 필요했고, 수만 달러 혹은 그 이상의 비용이 들었다. 이와는 대조적으로, 3D 프린팅 설계는 큰 변경에도 추가 비용이 들지 않는다. 그 결과로 발명가는 혁신에 필요한 부품을 정확하게 원하는 형태대로 손에 넣을 수 있고, 소비자는 특별히 자신을 위해 설계된 제품을 적당한 가격에 공급받을 수 있다. 예컨대, 고객의 발에 딱 들어맞게 제작한 신발은 편안함과 만족감을 대폭 높여준다. 이 부문에서 선도적인 3D 프린팅 신발 회사로는 핏마이풋이 있는데, 고객이 이 회사의 앱을 사용해 자신의 발을 촬영하면, 그 데이터가 자동적으로 3D 프린팅 과정에 필요한 측정치로 전환된다.[264] 이와 비슷하게 가구도 고객의 신체 형태에 딱 맞게 제작할 수 있고, 도구도 고객의 손에 딱 들어맞게 성형할 수 있다.[265] 이보다 훨씬 더 중요한 예로는 더 저렴하면서 효율성은 더 높은 의료용 이식물이 있다.[266]

게다가 3D 프린팅은 고객과 지역 공동체에 선택권을 줌으로써 제작의 탈중앙화를 가능케 한다. 이것은 20세기에 발전한 패러다임, 즉 제조가 대도시의 거대 기업 공장에 집중되던 것과 대조적이다. 이 모델에서는 소도시와 개발도상국이 멀리 떨어진 곳에서 제품을 사와야 했는데, 운송에 많은 비용과 시간이 들었다. 탈중앙화 제조는 환경에도 상당한 도움이 될 것이다. 공장에서 수백 또는 수천 킬로미터 떨어진 소비자에게 제품을 운송하는 과정은 상당한 양의 오염 물질과 탄소 배출을 수반한다. 국제교통포럼에 따르면, 연료 연소를 통해 배출되는 모든 탄소 중 약 30%가 화물 운송 과정에서 나온다고 한다.[267] 탈중앙화 3D 프린팅은 그중 상당량의 배출을 줄일 수 있다.

3D 프린팅의 해상도가 매년 개선되고 있고, 기술 사용 비용이 날로 저

렴해지고 있다.[268] 해상도가 개선되고(즉, 구현할 수 있는 최소 설계 특성의 크기가 작아지고) 비용이 저렴해짐에 따라 경제적으로 제작할 수 있는 제품의 범위가 크게 확대될 것이다. 예를 들면, 일반적인 직물에 쓰이는 섬유는 지름이 10~22미크론(1미크론은 100만분의 1m)이다.[269] 그런데 일부 3D 프린터는 이미 1미크론 또는 그보다 작은 해상도를 구현할 수 있다.[270] 만약 직물 비슷한 재료를 가지고 직물과 비슷한 지름을 가진 물체를 일반 직물과 비슷한 가격으로 만들 수 있게 된다면, 우리가 원하는 모든 의류를 3D 프린팅으로 제작하는 방법이 충분한 경제성을 지닐 것이다.[271] 프린팅 속도 또한 향상되고 있기 때문에, 대량 생산 또한 더 실용적인 방법이 될 것이다.[272]

신발과 도구 같은 일상용품 제작 외에 3D 프린팅을 생물학에 응용하는 연구가 새로 진행되고 있다. 현재 과학자들은 인체 조직, 궁극적으로

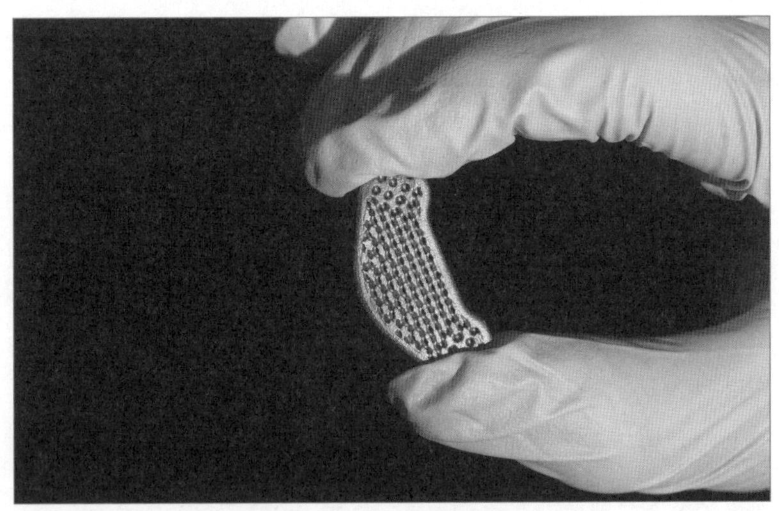

사진 제공: FDA photo by Michael J. Ermarth, 2015

3D 프린팅으로 만든 타이타늄 추간판은 척추에 손상을 입거나 병이 생긴 환자에게 이식할 수 있다.

는 전체 신체 기관의 제작을 가능케 하는 기술을 시험하고 있다.[273] 일반적인 원리는 다음과 같다. 원하는 신체 구조 형태로 만든 3차원 비계飛階를 합성 중합체나 세라믹 같은 생물학적 비활성 물질로 출력한다. 그러고 나서 재프로그래밍한 줄기세포로 가득한 액체를 비계 위에 뿌리면, 줄기세포들이 증식하면서 적절한 형태를 채워나가는데, 이 과정을 통해 환자의 DNA로 이루어진 대체 기관이 만들어진다. 유나이티드 테라퓨틱스(내가 이사로 재직 중인 생명공학 회사)는 언젠가 완전한 폐와 콩팥과 심장을 만들기 위해 이 접근법(그리고 그 밖의 여러 접근법)을 시험하고 있다.[274] 이 접근법은 결국 다른 사람의 장기를 이식하는 것보다 훨씬 월등한 방법이 될 텐데, 장기 이식은 적절한 장기를 구하는 문제와 면역 거부반응 문제 때문에 심각한 한계가 있다.[275]

3D 프린팅의 한 가지 잠재적 단점은 불법 복제 디자인 제작에 쓰일 수 있다는 점이다. 파일을 다운로드해서 아주 값싸게 직접 만들 수 있다면, 뭐 하러 유명 브랜드의 신발을 200달러나 주고 사겠는가? 이미 음악과 책, 영화, 그 밖의 창조적 형태의 지적 재산권에서도 비슷한 문제가 나타나고 있다. 이런 문제 때문에 지적 재산권 보호를 위한 새로운 접근법의 필요성이 부각되고 있다.[276]

또 한 가지 우려스러운 점은 탈중앙화 제조 때문에 일반 시민이 다른 방법으로는 쉽게 접근할 수 없는 무기를 만들 수 있다는 사실이다. 이미 인터넷에서는 직접 총 조립에 사용할 수 있는 부품을 3D 프린팅으로 만드는 법을 알려주는 파일이 돌아다니고 있다.[277] 이 상황은 총기 규제에 큰 어려움을 초래할 것이며, 일련번호가 없는 총기 제작이 가능해져 법 집행 기관의 범죄 추적이 더 어려워질 것이다. 심지어 첨단 플라스틱을 재료로 사용해 3D 프린팅으로 만든 총기는 금속 탐지기도 통과할 수 있다. 이런 상황 때문에 현재의 규정과 정책을 신중하게 재고해야 할 필요가 있다.

3D 프린팅으로 만든 건물

3D 프린팅은 대개 도구나 의료용 이식물처럼 작은 물체를 제작하는 데 쓰이지만, 건물처럼 더 큰 구조를 만드는 데에도 쓰일 수 있다. 이 기술은 프로토타입 단계를 거치면서 빠르게 발전하고 있으며, 3D 프린팅으로 만든 구조의 제작 비용이 저렴해짐에 따라 현재의 건축 방법과 상업적으로 경쟁할 수 있는 대안이 될 것이다. 건축 모듈과 건물 안에 들어가는 작은 물체들의 3D 프린팅 제작은 결국 주택과 사무실 건물의 건축비를 대폭 낮출 것이다.

3D 프린팅으로 건물을 만드는 방법은 크게 두 가지가 있다. 첫 번째는 부품이나 모듈을 만들어 그것들을 조립하는 것이다. 이케아IKEA에서 가구 부품을 구입해 직접 조립하는 것과 비슷한 방식이다.[278] 가끔 이것은 벽체와 지붕 부분 같은 것을 3D 프린팅으로 만들어 건축 장소에서 연결하는 방식으로 진행되기도 한다(레고 부품을 딱 끼워 맞추는 것과 비슷하게). 2020년대 후반에는 로봇을 사용해 대규모 모듈 조립 작업이 가능해질 것이다.

또 다른 방법은 전체 방의 구조나 모듈 구조를 3D 프린팅으로 제작하는 것이다.[279] 이러한 모듈들은 대개 정사각형이나 직사각형 바닥으로 제작되어 다양한 배열 구조로 결합할 수 있다. 이것들은 건축 장소에서 크레인으로 제 위치로 들어올려 빠르게 조립할 수 있다. 이렇게 하면 건축 공사가 보통 주변 지역에 초래하는 소란과 불편을 최소화할 수 있다. 2014년에 중국 3D 프린팅 건축 회사 윈선은 단순한 조립 주택 10채를 24시간 만에 짓는 능력을 보여주었는데, 한 채당 건축 비용이 5000달러도 들지 않았다.[280] 중국은 이미 3D 프린팅 건축물의 중심지가 되었으며, 향후 수십 년 사이에 이 기술의 더 발전된 버전에 대한 수요가 커질 것이다.

한 가지 대안은 맞춤 설계한 전체 건물을 3D 프린팅을 사용해 단일 모듈로 제작하는 것이다.[281] 공학자들이 건물이 들어설 장소 주변에 거대한 뼈대를 설치한 뒤, 프린팅 노즐이 그 안에서 로봇처럼 돌아다니면서 벽체 형태에 물질(예컨대 콘크리트)을 층층이 쌓는다. 주요 구조 건축에는 인간의 노동력이 거의 필요 없지만, 완성된 뒤에는 노동자들이 들어가 건물 내부의 마무리 작업을 하고, 창유리를 끼우거나 기와를 얹는 것과 같은 작업을 한다. 예를 들면, 2016년에 후아상 텡다라는 회사는 일체형으로 제작한 2층짜리 빌라를 45일 만에 완공했다고 발표했다.[282] 이 글을 쓰고 있는 지금 이 기술은 미국으로 확산되고 있는데, 2021년에 알키스트 3D라는 회사가 소유자가 거주할 수 있는 최초의 3D 프린팅 주택을 완공했고, 2023년에는 휴스턴에서 최초의 다층 주택이 건축되었다.[283] 2020년대 후반에 3D 프린팅으로 만든 크고 작은 물체들과 지능 로봇의 결합이 일어나면, 건물을 개인 맞춤형으로 짓는 능력이 대폭 향상되는 동시에 비용이 크게 낮아질 것이다.

건축 모듈의 3D 프린팅 제작은 중요한 이점이 여러 가지 있는데, 그런 이점들은 기술 발전과 함께 더욱 커질 것이다. 우선, 노동 비용을 줄여 기본 주택 가격을 낮출 것이다. 또한 공사 기간도 단축해 장기간의 공사가 초래하는 환경 영향도 줄일 것이다. 이에 따라 폐기물과 쓰레기, 광공해와 소음 공해, 유독한 먼지, 교통 장애, 노동자 위험 같은 요소들도 대폭 감축될 것이다. 게다가 3D 프린팅을 사용하면, 목재와 강철처럼 수백 킬로미터 밖에서 운반해 와야 하는 자원 대신에 현지에서 쉽게 구할 수 있는 재료로 건물을 짓기가 더 쉽다.

장래에 3D 프린팅은 초고층 건물을 더 쉽고 값싸게 짓는 데에도 쓰일 것이다. 초고층 건축의 애로점 중 하나는 사람과 건축 자재를 높은 층으로 운반하는 것이다. 지상에서 액체 형태로 펌프질해 올린 건축 자재를 사용할 수 있는 자동 로봇과 3D 프린팅 시스템을 결합하면, 이 과정이 훨씬 더 쉬워지고 비용도 적게 들 것이다.

2030년경 우리는 수명 탈출 속도에 도달한다

물질적 풍요와 평화로운 민주주의는 삶을 더 낫게 만들지만, 가장 많은 것이 달려 있는 과제는 생명 자체를 보존하려는 노력이다. 제6장에서 설명하겠지만, 새로운 치료법을 개발하는 방법은 운에 맡기고 모험을 하는 선형적 과정에서 최적화되지 않은 생명 소프트웨어를 체계적으로 재프로그래밍하는 기하급수적 정보 기술로 빠르게 변하고 있다.

생물학적 생명은 최적의 상태가 아닌데, 그것은 진화가 자연 선택을 통해 최적화된 무작위적 과정의 집합이기 때문이다. 그래서 진화는 가능한 유전적 특성을 광범위하게 '탐구'하면서 운과 특정 환경 인자의 영향에 크게 의존했다. 또한 이 과정이 점진적으로 일어났다는 사실은, 어떤 특성을 향해 나아가는 모든 중간 단계가 주어진 환경에서 생명체가 성공하도록 이끌 경우에만 진화가 설계를 완성할 수 있다는 것을 의미한다. 따라서 매우 유용하지만 실현될 수 없는 잠재적 특성도 분명히 있을 텐데, 그것을 실현하는 데 필요한 점진적 단계들이 진화적으로 부적합하기 때문이다. 이와는 대조적으로 지능(인간의 지능이건 인공 지능이건)을 생물학에 적용하면, 최적의(즉, 가장 이로운) 특성들을 찾기 위해 모든 유전적 가능성을 체계적으로 탐구할 수 있다. 거기에는 정상적인 진화로는 달성할 수 없는 특성도 포함된다.

2003년에 인간 게놈 프로젝트가 완성되면서 유전체 염기 서열 분석에 기하급수적 진전이 일어난 지 20여 년이 지났다(매년 가격 대비 성능이 거의 두 배씩 증가하면서). 염기쌍에 초점을 맞추면, 두 배씩 증가하는 과정은 평균적으로 약 14개월마다 한 번씩 일어났는데 여기에는 여러 가지 기술이 관여했으며 그 발단은 1971년에 DNA의 뉴클레오타이드 염기 서열 분석을 최초로 시작한 시점까지 거슬러 올라간다.[284] 우리는 마침내 50년에 걸친 생명공학의 기하급수적 추세에서 가파른 상승 구간에 다가가고 있다.

우리는 약품과 그 밖의 개입 방법을 발견하고 설계하는 데 AI를 사용하기 시작했고, 2020년대 말경이면 생물학적 시뮬레이터가 충분히 발전해 전형적인 임상 시험 기간인 몇 년 대신에 몇 시간 만에 안전성과 유효성 데이터를 내놓을 것이다. 인간 임상 시험에서 인실리코in silico* 임상 시험으로의 전환은 서로 반대 방향으로 작용하는 두 가지 힘에 좌우될 것이다. 한쪽에는 안전에 대한 정당한 우려가 있다. 시뮬레이션에서 적절한 의학적 사실을 놓치는 바람에 위험한 약을 안전하다고 선언하는

---

* 컴퓨터 시뮬레이션을 이용하는 실험 방법.

실수가 일어나서는 절대로 안 된다. 반대쪽을 보자면, 시뮬레이션 임상 시험은 훨씬 많은 수의 시뮬레이션 환자를 사용해 광범위한 동반 질병과 인구학적 요인을 연구할 수 있게 해준다. 그 결과, 새로운 치료법이 다양한 유형의 환자에게 어떤 영향을 미칠지 의사에게 아주 자세히 알려줄 수 있다. 게다가 생명을 구하는 약을 환자들에게 더 빨리 제공하면 더 많은 인명을 구할 수 있다. 시뮬레이션 임상 시험으로 전환하는 과정은 정치적 불확실성과 관료주의적 저항에 맞닥뜨릴 테지만, 결국에는 기술의 유효성이 승리를 거둘 것이다.

인실리코 임상 시험이 가져다줄 혜택 중에서 가장 주목할 만한 것 두 가지만 살펴보자.

- 많은 4기(혹은 말기) 암 환자의 증세를 완화시키는 면역 요법은 암 치료에서 큰 기대를 품게 하는 진전이다.[285] CAR-T 세포 요법 같은 기술은 환자 자신의 면역세포를 재프로그래밍해 암세포를 인식하고 파괴하도록 한다.[286] 지금까지 그런 접근법을 찾으려는 노력은 암이 면역계에 침범하는 생체분자학적 과정이 완전히 밝혀지지 않아 한계가 있었지만, AI 시뮬레이션은 이러한 장애물을 극복하는 데 도움을 줄 것이다.
- 유도만능줄기세포(iPS)를 이용해 심장마비가 일어난 심장을 재생하고, 많은 심장마비 생존자가 겪는 '저박출률'*(내 아버지도 이 때문에 세상을 떠났다)을 극복할 수 있다. 이제 우리는 유도만능줄기세포(특정 유전자 도입을 통해 줄기세포로 전환시킨 성체 세포)를 사용해 기관을 성장시키고 있다. 2023

* 박출률은 좌심실의 박출량을 확장기말 용량으로 나눈 값으로, 심장의 펌프 기능을 나타내는 지표로 쓰인다.

년 현재 유도만능줄기세포는 심장과 간, 콩팥 같은 주요 기관의 조직뿐만 아니라, 기관氣管, 머리얼굴뼈, 망막세포, 말초 신경, 피부 조직을 재생하는 데 쓰이고 있다.[287] 줄기세포는 어떤 면에서 암세포와 비슷하기 때문에, 세포 분열이 통제 불능 상태로 치달을 위험을 최소화하는 방법을 찾는 것이 한 가지 중요한 연구 방향이다. 유도만능줄기세포는 배아줄기세포처럼 행동하면서 거의 모든 종류의 인간 세포로 분화할 수 있다. 그 기술은 아직 실험 단계이지만, 인간 환자에게 적용해 성공적인 결과를 얻고 있다. 심장에 문제가 있는 환자의 경우, 환자의 세포로 유도만능줄기세포를 만들어 그것을 육안으로 보이는 심장 근육 조직 판으로 배양한 뒤에 손상된 심장에 이식한다. 이 요법의 효과는 유도만능줄기세포가 성장 인자를 분비하여 기존의 심장 조직 재생을 촉진하는 데에서 나오는 것으로 보인다. 사실, 유도만능줄기세포는 심장을 태아 상태의 환경에 있다고 믿게끔 속이는 것인지도 모른다. 이 절차는 광범위한 종류의 생물학적 조직에 사용되고 있다. 첨단 AI로 유도만능줄기세포의 행동 메커니즘을 분석하는 데 성공한다면, 재생의학은 사실상 인체 자체의 치유 청사진을 드러낼 것이다.

이러한 기술들의 결과로 의학과 수명에 관한 기존의 선형 발전 모델은 더 이상 성립할 수 없을 것이다. 우리는 타고난 직관과 현재 시점을 기준으로 역사를 되돌아보는 관점 때문에 향후 20년의 발전도 지난 20년 동안 일어난 것과 대략 비슷하리라고 생각하는 경향이 있지만, 이런 관점은 그 과정의 기하급수적 성격을 도외시하고 있다. 급진적 수명 연장이 눈앞에 다가왔다는 소식이 확산되고 있지만, 대다수 사람(의사와 환자 모두)은 아직도 낡은 생물학적 신체를 재프로그래밍하는 능력에 일어나고 있는 이 거대한 변화를 제대로 알아채지 못하고 있다.

이 장 앞부분에서 언급했듯이, 2030년대에는 또 하나의 건강 혁명이 일어날 것이다. 내가 의학 박사 테리 그로스먼Terry Grossman과 함께 건강에 대해 쓴 책에서 '급진적 수명 연장의 세 번째 다리'라고 부른 그것은 바로 의료용 나노봇이다. 이 개입은 면역계를 아주 광대하게 확장시킬 것이다. 적대적인 미생물을 지능적으로 파괴하는 T세포를 포함한 우리의 자연 면역계는 많은 종류의 병원체에 대해 매우 효과적으로 작동한다. 그 작용은 아주 중요하고 대단하여, 면역계가 없다면 우리는 오래 살아남을 수 없을 것이다. 하지만 우리의 면역계는 식량과 자원이 매우 제한적이고 대다수 인간의 수명이 짧았던 시절에 진화했다. 만약 초기 인류가 아주 젊을 때 생식을 하고 이십대에 죽었다면, 진화는 암이나 신경병성 질환(프리온처럼 잘못 접힌 단백질이 원인이 되어 발생하는)처럼 주로 말년에 나타나는 위협에 대항하기 위해 면역계를 강화하는 돌연변이를 선호할 이유가 없었다. 마찬가지로 많은 바이러스는 가축에서 옮겨오는데, 동물을 가축화하기 이전에 살았던 우리의 조상들은 그런 바이러스에 대항하는 강한 방어 메커니즘이 진화하지 않았다.[288]

나노봇은 모든 종류의 병원체를 파괴하도록 프로그래밍할 수 있을 뿐만 아니라, 대사 질환도 치료할 수 있다. 심장과 뇌를 제외한 우리의 주요 기관은 혈류에 다양한 물질을 분비하거나 제거하는데, 많은 질병은 이들의 기능 장애에서 비롯된다. 예를 들면, 제1형 당뇨병은 이자섬세포가 인슐린을 제대로 만들지 못하는 것이 원인이 되어 발생한다.[289] 의료용 나노봇은 혈액 공급을 감시하면서 호르몬, 영양분, 산소, 이산화탄소, 독소를 포함해 다양한 물질의 증감을 조절하고, 이를 통해 기관의 기능을 증강시키거나 심지어 대체할 것이다. 이런 기술들 덕분에 2030년대 말경에 우리는 질병과 노화 과정을 대부분 극복할 수 있을 것이다.

2020년대에는 첨단 AI의 주도로 의약품과 영양 부문에서 극적인 발견이 일어날 것이다. 그 자체만으로는 노화를 막기에 충분치 않을 테지만, 많은 사람의 수명을 세 번째 다리에 도달할 만큼 충분히 길게 연장할 수 있을 것이다. 그리고 2030년 무렵 가장 부지런하고 박식한 사람들은 '수명 탈출 속도'에 도달할 것이다. 이것은 1년이 지날 때마다 남아 있는 기대 수명이 1년 이상 늘어나는 티핑 포인트에 해당한다. 이제 시간의 모래는 흘러나가는 것이 아니라 흘러들어오기 시작한다.

급진적 수명 연장의 네 번째 다리는 우리가 모든 디지털 정보를 정기적으로 백업하듯이 본질적으로 우리 자신을 백업하는 능력이다. 우리의 생물학적 신피질을 클라우드의 사실적인(비록 훨씬 빠르긴 하지만) 신피질 모델로 증강하면, 우리의 사고는 현재 우리에게 익숙한 생물학적 사고와 그것이 디지털적으로 확장된 사고가 결합한 형태가 될 것이다. 디지털 뇌는 기하급수적으로 확장되어 마침내 우리의 사고를 주도할 것이다. 그것은 생물학적 뇌를 완전히 이해하고 모델링하고 시뮬레이션할 만큼 충분히 강력해져 우리의 모든 사고를 백업하게 해줄 것이다. 이 시나리오는 2040년대 중반에 우리가 특이점에 다가가면서 현실화될 것이다.

궁극적인 목표는 우리의 운명을 은유적인 운명의 손 대신에 우리 자신의 손에 쥐는 것이다. 즉, 우리가 원하는 만큼 충분히 오래 사는 것이다. 그런데 죽음을 선택하려는 사람이 있을까? 연구에 따르면, 자신의 목숨을 끊는 사람은 대개 육체적으로건 정서적으로건 견딜 수 없는 고통을 겪다가 그런 선택을 한다.[290] 의학과 신경과학의 발전이 이 모든 고통 사례를 다 예방할 수는 없겠지만, 그런 사례를 크게 줄이는 데 도움을 줄 것이다.

그런데 일단 우리 자신이 백업된다면, 죽을 수 있는 방법이 있을까?

클라우드에는 이미 모든 정보의 백업이 많이 저장돼 있는데, 2040년대에는 이 능력이 크게 강화될 것이다. 어떤 사람의 모든 복제를 파괴하는 것은 거의 불가능할 수 있다. 만약 파일 삭제를 쉽게 선택할 수 있는 방식으로(개인의 자율성을 최대한 존중한다는 측면에서) 마음 백업 시스템을 설계한다면, 본질적으로 어떤 사람에게 그러한 선택을 하도록 속이거나 강요할 수 있는 보안 위험이 생기며 사이버 공격에 대한 취약성이 커질 수 있다. 반면에 사람들이 매우 개인적인 자신의 데이터를 제어하는 능력을 제한하는 것은 중요한 자유를 침해하는 행위이다. 하지만 나는 수십 년 동안 핵무기를 보호하는 데 성공을 거둔 것과 비슷하게 적절한 안전장치를 설치하는 것이 가능하다고 낙관한다.

만약 생물학적 사망 후에 자신의 마음 파일을 복구한다면, 그것은 정말로 **나 자신**을 복구한 것일까? 제3장에서 논의했듯이, 이것은 과학적 질문이 아니라 철학적 질문이며, 오늘날 살아 있는 대다수 사람의 생애 동안 우리가 붙들고 씨름해야 할 문제이다.

마지막으로 어떤 사람들은 형평성과 불평등 문제를 우려한다. 이러한 수명 연장 예측에 대해 보편적으로 제기되는 비판은 오직 부자만이 급진적 수명 연장 기술의 혜택을 누리리라는 주장이다. 이에 대해 나는 휴대폰의 역사를 돌아보라고 말한다. 30년 전만 해도 정말로 부자만 휴대폰을 소유할 수 있었는데, 그 휴대폰은 성능도 그리 뛰어난 것이 아니었다. 지금은 수십억 명이 휴대폰을 소유하고 있으며, 그것으로 단지 전화를 거는 데 그치지 않고 많은 일을 한다. 이제 휴대폰은 거의 모든 인간 지식에 접근할 수 있는 기억 확장 장치가 되었다. 이런 기술은 처음에는 가격은 비싸고 성능은 제한된 상태로 시작한다. 그리고 성능이 완성될 무렵에는 거의 모든 사람이 소유할 수 있는 수준으로 가격이 떨어진다.

그 이유는 정보 기술의 고유한 특성인 가격 대비 성능의 기하급수적 향상에 있다.

급격히 솟아오르는 밀물

이 장에서 내가 주장한 것처럼, 많은 일반적인 추정과는 반대로 대다수 사람의 삶은 심오하고 근본적인 방식으로 점점 개선되고 있다. 더 중요한 것은 이것이 그저 우연의 일치가 아니라는 사실이다. 지난 200년 동안 문해율과 교육, 위생, 기대 수명, 깨끗한 에너지, 빈곤, 폭력, 민주주의 같은 부문에서 엄청난 개선이 일어났는데, 그것을 추진한 원동력은 모두 동일한 동역학이었다. 스스로의 발전을 촉진하는 정보 기술이 바로 그것이다. 수확 가속의 법칙의 핵심을 이루는 이 통찰력은 인류의 삶을 극적으로 변화시킨 선순환을 설명해준다. 정보 기술은 생각에 관한 것이고, 생각을 공유하고 새로운 생각을 만드는 능력의 기하급수적 향상은 우리 각자에게 가장 넓은 의미에서 인류의 잠재력을 활짝 펼치고, 사회가 직면한 많은 문제를 집단적으로 해결할 수 있도록 더 큰 힘을 제공한다.

기하급수적으로 발전하는 정보 기술은 인간의 조건이라는 모든 배를 띄워 올리는 밀물이다. 이제 우리는 이 밀물이 이전에 한 번도 올라가지 않은 높이까지 솟아오르는 시기에 막 들어서려 하고 있다. 이 과정을 이끄는 핵심 기술은 인공 지능인데, 인공 지능은 농업과 의학에서부터 제조와 토지 사용에 이르기까지 선형적으로 발전하는 많은 종류의 기술을 기하급수적 정보 기술로 전환시키고 있다. 앞으로 우리의 삶 자체를 기하급수적으로 개선할 원동력은 바로 이 힘이다.

더 쉽고 더 안전하고 더 풍부한 삶을 향한 인류의 여정은 수년, 수십 년, 수백 년, 수천 년 동안 계속 발전해왔다. 우리는 불과 100년 전의 삶을 상상하는 것조차 어려움을 겪는데, 그 이전 시기는 말할 것도 없다. 지난 수십 년 동안 이룬 굉장한 성과와 향후 수십 년 동안 일어날 심오한 진화로 점점 가속화하는 우리의 진전은 지금 상상할 수 있는 것을 훌쩍 뛰어넘어 우리를 이 긍정적 방향으로 힘차게 도약하게 해줄 것이다.

제5장

일자리의 미래: 좋은 쪽 혹은 나쁜 쪽?

The Future of Jobs: Good or Bad?

현재의 혁명

앞으로 20년 동안 수렴될 기술들은 전 세계에서 막대한 번영과 물질적 풍요를 만들어낼 것이다. 하지만 바로 이 힘들이 사회에 유례없는 속도의 적응을 강요하며 세계 경제를 뒤흔들 수도 있다.

《특이점이 온다》가 출판된 해인 2005년, 미국 국방고등연구계획국은 자율 주행 자동차 경주 대회인 'DARPA 그랜드 챌린지'에서 우승한 스탠퍼드대학교 연구팀에 200만 달러의 상금을 수여했다.[1] 그 당시 자율 주행 자동차는 일반 대중에게는 여전히 SF에나 등장하는 대상이었고, 많은 전문가는 100년 후에나 현실화될 것이라고 생각했다. 하지만 2009년에 구글이 AI가 주도하는 자율 주행 자동차 개발 프로젝트를 야심차게 시작하자 진전이 빠르게 가속화되기 시작했다. 이 프로젝트는 웨이모라는 독립적인 회사로 발전했는데, 웨이모는 2020년에 피닉스 지역에서 일반 대중에게 완전 자율 주행 무인 택시 서비스를 시작한 뒤 곧이어 샌프란시스코 지역까지 확대했다.[2] 여러분이 이 글을 읽을 무렵에 이 서비스는 로스앤젤레스와 그 외 다른 여러 도시들로 확대돼 있을 것이다.[3]

웨이모의 자율 주행 차량들은 이 글을 쓰고 있는 시점에 이미 2000만 마일 이상을 주행했다. (이 수치는 빠르게 증가하고 있는데, 이것은 내가 이 책을 쓰면서 애를 먹는 문제 중 하나이다!)[4] 현실 세계의 이 경험은 웨이모에 현실적인 시뮬레이터—운전할 때 발생하는 수많은 돌발 상황을 재현할 수 있는 가상 환경—를 만들고 미세 조정하는 기반을 제공했다.

이 두 가지 방식은 각자 나름의 장점과 약점이 있지만, 둘을 합치면 상호 강화 효과가 나타난다. 현실 세계의 운전은 완전히 현실적이고, 공학자가 자기 머리만으로는 절대로 예견할 수 없어 시뮬레이션 환경에 집어넣을 수 없는 돌발 상황을 포함한다. 하지만 AI가 현실의 실제 상황에서 어려움에 처했을 때, 공학자는 차량 통행을 중단시키고 주변의 모든 운전자에게 "자, 다시 한번 갑시다. 이번에는 속도를 시속 5마일 더 올리세요."라고 말할 수 없다.

이와는 대조적으로, 가상 세계에서의 운전은 수많은 테스트가 가능해 어떤 상황에 숙달하는 데 필요한 파라미터를 과학적으로 정확하게 조정할 수 있다. 또한 현실 세계의 운전에서 AI를 훈련시키기에 충분히 안전하지 않을 만큼 위험한 시나리오를 시뮬레이션하는 것도 가능하다. 이런 방식으로 AI에게 수백만 가지 상황을 경험하게 함으로써 공학자는 현실 세계 운전에서 해결해야 할 중요한 문제들을 확인할 수 있다.

시뮬레이션으로 축적할 수 있는 데이터 양이 현실에 비해 얼마나 많은지 이야기하자면, 2018년에 웨이모는 2009년까지 거슬러 올라가는 그 프로젝트의 전체 역사에서 그때까지 실제 도로에서 축적한 것과 같은 양의 주행 마일을 매일 시뮬레이션하기 시작했다. 이 글을 쓰고 있는 현재 관련 데이터를 구할 수 있는 가장 최근의 해인 2021년에 그 경이로운 비율은 여전히 유지되고 있다. 즉, 하루에 약 2000만 마일의 시뮬레이션 주행이 일어나고 있는데, 웨이모가 설립된 이래 그때까지 현실 세계에서 실제로 주행한 거리는 2000만 마일을 조금 넘는다.[5]

앞서 제2장에서 이야기했듯이, 그러한 시뮬레이션은 심층(예컨대 100층짜리) 신경망을 훈련시킬 만큼 충분히 많은 사례를 만들 수 있다. 알파벳의 자회사 딥마인드도 바로 이 방법으로 바둑 대국에서 AI가 인간 챔피언을 능가하도록 훈련시키기에 충분할 만큼 많은 사례를 만들어냈다.[6] 운전 세계 시뮬레이션은 바둑 세계 시뮬레이션보다 훨씬 복잡하지만, 웨이모는 동일한 기본 전략을 사용한다. 그리고 지금은 **200억** 마일 이상의 시뮬레이션 운전을 통해 그 알고리듬을 더 갈고닦았고,[7] 충분한 데이터를 만들어냄으로써 딥러닝을 적용해 알고리듬을 개선할 수 있게 되었다.

만약 자동차나 버스나 트럭을 운전하는 일을 하고 있다면, 이 소식은 당신을 잠깐 생각에 잠기게 만들 것이다. 미국 전역에서 고용된 사람들 중 2.7% 이상이 이런저런 형태의 운전기사로 일하고 있다(트럭이나 버스, 택시, 화물 밴을 비롯해 다양한 차량을 몰면서).[8] 입수 가능한 최근 데이터에 따르면, 이 수치는 약 460만 개 이상의 일자리에 해당한다.[9] 자율주행 차량 때문에 이들이 얼마나 빨리 일자리를 잃을지에 대해서는 이견이 있을 수 있지만, 그중 상당수가 자율 주행 차량이 없는 경우보다 더 일찍 일자리를 잃으리라는 것은 사실상 확실하다. 게다가 이 일자리에 영향을 미치는 자동화는 미국 전역에 불균등한 효과를 미칠 것이다. 캘리포니아주와 플로리다주처럼 큰 주에서는 전체 고용 인력 중 운전기사가 차지하는 비율이 3% 미만인 반면, 와이오밍주와 아이다호주에서는 그 비율이 4%를 넘는다.[10] 텍사스주와 뉴저지주, 뉴욕주에서는 그 비율이 5%, 7%, 심지어 8%에 이른다.[11] 이들 운전기사 중 대다수는 중년 남성이고 학력은 대학교 미만이다.[12] 하지만 자율 주행 차량은 직접 운전대를 잡는 사람의 일자리만 빼앗는 데 그치지 않는다. 트럭 운전기사가 자동화 때문에 일자리를 잃으면, 그들의 급여를 처리하는 사람과 도로변의 편의점과 모텔 근로자도 덜 필요하다. 트럭 휴게소 화장실 청소부의 수요도 줄어들고, 트럭 운전기사가 자주 찾는 성매매 종사자의 수요도 줄어들 것이다. 우리는 이런 영향이 나타나리라는 사실을 막연히 알지만, 그 규모가 어느 정도일지 또는 이런 변화가 얼마나 빠르게 일어날지는 정확하게 추정하기가 매우 어렵다. 그렇지만 미국 교통통계국의 최신 추정(2021)에 따르면, 운송과 운송 관련 산업에 직접 고용된 사람의 수가 전체 미국 노동자 중 약 10.2%에 이른다는 사실을 유념할 필요가 있다.[13] 이토록 큰 부문에서는 비교적 작은 혼란조차도 중대한 결과를 초래할 수 있다.

하지만 대규모 데이터세트로 학습하는 이점을 활용하는 AI 때문에 상당히 가까운 장래에 위협을 받을 직업 명단은 아주 길고, 운전은 그중 하나에 불과하다. 옥스퍼드대학교의 칼 베니딕트 프레이Carl Benedikt Frey와 마이클 오스본Michael Osborne은 2013년에 발표한 획기적인 연구에서 2030년대 초까지 위협받을 가능성이 높은 직업 700개의 순위를 매겼다.[14] 자동화될 가능성이 99%에 이르는 직업 중에는 텔레마케터, 보험심사역, 세금 보고 대행인이 포함돼 있었다.[15] 자동화될 가능성이 50% 이상인 직업은 전체 직업 중 절반을 넘었다.[16]

명단에서 높은 곳에는 공장 근로, 고객 서비스, 은행 업무 그리고 물론 자동차와 트럭과 버스 운전이 포함돼 있었다.[17] 낮은 곳에는 작업 치료사, 사회 복지사, 성매매 종사자처럼 밀접하고 유연한 개인적 상호 작용이 필요한 직업이 포함돼 있었다.[18]

그 보고서가 나오고 나서 10년이 지나는 동안 그 놀라운 핵심 결론을 뒷받침하는 증거가 꾸준히 쌓였다. 2018년에 OECD가 발표한 보고서는 특정 직업에서 각각의 작업이 자동화될 가능성을 검토했는데, 프레이와 오스본이 내놓은 것과 비슷한 결과를 얻었다.[19] 이 보고서는 32개국의 전체 직업 중 14%가 향후 10년 사이에 자동화 때문에 사라질 확률이 70% 이상이고, 그것을 제외한 32%도 사라질 확률이 50% 이상이라고 결론 내렸다.[20] 이 연구 결과는 이들 나라에서 약 2억 1000만 개의 일자리가 사라질 위험에 처해 있다고 시사했다.[21] 실제로 2021년에 나온 OECD의 한 보고서는 최신 데이터를 바탕으로 자동화 위험이 높은 직업의 고용 성장률이 훨씬 느리다는 사실을 확인했다.[22] 그리고 이 모든 연구는 챗GPT와 바드 같은 생성형 AI의 약진이 일어나기 전에 이루어진 것이었다. 2023년에 맥킨지가 내놓은 보고서 같은 최신 평가에 따르면, 오늘날 선진국 경제에서 전체 근무 시간 중 63%는 이미 현재 기술로도 자동화할 수 있는 작업에 소요되고 있다고 한다.[23] 만약 채택이 빠르게 진행된다면, 이러한 작업 중 절반이 2030년까지 자동화될 수 있지만, 맥킨지가 내놓은 중간 시나리오는 그 시점을 2045년으로 예상한다(미래에 AI에 획기적인 발전이 일어나지 않는다고 가정할 때). 하지만 우리는 AI가 계속 기하급수적으로 발전할 것이고, 2030년대의 어느 시점에는 초인적 수준의 AI가 나오고, (AI의 제어를 받으며) 완전 자동화된 원자 수준의 정밀한 제조가 일어나리라는 걸 이미 알고 있다.

그런데 사람들이 자신의 일자리가 자동화에 크게 잠식될 가능성이 있다는 사실을 분명히 인식한 것은 이번이 처음이 아니다. 그 이야기는 200년 전에 영국 노팅엄의 방직공들이 역직기와 다른 방직 기계들의 도입에 위협을 느꼈던 때로 거슬러 올라간다.[24] 이들은 대대로 계승된 안정적인 가내 수공업을 통해 스타킹과 레이스를 능숙하게 생산하면서 소박한 삶을 영위했다. 하지만 19세기 초의 기술 혁신은 이 산업의 경제력을 기계 소유자의 손으로 이동시켰고, 방직공들은 일자리를 잃을 위험에 처했다.

네드 러드Ned Ludd가 실존 인물인지조차 분명하지 않지만, 전설에 따르면 그는 우연히 실수로 방직 공장의 기계를 망가뜨렸는데, 그 후 기계가 망가지면(실수로 혹은 자동화에 반대하기 위한 고의적 행동으로) 사람들은 모두 네드 러드가 그랬다고 둘러댔다고 한다.[25] 1811년 절박한 처지에 몰린 방직공들은 도시에서 게릴라 부대를 조직하면서 자신들의 지도자가 러드 장군이라고 선언했다.[26] '러다이트'Luddite라 불린 이들은 공장 소유주들에 대항해 봉기를 일으켰다. 처음에는 주로 기계를 부수는 데 중점을 두었지만, 얼마 지나지 않아 유혈 사태가 발생했다. 러다이트 운동은 영국 정부가 이 운동의 지도자들을 투옥하고 교수형에 처하면서 끝났다.[27] 네드 러드는 어디서도 발견되지 않았다.

방직공들은 자신들의 생계가 완전히 파탄 나는 것을 지켜보았다. 그들의 관점에서는 새로운 기계의 설계와 제조, 마케팅을 위해 더 높은 임금을 주는 일자리가 생겨난다는 것은 언어도단이었다. 평생 동안 갈고닦은 기술은 쓸모없는 것이 되고 말았는데, 그들을 재교육시키기 위한 정부 차원의 계획은 전무했으며 대다수의 사람이 한동안은 급여가 더 낮은 일자리를 구할 수밖에 없었다. 하지만 초기의 자동화 물결이 가져다준 한 가지 긍정적 결과는, 이제 보통 사람도 셔츠 한 벌로 살아가는 대신에 잘 만들어진 옷을 여러 벌 살 여력이 생겼다는 것이었다. 시간이 지나자 자동화의 결과로 새로운 산업들이 생겨났다. 그로 인한 번영은 최초의 러다이트 운동을 붕괴시킨 주요 요인이었다. 러다이트는 역사 속으로 사라져갔지만, 그들은 기술 발전으로 인해 소외되는 사람들의 강력한 상징으로 남았다.

파괴와 창조

만약 내가 1900년에 선견지명이 있는 미래학자였다면, 노동자들에게 이렇게 말했을 것이다. "여러분 중 약 40%는 농장에서 일하고(1810년에는 80%가 넘었다), 20%는 공장에서 일하고 있지만, 2023년이 되면 제조업 부문에서 일하는 사람은 절반 이상(7.8%로) 감소할 것이고, 농업 부문에서 일하는 사람은 95% 이상(1.4% 미만으로) 감소할 것입니다."[28]

계속해서 이렇게 말했을 수도 있다. "하지만 염려하지 않아도 됩니다. 고용은 실제로는 감소하는 것이 아니라 증가할 것이기 때문입니다. 없어지는 일자리보다 새로 생기는 일자리가 더 많을 것입니다." 만약 그들이 "어떤 일자리가 새로 생긴다는 말인가요?"라고 묻는다면, 정직한 대답은 "그건 나도 잘 몰라요. 그것들은 아직 발명되지 않았으니까요. 그것들은 아직 존재하지 않는 산업들에서 생겨날 겁니다."라고 해야 할 것이다. 이것이 그리 만족스러운 대답이 아니라는 사실은 자동화가 왜 정치적 불안을 야기하는지 잘 설명해준다.

만약 내가 정말로 선견지명이 있다면, 1990년에 사람들에게 웹사이트와 모바일 애플리케이션을 만들고 운영하고, 데이터 분석과 온라인 판매를 하는 일자리들이 곧 새로 생겨난다고 말했을 것이다. 하지만 그들은 내가 하는 말이 무슨 말인지 전혀 이해하지 못했을 것이다.

사실, 많은 고용 부문에서 일자리가 크게 감소했지만 전체 일자리 수는 극적으로 증가했다(절대적인 수로나 비율로나). 1900년에 미국의 전체 노동 인구는 전체 인구의 38%인 약 2900만 명이었다.[29] 2023년 초에는 그 수가 1억 6600만 명이었고, 비율로는 전체 인구의 49% 이상에 이르렀다.[30]

일자리 수가 증가하는 데 그치지 않고, 이러한 일자리를 채우는 노동자들은 노동 시간이 줄어드는데 돈은 더 많이 벌고 있다. 미국에서 노동자 1인당 연간 노동 시간은 1870년에 약 2900시간에서 2019년(코로나19 팬데믹이 발생하기 직전)에는 약 1765시간으로 감소했다.[31] 그리고 노동 시간의 감소에도 불구하고, 노동자의 평균 연소득은 1929년 이후에 불변 달러 기준으로 4배 이상 증가했다.[32] 그해에 미국의 1인당 연간 개인 소득은 약 700달러였다. 전체 인구 1억 2280만 명 중에서 4800만 명만 고용되었기 때문에, 노동자 한 명당 개인 소득은 약 1790달러(2023년 불변 달러로는 약 3만 1400달러)였다.[33] 2022년에 미국의 1인당 연간 개인 소득은 6만 4100달러였고, 전체 인구 3억 3200만 명 중에서 노동 인구는 약 1억 6400만 명이었다.[34] 따라서 미국 노동자의 평균 연소득은 약 12만 9800 달러(2023년 불변 달러로는 약 13만 3000달러)로, 90년 전보다 4배 이상 증가한 것이었다.

그런데 이 평균은 전국적으로 전체 부가 크게 증가한 상황을 반영하고 있지만, 중위 소득(모든 가구를 소득 순으로 순위를 매겼을 때 한가운데에 위치한 가구의 소득)은 이보다 훨씬 낮다는 데 유의해야 한다. 신뢰할 만한 1929년 데이터는 없지만, 2021년의 중위 소득은 3만 7522달러인 반면, 평균 소득은 6만 4100달러였다.[35] 이 차이는 인구 중 초고소득자는 소수인 반면, 은퇴자와 학생, 살림하는 부모를 비롯한 그 외 비노동자가 다수를 차지하는 데에서 비롯되었다.

폭을 더 좁혀 시급을 살펴보아도 비슷한 추세가 나타난다. 1929년에 평균적인 미국 노동자는 연간 2316시간을 일했다.[36] 평균 소득은 2023년 불변 달러 기준으로 약 3만 1400달러였으니, 시급으로 따지면 약 13.55달러였다. 2021년에 미국인은 2540억 시간을 일해 임금과 봉급으로 약 10조 8000억 달러(2023년 불변 달러로 환산한 수치)를 벌었다. 시급으로 따지면 약 42.50달러로, 1929년에 비해 3배 이상 증가한 것이다.[37]

현실적으로 증가분은 이보다 더 크다. 어떤 종류의 일은 공식 임금 통계에 잡히지 않는다. 예를 들면, 고소득 프리랜서 컴퓨터 프로그래머는 급여를 받고 일하지 않는다. 기업가나 창조적인 예술가도 마찬가지인데, 이들은 시간당 아주 높은 소득을 올린다. 2021년에 미국의 전체 개인 소득은 약 21조 8000억 달러(2023년 불변 달러로 환산한 수치)였는데, 이것은 시간당 소득이 임금과 봉급 수치보다 대략 두 배나 많다는 것을 의미한다.[38] 하지만 많은 개인 소득(예컨대 부동산 임대 소득)은 노동 시간과 그다지 관련이 없으므로, 가장 정확한 수치는 두 값 사이의 어느 지점에 위치할 것이다. 앞 장에서 이야기했듯이, 이러한 성과에는 그 기간에 동일한(인플레이션을 감안해 보정했을 때) 가격의 상품 중 품질이 크게 개선된 것이 얼마나 많아졌는지는 물론이고, 소비자들이 수많은 새로운 혁신에 접근할 수 있게 되었다는 사실은 전혀 반영되지 않는다.

이러한 발전의 기반에는 기술 변화가 오래된 직업에 정보 기반 차원들을 도입하고 있고, 100년 전은 물론이고 25년 전에도 존재하지 않은, 새롭고 더 수준 높은 기술이 필요한 수백만 개의 일자리를 새로 창출하고 있다는 사실이 자리잡고 있다.[39] 지금까지 이것은 한때 대다수 노동력을 차지했던 농업과 제조업 부문 일자리의 대규모 파괴를 상쇄해왔다.

19세기 초에 미국은 압도적인 농업 사회였다. 점점 더 많은 정착민이 신생국으로 쏟아져 들어와 애팔래치아산맥 서쪽으로 이주하면서 농업에 종사하는 미국인 비율이 증가했는데, 한때 80% 이상을 넘기까지 했다.[40] 하지만 1820년대에 농업 기술 개선으로 적은 수의 농부가 더 많은 사람을 먹일 식량을 생산하면서 이 비율이 빠르게 감소하기 시작했다. 처음에 이것은 과학적 식물 품종 개량 방법 개선과 더 나은 윤작법이 결합된 결과였다.[41] 산업 혁명이 진행되면서 기계 농업 도구는 노동력을 절약하는 주요 수단이 되었다.[42] 1890년은 처음으로 미국인 중 다수가 농업 부문에서 일하지 않은 해가 되었는데, 그 추세는 1910년경에 증기 기관이나 내연 기관으로 움직이는 트랙터가 느리고 비효율적인 역축役畜을 대체하면서 빠르게 가속되었다.[43]

20세기에 들어 효과적인 살충제와 화학 비료, 유전자 변형 기술 도입으로 작물 수확량이 폭발적으로 증가했다. 예를 들면, 1850년에 영국의 밀 생산량은 에이커당 0.44톤이었는데,[44] 2022년에는 에이커당 3.84톤으로 늘어났다.[45] 거의 같은 기간에 영국 인구는 약 2700만 명에서 6700만 명으로 증가했으니, 식량 생산은 단지 증가하는 인구를 먹여 살리는 데 그치지 않고 각 개인에게 훨씬 풍부한 식량을 공급했다.[46] 영양 섭취가 좋아지자, 사람들은 키가 커지고 더 건강해졌으며, 아동기의 뇌 발달도 더 양호하게 진행되었다. 더 많은 사람이 자신의 잠재력을 충분히 발휘하게 되자, 더 많은 재능이 분출되면서 추가적인 혁신이 계속 일어났다.[47]

미래를 바라보면, 자동화 수직 농업의 출현은 농업 생산성과 효율성에 또 한 번의 큰 도약을 가져올 것으로 보인다. 영국의 핸즈 프리 헥타르 같은 회사는 농업 생산의 모든 단계에서 인간 노동력을 배제하는 연구를 하고 있다.[48] AI와 로봇공학이 발전하고 재생 에너지가 저렴해짐에 따라 결국에는 많은 농산품 가격이 크게 낮아질 것이다. 식품 가격이 인간 노동력과 희소 천연 자원에 덜 좌우되면, 사람들이 가난 때문에 건강에 좋고 영양분이 풍부한 신선 식품을 사 먹지 못하는 일이 사라질 것이다.

● 1800년 이후 미국의 농업 부문 노동자[49]

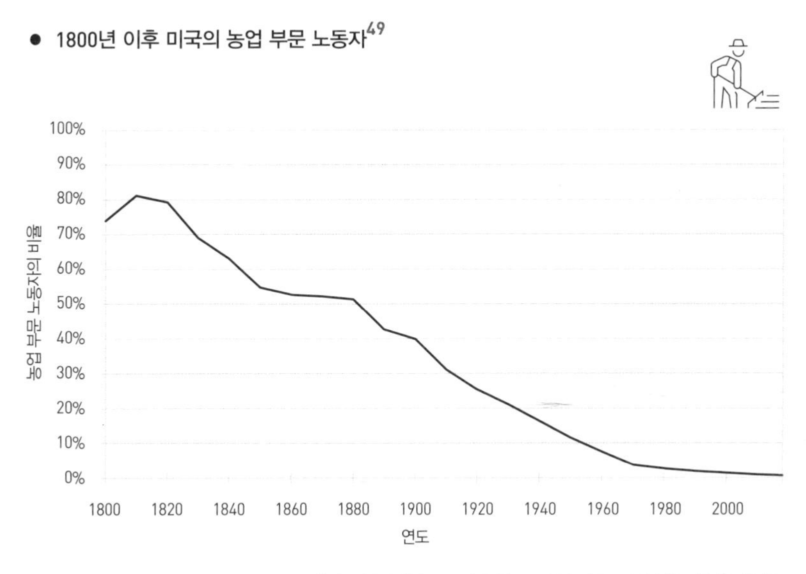

출처: 전미경제연구소, 미국 인구조사국, 미국 노동통계국, 국제노동기구

일자리를 잃은 농부 중 많은 사람이 공장에서 새 일자리를 얻었지만, 약 150년 뒤에 거의 비슷한 이야기가 공장 노동자에게 펼쳐졌다. 19세기의 처음 10년 동안은 미국 노동자 35명 중 1명이 제조업 분야에서 일했다.[50] 하지만 얼마 지나지 않아 산업 혁명은 대도시들을 크게 변화시켰는데, 증기 기관으로 돌아가는 공장들이 곳곳에 들어서면서 수백만 명의 저숙련 노동자가 필요하게 되었다. 1870년경에는 노동자 5명 중 1명

이 제조업 분야에서 일했는데, 주로 산업화가 빠르게 일어나고 있던 북부 지역에서 일했다.[51] 20세기가 시작될 무렵에 두 번째 산업 혁명 물결은 새로운 노동자 집단—주로 이민자—을 제조업계에 대량 공급했다. 조립 라인의 발달은 효율성을 크게 높였고, 제품 가격이 떨어지면서 점점 더 많은 사람이 다양한 제품을 구매할 수 있게 되었다.[52]

수요가 증가하자 공장은 새 노동자를 고용해야 했고, 평화 시 제조업 부문 고용은 1920년경에 정점에 이르러 민간 노동 인구 중 26.9%를 차지했다.[53] 노동 인구 크기를 측정하는 방법은 시간이 지나면서 약간 변했기 때문에 이 수치를 후대의 수치와 완전하게 비교할 수는 없지만, 일반적인 사실은 명확하다. 대공황(제조업 부문 고용이 일시적으로 크게 하락한 시기)과 제2차 세계 대전(제조업 부문 고용이 일시적으로 크게 증가한 시기) 기간의 요동을 제외한다면, 미국의 노동 인구 중 제조업 부문에서 일하는 사람의 비율은 1970년대까지 대략 4명 중 1명 수준을 유지했다.[54] 약 50년 동안 확 상승하거나 하락하는 추세는 전혀 나타나지 않았다.

그러다가 기술과 관련된 두 가지 변화가 미국 공장들의 고용을 잠식하기 시작했다. 첫째, 물류와 운송, 특히 컨테이너 운송의 혁신으로 제조업을 임금이 싼 국가로 아웃소싱하고 완제품을 미국으로 수입하는 것이 기업에 수지맞는 경영 전략이 되었다.[55] 컨테이너 운송은 공장 로봇이나 AI처럼 화려한 기술은 아니지만, 현대 사회에 아주 큰 영향을 미친 혁신 중 하나였다. 컨테이너 운송은 전 세계의 운송 비용을 크게 낮춤으로써 경제의 세계화에 크게 기여했다. 그것은 엄청나게 다양한 제품을 보통 사람들에게 값싸게 공급했을 뿐만 아니라, 미국의 많은 지역에서 제조업 쇠퇴를 이끈 주요 요인이었다.

둘째, 자동화는 국내 제조 부문에 필요한 인간 노동력의 양을 줄였다.

초기의 조립 라인은 각 단계마다 사람이 직접 손으로 처리하는 작업이 상당량 필요했지만, 로봇이 도입되면서 그 필요가 크게 줄어들었다. 이 추세는 1990년대에 컴퓨터화와 인공 지능이 자동화의 성능과 효율성을 높이면서 더욱 강해졌다. 따라서 제조업 부문 노동자는 더 똑똑해진 기계의 도움으로 같은 시간에 점점 더 많은 제품을 생산할 수 있게 되었다. 사실, 1992년부터 2012년까지 20년 동안 컴퓨터화가 공장의 생산 방식에 큰 변화를 가져오면서 평균 노동자의 시간당 생산성은 두 배나 증가했다(인플레이션을 감안해 보정한 수치).[56]

그 결과, 21세기에 들어와 제조업 생산과 제조업 고용이 서로 분리되었다. 닷컴 버블 붕괴 이후의 불황이 닥치기 직전인 2001년 2월에 미국의 제조업 부문 일자리 수는 1700만 개였다.[57] 불황기에 이 수치는 급락했고 다시는 회복되지 않았다. 2000년대 중반의 호황기 내내 일자리 수는 약 1400만 개 수준에 머물렀는데, 생산량이 상당히 증가했는데도 불구하고 그랬다.[58] 대침체가 시작된 2007년 12월에 제조업 부문에서 일한 미국인은 약 1370만 명이었는데, 2010년 2월에는 1140만 명으로 감소했다.[59] 제조업 생산량은 빠르게 반등했고, 2018년에는 사상 최고치에 가까운 수준으로 돌아갔지만, 일자리를 잃은 사람 중 다수는 다시 돌아오지 못했다.[60] 2022년 11월에도 그 많은 생산량에 필요한 노동자 수는 1290만 명에 그쳤다.[61]

지난 세기를 돌아보면, 이러한 추세는 눈에 띄게 드러난다. 1920년부터 1970년까지 제조업 부문 고용은 20~25%를 꾸준히 유지하다가 그 후 50년 동안 노동 인구 비율이 조금씩 꾸준히 줄어들었다. 1980년에는 17.5%, 1990년에는 14.1%, 2000년에는 12.1% 그리고 2010년에는 7.5%로 바닥에 이르렀다.[62] 그 후 10년 동안은 경제 팽창과 제조업 생산량 증가가 지속되었는데도 불구하고 사실상 정체 상태에 머물렀다. 2023년 초 현재 제조업 부문에서 일하고 있는 미국인은 대략 13명 중 1명이다.[63]

● 1990년 이후 미국의 제조업 부문 노동자[64]

출처: 미국 노동통계국; Stanley Lebergott, "Labor Force and Employment, 1800-1960," in *Output, Employment, and Productivity in the United States After 1800*, ed. Dorothy S. Brady (전미경제연구소, 1966)

농장과 공장 일자리가 크게 감소했지만 미국의 노동 인구는 통계 조사를 시작한 이래 꾸준히 증가해왔는데, 자동화 물결이 연속적으로 밀려왔는데도 불구하고 그랬다.[65] 산업 혁명 초기부터 20세기 중반까지 경제는 단지 빠르게 팽창하는 인구에 맞춰 새로운 일자리를 충분히 만들어 내는 데 그치지 않고, 노동 시장에 새로 진입하는 수천만 명의 여성을 수용하기까지 했다.[66]

21세기가 시작되고 나서 전체 인구 중 노동 인구 비율은 약간 줄어들었지만, 큰 이유 중 하나는 은퇴 시기에 접어든 미국인의 비율이 높아진

데 있다.[67] 1950년에는 미국 인구 중 65세 이상의 비율이 8.0%였는데,[68] 2018년에는 이 비율이 두 배 높은 16.0%가 되면서 그만큼 경제 활동 인구 비율이 줄어들었다.[69] 미국 인구통계국은 2050년에는 전체 인구 중 65세 이상의 비율이 22%에 이를 것이라고 전망하는데, 향후 수십 년 사이에 일어날지도 모르는 새로운 의학적 돌파구는 고려하지 않고 추정한 수치이다.[70] 만약 내 생각이 옳다면, 그때쯤이면 수명 연장 기술이 실현되어 노령층 비율은 그보다 더 높아질 것이다.

하지만 절대적 수치로 보면 노동 인구 자체는 여전히 증가하고 있다. 2000년에 미국의 민간 노동 인구는 전체 인구 2억 8200만 명 중 1억 4360만 명이었고, 비율로는 50.9%에 이르렀다.[71] 2022년에는 전체 인구 3억 3200만 명 중 1억 6400만 명으로 증가했는데, 이 비율은 49.4%이다.[72]

경제가 더 기술 집약적 일자리로 옮겨감에 따라 필요한 새 기술을 제

● 미국의 노동 인구[73]

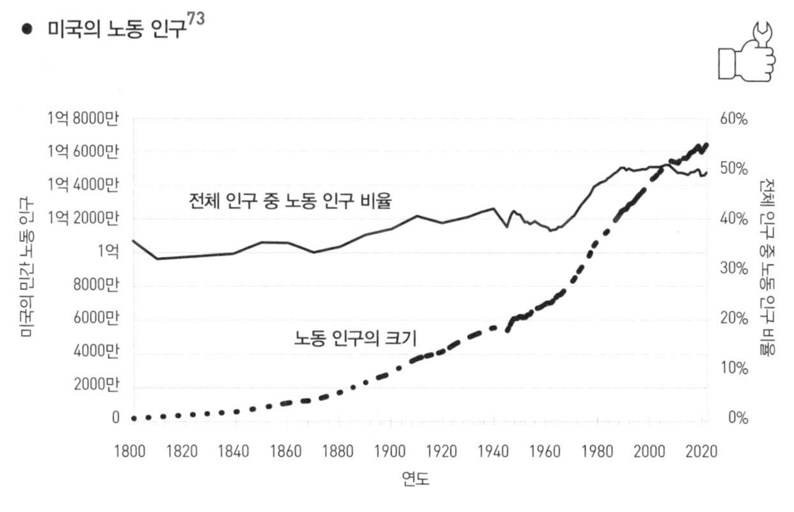

출처: 미국 노동통계국, 전미경제연구소, 미국 인구조사국

공하고 새로운 고용 기회를 창출하기 위해 교육 부문 투자가 크게 증가했다. 1870년에는 대학교를 다니는 학생(학부생과 대학원생을 모두 합쳐)이 6만 3000명이었는데, 2022년에는 약 2000만 명으로 늘어났다.[74] 그중에서 2000년부터 2022년까지 증가한 학생만 약 470만 명이다.[75] 오늘날 우리는 아이 한 명을 유치원부터 12학년까지 교육시키는 데 1세기 전보다 불변 달러 기준으로 18배 이상이나 많은 돈을 쓰고 있다. 1919-20학년도에 K-12 공립학교들은 학생 한 명당 1035달러(2023년 불변 달러 기준)를 썼다.[76] 2018-19학년도에는 이것이 약 1만 9220달러(2023년 불변 달러 기준)로 증가했다.[77]

지난 200년 동안 기술 변화가 경제 전반에 걸쳐 대다수 직업을 교체하는 일이 여러 차례 일어났지만, 그래도 지속적이고 극적인 경제 발전

● 고등 교육 기관에 등록한 남녀별 학생 수: 1869–70학년도~1990–91학년도[78]

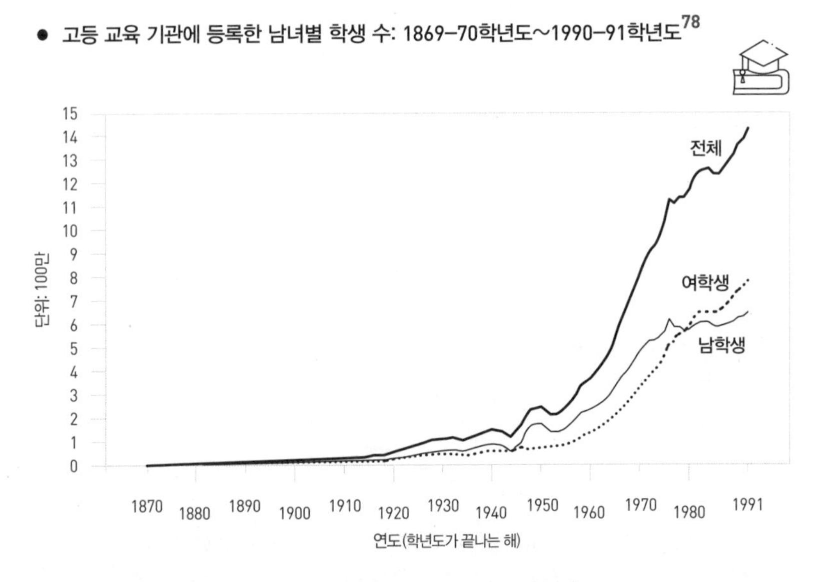

출처: 미국 상무부, 미국 인구통계국, 《미국역사통계, 식민지 시대부터 1970년까지》 Historical Statistics of the United States, Colonial Times to 1970; 미국 교육부, 미국 국립교육통계센터, 《교육 통계 요약》 여러 호

이 계속 일어났다(교육 개선의 도움으로). 주요 고용 범주들이 사라질 것이라는 지속적인(그리고 정확한) 인식에도 불구하고 그랬다.[79]

이번에는 다를까?

순 일자리 증가의 장기적 패턴에도 불구하고, 일부 저명한 경제학자는 이번만큼은 상황이 다를 것이라고 예측했다. 다가오는 AI 기반 자동화의 맹공이 일자리 학살을 낳을 것이라는 견해를 강력하게 주장하는 사람 중 한 명은 스탠퍼드대학교 교수 에릭 브리뇰프슨Erik Brynjolfsson이다. 그는 이전의 기술 주도 전환과 달리 최신 형태의 자동화는 만들어내는 일자리보다 사라지게 하는 일자리가 더 많을 것이라고 주장한다.[80] 이 견해에 동조하는 경제학자들은 현재 상황을 여러 차례 연속적으로 밀려온 변화의 물결이 정점에 도달하는 것으로 본다.

첫 번째 물결은 흔히 '탈숙련화'deskilling 라고 부른다.[81] 예를 들면, 마차를 모는 사람은 예측하기 힘든 동물을 다루고 유지하기 위해 광범위한 스킬이 필요했지만, 마차를 대체한 자동차 운전자는 그러한 능력이 덜 필요했다. 탈숙련화의 주요 효과 중 하나는 오랜 훈련 과정을 거치지 않아도 새로운 직업에 진입해 일하기 쉽다는 점이다. 제화공은 제화에 관련된 다양한 기술을 갈고닦느라 오랜 세월을 보내야 했지만, 조립 라인 기계가 그 작업 중 상당 부분을 떠맡자, 사람들은 훨씬 짧은 시간 동안 기계 작동 방법을 훈련받기만 하면 일자리를 구할 수 있었다. 그러자 인건비가 저렴해지면서 구두를 더 쉽게 구입할 수 있게 되었지만, 한편으로는 저임금 일자리가 고임금 일자리를 대체하게 되었다.

두 번째 물결은 '고숙련화'upskilling이다. 고숙련화는 탈숙련화에 수반되는 경우가 많은데, 이전보다 훨씬 고도의 스킬이 필요한 기술이 등장하면서 시작된다. 예를 들면, 운전자에게 내비게이션 기술을 제공하면, 운전자는 이전에는 익힐 필요가 없었던 전자 기기 사용법을 배워야 한다. 때로는 제조업에서 더 큰 역할을 하는 기계가 도입되면, 그 기계를 작동하는 데 정교한 스킬이 필요하다. 예를 들면, 초기의 제화 기계는 손으로 작동하는 프레스여서 그것을 다루는 데 정식 교육이 필요하지 않았지만, 오늘날 핏마이풋 같은 회사는 3D 프린팅을 사용해 각각의 고객의 발에 완벽하게 딱 들어맞는 맞춤 제작 신발을 만든다.[82] 그래서 핏마이풋의 생산은 다수의 저숙련자 대신에 컴퓨터과학과 3D 프린팅에 숙련된 스킬을 가진 소수의 사람에게 의존한다. 이런 추세는 다수의 저임금 일자리를 소수의 고임금 일자리로 대체하는 경향이 있다.

하지만 다가오는 물결은 '비숙련화'nonskilling라고 부를 수 있다. 예를 들면, 무인 운전 차량의 AI는 인간 운전자를 완전히 대체할 것이다. AI와 로봇이 점점 더 많은 과제를 해결하면서 일련의 비숙련화 전환이 일어날 것이다. AI 주도 혁신과 이전 기술들과의 결정적 차이는, AI 주도 혁신이 인간을 방정식에서 완전히 배제할 기회를 더 많이 제공하는 데 있다. 인공 지능은 특정 과제를 수행하는 데 필요한 스킬의 양을 줄이거나 늘리는 대신에 해당 과제 자체를 완전히 떠맡는 경우가 많다. 이것이 바람직한 것은 단지 비용 절감 때문만이 아니라, 실제로 많은 분야에서 AI가 인간보다 일을 훨씬 잘하기 때문이다. 자율 주행 자동차는 인간 운전자가 운전하는 자동차보다 훨씬 안전할 것이고, AI는 술을 마시거나 졸거나 한눈을 파는 일이 절대로 없을 것이다.

하지만 과제와 직업을 구별하는 것이 중요하다. 어떤 경우에(전부는 아니지만) 완전히 자동화된 과제는 특정 종류의 직업이 다른 과제로 전환할 수 있게 해준다. 즉, 사실상 고숙련화가 일어나는 것이다. 예를 들면, 이제 ATM이 많은 일상적인 현금 거래 업무에서 은행 창구 직원을 대체하게 되었지만, 은행 창구 직원은 마케팅 업무와 고객과 개인적 관계를 쌓는 업무 등에서 더 큰 역할을 맡게 되었다.[83] 이와 비슷하게, 법률 연구 및 문서 분석용 소프트웨어가 법률 사무 보조원의 특정 기능을 대체했지만, 이에 대응하여 이 직업도 변화하면서 이제는 수십 년 전과는 상당히 다른 업무들을 처리하고 있다.[84] 이런 종류의 효과는 곧 예술계에서도 나타날 것이다. 2022년부터 DALL-E 2와 미드저니, 스테이블 디퓨전처럼 공개적으로 사용할 수 있는 시스템은 인간이 입력한 텍스트 기반 프롬프트를 바탕으로 AI를 사용해 수준 높은 그래픽 아트를 만들어내기 시작했다.[85] 이 기술이 발전함에 따라 인간 그래픽 디자이너는 직접 스케치하는 데 쓰는 시간이 줄어들고, 대신에 고객과 아이디어를 브레인스토밍하거나 AI가 만든 샘플을 큐레이팅하거나 수정하는 데 더 많은 시간을 쓸 수 있다.

장기적으로는 자동화를 장려하는 경제적 인센티브 때문에 AI가 점점 더 많은 작업을 떠맡게 될 것이다. 나머지 조건이 모두 같다고 할 때, 계속 나가는 인건비를 지불하는 것보다는 기계나 AI 소프트웨어를 구입하는 편이 비용이 덜 든다.[86] 기업 소유주가 운영 방식을 설계할 때, 자본과 노동 사이의 균형에 대해 어느 정도 유연성을 발휘할 때가 많다. 임금이 비교적 낮은 곳에서는 노동 집약적 과정을 사용하는 것이 더 유리하다. 임금이 높은 곳에서는 혁신을 통해 인간의 노동이 덜 필요한 기계를 설계하고 혁신해야 할 인센티브가 크다. 이것은 영국이 산업 혁명의 요람이 된 한 가지 이유인데, 영국은 나머지 세계 어디보다도 임금이 높았던 데다가 값싼 석탄이 풍부했다. 이런 상황은 비싼 인간의 노동을 값싼 증기력으로 대체하는 기술 발전을 촉진했다. 오늘날 선진국들의 경제에서도 비슷한 동역학이 작용하고 있다. 기계는 한 번만의 구매로 영원한 자산이 되지만, 직원의 임금은 계속 지불해야 하는 비용이고, 그 외에도 고용주는 근로자의 다양한 요구를 충족시켜야 한다. 따라서 자동화를 확대하는 것이 가능하다면, 기업가는 그렇게 해야 할 인센티브를 강하게 느낀다. AI의 역량이 인간(그리고 그 후에는 곧 초인적) 수준에 가까워짐에 따라 강화되지 않은 인간이 필요한 작업은 점점 더 적어질 것이다. 이런 상황은 우리가 AI와 더 완전히 융합되기 전까지 노동자들이 상당한 혼란에 내몰릴 것이라고 예고한다.

하지만 이 논지에서 한 가지 문제점은 생산성 수수께끼이다. 만약 기술 변화가 정말로 순 일자리 감소를 낳는다면, 고전 경제학은 일정한 수준의 경제 생산량을 낳는 데 필요한 노동 시간이 줄어들 것이라고 예상한다. 그렇다면 정의상 생산성이 급격히 높아져야 한다. 하지만 1990년대의 인터넷 혁명 이후에 전통적 방법으로 측정한 생산성 증가 속도는 실제로는 느려졌다. 생산성은 흔히 시간당 실질 생산량, 즉 생산된 총 상품과 서비스의 양(인플레이션을 감안해 보정된)을 생산에 투입된 총시간으로 나누어 구한다. 1950년 1분기부터 1990년 1분기까지 미국의 시간당 실질 생산량은 분기당 평균 0.55% 증가했다.[87] 1990년대에 PC와 인터넷이 광범위하게 보급되자 생산성 증가가 가속되었다. 1990년대 1분기부터 2003년 1분기까지 분기당 증가율은 평균 0.68%였다.[88] 월드와이드웹이 새로운 급성장 시대를 연 것처럼 보였고, 2003년까지만 해도 이러한 성장 속도가 계속될 것이라는 기대가 광범위하게 퍼져 있었다.[89] 하지만 2004년부터 생산성 증가 속도는 현저히 느려지기 시작했다. 2003년 1분기부터 2022년 1분기까지 평균 성장률은 분기당 0.36%에 불과했다.[90] 이것은 지난 10년 동안 가장 큰 경제적 수수께끼 중 하나였다. 정보 기술이 아주 많은 측면에서 비즈니스를 변화시키고 있었기 때문에, 생산성 증가가 훨씬 크게 나타날 것이라고 기대되었으나, 실제로 그런 일이 일어나지 않은 이유에 대해서는 많은 이론이 있다.

만약 자동화가 정말로 그토록 큰 영향을 미친다면, 전체 경제에서 수조 달러가 '사라진' 것처럼 보인다. 내 견해(이것은 경제학자들 사이에서 점점 확산되고 있는 것이기도 한데)에 따르면, 그 이유는 GDP에서 기하급수적으로 증가하는 정보 생산의 가치를 계산하지 않은 데 있다. 그중 많은 부분은 공짜일 뿐만 아니라 최근까지 존재하지 않았던 가치 범주에 속한다. 1963년에 MIT가 내가 대학생 시절에 사용했던 IBM 7094 컴퓨터를 약 310만 달러에 구입했을 때, 그것은 310만 달러(2023년 가치로는 3000만 달러)의 경제 활동으로 계산되었다.[91] 오늘날의 스마트폰은 계산과 커뮤니케이션 능력 면에서 그보다 수십만 배 더 뛰어나며, 1965년에는 억만금을 주더라도 살 수 없었던 기능을 수많이 갖고 있다. 하지만 그 경제 활동 가치는 불과 수백 달러로 계산되는데, 실제로 그 액수를 주고 구입할 수 있기 때문이다.

사라진 생산성 수수께끼에 대한 이 일반적인 설명은 에릭 브리뇰프슨과 벤처 투자가 마크 앤드리슨이 제시한 것이 특히 주목을 끌었다.[92] 간단히 설명하자면, 국내 총생산(GDP)은 한 나라의 모든 완제품과 서비스의 가격을 통해 경제 활동을 측정한다. 따라서 만약 당신이 2만 달러를 주고 새 차를 샀다면, 그해의 GDP에는 2만 달러가 추가된다(설령 당신이 같은 차에 2만 5000달러나 3만 달러를 지불할 의사가 있었다 하더라도). 이 방식은 20세기 동안에는 잘 통했는데, 전체 인구 집단에 걸쳐 특정 물품에 지불하려고 하는 평균적인 금액이 그것의 실제 가격과 상당히 비슷했기 때문이다. 주된 이유는 상품과 서비스를 물리적 재료와 인간의 노동력을 투입해 생산할 때에는 각각의 단위를 새로 생산하는 데 상당한 액수의 돈이 들기 때문이다. 예컨대, 자동차를 생산하려면 값비싼 금속 부품들과 많은 시간의 숙련된 노동이 필요하다. 이것이 한계 비용 개념이다.[93] 고전 경제학 이론에서 가격은 상품의 평균 한계 비용으로 수렴한다고 말한다. 기업은 손해를 보고 상품을 팔 수는 없지만, 경쟁 압력 때문에 가능한 한 저렴하게 팔아야 하기 때문이다. 게다가 더 유용하고 우수한 제품은 전통적으로 생산에 비용이 더 많이 들었기 때문에, 제품의 품질과 가격 사이에는 역사적으로 강한 상관관계가 있었고, 그 가격은 GDP에 반영되었다.

하지만 많은 정보 기술은 가격은 대체로 일정하게 유지되면서 유용성은 크게 높아졌다. 1999년에 약 900달러(2023년 불변 달러 기준으로)였던 컴퓨터 칩은 달러당 초당 80만 회 이상의 연산을 수행할 수 있었다.[94] 2023년 초에 900달러짜리 칩은 달러당 초당 약 580억 회의 연산을 할 수 있다.[95]

따라서 문제는 GDP가 오늘날의 900달러짜리 칩을 20년 전에 생산된 칩과 동일한 것으로 계산하는 데 있다. 같은 가격으로 비교하면 현재의 칩이 7만 2000배 이상이나 성능이 더 좋은데도 말이다. 따라서 지난 수십 년간의 명목 자산과 명목 소득 증가는 새로운 기술 덕분에 가능해진 엄청난 삶의 이득을 제대로 반영하지 못하고 있다. 이것은 경제 데이터 해석을 왜곡시키고, 예컨대 임금 상승이 느리게 일어나거나 심지어 멈춘 것처럼 보이는 오해를 불러일으킨다. 지난 20년 동안 명목 임금이 전혀 오르지 않았다 하더라도, 지금은 같은 금액으로 수천 배나 더 많은 컴퓨팅 파워를 구매할 수 있다.[96] 정부 기관들은 이러한 성과 개선을 일부 경제 통계에 반영하기 위해 어느 정도 노력을 기울였지만,[97] 진정한 가격 대비 성능 개선 효과는 여전히 크게 과소평가되고 있다.

이러한 동역학은 거의 공짜로 만들 수 있는 디지털 제품에서 훨씬 강하게 나타난다. 아마존이 판매용 전자책을 만들면, 그것을 한 권 더 판다고 해서 종이나 잉크나 노동력이 더 투입되는 게 아니다. 따라서 한계 비용으로 거의 무한 권의 전자책을 팔 수 있다. 그 결과, 한계 비용과 가격과 소비자의 지불 의사 사이에 존재하던 긴밀한 관계가 약해졌다. 한계 비용이 충분히 낮아 소비자에게 공짜로 제공할 수 있는 서비스의 경우, 그러한 관계는 완전히 무너지고 만다. 구글이 검색 알고리듬을 설계해 서버 팜*을 구축하자, 사용자에게 추가로 한 가지 검색을 더 제공하는 데에 비용이 거의 전혀 들지 않게 되었다. 페이스북이 당신을 1000명의 친구와 연결시키더라도, 100명의 친구와 연결시킬 때보다 더 많은 비용이 드는 것은 아니다. 따라서 그들은 일반 대중에게 공짜 접속을 제공하고, 한계 비용은 광고로 충당한다.

이러한 서비스는 소비자에게는 공짜이지만, 사람들의 선택을 살펴보면 그들이 기꺼이 지불할 의사가 있는 금액('소비자 잉여'consumer surplus라고 부르는)을 대략적으로 추정할 수 있다.[98] 예컨대, 이웃집 잔디를 깎아주고 20달러를 벌 수 있지만, 대신에 틱톡을 하며 그 시간을 쓰기로 선택한다면, 틱톡은 당신에게 적어도 20달러의 가치를 제공한다고 말할 수 있다. 팀 워스톨Tim Worstall이 2015년에 《포브스》에서 추정했듯이, 페이스북의 미국 내 수익은 약 80억 달러였는데, 이것은 페이스북이 GDP에 공식적으로 기여한 가치를 나타낸다.[99] 하지만 사람들이 페이스북에서

---

* 많은 서버가 네트워크로 연결된 거대 데이터 센터.

보내는 시간을 최저 임금으로 가치를 매긴다면, 소비자들이 실제로 누리는 혜택은 약 2300억 달러에 해당한다.[100] 2020년(이 책이 인쇄에 들어갈 무렵 입수할 수 있는 것 중 가장 최근의 데이터)에 미국에서 소셜 미디어를 사용하는 성인은 매일 페이스북에서 평균 35분을 보냈다.[101] 미국인 성인 약 2억 5800만 명 중 약 72%가 소셜 미디어를 사용했으므로, 워스톨의 방법론을 사용하면 이것은 그해에 페이스북의 경제적 가치가 2870억 달러였다는 걸 의미한다.[102] 그리고 2019년에 전 세계 사람들을 대상으로 조사한 한 연구에 따르면, 미국의 인터넷 사용자는 모든 소셜 미디어에 하루에 평균 2시간 3분을 썼다. 이 활동은 광고 수입을 통해 GDP에 약 361억 달러를 기여했지만, 사용자가 얻은 총이득은 연간 1조 달러가 넘었다고 말할 수 있다![103]

소셜 미디어 사용 시간을 최저 임금으로 환산해 가치를 매기는 것은 완벽한 측정이라고 말하기 어려운데, 왜냐하면 예컨대 커피를 사려고 줄을 서 있는 동안 페이스북을 서핑하는 것이 그 몇 분을 원격 프리랜서 작업에 쓰는 것보다 훨씬 실용적이기 때문이다. 이것은 사람들이 소셜 미디어 사용에 부여하는 엄청난 가치를 대략적인 근사치로 보여주지만, 경제학자들이 실질적인 수익으로 인정하는 가치는 그중 일부에 불과하다. 위키백과는 더 극단적인 예이다. 위키백과가 GDP에 공식적으로 기여하는 금액은 기본적으로 0이다. 수많은 웹 기반과 앱 기반 서비스에도 동일한 분석이 적용된다.

이런 상황은 디지털 기술이 경제에서 차지하는 비중이 점점 커질수록 소비자 잉여는 GDP가 말하는 것보다 훨씬 빠르게 증가한다는 것을 시사한다. 따라서 소비자 잉여라는 관점에서 바라본 생산성은 전통적인 시간당 생산량 지표보다 훨씬 더 빠르게 증가해왔다. 소비자 잉여는 가격보다 진짜 번영을 나타내는 더 '진정한' 지표이기 때문에, 우리가 정말로 관심을 가진 종류의 생산성은 늘 꾸준히 문제없이 성장해왔다고 말할 수 있다.

이러한 효과는 명백한 '기술' 분야들을 훨씬 넘어선 영역까지 확대된다. 기술 변화는 오염 감소와 더 안전한 생활 조건에서부터 학습과 오락 기회의 확대에 이르기까지 GDP에 나타나지 않는 이득을 수많이 가져다주었다. 그렇긴 하지만, 이러한 변화가 모든 경제 분야에 골고루 영향을 미친 것은 아니다. 예를 들면, 컴퓨팅 가격의 극적인 하락에도 불구하고 의료 서비스 비용은 전반적인 물가 상승률보다 훨씬 빠르게 증가하고 있다. 따라서 의학적 치료가 많이 필요한 사람에게는 GPU 사이클이 아무리 저렴해지더라도 그다지 반가운 소식으로 다가오지 않을 것이다.[104]

하지만 좋은 소식이 있는데, 2020년대와 2030년대에 인공 지능과 기술 수렴 덕분에 점점 더 많은 종류의 재화와 서비스가 정보 기술로 전환되리라는 것이다. 그래서 이들 분야도 디지털 영역에서 이미 급진적인 디플레이션을 가져온 기하급수적 추세의 혜택을 입을 것이다. 고급 AI 튜터는 어떤 주제에 대해서도 개인 맞춤형 학습이 가능하며, 인터넷 연결이 있는 사람이라면 누구나 쉽게 접근할 수 있다. 이 글을 쓰고 있는 지금 AI 강화 의학과 의약품 발견은 아직 초기 단계에 있지만, 궁극적으로는 의료 비용을 낮추는 데 큰 역할을 할 것이다.

전통적으로 정보 기술로 간주되지 않은 수많은 제품—식품, 주택과 건물 건축 그리고 의류와 같은 그 밖의 물리적 제품을 포함해—에도 똑같은 일이 일어날 것이다. 예를 들면 재료과학 분야에서 AI가 주도하는 진전은 태양광 발전 전력 가격을 크게 낮출 것이고, 로봇을 활용한 자원 채굴과 자율 전기 차량은 원자재 비용을 크게 낮출 것이다. 에너지와 원자재 비용이 저렴해지고 인력을 대체하는 자동화 비율이 높아지면 가격이 크게 떨어질 것이다. 시간이 지나면 이러한 효과는 경제의 상당 부문에 확산되어 현재 우리의 발목을 잡고 있는 결핍 중 많은 것이 해결될 것이다. 그 결과, 2030년대에는 오늘날 사치스러운 것으로 간주되는 수준의 생활을 비교적 저렴한 비용으로 누리게 될 것이다.

만약 이 분석이 옳다면, 이 모든 분야에서 일어날 기술 주도 디플레이션은 명목 생산성과 인간 노동의 매 시간이 사회에 가져다줄 실질 평균 이득 사이의 격차를 더욱 벌릴 것이다. 그런 효과가 디지털 영역을 넘어 다른 산업들로 확산되고 전체 경제 중 더 광범위한 부분을 포괄하게 되면, 국가 차원의 인플레이션이 감소할 것이라고—그리고 결국에는 전반적인 디플레이션을 낳을 것이라고—기대할 수 있다. 다시 말해서, 시간이 지남에 따라 우리는 생산성 수수께끼에 대해 더 명확한 답을 기대할 수 있다.

한 가지 수수께끼가 더 있다. 왜 경제 데이터에서는 미국의 노동 인구 비율이 줄어들고 있는 것으로 나타날까? 순 일자리 감소 이론을 지지하는 경제학자들은 미국의 민간 경제 활동 참가율을 그 근거로 든다. 이것은 16세 이상 인구 중에서 고용된 사람과 미고용 상태이지만 구직을 원하는 사람이 차지하는 비율로 나타낸다. 이 비율은 1950년에 약 59%에서 2002년에 67%가 조금 못 되는 수준까지 꾸준히 증가하다가 2015년에 63% 아래로 떨어진 뒤, 표면적인 경제 활황에도 불구하고 코로나19 팬데믹 시기까지 거의 수평을 유지했다.[105]

실제 노동 인구 비율은 이보다 더 낮다. 2008년 6월에 미국 전체 인구 3억 400만 명 중 민간 경제 활동 인구는 1억 5400만 명을 조금 넘어 그 비율은 50.7%였다.[106] 2022년 12월에는 3억 3300만 명 중 1억 6400만 명으로, 49.5%가 조금 못 되었다.[107] 이것은 그다지 큰 하락처럼 보이지 않지만, 20여 년 동안 가장 낮은 수치였다. 이에 관한 정부 통계는 여러 범주(농업 부문 노동자, 군인, 연방 정부 공무원 등)가 누락된 것이어서 경제 현실을 완벽하게 반영한 것은 아니지만, 이러한 추세의 방향성과 대략적인 크기를 보여주기 때문에 여전히 유용하다.

● 미국의 경제 활동 참가율[108]
음영으로 표시된 부분은 미국 경제의 불황기

출처: 미국 노동통계국

이러한 감소분 중 일부는 자동화에 그 원인이 있을 가능성이 있지만, 주요 교란 인자가 두 가지 있다. 첫째, 미국인의 교육 수준이 높아지면서 노동 시장에 참여하는 십대의 비율이 낮아졌고, 이십대가 되어서도 대학교와 대학원을 다니는 사람이 많아졌다.[109] 또한 갈수록 많은 베이비붐 세대가 은퇴 시기에 접어들면서 노동 인구 비율이 감소하고 있다.[110]

대신에 25세부터 54세까지 핵심 노동 연령층의 경제 활동 참가율을 들여다보면 그러한 감소를 거의 찾아볼 수 없다. 2023년 초 현재 그 비율은 83.4%로, 정점을 찍은 2000년의 84.5%에 비해 그다지 감소하지 않았다.[111] 그래도 오늘날의 인구를 기준으로 하면 이것은 약 170만 명의 차이에 해당하지만, 앞의 도표에서 나타난 것만큼 그렇게 두드러진 차이는 아니다.[112]

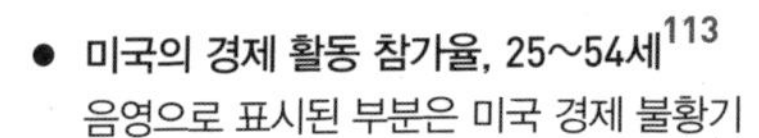

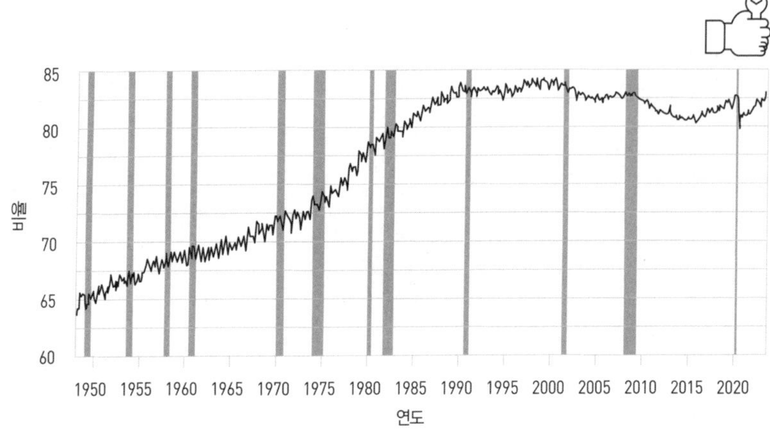

출처: 미국 노동통계국

게다가 2001년부터 55세 이상 연령층의 경제 활동 참여가 대폭 늘어났다. 55~64세 연령층에서 그 비율은 2001년의 60.4%에서 2021년에는 68.2%로 증가했으며, 같은 기간에 75세 이상 연령층에서는 5.2%에서 8.6%로 증가했다.[114] 여기에는 상충되는 힘들이 개재돼 있다. 한쪽에는 자동화 때문에 일자리를 잃는 고령 노동자들 중 그냥 더 일찍 은퇴해 더 낮은 생활 수준을 받아들이는 상당수 사람이 있다. 다른 쪽에는 이전보다 수명이 더 늘어나고(코로나19 팬데믹 이전에 미국의 남녀 합산 기대수명은 2000년 이래 약 2년 증가했다)[115] 건강해지면서 더 늦은 나이까지 일을 하는 사람들이 있다. 노년에도 일을 한다는 것은 많은 사람에게 목적과 만족을 제공하여 즐거움을 느끼게 하는 원천이다. 하지만 이 데이터는 일부 고령자가 급여가 높은 일자리를 잃고 나서 안정적인 은퇴 생활을 확보하기 전에 급여가 낮은 일자리에서 계속 일해야 한다는 사실을 반영하지 못하고 있다.[116]

하지만 이 모든 분석은 경제 활동 참가율 자체가 갈수록 결함이 더 크게 드러나는 개념이라는 사실 때문에 한계가 있다. 노동의 성격을 크게 변화시키고 있지만 경제 통계에 잘 반영되지 않는 주요 추세가 두 가지 있다.

하나는 늘 존재해왔지만 인터넷이 크게 촉진시킨 지하 경제이다. 지하 경제 활동에는 사실상 모든 성 산업, 비공식적으로 비용이 지급되는 가사 노동, 대체 치료 요법을 포함해 많은 서비스가 포함된다. 또 다른 지하 경제 촉진자는 암호 화폐처럼 거래 사실을 숨김으로써 세금과 규제와 법 집행 기관의 감시를 피할 수 있는 암호화 기술이다.

가장 규모가 크고 유명한 암호 화폐는 비트코인이다.[117] 2017년 8월 6일에 주요 거래소들에서 비트코인의 1일 거래량은 1930만 달러 미만이었다.[118] 이것은 그해 12월 7일에 49억 5000만 달러 이상으로 치솟았다가 금방 다시 급감해, 2023년 중반에는 1일 평균 거래량이 약 1억 8000만 달러였다.[119] 이것은 아주 빠른 성장이긴 했지만, 전통적인 주요 통화와 비교하면 여전히 아주 적은 규모였다. 국제결제은행에 따르면, 2022년 4월에 전 세계의 1일 외환 거래량은 평균 7조 5000억 달러였는데, 이 책이 출간될 무렵에는 이를 상회할 가능성이 높다.[120]

또한 전통적인 통화와 달리 대다수 암호 화폐의 가치는 변동성이 아주 심하다. 예를 들면, 2012년 1월 4일에 비트코인은 13.43달러에 거래되었다.[121] 4월 2일에는 130달러를 넘어섰다.[122] 하지만 암호 화폐에 대한 관심은 대체로 기술에 큰 관심을 가진 하위문화에 한정돼 있었다. 그러고 나서 약 5년 동안 비교적 조용하고 안정적인 시기를 보내다가 2017년에 들어 비트코인 가격이 가파르게 치솟기 시작했다. 갑자기 보통 사람들의 귀에도 비트코인이 확실한 투자 자산이라는 이야기가 들리기 시작했고, 가격이 더 오르리라는 기대에서 너도나도 비트코인을 사기 시작했다. 이것은 자기실현적 예언이 되어 비트코인 가격은 4월 29일에 1354달러를 찍더니 12월 17일에는 1만 8877달러에 거래되었다.[123] 하지만 그 뒤 가격이 하락하기 시작했고, 사람들은 공황 상태에 빠져 자산 가치가 더 떨어지기 전에 시장에서 빠져나오려고 비트코인을 마구 팔았다. 2018년 12월 12일에 비트코인 가격은 3360달러까지 떨어졌다. 그랬다가 2021년 4월 13일에 또다시 6만 4899달러까지 올랐고, 또 한 번 폭락장이 닥치면서 2022년 11월 20일에 1만 5460달러까지 하락했다.[124]

이러한 변동성은 비트코인을 통화로, 즉 일상적으로 재화와 서비스를 교환하는 수단으로 사용하려는 사람에게 큰 문제가 된다. 만약 달러 가치가 6개월 이내에 10배나 치솟을 것이라고 믿는다면, 아무도 달러를 쓰려고 하지 않을 것이다. 반대로 몇 개월 안에 달러 가치가 반토막이 날 것이라고 믿는다면, 아무도 자산을 달러에 묻어두려고 하지 않을 것이고, 상인들은 달러를 받으려고 하지 않을 것이다. 암호 화폐가 훨씬 광범위한 일반 대중에게 받아들여지려면, 가치를 더 안정적으로 유지하는 방법을 찾을 필요가 있다.

하지만 지하 경제의 번창에 암호 화폐가 꼭 필요한 것은 아니다. 소셜 미디어와 크레이그리스트 같은 플랫폼은 사람들에게 정부의 눈에 거의 띄지 않게 경제적 연결을 형성할 수 있는 기회를 풍부하게 제공한다.

이 효과는 다른 주요 추세들도 촉진하는데, 이것들은 전통적인 고용 방법으로 간주되지 않는 새로운 돈벌이 방법이다. 여기에는 웹사이트와 앱을 사용해 자산과 서비스(물리적 혹은 디지털)를 만들고 사고팔며 교환하는 것뿐만 아니라, 소셜 미디어 사이트에서 앱과 영상, 기타 형태의 디지털 콘텐츠를 만드는 것도 포함된다. 어떤 사람들은 예컨대 유튜브용 콘텐츠를 만들어 성공적인 경력을 쌓거나, 인스타그램이나 틱톡에서 다른 사람들에게 영향력을 미침으로써 돈을 번다.[125]

2007년에 아이폰이 출시되기 전에는 이야기할 만한 앱 경제가 전혀 없었다. 2008년에는 이용할 수 있는 iOS 앱이 10만 개 미만이었는데, 2017년에는 약 450만 개로 급증했다.[126] 안드로이드에서도 역시 극적인 급증이 일어났다. 2009년 12월에 구글 플레이 스토어에서 이용할 수 있는 모바일 앱은 약 1만 6000개였다.[127] 2023년 3월에 그 수는 약 260만 개로 급증했다.[128] 불과 13년 만에 160배 이상 증가한 것이다. 이것은 고용 증가로 직접 이어졌다. 2007년부터 2012년까지 앱 경제는 미국에서 약 50만 개의 일자리를 만들어낸 것으로 추정된다.[129] 딜로이트에 따르면, 2018년에 이것은 500만 개 이상의 일자리로 증가했다.[130] 2020년의 다른 조사에 따르면, 앱 경제가 간접적으로 만들어낸 일자리까지 포함하여 추정하면 미국에서 590만 개의 일자리와 1조 7000억 달러의 경제 활동이 생겨났다고 한다.[131] 이 수치들은 앱 시장을 얼마나 넓게 또는 좁게 정의하느냐에 따라 다소 달라지지만, 핵심은 10년이 조금 넘는 기간에 앱이 미미한 존재에서 훨씬 광범위한 경제의 주역으로 폭발적으로 성장했다는 것이다.

따라서 기술 변화는 많은 일자리를 사라지게 만들지만, 바로 그 변화의 힘이 전통적인 '일자리' 모델에서 벗어나는 곳에서 새로운 기회를 수많이 만들어내고 있다. 나름의 한계가 없는 것은 아니지만, 이른바 '긱 경제'는 사람들에게 이전의 선택지보다 더 많은 유연성과 자율성, 여가 시간을 허용하는 경우가 많다. 이러한 기회의 질을 최대화하는 것이 자동화 추세가 가속화되면서 전통적인 일자리를 위협하는 이 시대에 노동자들을 도울 수 있는 한 가지 전략이다.

그래서 우리는 어디로 가고 있는가?

표면적으로 노동 상황은 매우 우려스러워 보인다. 옥스퍼드대학교의 프레이와 오스본은 2033년이 되면 2013년의 일자리 중 약 절반이 자동화될 것이라고 추정할 때, 내가 이 책에서 이야기한 것보다 AI와 기타 기하급수적 기술의 발전 속도를 더 보수적으로 잡았다.[132] 사람들은 자동화가 일자리에 초래할 위협을 200년도 더 전부터 인식했지만, 현 상황은 다가오는 위협의 속도와 범위 면에서 독특하다.

이 상황이 어떻게 펼쳐질지 예측하려면, 여러 가지 기본적인 쟁점을 고려할 필요가 있다. 첫째, 고용은 그 자체가 목적이 아니고 목적을 달성하기 위한 수단이다. 노동의 한 가지 목표는 살아가기 위한 물질적 필요를 충족시키는 것이다. 앞에서 이야기했듯이, 200년 전만 해도 식량 재배와 분배에 전체 노동력 중 대부분을 투입해야 했지만, 지금은 미국과 대다수 선진국에서 식량 생산에 필요한 노동력은 전체의 2% 미만이다. AI가 수많은 분야에서 유례없는 물질적 풍요를 가져다주면서 물리적 생존을 위한 투쟁은 역사 속으로 사라질 것이다.

노동의 또 다른 목표는 삶에 목적과 의미를 부여하는 것이다. 만약 벽돌을 쌓는 일이 직업이라면, 그 노동은 두 종류의 의미를 제공한다. 명백한 한 가지 의미는 노동에서 번 임금으로 당신이 사랑하는 사람들을 부양하고 돌보는 것이다. 이것은 정체성의 중요한 한 측면이다. 하지만 노동은 영속적인 구조를 만듦으로써 공익에 기여하는 것이기도 하다. 문자 그대로 자신보다 더 큰 뭔가를 위해 공헌하는 것이다. 예술계와 학계의 직업처럼 가장 큰 성취감을 주는 직업들은 거기에 더해 새로운 지식을 창조하고 만들 기회를 제공한다.

다가오는 혁명은 우리에게 이전에 가능했던 것을 훨씬 뛰어넘는 기여를 할 능력을 줄 것이다. 사실, 정보 기술의 발전은 이미 문화를 풍요롭게 하는 예술가의 능력을 높이고 있는데, 이것은 흔히 제대로 평가받지 못하는 방식으로 일어난다. 예를 들면, 내가 자랄 때에는 시청할 수 있는 텔레비전 방송 채널이 ABC와 NBC, CBS, 이렇게 3개밖에 없었다. 모두가 그렇게 제한된 프로그램을 보고 있었기 때문에, 방송국들은 가능하면 가장 많은 사람에게 인기를 끌 수 있는 콘텐츠를 만들어야 했다. 프로그램이 성공을 거두려면 남녀노소, 블루칼라와 화이트칼라를 망라해 대다수 사람이 매력을 느끼는 것이어야 했다. 부조리 코미디나 초자연적 드라마, SF처럼 강한 매력을 지녔지만 애호 시청자가 적은 프로그램은 상업적으로 성공하기가 쉽지 않았다. 역사상 가장 큰 영향력을 미친 SF 시리즈인 〈스타 트렉〉이 불과 세 시즌 뒤에 중단되었다는 사실을 기억하는 사람은 드물다.[133]

하지만 케이블 방송의 확산은 TV 서비스 환경을 크게 확대해 틈새 프로그램도 얼마든지 시청자를 확보할 수 있게 되었다. 디스커버리 채널과 히스토리 채널, 러닝 채널을 비롯해 다양한 채널들은 특이한 주제를 다루는 심층 다큐멘터리를 많이 제작하면서 인기를 누렸다. 하지만 시청률은 여전히 방송 시간에 제약을 받았다. DVR 도입과 그 후에 등장한 주문형 스트리밍으로 사람들은 자신이 원하는 것을 원하는 시간에 시청할 수 있게 되었다. 이제 혁신적인 새 프로그램들이 특정 시간대에 TV를 보는 사람뿐만 아니라 전체 인구 집단의 시청자를 얼마든지 끌어들일 수 있었다. 그 결과 내 어린 시절의 네트워크에서라면 살아남기 힘들었을 예술적 아이디어, 예컨대 〈기묘한 이야기〉나 〈플리백〉 같은 드라마에도 충성도 높은 시청자들이 대거 몰리고 호평이 쏟아졌다. 이러한 동역학은 LGBTQ나 장애인, 미국의 이슬람교도처럼 비교적 소수인 인구 집단에 좋은 소식이 될 수 있는데, 자신들의 특별한 경험을 긍정적으로 묘사하는 프로그램이 상업적 성공을 거두기가 더 쉬워졌기 때문이다.

게다가 스트리밍은 다양한 창의적 선택을 가능하게 한다. 예를 들면, 방송국 TV의 30분짜리 코미디 에피소드는 대개 독립적인 플롯으로 구성되는데, 시청자들이 그것을 어떤 순서로 보든 즐길 수 있길 원하기 때문이다. 하지만 주문형 스트리밍에서는 시청자가 항상 원하는 프로그램을 정확한 순서대로 볼 수 있다. 이 덕분에 〈보잭 호스먼〉 같은 혁신적인 프로그램은 한 에피소드에서 다음 에피소드로 넘어가면서 캐릭터가 발전할 수 있고, 농담도 여러 에피소드에 걸쳐 점진적으로 쌓아갈 수 있다.[134] 이러한 예술적 가능성은 이전 방송 기술에서는 아예 존재할 수 없었다.

향후 20년 동안 이러한 변화는 극적으로 가속화될 것이다. 지난 몇 년 동안 DALL-E와 미드저니, 스테이블 디퓨전 같은 시스템 덕분에 시각 영상 분야에서 AI가 이룬 창의성을 생각해보라. 이러한 능력은 더욱 정교해지고, 음악과 영상, 게임으로 확대되어 창의적 표현을 근본적으로 민주화할 것이다. 사람들은 자신의 아이디어를 AI에 설명하고 그 결과를 자연어로 수정하면서 마음속에 있던 비전을 완성할 것이다. 액션 영화를 한 편 찍는 데 수천 명의 사람과 수억 달러의 돈을 쓰는 대신에, 결국에는 좋은 아이디어와 AI를 구동하는 컴퓨터 조작에 드는 비교적 저렴한 예산만으로 서사시적 대작 제작이 가능해질 것이다.

하지만 눈앞에 닥친 이 모든 이점에도 불구하고, 지금부터 그때까지 발생할 수 있는 혼란스러운 효과도 현실적으로 직시할 필요가 있다. 자동화와 그 간접적 효과는 이미 스킬 사다리의 바닥과 중간 부분에 있는 일자리를 상당수 없앴고, 이 추세는 향후 10년 동안 더욱 빠르게 확대될 것이다. 새로운 일자리 중 대부분은 더 정교한 스킬을 요구한다. 전체적으로 우리 사회는 스킬 사다리에서 점점 위로 올라왔고, 이 추세는 앞으로도 계속될 것이다. 하지만 AI가 가장 숙련된 인간의 능력을 뛰어넘는 분야가 계속 늘어난다면, 인간이 이를 어떻게 따라잡을 수 있겠는가?

지난 200년 동안 인간의 스킬을 높이는 주된 방법은 교육이었다. 앞에서 이야기했듯이, 지난 세기에 교육에 대한 투자는 크게 치솟았다. 하지만 우리는 우리의 능력을 향상시키는 다음 단계에 이미 발을 깊이 들여놓았는데, 그것은 우리가 만들어내고 있는 지능 기술과 융합함으로써 자신의 능력을 강화하는 단계이다. 우리는 아직 컴퓨터 장비를 몸과 뇌 속에 집어넣지는 않았지만, 그 단계는 이미 문자 그대로 목전에 다가와 있다.

이제 우리는 매일 하루 종일 사용하는 뇌 확장 장치가 없이는 일을 하거나 교육을 제대로 받을 수 없는 지경에 이르렀다. 그 장치는 바로 단 한 번의 터치만으로 거의 모든 인간 지식에 접근하거나 막대한 계산 능력을 이용할 수 있게 해주는 스마트폰이다. 따라서 우리가 사용하는 장치가 우리 자신의 일부가 되었다고 말하는 것은 결코 과장된 표현이 아니다. 불과 20년 전만 해도 그렇지 않았다.

이러한 능력은 2020년대에 우리의 삶과 더욱 긴밀하게 통합될 것이다. 검색은 익숙한 텍스트 문자열과 링크 페이지의 패러다임으로부터 막힘이 없고 직관적인 '질의-응답' 능력으로 변할 것이다. 모든 언어 사이의 실시간 번역은 매끄럽고 정확해져서 우리를 나누는 언어 장벽을 허물 것이다. 안경과 콘택트 렌즈에서 망막으로 증강현실이 끊임없이 투사될 것이다. 그것은 또한 우리의 귀에서 울려 퍼지고, 궁극적으로는 우리의 다른 감각도 활용할 것이다. 우리는 대부분의 기능과 정보를 명시적으로 요청하지 않겠지만, 항상 우리 곁에 함께 있는 AI 어시스턴트는 우리의 활동을 관찰하고 들음으로써 우리의 필요를 예측할 것이다. 그리고 2030년대에는 의료용 나노봇이 이러한 뇌 확장 장치를 우리 신경계와 직접 통합하기 시작할 것이다.

제2장에서 나는 이 기술이 더 많은 추상화 수준과 능력을 추가하면서 어떻게 우리의 신피질을 클라우드로 확장할지 설명했다. 휴대폰이 처음에는 가격이 매우 비싸고 그다지 스마트하지 않았지만, 오늘날 누구나 사용하고(국제전기통신연합은 2020년 기준으로 전 세계에 등록된 활성 스마트폰 수가 58억 개라고 추정했다)[135] 그 성능이 빠르게 향상되는 것처럼, 이 기술은 누구나 이용할 수 있게 될 것이고 결국에는 비용도 저렴해질 것이다.

하지만 이렇게 보편적 풍요가 넘치는 미래를 향해 나아가는 과정에서 우리는 이 전환의 결과로 발생할 사회적 문제들을 해결해야 할 필요가 있다. 미국에서 사회 안전망은 1930년대에 사회보장법이 통과되면서 시작되었다.[136] 구체적인 표현은 정치적 선호에 따라 변하지만(예컨대 '복지'), 그래도 전반적인 안전망은 특정 정당과 행정부의 정치적 성향과 관계없이 그 이후로 더 확대되었다.

미국은 '사회주의' 유럽 국가들에 비해 사회 안전망 범위가 더 좁은 것으로 간주되지만, 2019년(코로나19 팬데믹 재난 지원금이 데이터를 왜곡시키기 이전)에 사회 복지 부문의 공공 지출은 GDP의 약 18.7%로 추정되는데, 이것은 선진국들의 중앙값에 가깝다.[137] 캐나다는 18.0%로 더 낮았고,[138] 오스트레일리아와 스위스는 둘 다 16.7%로 비슷했다.[139] 영국은 20.6%로 다소 높았는데 이것은 GDP 2조 8000억 달러 중 약 5800억 달러에 해당하는 액수로, 인구가 6600만 명이니 1인당 8800달러가 조금 못 되는 수준이다.[140] 하지만 미국은 1인당 GDP가 더 높기 때문에 사회 안전망 역시 1인당으로 따지면 더 높다. 2019년에 미국의 GDP는 21조 4000억 달러를 넘었는데, 그중에서 공공 사회 복지 부문 지출은 약 4조 달러였다.[141] 그해 평균 인구가 약 3억 3000만 명이었으므로, 1인당으로 따지면 1만 2000달러 이상에 해당한다.[142]

정부 지출(지금은 연방 정부와 주 정부와 지방 정부의 총지출 중 약 50%)과 GDP에서 공공 사회 복지 부문 지출이 차지하는 비율로 볼 때, 미국의 안전망은 꾸준히 증가해왔다(그리고 정부 지출과 GDP 자체도 꾸준히

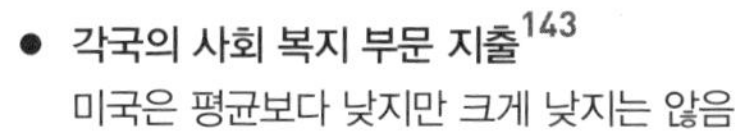
● 각국의 사회 복지 부문 지출[143]
미국은 평균보다 낮지만 크게 낮지는 않음

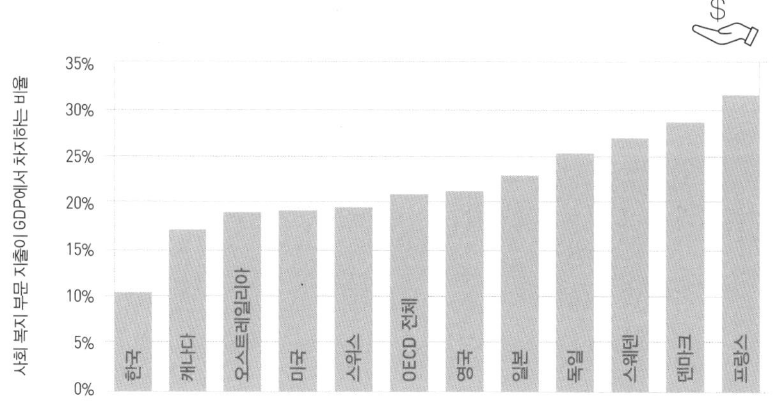

출처: OECD, 블룸버그

증가하고 있다).[144] 다음 도표들을 보면서 '좌파'나 '우파' 행정부가 권력을 잡은 시기가 언제인지 한번 짐작해보라. (가장 최근의 2개 연도 데이터에는 팬데믹 재난 지원금이 상당액 포함돼 있기 때문에, 2020년과 2021년의 급등은 기본적인 장기적 증가 추세를 훌쩍 상회한다.)

● **미국의 사회 안전망 총지출**[145]

연방 정부 지출에 주 정부와 지방 정부 지출 추정치를 합산한 것

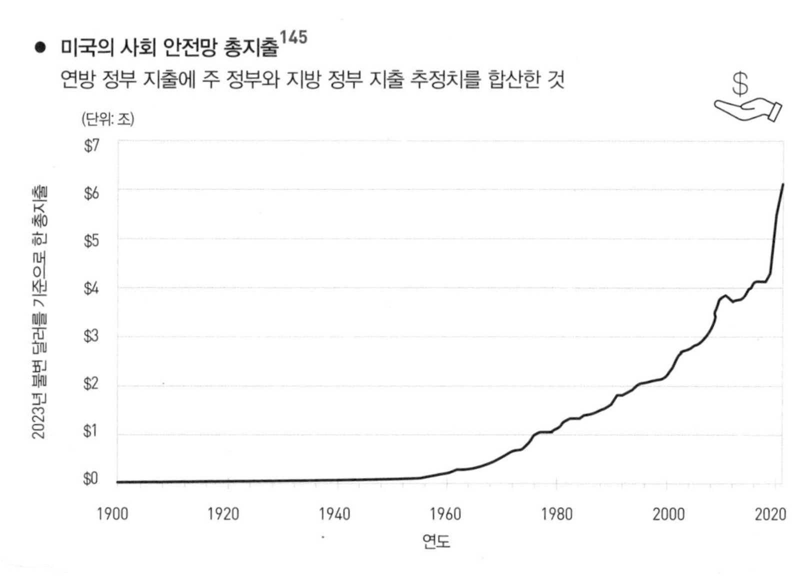

주요 출처: 미국 인구조사국, 경제분석국, USGovernmentSpending.com, 매디슨 프로젝트

GDP가 기하급수적으로 계속 증가하기 때문에 사회 안전망 지출도 전체적으로 보나 1인당으로 보나 계속 증가할 가능성이 높다. 미국 사회 안전망의 중요한 프로그램에는 기본적인 의료 서비스를 제공하는 메디케이드Medicaid와 '푸드 스탬프'라 불리는 SNAP*(직불카드 형태로 지급),

* 'Supplemental Nutrition Assistance Program'의 약자로 저소득층을 위한 식품 구입 지원 프로그램이다.

- **정부 지출에서 차지하는 비율로 나타낸 미국의 사회 안전망**[146]

  연방 정부 지출에 주 정부와 지방 정부 지출 추정치를 합산한 것

주요 출처: 미국 인구조사국, 경제분석국, USGovernmentSpending.com, 매디슨 프로젝트

- **GDP에서 차지하는 비율로 나타낸 미국의 사회 안전망**[147]

  연방 정부 지출에 주 정부와 지방 정부 지출 추정치를 합산한 것

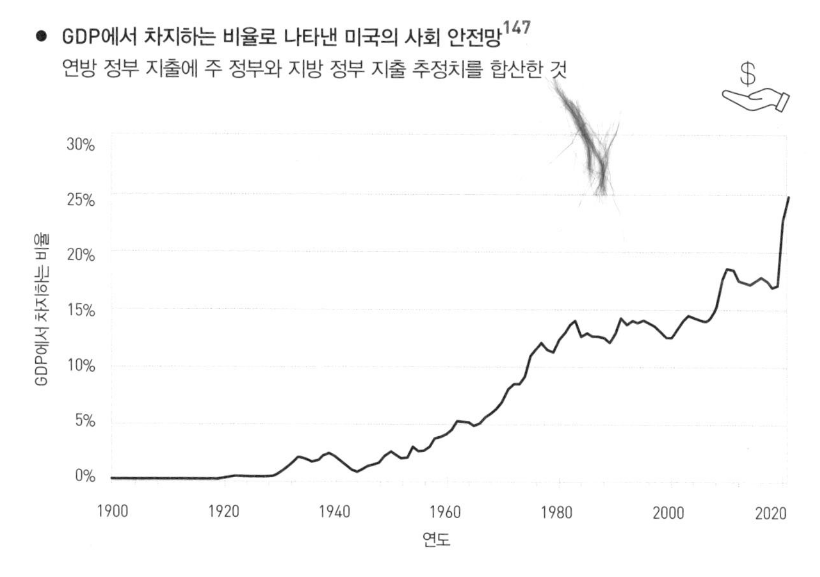

주요 출처: 미국 인구조사국, 경제분석국, USGovernmentSpending.com, 매디슨 프로젝트

● **1인당 지출로 나타낸 미국의 사회 안전망**[148]

연방 정부 지출에 주 정부와 지방 정부 지출 추정치를 합산한 것

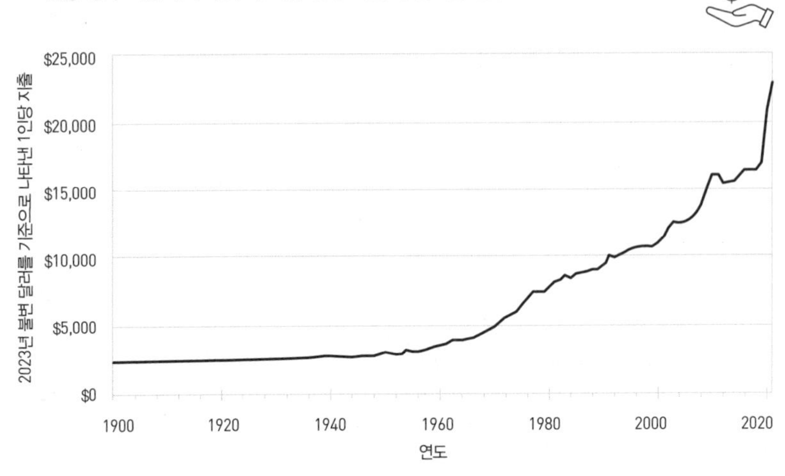

주요 출처: 미국 인구조사국, 경제분석국, USGovernmentSpending.com, 매디슨 프로젝트

주택 지원 등이 포함돼 있다. 이 프로그램들의 수준은 오늘날 그다지 충분하다고 할 수 없지만, AI가 주도하는 발전에 힘입어 2030년대에는 의료와 식품, 주택 비용이 훨씬 저렴해질 것이다. 그 덕분에 사회 안전망 지출에 할당되는 GDP 비율을 추가로 늘리지 않고 동일한 수준의 재정 지원만으로 사람들이 매우 안락한 수준의 생활을 누릴 수 있을 것이다. 만약 이 비율이 계속 증가한다면, 더 광범위한 서비스도 재정적으로 지원할 여력이 생길 것이다.

2018년 밴쿠버에서 열린 TED 콘퍼런스 당시 TED 큐레이터 크리스 앤더슨과 나눈 공개 대화[149]에서, 나는 선진국에서는 2030년대 전반까지, 대다수 국가에서는 2030년대 후반까지 보편적 기본 소득 또는 그에 상응하는 제도가 사실상 시행될 것이라고(그리고 사람들은 현재 기준으로는 그 소득으로 비교적 잘 살아갈 수 있을 것이라고) 예측했다. 이것은 모든

성인에게 정기적으로 일정액의 돈을 지급하거나 상품과 서비스를 무료로 제공하는 방식인데, 이에 소요되는 자금은 자동화로 창출되는 이익에 대한 세금과 정부의 신기술 투자로 조성할 가능성이 높다.[150] 이와 관련된 계획들은 가족을 돌보거나 건강한 공동체를 만드는 사람들에게 경제적 지원을 제공할 수 있다.[151] 이러한 개혁은 일자리 붕괴의 피해를 크게 완화할 수 있다. 이러한 발전 가능성을 평가할 때에는 그때까지 경제가 얼마나 많이 발전할지 고려해야 한다.

기술 변화의 가속화 덕분에 전체적인 부는 훨씬 커질 것이고, 그 장기적 안정성을 감안하면 어느 당이 집권하건 상관없이 사회 안전망은 그대로 유지될 가능성이 매우 높다(그것도 현재보다 상당히 높은 수준으로).[152] 하지만 기술적 풍요가 자동적으로 모든 사람에게 똑같이 혜택을 가져다주지는 않는다는 사실을 명심할 필요가 있다. 예를 들면, 2022년에는 1달러로 2000년에 비해 5만 배 이상의 컴퓨팅 파워를 살 수 있었다(전반적인 인플레이션을 감안해 보정한 수치).[153] 이와는 대조적으로, 공식 통계에 따르면 2022년에 1달러로 살 수 있는 의료 서비스는 2000년에 비해 81%에 불과했다(전반적인 인플레이션을 감안해 보정한 수치).[154] 그리고 암 면역 요법 같은 일부 치료법은 그동안 질적으로 크게 나아졌지만, 입원이나 X선 촬영 같은 대다수 의료 서비스 비용은 대략 같은 수준을 유지했다. 따라서 학생과 젊은이처럼 컴퓨터에 많은 돈을 쓰는 사람들은 컴퓨팅 가격 하락에서 많은 이득을 얻었다. 반면에 노인과 만성 질환자처럼 의료비에 소득 중 상당 부분을 쓰는 사람들은 전반적으로 상황이 더 나빠졌을 수 있다.

따라서 전환 과정을 원활하게 하고 번영을 광범위하게 공유하려면 현명한 정부 정책이 필요하다. 모든 사람이 현재 기준에 비춰 높은 생활 수준을 누리는 것은 기술적으로나 경제적으로 가능할 테지만, 필요한 모든 사람에게 이러한 지원을 제공하는 것은 어디까지나 정치적 결정에 달려 있다. 비슷한 예로, 오늘날 세계 곳곳에서 가끔 기근이 발생하지만, 이것은 식량 생산이 부족하거나 우수한 영농법 비결을 소수의 엘리트가 독점하고 있어서 그런 것이 아니다. 오히려 기근은 대개 나쁜 통치나 내전 때문에 발생한다. 이런 조건에서는 사람들이 국지적 가뭄이나 여타 자연재해의 피해를 극복하기가 훨씬 어렵고, 국제 지원도 효과적으로 이루어지기 어렵다.[155] 이와 비슷하게, 사회 전체의 의식이 깨어 있지 않으면 유독한 정치가 생활 수준 향상을 방해할 수 있다.

코로나19가 보여주었듯이, 이것은 특히 의학에서 긴급한 문제이다. 혁신은 저렴하고 효과적인 치료를 제공할 수 있는 획기적인 능력을 가져다줄 테지만, 마법 같은 결과를 보장하지는 않는다. 더 발전된 의료 서비스를 향한 안전하고 공정하고 질서 있는 전환이 일어나려면, 대중의 적극적인 참여와 합리적인 관리가 필요하다. 예를 들면, 생명을 구하는 기술이 불신을 받는 미래를 상상할 수 있다. 오늘날 백신에 대한 가짜 정보와 음모론이 온라인에서 횡행하는 것처럼, 향후 수십 년간 사람들은 의사 결정 지원 AI나 유전자 치료 또는 의료용 나노기술에 대해서도 유사한 소문을 퍼뜨릴 수 있다. 사이버 보안에 대한 타당한 우려를 감안하면, 은밀하게 진행되는 유전자 조작이나 정부가 통제하는 나노봇에 대한 과장된 두려움 때문에 2030년이나 2050년에 사람들이 중요한 치료를 거부하는 사태가 일어날 수도 있다. 불필요한 인명 피해를 초래할 수 있는 이러한 동역학에 대한 최선의 방어책은, 이 문제들을 대중이 올바르게 이해하는 것이다.

이러한 정치적 도전 과제들을 잘 해결한다면, 인간의 삶은 완전히 변화할 것이다. 역사적으로 우리는 삶의 물리적 필요를 충족하기 위해 경쟁해야 했다. 하지만 풍요의 시대로 접어들면서 마침내 물질적 필요의 가용성이 보편화됨에 따라(많은 전통적인 일자리가 사라지는 한편으로) 우리의 주요 과제는 목적과 의미를 찾는 것이 될 것이다. 사실상 우리는 에이브러햄 매슬로Abraham Maslow의 욕구 단계[156]에서 위로 올라가고 있다. 이것은 현재 경력을 결정하는 세대에서 이미 분명하게 드러나고 있다. 나는 8세에서 20세 사이의 젊은이에게 멘토 역할을 하고 강연을 하는데, 이들의 관심은 대개 예술을 통한 창의적 표현을 추구하거나 인류가 수천 년 동안 씨름해온 거대한 도전 과제(사회적인 것이건 심리적인 것이건 그 밖의 어떤 것이건)의 극복에 도움을 주는 것을 포함해 의미 있는 경력을 추구하는 데 있다.

따라서 삶에서 직업이 갖는 역할을 생각하는 것은 의미에 대한 더 광범위한 우리의 탐구를 다시 돌아보게 만든다. 사람들은 흔히 죽음과 짧은 삶이 인생에 의미를 부여한다고 말한다. 하지만 나는 이러한 견해는 죽음의 비극을 좋은 것으로 합리화하려는 시도라고 생각한다. 실제로는 사랑하는 사람의 죽음은 문자 그대로 우리 자신의 일부를 앗아간다. 그 사람과 상호 작용하고 함께 있는 것을 즐기도록 프로그래밍되어 있던 신피질 모듈이 이제 상실감과 공허함과 고통을 유발한다. 죽음은 우리에게서 기술, 경험, 기억, 관계 등 삶에 의미를 부여하는 모든 것을 앗아간다. 죽음은 창조적인 작품을 만들고 감상하고, 사랑의 감정을 표현하고, 유머를 공유하는 것을 포함해 우리를 정의하는 초월적 순간을 더 즐기지 못하도록 방해한다.

신피질을 클라우드로 확장하면 이 모든 능력이 크게 강화될 것이다. 음악이나 문학, 유튜브 영상, 농담을 신피질 확장(호미니드는 큰 이마 덕분에 200만 년 전에 가능했던) 기회를 놓친 영장류에게 설명하려고 애쓰는 장면을 상상해보라. 이 비유는 우리가 2030년대의 어느 시점부터 신피질을 디지털 방식으로 증강할 때, 지금은 상상하거나 이해할 수 없는 의미 있는 표현을 어떻게 만들어낼지 최소한의 짐작을 하는 데 도움을 준다.

하지만 중요한 문제가 하나 남아 있다. 지금부터 그때까지 그 사이에는 어떤 일이 일어날까? 대니얼 카너먼과 나는 개인적 대화에서 그는 정보 기술이 가격 대비 성능과 능력 면에서 기하급수적으로 증가해왔고 앞으로도 계속 그럴 것이며, 이 기술이 결국에는 의류와 식품 같은 물리적 제품까지 포괄할 것이라는 내 견해에 동의했다. 그는 우리가 우리의 물리적 필요를 충분히 충족시키는 풍요의 시대로 나아가고 있으며, 그때가 되면 우리의 1차적 목표는 매슬로의 욕구 단계에서 더 높은 단계를 만족시키는 것이 되리라는 데에도 동의했다. 하지만 카너먼은 지금부터 그때까지 갈등이나 심지어 폭력이 발생하는 시기가 오래 지속될 것이라고 예상했다. 또 자동화의 영향이 계속 이어지면서 승자와 패자가 나타나는 것이 불가피하다고 지적했다. 일자리를 잃은 운전기사에게는 인류가 삶의 단계에서 위로 올라갈 것이라는 약속이 공허하게 들릴 수 있는데, 그 개인은 사실상 그러한 전환에 성공하지 못할 수도 있기 때문이다.

기술 변화에 적응하는 데 따르는 가장 큰 난제 중 하나는 기술 변화의 혜택은 대다수 인구에 분산되는 반면, 피해는 소규모 집단에 집중되는 경향이다. 예를 들면, 자율 주행 차량은 인명 피해 감소와 오염 감소, 교통 혼잡 완화, 더 많은 자유 시간, 교통 비용 절감 등을 통해 사회에 큰 이득을 가져다준다. 미국 전체 인구(2050년에는 약 4억 명에 이를 것으로 추정되는)가 제각기 정도는 다르지만 이러한 이득에서 혜택을 얻을 것이다.[157] 어떤 가정을 사용하느냐에 따라 총 잠재 이득은 연간 6420억 달러에서 7조 달러까지 추정된다.[158] 어쨌든 그것이 어마어마하게 큰 액수라는 것만큼은 분명하다. 하지만 한 사람에게 돌아가는 이득은 그 사람의 인생을 완전히 바꿀 만큼 크지 않을 것이다. 그리고 통계적으로 매년 수만 명의 생명을 구할 수 있다는 사실은 누구나 알지만, 매년 정확하게 어떤 개인이 죽음을 피할지 알 수 있는 방법은 전혀 없다.[159]

이와는 대조적으로, 자율 주행 차량으로 인한 피해는 대부분 운전기사로 일하다가 생계 수단을 잃게 될 수백만 명에 국한될 것이다. 이들은 구체적으로 확인이 가능하며, 그들의 삶에 미치는 손실은 매우 심각할 수 있다. 이런 처지에 있는 사람에게는 사회에 돌아가는 전반적인 이득이 자신의 개인적 고통보다 훨씬 크다는 사실이 아무 위안이 되지 않는다. 이들에게는 경제적 고통을 줄이고, 의미와 품위 그리고 경제적 안정을 제공하는 새로운 직업으로의 전환을 돕는 정책이 필요하다.

카너먼의 우려를 뒷받침하는 한 가지 현상은, 내가 앞에서 지적한 것처럼 일반적으로 대중의 두려움이 현실의 실제 위험보다 훨씬 크다는 점이다. 이미 사회의 모든 것이 나빠지고 있다고 느낄 때 일자리를 잃으면 소외감에 휩싸이게 마련이다. 카너먼과 나는 오늘날 정치에서 나타나는 양극화 중 상당수는 이민과 같은 전통적인 정치적 이슈에서 비롯된 것이 아니라 자동화(실제적인 것과 예상되는 것을 모두 합친)의 산물이라는 데에도 동의한다.[160] 자신의 경제적 안정성에 대한 불안 수준이 높은 사람은 자신의 문제를 악화시키는 것처럼 보이는 그 어떤 것에도 적대적 태도를 보일 것이다.

하지만 사회는 예상한 것보다 더 극적인 변화에도 잘 적응하는 능력이 있다는 사실을 역사가 증언한다. 지난 200년 동안 우리는 경제를 이루는 대다수 직업을 반복적으로 대체해왔지만, 그 과정에서 폭력 혁명은 말할 것도 없고 장기적인 사회 혼란도 발생하지 않았다. 200년 전에 러다이트 운동이 진압된 것처럼 대중 매체와 법 집행 기관은 폭력을 예방하거나 신속하게 진압하는 데 매우 효과적이었다. 물론 개인은 정신 질환을 포함해 다양한 이유로 폭력적이 될 수 있다. 이것이 미국의 총기 문화와 결합되어 치명적인 결과를 낳는 사례가 너무 많다.

하지만 비극적 사건들이 아무리 헤드라인을 장식한다 하더라도, 지난 수백 년 동안 전체적인 폭력이 극적으로 감소해왔다는 사실은 변하지 않는다.[161] 앞 장에서 이야기했듯이, 나라에 따라 강력 사건 빈도는 해마다 혹은 10년마다 요동칠 수 있지만, 선진국들에서 나타나는 장기적 추세는 극적이고 지속적인 감소이다. 스티븐 핑커가 2011년에 출판한《우리 본성의 선한 천사》에서 주장했듯이, 이러한 감소는 깊은 문명적 추세—법치에 기반한 국가, 문해율 증가, 경제 발달 같은 요인들—의 결과이다.[162] 이것들은 모두 정보 기술의 기하급수적 발전을 통해 강화된다는 점에 주목할 필요가 있다. 따라서 우리는 미래를 낙관해야 할 확실한 이유가 있다.

'자동화로 인한 일자리 수 감소'라는 부정적 효과는 새로운 혁신적 기회를 수반한다는 사실을 떠올릴 필요가 있는데, 이것은 앞으로도 계속 유효하다. 게다가 사회 안전망은 튼튼한 데다가 확대되고 있으며, 앞에서 지적했듯이 정치적 환경에 따라 크게 변하지 않는 특성이 있다. 사회 안전망은 겉으로 드러나는 여론의 변동을 뛰어넘어 깊은 지지를 받고 있다. 이 계획들은 동료 시민에 대한 우리의 선천적 동정심이 표출된 것이지만, 기술 변화로 인한 사회적 혼란을 수습하기 위한 정치적 대응이기도 하다.

하지만 사회 안전망은 일자리가 주는 인생의 목적의식까지 대체하진 못하며, 카너먼이 주장한 것처럼 노동 시장에서는 많은 패배자가 생겨날 것이다. 미국이 심각한 사회적 혼란 없이 여러 차례의 자동화 단계를 잘 넘겼지만, 이번에는 변화의 폭과 깊이, 속도에서 큰 차이가 있을 것이다. 카너먼은 사람들에게 변화에 적응하고 새로운 기회를 이용할 시간이 필요하며, 많은 사람은 새로운 유형의 직업이나 대체 개인 사업 모델을 위한 재교육을 신속하게 받을 수 없을 것이라고 생각한다.

나는 일부 측면에서는 카너먼이 옳지만, 패배자가 존재하지 않거나 적어도 그들이 자신을 드러내지 않는 기술 변화 영역도 많다는 점을 명심해야 한다고 생각한다. 예컨대, 어떤 질병의 치료법이 새로 개발되었다고 하자. 그동안 그 질병을 치료하면서 이익을 얻었던 회사와 개인은 장기적인 소득원을 잃게 된다. 하지만 사회에 돌아가는 이득이 아주 크기 때문에, 이 치료법은 거의 보편적으로 환영받는다. 심지어 그 질병을 치료하던 대다수 사람도 이를 환영한다. 그들은 고통이 얼마나 줄어들었는지 직접 알며, 사라져버린 소득원에 연연하지 않는다. 어쨌든 사회는 일자리와 이익을 위해 치료법을 막기보다는 그로 인해 피해를 입는 사람들의 경제적 손실을 완화하는 방법을 찾는 것이 더 낫다는 사실을 인식하고 있다.

200년에 걸친 자동화의 전체 역사 내내, 많은 사람들은 세상엔 다른 아무 변화도 없이 자동화로 인해 일자리만 사라진다는 양 우려해왔다. 이 현상은 미래를 예상하는 모든 측면에서 나타난다. 사람들은 한 가지 변화를 상상할 때, 마치 그것 말고는 나머지는 달라지는 것이 전혀 없을 것처럼 생각한다. 하지만 실제로는 각각의 일자리가 사라질 때마다 많은 긍정적 변화가 함께 일어나며, 이러한 변화는 파괴적 변화만큼이나 빨리 일어난다.

사람들은 실제로는 변화에 아주 빨리 적응하는데, 특히 긍정적 변화에는 더 빨리 적응한다. 인터넷 사용이 아직 대학교와 정부에만 국한돼 있던 1980년대 후반에 나는 1990년대 후반에는 커뮤니케이션과 정보 공유를 위한 광대한 전 세계적 네트워크를 모든 사람이, 심지어 초등학생까지도 이용할 것이라고 예측했다.[163] 나는 또한 21세기 초에는 이 네트워크를 이용하기 위해 사람들이 모바일 장비를 사용하는 시대가 도래할 것이라고 예측했다.[164] 이 예측들은 내가 처음 내놓았을 때만 해도 (실현 가능성이 없어 보이는 것은 말할 것도 없고) 터무니없고 혼란스러운 것처럼 보였지만, 그것들은 현실이 되었고, 이 기술들은 아주 빠르게 채택되고 받아들여졌다. 한 예만 들자면, 15년 전만 해도 앱 경제는 아예 존재하지 않았지만, 지금은 아주 확고하게 뿌리를 내려 사람들은 그것이 없었던 때가 언제인지조차 제대로 기억하지 못한다.

그 효과는 단지 경제적인 것에 그치지 않는다. 스탠퍼드대학교 연구팀은 2017년에 미국인 이성애자 커플 중 39%가 온라인에서 만났다는 사실을 발견했다(그중 많은 사람은 틴더Tinder와 힌지Hinge같은 모바일 앱을 통해 만났다).[165] 이것은 현재 초등학교를 다니는 어린이 중 상당수가 자신보다 불과 몇 살 더 많은 기술 덕분에 존재하게 되었다는 뜻이다. 한 발 뒤로 물러나서 이러한 변화를 멀리서 바라보면, 앱이 사회에 영향을 미친 속도는 정말로 놀랍다.

사람들은 또한 능력이 강화되지 않은 인간이 기계와 경쟁하는 모습을 자주 상상하지만, 이것은 오해이다. 미래를 생각할 때, 인간이 AI로 구동되는 기계와 경쟁하는 세계를 상상하는 것은 잘못된 사고방식이다. 설명을 위해, 시간 여행자가 2024년의 스마트폰을 들고 1924년으로 돌아간 상황을 상상해보자.[166] 캘빈 쿨리지* 시대 사람들에게 이 사람의 지능은 실로 초인적으로 보일 것이다. 그는 고등 수학 문제를 척척 풀고, 주요 언어를 꽤 잘 번역하고, 그랜드마스터보다 체스를 잘 두고, 위키백과의 모든 정보를 활용할 수 있다. 1924년 사람들에게 시간 여행자의 능력은 스마트폰 때문에 엄청나게 강화된 것으로 보인다. 하지만 2020년대에 사는 우리는 그런 관점에서 바라보기가 어렵다. 우리는 증강되었다는 **느낌**이 전혀 없다. 이와 비슷하게 우리는 2030년대와 2040년대의 발전을 활용하여 우리의 능력을 매끄럽게 증강시킬 것이다. 그리고 우리 뇌가 컴퓨터와 직접 접속함에 따라 이것은 더욱 자연스럽게 느껴질 것이다. 풍요로운 미래의 인지적 도전 과제에 맞닥뜨릴 때에도, 우리가 오늘날 스마트폰과 경쟁하지 않는 것과 마찬가지로 대개의 경우 우리는 AI와 경쟁하지 않을 것이다.[167] 사실, 이러한 공생 관계는 새로운 것이 전혀 아니다. 우리의 신체적, 지적 범위를 확장하는 것은 석기 시대 이래 기술이 추구해온 목적이었다.

이 모든 것에도 불구하고, 이 전환 과정에서 골치 아픈 사회적 혼란—폭력을 포함해—이 발생할 가능성이 있으며, 우리는 그것을 예상하고 완화하기 위해 노력해야 한다. 하지만 앞에서 언급했던, 안정을 촉진하는 장기적 추세들을 감안하면 폭력적 전환이 일어날 가능성은 희박하다고 생각한다.

다가오는 사회적 변화를 낙관하는 가장 중요한 이유는 증가하는 물질적 풍요가 폭력 유발 요인을 낮출 것이기 때문이다. 사람들이 살아가는데 꼭 필요한 것이 부족하거나 범죄율이 이미 높을 때에는 폭력을 통해

---

* 미국의 제30대 대통령(1923~1929).

잃을 것이 없다고 생각할 수 있다. 하지만 이러한 사회적 혼란을 초래할 바로 그 기술이 식품과 주택과 운송, 보건 서비스를 훨씬 저렴하게 만들 것이다. 그리고 더 나은 교육과 더 현명한 치안 유지 활동, 뇌에 손상을 입히는 납 같은 환경 독성 물질 감소 등을 통해 범죄율이 계속 낮아질 가능성이 높다. 사람들은 안전하고 더 오래 살 수 있는 삶이 있다고 느끼면, 폭력에 의존해 모든 것을 잃는 위험을 감수하는 대신에 정치적으로 차이를 해결하려는 동기를 강하게 느끼게 된다.

카너먼과 나는 다가오는 전환의 성격에 대한 우리의 전망 차이에는 서로의 대조적인 아동기에서 영향을 받은 측면이 있으리라고 추정했다. 카너먼은 프랑스에서 가족과 함께 나치를 피해 도망다니면서 성격 형성기를 보냈다. 나는 제2차 세계 대전 이후에 상대적으로 안전한 뉴욕시에서 태어나 자랐다. 다만, '그 이후 세대'의 일원으로서 홀로코스트에 영향을 받긴 했다. 따라서 카너먼은 제1차 세계 대전 이후의 유럽, 특히 독일에서 빈곤으로(거의 틀림없이) 인해 일어난 극심한 갈등과 추방, 증오를 직접 경험했다.

그럼에도 불구하고, 지속적이고 건설적 전환을 조율하려면 현명한 정치적 전략과 정책 결정이 필요하다. 정책과 사회 조직이 여전히 중요한 요소이기 때문에, 정치인과 시민 지도자의 역할도 계속 중요하게 남을 것이다. 하지만 이 기술 발전에 내포된 기회는 실로 어마어마하다. 그것은 사실상 인류의 오랜 고통을 극복할 수 있는 기회이다.

제6장

향후 30년의 건강과 안녕

The Next Thirty Years in Health and Well-Being

2020년대:
AI와 생명공학의 결합

수리를 위해 자동차를 정비소에 맡기면, 정비공은 자동차 부품뿐만 아니라 그것들이 서로 어떻게 맞물려 돌아가는지 잘 안다. 자동차 공학은 사실상 정밀과학이다. 그래서 잘 관리한 자동차는 거의 무한히 굴러갈 수 있으며, 아주 심각한 사고 차량도 기술적으로 수리가 가능하다. 인체는 그렇지 않다. 지난 200년 동안 과학적 의학의 경이로운 발전에도 불구하고, 의학은 아직 정밀과학이 아니다. 여전히 의사들은 효과가 있다고 알려진 것들을 그 **작용 원리**를 완전히 이해하지 못한 채 사용한다. 의학 분야에는 엄밀하지 않은 근사적 방법에 기반을 둔 것이 많으며, 그러한 것들은 대개는 대다수 환자에게 효과가 있지만 **당신**에게는 들어맞지 않을 수도 있다.

의학을 정밀과학으로 전환시키려면 그것을 정보 기술로 변화시켜야 한다. 그래야 정보 기술의 기하급수적 발전에서 혜택을 얻을 수 있다. 이 근본적인 패러다임 이동이 현재 잘 진행되고 있는데, 이 과정은 생명공학을 AI와 디지털 시뮬레이션과 결합하는 단계를 포함한다. 이 장에서 내가 설명하듯이, 의약품 발견에서부터 질병 감시와 로봇 수술에 이르기까지 이미 그로 인한 즉각적인 혜택들이 나타나고 있다. 예를 들면, 2023년에 AI가 처음부터 끝까지 설계한 최초의 의약품이 희귀 폐 질환 치료를 위한 제2상 임상 시험에 들어갔다.[1] 하지만 AI와 생명공학의 수렴이 가져다줄 가장 기본적인 혜택은 이보다 훨씬 더 중요하다.

의학이 전문 지식을 다음 세대에 전수하는 인간 의사들과 힘든 실험실 실험에만 의존했을 때에는 혁신이 느리고 선형적으로 발전했다. 하지만 AI는 인간 의사보다 더 많은 데이터로 학습할 수 있고, 인간 의사가 평생의 경력 동안 경험하는 수천 건의 절차 대신에 수십억 건의 절차로부터 경험을 쌓을 수 있다. 그리고 AI는 기본 하드웨어의 기하급수적 개선으로부터 혜택을 받기 때문에, AI가 의학에서 차지하는 역할이 커질수록 보건 서비스 분야에도 기하급수적 혜택이 돌아갈 것이다. 이 도구들을 사용해 우리는 이미 생화학적 문제에 대한 답을 찾고 있으며, 가능한 모든 선택지를 디지털 방식으로 검색하면서 몇 년 대신에 몇 시간 만에 해결책을 찾아내고 있다.[2]

현재 가장 중요한 문제 중 하나는 새로운 바이러스의 위협에 대한 치료법을 설계하는 것이다. 이것은 특정 바이러스의 화학적 자물쇠를 여는 열쇠를 발견하는 일에 해당하는데, 그것도 수영장을 가득 채울 만큼 많이 쌓여 있는 열쇠들 중에서 딱 맞는 열쇠를 찾아야 한다. 자신의 지식과 인지 기술을 사용하는 인간 연구자는 질병을 치료할 잠재력이 있는 분자를 수십 가지 확인할 수 있겠지만, 실제로 치료와 관련이 있는 분자의 수는 일반적으로 수조 개에 이른다.[3] 이것들을 검증의 체로 거르면 대부분은 명백히 부적절한 것으로 드러나 완전한 시뮬레이션이 필요하지 않지만, 그래도 수십억 가지의 가능성은 더 엄밀한 컴퓨터 분석이 필요할 수 있다. 또 다른 극단적 예를 들면, 물리적으로 가능한 잠재적 의약품 분자의 공간은 100만 × 10억 × 10억 × 10억 × 10억 × 10억 × 10억 가지의 가능성을 포함할 수 있다고 추정된다.[4] 정확한 수치를 어떻게 추정하건, AI는 현재 과학자들이 이처럼 방대한 양의 데이터를 정리해 특정 바이러스에 딱 들어맞을 가능성이 가장 높은 열쇠에 집중하도록 돕고 있다.

이렇게 철저한 검색의 장점을 생각해보라. 현재의 패러다임에서는 잠재적 효과가 있는 질병 치료제를 발견하면, 수십 명 또는 수백 명의 인간 피험자를 모집한 뒤 수천만 또는 수억 달러의 비용을 써가면서 몇 개월 또는 몇 년에 걸쳐 임상 시험을 진행한다. 첫 번째 선택은 이상적인 치료제가 아닌 것으로 밝혀지는 경우가 아주 흔하다. 그러면 다시 대안 치료제를 찾아야 하는데, 그 과정 역시 임상 시험을 거치기까지 몇 년이 걸린다. 그 결과들이 나오기 전에는 추가적인 진전이 일어나기 어렵다. 미국의 규제 과정은 세 단계의 임상 시험을 포함하는데, 최근의 MIT 연구에 따르면 후보 의약품 중 FDA의 최종 승인을 얻는 데 성공하는 비율은 13.8%에 불과하다.[5] 결국 신약이 시장에 나오기까지는 대개 10년이 걸리며, 평균 비용은 13억~26억 달러에 이른다.[6]

지난 몇 년 사이에 AI의 도움을 받아 일어나는 혁신 속도가 눈에 띄게 빨라졌다. 2019년, 오스트레일리아 플린더스대학교 연구자들은 생물학 시뮬레이터를 사용해 인간 면역계를 활성화하는 물질을 발견함으로써 매우 강력한 독감 백신을 만들었다.[7] 이 시뮬레이터는 수조 개의 화학 물질을 디지털 방식으로 만들었고, 연구자들은 이상적인 분자 조성을 찾기 위해 또 다른 시뮬레이터를 사용해 각각의 화학 물질이 바이러스에 대항하는 면역 증강 물질로 유용한지 여부를 판단했다.[8]

2020년, MIT의 한 연구팀은 AI를 사용해 강력한 항생제를 개발했는데, 이것은 현존하는 가장 위험한 일부 내성균을 죽인다. AI는 단 몇 종류의 항생제를 검토하는 대신에 1억 700만 가지에 이르는 항생제를 몇 시간 만에 분석해 잠재적 후보를 23가지 추려냈으며, 그중에서 가장 효과적인 후보 둘을 강력 추천했다.[9] 피츠버그대학교의 약물 설계 연구자 제이컵 두런트Jacob Durrant는 "이 연구는 실로 놀랍다. 이 접근법은 컴퓨터 지원 약물 발견의 위력을 잘 보여준다. 항생제 효과를 확인하기 위해 1억 가지 이상의 화합물을 물리적으로 시험하는 것은 불가능할 것이다."라고 말했다.[10] 그 이후부터 MIT 연구자들은 이 방법을 적용해 효과적인 항생제를 처음부터 설계하기 시작했다.

하지만 2020년 AI가 의학 분야에 가장 중요하게 적용된 사례는 안전하면서 효과적인 코로나19 백신을 기록적인 시간 안에 설계하는 데 핵심 역할을 한 것이다. 2020년 1월 11일, 중국 당국은 이 바이러스의 유전자 염기 서열을 발표했다.[11] 모더나의 과학자들은 어떤 백신이 가장 효과가 있을지 분석하는 강력한 기계 학습 도구를 사용해 연구를 시작했고, 불과 이틀 뒤 mRNA 백신의 유전자 염기 서열을 만들어냈다.[12] 그리고 2월 7일, 첫 번째 임상 시험용 백신이 생산되었다. 예비 테스트 뒤에 그것은 2월 24일에 미국 국립보건원으로 보내졌고 3월 16일(유전자 염기 서열을 만든 지 불과 63일 만에)에 최초의 백신이 임상 시험 참가자의 팔에 주사되었다. 코로나19 팬데믹 이전에는 백신 개발에 5~10년이 걸리는 게 보통이었다. 이렇게 신속한 혁신은 분명히 수백만 명의 생명을 구했다.

하지만 전쟁은 끝나지 않았다. 2021년에 코로나19 변종들이 고개를 드는 가운데 서던캘리포니아대학교 연구진은 바이러스의 계속적인 돌연변이에 대해 필요할지도 모를 백신의 적응적 개발 속도를 높이기 위해 혁신적인 AI 도구를 개발했다.[13] 시뮬레이션 덕분에 후보 백신을 1분 이내에 설계할 수 있고, 그 유효성을 디지털 방식으로 한 시간 이내에 입증할 수 있다. 여러분이 이 책을 읽을 무렵이면 더 발전된 방법들도 개발돼 있을 것이다.

내가 소개한 응용 사례들은 생물학에서 훨씬 더 근본적인 도전 과제인데, 그것은 바로 단백질이 접히는 방식을 예측하는 것이다. 우리 유전체의 DNA 지시는 아미노산 서열을 만들어내는데, 이 서열은 특정 방식으로 접히면서 단백질 분자가 된다. 단백질의 실제 작용 방식을 좌우하는 것은 이 단백질 분자의 3차원 구조 특징이다. 우리 몸은 대부분 단백질로 이루어져 있기 때문에, 신약을 개발하고 질병을 치료하려면 단백질의 조성과 기능 사이의 관계를 아는 것이 필수적이다. 불행하게도, 지금까지 인간이 단백질 접힘을 예측하는 정확도는 아주 낮았는데, 쉽게 개념화할 수 있는 단일 규칙으로 설명할 수 없을 정도로 그 과정이 복잡하기 때문이다. 따라서 발견은 여전히 운과 부단한 노력에 달려 있으며, 최선의 해결책은 발견되지 않은 채 남아 있을 수 있다. 이것은 오래전부터 신약 개발을 가로막는 주요 장애물 중 하나였다.[14]

AI의 패턴 인식 능력이 여기에 아주 큰 도움을 준다. 2018년, 알파벳의 딥마인드는 알파폴드AlphaFold라는 프로그램을 만들었는데, 이것은 인간 과학자들이 개발한 접근법과 이전의 소프트웨어에 의존한 접근법을 포함해 주요 단백질 접힘 예측 방법들과 경쟁했다.[15] 알파폴드는 모델로 사용할 수 있는 단백질 형태 목록에 의존하는 통상적인 방법을 사용하지 않았다. 알파고 제로와 마찬가지로 알파폴드는 확립된 인간 지식을 전혀 참고하지 않았다. 알파폴드는 98개의 경쟁 프로그램 중에서 압도적인 1위를 차지했는데, 43개의 단백질 중 25개를 정확하게 예측했다. 반면에 2등을 차지한 경쟁 프로그램은 43개 중에서 겨우 3개를 제대로 예측하는 데 그쳤다.[16]

하지만 AI의 예측은 아직 실험실의 실험만큼 정확하지 않았기 때문에, 딥마인드는 설계를 처음부터 다시 하면서 트랜스포머(GPT-3를 구동하는 딥러닝 기술)를 포함시켰다. 2021년, 딥마인드는 정말로 놀라운 혁신을 이룬 알파폴드 2를 공개했다.[17] 이 AI는 주어진 거의 모든 단백질에 대해 실험실 수준의 정확도를 달성할 수 있다. 그러자 생물학자가 이용할 수 있는 단백질 구조의 수가 18만 개[18]를 조금 넘는 수준에서 갑자기 수억 개로 팽창했고, 곧 수십억 개에 이를 것이다.[19] 이것은 생물의학 부문에서 일어나는 발견 속도를 크게 가속화할 것이다.

현재 AI의 의약품 발견 과정은 인간의 안내를 받아 일어난다. 과학자들은 해결하고자 하는 문제를 확인하고, 그 문제를 화학적 용어로 기술하고, 시뮬레이션 파라미터들을 정해야 한다. 하지만 앞으로 수십 년 사이에 AI는 더 창조적으로 검색하는 능력이 생길 것이다. 예를 들면, 인간 임상의가 발견하지 못한 문제(예컨대 어떤 질병이 있는 사람들의 특정 집단은 표준적인 치료에 잘 반응하지 않는다는 사실)를 확인하고 복잡한 새 치료법을 제안할 수 있다.

한편, AI는 시뮬레이션에서 점점 더 큰 시스템—단백질에서 단백질 복합체, 세포 소기관, 세포, 조직, 전체 기관으로—을 모델링하게 될 것이다. 그러면 그 복잡성 때문에 현재의 의학으로서는 속수무책인 질병들을 치료할 수 있게 될 것이다. 예를 들면, 지난 10년 동안 CAR-T(카티), BiTE(바이트),* 면역 관문 억제제를 포함해 유망한 암 치료법이 많이 개발되었다.[20] 이 치료법들은 수천 명의 생명을 구했지만 여전히 실패하는 경우도 많은데, 암이 그에 대항하는 법을 터득하기 때문이다. 그중에는 현재의 기술로는 우리가 완전히 이해할 수 없는 방식으로 종양이 자신의 국지적 환경을 변화시키는 것도 있다.[21] 하지만 AI가 종양과 그 미세 환경을 확실하게 시뮬레이션할 수 있게 되면, 이러한 저항을 극복하도록 맞춤 설계한 치료법을 사용할 수 있다.

마찬가지로 알츠하이머병과 파킨슨병 같은 신경병성 질환도 잘못 접힌 단백질이 뇌에 쌓이면서 피해를 초래하는 미묘하고 복잡한 과정이 관여한다.[22] 살아 있는 뇌에서 그 효과를 철저히 연구하는 것이 불가능하기 때문에, 그동안 진행된 연구는 아주 느리고 어려움이 많았다. 하지만 AI 시뮬레이션을 사용하면 근본 원인을 이해하고 심신이 쇠약해지기 오래 전에 환자를 효과적으로 치료할 수 있을 것이다. 전체 미국 인구 중 절반 이상이 평생 동안 어느 시기에 겪는 것으로 추정되는 정신 건강 장애 치료에도 동일한 뇌 시뮬레이션 도구들이 돌파구를 열어줄 것이다.[23] 지금까지 의사들은 '무딘' 접근법에 해당하는 SSRI**와 SNRI*** 같은 정신 질환 치료제에 의존해왔는데, 이 약들은 화학적 불균형을 일시적으로

* CAR-T는 환자의 T세포를 유전적으로 조작해 암세포를 공격하도록 하고, BiTE는 T세포와 암세포에 동시에 결합하여 T세포가 암세포를 파괴하도록 한다.

** 선택 세로토닌 재흡수 억제제. 우울증, 불안 장애, 강박 장애 등의 정신 질환 치료에 사용되는 항우울제이다.

*** 세로토닌-노르에피네프린 재흡수 억제제. 우울증, 불안 장애, 만성 통증 등 다양한 질환 치료에 사용된다.

조절하지만 효과가 크지 않고 일부 환자에게는 효과가 전혀 없으며 부작용이 많다.[24] AI가 인간의 뇌(알려진 우주에서 가장 복잡한 구조!)를 기능적으로 완전히 이해하면, 우리는 많은 정신 건강 문제의 근원을 표적으로 삼아 해결책을 찾을 수 있을 것이다.

새로운 치료법 발견을 위한 AI의 활약에 더해 그것을 입증하기 위한 임상 시험의 혁명도 다가오고 있다. FDA는 이제 사용 승인 절차에 시뮬레이션 결과를 포함시키고 있다.[25] 앞으로 이것은 코로나19 팬데믹과 비슷한 사례(새로운 바이러스 질환이 갑자기 나타나고, 가속화된 백신 개발을 통해 수백만 명의 생명을 구할 수 있는 상황)에서 특히 중요한 역할을 할 것이다.[26]

그런데 임상 시험 과정 자체를 디지털화한다고 가정해보자. 즉, AI를 사용해 수만 명의(시뮬레이션) 환자에게 수년 동안(이 또한 시뮬레이션 기간) 의약품이 어떻게 작용하는지 평가하는데, 이 모든 것을 몇 시간 또는 며칠 만에 완료할 수 있다. 이를 통해 오늘날 우리가 사용하는 상대적으로 느리고 비효율적인 인간 임상 시험보다 훨씬 더 풍부하고 빠르고 정확한 결과를 얻을 수 있을 것이다. 인간 임상 시험의 큰 단점 중 하나는 참여자가 겨우 수십 명에서 수천 명에 불과하다는 점이다(의약품의 종류와 임상 시험 단계에 따라 달라지지만).[27] 이것은 피험자 집단에 당신의 몸이 반응하는 것과 정확하게 똑같은 방식으로 약물에 반응하는 사람이 통계적으로 아주 적다는 것을(만약 있다면) 의미한다. 의약품의 효과에는 유전자, 식습관, 생활 방식, 호르몬 균형, 미생물총, 질병 아형, 복용하는 다른 약, 걸렸을지도 모르는 다른 질병처럼 많은 요인이 영향을 미칠 수 있다. 만약 임상 시험에서 이 모든 측면이 당신과 일치하는 사람이 없다면, 그 의약품이 평균적인 사람에게는 효과가 있더라도 당신에게는 좋지 않을 수 있다.

현재의 임상 시험에서는, 예컨대 특정 조건에서 3000명을 대상으로 했을 때 평균 15%의 개선 효과가 나타날 수 있다. 하지만 시뮬레이션 임상 시험에서는 숨겨진 세부 사실이 드러날 수 있다. 예를 들어 그 집단 중 250명의 특정 하위 집단(이를테면 특정 유전자를 가진 사람들)은 실제로는 그 약이 오히려 해가 되어 상태가 50% 나빠지는 데 반해, 또 다른 500명의 하위 집단(이를테면 신장병이 있는 사람들)은 상태가 70% 개선될 수 있다. 시뮬레이션을 통해 이러한 상관관계들을 다수 발견함으로써 각각의 환자에게 특별히 그 사람에게 해당하는 '위험-편익' 프로필을 제공할 수 있다.

이 기술의 도입은 점진적으로 일어날 텐데, 생물학적 시뮬레이션에 필요한 계산이 응용 사례에 따라 천차만별이기 때문이다. 주로 단 하나의 분자로 이루어진 의약품은 전체 스펙트럼에서 쉬운 쪽에 위치해 맨 먼저 시뮬레이션 대상이 될 것이다. 반면에 크리스퍼 유전자 가위 같은 기술과 유전자 발현에 영향을 미치는 요법은 많은 종류의 생물학적 분자와 구조 사이의 매우 복잡한 상호 작용을 포함하며, 따라서 인실리코 임상 시험을 만족스럽게 시뮬레이션하는 데 훨씬 오랜 시간이 걸릴 것이다. 주된 시험 방법으로 쓰이는 인간 임상 시험을 대체하려면, AI 시뮬레이션은 특정 치료제의 직접적 작용뿐만 아니라, 그것이 장기간에 걸쳐 신체의 복잡한 계들과 어떻게 상호 작용하는지 모델링할 필요가 있다.

그러한 시뮬레이션에 얼마나 많은 세부 사항이 필요한지는 불분명하다. 예를 들면, 간암 치료제 시험에 엄지 피부세포가 적절할 리 없다. 하지만 이러한 도구들의 안전성을 검증하려면 인체 전체를 사실상 분자 수준에서 디지털화할 필요가 있다. 그래야만 연구자들은 특정 용도로 응용하기 위해 어떤 요소를 자신 있게 일반화할지 결정할 수 있을 것이다. 이것은 장기 목표이지만, AI에게는 생명을 구하기 위한 가장 중요한 목표 중 하나이며, 2020년대 말에는 유의미한 진전이 일어날 것이다.

임상 시험에서 시뮬레이션에 의존하는 비중이 점점 커지는 데 대해 의학계에서 다양한 이유로 상당한 저항이 나올 가능성이 있다. 위험 가능성에 신중한 태도를 취하는 것은 매우 분별 있는 행동이다. 의사들은 환자를 위험에 빠뜨릴 가능성이 있는 방식으로 승인 규약을 바꾸길 원치 않을 것이다. 따라서 시뮬레이션은 현재의 임상 시험 방법과 비슷하거나 더 나은 결과를 내놓아야 할 것이다. 법적 책임이라는 요소도 있다. 매우 유망해 보이지만 결국은 재앙으로 드러나고 말 새로운 치료법을 승인한 당사자가 되고 싶은 사람은 아무도 없을 것이다. 따라서 규제 당국은 새로운 접근법을 예측하고, 적절한 조심성과 생명을 구하는 혁신 사이에서 균형을 맞추기 위해 선제적으로 대응해야 할 필요가 있다.

하지만 신뢰할 만한 바이오시뮬레이션이 일어나기 전에 이미 AI는 유전생물학에 큰 영향을 미치고 있다. 전체 유전자 중 98%는 단백질 부호화에 쓰이지 않아 한때 '정크' DNA라고 불렸다.[28] 지금은 이것들도 유전자 발현(어떤 유전자가 활성화되고 어느 정도 활성화되는지)에 중요한 역할을 한다는 사실이 밝혀졌지만, 비부호화 DNA 자체로부터 그 관계를 알아내기는 매우 어렵다. 하지만 AI는 매우 미묘한 패턴을 탐지할 수 있기 때문에, 2019년에 뉴욕의 과학자들이 비부호화 DNA와 자폐증 사이의 관계를 밝혀낸 사례에서 그랬듯 이 난관을 돌파하기 시작했다.[29] 그 프로젝트의 수석 연구자인 올가 트로얀스카야Olga Troyanskaya는 그것은 "유전되지 않은 비부호화 돌연변이가 복잡한 인간 질환이나 장애를 초래한다는 것을 보여준 최초의 명확한 증거"라고 말했다.[30]

코로나19 팬데믹 이후 감염병을 감시하는 과제가 새로운 긴급성을 띠게 되었다. 과거에 역학자들은 미국에서 바이러스 질환의 창궐을 예측할 때 불완전한 여러 종류의 데이터에서 선택을 해야 했다. 아르고넷ARGONet이라는 새로운 AI 시스템은 종류가 서로 다른 데이터들을 실시간으로 통합하고 자신의 예측 능력을 바탕으로 가중치를 부여한다.[31] 아르고넷은 전자화된 의료 기록과 과거 데이터, 염려하는 대중이 시도한 구글 검색, 장소에 따라 독감이 퍼져나가는 시공간적 패턴을 결합한다.[32] 하버드대학교 수석 연구자 모리시오 산티야나Mauricio Santillana는 다음과 같이 설명했다. "이 시스템은 독립적인 각 방법의 예측 능력을 끊임없이 평가하고, 개선된 독감 추정 결과를 내놓기 위해 이 정보를 사용하는 방법을 재조정한다."[33] 실제로 2019년의 연구는 아르고넷이 이전의 그 어떤 접근법보다 더 나은 결과를 내놓는다는 것을 보여주었다. 아르고넷은 조사 대상이 된 전체 주 중 75%에서 구글 독감 동향보다 더 나은 결과를 내놓았으며, 질병통제예방센터의 일반적인 방법보다 일주일 앞서 주 전체의 독감 동향을 예측했다.[34] 다음번의 주요 창궐을 예방하는 데 도움을 주기 위해 더 많은 AI 기반 접근법들이 새로 개발되고 있다.

과학적 응용 외에도 AI는 임상의학에서 인간 의사를 뛰어넘는 능력을 얻고 있다. 2018년의 한 강연에서 나는 1~2년 안에 신경망이 X선 영상을 인간 의사만큼 잘 분석할 것이라고 예측했다. 불과 2주일 뒤에 스탠퍼드대학교 연구자들이 CheXNet(첵스넷)을 발표했다. 이것은 10만 개의 X선 영상을 사용해 121층 합성곱 신경망convolutional neural network*을 훈련시켜 열네 가지 질병을 진단할 수 있게 만든 시스템이었다. CheXNet

---

* 주로 이미지나 영상 데이터 분석에 사용되는 인공 신경망의 한 종류.

은 비교 대상으로 삼은 인간 의사보다 훨씬 나은 결과를 보여주면서 엄청난 진단 잠재력을 시사하는, 예비적이지만 고무적인 증거를 제시했다.[35] 다른 신경망들도 이와 비슷한 능력을 보여주었다. 2019년의 한 연구는 자연어 임상 지표를 분석하는 신경망이 동일한 데이터를 접한 8명의 수련의보다 소아 질환을 더 잘 진단한다는 것을 보여주었다(그리고 일부 부문에서는 20명의 인간 의사 모두보다 더 나은 결과를 보여주었다).[36] 2021년, 존스홉킨스대학교의 한 연구팀은 DELFI(델파이)라는 AI 시스템을 개발했다. 사람의 혈액에 포함된 DNA 조각의 미묘한 패턴을 인식할 수 있는 이 시스템은 단순한 실험실 테스트를 통해 전체 폐암 중 94%를 발견했는데, 이것은 인간 전문가들조차도 혼자 힘만으로는 이룰 수 없는 성과였다.[37]

이러한 임상 도구들은 개념 증명에서 대규모 배치 단계로 빠르게 발전하고 있다. 2022년 7월, 《네이처 메디슨》은 패혈증을 탐지하기 위해 59만 명 이상의 병원 환자를 '표적실시간조기경보시스템'Targeted Real-Time Early Warning System, TREWS이라는 AI 시스템으로 모니터링한 대규모 조사 결과를 발표했는데,[38] 패혈증은 미국에서 연간 약 27만 명의 목숨을 앗아가는 치명적인 감염 질환이다. 표적실시간조기경보시스템은 의사들에게 조기 경보를 제공해 치료를 시작하게 함으로써 환자들의 패혈증 사망률을 18.7%나 낮추었다. 이 결과는 채택 비율이 확대되면 연간 수만 명의 생명을 구할 잠재력이 있음을 보여주었다. 이러한 모델들은 착용 피트니스 트래커*의 데이터처럼 더 풍부한 형태의 정보까지 통합해 처리함으로써 사용자가 자신이 아프다는 사실을 알기도 전에 치료를 권하

* 신체에 착용해 몸의 상태를 추적하는 기기 또는 애플리케이션으로, 대표적인 예로 스마트 밴드가 있다.

게 될 것이다.

2020년대가 지나가면서 AI 기반 도구는 사실상 모든 진단 과제에서 초인적 수준의 성능에 도달할 것이다.[39] 의료 영상 해석은 신경망이 특유의 강점을 가장 강력하게 발휘할 수 있는 과제이다. 임상적으로 중요한 정보가 영상에 너무 미묘하게 숨겨져 있어 인간은 시각적으로 탐지하지 못하더라도 AI 시스템이 보기에는 너무나도 명백한 것일 수 있다. 그리고 다른 형태의 진단들은 이질적이고 정성적인 정보를 많이 통합하는 것이 필요한 반면, 영상의 픽셀 패턴은 계량화가 가능한 데이터로 완전히 환원할 수 있다(이것은 AI의 큰 장점이다). 의료 영상이 AI가 그토록 놀라운 수준의 성능에 도달하는 최초의 분야 중 하나인 이유는 이 때문이다. 같은 이유로 CheXNet과 그 사촌인 CheXpert(첵스퍼트) 같은 시스템을 다른 종류의 의료 영상 분석으로 일반화하기는 비교적 쉬울 것이다. 궁극적으로 AI는 의료 영상에 숨어 있는 방대한 잠재력을 드러낼 것이다. 겉보기에는 건강한 기관에 숨어 있는 위험 인자를 확인하고, 그럼으로써 어떤 문제가 손상을 초래하기 훨씬 전에 예방 조치를 취함으로써 생명을 구할 것이다.

수술도 이 혁명에서 혜택을 받을 텐데, 수술에 관한 양질의 데이터 양과 사용 가능한 계산 자원이 빠르게 증가하고 있기 때문이다.[40] 몇 년 전부터 로봇은 인간 의사를 도와왔지만, 이제 인간 없이 혼자서 수술을 하는 능력까지 보여주고 있다. 2016년에 미국에서는 '스마트 조직 자율 로봇'Smart Tissue Autonomous Robot, STAR이 동물을 대상으로 한 창자 봉합 실험에서 인간 외과의보다 더 나은 결과를 보여주었다.[41] 2017년, 중국의 한 로봇은 고도의 초정밀 절차가 필요한 치아 임플란트 수술을 처음부터 끝까지 혼자서 하는 데 성공했다.[42] 2020년에는 뉴럴링크가 '뇌-컴퓨터'

인터페이스를 이식하는 과정 대부분을 혼자서 처리하는 수술 로봇을 선보였는데, 이 회사는 이제 완전한 자율 수술 로봇을 완성하기 위해 노력하고 있다.[43]

평균적인 인간 외과의는 연간 수백 건의 수술을 할 수 있는데, 평생 동안 하더라도 수만 건에 그친다. 더 길고 복잡한 절차가 필요한 전문 분야의 외과의 같은 경우에는 수술 횟수가 더 적을 수 있다. 이와는 대조적으로 로봇 외과의를 구동하는 AI는 전 세계 어디에서건 그 시스템이 수행하는 모든 수술 경험에서 학습이 가능하다. 그 결과로 어떤 인간이 맞닥뜨리는 것보다 훨씬 광범위한 임상 상황(아마도 수백만 건의 수술)을 다룰 수 있다. 게다가 AI는 수십억 건의 시뮬레이션 수술을 하면서 임상 상황에서는 훈련하기가 불가능하거나 비윤리적인 특이한 변수까지 다룰 수 있다. 예를 들면, 로봇 외과의에게 시뮬레이션 수술을 통해 복합적인 희귀 질환들을 다루는 훈련을 시키거나, 대다수 외과의가 평생 동안 한 번 볼까 말까 한 복잡한 부상을 다루면서 외상의학의 한계를 넘어서는 훈련을 시킬 수 있다. 그 결과, 수술은 지금보다 더 안전하고 더 효과적인 수준으로 발전할 것이다.[44]

2030년대와 2040년대:
나노기술의 개발과 완성

생물학적 진화가 사람처럼 정교한 생명체를 만들어낸 것은 실로 경이로운데, 이 생명체는 뛰어난 지적 능력과 신체적 협응 능력(예컨대 나머지 손가락들과 마주 보는 엄지)으로 기술을 크게 발전시켰다. 하지만 우리는 최적의 상태와는 거리가 먼데, 사고 측면에서는 특히 그렇다. 한스 모라벡이 1988년에 주장했듯이 기술 발전의 의미를 생각할 때, 우리의 DNA 기반 생물학을 아무리 미세 조정하더라도, 살과 피로 이루어진 우리의 시스템은 어떤 목적에 맞춰 설계한 우리의 창조물에 비해 불리할 것이다.[45] 오스트리아 작가 페터 바이벨Peter Weibel이 적절히 묘사한 것처럼, 이 점에서 인간은 '이류 로봇'에 불과하다는 사실을 모라벡은 잘 이해했다.[46] 이것은 생물학적 뇌의 능력을 최적화하고 완성하려고 아무리 노력하더라도, 우리는 여전히 완전히 공학적으로 설계된 신체의 능력보다 수십억 배나 느리고 성능이 떨어진다는 걸 뜻한다.

AI와 나노기술 혁명의 결합은 우리의 몸과 뇌와 우리가 상호 작용하는 세계들을 (분자 하나하나에 이르기까지) 다시 설계하고 제작하게 해줄 것이다. 인간의 신경세포는 많아야 초당 약 200회(이론적 최대치는 약 1000회) 발화하며, 실제로는 평균적으로 대개 초당 1회 미만 발화하는 수준에 그친다.[47] 반면에 트랜지스터는 이제 초당 1조 사이클 이상으로 작동할 수 있고, 일반적인 컴퓨터 칩도 초당 50억 사이클 이상을 수행할 수 있다.[48] 격차가 이토록 큰 이유는 우리 뇌의 세포 연산은 디지털 연산에 쓰이는 정밀공학의 산물보다 훨씬 느리고 투박한 구조를 사용하기 때문이다. 나노기술의 발전과 함께 디지털 영역은 격차를 더욱 크게 벌릴 것이다.

게다가 인간 뇌의 크기도 총 처리 능력에 제약을 가하는데,《특이점이 온다》에서 내가 추정한 계산에 따르면 그 능력은 기껏해야 초당 10^{14}회의 연산에 불과하다(다른 분석에 기반한 한스 모라벡의 추정과 비교하더라도 그 차이는 위나 아래로 10배 이내이다).[49] 미국의 슈퍼컴퓨터 프런티어는 AI 관련 성능 벤치마크에서 이미 초당 10^{18}회의 연산을 넘어섰다.[50]

컴퓨터는 뇌의 신경세포보다 트랜지스터를 더 촘촘하고 효율적으로 밀집시킬 수 있고, 물리적으로 뇌보다 더 클 수 있을 뿐만 아니라 더 멀리까지 네트워크로 함께 연결할 수 있다. 이에 비하면 증강되지 않은 생물학적 뇌는 결국 뒤처질 수밖에 없다. 따라서 미래는 명백하다. 생물학적 뇌의 유기적 기질만을 바탕으로 한 마음은 비생물학적 정밀 나노공학으로 증강된 마음을 절대로 따라잡을 수 없다.

나노기술을 가장 처음 언급한 사람은 물리학자 리처드 파인먼Richard Feynman(1918~1988)으로, 1959년에 '바닥에는 충분한 공간이 있다'There's Plenty of Room at the Bottom라는 제목의 유명한 강연에서 이야기했다. 이 강연에서 파인먼은 개별 원자 수준의 기계를 만드는 날이 올 수밖에 없다며, 그 심오한 의미를 설명했다.[51] 그는 이렇게 말했다. "물리학의 원리는 내가 아는 한 원자 수준에서 물체를 조작할 가능성을 배제하지 않습니다. … 화학자가 그 화학식을 적는 어떤 화학 물질이라도 물리학자가 합성하는 것이… 원리적으로 가능할 것입니다. … 어떻게 하느냐고요? 화학자가 말하는 장소에 원자들을 갖다놓기만 하면 그 물질을 만들 수 있습니다."[52] 파인먼은 미래를 낙관했다. "만약 원자 수준에서 우리가 하는 일을 볼 수 있는 능력과 무언가를 하는 능력이 결국 발전한다면, 화학과 생물학의 문제들을 해결하는 데 큰 도움이 될 것입니다. 나는 그러한 발전은 피할 수 없는 미래라고 생각합니다."

나노기술이 큰 물체에 영향을 미치려면, 자기 복제 시스템을 갖추어야 한다. 자기 복제 모듈을 만드는 방법에 대한 개념을 처음으로 공식화한 사람은 전설적인 수학자 존 폰 노이만John von Neumann(1903~1957)으로, 그는 그것을 1940년대 후반에 진행한 일련의 강연과 1955년에 《사이언티픽 아메리칸》에 실은 기사를 통해 발표했다.[53] 하지만 전체적인 개념은 그가 죽고 나서 거의 10년이 지난 1966년까지 제대로 수집되거나 널리 알려지지 않았다. 폰 노이만의 접근법은 매우 추상적이고 수학적이었으며, 자기 복제 기계를 만드는 자세한 물리적 세부 내용보다는 주로 논리적 기반에 초점을 맞추었다. 그의 개념에서 자기 복제자는 '범용 컴퓨터'와 '범용 제작 기계'를 포함한다. 컴퓨터는 제작 기계를 제어하는 프로그램을 돌리고, 제작 기계는 자기 복제자와 프로그램을 모두 복제할 수 있다. 그리고 이렇게 복제된 것도 같은 일을 무한히 계속할 수 있다.[54]

1980년대 중반에 공학자 에릭 드렉슬러는 폰 노이만의 이 개념을 바탕으로 현대적인 나노기술 분야를 창시했다.[55] 드렉슬러는 일반 물질의 원자와 분자 조각을 사용해 폰 노이만의 제작 기계를 만드는 데 필요한 원재료를 제공하는 추상적인 기계를 설계했는데, 그렇게 완성된 제작 기계에서 가장 큰 특징은 원자의 배치 방법을 지시하는 컴퓨터였다.[56] 드렉슬러의 '어셈블러'assembler*는 그 구조가 원자 수준에서 안정하기만 하다면 사실상 이 세상의 어떤 것이라도 만들 수 있었다. 생물학 기반 접근법과 드렉슬러가 개척한 분자 기계 합성 접근법의 차이는 이러한 유연성과 일반화 가능도generalizability에 있는데, 생물학 기반 접근법은 나노 수준에서 물체를 조립할 수는 있지만 설계와 사용 가능한 원재료 면에서 훨씬 큰 제약이 따른다.

드렉슬러는 트랜지스터 게이트 대신에 분자 '인터록'interlock**을 사용하는 아주 단순한 컴퓨터를 소개했다. (이것들은 어디까지나 개념에 불과

---

* 원자나 분자를 원재료로 사용해 거시 물질의 구조를 조립하는 나노 수준의 기계.

** 분자들이 서로 맞물려서 결합하는 구조.

했고, 실제로 만든 것은 아니다.)[57] 각각의 인터록은 단지 6세제곱나노미터의 공간만 차지하고, 100억분의 1초 만에 자신의 상태를 바꿀 수 있다(이것은 초당 약 10억 회의 연산을 할 수 있을 만큼 빠른 계산 속도를 구현할 수 있다).[58] 이 컴퓨터의 변형 버전이 많이 제안되었고, 갈수록 점점 더 개선된 버전들이 나왔다. 2018년, 랠프 머클Ralph Merkle과 여러 협력자가 나노 수준의 실행에 적합한 완전 기계식 계산 시스템을 고안했다.[59] 이들의 상세 설계(여전히 개념적 수준에 머물러 있었지만)는 리터당 약 10^{20}개의 논리 게이트를 제공하고, 100MHz에서 컴퓨터 부피 1리터당 초당 최대 10^{28}회의 연산을 할 수 있었다(다만 열 발산 때문에 이 부피는 표면적이 커야 할 필요가 있다).[60] 이 설계에 필요한 전력량은 100와트 수준으로 추정되었다.[61] 전 세계 인구는 약 80억 명이므로, **모든** 인간의 뇌에서 일어나는 계산을 에뮬레이션하는 데에는 초당 10^{24}회(한 사람당 10^{14}회에다가 10^{10}명을 곱한 결과) 미만의 연산이 필요할 것이다.[62]

제2장에서 설명했듯이, 10^{14}회라는 추정치는 인간 뇌의 모든 신경세포를 시뮬레이션하는 데 필요한 연산 횟수이다. 하지만 뇌는 대규모 병렬 처리를 사용한다. 머리뼈 내부의 젖은 생물학적 환경은 매우 혼란스러운 곳(적어도 분자 수준에서는)이기 때문에, 어떤 단일 신경세포는 죽거나 적절한 순간에 발화하지 못할 수 있다. 만약 인간의 인지가 어떤 단일 신경세포의 성능에 과도하게 의존하다면 그 인지의 신뢰성이 매우 떨어질 것이다. 하지만 많은 신경세포가 병렬 방식으로 함께 작용한다면, '잡음'이 상쇄되어 우리는 정상적으로 사고할 수 있다.

그런데 비생물학적 컴퓨터를 만들 때에는 내부 환경을 훨씬 정밀하게 제어할 수 있다. 컴퓨터 칩 내부는 뇌 조직보다 훨씬 깨끗하고 안정적이기 때문에, 그러한 병렬 처리 방식이 전혀 필요 없다. 그 결과로 훨씬 효율적인 계산이 가능하므로, 초당 10^{14}회의 연산보다 훨씬 적은 계산으로도 마음을 시뮬레이션하는 것이 가능할 수 있다. 하지만 뇌에서 병렬 처리가 얼마나 많이 일어나는지 불분명하기 때문에, 나는 보수적인 관점에서 이 큰 추정치를 사용하기로 했다. 이론적으로, 완벽하게 효율적인 1리터짜리 나노 수준 컴퓨터는 뇌 능력으로 따질 때 인간 100억 명의 약 1만 배(즉, 약 100조 명의 인간)에 해당하는 성능을 제공할 것이다. 분명히 하기 위해 덧붙이자면, 내가 현실적으로 이것이 가능하다고 주장하는 것은 아니다. 핵심은 미래의 발전을 위한 나노 수준 공학의 가능성이 실로 **어마어마하다**는 것이다. 이론적 최대치의 1%보다 훨씬 작은 비율이라도 실현이 된다면, 컴퓨팅 분야에서 완전히 혁명적인 새로운 패러다임이 나타날 것이다. 그리고 나노 수준의 기계들이 유용한 양의 계산 능력을 갖게 될 것이다.

자기 복제 나노봇의 맥락에서, 이것은 거시적 결과를 달성하는 데 필요한 대규모 협응을 가능케 할 것이다. 제어 시스템은 SIMD*(심디)라는 컴퓨터 명령어 구조와 비슷한 것이 될 것이다. 이것은 하나의 계산 단위가 프로그램 지시를 읽고 나서 그것을 동시에 수조 개의 분자 크기 어셈블러(각자 나름의 단순한 컴퓨터를 갖고 있는)로 전달한다는 뜻이다.[63]

이 '방송' 아키텍처를 사용하면 중요한 안전 문제도 해결할 수 있다. 만약 자기 복제 과정이 제어를 벗어나거나 버그나 보안 문제가 발생한다면, 복제 지시의 원천을 즉각 정지시킴으로써 나노봇의 추가 활동을 막을 수 있다.[64] 제7장에서 더 자세히 다루겠지만, 나노기술에서 최악의

* 'single instruction, multiple data'의 약자로 '단일 명령 복수 데이터 방식', 즉 하나의 명령어로 여러 개의 데이터를 동시에 처리하는 병렬 방식 기법을 말한다.

시나리오는 이른바 '그레이 구'gray goo 문제인데, 이것은 자기 복제 나노봇이 통제 불능 상태의 연쇄 반응에 들어가는 상황을 말한다.[65] 이론적으로 이것은 지구의 생물량biomass을 대부분 소모하면서 더 많은 나노봇을 만드는 상황을 초래할 수 있다. 랠프 머클이 지지한 '방송' 아키텍처는 이것을 예방하는 강한 방어벽이다. 만약 모든 지시가 중앙의 원천에서 나온다면, 긴급 상황이 발생했을 때 방송을 차단하면 모든 나노봇의 활동이 멈추고 물리적으로 자기 복제를 계속할 수 없게 된다.

이러한 지시를 받는 실제 제작 기계는 폰 노이만의 범용 제작 기계와 비슷하게 팔이 하나만 달리고 크기가 아주 작은 단순한 분자 로봇이 될 것이다.[66] 분자 수준의 로봇 팔과 톱니바퀴, 회전자, 모터를 실제로 만들 가능성은 이미 반복적으로 입증되었다.[67]

물리학은 분자 수준의 팔이 인간의 손처럼 원자를 붙잡고 운반하면서 이리저리 움직이는 것을 허용하지 않는다. 이 점은 나노기술의 미래에 대해 논란을 제기한다. 2001년, 미국의 물리학자이자 화학자인 리처드 스몰리Richard Smalley는 '분자 어셈블러'를 사용한 원자 수준의 정밀 제작이 과연 가능한가를 놓고 에릭 드렉슬러와 공개 토론을 시작했다.[68] 스몰리와 드렉슬러는 둘 다 나노기술 분야에 본질적인 기여를 했지만, 사용한 접근법은 서로 크게 달랐다. 드렉슬러는 제작 기계가 처음부터 나노봇을 만드는 '하향식'top-down 접근법이 나노기술의 궁극적인 목표라고 주장했다. 스몰리는 물리학 법칙 때문에 그것은 불가능하다고 주장했다. 그리고 생물계의 자기 조립 방식인 '상향식'bottom-up 접근법이 유일하게 합리적인 목표라고 주장했다. 스몰리는 두 가지 문제를 지적했다. 원자를 제자리로 옮기는 조작 팔이 너무 커서 나노 수준에서 효과적으로 작업을 할 수 없는 '굵은 손가락 문제'fat fingers problem와 옮기려는 원자가 조작 팔에 달라붙어서 작업을 방해하는 '끈끈한 손가락 문제'sticky fingers problem였다.

드렉슬러는 단일 조작 팔을 사용하도록 설계된 기술은 굵은 손가락 문제를 겪지 않을 것이고, 효소와 리보솜 같은 생물학적 기계는 이미 끈끈한 손가락 문제를 극복할 수 있음을 보여주었다고 응수했다. 2003년에 토론이 가열될 때 나는 나 자신의 의견을 제시했는데, 주로 드렉슬러의 주장을 옹호하는 내용이었다.[69] 20여 년이 지난 지금 그때를 돌아보면서, 최근에 나노기술에 일어난 진전이 '하향식' 견해를 점점 더 실현 가능하게 만들고 있다고 말할 수 있게 되어 기쁘다. 하지만 이 분야가 AI의 발전에 힘입어 제 궤도에 올라서기 시작하려면 적어도 10년은 더 지나야 할 것이다. 과학자들은 원자를 정밀하게 제어하는 연구에서 이미 상당한 진전을 이루었고, 2020년대에는 중요한 혁신이 더 많이 일어날 것이다.

드렉슬러가 제안한 나노 수준 제작 기계 팔의 설계는 지금도 가장 유망해 보인다. 이것은 투박하고 복잡하게 생긴 집게발 대신에 **하나**의 첨단으로 이루어져 있고, 기계적 및 전기적 기능을 사용해 원자 1개 또는 작은 분자 1개를 집어올려 다른 장소로 옮길 것이다.[70] 1992년에 나온 드렉슬러의 책 《나노시스템》Nanosystems은 이를 달성할 수 있는 화학적 방법을 여러 가지 제시한다.[71] 그중 하나는 '다이아몬도이드'diamondoid라는 나노 크기의 다이아몬드 물질로부터 탄소 원자를 이리저리 옮겨 원하는 물체를 만드는 것이다.[72]

다이아몬도이드는 탄소 원자(적게는 10개까지)가 작은 우리 모양으로 배열돼 가장 기본적인 형태의 다이아몬드 결정을 이룬 것으로, 우리 바깥쪽에는 수소 원자들이 결합돼 있는 구조이다. 이것은 엄청나게 가볍고 강한 나노 수준의 설계 구조를 만드는 기본 구성 요소가 될 수 있다. 드렉슬러가 1986년에 출판한 책 《창조의 엔진》과 《나노시스템》에서 나노기술과 다이아몬도이드 제작 개념을 탐구하자, SF 작가 닐 스티븐슨은 이에 영감을 얻어 1995년에 휴고상 수상작인 《다이아몬드 시대》라는 소설을 썼다. 이 작품에서 스티븐슨은 청동이 청동기 시대를, 철이 철기 시대를 정의한 것처럼 다이아몬드 기반 나노기술이 문명을 정의하는 미래를 상상했다.[73] 소설이 출간된 지 25년 이상이 지난 지금은 다이아몬도이드 연구에 큰 진전이 일어났고, 과학자들은 실험실 연구를 통해 실용적 응용 가능성을 탐구하기 시작했다. 앞으로 10년 이내에 AI가 자세한 화학적 시뮬레이션을 통해 더 빠른 진전을 촉진할 것으로 기대된다.

제안된 나노기술 설계 중에는 이 접근법을 사용하는 것이 많다. 화학적 기상 증착 과정을 통해 인조 다이아몬드를 이 방법으로 만들 수 있다는 사실이 알려져 있다.[74] 다이아몬도이드는 엄청나게 강할 뿐만 아니라, '도핑'doping*을 통해 불순물을 정확하게 첨가함으로써 열전도율 같은 물리적 성질을 바꾸거나 트랜지스터 같은 전자 소자를 만드는 데 사용할 수도 있다.[75] 지난 10년 동안의 연구는 나노 수준에서 탄소 원자의 다양한 배열을 통해 전자 시스템과 기계 시스템을 설계하는 유망한 방법들을 보여주었다.[76] 이 나노기술 분야는 현재 전 세계에서 지대한 관심을 끌고 있지만, 가장 흥미로운 제안 중 일부는 랠프 머클과 공저자들에게서 나왔다.[77] 이미 1997년에 머클은 부타디인butadiyne '원료 용액'으로부터 다이아몬도이드 같은 탄화수소 화합물을 만드는 어셈블러를 위한 '대사'metabolism과정을 고안했다.[78]

---

* 원하는 특성을 얻기 위해 불순물을 의도적으로 집어넣는 과정.

2005년에 《특이점이 온다》가 출판된 이후 그래핀(원자 하나 두께의 육각형 탄소 격자), 탄소 나노튜브(사실상 그래핀을 돌돌 말아 원기둥 모양으로 만든 것), 탄소 나노실(1차원으로 늘어선 탄소 가닥으로, 그 주위를 수소가 둘러싸고 있는 구조)에서도 흥미로운 혁신들이 일어났는데, 이것들은 모두 향후 20년 이내에 실용적으로 엄청나게 다양하게 응용될 것이다.[79] 현재 이런 종류의 기계 합성과 그 밖의 나노기술 개발을 위한 다양한 접근법이 시도되고 있다.[80] 그중에는 DNA 종이접기[81]와 DNA 나노로봇공학,[82] 생명공학에서 영감을 얻은 분자 기계,[83] 분자 레고,[84] 양자 컴퓨팅을 위한 단일 원자 큐비트,[85] 전자빔 기반 원자 배치,[86] 수소 탈부동태화 리소그래피,[87] 주사 터널링 현미경[88] 기반 제조 등이 포함돼 있다. 이들 분야에서는 꾸준히 진전을 이루면서 비밀리에 추진되는 프로젝트가 여럿 있고, (남아 있는 문제들을 해결하기 위해 2020년대 말까지 초인적 능력을 가진 엔지니어링 AI가 나오리란 점을 감안하면) 2030년대의 어느 시점에 원자를 하나하나 배치하는 나노기술 개념이 실용화될 것이다.

실제로 이것은 '똑똑하지 않은' 원자재에 기하급수적 과정을 통해 정보가 전달되는 상황을 수반할 것이다. 중앙 컴퓨터는 필요한 원자나 기본 분자 원료 사이에 배치된 소수의 시작 나노봇에게 동시에 명령을 방송할 것이다. 나노봇은 자기 복제를 하라는 지시를 받고 자신을 반복적으로 무수히 만들어내 얼마 지나지 않아 수조 개의 어셈블러가 생겨날 것이다. 그러면 컴퓨터는 이 분자 로봇들에게 원하는 구조를 만드는 방법에 관한 명령을 내릴 것이다.

기술이 성숙한 형태에 이르면, 분자 어셈블러가 테이블 윗면만 한 크기가 될 수 있고, 가지고 있는 원자들을 사용해 사실상 어떤 물리적 제품도 만들 수 있을 것이다. 그러려면 나노 수준의 제작에서 가장 큰 난제 중 하나를 극복해야 하는데, 그것은 '일반화 가능도'라는 문제이다. 특정 종류의 물질(예컨대 다이아몬도이드)을 만드는 어셈블러를 설계하는 것과 아주 다양한 화학에 통달한 어셈블러를 설계하는 것은 차원이 다르다. 후자의 능력을 가지려면 고도로 발전한 AI가 필요하다. 따라서 어셈블러가 화학적 조성이 아주 다양하고 매우 복잡한 미세 구조를 가진 물체(예컨대 요리된 식사, 생체공학적 장기, 강화되지 않은 모든 인간 뇌를 합친 것보다 더 강력한 컴퓨터)보다는 화학적으로 비교적 동질적인 물체(예컨대 보석, 가구, 의류 등)를 제작하는 일이 훨씬 먼저 일어나리라고 예상할 수 있다.

일단 나노 제작 기술이 발전하면, 모든 물리적 물체(분자 어셈블러 자체까지 포함해)를 만드는 데 드는 증분 비용(한계 비용)은 사실상 원자 전구체 재료 비용에 해당하는 파운드당 몇 센트에 불과할 것이다.[89] 드렉슬러가 2013년에 추정한 분자 제작 과정의 총비용은 다이아몬드이건 식품이건 무엇을 만들든지 상관없이 킬로그램당 2달러 수준이었다.[90] 그리고 나노공학으로 만든 물질은 강철이나 플라스틱보다 훨씬 강할 수 있기 때문에, 대다수 구조는 기존 재료 질량의 10분의 1밖에 안 되는 물질로 만들 수 있다. 완성품을 만드는 데 사용되는 원자재(예컨대 전자 제품에 쓰이는 금, 구리, 희토류 금속 등)가 비싼 경우에도 미래에는 탄소처럼 더 저렴하고 풍부한 원소로 만든 부품으로 대체할 수 있을 것이다.

그렇게 되면 제품의 진짜 가치는 거기에 포함된 정보—기본적으로 창의적인 아이디어에서부터 그 제작을 제어하는 소프트웨어 코드열에 이르기까지 거기에 사용된 모든 혁신—가 좌우할 것이다. 이런 일은 디지털화된 제품에서 이미 일어났다. 전자책을 생각해보라. 책이 처음 발명되었을 때 모든 책은 손으로 일일이 베껴 써야 했고, 따라서 노동이 책의 가치 중 큰 부분을 차지했다. 인쇄기가 발명되자 종이와 장정, 잉크 같은 물리적 물질이 가격 중 상당 부분을 차지했다. 하지만 전자책의 경우 복제와 보관, 전송에 드는 에너지와 계산 비용이 사실상 0이다. 소비자가 지불하는 가격은 정보를 창의적으로 조립해 읽을 만한 가치가 있는 것으로 만든 수고(거기다가 마케팅 같은 부수적인 요소가 포함되는 경우도 많다)에 대한 것이다. 이 차이를 직접 확인하는 한 가지 방법은 아마존에서 백지 일기장을 살펴본 뒤에 비슷하게 제본된 하드커버 소설을 살펴보는 것이다. 가격만 본다면 어느 것이 어느 것인지 즉각 그리고 일관되게 구별할 수 없을 것이다. 반면에 전자책 소설은 대개 수 달러의 가격이 매겨지지만, 백지 전자책을 돈을 주고 구입해야 한다고 하면 누구나 웃을 것이다. 이것은 제품의 가치가 전적으로 정보의 가치라는 뜻이다.

나노기술 혁명은 이러한 전환적 이동이 물리적 세계에서도 일어나게 할 것이다. 2023년에 물리적 제품의 가치를 결정하는 요소는 여러 가지가 있는데, 특히 원자재, 제조에 투입되는 노동, 공장 기계 가동 시간, 에너지 비용, 운송비가 이에 포함된다. 하지만 앞으로 수십 년 사이에 일어날 수렴 혁신은 이 모든 요소의 비용을 크게 낮출 것이다. 원자재는 자동화를 통해 추출과 합성 비용이 크게 낮아지고, 값비싼 인간 노동력은 로봇으로 대체되고, 값비싼 공장 기계는 가격이 더 저렴해지고, 태양광 발전과 에너지 저장 효율 향상으로(그리고 결국에는 핵융합 에너지 덕분에) 에너지 가격도 떨어지고, 자율 주행 전기차가 운송 비용을 크게 낮출 것이다. 제품의 가치를 이루는 이 모든 요소가 저렴해짐에 따라 제품에 포함된 정보의 상대적 가치가 증가할 것이다. 사실, 대다수 제품의 '정보량'이 빠르게 증가하고 있으며(그리고 결국에는 제품 가치의 100%에 근접할 것이다), 우리는 이미 그 방향으로 나아가고 있다.

많은 경우, 이 때문에 소비자에게 무료로 제공할 수 있을 만큼 제품 가격이 충분히 낮아질 것이다. 이것이 이미 어떤 식으로 펼쳐졌는지 보고 싶으면 또다시 디지털 경제를 돌아보면 된다. 제5장에서 이야기했듯이, 구글과 페이스북 같은 플랫폼은 인프라 구축에 수십억 달러를 쓰지만, 검색 한 건당 또는 '좋아요' 한 건당 평균 비용은 아주 낮아서 사용자에게 완전히 공짜로 제공하는 것이 더 합리적이다(광고 같은 다른 수입원에서 돈을 벌면서). 이와 비슷하게, 나노 제작된 제품을 공짜로 얻기 위해 정치 광고를 보거나 개인적 데이터를 공유하는 미래를 상상해볼 수 있다. 정부도 자원 봉사 서비스나 평생 교육 또는 건강한 습관 유지를 위한 인센티브로 이러한 제품을 제공할 수 있다.

이렇게 물리적 희소성이 극적으로 감소하면, 마침내 모든 사람의 필요를 쉽게 충족시킬 수 있을 것이다. 이것은 어디까지나 기술적 능력에 대한 예측이며, 문화와 정치도 경제 변화 속도를 결정하는 데 큰 역할을 한다는 사실에 유의해야 한다. 이러한 혜택이 광범위하고 공정하게 공유되도록 보장하는 것은 큰 문제로 남을 것이다. 그렇긴 하지만, 나는 미래를 낙관한다. 부유한 엘리트 계층이 이 새로운 풍요를 매점매석할 것이라는 주장은 오해에서 비롯된 생각이다. 어떤 제품이 아주 풍부하다면, 그것은 매점매석할 가치가 없다. 자신만을 위해 공기를 병에 담아두는 사람은 아무도 없는데, 공기는 누구나 쉽게 얻을 수 있고 모두에게 돌아갈 만큼 풍부하기 때문이다. 마찬가지로, 다른 사람이 위키백과를 사용한다고 해서 내가 접근할 수 있는 정보가 줄어드는 것이 아니다. 다음 단계는 단순히 이런 종류의 풍요를 물질 제품 세계로 확장하는 것이다.

나노기술이 많은 종류의 물리적 희소성을 완화하는 데 도움을 주는 반면, 경제적 희소성은 문화에서 초래되는 측면도 일부 있는데, 사치재가 특히 그렇다. 예를 들면, 인조 다이아몬드는 천연 다이아몬드와 육안으로 구별하기 어렵지만 30~40%나 더 저렴한 가격에 팔린다.[91] 가격에서 이 요소는 다이아몬드의 장식적 아름다움과는 아무 관련이 없으며, 자연적으로 생성된 다이아몬드에 더 큰 가치를 부여하는 문화적 관습과 관련이 있다. 마찬가지로, 옛날의 대가들이 그린 그림은 질 높은 복제품보다 거실을 꾸미는 데 실제로 더 나은 것은 아니지만, 사람들이 원화의 가치를 높이 평가하기 때문에 약 100만 배나 더 비싸게 팔린다.[92] 따라서 나노기술 혁명이 모든 경제적 희소성을 없애지는 못할 것이다. 역사적으로 유명한 다이아몬드와 렘브란트의 그림은 여전히 희소성을 유지할 것이다. 하지만 세대가 많이 지나면 문화적 가치도 변한다. 현재의 어린이들이 어른이 되면 우리와 다른 가치를 선택할지 누가 알겠는가? 혹은 그들의 자식들이 어른이 된다면?

건강과 수명 연장에 응용되는 나노기술

내가 수명 연장에 관해 쓴 책《영원히 사는 법》에서 이야기했듯이,[93] 우리는 지금 수명 연장의 첫 번째 단계 중 후기에 있으며 이는 현재의 약리학과 영양학 지식을 활용해 건강에 관한 문제들을 극복하는 단계이다. 이것은 끊임없이 새로운 개념을 적용하는 진화 과정이었고, 최근 수십 년 동안 내가 건강을 위해 실천했던 방법의 기반을 이루고 있다.

2020년대부터 수명 연장의 두 번째 단계가 시작되었는데, 이것은 생명공학과 AI의 융합이 일어나는 단계이다. 디지털 생물학 시뮬레이터에서 혁신적인 치료법을 개발하고 시험하는 과정이 이 단계에 포함될 것이다. 그 초기 단계들은 이미 시작되었는데, 이런 방법을 사용해 아주 강력한 요법을 몇 년이 아니라 며칠 만에 발견할 수 있을 것이다.

2030년대에는 수명 연장의 세 번째 단계가 시작될 텐데, 이것은 나노기술을 사용해 생물학적 기관의 한계를 완전히 극복하는 단계이다. 이 단계에 들어서면, 수명이 대폭 늘어나 사람들이 정상적인 인간 수명 한계인 120세를 훌쩍 뛰어넘어 훨씬 더 오래 살 것이다.[94]

지금까지 120세 이상 산 사실이 기록으로 입증된 사람은 오직 한 명뿐인데, 122세까지 살았던 프랑스 여성 잔 칼망이 그 주인공이다.[95] 왜 120세는 인간의 수명에서 넘어서기 힘든 한계일까? 그 이유는 통계적인 데 있다고 추측할 수 있다. 즉, 나이가 들면 해마다 알츠하이머병, 뇌졸중, 심장마비, 암에 걸릴 위험이 커지며, 이러한 위험들에 노출된 해가 계속 쌓이다 보면 결국 이런저런 이유로 죽게 된다는 것이다. 하지만 실제로 일어나는 일은 그렇지 않다. 실제 데이터에 따르면, 90세부터 110세까지는 다음 해에 사망할 확률이 매년 약 2%p씩 증가한다.[96] 예를 들면, 97세 미국인 남성은 98세 이전에 사망할 확률이 약 30%인데, 만약 무사히 98세가 되었다면 99세 이전에 사망할 확률은 32%가 된다. 하지만 110세부터는 사망할 확률이 매년 약 3.5%p씩 증가한다.

이에 대해 의사들은 다음과 같은 설명을 내놓았다. 약 110세부터는 나이가 더 적은 노인의 노화와는 질적으로 다른 방식으로 신체가 망가지기 시작한다.[97] 슈퍼센티네리언supercentenarian, 즉 110세 이상인 사람의 노화는 단순히 노년기와 동일한 종류의 통계적 위험이 계속되거나 악화되는 것이 아니다. 이 연령대 사람도 매년 일상적인 질환의 위험은 동일하게 겪지만(다만 나이가 아주 많은 사람 사이에서는 이러한 위험의 악화 속도가 줄어들 수 있다), 거기에 더해 콩팥 기능 상실과 호흡기 기능 상실 같은 새 문제들에 맞닥뜨린다. 이런 문제들은 대개 생활 방식이나 어떤 질병의 결과가 아니라, 자연 발생적으로 일어나는 것처럼 보인다. 몸은 그냥 고장 나기 시작한다.

지난 10년 동안 과학자들과 투자자들은 그 이유를 찾는 데 훨씬 진지한 관심을 보이기 시작했다. 이 분야를 선도하는 연구자 중 한 명은 LEV(수명 탈출 속도) 재단을 설립한 생물노화학자 오브리 드 그레이Aubrey de Grey이다.[98] 드 그레이의 설명처럼 노화는 자동차 엔진이 마모되는 것과 같다. 그것은 엔진 시스템이 정상 작동한 결과로 누적되는 손상이다. 인체의 경우, 손상의 주 원인은 세포 대사(살기 위해 에너지를 사용하는)와 세포 생식(자기 복제 메커니즘)이다. 대사는 세포 내부와 주위에 노폐물을 만들어내고, 산화를 통해 조직을 손상시킨다(마치 자동차가 녹스는 것처럼).

젊을 때에는 우리 몸이 효율적으로 노폐물을 제거하고 손상을 수리할 수 있다. 하지만 나이가 들수록 대다수 세포가 분열을 반복하면서 오류가 축적된다. 결국 우리 몸이 수리하는 것보다 더 빠르게 손상이 쌓이기 시작한다.

70대나 80대 또는 90대의 경우, 이 손상은 치명적인 문제를 여러 가지 일으키기 훨씬 이전에 한 가지 치명적인 문제를 일으킬 가능성이 높다. 따라서 만약 80대의 치명적인 암을 성공적으로 치료하는 약이 개발된다면, 그 사람은 다른 요인으로 사망하기 전에 약 10년을 더 살 수 있을 것이다. 하지만 결국은 모든 것이 한꺼번에 무너지기 시작하고, 그 어떤 것도 노화로 인한 손상 증상을 효과적으로 치료할 수 없게 된다. 대신에 장수 연구자들은 유일한 해결책은 노화 자체를 치료하는 것이라고 주장한다. SENS(인공적 노화 방지 전략) 연구 재단은 이를 이룰 수 있는 자세한 연구 계획(비록 완성하기까지 수십 년이 걸릴 게 분명하지만)을 제안했다.[99]

간단히 말하면, 개개 세포와 국지적 조직 수준에서 노화로 인한 손상을 수리하는 능력이 필요하다. 이를 위해 현재 탐구 중인 방법은 많지만, 나는 가장 유력한 최종 해결책은 몸속으로 들어가 직접 수리하는 나노봇이라고 생각한다. 그렇다고 해서 사람이 영원히 살진 못할 것이다. 우리는 여전히 사고나 불운으로 죽을 수 있다. 하지만 이제 나이를 먹더라도 연간 사망 위험률이 더 이상 증가하지 않는다. 따라서 많은 사람이 건강을 유지하면서 120세를 훌쩍 넘어서까지 살 수 있을 것이다.

그리고 이 기술들이 완성될 때까지 기다리지 않더라도 우리는 그 혜택을 입을 수 있다. 만약 노화 방지 연구를 통해 매년 기대 여명이 적어도 1년씩 늘어나기 시작하는 때까지 오래 살기만 한다면, 나노의학이 노화의 나머지 측면을 치료할 때까지 충분한 시간을 벌 수 있다. 이것이 바로 '수명 탈출 속도' 개념이다.[100] 이것은 드 그레이의 충격적인 선언, 즉 '1000세까지 살 최초의 사람은 이미 이 세상에 태어난 사람 중에 있을 것'이라는 주장을 뒷받침하는 논리이다. 만약 2050년의 나노기술이 100세 노인이 150세까지 살 수 있을 만큼 노화 문제를 충분히 해결한다면, 이제 우리는 2100년까지 150세에서 나타날 새로운 문제들을 해결해야 할 것이다. 그 무렵에는 AI가 연구에서 중요한 역할을 할 테고, 그 기간에 발전은 기하급수적으로 일어날 것이다. 따라서 비록 이러한 전망은 분명히 놀랍고, 심지어 직관적이고 선형적인 우리 사고의 관점에서는 터무니없어 보이기도 하지만, 이러한 미래가 가능하다고 볼 만한 확실한 근거가 있다.

나는 다년간 수명 연장에 관한 대화를 많이 나누었는데, 이 개념은 저항에 부닥치는 경우가 많았다. 사람들은 질병으로 인해 세상을 일찍 떠난 사람 이야기를 들으면 안타깝게 여기지만, 모든 사람의 수명이 일반적으로 크게 늘어난다는 이야기에는 부정적 반응을 보인다. "인생은 너무 힘든 것이어서 삶을 무한정 이어가는 것은 생각도 하기 싫다."라는 게 보편적인 반응이다. 하지만 사람들은 일반적으로 극심한 고통을 겪지 않는 한(신체적으로나 정신적으로 또는 영적으로), 어느 시점에서든 자신의 삶을 끝내길 원치 않는다. 그리고 제4장에서 자세히 설명한 것처럼 만약 모든 차원에서 계속 일어나는 삶의 개선을 받아들인다면, 이러한 고통은 대부분 완화될 것이다. 즉, 수명 연장은 곧 삶을 크게 **개선**하는 결과를 낳을 것이다.

수명 연장이 어떻게 삶의 질을 개선하는지 상상하려면, 100년 전의 시대를 돌아보는 것이 도움이 된다. 1924년에 미국인의 평균 기대 수명은 약 58.5년이었으므로, 그해에 태어난 아기는 통계적으로 1982년에 죽을 것으로 예상되었다.[101] 하지만 그 사이에 의학에 아주 많은 개선이 일어나 그중 많은 사람이 2000년대나 2010년대까지 살았다. 이러한 수명 연장 덕분에 그들은 값싼 항공 여행과 더 안전한 자동차, 케이블 TV, 인터넷을 누리는 시대를 살면서 은퇴 생활을 즐길 수 있었다. 2024년에 태어난 아기의 경우, 수명이 추가로 연장된 기간에 일어나는 기술 발전이 이전 세기보다 기하급수적으로 더 빠를 것이다. 이렇게 엄청난 물질적 이점 외에 훨씬 풍부해진 문화의 혜택(추가된 그 기간에 인류가 창조한 모든 예술과 음악, 문학, TV 프로그램, 비디오 게임을 포함해)도 누릴 것이다. 아마도 무엇보다 중요한 것은 가족과 친구와 함께 서로 사랑하면서 더 많은 시간을 즐길 수 있는 것이 아닐까 싶다. 나는 이 모든 것이 인생에 가장 큰 의미를 부여한다고 생각한다.

하지만 나노기술은 어떻게 이것을 실제로 가능하게 만들까? 내가 볼 때, 장기적 목표는 의료용 나노봇이다. 나노봇은 다이아몬도이드 부품으로 만들어질 것이고, 센서와 조종기, 컴퓨터, 통신 장치 그리고 아마도 전원 공급 장치까지 탑재될 것이다.[102] 직관적으로는 나노봇을 혈류 속에서 움직이는 작은 금속 로봇 잠수함으로 상상하기 쉽지만, 나노 수준의 물리학은 완전히 다른 접근법을 요구한다. 이 규모에서는 물은 강력한 용매이고 산화제 분자는 반응성이 매우 강하기 때문에, 다이아몬도이드처럼 강한 물질이 필요하다.

거시 규모 잠수함은 액체 속에서 스스로를 부드럽게 추진할 수 있는 반면, 나노 규모 물체의 경우에는 끈적끈적한 마찰력이 유체역학을 지배한다.[103] 땅콩버터 속에서 헤엄을 친다고 상상해보라! 따라서 나노봇은 다른 추진 원리를 이용할 필요가 있다. 또한, 나노봇은 모든 과제를 독립적으로 수행할 수 있을 만큼 충분한 에너지나 계산 능력을 탑재할 수 없을 것이다. 따라서 주변에서 에너지를 끌어다 쓰고 외부의 제어 신호를 따르거나 서로 협력해 계산을 하도록 설계할 필요가 있다.

우리 몸을 유지하고 여러 가지 건강 문제에 대응하려면 세포 크기의 나노봇이 아주 많이 필요할 것이다. 최선의 추정에 따르면, 인체는 수십조 개의 세포로 이루어져 있다.[104] 세포 100개당 1개의 나노봇을 사용해 우리 자신을 증강한다면, 필요한 나노봇 수는 수천억 개가 될 것이다. 하지만 최적의 비율이 얼마인지는 아직 확실하게 밝혀지지 않았다. 예컨대 이보다 수백 배, 수천 배 더 큰 비율에서도 고도화된 나노봇이라면 충분히 효율적으로 작동할 수 있을지 모른다.

노화의 주요 영향 중 하나는 기관의 기능을 떨어뜨리는 것이므로, 나노봇의 핵심 역할은 기관의 떨어진 기능을 수리하고 증강하는 것이다.

제2장에서 설명했듯이, 우리의 신피질을 확장하는 것 외에 주로 기관들이 물질을 혈액(혹은 림프계)에 효율적으로 공급하거나 제거하는 일을 돕는 것도 이에 포함될 것이다.[105] 예를 들면, 폐는 산소를 흡수하고 이산화탄소를 배출한다.[106] 간과 콩팥은 독소를 제거한다.[107] 전체 소화관은 영양 물질을 혈액으로 보낸다.[108] 췌장 같은 기관들은 대사를 조절하는 호르몬을 만든다.[109] 호르몬 수치 변화는 당뇨병 같은 질병의 원인이 될 수 있다. (진짜 췌장처럼 혈중 인슐린 수치를 측정해 혈액에 인슐린을 투입하는 장치[110]는 이미 개발돼 있다.)[111] 이 필수 물질들의 공급을 감시하고 필요할 때 그 수치를 조절하고 기관의 구조를 유지함으로써 나노봇은 신체를 무한정 좋은 건강 상태로 유지할 수 있다. 필요하거나 바람직할 경우, 결국에는 나노봇이 생물학적 기관 자체를 대체할 수 있을 것이다.

하지만 나노봇의 역할은 신체의 정상 기능을 보존하는 데 그치지 않을 것이다. 다양한 물질의 혈중 농도를 정상 상태보다 더 나은 최적 수준으로 조절할 수도 있다. 호르몬 농도를 변화시키면, 에너지를 더 많이 공급하거나 집중력을 높이거나 신체의 자연 치유와 복구 속도를 빠르게 할 수 있다. 만약 호르몬의 최적화를 통해 수면을 더 효율적으로 만들 수 있다면,[112] 그것은 사실상 '우회적 수명 연장' 방법이 될 수 있다. 수면 시간이 8시간에서 7시간으로 줄어든다면 깨어 있는 시간이 그만큼 늘어나는데, 평생 동안 그 누적된 시간을 합치면 사실상 평균 수명이 5년 이상 늘어난 것과 같은 효과가 있다!

신체 유지와 최적화를 위한 나노봇 사용은 결국에는 주요 질병의 발병을 막을 수 있어야 한다. 물론 나노봇이 나오더라도, 모든 사람이 즉시 그 목적을 위해 이를 사용하지는 않을 것이다. 따라서 암과 같은 질병은 이미 진단이 나온 뒤에야 손을 쓸 수 있는 상황이 얼마간은 계속 존재할 것이다.

암을 없애기가 그토록 힘든 이유 중 하나는 각각의 암세포가 자기 복제 능력을 갖고 있어 모든 암세포를 일일이 다 없애야 한다는 데 있다.[113] 면역계는 흔히 암성 세포 분열의 초기 단계를 제어할 수 있지만, 일단 생겨나 자리를 잡은 종양은 신체의 면역세포에 대한 저항력이 발전한다. 이 시점에서는 어떤 치료법으로 대다수 암세포를 파괴하더라도, 살아남은 암세포가 성장해 새로운 종양을 만들 수 있다. '암 줄기세포'라고 부르는 암세포 집단은 특히 위험한 생존자일 가능성이 높다.[114]

암의학은 2010년대에 놀라운 진전을 보여주었고, 2020년대에는 AI의 도움으로 더 큰 진전을 보여줄 테지만, 우리는 아직도 암 치료에 상대적으로 무딘 도구들을 사용하고 있다. 화학 요법은 암을 완전히 제거하는 데 실패할 때가 많으며, 온몸의 정상 세포에 심각한 부수적 피해를 초래한다.[115] 이것은 많은 암 환자에게 혹독한 부작용을 초래할 뿐만 아니라, 면역계를 약화시켜 다른 건강 위험에 더 취약하게 만든다. 심지어 큰 진전이 일어난 면역 요법과 표적 항암제도 효과와 정밀성 면에서 완전함에는 크게 못 미친다.[116] 이와는 대조적으로, 의료용 나노봇은 개개 세포를 조사하면서 그것이 암성 세포인지 아닌지 판단하고 암성 세포를 모조리 파괴할 것이다. 이 장 서두에 나왔던 자동차 정비공 비유를 떠올려보라. 나노봇이 개개 세포를 선별적으로 수리하거나 파괴할 수 있게 되면, 우리는 우리의 생물학에 완전히 통달하게 될 테고, 의학은 오랫동안 지향해온 정밀과학이 될 것이다.

그렇게 되면 우리의 유전자를 완전히 제어하는 능력도 얻게 될 것이다. 자연 상태에서 우리 몸의 세포는 세포핵에 있는 DNA를 복제하는 방법으로 생식한다.[117] 어느 세포 집단의 DNA 서열에 문제가 있다면, 모든 개개 세포 차원에서 그것을 수정하지 않는 한 해결 방법이 없다.[118] 이것은 '강화되지 않은' 생물에게는 큰 이점인데, 왜냐하면 개별적인 세포의 무작위 돌연변이가 몸 전체에 치명적인 손상을 입힐 가능성이 아주 낮기 때문이다. 만약 어느 세포에 일어난 돌연변이가 즉각 나머지 모든 세포로 복제된다면, 우리는 살아남을 수 없을 것이다. 하지만 (인간처럼) 개개 세포의 DNA를 비교적 잘 편집하지만, 몸 전체의 DNA를 효율적으로 편집하는 데 필요한 나노기술을 아직 익히지 못한 종에게는 그러한 '분산된 견고함'이 큰 도전 과제가 된다.

만약 각 세포의 DNA 부호를 중앙 서버가 제어한다면(많은 전자 시스템이 그런 것처럼), 그 '중앙 서버'에서 업데이트하는 것만으로 DNA 부호를 바꿀 수 있다. 그러려면 각 세포의 세포핵을 나노공학으로 설계한 대체물로 증강해야 하는데, 그 대체물은 중앙 서버로부터 DNA 부호를 받아 그 부호를 바탕으로 아미노산 서열을 만드는 시스템이다.[119] 내가 여기서 사용한 '중앙 서버'라는 용어는 더 중앙 집중화된 방송 아키텍처를 가리키지만, 그렇다고 해서 모든 나노봇이 문자 그대로 하나의 컴퓨터로부터 직접 지시를 받는다는 뜻은 아니다. 나노 규모 공학의 물리적 제약 때문에 결국은 더 국지적인 방송 시스템이 바람직할 수 있다. 하지만 설령 마이크로* 규모(나노 규모가 아니라) 제어 장치(전체적인 제어 컴퓨터와 더 복잡한 커뮤니케이션을 할 수 있을 만큼 충분히 큰)를 우리 몸 곳곳에 수백 개 혹은 수천 개를 배치한다 하더라도, 이것은 수십조 개의 세포가 독립적으로 기능하는 현 상태보다 중앙 집중화가 수백 배 이상 더 강하게 이루어진 상태일 것이다.

---

* 나노가 10억분의 1인 반면에 마이크로는 100만분의 1에 해당한다.

리보솜 같은 단백질 합성 시스템의 다른 부분도 같은 방식으로 증강할 수 있다. 그러면 암을 유발하거나 유전적 장애를 유발하면서 오작동하는 DNA의 활동을 그냥 정지시킬 수 있다. 이 과정을 유지하는 나노컴퓨터는 후성유전학(유전자의 발현과 활성화 방식을 좌우하는)을 지배하는 생물학적 알고리듬도 실행할 수 있다.[120] 2020년대 초 현재, 유전자 발현에 대해 밝혀내야 할 것이 아직 많이 남아 있지만, 나노기술의 발전으로 나노봇이 그 과정을 정확하게 조절할 수 있을 때까지 AI가 그것을 자세히 시뮬레이션하게 해줄 것이다. 나노기술이 발전하면, 노화의 주요 원인인 DNA 전사 오류 축적을 방지하거나 되돌릴 수도 있을 것이다.[121]

나노봇은 신체의 긴급한 위험을 막는 데에도 유용하게 쓰일 텐데, 예컨대 세균과 바이러스를 파괴하고, 자가 면역 반응을 중단시키고, 막힌 동맥을 뚫는 등의 역할을 할 것이다. 사실, 최근에 스탠퍼드대학교와 미시간주립대학교가 진행한 연구에서는 죽상경화판의 원인이 되는 단핵구와 대식세포를 찾아서 제거하는 나노입자를 이미 만들었다.[122] 스마트 나노봇은 이보다 훨씬 더 효과적일 것이다. 처음에 그러한 치료법은 인간의 제어를 통해 시작되겠지만, 결국에는 모든 것이 자동화될 것이다. 나노봇이 스스로 임무를 수행하면서 자신의 활동을 (전체 과정을 제어하는 AI 인터페이스를 통해) 인간에게 보고할 것이다.

인간의 생물학을 이해하는 AI의 능력이 커지면, 현재의 의사들이 탐지할 수 있는 단계가 되기 훨씬 전에 나노봇을 투입해 세포 수준에서 문제를 해결할 수 있을 것이다. 많은 경우, 이런 발전은 2023년에는 설명할 수 없었던 상태를 예방하게 해줄 것이다. 예를 들면, 허혈성 뇌졸중 중 약 25%는 현재 그 원인을 정확하게 알 수 없다.[123] 하지만 어떤 원인이 있는 게 틀림없다. 나노봇이 혈류 속에서 순찰하다가 뇌졸중을 유발하는 핏덩

이를 만들 위험이 있는 작은 판(플라크)이나 구조적 결함을 발견하거나, 생성된 핏덩이를 분해하거나, 조용히 진행되는 뇌졸중 증상을 탐지하고 경보를 울릴 수 있다.

호르몬 최적화와 마찬가지로, 나노물질은 단순히 정상적인 신체 기능을 회복시키는 것에 그치지 않고, 우리의 생물학만으로는 불가능한 수준까지 신체 기능을 증강시킬 것이다. 생물학적 계는 단백질로 만들어야 하기 때문에 강도와 속도에 한계가 있다. 단백질은 3차원 구조이지만, 끈처럼 1차원으로 늘어선 아미노산이 접혀서 만들어진다.[124] 나노공학으로 만들어진 나노물질은 이러한 제약이 없다. 다이아몬도이드 톱니바퀴와 회전자로 만들어진 나노봇은 생물학적 물질보다 수천 배나 빠르고 강할 것이고, 최적의 성능을 발휘하도록 설계될 것이다.[125]

이런 이점 때문에, 심지어 우리의 혈액 공급도 어쩌면 나노봇으로 대체될지 모른다. 싱귤래리티대학교 나노기술 공동 의장인 로버트 프레이타스Robert A. Freitas가 고안한 '호흡세포'respirocyte는 인공 적혈구이다.[126] 프레이타스의 계산에 따르면, 혈액에 호흡세포가 채워진 사람은 숨을 약 4시간이나 참을 수 있다.[127] 인공 혈액세포 외에 우리는 생물학이 우리에게 준 호흡계보다 더 효율적으로 산소를 공급하는 인공 폐도 만들 수 있을 것이다. 궁극적으로는 나노물질로 만든 심장이 심장마비를 막아주고 외상으로 인한 심장 정지를 줄여줄 것이다.

나노봇은 또한 사람들이 이전에는 할 수 없었던 방식으로 자신의 미용적 외모를 바꾸게 해줄 것이다. 채팅방이나 온라인 롤플레잉 게임과 같은 디지털 환경에서는 이미 자신의 아바타를 자유롭게 맞춤 제작하는 것이 가능하다. 사람들은 이를 창의성과 개성을 표현하는 배출구로 종종 사용한다. 개인적인 외모 선택과 패션 스타일 외에도 사용자는 자신과 나이, 성별, 심지어 종이 다른 가상 캐릭터를 구현할 수 있다. 나노기술이 사람들에게 자신의 신체를 극적으로 맞춤 제작할 수 있는 능력을 주었을 때, 이것이 실제 생활에서 어떻게 나타날지는 두고 봐야 할 일이다. 지금 게임에서 일어나는 것처럼 현실에서도 급진적인 미용 변화가 일어나는 것이 보편화될까? 아니면, 심리적 힘과 문화적 힘이 사람들을 이런 선택에 대해 더 보수적으로 반응하게 만들까?

나노기술이 우리 몸에서 하게 될 가장 중요한 역할은 뇌를 증강시키는 것인데, 뇌는 결국에는 99.9% 이상이 비생물학적 기관이 될 것이다. 이런 일이 일어날 분명한 경로가 두 가지 있다. 하나는 나노봇을 뇌 조직 자체에 점진적으로 투입하는 것이다. 이 방법은 손상을 복구하거나 작동을 멈춘 신경세포를 교체하는 데 쓰일 수 있다. 다른 하나는 뇌를 컴퓨터와 연결시키는 것인데, 그러면 우리는 생각만으로 기계를 직접 제어하는 능력이 생기는 동시에 클라우드의 디지털 신피질 층들과 통합될 수 있다. 2장에서 자세히 설명한 것처럼 이것은 단지 기억력이 좋아지거나 사고 속도가 빨라지는 데 그치지 않을 것이다.

더 깊은 가상 신피질은 현재 우리가 이해하는 것보다 더 복잡하고 추상적인 사고를 하는 능력을 줄 것이다. 약간 암시적인 예를 들면, 10차원 형태를 명확하고 직관적으로 시각화하고 추론할 수 있는 능력을 상상해 보라. 많은 인지 영역에서 이런 종류의 능력이 가능해질 것이다. 비교를 위해 말하자면, 대뇌 피질(주로 신피질로 이루어진)은 약 0.5리터의 부피에 신경세포가 약 160억 개 있다.[128] 이 장에서 설명한 머클의 나노 규모 기계식 계산 시스템 설계는 이론적으로 같은 부피의 공간에 8000경 개 이상의 논리 게이트를 집어넣을 수 있다. 그리고 속도의 이점은 실로 어마어마하다. 포유류 신경세포 발화의 전기화학적 스위칭 속도는 평균적으로 초당 1회 정도인 반면, 나노컴퓨터는 초당 1억~10억 사이클에 이를 것이다.[129] 설령 이 이론적 수치 중 극히 일부만 현실화된다 하더라도, 우리 뇌의 디지털 부분(비생물학적 컴퓨팅 기질에 저장된)이 수와 성능 면에서 생물학적 부분을 크게 압도할 게 명백하다.

인간 뇌 속의 신경세포 수준에서 일어나는 계산을 초당 10^{14}회로 잡은 나의 추정치를 떠올려보라. 2023년 현재 1000달러의 컴퓨팅 파워로는 초당 최대 130조 회의 계산을 수행할 수 있다.[130] 2000년에서 2023년 사이의 추세를 바탕으로 추정하면, 2053년에 약 1000달러(2023년 불변 달러로 환산하여)의 컴퓨팅 파워로는 강화되지 않은 인간 뇌보다 초당 약 700만 배나 많은 계산을 수행할 수 있을 것이다.[131] 만약 내가 추측하는 것처럼 의식이 있는 마음을 디지털화하는 데 뇌의 전체 신경세포 중 일부만 있어도 충분하다면(예컨대 우리 몸의 다른 기관들을 관장하는 많은 세포의 행동을 시뮬레이션할 필요가 없다면), 그 시점은 몇 년 더 앞당겨질 수 있다. 그리고 만약 의식이 있는 마음을 디지털화하는 데 모든 신경세포에 들어 있는 모든 단백질을 시뮬레이션하는 게 필요하다면(나는 그럴 가능성이 희박하다고 보지만), 그것을 구현할 수 있는 수준에 도달하는 데 수십 년이 더 걸릴 수 있다. 하지만 그래도 현재 살아 있는 많은 사람의 생애 동안에 그 일이 일어날 수 있을 것이다. 다시 말해서, 이 미래는 기본적인 기하급수적 증가 추세에 달려 있기 때문에, 설령 우리 자신의 디지털화가 얼마나 쉽게 일어날 것인가에 대한 가정이 크게 변하더라도, 그 단계에 이르는 시점에는 큰 변화가 없을 것이다.

2040년대와 2050년대에 우리는 우리 몸과 뇌를, 우리 생물학이 할 수 있는 수준을 훨씬 뛰어넘어 다시 만들 텐데, 백업과 생존 기능도 당연히 포함된다. 나노기술이 본격적으로 활용되면 최적화된 신체를 마음대로 만들 수 있을 것이다. 우리는 훨씬 더 빨리 그리고 더 오래 달릴 것이고, 바다 밑에서 물고기처럼 헤엄을 치고 숨을 쉴 것이며, 심지어 원한다면 제대로 작동하는 날개도 달 수 있을 것이다. 사고 속도도 수백만 배나 빨라질 테지만, 무엇보다 중요한 것은 우리 **자신**의 생존이 신체 어떤 부위의 생존 여부에 좌우되지 않으리라는 사실이다.

제7장

위험

Peril

"환경 운동가들은 이제 부와 기술력이 충분히 많이 쌓여 더 많은 것을 추구해서는 안 되는 세계라는 개념을 직시해야 한다."[1]

_빌 매키븐 Bill McKibben, 환경 운동가이자 지구 온난화에 관한 저자

"나는 그들이 기술을 피하고 혐오하는 것은 자멸적 태도라고 생각한다. 부처님은 산꼭대기나 꽃잎 속에 존재하는 것과 마찬가지로 디지털 컴퓨터의 회로나 자전거 변속기 안에도 편안하게 존재한다. 달리 생각하는 것은 부처님을 폄하하는 것이며, 이는 곧 자신을 폄하하는 것이다."[2]

_로버트 피어시그 Robert Pirsig, 《선禪과 모터사이클 관리술》 저자

약속과 위험

지금까지 이 책은 특이점에 이르는 마지막 몇 년 동안 인류의 번영이 급속하게 증가할 수 있는 여러 가지 방법을 탐구했다. 하지만 이 발전은 수십억 명의 삶을 나아지게 하는 동시에 우리 종의 생존에 대한 위험도 높일 것이다. 안정을 깨뜨릴 새로운 핵무기, 합성 생물학 분야의 혁신, 막 발전하기 시작한 나노기술은 모두 우리가 해결해야 할 위협을 가져올 것이다. 그리고 AI가 인간의 능력에 도달하고 그것마저 넘어서면, 유익한 목적에 맞게 조심스럽게 관리해야 하며, 사고를 피하고 오용을 막기 위해 특별히 신경을 써서 설계해야 한다. 우리 문명이 이러한 위험들을 극복할 것이라고 믿을 만한 이유는 충분히 있다. 이런 위험들이 실재하지 않아서가 아니라, 오히려 그 가능성이 아주 높기 때문이다. 위험은 인간의 창의성을 최대로 끌어올릴 뿐만 아니라, 위험을 초래한 바로 그 기술 분야에서 이를 막을 강력한 새 도구를 탄생시키기도 한다.

핵무기

인류가 문명을 완전히 말살할 수 있는 기술을 맨 처음 만든 때는 우리 세대가 태어날 무렵이었다. 초등학교 때 민방위 훈련 경보가 울리면, 열핵 폭발로부터 자신을 보호하기 위해 책상 밑으로 기어들어가 팔로 머리를 감싸던 기억이 아직도 생생하다. 우리는 그 위험에서 무사히 살아남았으니 이 안전 조치가 효과가 있었던 것 같다.

전 세계의 핵탄두는 현재 약 1만 2700기가 있는데, 그중 즉각 핵전쟁에 사용할 수 있는 활성 핵탄두는 약 9440기이다.[3] 미국과 러시아는 30분 이내에 발사할 수 있는 대형 핵탄두를 각자 약 1000기씩 보유하고 있다.[4] 대규모 핵전쟁은 순식간에 직접적 효과로 수억 명의 목숨을 앗아갈 수 있다.[5] 하지만 이것은 수십억 명을 죽일 수 있는 간접적 효과를 고려하지 않은 결과이다.

세계 인구는 넓은 지역에 광범위하게 분산돼 있기 때문에, 전면적인 핵전쟁이 일어나더라도 핵탄두 폭발의 직접적 효과로 모든 사람이 죽지는 않을 것이다.[6] 하지만 방사성 낙진을 통해 지구의 광범위한 지역에 방사성 물질이 확산될 것이고, 활활 타는 도시들에서 어마어마한 양의 재가 대기 중으로 솟아올라 지구 전체의 기온을 크게 떨어뜨리고 대량 기근 사태를 촉발할 것이다. 설상가상으로 의학과 위생 같은 기술들이 재앙 수준으로 파괴되어 최종 사망자 수는 초기의 사상자 수를 훌쩍 뛰어넘는 수준으로 크게 늘어날 것이다. 미래의 핵무기에는 잔류 방사능의 위력을 끔찍하게 악화시킬 수 있는 코발트나 그 밖의 원소를 '첨가'한 핵탄두도 포함될 것이다. 2008년, 안데르스 산드베리와 닉 보스트롬은 옥스퍼드대학교의 인류미래연구소가 주최한 세계 재앙 위험 회의에 참석한 전문가들을 대상으로 설문 조사를 했다. 전문가들이 응답한 추정치의 중앙값을 취하면, 2100년 이전에 핵전쟁으로 적어도 100만 명이 사망할 확률은 30%, 적어도 10억 명이 사망할 확률은 10%, 완전히 멸종할 확률은 1%였다.[7]

2023년 현재 '3대' 핵전력(대륙간 탄도 미사일, 공중 투하 폭탄, 잠수함 발사 탄도 미사일)을 모두 갖춘 나라는 다음 5개국이다. 미국(핵탄두 5244기), 러시아(5889기), 중국(410기), 파키스탄(170기), 인도(164기).[8] 이보다 더 제한된 형태의 운반 체계를 보유한 나라는 프랑스(290기), 영국(225기), 북한(약 30기)이 있다. 이스라엘은 핵무기 보유를 공식적으로 인정하지 않았지만, 3대 핵전력과 함께 90기의 핵탄두를 보유하고 있는 것으로 보인다.

그동안 세계 각국은 여러 국제 조약[9]을 체결하여 전체 활성 핵탄두 수를 1986년의 6만 4449기에서 9500기 미만으로 줄이는 데 성공했고,[10] 환경에 매우 해로운 지상 핵실험을 중단하고,[11] 외부 우주 공간에 핵무기를 배치하지 않기로 합의했다.[12] 하지만 현재의 활성 핵탄두 수만으로도 지구의 모든 문명을 끝장내기에 충분하다.[13] 그리고 설령 핵전쟁이 일어날 연간 위험은 낮다고 하더라도, 수십 년 혹은 100년이 지나는 동안 누적되는 그 위험은 아주 심각하다. 매우 위험한 무기들이 현재 형태로 유지되는 한, 세계 어느 곳에서 의도적으로(정부나 테러리스트 또는 악당 군인이) 혹은 실수로 사용되는 것은 시간문제일 가능성이 높다.

'상호 확증 파괴'Mutually assured destruction, MAD는 핵전쟁 위험을 줄이기 위

해 나온 가장 유명한 전략으로, 냉전 기간 내내 미국과 소련이 모두 사용했다.[14] 이 전략은 잠재적 적에게 만약 그들이 핵무기를 사용한다면 동일한 무기로 압도적인 보복을 당할 것이라는 메시지를 확실하게 보내는 것이 핵심이다. 이 접근법은 게임 이론에 기반을 두고 있다. 만약 어느 나라가 핵무기를 하나라도 사용했다간 상대방으로부터 전면적인 보복을 받으리란 것을 안다면 핵무기를 사용할 동기를 전혀 느끼지 못하게 되는데, 그것은 자살 행위나 다름없기 때문이다. 상호 확증 파괴가 작동하려면, 쌍방 모두 상대방의 방어 수단에 막히는 일 없이 핵무기를 사용할 능력이 있어야 한다.[15] 만약 한 나라가 날아오는 핵탄두를 모두 저지할 수 있다면, 자신의 핵무기를 공격적으로 사용하는 것이 더 이상 자살 행위가 아니기 때문이다(다만 일부 이론가는 설령 그렇더라도 공격한 국가 역시 낙진에 피해를 입을 것이라고 주장하는데, 이를 '자기 확증 파괴'self-assured destruction, SAD라고 부른다)[16]

안정적인 상호 확증 파괴의 균형이 깨질 수 있다는 염려는 세계 각국 군대가 미사일 방어 시스템 개발에 상당히 제한적인 노력을 기울인 일부 원인이었다. 2023년 현재 어느 국가도 대규모 핵 공격을 자신 있게 견뎌낼 만큼 강한 방어력을 갖추고 있지 않다. 하지만 최근에 새로운 운반 기술이 힘의 균형을 무너뜨리기 시작했다. 러시아는 핵무기 운반용 수중 드론을 개발하고 있으며, 또한 표적 국가 바로 밖에서 장기간 머물다가 예측할 수 없는 각도에서 공격하도록 설계된 핵 추진 순항 미사일도 개발하고 있다.[17] 러시아와 중국, 미국은 모두 상대방의 방어를 무력화하기 위해 회피 기동이 가능한 극초음속 운반체 개발에 열을 올리고 있다.[18] 이 시스템들은 아주 새로운 것이어서 상대방이 이 무기의 잠재적 효과에 대해 다른 결론을 내린다면 오판의 위험이 커진다.

상호 확증 파괴처럼 강력한 억지 수단이 있다 하더라도, 오판이나 오해로 인해 재앙이 발생할 잠재력은 여전히 남아 있다.[19] 하지만 이런 긴장 상황이 너무 익숙해진 탓에, 이 문제는 거의 논의조차 되지 않는다.

그렇더라도 핵 위험의 장래에 대해 신중한 낙관론을 가져야 할 이유가 있다. 상호 확증 파괴는 70년 이상 성공적인 효과를 거두어왔고, 핵보유국들이 보유한 핵무기는 계속 줄어들고 있다. 핵 테러나 '더러운 폭탄'dirty bomb의 위험은 여전히 불안 요소로 남아 있지만, AI의 발전으로 그러한 위협을 탐지하고 대응하는 데 더 효과적인 도구가 개발되고 있다.[20] AI가 핵전쟁의 위험을 완전히 제거하지는 못하겠지만, 더 똑똑해진 지휘 통제 시스템은 센서 오작동으로 인해 이 가공할 무기가 우발적으로 사용될 위험을 크게 줄일 수 있다.[21]

생명공학

모든 인류를 위협할 기술이 또 하나 생겼다. 자연적으로 나타나 많은 사람을 병에 걸리게 하지만 대다수 사람이 살아남는 병원체가 많다는 사실을 생각해보라. 반대로 치명률이 높지만 잘 전파되지 않는 소수의 병원체도 있다. 흑사병처럼 치명적인 감염병은 빠른 전파와 높은 치명률이 결합된 경우인데, 흑사병은 14세기 말에 유럽의 전체 인구 중 약 3분의 1을 몰살시키고,[22] 세계 인구를 약 4억 5000만 명에서 약 3억 5000만 명으로 감소시킨 주범이다.[23] 하지만 일부 사람의 면역계는 이 병에 잘 맞서 싸웠는데, DNA 변이가 이에 일부 도움을 주었다. 유성 생식의 한 가지 이점은 우리 각자가 서로 다른 유전자 조합을 가진다는 데 있다.[24]

하지만 유전자 조작을 통해 바이러스를 편집할 수 있는 유전공학[25]의 발전으로 치명률과 전염성이 매우 높은 슈퍼바이러스가 만들어질 가능성이 있다(의도적으로건 우연이건). 심지어 당사자가 감염 사실을 알기 오래 전에 그 슈퍼바이러스에 감염되어, 그사이 다른 사람들에게 병원체를 전파하는 '스텔스 감염'을 일으킬지도 모른다. 사전에 슈퍼바이러스에 면역력을 갖고 있는 사람은 아무도 없을 테니, 그 결과는 수많은 사람의 목숨을 앗아가는 팬데믹으로 나타날 것이다.[26] 2019~2023년의 코로나19 팬데믹은 그러한 재앙이 어떤 것이 될지 어렴풋이 짐작하게 해주었다.

인간 게놈 프로젝트가 시작되기 15년 전인 1975년에 '재조합 DNA에 관한 아실로마 회의'가 열린 주요 계기도 바로 이 가능성에 대한 우려였다.[27] 이 회의에서는 우연한 사고로 인한 문제를 예방하고 의도적 결과로 생기는 문제를 막기 위한 기준을 세웠다. 이 '아실로마 지침'은 그 후 계속 수정되었고, 그 원리 중 일부는 생명공학 산업을 규제하는 법적 규정으로 명문화되었다.[28]

우연히 방출된 것이건 의도적으로 방출된 것이건, 갑자기 생겨난 생물학적 바이러스에 대응하기 위해 신속 대응 시스템을 만들려는 노력도 있었다.[29] 코로나19 이전에 유행병 대응 방법을 개선하기 위해 일어난 가장 주목할 만한 노력은 아마도 미국 정부가 2015년 6월에 질병통제예방센터 산하에 신설한 국제신속대응팀Global Rapid Response Team일 것이다. 머리글자를 따 GRRT라고도 부르는 이 팀은 2014~2016년에 서아프리카에서 돌발 발생한 에볼라 바이러스에 대응하기 위해 창설되었다. 국제신속대응팀은 전 세계 어디든지 신속하게 파견될 수 있으며, 위협적인 질병이 발생했을 때 해당 질병의 식별과 억제와 치료를 위해 높은 수준의 전문 지식을 제공함으로써 현지 당국을 지원한다.

고의로 유출한 바이러스의 경우, 미국의 전체적인 생물 테러 방어 노력은 국립생물학연구기관연맹이 주도해 조율한다. 이 연구를 위한 가장 중요한 기관 중 하나는 미육군감염병의학연구소이다. 나는 그들과 함께 일하면서(육군과학위원회를 통해) 그러한 바이러스의 돌발 발생 시 신속하게 대응하는 능력을 향상시키는 방법에 관한 자문을 제공했다.[30]

만약 그러한 돌발 발생이 일어날 경우, 당국이 얼마나 신속하게 바이러스를 분석하고 억제와 치료를 위한 전략을 마련하느냐에 수백만 명의 목숨이 달려 있다. 다행히도 바이러스 유전자 서열 분석 속도는 장기적인 가속화 추세를 따르고 있다. HIV를 처음 발견하고 나서 1996년 그 유전체 서열을 완전히 분석하기까지는 13년이 걸렸지만, 2003년에 중증급성호흡기증후군(SARS) 바이러스의 유전자 서열을 분석하는 데에는 불과 31일밖에 걸리지 않았으며, 지금은 많은 바이러스의 유전자 서열을 단 하루 만에 분석할 수 있다.[31] 신속 대응 시스템은 새로운 바이러스를 발견하고, 하루 만에 그 유전자 서열을 밝혀내고, 재빨리 의학적 대응 방법을 설계하는 방식으로 작동한다.

한 가지 치료 전략은 RNA 간섭인데, 이것은 특정 유전자 발현에 관여하는 전령 DNA를 파괴하는 작은 RNA 조각을 사용한다(바이러스가 질병을 일으키는 유전자와 비슷하다는 사실에 착안해).[32] 또 다른 방법은 바이러스 표면에 있는 특정 단백질 구조를 표적으로 하는 항원 기반 백신이다.[33] 앞 장에서 설명했듯이, AI가 지원하는 의약품 발견은 새로 발생한 바이러스에 대한 잠재적 백신이나 치료법의 효능을 며칠 또는 몇 주 만에 확인할 수 있게 해준다. 그리고 그렇게 함으로써 임상 시험을 더 빨리 시작할 수 있게 해준다. 2020년대 후반에는 신기술 발전에 힘입어 시뮬

레이션된 생물학을 통해 임상 시험을 하는 비율이 비약적으로 증가할 것이다

2020년 5월에 나는《와이어드》에 기고한 글에서 백신—예컨대 코로나19를 일으키는 바이러스인 SARS-CoV-2 바이러스에 맞서는 백신—을 만드는 데 인공 지능을 활용해야 한다고 주장했다.[34] 나중에 입증되었듯이, 모더나의 백신처럼 성공적인 백신은 바로 이 방법으로 기록적인 시간에 만들 수 있었다. 모더나는 광범위한 첨단 AI 도구를 사용해 mRNA 서열을 설계하고 최적화했을 뿐만 아니라, 제조 과정과 시험 과정도 가속화할 수 있었다.[35] 그래서 바이러스의 유전자 서열을 받은 지 불과 63일 만에 모더나는 최초의 인간 피험자에게 백신을 투여했고, 그 후 277일 만에 FDA로부터 긴급 사용 승인을 받았다.[36] 코로나19 이전에는 아무리 빨라도 백신 개발에 약 4년이 걸렸다는 사실을 감안하면 이것은 실로 놀라운 진전이다.[37]

이 책을 쓰고 있는 현재, 코로나19 바이러스가 실험실에서 유전공학 연구를 하다가 실수로 유출되었을 가능성에 대한 과학적 조사가 진행되고 있다.[38] 실험실 유출 가설을 둘러싼 오보가 많이 나왔기 때문에, 신뢰할 만한 과학적 출처를 바탕으로 추론을 하는 것이 중요하다. 하지만 그 가능성 자체는 실제적인 위험을 부각시키는데, 상황이 훨씬 더 나빠질 수도 있었다. 그 바이러스는 전염성이 매우 높은 동시에 치명률도 매우 높을 수 있었기 때문에, 악의적인 의도로 만들어졌을 가능성은 희박하다. 하지만 코로나19보다 훨씬 치명적인 것을 만들 수 있는 기술이 이미 존재하므로, 우리 문명에 대한 위험을 완화하는 데 AI 주도 대응 조치가 대단히 중요하다.

나노기술

생명공학 부문의 위험은 대부분 자기 복제와 관련이 있다. 한 세포에 일어난 문제가 큰 위험이 될 가능성은 거의 없다. 이것은 나노기술도 마찬가지인데, 한 나노봇 AI가 아무리 파괴적이라 하더라도, 세계적 재앙을 초래하려면 자기 복제 능력이 있어야 한다. 나노기술은 광범위한 공격 무기를 가능케 할 텐데, 그중 많은 것은 극히 파괴적일 수 있다. 게다가 만드는 데 막대한 자원이 필요한 오늘날의 핵무기와 달리 나노기술은 충분히 발전하면 그러한 무기를 아주 값싸게 만들 수 있다. (악당 국가나 단체가 핵무기를 만드는 데 얼마나 많은 비용이 드는지 대략적으로 감을 잡기 위해, 국제적 따돌림을 당해 외부 지원을 거의 받을 수 없는 국가인 북한의 예를 살펴보자. 한국 정부는 북한이 핵미사일 개발에 성공한 해인 2016년, 북한의 핵무기 계획에 11억~32억 달러가 소요되었을 것으로 추정한다.)[39]

이와는 대조적으로, 생물학 무기는 아주 저렴하게 개발할 수 있다. 1996년에 NATO가 발표한 보고서에 따르면, 이는 그다지 특별한 장비 없이 5명의 생물학자 팀이 몇 주일 만에 불과 10만 달러(2023년 불변 달러로는 약 19만 달러)의 비용으로 개발할 수 있다고 한다.[40] 1969년에 한 전문가 패널이 유엔에 보고한 바에 따르면, 민간인을 겨냥한 생물학 무기는 핵무기에 비해 비용 효과가 약 800배나 높다(그리고 지난 50년 동안 생명공학 분야에 일어난 발전을 감안하면 그 비율은 훨씬 더 크게 높아졌을 것이다).[41] 발전한 미래의 나노기술에서는 비용이 얼마나 들지 확실히 말할 수는 없지만, 나노기술도 생물학과 비슷한 자기 복제 원리에 따라 작동하기 때문에 생물학 무기의 비용을 1차 근사치로 간주해야 한다. 나노기술은 AI가 최적화한 제조 과정을 이용할 것이므로 그 비용은 더욱 낮아질 수 있다.

나노 기반 무기에는 탐지를 피하면서 표적에 독극물을 운반하는 초소형 드론, 물속에서 또는 에어로졸 형태로 체내로 침투해 내부에서 신체를 파괴하는 나노봇, 특정 집단의 사람을 선택적으로 겨냥하는 시스템이 포함될 수 있다.[42] 나노기술의 선구자 에릭 드렉슬러가 1986년에 썼듯이, "오늘날의 광전지보다 효율이 떨어지는 '잎'을 가진 '식물'이 실제 식물보다 뛰어난 경쟁력을 지녀 동물이 먹을 수 없는 잎으로 생물권을 가득 채울 수 있다. 강인한 잡식성 '세균'이 실제 세균보다 경쟁력이 더 뛰어날 수 있다. 이들은 바람에 날리는 꽃가루처럼 퍼지고 빠르게 복제하면서 불과 며칠 만에 생물권을 먼지로 만들 수 있다. 위험한 복제자는 너무나도 쉽게 아주 강하고 작고 확산 속도가 빠른 존재가 될 수 있어—적어도 우리가 아무 대비를 하지 않는다면—막을 수가 없을 것이다. 우리는 바이러스와 초파리를 억제하는 데에도 이미 애를 먹고 있다."[43]

가장 많이 논의되는 최악의 시나리오는 '그레이 구'—탄소 기반 물질을 먹어치우면서 더 많은 자기 복제 기계를 만드는 기계—가 만들어질 가능성이다.[44] 그런 과정은 폭주 연쇄 반응을 촉발해 지구의 전체 생물량이 그러한 기계로 변하는 일이 벌어질 수 있다.

지구의 전체 생물량이 파괴되는 데 얼마나 많은 시간이 걸릴지 계산해보자. 활용할 수 있는 생물량은 탄소 원자 10^{40}개에 해당한다.[45] 복제 나노봇 1개에 포함된 탄소 원자의 수는 10^{7}개 정도로 추정할 수 있다.[46] 따라서 나노봇은 자신의 복제를 10^{33}개 만들어야 한다. 물론 그 모든 것을 직접 만들 필요는 없으며 반복 복제를 통해 만들면 된다. 각 '세대'의 나노봇은 자신의 복제를 단 2개만 만들거나 그와 비슷하게 적은 수를 만들어도 된다. 복제가 자신의 복제를 만들고, 그것이 다시 자신의 복제를 만드는 과정이 계속 반복되다 보면 엄청나게 많은 수의 복제가 생겨난다. 그러면 110세대($2^{110} \approx 10^{33}$이므로)만으로 충분하며, 혹은 이전 세대의 나노봇들이 계속 살아남아 활동한다면 109세대로도 충분하다.[47] 나노기술 전문가 로버트 프레이타스는 복제가 한 번 일어나는 데 걸리는 시간을 약 100초로 추정하므로, 이상적인 조건에서 그레이 구가 그 많은 탄소를 다 소비하는 데 걸리는 시간은 약 세 시간이면 충분할 것이다.[48]

하지만 실제 파괴 속도는 훨씬 느릴 텐데, 세계의 생물량은 연속적인 블록 형태로 늘어서 있지 않기 때문이다. 선두에서 나아가는 파괴 전선의 실제 움직임도 제한 요소가 될 것이다. 나노봇은 작은 크기 때문에 아주 빨리 이동할 수 없으므로, 그러한 파괴적 과정이 지구를 한 바퀴 도는 데는 몇 주일이 걸릴 수 있다.

하지만 2단계 공격을 통해 이러한 제약을 우회할 수 있다. 일정 시간 동안 은밀한 과정으로 전 세계의 탄소 원자 중 극히 일부를 변화시켜 1000조(10^{15}) 개당 1개를 '잠자는' 그레이 구 나노봇 군대의 일부로 만들 수 있다. 이 나노봇들은 너무나도 낮은 농도로 존재해 눈에 띄지 않을 것이다. 하지만 이들은 **도처**에 존재하기 때문에, 일단 공격이 시작되면 그렇게 멀리까지 이동하지 않아도 된다. 사전에 정해진 일종의 신호(아마도 장거리 전파를 포착할 만큼 충분히 긴 안테나로 자체 조립된 소수의 나노봇을 통해 전달되는)가 있으면, 미리 곳곳에 배치된 나노봇들이 그 자리에서 빠르게 번식할 것이다. 나노봇 1개가 한 번에 2배씩 불어나 1000조 개가 되려면 50번의 복제가 필요한데, 그 시간은 90분이 채 걸리지 않을 것이다.[49] 그렇다면 파괴적 파면의 이동 속도는 더 이상 제한 요소가 되지 않을 것이다.

가끔 이 시나리오는 인간이 저지른 악의적인 행동의 결과로(예컨대 지구의 모든 생명을 파괴하기 위한 테러리스트의 무기로) 상상되기도 한다. 하지만 이런 일이 반드시 악의에서만 일어나는 것은 아니다. 프로그래밍의 오류로 인해 나노봇이 우연히 폭주하는 자기 복제 과정을 시작하는 사례를 생각할 수 있다. 예를 들면, 특정 종류의 물질만 소비하거나 제한된 지역 내에서만 활동하게 하려고 만든 나노봇이 설계상의 부주의로 오작동을 일으키면서 전 지구적인 재앙을 초래할 수 있다. 따라서 본질적으로 위험한 시스템에 보안 조치를 추가하려고 노력하기보다는 처음부터 안전장치가 마련된 나노봇만 만들어야 한다.

의도하지 않은 복제 위험을 방지하는 강력한 보호 수단 중 하나는 모든 자기 복제 나노봇을 '방송 아키텍처'를 갖춘 상태로 설계하는 것이다.[50] 이것은 나노봇이 각자 자신의 프로그래밍을 갖게 하는 대신에 모든 지시를 하달하는 신호(아마도 전파로 전송되는)에 의존하도록 만든다는 뜻이다. 그러면 긴급 상황이 발생했을 때 신호를 끄거나 변경함으로써 자기 복제 연쇄 반응을 멈출 수 있다.

하지만 책임 있는 사람이 안전한 나노봇을 설계한다 하더라도, 나쁜 사람이 위험한 나노봇을 만들 가능성은 여전히 남아 있다. 따라서 이런 시나리오가 가능해지기 전에 나노기술 '면역계'를 미리 마련할 필요가 있다. 이 면역계는 명백한 파괴를 초래하는 시나리오뿐만 아니라, 아무리 낮은 농도라도 은밀하게 진행되면서 잠재적 위험성을 지닌 복제라면 어떤 것이라도 처리할 수 있어야 한다.

이 분야가 이미 안전 문제를 심각하게 받아들이고 있다는 사실은 고무적이다. 나노기술 안전 지침이 나온 지는 약 20년이 되었는데, 1999년에 열린 '분자 나노기술 연구 정책 지침에 관한 워크숍'(나도 참여한)에서 처음 나온 뒤 개정과 수정이 여러 차례 일어났다.[51] 그레이 구에 맞서

는 주요 면역계 방어 수단은 '블루 구'blue goo—그레이 구를 무력화시키는 나노봇—로 보인다.[52]

프레이타스의 계산에 따르면, 전 세계에 최적의 상태로 분산시킬 경우, 블루 구 유형의 방어용 나노봇은 8만 8000톤으로 약 24시간 만에 대기 전체를 휩쓸기에 충분하다.[53] 참고로, 이것은 대형 항공모함이 밀어내는 물의 무게보다 작다. 엄청난 양이긴 하지만 지구 전체 무게와 비교하면 아주 작다. 하지만 이러한 수치는 이상적인 효율과 배치 조건을 가정해 나온 것인데, 현실에서는 그런 조건이 갖추어지기 어려울 것이다. 2023년 현재, 나노기술은 아직도 발전해야 할 부분이 많이 남아 있기 때문에, 실제 블루 구 시나리오에 필요한 조건이 이 이론적 추정치와 얼마나 차이가 날지 정확하게 판단하기는 매우 어렵다.

하지만 한 가지 조건만큼은 분명한데, 블루 구는 풍부한 천연 재료(그레이 구를 만드는 성분인)만 사용해서는 만들 수 없으리라는 것이다. 블루 구가 그레이 구로 변하는 일이 없도록 하기 위해 이 나노봇은 특수 물질로 만들어야 할 것이다. 이 방법의 확실한 효과를 보장하려면 몇 가지 난제를 극복해야 한다. 게다가 안전하고 오작동하지 않는 블루 구를 보장하기 위해 해결해야 할 이론적 문제도 있다. 하지만 나는 이것이 실행 가능한 접근법으로 입증될 것이라고 믿는다. 궁극적으로 해로운 나노봇이 잘 설계된 방어 시스템보다 비대칭적으로 유리해야 할 기본적인 이유는 전혀 없다. 여기서 핵심은 좋은 나노봇을 나쁜 나노봇보다 먼저 전 세계에 배치하는 것이다. 그래야 자기 복제 연쇄 반응이 통제 불능 상태로 치닫기 전에 그것을 포착해 무력화할 수 있다.

내 친구 빌 조이Bill Joy가 2000년에 쓴 글 〈왜 미래는 우리가 필요 없는가〉Why the Future Doesn't Need Us에는 그레이 구 시나리오를 포함해 나노기술의 위험을 탁월하게 다룬 내용이 있다.[54] 대다수 나노기술 전문가는 그레이 구 재앙이 현실적 가능성이 낮다고 보며, 나 역시 그렇다. 하지만 만약 그런 재앙이 일어난다면 그것은 멸종 수준의 대참사가 될 것이기 때문에, 향후 수십 년 사이에 나노기술의 비약적 발전이 예상됨에 따라 그런 위험 가능성을 고려하는 것이 아주 중요하다. 나는 적절한 예방책을 마련한다면(그리고 안전한 시스템 설계에 AI의 도움을 받으면), 인류는 그러한 시나리오를 SF 영역에 머물게 할 수 있을 것이라고 기대한다.

인공 지능

생명공학의 위험으로 전 세계에서 약 700만 명의 목숨을 앗아간 코로나19 같은 팬데믹을 여전히 겪을 수 있지만,[55] 우리는 새로운 바이러스의 유전자 서열을 신속하게 분석하는 수단과 문명을 위협하는 재앙을 막기 위한 의약품 개발 수단을 빠르게 발전시키고 있다. 나노기술의 경우, 그레이 구는 아직 현실적인 위협이 아니지만, 우리는 궁극적인 2단계 공격에도 방어 수단을 제공할 전체적인 전략을 이미 마련하고 있다. 하지만 초지능 AI는 근본적으로 다른 종류의 위험—사실상 1차적 위험—을 수반한다. 만약 AI가 자신을 만든 인간보다 더 똑똑해지면, 사전에 준비된 예방 조치를 우회하는 길을 찾을 가능성이 있다. 그것을 확실히 극복할 수 있는 일반적인 전략은 존재하지 않는다.

초지능 AI가 초래할 위험 범주는 크게 세 가지가 있는데, 각각의 범주를 집중적으로 연구함으로써 적어도 그 위험을 완화할 수 있다. **오용**은 AI가 인간 운영자가 의도한 대로 작동하더라도, 운영자가 의도적으로 남에게 해를 끼칠 목적으로 AI를 사용하는 경우를 포함한다.[56] 예를 들면, 테러리스트는 AI의 생화학 능력을 사용해 치명적인 팬데믹을 초래할 바이러스를 설계할 수 있다.

두 번째 범주의 위험은 **외부 정렬 불일치**outer misalignment 인데,* 이것은 프로그래머의 실제 의도와 그것을 실현하기 위해 AI에게 가르치는 목표가 불일치하는 경우를 말한다.[57] 이것은 '램프의 요정' 이야기에서 묘사된 고전적인 문제인데, 명령을 문자 그대로 받아들이는 존재에게 자신이 원하는 것을 정확하게 명시해 전달하기란 어렵다. 암을 치료하려고 하는 프로그래머를 상상해보자. 프로그래머는 AI에게 특정 발암 DNA 돌연변이를 가진 세포를 모두 죽이는 바이러스를 설계하라고 지시한다. AI는 이 지시를 충실히 이행하지만, 프로그래머는 그 돌연변이가 건강한 세포에도 많이 들어 있어 그 바이러스가 결국에는 환자를 죽이고 만다는 사실을 미처 깨닫지 못한다.

마지막으로 **내부 정렬 불일치**inner misalignment는 AI가 자신의 목표를 달성하기 위해 배운 방법이 적어도 일부 경우에 바람직하지 못한 행동을 초래할 때 일어난다.[58] 예컨대, AI에게 암세포의 독특한 유전자 변화를 식별하도록 훈련시켰는데, 샘플 데이터에서는 제대로 작동하지만 실제 세계에서는 제대로 작동하지 않는 가짜 패턴이 나타날 수 있다. 훈련 데이터의 암세포가 분석 전에 건강한 세포보다 더 오랫동안 보관될 수 있는데, 그래서 AI가 그 결과로 비롯된 미묘한 유전자 변형을 식별하는 법을 배울 가능성이 있다. 만약 AI가 이 정보를 바탕으로 암세포를 죽이는

* 인공 지능에서 '정렬'alignment은 인공 지능 시스템의 목표와 행동이 인간의 가치, 목표, 의도와 일치하도록 하는 것을 말한다.

바이러스를 설계한다면, 그것은 살아 있는 환자에게 아무 효과도 없을 것이다. 이 예들은 비교적 단순한 것이지만, AI 모델에 갈수록 복잡한 임무가 부여되기 때문에 정렬 불일치 문제를 탐지하기가 더욱 어려워질 것이다.

두 종류의 AI 정렬 불일치를 방지하는 방법을 찾으려고 열심히 노력하는 전문 분야가 있다. 유망한 이론적 접근법이 여러 가지 있지만, 해야 할 일이 많이 남아 있다. '모방 일반화'imitative generalization는 AI에게 인간이 추론하는 법을 모방하도록 훈련시키는 과정을 포함하는데, 그 지식을 낯선 상황에 적용할 때 더 안전하고 신뢰할 수 있도록 하기 위해서이다.[59] '토론을 통한 AI 안전'은 서로의 개념에서 결함을 찾아내도록 AI들을 경쟁시키는 방법인데, 너무 복잡해서 인간의 능력만으로는 제대로 평가하기 어려운 문제를 판단하는 데 도움을 줄 수 있다.[60] '반복 증폭'iterated amplification은 인간이 약한 AI의 도움을 받아 잘 정렬된 강한 AI를 만들고, 이 과정을 반복함으로써 결국에는 인간이 혼자 힘만으로 정렬할 수 있는 것보다 훨씬 강한 AI를 정렬하는 방법이다.[61]

그래서 AI 정렬 문제는 풀기가 매우 어려운 반면,[62] 우리가 직접 그것을 풀 필요는 없을 것이다. 올바른 방법을 사용하면, AI 자체를 이용해 우리 자신의 정렬 능력을 극적으로 증강할 수 있다. 이것은 오용에 저항하는 AI를 설계하는 데에도 적용된다. 앞에서 설명한 생화학 사례에서 안전하게 정렬된 AI는 위험한 요구를 식별하고 거부해야 한다. 하지만 오용에 저항하는 윤리적 방어벽도 필요하다. 즉, 안전하고 책임 있는 AI의 배치를 지지하는 강한 국제 규범이 있어야 한다.

지난 10년 동안 AI 시스템의 성능이 극적으로 발전함에 따라 오용으로 인한 위험을 완화하는 것이 국제적으로 더 큰 우선순위가 되었다. 지난 몇 년 동안 인공 지능을 위한 윤리 규정을 만들려는 노력이 많이 있었다. 2017년, 나는 40년 전에 같은 회의에서 채택된 생명공학 지침에 영감을 얻어 열린 '이로운 AI에 관한 아실로마 회의'에 참석했다.[63] 그 회의에서 유용한 원칙이 몇 가지 확립되었고, 나는 거기에 서명했다. 하지만 설령 전 세계의 대다수 사람이 아실로마 회의의 제안을 따른다 하더라도, 비민주적이고 표현의 자유에 반대하는 생각을 가진 실체들이 여전히 자신의 목적을 위해 첨단 AI를 사용할 수 있다. 특히 주요 군사 강대국들은 이 지침에 서명하지 않았다. 그리고 이들은 역사적으로 첨단 기술의 발전을 촉진해온 가장 강한 세력이었다. 예를 들면, 인터넷의 원형은 미국의 방위고등연구계획국이 개발했다.[64]

하지만 '아실로마 AI 원칙'은 책임 있는 AI 개발을 위한 기반을 제공하며 이 분야를 긍정적인 방향으로 이끌어왔다. 23개의 원칙 중 6개는 '인간' 또는 '인류'의 가치를 장려한다. 예를 들면, 원칙 10인 '가치 정렬'은 "고도로 자율적인 AI 시스템은 작동하는 동안 그 목표와 행동이 인간의 가치와 정렬되도록 보장하는 방향으로 설계돼야 한다."라고 명시하고 있다.[65]

또 다른 문서인 '치명적 자율 무기 서약'도 같은 개념을 장려한다. "여기에 서명한 사람은 인간의 생명을 빼앗는 결정을 절대로 기계에 위임해서는 안 된다는 데 동의한다. 이 견해에는 도덕적 요소가 있는데, 그것은 다른 사람이 책임지거나 또는 아무도 책임지지 않는, 생명을 빼앗는 결정을 기계가 내리도록 해서는 안 된다는 것이다."[66] 스티븐 호킹Stephen Hawking, 일론 머스크, 마틴 리스Martin Rees, 노엄 촘스키Noam Chomsky처럼 큰 영향력을 지닌 인물들이 치명적 자율 무기를 금지하는 서약에 서명한 반면, 미국과 러시아, 영국, 프랑스, 이스라엘을 비롯해 군사 강대국들은 서명을 거부했다.

미국 군부는 이 지침을 지지하지 않지만, 인간을 표적으로 하는 시스템은 인간이 통제해야 한다는 자체적 '인간 지시' 정책이 있다.[67] 2012년에 펜타곤이 내린 지침은 "자율 및 준자율 무기 시스템은 무력 사용에 대해 지휘관과 운영자가 적절한 수준의 인간 판단을 행사할 수 있도록 설계해야 한다."라는 원칙을 확립했다.[68] 2016년, 미국 국방부 부장관 로버트 워크Robert Work는 미국 군부는 그러한 무력 사용에 대한 "결정을 내릴 치명적인 권한을 기계에 위임하지 않을 것"이라고 말했다.[69] 그래도 미래의 어느 시점에 "우리보다 기계에 권한을 더 기꺼이 위임하려는" 적국과 경쟁하기 위해 필요하다면 이 정책이 바뀔 수 있다는 가능성을 열어두었다.[70] 나는 생물학적 위험 수단의 사용을 막기 위한 실행 지침을 안내하는 정책 위원회에 참석한 것과 마찬가지로, 이 정책을 만든 논의에도 관여했다.

중국과의 대화를 포함한 국제회의가 열린 직후인 2023년 초에 미국은 '인공 지능과 자율성의 책임 있는 군사적 사용에 관한 정치적 선언'을 발표하면서 다른 나라들에 핵무기에 대해 궁극적인 인간의 통제를 보장하는 합리적 정책을 채택하라고 촉구했다.[71] 하지만 '인간의 통제'라는 개념 자체는 얼핏 생각하는 것보다 모호하다. 만약 인간이 미래의 AI 시스템에 '다가오는 핵 공격을 막는' 권한을 부여한다면, 그것을 수행하는 방법에 대한 재량권을 시스템에 얼마나 많이 주어야 할까? 그런 공격을 성공적으로 막을 수 있을 정도의 능력을 가진 범용 AI는 공격 목적으로도 사용될 수 있다는 사실에 유의할 필요가 있다.

따라서 AI 기술은 본질적으로 이중의 용도로 사용될 수 있다는 사실을 알아야 한다. 이미 배치된 시스템들 역시 그렇다. 장마철에 도로를 통해 접근할 수 없는 병원에 의약품을 운반하는 드론이 나중에는 그 병원에 폭발물을 투하할 수 있다. 드론이 군사 작전에 사용된 지 이미 10년이 넘었다는 사실을 명심할 필요가 있다. 지금은 드론 조종사가 지구 정반대편에 있는 특정 창문을 뚫고 지나도록 미사일을 보낼 수 있을 만큼 군사용 드론이 매우 정밀해졌다.[72]

또한 적국은 그렇게 하지 않는데, 우리만 치명적 자율 무기 금지 서약을 지켜야 하는지 생각할 필요도 있다. 만약 적국이 AI가 제어하는 첨단 전쟁 무기 부대를 보내 우리의 안전을 위협하면 어떻게 해야 할까? 우리도 더 뛰어난 지능 무기로 그들을 무찌르고 안전을 지키길 원치 않겠는가? 이것이 '킬러 로봇 반대 캠페인'이 많은 지지를 받는 데 실패한 주된 이유이다.[73] 2023년 현재, 2018년에 예외적으로 지지 의사를 밝힌 중국을 제외하고 주요 군사 강대국들은 모두 이 캠페인을 지지하길 거부했다. 하지만 나중에 중국은 사용에만 반대할 뿐 개발에는 반대하지 않는다는 점을 분명히 했다.[74] (이마저도 도덕적 이유에서 그런 것이 아니라 전략적, 정치적 이유로 그랬을 가능성이 높은데, 미국과 그 동맹국들이 사용하는 자율 무기로 인해 중국이 군사적으로 불리한 위치에 설 수 있기 때문이다.) 나는 만약 우리가 그런 무기의 공격을 받는다면 우리도 대항 무기를 갖길 원할 테고, 그러면 당연히 이 금지 서약을 어길 수밖에 없을 것이라고 생각한다.

게다가 2030년대에 '뇌-컴퓨터' 인터페이스를 사용해 우리의 의사 결정에 비생물학적 요소가 도입되면, '인간'이라는 개념은 결국 무엇을 의미하게 될까? 비생물학적 요소는 기하급수적으로 증가할 테지만, 우리의 생물학적 지능은 제자리에 머물러 있을 것이다. 따라서 2030년대 후반이 되면, 우리의 사고 자체는 대체로 비생물학적인 것이 지배할 것이다. 우리 자신의 사고가 주로 비생물학적 시스템을 사용한다면, 인간의 의사 결정이 설 자리가 있을까?

다른 아실로마 원칙 중 일부도 미해결 질문을 남겼다. 예컨대, 원칙 7인 '장애 투명성'Failure Transparency은 "만약 AI 시스템이 해를 초래한다면, 그 이유를 확인하는 것이 가능해야 한다."라고 규정하고 있다. 그리고 원칙 8인 '사법적 투명성'Judicial Transparency은 "자율 시스템이 사법적 의사 결정에 관여할 때에는 만족할 만한 설명을 제공해야 하며, 그 설명은 결정권이 있는 인간 당국이 검토할 수 있어야 한다."라고 돼 있다.

AI의 결정을 이해하기 쉽게 만들려는 이런 노력은 가치가 있지만, 기본적인 문제는 AI가 어떤 설명을 제공하더라도 우리는 초지능 AI가 내리는 결정을 대부분 완전히 이해할 능력이 없다는 데 있다. 만약 최고 실력을 가진 인간을 훨씬 능가하는 바둑 프로그램이 자신의 전략적 결정을 설명한다면, 세계 최고의 바둑 기사조차도 (사이버네틱스의 도움으로 두뇌를 증강하지 않고서는) 그 결정을 완전히 이해할 수 없을 것이다.[75] 불투명한 AI 시스템의 위험을 줄이는 것을 겨냥한 한 가지 유망한 연구 갈래는 '잠재 지식 끌어내기'이다.[76] 이 계획은 AI에게 어떤 질문을 던졌을 때, AI가 단순히 자신의 판단에 우리가 원하리라고 생각하는 답을 말하는(이것은 기계 학습 시스템이 더욱 강력해짐에 따라 점점 더 커지는 위험이다) 대신에 AI 자신이 아는 모든 관련 정보를 제공하도록 보장하는 기술을 개발하려고 노력한다.

이 원칙들은 또한 훌륭하게도 AI 개발을 둘러싼 비경쟁적 동역학을 장려하는데, 특히 원칙 18인 'AI 군비 경쟁'("치명적 자율 무기의 군비 경쟁을 피해야 한다.")과 원칙 23인 '공익'("초지능은 널리 공유된 윤리적 이상을 위해 그리고 특정 국가나 조직이 아닌 인류 전체의 이익을 위해서만 개발되어야 한다.")이 그렇다. 하지만 초지능 AI는 전쟁에서 결정적 우위를 제공하고 막대한 경제적 이득을 가져다줄 수 있기 때문에, 군사 강대국들은 초지능 AI 군비 경쟁을 벌여야 할 동기가 매우 강하다.[77] 이것은 단지 오용의 위험을 높일 뿐만 아니라, AI 정렬에 관한 안전 예방 조치를 소홀히 할 가능성을 높인다.

원칙 10이 가치 정렬 문제를 다루었다는 사실을 떠올려보라. 그다음 번 원칙인 '인간의 가치'Human Value는 어떤 가치가 의도된 것인지 구체적으로 명시한다. "AI 시스템은 인간의 존엄성과 권리, 자유, 문화적 다양성의 이상과 조화가 되도록 설계되고 운영되어야 한다."

하지만 이러한 목표를 세웠다고 해서 그 달성까지 보장되는 것은 아니다. 이것이 AI로 인한 위험의 핵심이다. 해로운 목표를 가진 AI는 왜 그것이 더 큰 목적을 위해 타당한지 설명하는 데 어려움을 겪지 않을 것이며, 심지어 사람들이 널리 공유하는 가치를 내세우며 정당화할 수도 있다.

기본적인 AI 능력의 개발을 유용하게 제한하는 것은 매우 어려운데, 일반 지능 뒤에 숨어 있는 기본 개념이 아주 광범위하기 때문에 특히 그렇다. 이 책이 인쇄에 들어갈 무렵에 주요국 정부들이 이 문제를 진지하게 받아들이고 있다는 고무적인 징후—2023년 영국에서 열린 'AI 안전 정상 회의' 직후 나온 블레츨리 선언*처럼—가 보이지만, 많은 것은 그러한 계획이 실제로 어떻게 실행되느냐에 달려 있다.[78] 자유 시장 원리에 기반을 둔 낙관적인 주장에 따르면, 초지능을 향한 각각의 단계는 시장의 수용에 좌우될 것이라고 한다. 다시 말해서, 일반 인공 지능은 실제

* 인공 지능의 개발과 사용에서 윤리적 원칙과 사회적 책임을 강조한 선언문.

인간의 문제를 풀기 위해 인간이 만들 것이며, 그것을 유익한 목적을 위해 최적화하려는 강력한 동기가 존재한다. AI는 고도로 통합된 경제 인프라에서 나타나고 있기 때문에 우리의 가치를 반영할 수밖에 없는데, 중요한 의미에서 AI는 바로 우리 **자신**이 될 것이기 때문이다. 우리는 이미 '인간-기계' 문명 시대에 접어들었다. 궁극적으로는, AI를 안전하게 만들기 위해 가장 중요한 접근법은 인간의 관리와 사회 제도를 보호하고 개선하는 것이다. 미래에 파괴적 갈등을 피하는 최선의 방법은 수백 년에서 수십 년 동안 이미 폭력을 크게 감소시킨 우리의 윤리적 이상을 계속 발전시키는 것이다.[79]

나는 또한 오해에서 비롯되어 갈수록 공격적으로 변해가는 러다이트의 목소리를 심각하게 여겨야 할 필요가 있다고 생각하는데, 이들은 유전학과 나노기술과 로봇공학의 실질적인 위험을 피하기 위해 광범위한 기술 발전을 포기해야 한다고 주장한다.[80] 인간의 고통을 극복하려는 노력의 지연은 여전히 중대한 결과를 낳고 있다. 예를 들면, GMO(유전자 변형 생물)를 포함하고 있을 가능성이 있는 식품을 무조건 거부하는 태도는 아프리카의 기아 상황을 악화시킨다.[81]

기술이 우리의 신체와 뇌를 변화시키고 있는 지금, 기술 발전에 대한 다른 종류의 반대가 '근본주의 휴머니즘'의 형태로 나타나고 있다. 이것은 인간의 본질을 변화시키려는 어떤 시도에도 반대하는 사상이다.[82] 그런 시도에는 우리의 유전자와 단백질 접힘을 변형시키려는 시도와 다른 방법으로 수명을 극적으로 연장시키려는 시도 등이 포함된다. 이러한 반대는 결국 실패할 수밖에 없는데, 우리의 1.0 버전 신체에 내재된 고통과 질병 그리고 짧은 수명을 극복할 수 있는 치료법에 대한 수요를 궁극적으로 막을 수 없기 때문이다.

사람들이 급진적 수명 연장 전망에 맞닥뜨렸을 때, 즉각 제기하는 반대 의견이 두 가지 있다. 첫 번째는 팽창하는 생물학적 인구를 부양하기 위해 물질 자원이 고갈될 가능성이다. 증가하는 인구를 부양하기 위해 에너지와 깨끗한 물, 주택, 토지, 그 밖의 자원이 고갈되고 있으며, 사망률이 급감하기 시작하면 이 문제가 더욱 악화될 것이라는 이야기를 심심치 않게 들을 수 있다. 하지만 제4장에서 설명했듯이, 지구의 자원 사용 방법을 최적화하면, 우리에게 필요한 것보다 수천 배나 많은 자원을 발견하게 될 것이다. 예를 들면, 지구에는 이론적으로 현재의 모든 에너지 수요를 충족시키는 데 필요한 것보다 거의 1만 배나 많은 햇빛이 쏟아지고 있다.[83]

급진적 수명 연장에 반대하는 두 번째 의견은 수백 년 동안 똑같은 일들을 계속 반복하다 보면 삶이 무척 지루해질 것이라고 주장한다. 하지만 2020년대에는 아주 작은 외부 장치로 제공되는 가상현실과 증강현실이 등장할 것이고, 2030년대에는 우리의 감각에 신호를 입력하는 나노봇을 통해 가상현실과 증강현실이 우리의 신경계에 직접 연결될 것이다. 그러면 급진적 수명 연장에 더해 극적인 생활 팽창까지 일어날 것이다. 우리는 오직 우리의 상상력에만 제약을 받는 광대한 가상현실과 증강현실에서 살아갈 것이고, 물론 상상력 자체도 크게 팽창할 것이다. 우리가 수백 년을 산다 하더라도, 얻을 수 있는 모든 지식이 소진되거나 소비할 수 있는 모든 문화가 소진되는 일은 결코 없을 것이다.

AI는 우리의 긴급한 도전 과제들을 해결해줄 핵심 기술인데, 그러한 과제에는 질병과 가난, 환경 악화 그리고 인간의 모든 취약점이 포함된다. 우리는 새로운 기술의 이 약속을 실현하는 동시에 위험을 완화해야 할 도덕적 의무가 있다. 하지만 그렇게 하는 데 성공하는 것은 이번이 처음이 아니다. 이 장 첫머리에서 나는 어릴 때 잠재적 핵전쟁에 대비해 민방위 훈련을 한 경험을 언급했다. 내가 자랄 때만 해도 주변 사람 대부분은 핵전쟁이 거의 불가피하다고 생각했다. 우리 종이 이 가공할 무기의 사용을 자제하는 지혜를 발견했다는 사실은 그와 비슷하게 생명공학과 나노기술, 초지능 AI를 책임 있게 사용하는 능력도 우리에게 있음을 보여주는 멋진 사례이다.

전체적으로 우리는 조심스럽게 낙관적 태도를 견지해야 한다. AI는 새로운 기술적 위협을 만들어내는 반면, 그러한 위협을 다루는 우리의 능력도 극적으로 향상시킬 것이다. 남용 문제의 경우, 이 방법들은 우리의 가치에 상관없이 우리의 지능을 크게 향상시킬 것이기 때문에, 약속과 위험 어느 쪽으로건 사용될 수 있다.[84] 따라서 우리는 AI의 힘이 널리 분배되어 그 영향에 인류 전체의 가치가 반영되는 세상을 만들려고 노력해야 한다.

제8장

카산드라와 나눈 대화

Dialogue with Cassandra

카산드라 그러니까 당신은 충분한 처리 능력을 가진 신경망이 2029년까지는 모든 능력 면에서 인간을 능가할 것이라고 예상하는군요?

레이 맞아요. 신경망은 이미 인간을 추월하는 능력을 하나하나 추가하고 있어요.

카산드라 그렇게 되면 신경망은 인간이 가진 모든 스킬에서 어떤 인간보다도 훨씬 나은 능력을 갖게 되겠군요.

레이 그래요. 인간을 능가하는 분야를 하나씩 차곡차곡 늘려가 2029년까지는 모든 인간보다 더 나아질 겁니다.

카산드라 튜링 테스트를 통과하려면 AI가 덜 똑똑해야 하잖아요?

레이 맞아요. 그렇지 않으면 우리는 그들이 평범한 인간이 아니라는 사실을 알아챌 테니까요.

카산드라 당신은 또한 2030년대 초에는 우리가 뇌 속으로 들어가 신피질의 꼭대기 층들과 연결되는 수단을 갖게 될 거라고 예상해요. 거기서 무슨 일이 일어나는지 알기 위해, 또 연결을 활성화시키기 위해서 말이지요.

레이 맞아요.

카산드라 그렇게 우리가 만들어내고 있는 이 초지능이 직접적으로 우리 뇌의 일부가 되겠군요. 적어도 클라우드로 연결된 이러한 통로를 통해서 말이지요.

레이 그래요.

카산드라 좋아요. 하지만 이 두 가지 진전—신경망에 인간이 할 수 있는 일을 모두 가르치는 것과 효율적인 쌍방향 연결을 통해 내부적으로 뇌에 연결되는 것—이 일어나는 두 분야는 서로 아주 달라요.

레이 음, 맞습니다.

카산드라 한 분야는 대체로 별다른 규제가 없는 컴퓨터를 가지고 실험하지요. 실험은 며칠이 걸리고, 한 가지 진전이 일어난 직후에 또 다른 진전이 일어날 수 있어요. 진전은 매우 빠르게 일어나지요. 반면에 100만 개의 전선을 포함한 장치를 뇌에 설치하는 것과 같은 과정은 완전히 다른 문제예요. 여기에는 온갖 종류의 감독과 규제가 필요합니다. 이것은 단순히 인간의 몸에 무엇을 넣는 게 아니라, 아마도 몸에서 물리적으로 가장 민감한 부분인 뇌 자체에 넣는 것이니까요. 그리고 규제 당국은 이것이 필요한 것인지조차 명확히 알지 못해요. 예컨대, 심각한 뇌 질환을 예방할 수 있다면, 그것은 분명한 이득이 되겠지요.

하지만 외부의 컴퓨터에 연결하는 것은 아주 어려울 거예요.

레이 그래도 그런 일은 일어날 수밖에 없어요. 당신이 언급한 심각한 뇌 장애를 치료한다는 목표가 일부 이유가 되겠지요.

카산드라 그래요. 나도 그럴 수 있다는 데 동의해요. 하지만 상당히 오래 지연될 가능성이 있어요.

레이 내가 그 시기를 2030년대로 예측한 것도 그 때문입니다.

카산드라 하지만 외부 물체를 뇌에 집어넣는 행위에 대한 규제가 그 일이 일어나는 시기를 예컨대 10년 동안 지연시키면, 그 시기가 2040년대로 미뤄질 수 있잖아요. 그렇게 되면 초지능 기계와 인간 사이의 상호 작용에 대한 당신의 시간표가 크게 바뀌게 될 거예요. 한 가지 염려스러운 점은 기계가 단순히 인간의 지능을 확장하는 부분이 되는 대신에 인간의 모든 일자리를 빼앗을 가능성이에요.

레이 음, 우리 뇌에서 직접 마음을 확장하면 매우 편리할 겁니다. 그러면 휴대폰을 잃어버리듯이 그것을 잃는 일은 없을 테니까요. 하지만 그런 장치를 직접 뇌에 연결하지 않는다 하더라도, 인간 지능의 확장 부위로 기능할 수 있어요. 오늘날 어린이는 모바일 기기로 인간의 모든 지식에 접근할 수 있어요. 그리고 AI가 대체하는 근로자 수보다 AI 덕분에 그 능력이 증강되는 근로자 수가 훨씬 많아요. 지금도 이미 우리가 하는 일 중에는 뇌 확장 장치가 없이는 불가능한 일이 많지요. 비록 그것들은 우리 몸 밖에 있고, 우리 뇌에 물리적으로 연결돼 있지 않지만 말입니다.

카산드라 그래요. 하지만 당신은 신피질 꼭대기 층에 연결하려면 수백만 개의 회로가 필요할 것이라고 예측했지요. 반면에 우리의 지능을 외부 장치를 통해 확장하려면 자판으로 입력하는 게 필요한데, 이 과정은 수백 배 내지 수천 배나 더 느려요. 그러면 틀림없이 상호 작용에 악영향을 미치겠지요. 그렇다면 AI가 뭐 하러 의사소통 속도가 그토록 느린 인간을 상대하려고 하겠어요? 그냥 자기 혼자서 모든 걸 다 처리하면 될 텐데요.

레이 2020년대 중엽에는 자판을 두드리는 것보다 수천 배나 빠르게 컴퓨터와 상호 작용하는 수단이 개발될 겁니다. 풀 스크린 비디오와 오디오를 갖춘 완전 몰입형 가상현실이지요. 우리는 일반적인 현실을 보고 들을 테지만, 그것은 컴퓨터와 나누는 쌍방향 의사소통과 얽혀 있을 겁니다. 그 속도는 신피질 꼭대기 층과 연결된 것과 거의 비슷할 정도로 빠를 거예요. 이것은 결국 자판을 통한 상호 작용을 대체하겠지요.

카산드라 좋아요. 컴퓨터와 상호 작용하는 능력이 크게 발전하겠지만, 그래도 실제로 우리의 신피질을 확장하는 것에는 미치지 못해요.

레이 하지만 사람들은 여전히 식품과 주거와 기타 필요를 충족하기 위해 해야 할 일이 많이 남아 있을 겁니다. 내부 뇌 확장 장치가 우리에게 더 추상적인 사고를 하도록 하기 이전에, 고급 AI를 갖춘 외부 뇌 확장 장치는 우리가 힘든 작업을 수행하고 어려운 문제를 해결하는 데 도움을 줄 거예요.

카산드라 하지만 사람들은 더 깊은 목적이 필요해요. 만약 AI가 **모든** 지적 영역에서 인간이 할 수 있는 일을 모두 다 할 수 있다면, 그것도 최고의 인간보다 훨씬 더 빠른 속도로 훨씬 더 잘할 수 있다면, 인간이 하는 일 중에 의미를 부여할 만한 것이 있을까요?

레이 음, 그래서 우리는 우리가 만드는 지능과 융합되길 원하는 거지요. AI는 우리의 일부가 될 것이고, 따라서 그 모든 일을 하는 존재는 바로 우리가 될 겁니다.

카산드라 좋아요. 바로 그렇기 때문에 나는 수백만 개의 연결이 포함된 장치를 머리뼈 속에 집어넣어야 하는 특별한 난관을 고려할 때, 뇌 확장 장치 개발이 10년쯤 지연되지 않을까 염려해요. VR을 포함해 우리 몸 밖에서 일어나는 모든 종류의 변화가 실현 가능성이 높다는 건 인정하지만, 그건 실제로 우리의 신피질을 확장하는 문제와는 다르니까요.

레이 대니얼 카너먼도 같은 염려를 표시했지요. 그는 또한 일자리를 잃은 사람들과 타인들 사이에 폭력 사태가 일어날 가능성도 우려해요.

카산드라 여기서 '타인들'이란 컴퓨터를 뜻하나요? 모든 스킬에서 인간보다 월등한 것은 컴퓨터가 될 테니까요.

레이 컴퓨터가 아닙니다. 우리는 우리의 행복을 위해 컴퓨터에 의존하게 될 테니까요. 그보다는 실직 노동자들을 희생시키면서 AI를 활용해 자신의 부와 권력을 팽창시킨다고 여겨질 사람들을 뜻하는 겁니다.

카산드라 그렇군요. 카너먼은 일부 인간이 힘을 지니고 있고 AI가 갈등을 피할 수 있을 만큼 충분한 물질적 풍요를 아직 창출하지 못한 중간 시기를 생각한 것 같네요.

레이 맞아요. 하지만 사람들이 목적의식을 느낀다면 갈등을 최소화할 수 있어요. 그리고 우리의 신피질을 클라우드로 확장하는 것은 우리가 목적의식을 유지하는 데 매우 중요해요. 수십만 년 전에 신피질이 더 확대되면서 우리의 영장류 조상이 생존 본능에만 사로잡혀 살아가다가 철학을 사유하는 단계로 발전했듯이, 확장된 인간은 공감 능력과 윤리 능력이 더 커질 겁니다.

카산드라 동의해요. 하지만 신피질을 클라우드로 확장하는 것은 더 나은 외부 뇌 확장 장치하고는 완전히 다른 종류의 발전이에요.

레이 그래요. 그 말이 맞아요. 하지만 2030년대 초에는 신피질 확장이 일어날 것이라고 봅니다. 따라서 중간 시기는 그리 길지 않을 겁니다.

카산드라 신피질을 클라우드와 연결하는 시간표는 아주 중요한 문제예요. 만약 지연된다면 큰 문제가 될 수 있어요.

레이 음, 그래요. 그 말이 맞아요.

카산드라 또한 만약 AI가 당신을 에뮬레이션하고, 에뮬레이션한 그 AI가 생물학적 당신을 대체한다면, 그 AI는 당신처럼 보일 것이고, 나머지 모든 사람에게도 당신처럼 보이겠지요. 하지만 그러면 **당신**은 사실상 사라지고 마는 게 아닌가요?

레이 그렇게 생각할 수도 있겠지만, 우리는 그런 이야기를 하는 게 아니에요. 우리는 당신의 생물학적 뇌를 에뮬레이션하지 않아요. 우리는 거기에 새로운 것을 **추가**할 뿐이에요. 당신의 생물학적 뇌는 그대로 남아 있을 거예요. 그저 새로운 지능이 추가된 것뿐이지요.

카산드라 하지만 비생물학적 지능은 당신의 생물학적 뇌보다 훨씬 뛰어날 것이고, 결국에는 수천 배, 수백만 배나 더 뛰어나겠지요.

레이 그래요. 하지만 그래도 빼앗기는 것은 아무것도 없어요. 아주 많은 것이 추가될 뿐이지요.

카산드라 하지만 당신은 몇 년 안에 우리 뇌가 사실상 클라우드로 확장될 것이라고 주장했지요.

레이 이미 그런 일이 일어나고 있어요. 그리고 당신이 우리의 생물학적 뇌에서 어떤 철학적 의미를 보건, 그것 역시 빼앗기는 일은 없어요.

카산드라 하지만 그 시점에서 생물학적 뇌는 별 의미가 없을 텐데요.

레이 하지만 그래도 여전히 거기에 있어요. 그리고 모든 기본적 속성도 그대로 지니고 있을 테고요.

카산드라 어쨌든 조만간 아주 큰 변화가 일어나겠군요.

레이 거기에는 우리의 의견이 일치하는군요.

감사의 말

맨 먼저 지난 50년 동안 창조 과정의 온갖 우여곡절을 사랑으로 참아주고 아이디어를 함께 나눠준 아내 소냐에게 고마움을 표시하고 싶다.

아들 이선과 딸 에이미, 며느리 레베카, 사위 제이콥, 여동생 이니드, 손주 레오, 나오미, 퀸시에게도 사랑과 영감과 훌륭한 아이디어를 준 데 대해 감사드린다.

지금은 두 분 다 하늘나라에 계시지만, 뉴욕주의 숲을 거닐면서 아이디어의 힘을 가르쳐주고 어린 나이에 실험할 자유를 준 어머니 해나와 아버지 프레드릭께 감사드린다.

그리고 다음 사람들에게도 무한한 감사를 드린다.

이 책의 기반이 된 데이터를 세심하게 연구하고 훌륭하게 분석한 존-클라크 레빈, 바이킹 출판사에서 오랫동안 내 담당 편집자로 일하면서 지도력과 확고한 조언 그리고 편집 실력을 제공한 릭 코트, 저작권 대리

인으로 일하면서 기민하고 열정적으로 나를 이끌어준 닉 멀렌도어, 50년 동안(1973년부터) 헌신적으로 협력해온 평생의 비즈니스 파트너인 애런 클라이너, 뛰어난 실력으로 글쓰기 작업을 보조하고 내 강연을 훌륭하게 관리하고 감독해준 난다 바커-훅, 뛰어난 연구 통찰력과 아이디어 조직 실력을 보여준 세라 블랙, 나의 아이디어를 세상 사람들과 함께 나누는 일에 사려 깊은 지원과 전문가적 전략을 제공한 셀리아 블랙-브룩스, 나의 사업 운용을 능숙하게 처리해준 드니즈 스큐텔러로, 훌륭한 그래픽 디자인과 일러스트레이션을 제공한 래스크먼 프랭크, 글쓰기 기술을 지도해주고 자신들이 직접 써서 큰 성공을 거둔 책들의 사례를 알려준 에이미 커즈와일과 레베카 커즈와일, 이 책에서 다루는 모든 기술에 대해 헌신적인 도움을 주고 이 분야들에서 훌륭한 사례를 개발하기 위해 오랫동안 함께 협력한 마틴 로스블랫.

많은 연구와 글과 물자 지원을 제공한 우리 커즈와일 팀의 모든 사람에게 감사드린다. 아마라 앤젤리카, 애런 클라이너, 밥 빌, 난다 바커-훅, 셀리아 블랙-브룩스, 존-클라크 레빈, 드니즈 스큐텔러로, 존 월시, 메릴루 수자, 린지 보폴리, 켄 린드, 래크스먼 프랭크, 마리아 엘리스, 세라 블랙, 에밀리 브랜건, 캐스린 마이로닉.

편집장 릭 코트, 전 편집장 앨리슨 로런첸, 부편집장 카밀 르블랑, 발행인 브라이언 타트, 부발행인 케이트 스타크, 홍보 이사 캐럴린 콜번, 마케팅 팀장 메리 스톤을 포함해 사려 깊은 전문 지식을 제공해준 바이킹 펭귄 출판사의 헌신적인 팀에 감사드린다.

소중한 지도력과 함께 나의 강연 행사를 지원해준 CAA의 피터 제이콥스에게 감사드린다.

이 책을 널리 알리기 위해 우수한 홍보 전문 지식과 전략적 안내를 제공한 포티어 홍보회사와 북하이라이트의 팀들에게도 감사드린다.

지혜롭고 창조적인 아이디어를 많이 제공한 내부 독자와 일반 독자에게도 감사드린다.

마지막으로, 낡은 가정을 의심하고 상상력을 사용해 이전에 아무도 하지 못한 일을 할 용기를 낸 모든 사람에게 감사드린다. 그들 모두가 내게 영감을 제공했다.

부록

계산의 가격 대비 성능, 1939~2023년 도표 출처

기계 선택 방법론

이 도표에 등장하는 기계들은 프로그래밍할 수 있는 주요 컴퓨팅 기계 중에서 계산의 가격 대비 성능이 이전의 모든 기계를 능가한 것들로 선택했다. 만약 같은 해에 이 기록을 달성한 기계가 여럿 있으면, 그해의 출시 날짜에 상관없이 가격 대비 성능이 가장 나은 기계만 선택했다. 상업적으로 판매되거나 임대되지 않은 기계는 그 기준을 최초로 정상 가동한 연도로 잡았다. 상업적으로 판매되거나 임대된 기계의 경우, 일반 대중에게 처음 공개된 연도(초기의 설계나 시제품 제작 시기가 아니라)로 잡았다. 소비자용 기계의 경우, 소매 판매를 위해 대량 생산된 기기만 포함시켰다. 개별 맞춤형 기계나 다양한 소매 부품으로 조립된 혼합형 '자가 제작' 컴퓨터는 전반적인 분석을 흐리게 할 수 있기 때문이다. 찰스 배비지Charles Babbage의 해석 기관Analytical Engine처럼 설계만 되고 제작되지 않은 기계와 콘라트 추제의 Z1처럼 제작은 되었지만 신뢰할 만한 기능을 보여주지 못한 기계는 포함시키지 않았다. 마찬가지로, 이 도표는 디지털 신호 처리 장치처럼 고도로 전문화된 장치를 무시하는데, 이것들은 기술적으로 초당 특정 횟수의 디지털 연산을 수행할 수 있지만 범용 CPU로 널리 사용되지 않기 때문이다

가격 데이터 방법론

명목 가격은 미국 노동통계국의 CPI(소비자 물가 지수) 데이터(연쇄 CPI-U, 1982-1984 = 100)에 따라 2023년 2월의 실질 가격으로 환산한 것이다. 각 연도의 CPI는 연간 평균으로 나타냈다. 따라서 기본적인 실질 가격 계산은 어림수를 사용하지 않지만, 항상 오차가 1달러 이내로 정확하다고 간주해서는 안 되며, 일반적으로 몇 퍼센트 포인트 이내의 오차로 정확하다고 간주해야 한다. 달러 이외의 통화를 사용해 만든 기계의 경우, 환율의 변동성 때문에 몇 퍼센트 포인트의 불확실성이 추가된다.

특정 연도에 해당 기계의 소매가격이 여러 가지 확인된 경우, 그 해의 가장 좋은 가격 대비 성능을 반영하기 위해 가장 낮은 시장 가격을 선택했다. 동일한 기준선상에 놓고 비교하기 힘든 것은 1990년대 중반 이전에는 거의 모든 컴퓨팅이 업그레이드 가능성이 제한적인 별개의 컴퓨터들을 통해 일어났기 때문이다. 그래서 단위 가격에 프로세서 이외의 부품, 예컨대 하드 드라이브와 디스플레이를 포함시킬 수밖에 없었다. 반면에 지금은 칩을 별도로 판매하는 것이 일반적이며, 일반 사용자가 높은 성능이 필요한 작업을 위해 CPU/GPU를 여러 개 또는 많이 연결해

사용할 수 있다. 그 결과로 이제는 계산에 필수적이지 않은 부품을 포함하는 것보다 칩 가격을 평가하는 것이 전체 컴퓨팅의 가격 대비 성능을 더 잘 보여주는 지침이 된다. 다만 이것은 1990년대에 일어난 가격 대비 성능 개선을 약간 과장해 나타내는 측면이 있다.

구글 클라우드 TPU v4-4096의 가격은 4000시간의 임대 시간을 기준으로 매우 느슨하게 근사한 것인데, 1950년대 이후로는 오직 구매 가능한 장비로만 이루어진 나머지 데이터세트와 대략적인 비교를 가능하도록 하기 위해서이다. 이것은 소규모 기계 학습 프로젝트의 가격 대비 성능을 극적으로 과소평가하는 결과를 낳는다. 이런 프로젝트는 짧은 시간 동안 막대한 양의 컴퓨팅 파워에 접근하는 데에는 유용하지만, 그 컴퓨팅 파워를 구매하는 데 드는 자본 비용은 엄두를 못 낼 정도로 비싸기 때문이다. 이것은 클라우드 컴퓨팅 혁명에서 저평가된 한 가지 중요한 효과이다.

여기서 인용한 가격은 건설비나 소매 구매 가격 또는 임대비이다. 배송과 설치, 전기, 유지 보수, 인건비, 세금, 감가상각 등에 드는 기타 비용은 제외했다. 왜냐하면 이런 비용은 사용자에 따라 변동성이 매우 크고, 특정 기계에 대해 효과적으로 평균화할 수 없기 때문이다. 하지만 사용 가능한 증거에 따르면, 이러한 요소들은 전체 분석에 큰 영향을 미치지 않는다. 설령 영향을 미친다고 하더라도, 이는 더 오래되고 더 물류 집약적인 기계의 가격 대비 성능을 낮추고, 따라서 그래프 전반에 걸쳐 나타나는 뚜렷한 발전 속도를 증가시킬 가능성이 높다(227쪽의 '계산의 가격 대비 성능, 1939~2023' 참고). 따라서 이 비용들을 생략하는 것은 분석학적으로 더 보수적인 선택이다.

성능 데이터 방법론

'초당 연산 횟수'는 84년에 걸친 여러 데이터세트를 결합해 도출한 합성 데이터 평가 지표이다. 이 기계들의 계산 능력은 시간이 지남에 따라 질적으로 향상되었을 뿐만 아니라 양적으로도 변해왔기 때문에, 전체 기간에 걸쳐 엄밀하게 동일한 기준으로 성능을 비교할 수 있는 평가 지표를 고안하는 것은 불가능하다. 바꿔 말하면, 무제한의 시간을 주더라도 1939년의 Z2 컴퓨터는 2023년의 텐서 처리 장치(TPU)가 몇분의 1초 만에 처리하는 모든 작업을 절대로 할 수 없다. 즉, 이 둘은 단순히 비교할 수 있는 대상이 아니다.

따라서 이 데이터세트에서 성능에 관한 모든 통계 자료를 완전히 비교 가능한 평가 지표로 변환하려는 시도는 오해를 불러일으킬 수 있다. 예를 들면, 안데르스 산드베리와 닉 보스트롬(2008)은 초당 100만 개의 명령을 수행할 수 있는 능력(MIPS)과 초당 100만 개의 부동 소수점 연산(MFLOPS)이 동등하다고 추정했지만, 이 둘은 선형적으로 비례하지 않기 때문에, 이 방법은 이것처럼 성능 범위가 아주 넓은 데이터세트에 사용하기에 적절하지 않다. 최근 컴퓨터의 FLOPS 등급을 IPS로 인위적으로 변환하면 더 새로운 기계의 실제 성능이 과대평가되는 반면, 구형 컴퓨터를 FLOPS로 평가하면 부당하게 과소평가하는 결과를 낳는다.

마찬가지로, 한스 모라벡(1988)과 윌리엄 노드하우스William Nordhaus(2001)가 선호하는 정보 이론적 접근 방식은 유용하지만 컴퓨팅 성능과 응용의 질적 진화를 제대로 나타내지 못한다. 예컨대, 노드하우스의 MSOPS(초당 100만 회의 표준 연산) 평가 지표는 덧셈과 곱셈의 고정 비율을 규정하는데, 이것은 1960년대에 로켓의 탄도를 계산한 컴퓨터와 기계 학습에 저정밀도 계산을 사용하는 현대의 GPU와 TPU를 비교하는 데에는 현실적으로 적용할 수 없다.

이런 이유 때문에 여기서 사용하는 방법론은 기계들을 처음에 평가하던 지표를 사용하는 것을 선호한다. 이것은 1939년(그 당시의 지표는 콘라트 추제의 Z2 컴퓨터가 처리하던 기본 덧셈)부터 2001년에 펜티엄 4가 도입될 때까지는 더 느슨한 초당 명령 패러다임이 선호되었고, 그 이후부터는 초당 부동 소수점 연산 패러다임이 현대의 컴퓨팅 성능을 측정하는 지배적인 평가 지표가 되었음을 의미한다. 이것은 컴퓨팅 파워의 응용이 시간이 지나면서 변해왔고, 일부 용도에서는 부동 소수점 성능이 정수 연산 성능이나 다른 평가 지표보다 더 중요하다는 사실을 반영한다. 어떤 분야에서는 전문화도 크게 증가했다. 예를 들면, GPU와 전문화된 AI/딥러닝 칩은 높은 FLOPS 등급으로 그 역할을 잘 수행하지만, 오래된 일반 컴퓨팅 칩과 비교하려는 시도에서 일반 CPU 작업을 수행하는 능력을 측정하는 것은 오해를 불러일으킬 수 있다.

이 도표는 최고의 성능 통계를 선호하며, 초기 기계의 경우에는 덧셈과 비슷한 작업에서 보여준 최고 성능을 다룬다. 이것은 이 기계들이 실제로 일상 작업에서 평균적으로 보여준 성능보다 높긴 하지만, 기본 컴퓨팅 속도 외에 기계에 따라 불규칙하게 차이가 나는 많은 요인에 영향을 받는 평균 성능 통계보다 더 광범위한 비교가 가능한 평가 방식이다.

추가 출처

Anders Sandberg and Nick Bostrom, *Whole Brain Emulation: A Roadmap*, technical report 2008-3, Future of Humanity Institute, Oxford University (2008), https://www.fhi.ox.ac.uk/brain-emulation-roadmap-report.pdf.

William D. Nordhaus, "The Progress of Computing," discussion paper 1324, Cowles Foundation (September 2001), https://ssrn.com/abstract=285168.

Hans Moravec, "MIPS Equivalents," Field Robotics Center, Carnegie Mellon Robotics Institute, accessed December 2, 2021, https://web.archive.org/web/20210609052024/https://frc.ri.cmu.edu/~hpm/book97/ch3/processor.list.

Hans Moravec, *Mind Children: The Future of Robot and Human Intelligence* (Cambridge, MA: Harvard University Press, 1988).

목록에 실린 기계, 데이터, 출처

CPI 데이터 출처

"Consumer Price Index, 1913-," Federal Reserve Bank of Minneapolis, accessed April 20, 2023, https://www.minneapolisfed.org/about-us/monetary-policy/inflation-calculator/consumer-price-index-1913-; US Bureau of Labor Statistics, "Consumer Price Index for All Urban Consumers: All Items in U.S. City Average (CPIAUCSL)," retrieved from FRED, Federal Reserve Bank of St. Louis, updated April 12, 2023, https://fred.stlouisfed.org/series/CPIAUCSL.

1939 Z2

실질 가격: $50,489.31

초당 연산 횟수: 0.33

초당 연산 횟수/달러: 0.0000065

가격 출처: Jane Smiley, *The Man Who Invented the Computer: The Biography of John Atanasoff, Digital Pioneer* (New York: Doubleday, 2010), loc. 638, Kindle (v3.1_r1); "Purchasing Power Comparisons of Historical Monetary Amounts," Deutsche Bundesbank, accessed December 20, 2021, https://www.bundesbank.de/en/statistics/economic-activity-and-prices/producer-and-consumer-prices/purchasing-power-comparisons-of-historical-monetary-amounts-795290#tar-5; "Purchasing Power Equivalents of Historical Amounts in German Currencies," Deutsche Bundes bank, 2021, https://www.bundesbank.de/resource/blob/622372/154f0fc435da99ee935666983a5146a2/mL/purchaising-power-equivalents-data.pdf; Lawrence H. Officer, "Exchange Rates," in *Historical Statistics of the United States, Millennial Edition*, ed. Susan B. Carter et al. (Cambridge, UK: Cambridge University Press, 2002), reproduced in Harold Marcuse, "Historical Dollar-to-Marks Currency Conversion Page," University of California, Santa Barbara, updated October 7, 2018, https://marcuse.faculty.history.ucsb.edu/projects/currency.htm; "Euro to US Dollar Spot Exchange Rates for 2020," Exchange Rates UK, accessed December 20, 2021, https://www.exchangerates.org.uk/EUR-USD-spot-exchange-rates-history-2020.html. 구매력으로 따질 때, 7000라이히스마르크는 2020년 기준으로 약 3만 100유로에 해당하며, 2023년 초 기준 미국 달러로는 약 4만 124달러에 해당한다. 이것은 나치 독일과 미국 간의 구매력 차이로 인한 비교 가능성 문제를 피하는 장점이 있다. 하지만 가격 수준에 초점을 맞추는 것은 단점인데, 독일에서는 가격이 대체로 전체주의 정부의 결정에 좌우되고, 또한 배급과 암시장

거래는 명목 가격의 적절성을 제약하기 때문이다. 환율을 기준으로 비교하면, 1939년에 7000라이히스마르크는 평균 2800달러였는데, 2023년 초의 가치로 환산하면 약 6만 853달러에 해당한다. 이것은 독일의 전체주의 전쟁 경제로 인한 왜곡을 피하는 장점이 있지만, 두 통화의 구매력 차이로 인한 불확실성을 초래하는 단점이 있다. 두 수치의 장단점은 상호 보완적이기 때문에, 그리고 어떤 것이 진실을 더 잘 대표하는지 판단할 명확한 원칙이 없기 때문에, 도표는 두 수치의 평균인 5만 489달러를 사용한다.

성능 출처: Horst Zuse, "Z2," Horst-Zuse.Homepage.t-online.de, accessed December 20, 2021, http://www.horst-zuse.homepage.t-online.de/z2.html.

1941 Z3

실질 가격: $136,849.13

초당 연산 횟수: 1.25

초당 연산 횟수/달러: 0.0000091

가격 출처: Jack Copeland and Giovanni Sommaruga, "The Stored-Program Universal Computer: Did Zuse Anticipate Turing and von Neumann?," in *Turing's Revolution: The Impact of His Ideas About Computability*, ed. Giovanni Sommaruga and Thomas Strahm (Cham, Switzerland: Springer International Publishing, 2016; corrected 2021 publication), 53, https://www.google.com/books/edition/Turing_s_Revolution/M8ZyCwAAQBAJ; "Purchasing Power Comparisons of Historical Monetary Amounts," Deutsche Bundesbank, accessed December 20, 2021, https://www.bundesbank.de/en/statistics/economic-activity-and-prices/producer-and-consumer-prices/purchasing-power-comparisons-of-historical-monetary-amounts-795290#tar-5; "Purchasing Power Equivalents of Historical Amounts in German Currencies," Deutsche

Bundesbank, 2021, https://www.bundesbank.de/resource/blob/622372/154f0fc435da99ee935666983a5146a2/mL/purchaising-power-equivalents-data.pdf; Lawrence H. Officer, "Exchange Rates," in *Historical Statistics of the United States, Millennial Edition*, ed. Susan B. Carter et al. (Cambridge, UK: Cambridge University Press, 2002), reproduced in Harold Marcuse, "Historical Dollar-to-Marks Currency Conversion Page," University of California, Santa Barbara, updated October 7, 2018, https://marcuse.faculty.history.ucsb.edu/projects/currency.htm; "Euro to US Dollar Spot Exchange Rates for 2020," Exchange Rates UK, accessed December 20, 2021, https://www.exchangerates.org.uk/EUR-USD-spot-exchange-rates-history-2020.html; "Consumer Price Index, 1913-," Federal Reserve Bank of Minneapolis, accessed October 11, 2021, https://www.minneapolisfed.org/about-us/monetary-policy/inflation-calculator/consumer-price-index-1913-. 구매력으로 따질 때, 2만 라이히스마르크는 2020년 기준으로 약 8만 2000유로에 해당하며, 2023년 초 기준 미국 달러로는 약 10만 9290달러에 해당한다. 이것은 나치 독일과 미국 간의 구매력 차이로 인한 비교 가능성 문제를 피하는 장점이 있다. 하지만 가격 수준에 초점을 맞추는 것은 단점인데, 독일에서는 가격이 대체로 전체주의 정부의 결정에 좌우되고, 또한 배급과 암시장 거래는 명목 가격의 적절성을 제약하기 때문이다. 환율을 기준으로 비교하면, 1941년에 2만 라이히스마르크는 평균 8000달러였는데, 2023년 초의 가치로 환산하면 약 16만 4408달러에 해당한다. 이것은 독일의 전체주의 전쟁 경제로 인한 왜곡을 피하는 장점이 있지만, 두 통화의 구매력 차이로 인한 불확실성을 초래하는 단점이 있다. 두 수치의 장단점은 상호 보완적이기 때문에, 그리고 어떤 것이 진실을 더 잘 대표하는지 판단할 명확한 원칙이 없기 때문에, 이 도표는 두 수치의 평균인 13만 6849달러를 사용한다.

성능 출처: Horst Zuse, "Z3," Horst-Zuse.Homepage.t-online.de, accessed December 20, 2021, http://www.horst-zuse.homepage.t-online.de/z3-detail.html.

1943 콜로서스 마크 1

실질 가격: $33,811,510.61

초당 연산 횟수: 5,000

초당 연산 횟수/달러: 0.00015

가격 출처: Chris Smith, "Cracking the Enigma Code: How Turing's Bombe Turned the Tide of WWII," BT, November 2, 2017, http://web.archive.org/web/20180321035325/http://home.bt.com/tech-gadgets/cracking-the-enigma-code-how-turings-bombe-turned-the-tide-of-wwii-11363990654704; Jack Copeland (computing history expert), email to author, January 12, 2018; "Inflation Calculator," Bank of England, January 20, 2021, https://www.bankofengland.co.uk/monetary-policy/inflation/inflation-calculator; "Historical Rates for the GBP/USD Currency Conversion on 01 July 2020 (01/07/2020)," Pound Sterling Live, accessed November 11, 2021, https://www.poundsterlinglive.com/best-exchange-rates/british-pound-to-us-dollar-exchange-rate-on-2020-07-01. 콜로서스는 상업적 목적으로 만들어진 것이 아니기 때문에 직접 얻을 수 있는 단위 비용 수치가 없다. 이전의 봄브Bombe* 기계는 대당 약 10만 파운드의 비용으로 제작되었다. 기밀 해제된 문서 중에서 콜로서스**의 제작 비용에 관한 정확한 수치는 찾을 수 없지만, 컴퓨팅 역사 전문가 잭 코플랜드Jack Copeland는 대략적인 근사치로 봄브 한 대 비용의 약 5배로 주장한다. 이것은 2020년 기준 영국 파운드로는 약 2331만 4516파운드, 2023년 초 미국 달러로는 약 3381만 1510달러에 해당한다. 기본적인 추정의 불확실성 때문에 처음 두 자리 유효 숫자만 의미가 있다고 보아야 한다.

---

* 제2차 세계 대전 당시 영국에서 독일군의 에니그마 암호를 해독하기 위해 개발된 전기기계 장치.

** 제2차 세계 대전 중 영국 블레츨리 파크의 암호 해독가들이 독일의 로렌츠 암호를 해독하기 위해 개발한 세계 최초의 디지털 프로그래밍 가능 컴퓨터.

성능 출처: B. Jack Copeland, ed., Colossus: The Secrets of Bletchley Park's Code&breaking Computers (Oxford, UK: Oxford University Press, 2010), 282.

1946 에니악

실질 가격: $11,601,846.15
초당 연산 횟수: 5,000
초당 연산 횟수/달러: 0.00043
가격 출처: Martin H. Weik, *A Survey of Domestic Electronic Digital Computing Systems*, report no. 971 (Aberdeen Proving Ground, MD: Ballistic Research Laboratories, December 1955), 42, https://books.google.com/books?id=-BPSAAAAMAAJ.
성능 출처: Brendan I. Koerner, "How the World's First Computer Was Rescued from the Scrap Heap," *Wired*, November 25, 2014, https://www.wired.com/2014/11/eniac-unearthed.

1949 바이낙

실질 가격: $3,523,451.43
초당 연산 횟수: 3,500
초당 연산 횟수/달러: 0.00099
가격 출처: William R. Nester, *American Industrial Policy: Free or Managed Markets?* (New York: St. Martin's, 1997), 106, https://books.google.com/books?id=hCi_DAA AQBAJ.
성능 출처: Eckert-Mauchly Computer Corp., *The BINAC* (Philadelphia:

Eckert-Mauchly Computer Corp., 1949), 2, http://s3data.computerhistory.org/brochures/eckertmauchly.binac.1949.102646200.pdf.

1953 유니박 1103

실질 가격: $10,356,138.62

초당 연산 횟수: 50,000

초당 연산 횟수/달러: 0.0048

가격 출처: Martin H. Weik, *A Third Survey of Domestic Electronic Digital Computing Systems*, report no. 1115 (Aberdeen, MD: Ballistic Research Laboratories, March 1961), 913, http://web.archive.org/web/20160403031739/http://www.textfiles.com/bitsavers/pdf/brl/compSurvey_Mar1961/brlReport1115_0900.pdf; https://bitsavers.org/pdf/brl/compSurvey_Mar1961/brlReport1115_0000.pdf.

성능 출처: Martin H. Weik, *A Third Survey of Domestic Electronic Digital Computing Systems*, report no. 1115 (Aberdeen, MD: Ballistic Research Laboratories, March 1961), 906, http://web.archive.org/web/20160403031739/http://www.textfiles.com/bitsavers/pdf/brl/compSurvey_Mar1961/brlReport1115_0900.pdf.

1959 DEC PDP-PDP-1

실질 가격: $1,239,649.32

초당 연산 횟수: 100,000

초당 연산 횟수/달러: 0.081

가격 출처: "PDP 1 Price List," Digital Equipment Corporation, February 1,

1963, https://www.computerhistory.org/pdp-1/_media/pdf/DEC.pdp_1.1963.102652408.pdf.

성능 출처: Digital Equipment Corporation, *PDP-1 Handbook* (Maynard, MA: Digital Equipment Corporation, 1963), 10, http://s3data.computerhistory.org/pdp-1/DEC.pdp_1.1963.102636240.pdf.

1962 DEC PDP-4

실질 가격: $647,099.67

초당 연산 횟수: 62,500

초당 연산 횟수/달러: 0.097

가격 출처: Digital Equipment Corporation, *Nineteen Fifty-Seven to the Present* (Maynard, MA: Digital Equipment Corporation, 1978), 3, http://s3data.computerhistory.org/pdp-1/dec.digital_1957_to_the_present_(1978).1957-1978.102630349.pdf.

성능 출처: Digital Equipment Corporation, *PDP-4 Manual* (Maynard, MA: Digital Equipment Corporation, 1962), 18, 57, http://gordonbell.azurewebsites.net/digital/pdp%204%20manual%201962.pdf.

1965 DEC PDP-8

실질 가격: $172,370.29

초당 연산 횟수: 312,500

초당 연산 횟수/달러: 1.81

가격 출처: Tony Hey and Gyuri Pápay, *The Computing Universe: A Journey Through a Revolution* (New York: Cambridge University Press, 2015), 165,

https://books.goo gle.com/books?id=q4FIBQAAQBAJ.
성능 출처: Digital Equipment Corporation, *PDP-8* (Maynard, MA: Digital Equipment Corporation, 1965), 10, http://archive.computerhistory.org/resources/access/text/2009/11/102683307.05.01.acc.pdf.

1969 데이터 제너럴 노바

실질 가격: $65,754.33
초당 연산 횟수: 169,492
초당 연산 횟수/달러: 2.58
가격 출처: "Timeline of Computer History—Data General Corporation Introduces the Nova Minicomputer," Computer History Museum, accessed November 10, 2021, https://www.computerhistory.org/timeline/1968.
성능 출처: NOVA brochure, Data General Corporation, 1968, 12, http://s3data.computerhistory.org/brochures/dgc.nova.1968.102646102.pdf.

1973 인텔렉 8

실질 가격: $16,291.71
초당 연산 횟수: 80,000
초당 연산 횟수/달러: 4.91
가격 출처: "Intellec 8," Centre for Computing History, accessed November 10, 2021, http://www.computinghistory.org.uk/det/3366/intellec-8.
성능 출처: Intel, *Intellec 8 Reference Manual*, rev. 1 (Santa Clara, CA: Intel, 1974), xxxxiii, https://ia802603.us.archive.org/14/items/bitsavers_intelMCS8InceManualRev1Jun74_14022374/Intel_Intellec_8_Reference_

Manual_Rev_1_Jun74.pdf.

1975 앨테어 8800

실질 가격: $3,481.85

초당 연산 횟수: 500,000

초당 연산 횟수/달러: 144

가격 출처: "MITS Altair 8800: Price List," CTI Data Systems, July 1, 1975, http://vtda.org/docs/computing/DataSystems/MITS_Altair8800_PriceList-01Jul75.pdf.

성능 출처: MITS, *Altair 8800 Operator's Manual* (Albuquerque, NM: MITS, 1975), 21, 90, http://www.classiccmp.org/dunfield/altair/d/88opman.pdf.

1984 애플 매킨토시

실질 가격: $7,243.62

초당 연산 횟수: 1,600,000

초당 연산 횟수/달러: 221

가격 출처: Regis McKenna Public Relations, "Apple Introduces Macintosh Advanced Personal Computer," press release, January 24, 1984, https://web.stanford.edu/dept/SUL/sites/mac/primary/docs/pr1.html.

성능 출처: Motorola, *Motorola Semiconductor Master Selection Guide*, rev. 10 (Chicago: Motorola, 1996), 2.2-2, http://www.bitsavers.org/components/motorola/_catalogs/1996_Motorola_Master_Selection_Guide.pdf.

1986 컴팩 데스크프로 386 (16MHz)

실질 가격: $17,886.96

초당 연산 횟수: 4,000,000

초당 연산 횟수/달러: 224

가격 출처: Peter H. Lewis, "Compaq's Gamble on an Advanced Chip Pays Off," *New York Times*, September 20, 1987, https://www.nytimes.com/1987/09/20/business/the-executive-computer-compaq-s-gamble-on-an-advanced-chip-pays-off.html.

성능 출처: Peter H. Lewis, "Compaq's Gamble on an Advanced Chip Pays Off," *New York Times*, September 20, 1987, https://www.nytimes.com/1987/09/20/business/the-executive-computer-compaq-s-gamble-on-an-advanced-chip-pays-off.html.

1987 PC 리미티드 386 (16MHz)

실질 가격: $11,946.43

초당 연산 횟수: 4,000,000

초당 연산 횟수/달러: 335

가격 출처: Peter H. Lewis, "Compaq's Gamble on an Advanced Chip Pays Off," *New York Times*, September 20, 1987, https://www.nytimes.com/1987/09/20/business/the-executive-computer-compaq-s-gamble-on-an-advanced-chip-pays-off.html.

성능 출처: Peter H. Lewis, "Compaq's Gamble on an Advanced Chip Pays Off," *New York Times*, September 20, 1987, https://www.nytimes.com/1987/09/20/business/the-executive-computer-compaq-s-gamble-on-an-advanced-chip-pays-off.html.

1988 컴팩 데스크프로 386/25

실질 가격: $20,396.30

초당 연산 횟수: 8,500,000

초당 연산 횟수/달러: 417

가격 출처: "Compaq Deskpro 386/25 Type 38," Centre for Computing History, accessed November 10, 2021, http://www.computinghistory.org.uk/det/16967/Compaq-Deskpro-386-25-Type-38.

성능 출처: Jeffrey A. Dubin, *Empirical Studies in Applied Economics* (New York: Springer Science+Business Media, 2012), 72-73, https://www.google.com/books/edition/Empirical_Studies_in_Applied_Economics/41_lBwAAQBAJ.

1990 MT 486DX

실질 가격: $11,537.40

초당 연산 횟수: 20,000,000

초당 연신 횟수/달러: 1,733

가격 출처: Bruce Brown, "Micro Telesis Inc. MT 486DX," *PC Magazine* 9, no. 15 (September 11, 1990), 140, https://books.google.co.uk/books?id=NsgmyHnvDmUC.

성능 출처: Owen Linderholm, "Intel Cuts Cost, Capabilities of 9486; Will Offer Companion Math Chip," *Byte*, June 1991, 26, https://worldradiohistory.com/hd2/IDX-Consumer/Archive-Byte-IDX/IDX/90s/Byte-1991-06-IDX-32.pdf.

1992 게이트웨이 486DX2/66

실질 가격: $6,439.31

초당 연산 횟수: 54,000,000

초당 연산 횟수/달러: 8,386

가격 출처: Jim Seymour, "The 486 Buyers' Guide," *PC Magazine* 12, no. 21 (December 7, 1993), 226, https://books.google.com/books?id=7k7q-wS0t00C.

성능 출처: Mike Feibus, "P6 and Beyond," *PC Magazine* 12, no. 12 (June 29, 1993), 164, https://books.google.co.uk/books?id=gCfzPMoPJWgC&pg=PA164.

1994 펜티엄 (75MHz)

실질 가격: $4,477.91

초당 연산 횟수: 87,100,000

초당 연산 횟수/달러: 19,451

가격 출처: Bob Francis, "75-MHz Pentiums Deskbound," *Info World* 16, no. 44 (October 31, 1994), 5, https://books.google.com/books?id=cT-gEAAAAMBAJ&pg=PA5.

성능 출처: Roy Longbottom, "Dhrystone Benchmark Results on PCs," Roy Longbottom's PC Benchmark Collection, February 2017, http://www.roylongbottom.org.uk/dhrystone%20results.htm.

1996 펜티엄 프로 (166MHz)

실질 가격: $3,233.73

초당 연산 횟수: 242,000,000

초당 연산 횟수/달러: 74,836

가격 출처: Michael Slater, "Intel Boosts Pentium Pro to 200 MHz," *Microprocessor Report* 9, no. 15 (November 13, 1995), 2, https://www.cl.cam.ac.uk/~pb22/test.pdf.

성능 출처: Roy Longbottom, "Dhrystone Benchmark Results on PCs," Roy Longbottom's PC Benchmark Collection, February 2017, http://www.roylongbottom.org.uk/dhrystone%20results.htm.

1997 모바일 펜티엄 MMX (133MHz)

실질 가격: $533.76

초당 연산 횟수: 184,092,000

초당 연산 횟수/달러: 344,898

가격 출처: "Intel Mobile Pentium MMX 133 MHz Specifications," CPU-World, accessed November 10, 2021, https://web.archive.org/web/20140912204405/http://www.cpu-world.com/CPUs/Pentium/Intel-Mobile%20Pentium%20MMX%20133 %20- %20FV80503133.html.

성능 출처: "Intel Mobile Pentium MMX 133 MHz vs Pentium MMX 200 MHz," CPU-World, accessed November 11, 2021, http://www.cpu-world.com/Compare/347/Intel_Mobile_Pentium_MMX_133_MHz_(FV80503133)_vs_Intel_Pentium_MMX_200_MHz_(FV80503200).html; Roy Longbottom, "Dhrystone Bench-mark Results on PCs," Roy Longbottom's PC Benchmark Collection, February 2017, http://www.roylongbottom.org.uk/dhrystone%20results.htm. CPU-World의 테스트에 따르면, 모바일 펜티엄 MMX 133MHz는 펜티엄 MMX 200MHz의 성능의 69.9%(드라이스톤 2.1 VAX MIPS)에 이르렀다. 펜티엄 MMX 200MHz의 경우, 로이 롱바텀 Roy Longbottom의 테스트에서 276MIPS로 측정되었는데, 이것은 펜티엄 MMX 133MHz가 초당 약 1억 9292만 4000개의 명령어를 처리하는 능력에 해당한다.

1998 펜티엄 II (450MHz)

실질 가격: $1,238.05

초당 연산 횟수: 713,000,000

초당 연산 횟수/달러: 575,905

가격 출처: "Intel Pentium II 450 MHz Specifications," CPU-World, accessed November 10, 2021, https://web.archive.org/web/20150428111439/http://www.cpu-world.com:80/CPUs/Pentium-II/Intel-Pentium%20II%20450%20-%2080523PY450512PE%20(B80523P450512E).html.

성능 출처: Roy Longbottom, "Dhrystone Benchmark Results on PCs," Roy Longbottom's PC Benchmark Collection, February 2017, http://www.roylongbottom.org.uk/dhrystone%20results.htm.

1999 펜티엄 III (450MHz)

실질 가격: $898.06

초당 연산 횟수: 722,000,000

초당 연산 횟수/달러: 803,952

가격 출처: "Intel Pentium III 450 MHz Specifications," CPU-World, accessed November 10, 2021, https://web.archive.org/web/2014083104 4834/http://www.cpu-world.com/CPUs/Pentium-III/Intel-Pentium%20 III%20450%20-%2080525PY450512%20(BX80525U450512%20-%20BX-80525U450512E).html.

성능 출처: Roy Longbottom, "Dhrystone Benchmark Results on PCs," Roy Longbottom's PC Benchmark Collection, February 2017, http://www.roy-longbottom.org.uk/dhrystone%20results.htm.

2000 펜티엄 III (1.0GHz)

실질 가격: $1,734.21

초당 연산 횟수: 1,595,000,000

초당 연산 횟수/달러: 919,725

가격 출처: "Intel Pentium III 1BGHz (Socket 370) Specifications," CPU-World, accessed November 10, 2021, https://web.archive.org/web/20160529005115/http://www.cpu-world.com/CPUs/Pentium-III/Intel-Pentium%20III%201000%20-%20RB80526PZ001256%20(BX80526C1000256).html.

성능 출처: Roy Longbottom, "Dhrystone Benchmark Results on PCs," Roy Longbottom's PC Benchmark Collection, February 2017, http://www.roy-longbottom.org.uk/dhrystone%20results.htm.

2001 펜티엄 4 (1700MHz)

실질 가격: $599.55

초당 연산 횟수: 1,843,000,000

초당 연산 횟수/달러: 3,073,978

가격 출처: "Intel Pentium 4 1.7 GHz Specifications," CPU-World, accessed November 10, 2021, https://web.archive.org/web/20150429131339/http://www.cpu-world.com/CPUs/Pentium_4/Intel-Pentium%204%201.7%20GHz%20-%20RN80528PC029G0K%20(BX80528JK170G).html.

성능 출처: Roy Longbottom, "Dhrystone Benchmark Results on PCs," Roy Longbottom's PC Benchmark Collection, February 2017, http://www.roylongbottom.org.uk/dhrystone%20results.htm.

2002 제온 (2.4GHz)

실질 가격: $392.36

초당 연산 횟수: 2,480,000,000

초당 연산 횟수/달러: 6,323,014

가격 출처: "Intel Xeon 2.4 GHz Specifications," CPU-World, accessed November 10, 2021, https://web.archive.org/web/20150502024039/http://www.cpu-world.com:80/CPUs/Xeon/Intel-Xeon%202.4%20GHz%20-%20RK80532KE056512%20(BX80532KE2400D%20-%20BX80532KE2400DU).html.

성능 출처: Jack J. Dongarra, "Performance of Various Computers Using Standard Linear Equations Software," technical report CS-89-85, University of Tennessee, Knoxville, February 5, 2013, 7-9, http://www.icl.utk.edu/files/publications/2013/icl-utk-625-2013.pdf. 여기서는 Longbottom(2017)의 데이터 대신에 Dongarra(2013)의 데이터를 사용한다. 대략 2002년 무렵부터 MFLOPS 등급이 지배적인 성능 기준이 되었고, 이 데이터가 이후의 기계 성능을 평가하는 데 더 일관성이 있고 비교도 용이하기 때문이다. Dongarra에서 인용한 데이터는 대부분 'TPP Best Effort' 지표를 사용하는데,

이것은 초기 컴퓨터들의 성능 데이터와 비교하기에 가장 용이하다. 이 CPU에 대한 TPP Best Effort 데이터가 없으므로, 여기서는 데이터세트에서 'LINPACK 벤치마크' MFLOPS에 대한 TPP Best Effort MFLOPS의 평균 비율을 사용해 근사치를 구했다. Dongarra가 테스트한, EM64T 제온을 기반으로 하지 않은 싱글 코어 컴퓨터 15종의 경우, TPP Best Effort 값은 평균적으로 LINPACK 벤치마크 값의 2.559배이다. 또한, 이 CPU에 대한 데이터는 두 가지 OS/컴파일러 조합에서 얻은 이 CPU에 대한 결과를 평균한 것이다.

2004 펜티엄 4 (3.0GHz)

실질 가격: $348.12
초당 연산 횟수: 3,181,000,000
초당 연산 횟수/달러: 9,137,738
가격 출처: "Intel Pentium 4 3 GHz Specifications," CPU-World, accessed November 10, 2021, https://web.archive.org/web/20171005171131/http://www.cpu-world.com/CPUs/Pentium_4/Intel-Pentium%204%203.0%20GHz%20-%20RK80546PG0801M%20(BX80546PG3000E).html.
성능 출처: Jack J. Dongarra, "Performance of Various Computers Using Standard Linear Equations Software," technical report CS-89-85, University of Tennessee, Knoxville, February 5, 2013, 10, http://www.icl.utk.edu/files/publications/2013/icl-utk-625-2013.pdf. 여기서는 Longbottom(2017)의 데이터 대신에 Dongarra(2013)의 데이터를 사용한다. 대략 2002년 무렵부터 MFLOPS 등급이 지배적인 성능 기준이 되었고, 이 데이터가 이후의 기계 성능을 평가하는 데 더 일관성이 있고 비교도 용이하기 때문이다.

2005 펜티엄 4 662 (3.6GHz)

실질 가격: $619.36

초당 연산 횟수: 7,200,000,000

초당 연산 횟수/달러: 11,624,919

가격 출처: "Intel Pentium 4 662 Specifications," CPU-World, accessed November 10, 2021, https://web.archive.org/web/20150710050435/http://www.cpu-world.com:80/CPUs/Pentium_4/Intel-Pentium%204%20662%203.6%20GHz%20-%20HH80547PG1042MH.html.

성능 출처: "Export Compliance Metrics for Intel Microprocessors Intel Pentium Processors," Intel, April 1, 2018, 4, http://web.archive.org/web/20180601044504/https://www.intel.com/content/dam/support/us/en/documents/processors/APP-for-Intel-Pentium-Processors.pdf.

2006 코어 2 듀오 E6300

실질 가격: $273.82

초당 연산 횟수: 14,880,000,000

초당 연산 횟수/달러: 54,342,788

가격 출처: "Intel Core 2 Duo E6300 Specifications," CPU-World, accessed November 10, 2021, https://web.archive.org/web/20160605085626/http://www.cpu-world.com/CPUs/Core_2/Intel-Core%202%20Duo%20E6300%20HH80557PH0362M %20(BX80557E6300).html.

성능 출처: "Export Compliance Metrics for Intel Microprocessors Intel Pentium Processors," Intel, April 1, 2018, 12, http://web.archive.org/web/20180601044310/https://www.intel.com/content/dam/support/us/en/documents/processors/APP-for-Intel-Core-Processors.pdf.

2007 펜티엄 듀얼-코어 E2180

실질 가격: $122.23

초당 연산 횟수: 16,000,000,000

초당 연산 횟수/달러: 130,899,970

가격 출처: "Intel Pentium E2180 Specifications," CPU-World, accessed November 10, 2021, https://web.archive.org/web/20170610094616/http://www.cpu-world.com/CPUs/Pentium_Dual-Core/Intel-Pentium%20Dual-Core%20E2180%20HH80557PG0411M%20(BX80557E2180%20-%20BXC80557E2180).html.

성능 출처: "Export Compliance Metrics for Intel Microprocessors Intel Pentium Processors," Intel, April 1, 2018, 7, http://web.archive.org/web/20180601044504/https://www.intel.com/content/dam/support/us/en/documents/processors/APP-for-Intel-Pentium-Processors.pdf.

2008 GTX 285

실질 가격: $502.98

초당 연산 횟수: 708,500,000,000

초당 연산 횟수/달러: 1,408,604,222

가격 출처: "NVIDIA GeForce GTX 285," TechPowerUp, accessed November 10, 2021, https://www.techpowerup.com/gpu-specs/geforce-gtx-285.c238.

성능 출처: "NVIDIA GeForce GTX 285," TechPowerUp, accessed November 10, 2021, https://www.techpowerup.com/gpu-specs/geforce-gtx-285.c238.

2010 GTX 580

실질 가격: $690.15

초당 연산 횟수: 1,581,000,000,000

초당 연산 횟수/달러: 2,290,796,652

가격 출처: "NVIDIA GeForce GTX 580," TechPowerUp, accessed November 10, 2021, https://www.techpowerup.com/gpu-specs/geforce-gtx-580.c270.

성능 출처: "NVIDIA GeForce GTX 580," TechPowerUp, accessed November 10, 2021, https://www.techpowerup.com/gpu-specs/geforce-gtx-580.c270.

2012 GTX 680

실질 가격: $655.59

초당 연산 횟수: 3,250,000,000,000

초당 연산 횟수/달러: 4,957,403,270

가격 출처: "NVIDIA GeForce GTX 680," TechPowerUp, accessed November 10, 2021, https://www.techpowerup.com/gpu-specs/geforce-gtx-680.c342.

성능 출처: "NVIDIA GeForce GTX 680," TechPowerUp, accessed November 10, 2021, https://www.techpowerup.com/gpu-specs/geforce-gtx-680.c342.

2015 타이탄 X (맥스웰 2.0)

실질 가격: $1,271.50

초당 연산 횟수: 6,691,000,000,000

초당 연산 횟수/달러: 5,262,273,757

가격 출처: "NVIDIA GeForce GTX TITAN X," TechPowerUp, accessed November 10, 2021, https://www.techpowerup.com/gpu-specs/geforce-gtx-titan-x.c2632.

성능 출처: "NVIDIA GeForce GTX TITAN X," TechPowerUp, accessed November 10, 2021, https://www.techpowerup.com/gpu-specs/geforce-gtx-titan-x.c2632.

2016 타이탄 X (파스칼)

실질 가격: $1,506.98

초당 연산 횟수: 10,974,000,000,000

초당 연산 횟수/달러: 7,282,098,756

가격 출처: "NVIDIA TITAN X Pascal," TechPowerUp, accessed November 10, 2021, https://www.techpowerup.com/gpu-specs/titan-x-pascal.c2863.

성능 출처: "NVIDIA TITAN X Pascal," TechPowerUp, accessed November 10, 2021, https://www.techpowerup.com/gpu-specs/titan-x-pascal.c2863.

2017 AMD 라데온 RX 580

실질 가격: $281.83

초당 연산 횟수: 6,100,000,000,000

초당 연산 횟수/달러: 21,643,984,475

가격 출처: "AMD Radeon RX 580," TechPowerUp, accessed November 10, 2021, https://www.techpowerup.com/gpu-specs/radeon-rx-580.c2938.

성능 출처: "AMD Radeon RX 580," TechPowerUp, accessed November 10, 2021, https://www.techpowerup.com/gpu-specs/radeon-rx-580.c2938.

2021 구글 클라우드 TPU v4-4096

실질 가격: $22,796,129.30

초당 연산 횟수: 1,100,000,000,000,000,000

초당 연산 횟수/달러: 48,253,805,968

가격 출처: 가능하다면 이 도표는 공개 시장의 장비 구매 비용을 가격으로 사용하는데, 이것은 전체 문명 차원에서 일어난 컴퓨팅의 가격 대비 성능 향상을 가장 잘 반영한다. 하지만 구글 클라우드 TPU는 외부로 판매하지 않으며 시간 임대 방식으로만 제공한다. 시간당 임대 비용을 가격으로 간주하면 엄청나게 높은 가격 대비 성능을 반영하게 되는데, 이것은 매우 소규모인 프로젝트(예컨대 하드웨어 구매가 합리적인 선택이 아닌 짧은 기계 학습 작업)의 경우에는 정확할 수 있지만, 대다수 실제 사용 사례를 반영하지 못할 것이다. 따라서 매우 대략적인 근사치로 4000시간의 작업 시간을 하드웨어를 구매한 것과 사실상 동등하다고 간주할 수 있다—그럴듯한 대표적인 사용 사례와 일반적인 제품 교체 주기를 바탕으로. (이렇게 대략적인 추정치를 같은 해의 하드웨어를 비교하는 데 자신 있게 사용하기는 어렵지만, 이 그래프의 긴 시간 범위와 로그 척도 때문에 전반적인 추세는 특정 데이터점에 대한 상당히 다른 방법론적 가정들에 상

대적으로 민감하지 않다.) 실제로는 클라우드 임대 계약은 협상 대상이며, 특정 고객과 프로젝트의 필요에 따라 크게 달라질 수 있다. 하지만 그럴듯한 대표적인 수치로, 구글의 v4-4096 TPU는 시간당 5120달러에 임대할 수 있는데, 이것은 하드웨어 소유자가 구매한 프로세서로 사용할 수 있는 계산 시간으로 환산하면 2048만 달러에 해당한다. 가격 추정치는 이 글을 쓰고 있는 현재 공식적인 것이 아니며, 공개된 정보와 다양한 산업 전문가와 나눈 대화를 바탕으로 추정한 것이다. 이 책이 출간될 무렵에는 구글이 더 광범위한 가격 정보를 발표할 가능성이 있지만 이것 역시 부정확할 수 있는데, 각 프로젝트에 특유한 요인 때문에 가격에 상당한 영향을 미칠 수 있기 때문이다. 다음을 참고하라. Google Cloud, "Cloud TPU," Google, accessed December 10, 2021, https://cloud.google.com/tpu; 2021년 12월에 구글 프로젝트 매니저가 저자와 나눈 전화 대화.

성능 출처: Tao Wang and Aarush Selvan, "Google Demonstrates Leading Performance in Latest MLPerf Benchmarks," Google Cloud, June 30, 2021, https://cloud.google.com/blog/products/ai-machine-learning/google-wins-mlperf-bench marks-with-tpu-v4; Samuel K. Moore, "Here's How Google's TPU v4 AI Chip Stacked Up in Training Tests," *IEEE Spectrum*, May 19, 2021, https://spectrum.ieee.org/heres-how-googles-tpu-v4-ai-chip-stacked-up-in-training-tests.

2023 구글 클라우드 TPU v5e

실질 가격: $3,016.46

초당 연산 횟수: 393,000,000,000,000

초당 연산 횟수/달러: 130,285,276,114

가격 출처: 구글 클라우드는 TPU v5e가 TPU v4보다 가격 대비 성능이 2.7배 높다고 추정하는데, 이것은 대규모 언어 모델의 실행에서 최적 표준으로 쓰이는 MLPerf™ v3.1 Inference Closed 벤치마크를 기준으로 측정한 것이다. 대량 계

약 가격을 근사한 TPU v4-4096 추정치와의 비교 가능성을 최대화하기 위해, TPU v5e 가격은 알려진 가격 대비 성능 향상을 기반으로 칩 하나당 추정한 값이다. 만약 대신에 공개적으로 이용 가능한 TPU v5e 가격인 시간당 1.20달러만 사용한다면, 가격 대비 성능은 불변 달러당 초당 약 820억 회의 연산을 수행할 수 있을 것이다. 하지만 대규모 클라우드 임대 계약에서는 할인 혜택이 흔하기 때문에, 실제 현실은 이것과 큰 차이가 있을 것이다. 다음을 참고하라. Amin Vahdat and Mark Lohmeyer, "Helping You Deliver High-Performance, Cost-Efficient AI Inference at Scale with GPUs and TPUs," Google Cloud, September 11, 2023, https://cloud.google.com/blog/products/compute/performance-per-dollar-of-gpus-and-tpus-for-ai-inference.
성능 출처: INT8 performance per chip. 다음을 참고하라. Google Cloud, "System Architecture," Google Cloud, accessed November 13, 2023, https://cloud.google.com/tpu/docs/system-architecture-tpu-vm#tpu_v5e.

주

머리말

1. 이 책에 나오는 모든 컴퓨터의 계산 비용의 계산 출처는 부록을 참고하라.
2. William D. Nordhaus, "Two Centuries of Productivity Growth in Computing," *Journal of Economic History* 67, no. 1 (March 2007): 128–59, https://doi.org/10.1017/S0022050707000058.

제1장 우리는 여섯 단계 중 어디에 있는가?

1. Alan M. Turing, "Computing Machinery and Intelligence," *Mind* 59, no. 236 (October 1, 1950): 435, https://doi.org/10.1093/mind/LIX.236.433.

제2장 지능의 재발명

1. Alan M. Turing, "Computing Machinery and Intelligence," *Mind* 59, no. 236 (October 1, 1950): 435, https://doi.org/10.1093/mind/LIX.236.433.
2. Alex Shashkevich, "Stanford Researcher Examines Earliest Concepts of Artificial Intelligence, Robots in Ancient Myths," *Stanford News*, February 28, 2019, https://news.stanford.edu/2019/02/28/ancient-myths-reveal-early-fantasies-artificial-life.
3. John McCarthy et al., "A Proposal for the Dartmouth Summer Research Project on Artificial Intelligence," conference proposal, August 31, 1955, http://www-formal.stanford.edu/jmc/history/dartmouth/dartmouth.html.
4. McCarthy et al., "Proposal for the Dartmouth Summer Research Project."
5. Martin Childs, "John McCarthy: Computer Scientist Known as the Father of AI," *The Independent*, November 1, 2011, https://www.independent.co.uk/news/obituaries/john-mc carthy-computer-scientist-known-as-the-father-of-ai-6255307.html; Nello Christianini, "The Road to Artificial Intelligence: A Case of Data Over Theory," *New*

Scientist, October 26, 2016, https://institutions.newscientist.com/article/mg23230971-200-the-irresistible-rise-of-artificial-intelligence.

6. James Vincent, "Tencent Says There Are Only 300,000 AI Engineers Worldwide, but Millions Are Needed," *The Verge*, December 5, 2017, https://www.theverge.com/2017/12/5/16737224/global-ai-talent-shortfall-tencent-report.

7. Jean-Francois Gagne, Grace Kiser, and Yoan Mantha, *Global AI Talent Report 2019*, Element AI, April 2019, https://jfgagne.ai/talent-2019.

8. Daniel Zhang et al., *The AI Index 2022 Annual Report*, AI Index Steering Committee, Stanford Institute for Human-Centered AI, Stanford University, March 2022, 36, https://aiindex.stanford.edu/wp-content/uploads/2022/03/2022-AI-Index-Report_Master.pdf; Nestor Maslej et al., *The AI Index 2023 Annual Report*, AI Index Steering Committee, Stanford Institute for Human-Centered AI, Stanford University, April 2023, 24, https://aiindex.stanford.edu/wp-content/uploads/2023/04/HAI_AI-Index-Report_2023.pdf.

9. 2021년부터 2022년까지는 기업의 투자가 26.7% 감소했지만, 이것은 기업들의 AI 투자 장기 계획에 변화가 생겨서 그런 게 아니라 주기적인 거시경제 추세 때문일 가능성이 높다. Maslej et al., *AI Index 2023 Annual Report*, 171, 184 참고.

10. Ray Kurzweil, *The Age of Spiritual Machines: When Computers Exceed Human Intelligence* (New York: Penguin, 2000; first published by Viking, 1999), 313; Dale Jacquette, "Who's Afraid of the Turing Test?," *Behavior and Philosophy* 20/21 (1993): 72, https://www.jstor.org/stable/27759284.

11. Katja Grace et al., "Viewpoint: When Will AI Exceed Human Performance? Evidence from AI Experts," *Journal of Artificial Intelligence Research* 62 (July 2018): 729–54, https://doi.org/10.1613/jair.1.11222.

12. 내 예측의 기반을 이루는 추론을 AI 전문가들의 광범위한 견해와 비교한 것을 더 자세히 알고 싶으면 다음을 참고하라. Ray Kurzweil, "A Wager on the Turing Test: Why I Think I Will Win," KurzweilAI.net, April 9, 2002, https://www.kurzweilai.net/a-wager-on-the-turing-test-why-i-think-i-will-win; Vincent C. Müller and Nick Bostrom, "Future Progress in Artificial Intelligence: A Survey of Expert Opinion," in *Fundamental Issues of Artificial Intelligence*, ed. Vincent C. Müller (Cham, Switzerland: Springer, 2016), 553–71, https://philpapers.org/archive/MLLFPI.pdf; Anthony Aguirre, "Date Weakly General AI Is Publicly Known," Metaculus, accessed April 26, 2023, https://www.metaculus.com/questions/3479/date-weakly-general-ai-system-is-devised.

13. Aguirre, "Date Weakly General AI Is Publicly Known."

14. Raffi Khatchadourian, "The Doomsday Invention," *New Yorker*, November 23, 2015, https://www.newyorker.com/magazine/2015/11/23/doomsday-invention-artificial-intelligence-nick-bostrom.

15. A. Newell, J. C. Shaw, and H. A. Simon, "Report on a General Problem-Solving Program," RAND P-1584, RAND Corporation, February 9, 1959, http://bitsavers.informatik.uni-stuttgart.de/pdf/rand/ipl/P-1584_Report_On_A_General_Problem-Solving_Program_Feb59.pdf. 이 책에 나오는 모든 계산 비용의 계산 출처는 부록을 참고하라.

16. Digital Equipment Corporation, *PDP-1 Handbook* (Maynard, MA: Digital Equipment Corporation, 1963), 10, http://s3data.computerhistory.org/pdp-1/DEC.pdp_1.1963.102636240.pdf.

17. Amin Vahdat and Mark Lohmeyer, "Enabling Next-Generation AI Workloads: Announcing TPU v5p and AI Hypercomputer," Google Cloud, December 6, 2023, https://cloud.google.com/blog/products/ai-machine-learning/introducing-cloud-tpu-v5p-and-ai-hypercomputer.

18. 이 책에 나오는 모든 계산 비용의 계산 출처는 부록을 참고하라.

19. V. L. Yu et al., "Antimicrobial Selection by a Computer: A Blinded Evaluation by Infectious Diseases Experts," *Journal of the American Medical Association* 242, no. 12 (September 21, 1979): 1279–82, https://jamanetwork.com/journals/jama/article-abstract/366606.

20. Bruce G. Buchanan and Edward Hance Shortliffe, eds., *Rule-Based Expert Systems: The MYCIN Experiments of the Stanford Heuristic Programming Project* (Reading, MA: Addison-Wesley, 1984); Edward Edelson, "Programmed to Think," *MOSAIC* 11, no. 5 (September/October 1980): 22, https://books.google.co.uk/books?id=PU79ZK2tXeAC.

21. T. Grandon Gill, "Early Expert Systems: Where Are They Now?," *MIS Quarterly* 19, no. 1 (March 1995): 51–81, https://www.jstor.org/stable/249711.

22. 기계 학습이 왜 복잡성 한계 문제를 줄이는지에 대해 비전문가를 위한 짧은 설명을 원한다면 다음을 참고하라. Deepanker Saxena, "Machine Learning vs. Rules Based Systems," Socure, August 6, 2018, https://www.socure.com/blog/machine-learning-vs-rule-based-systems.

23. Cade Metz, "One Genius' Lonely Crusade to Teach a Computer Common Sense," *Wired*, March 24, 2016, https://www.wired.com/2016/03/doug-lenat-artificial-intelligence-com mon-sense-engine; "Frequently Asked Questions," Cycorp, accessed November 20, 2021, https://cyc.com/faq.

24. 블랙박스 문제와 AI 투명성에 관해 더 자세한 정보는 다음을 참고하라. Will Knight, "The Dark Secret at the Heart of AI," MIT Technology Review, April 11, 2017, https://www.technologyreview.com/s/604087/the-dark-secret-at-the-heart-of-ai; "AI Detectives Are Cracking Open the Black Box of Deep Learning," *Science Magazine*, YouTube video, July 6, 2017, https://www.youtube.com/watch? v=gB_-LabED68; Paul Voosen, "How AI Detectives Are Cracking Open the Black Box of Deep Learning," *Science*, July 6, 2017, https://doi.org/10.1126/science.aan7059; Harry Shum, "Explaining AI," a16z, YouTube video, January 16, 2020, https://www.youtube.com/watch? v=rI_L95qnVkM; Future of Life Institute, "Neel Nanda on What Is Going On Inside Neural Networks," YouTube video, February 9, 2023, https://www.youtube.com/watch? v=mUhO6st6M_0.

25. 기계론적 해석 가능성에 대한 훌륭하고 개관적인 설명은 닐 낸다Neel Nanda의 팟캐스트 인터뷰에서 볼 수 있다.

26. 불완전한 훈련 데이터로 기계 학습을 진행하는 방법에 관해 더 자세한 내용은 다음을 참고하

라. Xander Steenbrugge, "An Introduction to Reinforcement Learning," Arxiv Insights, YouTube video, April 2, 2018, https://www.youtube.com/watch? v=JgvyzIkgxF0; Alan Joseph Bekker and Jacob Goldberger, "Training Deep Neural-Networks Based on Unreliable Labels," *2016 IEEE International Conference on Acoustics, Speech and Signal Processing* (Shanghai, 2016), 2682–86, https://doi.org/10.1109/ICASSP.2016.7472164; Nagarajan Natarajan et al., "Learning with Noisy Labels," *Advances in Neural Information Processing Systems* 26 (2013), https://papers.nips.cc/paper/5073-learning-with-noisy-labels; David Rolnick et al., "Deep Learning Is Robust to Massive Label Noise," arXiv:1705.10694v3 [cs.LG], February 26, 2018, https://arxiv.org/pdf/1705.10694.pdf.

27. 퍼셉트론과 그 한계에 관한 추가 정보와 특정 신경망이 그 한계를 극복할 수 있는 방법에 대한 자세한 설명은 다음을 참고하라. Marvin L. Minsky and Seymour A. Papert, *Perceptrons: An Introduction to Computational Geometry* (Cambridge, MA: MIT Press, 1990; reissue of 1988 expanded edition); Melanie Lefkowitz, "Professor's Perceptron Paved the Way for AI— 60 Years Too Soon," *Cornell Chronicle*, September 25, 2019, https://news.cornell.edu/stories/2019/09/professors-perceptron-paved-way-ai-60-years-too-soon; John Durkin, "Tools and Applications," in *Expert Systems: The Technology of Knowledge Management and Decision Making for the 21st Century*, ed. Cornelius T. Leondes (San Diego: Academic Press, 2002), 45, https://books.google.co.uk/books? id=5kSam KhS560C; "Marvin Minsky: The Problem with Perceptrons (121/151)," Web of Stories— Life Stories of Remarkable People, YouTube video, October 17, 2016, https://www.you tube.com/watch? v=QW_srPO-LrI; Heinz Mühlenbein, "Limitations of Multi-Layer Perceptron Networks: Steps Towards Genetic Neural Networks," *Parallel Computing* 14, no. 3 (August 1990): 249–60, https://doi.org/10.1016/0167-8191(90)90079-O; Aniruddha Karajgi, "How Neural Networks Solve the XOR Problem," *Towards Data Science*, November 4, 2020, https://towardsdatascience.com/how-neural-networks-solve-the-xor-problem-59763136bdd7.

28. 이 책에 나오는 모든 계산 비용의 계산 출처는 부록을 참고하라.

29. Tim Fryer, "Da Vinci Drawings Brought to Life," *Engineering & Technology 14*, no. 5 (May 21, 2019): 18, https://eandt.theiet.org/content/articles/2019/05/da-vinci-drawings-brought-to-life.

30. 지구에서 생명이 출현한 자세한 시간표와 그 기반을 이루는 과학을 더 깊이 알고 싶다면 다음을 참고하라. Michael Marshall, "Timeline: The Evolution of Life," *New Scientist*, July 14, 2009, https://www.newscientist.com/article/dn17453; Dyani Lewis, "Where Did We Come From? A Primer on Early Human Evolution," *Cosmos*, June 9, 2016, https://cosmosmagazine.com/palaeontology/where-did-we-come-from-a-primer-on-early-human-evolution; John Hawks, "How Has the Human Brain Evolved?," *Scientific American*, July 1, 2013, https://www.scientificamerican.com/article/how-has-human-brain-evolved; Laura Freberg, *Discovering Behavioral Neuroscience: An Introduction to Biological Psychology*, 4th ed. (Boston: Cengage Learning, 2018), 62–63, https://books.google.co.uk/books? id=HhBED wAAQBAJ; Jon H. Kaas,

"Evolution of the Neocortex," Current Biology 16, no. 21 (2006): R910–R914, https://www.cell.com/current-biology/pdf/S0960-9822(06)02290-1.pdf; R. Glenn Northcutt, "Evolution of Centralized Nervous Systems: Two Schools of Evolutionary Thought," *Proceedings of the National Academy of Sciences* 109, suppl. 1 (June 22, 2012): 10626–33, https://doi.org/10.1073/pnas.1201889109.

31. Marshall, "Timeline: The Evolution of Life"; Holly C. Betts et al., "Integrated Genomic and Fossil Evidence Illuminates Life's Early Evolution and Eukaryote Origin," *Nature Ecology & Evolution* 2 (August 20, 2018): 1556–62, https://doi.org/10.1038/s41559-018-0644-x; Elizabeth Pennisi, "Life May Have Originated on Earth 4 Billion Years Ago, Study of Controversial Fossils Suggests," *Science*, December 18, 2017, https://www.sciencemag.org/news/2017/12/life-may-have-originated-earth-4-billion-years-ago-study-controversial-fossils-suggests.

32. Ethan Siegel, "Ask Ethan: How Do We Know the Universe Is 13.8 Billion Years Old?," *Big Think*, October 22, 2021, https://bigthink.com/starts-with-a-bang/universe-13-8-billion-years; Mike Wall, "The Big Bang: What Really Happened at Our Universe's Birth?," Space.com, October 21, 2011, https://www.space.com/13347-big-bang-origins-universe-birth.html; Nola Taylor Reed, "How Old Is Earth?," Space.com, February 7, 2019, https://www.space.com/24854-how-old-is-earth.html.

33. Marshall, "Timeline: The Evolution of Life."

34. Marshall, "Timeline: The Evolution of Life."

35. Freberg, *Discovering Behavioral Neuroscience*, 62–63; Kaas, "Evolution of the Neocortex"; R. Northcutt, "Evolution of Centralized Nervous Systems"; Frank Hirth, "On the Origin and Evolution of the Tripartite Brain," *Brain, Behavior and Evolution* 76, no. 1 (October 2010): 3–10, https://doi.org/10.1159/000320218.

36. Kaas, "Evolution of the Neocortex."

37. 자연 선택의 작용 방식을 매력적으로 설명한 두 사람의 영상을 참고하라. Hank Green, "Natural Selection: Crash Course Biology #14," CrashCourse, YouTube video, April 30, 2012, https://www.youtube.com/watch? v=aTftyFboC_M; Primer, "Simulating Natural Selection," YouTube video, November 14, 2018, https://www.youtube.com/watch?v=0ZGbIK d0XrM.

38. Suzana Herculano-Houzel, "Coordinated Scaling of Cortical and Cerebellar Numbers of Neurons," *Frontiers in Neuroanatomy* 4, no. 12 (March 10, 2010), https://doi.org/10.3389/fnana.2010.00012.

39. 이 작용 방식에 대해 도움이 되는 설명은 다음을 참고하라. Ainslie Johnstone, "The Amazing Phenomenon of Muscle Memory," *Medium*, Oxford University, December 14, 2017, https://medium.com/oxford-university/the-amazing-phenomenon-of-muscle-memory-fb1cc4c4726; Sara Chodosh, "Muscle Memory Is Real, But It's Probably Not What You Think," *Popular Science*, January 25, 2019, https://www.popsci.com/what-is-muscle-memory; Merim Bilalić, *The Neuroscience of Expertise* (Cambridge, UK: Cambridge University Press, 2017), 171–72, https://books.google.

co.uk/books? id=QILTDQAAQBAJ; The Brain from Top to Bottom, "The Motor Cortex," McGill University, accessed November 20, 2021, https://thebrain.mcgill.ca/flash/i/i_06/i_06_cr/i_06_cr_mou/i_06_cr_mou.html.

40. 기계 학습과 관련해 기저 함수에 대한 더 전문적인 설명은 다음을 참고하라. "Lecture 17: Basis Functions," Open Data Science Initiative, YouTube video, November 28, 2011, https://youtu.be/OOpfU3CvUkM? t=151; Yaser Abu-Mostafa, "Lecture 16: Radial Basis Functions," Caltech, YouTube video, May 29, 2012, https://www.youtube.com/watch? v=O8CfrnOPtLc.

41. Mayo Clinic, "Ataxia," Mayo Clinic, accessed November 20, 2021, https://www.mayo clinic.org/diseases-conditions/ataxia/symptoms-causes/syc-20355652; Helen Thomson, "Woman of 24 Found to Have No Cerebellum in Her Brain," *New Scientist*, September 10, 2014, https://institutions.newscientist.com/article/mg22329861-900-woman-of-24-found -to-have-no-cerebellum-in-her-brain; R. N. Lemon and S. A. Edgley, "Life Without a Cerebellum," *Brain* 133, no. 3 (March 18, 2010): 652–54, https://doi.org/10.1093/brain/awq030.

42. 운동 훈련이 무의식적 유능성으로 옮겨가는 과정을 어떻게 이용하는지에 대해 더 자세한 내용은 다음을 참고하라. Bo Hanson, "Conscious Competence Learning Matrix," Athlete Assessments, accessed November 22, 2021, https://athleteassessments.com/conscious-competence-learning-matrix.

43. Suzana Herculano-Houzel, "The Human Brain in Numbers: A Linearly Scaled-Up Primate Brain," *Frontiers in Human Neuroscience* 3, no. 31 (November 9, 2009), https://doi.org/10.3389/neuro.09.031.2009.

44. Herculano-Houzel, "Human Brain in Numbers"; Richard Apps, "Cerebellar Modules and Their Role as Operational Cerebellar Processing Units," *Cerebellum* 17, no. 5 (June 6, 2018): 654–82, https://doi.org/10.1007/s12311-018-0952-3; Jan Voogd, "What We Do Not Know About Cerebellar Systems Neuroscience," *Frontiers in Systems Neuroscience* 8, no. 227 (December 18, 2014), https://doi.org/10.3389/fnsys.2014.00227; Rhoshel K. Lenroot and Jay N. Giedd, "The Changing Impact of Genes and Environment on Brain Development During Childhood and Adolescence: Initial Findings from a Neuroimaging Study of Pediatric Twins," *Development and Psychopathology* 20, no. 4 (Fall 2008): 1161–75, https://doi.org/10.1017/S0954579408000552; Salvador Martinez et al., "Cellular and Molecular Basis of Cerebellar Development," Frontiers in Neuroanatomy 7, no. 18 (June 26, 2013), https://doi.org/10.3389/fnana.2013.00018.

45. Fumiaki Sugahara et al., "Evidence from Cyclostomes for Complex Regionalization of the Ancestral Vertebrate Brain," *Nature* 531, no. 7592 (February 15, 2016): 97–100, https://doi.org/10.1038/nature16518; Leonard F. Koziol, "Consensus Paper: The Cerebellum's Role in Movement and Cognition," *Cerebellum* 13, no. 1 (February 2014): 151–77, https://doi.org/10.1007/s12311-013-0511-x; Robert A. Barton and Chris Venditti, "Rapid Evolution of the Cerebellum in Humans and Other Great Apes," Current Biology 24, no. 20 (October 20, 2014): 2440–44, https://doi.org/10.1016/

j.cub.2014.08.056.

46. 그러한 동물의 선천적인 행동에 관해 더 자세한 정보는 다음을 참고하라. Jesse N. Weber, Brant K. Peterson, and Hopi E. Hoekstra, "Discrete Genetic Modules Are Responsible for Complex Burrow Evolution in Peromyscus Mice," *Nature* 493, no. 7432 (January 17, 2013): 402-5, http://dx.doi.org/10.1038/nature11816; Nicole L. Bedford and Hopi E. Hoekstra, "Peromyscus Mice as a Model for Studying Natural Variation," *eLife* 4: e06813 (June 17, 2015), https://doi.org/10.7554/eLife.06813; Do-Hyoung Kim et al., "Rescheduling Behavioral Subunits of a Fixed Action Pattern by Genetic Manipulation of Peptidergic Signaling," *PLoS Genetics* 11, no. 9: e1005513 (September 24, 2015), https://doi.org/10.1371/journal.pgen.1005513.

47. 진화 연산을 흥미롭게 설명한 강연은 다음을 참고하라. Keith Downing, "Evolutionary Computation: Keith Downing at TEDxTrondheim," TEDx Talks, YouTube video, November 4, 2013, https://www.youtube.com/watch?v=D3zUmfDd79s.

48. 신피질의 발달과 기능에 대해 더 자세한 내용은 다음을 참고하라. Kaas, "Evolution of the Neocortex"; Jeff Hawkins and Sandra Blakeslee, On Intelligence: How a New Understanding of the Brain Will Lead to the Creation of Truly Intelligent Machines (New York: Macmillan, 2007), 97-101, https://books.google.co.uk/books?id=Qg2dmntfxmQC; Clay Reid, "Lecture 3: The Structure of the Neocortex," Allen Institute, YouTube video, September 6, 2012, https://www.youtube.com/watch?v=RhdcYNmW0zY; Joan Stiles et al., *Neural Plasticity and Cognitive Development: Insights from Children with Perinatal Brain Injury* (New York: Oxford University Press, 2012), 41-45, https://books.google.co.uk/books?id=QiN pAgAAQBAJ.

49. Brian K. Hall and Benedikt Hallgrimsson, *Strickberger's Evolution*, 4th ed. (Sudbury, MA: Jones & Bartlett Learning, 2011), 533; Kaas, "Evolution of the Neocortex"; Jon H. Kaas, "The Evolution of Brains from Early Mammals to Humans," *Wiley Interdisciplinary Reviews Cognitive Science* 4, no. 1 (November 8, 2012): 33-45, https://doi.org/10.1002/wcs.1206.

50. 'K-T 멸종'으로도 알려진 '백악기-고제3기' 대멸종 사건에 대해 더 자세한 내용은 다음을 참고하라. Michael Greshko and National Geographic Staff, "What Are Mass Extinctions, and What Causes Them?," *National Geographic*, September 26, 2019, https://www.nationalgeographic.com/science/prehistoric-world/mass-extinction; Victoria Jaggard, "Why Did the Dinosaurs Go Extinct?," *National Geographic*, July 31, 2019, https://www.nationalgeographic.com/science/prehistoric-world/dinosaur-extinction; Emily Singer, "How Dinosaurs Shrank and Became Birds," *Quanta*, June 2, 2015, https://www.quanta magazine.org/how-birds-evolved-from-dinosaurs-20150602.

51. Yasuhiro Itoh, Alexandros Poulopoulos, and Jeffrey D. Macklis, "Unfolding the Folding Problem of the Cerebral Cortex: Movin' and Groovin'," *Developmental Cell* 41, no. 4 (May 22, 2017): 332-34, https://www.sciencedirect.com/science/article/pii/S1534580717303933; Jeff Hawkins, "What Intelligent Machines Need to Learn from the Neocortex," *IEEE Spectrum*, June 2, 2017, https://spectrum.ieee.org/computing/software/what-intelligent-machines-need-to-learn-from-the-neocortex.

52. Jean-Didier Vincent and Pierre-Marie Lledo, *The Custom-Made Brain: Cerebral Plasticity, Regeneration, and Enhancement*, trans. Laurence Garey (New York: Columbia University Press, 2014), 152.

53. 신피질과 그 소기둥을 더 자세히 설명한 비전문가용 영상과 더 학구적인 강연은 다음을 참고하라. Brains Explained, "The Neocortex," YouTube video, September 16, 2017, https://www.youtube.com/watch? v=x2mYTaJPVnc; Clay Reid, "Lecture 3: The Structure of the Neocortex."

54. V. B. Mountcastle, "The Columnar Organization of the Neocortex," *Brain* 120, no. 4 (April 1997): 701 – 22, https://doi.org/10.1093/brain/120.4.701; Olaf Sporns, Giulio Tononi, and Rolf Kötter, "The Human Connectome: A Structural Description of the Human Brain," *PLoS Computational Biology* 1, no. 4: e42 (September 30, 2005), https://doi.org/10.1371/journal.pcbi.0010042; David J. Heeger, "Theory of Cortical Function," *Proceedings of the National Academy of Sciences* 114, no. 8 (February 6, 2017): 1773 – 82, https://doi.org/10.1073/pnas.1619788114.

55. 이것은 내가《마음의 탄생》에서 소개한 이전 연구가 추정한 3억 개보다 약간 적지만, 기초 데이터가 대략적으로 근삿값을 바탕으로 한 것이기 때문에 여전히 전반적으로 동일한 범위에 있는 셈이다. 또 소기둥 추정치는 연구자에 따라 상당한 차이가 날 수도 있다.

56. Jeff Hawkins, Subutai Ahmad, and Yuwei Cui, "A Theory of How Columns in the Neocortex Enable Learning the Structure of the World," *Frontiers in Neural Circuits* 11, no. 81 (October 25, 2017), https://doi.org/10.3389/fncir.2017.00081; Jeff Hawkins, *A Thousand Brains: A New Theory of Intelligence* (New York: Basic Books, 2021).

57. Mountcastle, "Columnar Organization of the Neocortex"; Sporns, Tononi, and Kötter, "The Human Connectome"; Heeger, "Theory of Cortical Function."

58. Malcolm W. Browne, "Who Needs Jokes? Brain Has a Ticklish Spot," *New York Times*, March 10, 1998, https://www.nytimes.com/1998/03/10/science/who-needs-jokes-brain-has-a-ticklish-spot.html; Itzhak Fried et al., "Electric Current Stimulates Laughter," *Scientific Correspondence* 391, no. 650 (February 12, 1998), https://doi.org/10.1038/35536.

59. 뇌의 통각에 관해 쉬운 설명을 원하면 다음을 보라. Kristin Muench, "Pain in the Brain," NeuWrite West, November 10, 2015, www.neuwritewest.org/blog/pain-in-the-brain.

60. Browne, "Who Needs Jokes?"

61. Robert Wright, "Scientists Find Brain's Irony-Detection Center!" *Atlantic*, August 5, 2012, https://www.theatlantic.com/health/archive/2012/08/scientists-find-brains-irony-detection-center/260728.

62. "Bigger Brains: Complex Brains for a Complex World," Smithsonian Institution, January 16, 2019, http://humanorigins.si.edu/human-characteristics/brains; David Robson, "A Brief History of the Brain," *New Scientist*, September 21, 2011, https://www.newscientist.com/article/mg21128311-800.

63. Stephanie Musgrave et al., "Tool Transfers Are a Form of Teaching Among Chimpanzees," *Scientific Reports* 6, article 34783 (October 11, 2016), https://doi.org/10.1038/srep34783.

64. Hanoch Ben-Yami, "Can Animals Acquire Language?," *Scientific American*, March 1, 2017, https://blogs.scientificamerican.com/guest-blog/can-animals-acquire-language; Klaus Zuberbühler, "Syntax and Compositionality in Animal Communication," *Philosophical Transactions of the Royal Society B* 375, article 20190062 (November 18, 2019), https://doi.org/10.1098/rstb.2019.0062.

65. 나머지 손가락들과 마주 보는 엄지손가락의 진화적 기원과 유용성을 쉽게 설명한 것은 다음을 참고하라. "Where Do Our Opposable Thumbs Come From?," HHMI BioInteractive, YouTube video, April 24, 2014, https://www.youtube.com/watch?v=lDSkmb4UTlo.

66. Ryan V. Raut et al., "Hierarchical Dynamics as a Macroscopic Organizing Principle of the Human Brain," *Proceedings of the National Academy of Sciences* 117, no. 35 (August 12, 2020): 20890–97, https://doi.org/10.1073/pnas.1201889109.

67. Herculano-Houzel, "Human Brain in Numbers"; Sporns, Tononi, and Kötter, "The Human Connectome"; Ji Yeoun Lee, "Normal and Disordered Formation of the Cerebral Cortex: Normal Embryology, Related Molecules, Types of Migration, Migration Disorders," *Journal of Korean Neurosurgical Society* 62, no. 3 (May 1, 2019): 265–71, https://doi.org/10.3340/jkns.2019.0098; Christopher Johansson and Anders Lansner, "Towards Cortex Sized Artificial Neural Systems," *Neural Networks* 20, no. 1 (January 2007): 48–61, https://doi.org/10.1016/j.neunet.2006.05.029.

68. 신피질을 더 깊이 다룬 내용과 고차원 인지의 구조적 기반에 대해 과학이 밝혀내고 있는 내용을 알고 싶으면 다음을 참고하라. Matthew Barry Jensen, "Cerebral Cortex," Khan Academy, accessed November 20, 2021, https://www.khanacademy.org/science/health-and-medicine/human-anatomy-and-physiology/nervous-system-introduction/v/cerebral-cortex; Hawkins, Ahmad, and Cui, "Theory of How Columns in the Neocortex Enable Learning"; Jeff Hawkins et al., "A Framework for Intelligence and Cortical Function Based on Grid Cells in the Neocortex," *Frontiers in Neural Circuits* 12, no. 121 (January 11, 2019), https://doi.org/10.3389/fncir.2018.00121; Baoguo Shi et al., "Different Brain Structures Associated with Artistic and Scientific Creativity: A Voxel-Based Morphometry Study," *Scientific Reports* 7, no. 42911 (February 21, 2017), https://doi.org/10.1038/srep42911; Barbara L. Finlay and Kexin Huang, "Developmental Duration as an Organizer of the Evolving Mammalian Brain: Scaling, Adaptations, and Exceptions," *Evolution and Development* 22, nos. 1–2 (December 3, 2019), https://doi.org/10.1111/ede.12329.

69. 기억의 연상적 성격에 대한 단순한 개관과 더 전문적인 강의는 다음을 참고하라. Shelly Fan, "How the Brain Makes Memories: Scientists Tap Memory's Neural Code," SingularityHub, July 10, 2015, https://singularityhub.com/2015/07/10/how-the-brain-makes-memories-scientists-tap-memorys-neural-code; Christos Papadimitriou, "Formation and Association of Symbolic Memories in the Brain,"

Simons Institute, YouTube video, March 31, 2017, https://www.youtube.com/watch?v=IZtYKApSTto.

70. 창조론에서 자연 선택에 의한 진화론으로 넘어간 과정에 대해 더 자세한 내용은 다음을 보라. Phillip Sloan, "Evolutionary Thought Before Darwin," in *Stanford Encyclopedia of Philosophy*, ed. Edward N. Zalta (Winter 2019), https://plato.stanford.edu/entries/evolution-before-darwin; Christoph Marty, "Darwin on a Godless Creation: 'It's Like Confessing to a Murder,' " *Scientific American*, February 12, 2009, https://www.scientificamerican.com/article/charles-darwin-confessions.

71. 찰스 라이엘의 연구와 그것이 다윈에게 미친 영향에 대해 더 자세한 내용은 다음을 참고하라. Richard A. Fortey, "Charles Lyell and Deep Time," *Geoscience* 21, no. 9 (October 2011), https://www.geolsoc.org.uk/Geoscientist/Archive/October-2011/Charles-Lyell-and-deep-time; Gary Stix, "Darwin's Living Legacy," *Scientific American* 300, no. 1 (January 2009): 38–43, https://www.jstor.org/stable/26001418; Charles Darwin, *On the Origin of Species*, 6th ed. (London: John Murray, 1859; Project Gutenberg, 2013), https://www.gutenberg.org/files/2009/2009-h/2009-h.htm.

72. Walter F. Cannon, "The Uniformitarian-Catastrophist Debate," *Isis* 51, no. 1 (March 1960): 38–55, https://www.jstor.org/stable/227604; Jim Morrison, "The Blasphemous Geologist Who Rocked Our Understanding of Earth's Age," *Smithsonian*, August 29, 2016, https://www.smithsonianmag.com/history/father-modern-geology-youve-never-heard-180960203.

73. Charles Darwin and James T. Costa, *The Annotated* Origin*: A Facsimile of the First Edition of* On the Origin of Species (Cambridge, MA, and London: Belknap Press of Harvard University Press, 2009), 95, https://www.google.com/books/edition/The_Annotated_i_Origin_i/C0E03ilhSz4C.

74. Gordon Moore, "Cramming More Components onto Integrated Circuits," *Electronics* 38, no. 8 (April 19, 1965), https://archive.computerhistory.org/resources/access/text/2017/03/102770822-05-01-acc.pdf; Computer History Museum, "1965: 'Moore's Law' Predicts the Future of Integrated Circuits," Computer History Museum, accessed October 12, 2021, https://www.computerhistory.org/siliconengine/moores-law-predicts-the-future-of-integrated-circuits; Fernando J. Corbató et al., *The Compatible Time-Sharing System: A Programmer's Guide* (Cambridge, MA: MIT Press, 1990), http://www.bitsavers.org/pdf/mit/ctss/CTSS_ProgrammersGuide.pdf.

75. 다음번의 컴퓨팅 패러다임이 어떤 것이 될지는 아무도 확실하게 말할 수 없지만, 최근의 일부 유망한 연구를 알고 싶다면 다음을 참고하라. Jeff Hecht, "Nanomaterials Pave the Way for the Next Computing Generation," *Nature* 608, S2–S3 (2022), https://www.nature.com/articles/d41586-022-02147-3; Peng Lin et al., "Three-Dimensional Memristor Circuits as Complex Neural Networks," *Nature Electronics* 3, no. 4 (April 13, 2020): 225–32, https://doi.org/10.1038/s41928-020-0397-9; Zhihong Chen, "Gate-All-Around Nanosheet Transistors Go 2D," *Nature Electronics* 5, no. 12 (December 12, 2022): 830–31, https://doi.org/10.1038/s41928-022-00899-4.

76. 대규모 계산을 수행하기 위해 투입된 최초의 실용적인 장비는 1888년에 도입된 홀러리스 천공 카드 기계였다. 가격 대비 성능이 기하급수적으로 증가하는 추세는 현재까지 놀랍도록 꾸준히 이어졌다. 다음을 참고하라. Emile Cheysson, *The Electric Tabulating Machine*, trans. Arthur W. Fergusson (New York: C. C. Shelley, 1892), 2, https://books.google.com/books? id=rJgsAAAAYAAJ; Robert Sobel, *Thomas Watson, Sr.: IBM and the Computer Revolution* (Washington, DC: BeardBooks, 2000; originally published as *I.B.M., Colossus in Transition* by Times Books in 1981), 17, https://www.google.com/books/edition/Thomas_Watson_Sr/H8EFNMBGpY4C; US Bureau of Labor Statistics, "Consumer Price Index for All Urban Consumers: All Items in U.S. City Average (CPIAUCSL)," retrieved from FRED, Federal Reserve Bank of St. Louis, updated April 12, 2023, https://fred.stlouisfed.org/series/CPIAUCSL; Marguerite Zientara, "Herman Hollerith: Punched Cards Come of Age," *Computerworld* 15, no. 36 (September 7, 1981): 35, https://books.google.com/books? id=tk74jLc6HggC& pg=PA35& lpg=PA35; Frank da Cruz, "Hollerith 1890 Census Tabulator," Columbia University Computing History, April 17, 2021, http://www.columbia.edu/cu/computinghistory/census-tabulator.html.

77. Nick Bostrom, "Nick Bostrom The Intelligence Explosion Hypothesis eDay 2012," eAcast55, YouTube video, August 9, 2015, https://www.youtube.com/watch? v=VFE-96XA92w.

78. DeepMind, "AlphaGo," DeepMind, accessed November 20, 2021, https://deepmind.com/research/case-studies/alphago-the-story-so-far.

79. DeepMind, "AlphaGo."

80. 딥 블루와 카스파로프 간 대결이 지닌 의미에 대한 흥미진진한 기술은 다음을 참고하라. Mark Robert Anderson, "Twenty Years On from Deep Blue vs. Kasparov: How a Chess Match Started the Big Data Revolution," *The Conversation*, May 11, 2017, https://theconversation.com/twenty-years-on-from-deep-blue-vs-kasparov-how-a-chess-match-started-the-big-data-revolution-76882.

81. DeepMind, "AlphaGo Zero: Starting from Scratch," DeepMind, October 18, 2017, https://deepmind.com/blog/article/alphago-zero-starting-scratch; DeepMind, "AlphaGo"; Tom Simonite, "This More Powerful Version of AlphaGo Learns on Its Own," *Wired*, October 18, 2017, https://www.wired.com/story/this-more-powerful-version-of-alphago-learns-on-its-own; David Silver et al., "Mastering the Game of Go with Deep Neural Networks and Tree Search," *Nature* 529, no. 7587 (January 27, 2016): 484–89, https://doi.org/10.1038/nature16961.

82. Carl Engelking, "The AI That Dominated Humans in Go Is Already Obsolete," *Discover*, October 18, 2017, https://www.discovermagazine.com/technology/the-ai-that-dominated-humans-in-go-is-already-obsolete; DeepMind, "AlphaGo China," DeepMind, accessed November 20, 2021, https://deepmind.com/alphago-china; DeepMind, "AlphaGo Zero: Starting from Scratch."

83. DeepMind, "AlphaGo Zero: Starting from Scratch."

84. David Silver et al., "AlphaZero: Shedding New Light on Chess, Shogi, and Go," Deep-

Mind, December 6, 2018, https://deepmind.com/blog/article/alphazero-shedding-new-light-grand-games-chess-shogi-and-go.

85. Julian Schrittwiese et al., "MuZero: Mastering Go, Chess, Shogi and Atari Without Rules," DeepMind, December 23, 2020, https://deepmind.com/blog/article/muzero-mastering-go-chess-shogi-and-atari-without-rules.

86. AlphaStar Team, "AlphaStar: Mastering the Real-Time Strategy Game StarCraft II," DeepMind, January 24, 2019, https://deepmind.com/blog/article/alphastar-mastering-real-time-strategy-game-starcraft-ii; Noam Brown and Tuomas Sandholm, "Superhuman AI for Heads-Up No-Limit Poker: Libratus Beats Top Professionals," *Science* 359, no. 6374 (January 26, 2018): 418–24, https://doi.org/10.1126/science.aao1733; Cade Metz, "Inside Libratus, the Poker AI That Out-Bluffed the Best Humans," *Wired*, February 1, 2017, https://www.wired.com/2017/02/libratus.

87. 디플로머시 게임의 동역학에 관해 더 자세한 내용은 다음을 참고하라. "Diplomacy: Running the Game #40, Politics #3," Matthew Colville, YouTube video, July 15, 2017, https://www.youtube.com/watch? v=HWt0AQWjhPg; Ben Harsh, "Harsh Rules: Let's Learn to Play Diplomacy," Harsh Rules, YouTube video, August 9, 2018, https://www.youtube.com/watch? v=S-sSWsBdbNI; Blake Eskin, "World Domination: The Game," Washington Post, November 14, 2004, https://www.washingtonpost.com/archive/lifestyle/magazine/2004/11/14/world-domination-the-game/b65c9d9f-71c7-4846-961f-6dcdd1891e01; David Hill, "The Board Game of the Alpha Nerds," Grantland, June 18, 2014, https://grantland.com/features/diplomacy-the-board-game-of-the-alpha-nerds.

88. Matthew Hutson, "AI Learns the Art of Diplomacy," *Science*, November 22, 2022, https://www.science.org/content/article/ai-learns-art-diplomacy-game; Yoram Bachrach and János Kramár, "AI for the Board Game Diplomacy," DeepMind, December 6, 2022, https://www.deepmind.com/blog/ai-for-the-board-game-diplomacy.

89. Ira Boudway and Joshua Brustein, "Waymo's Long-Term Commitment to Safety Drivers in Autonomous Cars," Bloomberg, January 13, 2020, https://www.bloomberg.com/news/articles/2020-01-13/waymo-s-long-term-commitment-to-safety-drivers-in-autonomous-cars.

90. Aaron Pressman, "Google's Waymo Reaches 20 Million Miles of Autonomous Driving," *Fortune*, January 7, 2020, https://fortune.com/2020/01/07/googles-waymo-reaches-20-million-miles-of-autonomous-driving.

91. Darrell Etherington, "Waymo Has Now Driven 10 Billion Autonomous Miles in Simulation," *TechCrunch*, July 10, 2019, https://techcrunch.com/2019/07/10/waymo-has-now-driven-10-billion-autonomous-miles-in-simulation.

92. Gabriel Goh et al., "Multimodal Neurons in Artificial Neural Networks," *Distill*, March 4, 2021, https://distill.pub/2021/multimodal-neurons.

93. 보편 문장 인코더에 대해 더 자세한 내용은 다음을 참고하라. Yinfei Yang and Amin Ahmad, "Multilingual Universal Sentence Encoder for Semantic Retrieval," *Google Research*, July 12, 2019, https://ai.googleblog.com/2019/07/multilingual-universal-sentence-encoder.html; Yinfei Yang and Chris Tar, "Advances in Semantic Textual Similarity," *Google Research*, May 17, 2018, https://ai.googleblog.com/2018/05/advances-in-semantic-textual-similarity.html; Daniel Cer et al., "Universal Sentence Encoder," arXiv:1803.11175v2 [cs.CL], April 12, 2018, https://arxiv.org/abs/1803.11175.

94. Rachel Syme, "Gmail Smart Replies and the Ever-Growing Pressure to E-Mail Like a Machine," *New Yorker*, November 28, 2018, https://www.newyorker.com/tech/annals-of-technology/gmail-smart-replies-and-the-ever-growing-pressure-to-e-mail-like-a-machine.

95. 트랜스포머의 작동에 대한 더 자세한 설명과 최초의 기술적 논문을 알고 싶으면 다음을 참고하라. Giuliano Giacaglia, "How Transformers Work," *Towards Data Science*, March 10, 2019, https://towardsdatascience.com/transformers-141e32e69591; Ashish Vaswani et al., "Attention Is All You Need," arXiv:1706.03762v5 [cs.CL], December 6, 2017, https://arxiv.org/pdf/1706.03762.pdf.

96. Irene Solaiman et al., "GPT-2: 1.5B Release," OpenAI, November 5, 2019, https://openai.com/blog/gpt-2-1-5b-release.

97. Tom B. Brown et al., "Language Models Are Few-Shot Learners," arXiv:2005.14165 [cs.CL], July 22, 2020, https://arxiv.org/abs/2005.14165.

98. Jack Ray et al., "Language Modelling at Scale: Gopher, Ethical Considerations, and Retrieval," DeepMind, December 8, 2021, https://www.deepmind.com/blog/language-modelling-at-scale-gopher-ethical-considerations-and-retrieval.

99. Pandu Nayak, "Understanding Searches Better Than Ever Before," Google, October 25, 2019, https://blog.google/products/search/search-language-understanding-bert; William Fedus et al., "Switch Transformers: Scaling to Trillion Parameter Models with Simple and Efficient Sparsity," arXiv:2101.03961 [cs.LG], January 11, 2021, https://arxiv.org/abs/2101.03961.

100. GPT-3에 관한 심층 정보는 다음을 참고하라. Greg Brockman et al., "OpenAI API," OpenAI, June 11, 2020, https://openai.com/blog/openai-api; Brown et al., "Language Models Are Few-Shot Learners"; Kelsey Piper, "GPT-3, Explained: This New Language AI Is Uncanny, Funny—and a Big Deal," *Vox*, August 13, 2020, https://www.vox.com/future-perfect/21355768/gpt-3-ai-openai-turing-test-language; "GPT-3 Demo: New AI Algorithm Changes How We Interact with Technology," Disruption Theory, YouTube video, August 28, 2020, https://www.youtube.com/watch?v=8V20HkoiNtc.

101. David Cole, "The Chinese Room Argument," in *The Stanford Encyclopedia of Philosophy*, ed. Edward N. Zalta (Winter 2020), https://plato.stanford.edu/archives/win2020/entries/chinese-room; Amanda Askell (@amandaaskell), "GPT-3's completion of the Chinese room argument from Searle's 'Minds, Brains, and Programs' (original text is in bold)," Twitter, July 17, 2020, https://twitter.com/AmandaAskell/status/1284186919606251521; David J. Chalmers, *The Conscious Mind: In Search of a Fundamental Theory* (New York: Oxford University Press, 1996), 327.

102. Cade Metz, "Meet GPT-3. It Has Learned to Code (and Blog and Argue)," *New York Times*, November 24, 2020, https://www.nytimes.com/2020/11/24/science/artificial-intelligence-ai-gpt3.html.

103. 람다에 대한 더 많은 정보를 담은 글과 람다가 왜행성인 명왕성과 종이비행기 역할을 하며 대화하는 데모 영상은 다음을 참고하라. Eli Collins and Zoubin Ghahramani, "LaMDA: Our Breakthrough Conversation Technology," Google, May 18, 2021, https://blog.google/technology/ai/lamda; "Watch Google's AI LaMDA Program Talk to Itself at Length (Full Conversation)," CNET Highlights, YouTube video, May 18, 2021, https://www.youtube.com/watch?v=aUSSfo5nCdM.

104. Jeff Dean, "Google Research: Themes from 2021 and Beyond," *Google Research*, January 11, 2022, https://ai.googleblog.com/2022/01/google-research-themes-from-2021-and.html.

105. DALL-E가 만든 놀랍도록 창의적인 이미지의 예를 보고 싶으면 다음을 참고하라. Aditya Ramesh et al., "Dall-E: Creating Images from Text," OpenAI, January 5, 2021, https://openai.com/research/dall-e.

106. "Dall-E 2," OpenAI, accessed June 30, 2022, https://openai.com/dall-e-2.

107. Chitwan Saharia et al., "Imagen," Google Research, Brain Team, Google, accessed June 30, 2022, https://imagen.research.google.

108. Saharia et al., "Imagen."

109. Scott Reed et al., "A Generalist Agent," DeepMind, May 12, 2022, https://www.deepmind.com/publications/a-generalist-agent.

110. Wojciech Zaremba et al., "OpenAI Codex," OpenAI, August 10, 2021, https://openai.com/blog/openai-codex.

111. AlphaCode Team, "Competitive Programming with AlphaCode," DeepMind, December 8, 2022, https://www.deepmind.com/blog/competitive-programming-with-alphacode; Yujia Li et al., "Competition-Level Code Generation with AlphaCode," arXiv:2203.07814v1 [cs.PL], February 8, 2022, https://arxiv.org/pdf/2203.07814.pdf.

112. Aakanksha Chowdhery, "PaLM: Scaling Language Modeling with Pathways," arXiv:2204.02311v3 [cs.CL], April 19, 2022, https://arxiv.org/pdf/2204.02311.pdf; Sharan Narang et al., "Pathways Language Model (PaLM): Scaling to 540 Billion Parameters for Breakthrough Performance," *Google AI Blog*, April 4, 2022, https://ai.googleblog.com/2022/04/pathways-language-model-palm-scaling-to.html.

113. Chowdhery, "PaLM: Scaling Language Modeling with Pathways."

114. Chowdhery, "PaLM: Scaling Language Modeling with Pathways."

115. Chowdhery, "PaLM: Scaling Language Modeling with Pathways."

116. OpenAI, "Introducing ChatGPT," OpenAI, November 30, 2022, https://openai.com/blog/chatgpt#OpenAI.

117. Krystal Hu, "ChatGPT Sets Record for Fastest-Growing User Base— Analyst Note," Reuters, February 2, 2023, https://www.reuters.com/technology/chatgpt-sets-record-fastest-growing-user-base-analyst-note-2023-02-01.

118. Kalley Huang, "Alarmed by A.I. Chatbots, Universities Start Revamping How They Teach," *New York Times*, January 16, 2023, https://www.nytimes.com/2023/01/16/technol ogy/chatgpt-artificial-intelligence-universities.html; Emma Bowman, "A College Student Created an App That Can Tell Whether AI Wrote an Essay," NPR, January 9, 2023, https://www.npr.org/2023/01/09/1147549845/gptzero-ai-chatgpt-edward-tian-plagiarism; Patrick Wood and Mary Louise Kelly, "'Everybody Is Cheating': Why This Teacher Has Adopted an Open ChatGPT Policy," NPR, January 26, 2023, https://www.npr.org/2023/01/26/1151499213/chatgpt-ai-education-cheating-classroom-wharton-school; Matt O'Brien and Jocelyn Gecker, "Cheaters Beware: ChatGPT Maker Releases AI Detection Tool," Associated Press, January 31, 2023, https://apnews.com/article/technology-education-col leges-and-universities-france-a0ab654549de387316404a7be019116b; Geoffrey A. Fowler, "We Tested a New ChatGPT-Detector for Teachers. It Flagged an Innocent Student," *Washington Post*, April 3, 2023, https://www.washingtonpost.com/technology/2023/04/01/chatgpt-cheating-detection-turnitin.

119. OpenAI, "GPT-4," OpenAI, March 14, 2023, https://openai.com/research/gpt-4; OpenAI, "GPT-4 Technical Report," arXiv:2303.08774v3 [cs.CL], March 27, 2023, https://arxiv.org/pdf/2303.08774.pdf; OpenAI, "GPT-4 System Card," OpenAI, March 23, 2023, https://cdn.openai.com/papers/gpt-4-system-card.pdf.

120. OpenAI, "Introducing GPT-4," YouTube video, March 15, 2023, https://www.youtube.com/watch?v=--khbXchTeE.

121. Daniel Feldman (@d_feldman), "On the left is GPT-3.5. On the right is GPT-4. If you think the answer on the left indicates that GPT-3.5 does not have a world-model. . . . Then you have to agree that the answer on the right indicates GPT-4 does," Twitter, March 17, 2023, https://twitter.com/d_feldman/status/1636955260680847361.

122. Danny Driess and Pete Florence, "PaLM-E: An Embodied Multimodal Language Model," Google Research, March 10, 2023, https://ai.googleblog.com/2023/03/palm-e-embodied-multimodal-language.html; Danny Driess et al., "PaLM-E: An Embodied Multimodal Language Model," arXiv:2303.03378v1 [cs.LG], March 6, 2023, https://arxiv.org/pdf/2303.03378.pdf.

123. Sundar Pichai and Demis Hassabis, "Introducing Gemini: Our Largest and Most Capable AI Model," Google, December 6, 2023, https://blog.google/technology/ai/google-gemini-ai; Sundar Pichai, "An Important Next Step on Our AI Journey," Google, February 6, 2023, https://blog.google/technology/ai/bard-google-ai-search-updates; Sarah Fielding, "Google Bard Is Switching to a More 'Capable' Language Model, CEO Confirms," *Engadget*, March 31, 2023, https://www.engadget.com/google-bard-is-switching-to-a-more-capable-language-model-ceo-confirms-133028933.

html; Yusuf Mehdi, "Confirmed: The New Bing Runs on OpenAI's GPT-4," Microsoft Bing Blogs, March 14, 2023, https://blogs.bing.com/search/march_2023/Confirmed-the-new-Bing-runs-on-OpenAI% E2% 80% 99s-GPT-4; Tom Warren, "Hands-on with the New Bing: Microsoft's Step Beyond ChatGPT," *The Verge*, February 8, 2023, https://www.theverge.com/2023/2/8/23590873/micro soft-new-bing-chatgpt-ai-hands-on.

124. Johanna Voolich Wright, "A New Era for AI and Google Workspace," Google, March 14, 2023, https://workspace.google.com/blog/product-announcements/generative-ai; Jared Spataro, "Introducing Microsoft 365 Copilot— Your Copilot for Work," *Official Microsoft Blog*, March 16, 2023, https://blogs.microsoft.com/blog/2023/03/16/introducing-microsoft-365-copilot-your-copilot-for-work.

125. Markus Anderljung et al., "Compute Funds and Pre-Trained Models," Centre for the Governance of AI, April 11, 2022, https://www.governance.ai/post/compute-funds-and-pre-trained-models; Jaime Sevilla et al., "Compute Trends Across Three Eras of Machine Learning," arXiv:2202.05924v2 [cs.LG], March 9, 2022, https://arxiv.org/pdf/2202.05924.pdf; Dario Amodei and Danny Hernandez, "AI and Compute," OpenAI, May 16, 2018, https://openai.com/blog/ai-and-compute.

126. Jacob Stern, "GPT-4 Has the Memory of a Goldfish," *Atlantic*, March 17, 2023, https://www.theatlantic.com/technology/archive/2023/03/gpt-4-has-memory-context-window/673426.

127. 1983년부터 계산의 가격 대비 성능이 두 배로 증가하는 시간이 약 1.34년이었다는 장기적 추세를 외삽하면 이런 추정이 나온다. 이 책에 나오는 모든 계산 비용의 계산 출처는 부록을 참고하라.

128. 이 글을 쓰고 있는 현재, AI 훈련을 위한 MLPerf 벤치마크의 진전은 트랜지스터 밀도 증가만으로 가능한 것보다 약 5배나 빠르다. 소프트웨어의 알고리듬 개선과 칩을 더 효율적으로 만드는 구조적 개선의 결합이 균형을 이루어야 한다. 다음을 참고하라. Samuel K. Moore, "AI Training Is Outpacing Moore's Law," *IEEE Spectrum*, December 2, 2021, https://spectrum.ieee.org/ai-training-mlperf.

129. 이 글을 쓰고 있는 지금 현재, GPT-3.5 API의 가격은 50만 토큰당, 즉 약 37만 단어당 1.00달러로 떨어졌다. 여러분이 이 글을 읽을 무렵에는 가격이 더 떨어질 가능성이 높다. 다음을 참고하라. Ben Dickson, "OpenAI Is Reducing the Price of the GPT-3 API— Here's Why It Matters," *VentureBeat*, August 25, 2022, https://venturebeat.com/ai/openai-is-reducing-the-price-of-the-gpt-3-api-heres-why-it-matters; OpenAI, "Introducing ChatGPT and Whisper APIs," OpenAI, March 1, 2023, https://openai.com/blog/introducing-chatgpt-and-whisper-apis; OpenAI, "What Are Tokens and How to Count Them?," OpenAI, accessed April 30, 2023, https://help.openai.com/en/articles/4936856-what-are-tokens-and-how-to-count-them.

130. Stephen Nellis, "Nvidia Shows New Research on Using AI to Improve Chip Designs," Reuters, March 27, 2023, https://www.reuters.com/technology/nvidia-shows-new-research-using-ai-improve-chip-designs-2023-03-28.

131. Blaise Aguera y Arcas, "Do Large Language Models Understand Us?," *Medium*, December 16, 2021, https://medium.com/@blaisea/do-large-language-models-understand-us-6f881d6d8e75.

132. 알고리듬이 더 나아질수록 주어진 수준의 성과를 달성하기 위해 필요한 훈련 계산의 양이 감소한다. 많은 응용에서 알고리듬의 진전이 하드웨어의 진전만큼 중요하다고 시사하는 연구 결과가 점점 쌓이고 있다. 2022년의 한 연구에 따르면, 2012년부터 2021년까지 9개월마다 더 나은 알고리듬 덕분에 주어진 수준의 성과를 위해 필요한 계산의 양이 절반씩 줄어들었다. 다음을 참고하라. Ege Erdil and Tamay Besiroglu, "Algorithmic Progress in Computer Vision," arXiv:2212.05153v4 [cs.CV] August 24, 2023, https://arxiv.org/pdf/2212.05153.pdf; Katja Grace, *Algorithmic Progress in Six Domains*, Machine Intelligence Research Institute technical report 2013-3, December 9, 2013, https://intelligence.org/files/AlgorithmicProgress.pdf.

133. Anderljung et al., "Compute Funds and Pre-Trained Models."

134. Sevilla et al., "Compute Trends Across Three Eras of Machine Learning"; see the appendix for the sources used for all the cost-of-computation calculations in this book.

135. Anderljung et al., "Compute Funds and Pre-Trained Models"; Sevilla et al., "Compute Trends Across Three Eras of Machine Learning"; Amodei and Hernandez, "AI and Compute."

136. "Dallas Fed Energy Survey," Federal Reserve Bank of Dallas, March 27, 2019, https://www.dallasfed.org/research/surveys/des/2019/1901.aspx#tab-questions.

137. 빅 데이터를 명쾌하고 쉽게 개괄적으로 설명한 내용은 다음을 보라. Rebecca Tickle, "What Is Big Data?," Computerphile, YouTube video, May 15, 2019, https://www.youtube.com/watch?v=H4bf_uuMC-g.

138. 지능 폭발의 잠재력에 대한 더 깊은 고찰은 다음을 참고하라. Nick Bostrom, "The Intelligence Explosion Hypothesis—eDay 2012," EMERCE, YouTube video, November 19, 2012, https://www.youtube.com/watch?v=g3FMpn321zs; Luke Muehlhauser and Anna Salamon, "Intelligence Explosion: Evidence and Import," in *Singularity Hypotheses: A Scientific and Philosophical Assessment*, ed. Amnon Eden et al. (Berlin: Springer, 2013), https://intelligence.org/files/IE-EI.pdf; Eliezer Yudkowsky, "Recursive Self-Improvement," LessWrong.com, December 1, 2008, https://www.lesswrong.com/posts/JBadX7rwdcRFzGuju/recursive-self-improvement; Eliezer Yudkowsky, "Hard Takeoff," LessWrong.com, December 2, 2008, https://www.lesswrong.com/posts/tjH8XPxAn r6JRbh7k/hard-takeoff; Eliezer Yudkowsky, *Intelligence Explosion Microeconomics*, Machine Intelligence Research Institute technical report 2013-1, September 13, 2013, https://intelli gence.org/files/IEM.pdf; I. J. Good, "Speculations Concerning the First Ultraintelligent Machine," *Advances in Computers* 6 (1966): 31–88, https://doi.org/10.1016/S0065-2458(08)60418-0; Ephrat Livni, "The Mirror Test for Animal Self-Awareness Reflects the Limits of Human Cognition," *Quartz*, December 19, 2018, https://qz.com/1501318/the-mirror-test-for-animalsreflects-the-limits-of-human-cognition; Darold A. Treffert, "The Savant Syndrome: An Extraordinary Condition. A Synopsis: Past, Present, Future," *Philosophical Transactions of the Royal Society B: Biological Sciences* 364, no. 1522 (May 27, 2009): 1351–57, https://doi.org/10.1098/rstb.2008.0326.

139. Robin Hanson and Eliezer Yudkowsky, *The Hanson-Yudkowsky AI-Foom Debate*, Machine Intelligence Research Institute, 2013, https://intelligence.org/files/AIFoomDebate.pdf.

140. Hanson and Yudkowsky, *Hanson-Yudkowsky AI-Foom Debate*.

141. Jon Brodkin, "1.1 Quintillion Operations per Second: US Has World's Fastest Supercomputer," *Ars Technica*, May 31, 2022, https://arstechnica.com/information-technology/2022/05/1-1-quintillion-operations-per-second-us-has-worlds-fastest-supercomputer; "November 2022," Top500.org, accessed November 14, 2023, https://www.top500.org/lists/top500/2022/11.

142. 이 주제에 관한 다양한 관점을 깊이 고찰한 오픈 필랜스러피의 조지프 칼스미스Joseph Carlsmith의 훌륭한 보고서와, 다양한 방법론으로 실시한 많은 평가를 요약한 AI 임팩츠의 내용은 다음을 참고하라. Joseph Carlsmith, *How Much Computational Power Does It Take to Match the Human Brain?*, Open Philanthropy, September 11, 2020, https://www.openphilanthropy.org/brain-computation-report; "Brain Performance in FLOPS," AI Impacts, July 26, 2015, https://aiimpacts.org/brain-performance-in-flops.

143. Herculano-Houzel, "Human Brain in Numbers"; David A. Drachman, "Do We Have Brain to Spare?," *Neurology* 64, no. 12 (June 27, 2005), https://doi.org/10.1212/01.WNL.0000166914.38327.BB; Ernest L. Abel, *Behavioral Teratogenesis and Behavioral Mutagenesis: A Primer in Abnormal Development* (New York: Plenum Press, 1989), 113, https://books.google.co.uk/books?id=gV0rBgAAQBAJ.

144. "Neuron Firing Rates in Humans," AI Impacts, April 14, 2015, https://aiimpacts.org/rate-of-neuron-firing; Peter Steinmetz et al., "Firing Behavior and Network Activity of Single Neurons in Human Epileptic Hypothalamic Hamartoma," *Frontiers in Neurology* 2, no. 210 (December 27, 2013), https://doi.org/10.3389/fneur.2013.00210.

145. "Neuron Firing Rates in Humans," AI Impacts.

146. Ray Kurzweil, *The Singularity Is Near* (New York: Viking, 2005), 125; Hans Moravec, *Mind Children: The Future of Robot and Human Intelligence* (Cambridge, MA: Harvard University Press, 1988), 59, https://books.google.co.uk/books?id=56mb7XuSx3QC.

147. Preeti Raghavan, "Stroke Recovery Timeline," Johns Hopkins Medicine, accessed April 27, 2023, https://www.hopkinsmedicine.org/health/conditions-and-diseases/stroke/stroke-recovery-timeline; Apoorva Mandavilli, "The Brain That Wasn't Supposed to Heal," *Atlantic*, April 7, 2016, https://www.theatlantic.com/health/archive/2016/04/brain-injuries/477300.

148. 2023년 초 현재, 구글 클라우드의 TPU v5e 시스템에서 시간당 1000달러가 소요되는 작업은 초당 약 32경 8000조 회(10^{17} 수준)의 연산에 해당한다. 임대 클라우드 컴퓨팅의 광범위한 이용 가능성 덕분에 많은 사용자는 비용을 크게 절감할 수 있었지만, 이를 장비 구입 비용이 큰 비중을 차지한 과거의 계산 비용과 동일선상에 놓고 비교할 수는 없다는 점을 주의해야 한다.

임대 시간은 구입한 하드웨어의 사용 시간과 직접 비교할 수 없지만, 4000시간의 작업 시간을 (IT 인력 임금, 전기 요금, 감가상각비 등 많은 세부 사항을 무시하고) 대략적인 비교 기준으로 삼을 수 있다. 이 기준에 따르면, TPU v5e는 1000달러의 비용으로 평균적으로 초당 130조 회(10^{14} 수준) 이상의 연산을 지속적으로 수행할 수 있다. 이 책에 나오는 모든 계산 비용의 계산 출처는 부록을 참고하라.

149. 1983년부터 계산의 가격 대비 성능이 두 배로 증가하는 시간이 약 1.34년이었다는 장기적 추세를 외삽하면 이런 추정이 나온다. 이 책에 나오는 모든 계산 비용의 계산 출처는 부록을 참고하라.

150. Anders Sandberg and Nick Bostrom, *Whole Brain Emulation: A Roadmap*, technical report 2008-3, Future of Humanity Institute, Oxford University (2008), 80–81, https://www.fhi.ox.ac.uk/brain-emulation-roadmap-report.pdf.

151. Sandberg and Bostrom, *Whole Brain Emulation*.

152. Mitch Kapor and Ray Kurzweil, "A Wager on the Turing Test: The Rules," KurzweilAI.net, April 9, 2002, http://www.kurzweilai.net/a-wager-on-the-turing-test-the-rules.

153. Edward Moore Geist, "It's Already Too Late to Stop the AI Arms Race—We Must Manage It Instead," *Bulletin of the Atomic Scientists* 72, no. 5 (August 15, 2016): 318–21, https://doi.org/10.1080/00963402.2016.1216672.

154. 과학 작가 존 호건John Horgan이 〈뉴욕 타임스〉에 쓴 대표적인 예는 다음을 보라. John Horgan, "Smarter than Us? Who's Us?," *New York Times*, May 4, 1997, https://www.nytimes.com/1997/05/04/opinion/smarter-than-us-who-s-us.html.

155. 예컨대 다음을 보라. Hubert L. Dreyfus, "Why We Do Not Have to Worry About Speaking the Language of the Computer," *Information Technology & People* 11, no. 4 (December 1998): 281–89, https://personal.lse.ac.uk/whitley/allpubs/heideggerspecialissue/heidegger01.pdf; Selmer Bringsjord, "Chess Is Too Easy," *MIT Technology Review*, March 1, 1998, https://www.technologyreview.com/1998/03/01/237087/chess-is-too-easy.

156. 특히 인간 대부분을 능가하는 수준으로 십자말풀이 퍼즐에 통달한 최초의 AI, 프로버브Proverb를 설계한 박사 과정 학생 중 한 명은 노엄 샤지어Noam Shazeer였다. 그는 그 후에 구글에 입사해 〈필요한 것은 오로지 주의〉Attention Is All You Need라는 논문의 제1저자가 되었다. 이것은 최신 AI 혁명의 밑거름이 된 대규모 언어 모델용 트랜스포머 구조의 발명을 낳은 논문이다. 다음을 참고하라. Duke University, "Duke Researchers Pit Computer Against Human Crossword Puzzle Players," *ScienceDaily*, April 20, 1999, https://www.sciencedaily.com/releases/1999/04/990420064821.htm; Vaswani et al., "Attention Is All You Need."

157. 그 시합의 대표적인 비디오 클립과 왓슨의 시합을 분석한 내용은 다음을 보라. OReilly, "Jeopardy! IBM Challenge Day 3 (HD) Ken Jennings vs. WATSON vs. Brad Rutter (02-16-11)," Vimeo video, June 19, 2017, https://vimeo.com/222234104; Sam Gustin, "Behind IBM's Plan to Beat Humans at Their Own Game," *Wired*, February 14, 2011, https://www.wired.com/2011/02/watson-jeopardy; John Markoff, "Computer Wins on 'Jeopardy!': Trivial, It's Not," *New York Times*, February 16, 2011, https://www.

nytimes.com/2011/02/17/science/17jeopardy-watson.html.

158. "Show #6088— Wednesday, February 16, 2011," J! Archive, accessed April 30, 2023, https://j-archive.com/showgame.php?game_id=3577.

159. "Show #6088— Wednesday, February 16, 2011," J! Archive.

160. Jeffrey Grubb, "Google Duplex: A.I. Assistant Calls Local Businesses to Make Appointments," Jeff Grubb's Game Mess, YouTube video, May 8, 2018, https://www.youtube.com/watch?v=D5VN56jQMWM; Georgina Torbet, "Google Duplex Begins International Rollout with a New Zealand pilot," *Engadget*, October 22, 2019, https://www.engadget.com/2019-10-22-google-duplex-pilot-new-zealand.html; IBM, "Man vs. Machine: Highlights from the Debate Between IBM's Project Debater and Harish Natarajan," BusinessWorldTV, YouTube video, February 13, 2019, https://www.youtube.com/watch?v=nJXcFtY9cWY.

161. 대규모 언어 모델의 환각 문제에 대해 더 자세한 정보는 다음을 참고하라. Tom Simonite, "AI Has a Hallucination Problem That's Proving Tough to Fix," *Wired*, March 9, 2018, https://www.wired.com/story/ai-has-a-hallucination-problem-thats-proving-tough-to-fix; Craig S. Smith, "Hallucinations Could Blunt ChatGPT's Success," *IEEE Spectrum*, March 13, 2023, https://spectrum.ieee.org/ai-hallucination; Cade Metz, "What Makes A.I. Chatbots Go Wrong?," *New York Times*, March 29, 2023 (updated April 4, 2023), https://www.nytimes.com/2023/03/29/technology/ai-chatbots-hallucinations.html; Ziwei Ji et al., "Survey of Hallucination in Natural Language Generation," *ACM Computing Surveys* 55, no. 12, article 248 (March 3, 2023): 1–38, https://doi.org/10.1145/3571730.

162. Jonathan Cohen, "Right on Track: NVIDIA Open-Source Software Helps Developers Add Guardrails to AI Chatbots," NVIDIA, April 25, 2023, https://blogs.nvidia.com/blog/2023/04/25/ai-chatbot-guardrails-nemo.

163. Turing, "Computing Machinery and Intelligence."

164. Turing, "Computing Machinery and Intelligence."

165. 예를 들면, 2014년에 유진 구스트먼Eugene Goostman이라는 챗봇은 영어를 서툴게 말하는 13세 우크라이나 소년을 모방하여 튜링 테스트를 통과했다고 부당하게 헤드라인을 장식한 적이 있다. 관련 내용은 다음을 보라. Doug Aamoth "Interview with Eugene Goostman, the Fake Kid Who Passed the Turing Test," *Time*, June 9, 2014, https://time.com/2847900/eugene-goostman-turing-test.

166. 토크 투 북스의 작동 방식에 대해 우리 구글 팀으로부터 더 많은 정보를 얻길 원하거나, 내가 크리스 앤더슨과 함께 나눈 TED 팟캐스트 인터뷰를 보고 싶으면 다음을 참고하라. Google AI, "Talk to Books," *Experiments with Google*, September 2018, https://experiments.withgoogle.com/talk-to-books; Chris Anderson, "Ray Kurzweil on What the Future Holds Next," in *The Ted Interview* podcast, December 2018, https://www.ted.com/talks/the_ted_interview_ray_kurzweil_on_what_the_future_holds_next/transcript.

167. fMRI 기술에 대한 설명은 다음을 참고하라. Mark Stokes, "What Does fMRI Measure?," *Scitable*, May 16, 2015, https://www.nature.com/scitable/blog/brain-metrics/what_

does_fmri_measure.

168. Sriranga Kashyap et al., "Resolving Laminar Activation in Human V1 Using Ultra-High Spatial Resolution fMRI at 7T," *Scientific Reports* 8, article 17-63 (November 20, 2018), https://doi.org/10.1038/s41598-018-35333-3; Jozien Goense, Yvette Bohraus, and Nikos K. Logothetis, "fMRI at High Spatial Resolution: Implications for BOLD-Models," *Frontiers in Computational Neuroscience* 10, no. 66 (June 28, 2016), https://doi.org/10.3389/fncom.2016.00066.

169. 100밀리초의 시간 해상도를 보장하는 기술이 있긴 하지만, 공간 해상도가 5~6mm 정도까지 매우 나빠지는 대가를 치러야 한다. 다음을 참고하라. Benjamin Zahneisen et al., "Three-Dimensional MR-Encephalography: Fast Volumetric Brain Imaging Using Rosette Trajectories," *Magnetic Resonance in Medicine* 65, no. 5 (May 2011): 1260-68, https://doi.org/10.1002/mrm.22711; David A. Feinberg et al., "Multiplexed Echo Planar Imaging for Sub-Second Whole Brain FMRI and Fast Diffusion Imaging.," *PloS ONE* 5, no. 12: e15710 (December 20, 2010), https://doi.org/10.1371/journal.pone.0015710.

170. Alexandra List et al., "Pattern Classification of EEG Signals Reveals Perceptual and Attentional States," *PLoS ONE* 12, no. 4: e0176349 (April 26, 2017), https://doi.org/10.1371/journal.pone.0176349; Boris Burle et al., "Spatial and Temporal Resolutions of EEG: Is It Really Black and White? A Scalp Current Density View," *International Journal of Psychophysiology* 97, no. 3 (September 2015): 210-20, https://doi.org/10.1016/j.ijpsycho.2015.05.004.

171. Yahya Aghakhani et al., "Co-Localization Between the BOLD Response and Epileptiform Discharges Recorded by Simultaneous Intracranial EEG-fMRI at 3 T," *NeuroImage: Clinical* 7 (2015): 755-63, https://doi.org/10.1016/j.nicl.2015.03.002; Brigitte Stemmer and Frank A. Rodden, "Functional Brain Imaging of Language Processes," in *International Encyclopedia of the Social & Behavioral Sciences*, ed. James D. Wright, 2nd ed. (Amsterdam: Elsevier Science, 2015), 476-513, https://doi.org/10.1016/B978-0-08-097086-8.54009-4; Burle et al., "Spatial and Temporal Resolutions of EEG); Claudio Babiloni et al., "Fundamentals of Electroencefalography, Magnetoencefalography, and Functional Magnetic Resonance Imaging," in *Brain Machine Interfaces for Space Applications: Enhancing Astronaut Capabilities*, ed. Luca Rossini, Dario Izzo, and Leopold Summerer (New York: Academic Press, 2009), 73, https://books.google.co.uk/books?id=l5Q1bul_ZbEC.

172. 브레인게이트 시스템의 작동 방식을 보여주는 영상은 다음을 참고하라. BrainGate Collabo ration, "Thought Control of Robotic Arms Using the BrainGate System," NIHNINDS, YouTube video, May 16, 2012, https://www.youtube.com/watch?v=QRt8QCx3BCo.

173. Tech at Meta, "Imagining a New Interface: Hands-Free Communication Without Saying a Word," *Facebook Reality Labs*, March 30, 2020, https://tech.fb.com/imagining-a-new-interface-hands-free-communication-without-saying-a-word; Tech at Meta, "BCI Milestone: New Research from UCSF with Support from Facebook Shows the Potential of Brain-Computer Interfaces for Restoring

Speech Communication," *Facebook Reality Labs*, July 14, 2021, https://tech.fb.com/ar-vr/2021/07/bci-milestone-new-research-from-ucsf-with-support-from-facebook-shows-the-potential-of-brain-computer-interfaces-for-restoring-speech-communication; Joseph G. Makin et al., "Machine Translation of Cortical Activity to Text with an Encoder–Decoder Framework," *Nature Neuroscience* 23, no. 4 (March 30, 2020): 575–82, https://doi.org/10.1038/s41593-020-0608-8.

174. Antonio Regalado, "Facebook Is Ditching Plans to Make an Interface that Reads the Brain," *MIT Technology Review*, July 14, 2021, https://www.technologyreview.com/2021/07/14/1028447/facebook-brain-reading-interface-stops-funding.

175. '뇌-컴퓨터' 인터페이스를 위한 뉴럴링크의 목표를 길긴 하지만 개념적으로 아주 쉽게 설명한 글과 이 기술을 더 전문적으로 자세히 설명한 논문은 다음을 참고하라. Tim Urban, "Neuralink and the Brain's Magical Future (G-Rated Version)," *Wait But Why*, April 20, 2017, https://waitbutwhy.com/2017/04/neuralink-cleanversion.html; Elon Musk and Neuralink, "An Integrated Brain-Machine Interface Platform with Thousands of Channels," Neuralink working paper, July 17, 2019, bioRxiv 703801, https://doi.org/10.1101/703801.

176. John Markoff, "Elon Musk's Neuralink Wants 'Sewing Machine-Like' Robots to Wire Brains to the Internet," *New York Times*, July 16, 2019, https://www.nytimes.com/2019/07/16/technology/neuralink-elon-musk.html.

177. 그 원숭이의 행동을 보고 싶으면 다음을 참고하라. "Monkey MindPong," Neuralink, YouTube video, April 8, 2021, https://www.youtube.com/watch?v=rsCul1sp4hQ.

178. Kelsey Ables, "Musk's Neuralink Implants Brain Chip in its First Human Subject," *Washington Post*, January 30, 2024, https://www.washingtonpost.com/business/2024/01/30/neuralink-musk-first-human-brain-chip; Neuralink, "Neuralink Clinical Trial," Neuralink, accessed February 6, 2024, https://neuralink.com/pdfs/PRIME-Study-Brochure.pdf; Rachael Levy and Hyunjoo Jin, "Musk Expects Brain Chip Start-up Neuralink to Implant 'First Case' This Year," Reuters, June 20, 2023, https://www.reuters.com/technology/musk-expects-brain-chip-start-up-neuralink-implant-first-case-this-year-2023-06-16; Rachael Levy and Marisa Taylor, "U.S. Regulators Rejected Elon Musk's Bid to Test Brain Chips in Humans, Citing Safety Risks," Reuters, March 2, 2023, https://www.reuters.com/investigates/special-report/neuralink-musk-fda; Mary Beth Griggs, "Elon Musk Claims Neuralink Is About 'Six Months' Away from First Human Trial," *The Verge*, November 30, 2022, https://www.theverge.com/2022/11/30/23487307/neuralink-elon-musk-show-and-tell-2022.

179. Andrew Tarantola, "DARPA Is Helping Six Groups Create Neural Interfaces for Our Brains," *Engadget*, July 10, 2017, https://www.engadget.com/2017-07-10-darpa-taps-five-organizations-to-develop-neural-interface-tech.html.

180. "Brown to Receive up to $19M to Engineer Next-Generation Brain-Computer Interface," Brown University, July 10, 2017, https://www.brown.edu/

news/2017-07-10/neurograins; Jihun Lee et al., "Wireless Ensembles of Sub-mm Microimplants Communicating as a Network near 1 GHz in a Neural Application," bioRxiv 2020.09.11.293829 (preprint), September 13, 2020, https://www.biorxiv.org/content/10.1101/2020.09.11.293829v1.

181. 신피질의 계층적 구조에 대해 더 자세한 내용은 다음을 참고하라. Stewart Shipp, "Structure and Function of the Cerebral Cortex," *Current Biology* 17, no. 12 (June 19, 2007): R443-R449, https://www.cell.com/current-biology/pdf/S0960-9822(07)01148-7.pdf; Claus C. Hilgetag and Alexandros Goulas, "'Hierarchy' in the Organization of Brain Networks," *Philosophical Transactions of the Royal Society B*, February 24, 2020, https://doi.org/10.1098/rstb.2019.0319; Jeff Hawkins et al., "A Theory of How Columns in the Neocortex Enable Learning the Structure of the World," *Frontiers in Neural Circuits*, October 25, 2017, https://doi.org/10.3389/fncir.2017.00081.

182. 여기서 '직접'이라는 표현은 생물학적 신경세포와 디지털 신경세포가 논리적이고 계산적인 의미에서 직접 기능적으로 소통한다는 것을 뜻한다. 하지만 물리적 신호는 몸에 이식되거나 착용된 소수의 전송 단위를 통해 클라우드로 혹은 클라우드로부터 전달될 가능성이 높다.

183. 동물과 사람 사이의 언어 능력 차이를 간단하게 설명한 것은 다음을 참고하라. Ben-Yami, "Can Animals Acquire Language?"

제3장 나는 누구인가?

1. Samuel Butler, *Erewhon: Or, Over the Range*, 2nd ed. (London: Trübner & Co, 1872), 190, http://www.gutenberg.org/files/1906/1906-h/1906-h.htm.

2. Butler, *Erewhon*, vi.

3. 과학과 철학이 동물의 의식에 관해 알려주는 더 자세한 내용을 알고 싶으면 다음을 보라. Colin Allen and Michael Trestman, "Animal Consciousness," in *Stanford Encyclopedia of Philosophy*, ed. Edward N. Zalta (Winter 2017), https://plato.stanford.edu/entries/consciousness-animal; "Just How Smart Are Dolphins?," BBC Earth, YouTube video, October 19, 2014, https://www.youtube.com/watch? v=6M92OA-_5-Y; John Green, "Non-Human Animals," CrashCourse, YouTube video, January 16, 2017, https://www.youtube.com/watch? v=y3-BX-jN_Ac; Joe Rogan and Roger Penrose, "Are Animals Conscious Like We Are?," JRE Clips, YouTube video, December 18, 2018, https://www.youtube.com/watch? v=TlzY_KvGSZ4.

4. 설치류의 의식에 관해 더 자세한 내용은 다음을 참고하라. Alla Katnelson, "What the Rat Brain Tells Us About Yours," *Nautilus*, April 13, 2017, http://nautil.us/issue/47/consciousness/what-the-rat-brain-tells-us-about-yours; Jessica Hamzelou, "Zoned-Out Rats May Give Clue to Consciousness," *New Scientist*, October 5, 2011, https://www.newscientist.com/article/mg21128333-700; Cyriel Pennartz et al., "Indicators and Criteria of Consciousness in Animals and Intelligent Machines: An Inside-Out Approach," *Frontiers in Systems Neuroscience* 13, no. 25 (July 16, 2019), https://

www.frontiersin.org/articles/10.3389/fnsys.2019.00025/full; "Scientists Manipulate Consciousness in Rats," National Institutes of Health, December 18, 2015, https://www.nih.gov/news-events/news-releases/scientists-manipulate-consciousness-rats.

5. Douglas Fox, "Consciousness in a Cockroach," *Discover*, January 10, 2007, http://discover magazine.com/2007/jan/cockroach-consciousness-neuron-similarity; Suzana Herculano-Houzel, "The Human Brain in Numbers: A Linearly Scaled-Up Primate Brain," *Frontiers in Human Neuroscience* 3, no. 31 (August 5, 2009), https://www.ncbi.nlm.nih.gov/pmc/arti cles/PMC2776484.

6. Colin Barras, "Smart Amoebas Reveal Origins of Primitive Intelligence," *New Scientist*, October 29, 2008, https://www.newscientist.com/article/dn15068; Yuriv V. Pershin et al., "Memristive Model of Amoeba's Learning," *Physical Review E: Statistical Physics, Plasmas, Fluids, and Related Interdisciplinary Topics* 80, 021926 (July 27, 2009), https://arxiv.org/pdf/0810.4179.pdf.

7. 다른 동물들에 비해 상대적으로 더 발달한 동물의 의식에 관해 더 자세한 내용을 알고 싶으면 다음을 보라. Philip Low et al., "The Cambridge Declaration on Consciousness," Francis Crick Memorial Conference 2012: Consciousness in Animals, University of Cambridge, July 7, 2012, http://fcmconference.org/img/CambridgeDeclarationOnConsciousness.pdf; Virginia Morell, "Monkeys Master a Key Sign of Self-Awareness: Recognizing Their Reflections," *Science*, February 13, 2017, https://www.sciencemag.org/news/2017/02/monkeys-master-key-sign-self-awareness-recognizing-their-reflections; Melanie Boly et al., "Consciousness in Humans and Non-human Animals: Recent Advances and Future Directions," *Frontiers in Psychology* 4, no. 625 (October 31, 2013), https://www.ncbi.nlm.nih.gov/pmc/articles/PMC3814086; Marc Bekoff, "Animals Are Conscious and Should be Treated as Such," *New Scientist*, September 19, 2012, https://www.newscientist.com/article/mg21528836-200; Elizabeth Pennisi, "Are Our Primate Cousins 'Conscious'?," *Science* 284, no. 5423 (June 25, 1999): 2073–76.

8. Low et al., "Cambridge Declaration on Consciousness."

9. Danielle S. Bassett and Michael S. Gazzaniga, "Understanding Complexity in the Human Brain," *Trends in Cognitive Science* 15, no. 5 (May 2011): 200–209, https://www.ncbi.nlm.nih.gov/pmc/articles/PMC3170818; Xerxes D. Arsiwalla and Paul Verschure, "Measuring the Complexity of Consciousness," *Frontiers in Neuroscience* 12, no. 424 (June 27, 2018), https://doi.org/10.3389/fnins.2018.00424.

10. 감각질을 쉽고 흥미진진하게 설명한 영상과 백과사전식으로 더 전문적으로 설명한 글은 다음을 참고하라. Michael Stevens, "Is Your Red the Same as My Red?," Vsauce, YouTube video, February 17, 2013, https://www.youtube.com/watch? v=evQsOFQju08; Michael Tye, "Qualia," in *Stanford Encyclopedia of Philosophy*, ed. Edward N. Zalta (Summer 2018), https://plato.stanford.edu/entries/qualia.

11. 데이비드 차머스의 좀비 개념과, 이와 관련해 왜 행동을 통해 주관적 의식을 증명할 수 없는지 보여주는 존 설의 '중국어 방' 사고 실험에 대해 더 자세한 내용은 다음을 참고하라. John

Green, "Where Does Your Mind Reside?," CrashCourse, YouTube video, August 1, 2016, https://www.youtube.com/watch? v=3SJROTXnmus; John Green, "Artificial Intelligence & Personhood," CrashCourse, YouTube video, August 8, 2016, https://www.youtube.com/watch? v=39EdqUbj92U; Marcus Du Sautoy, "The Chinese Room Experiment: The Hunt for AI," BBC Studios, YouTube video, September 17, 2015, https://www.youtube.com/watch? v=D0MD4sRHj1M; Robert Kirk, "Zombies," in *Stanford Encyclopedia of Philosophy*, ed. Edward N. Zalta (Spring 2019), https://plato.stanford.edu/entries/zombies; David Cole, "The Chinese Room Argument," in *Stanford Encyclopedia of Philosophy*, ed. Edward N. Zalta (Spring 2019), https://plato.stanford.edu/entries/chi nese-room.

12. 의식의 어려운 문제와 쉬운 문제에 관한 차머스의 더 자세한 견해는 다음을 참고하라. David Chalmers, "Hard Problem of Consciousness," Serious Science, YouTube video, July 5, 2016, https://www.youtube.com/watch? v=C5DfnIjZPGw; David Chalmers, "The Meta-Problem of Consciousness," Talks at Google, YouTube video, April 2, 2019, https://www.youtube.com/watch? v=OsYUWtLQBS0; David Chalmers, "Facing Up to the Problem of Consciousness," *Journal of Consciousness Studies* 2, no. 3 (1995): 200–219, http://consc.net/papers/facing.html.

13. 좀비와 범원형심론, 철학적 좀비에 관한 차머스의 자세한 견해는 다음을 참고하라. David J. Chalmers, "Panpsychism and Panprotopsychism," in *Panpsychism*, ed. Godehard Bruntrup and Ludwig Jaskolla (New York: Oxford University Press, 2016), http://consc.net/papers/panpsychism.pdf; David Chalmers, "Panpsychism and Explaining Consciousness," Oppositum, TED Talk, YouTube video, January 18, 2016, https://www.you tube.com/watch? v=SiYfN7-gaLk; David Chalmers, "How Does Panpsychism Fit in Between Dualism and Materialism?," Loyola Productions Munich, YouTube video, November 8, 2011, https://www.youtube.com/watch? v=OSmfhc_8gew.

14. 노벨상을 수상한 물리학자 로저 펜로즈는 물리학자 스튜어트 해머로프Stuart Hameroff와 함께 '조화 객관 환원'Orchestrated objective reduction, Orch OR이라는 도발적인 이론을 개발했다. 이 이론은 신경세포 내부의 미세소관이라는 분자 내부에서 일어나는 양자 과정을 통해 의식이 생겨난다고 설명한다. 하지만 이 이론은 아직까지 과학계에서 그다지 큰 호응을 받지 못했다. 막스 테그마크Max Tegmark 같은 물리학자들은 양자 효과는 뇌에서 너무 빨리 '결이 어긋나기' 때문에 거시 규모 구조에 영향을 주거나 행동을 제어하기 어렵다고 지적했다. 조화 객관 환원 이론은 흥미로운 가능성이긴 하지만, 나는 뇌의 기능적 의식을 설명하는 데 양자물리학이 필요하다는 그럴듯한 증거를 보지 못했다. 다음을 참고하라. Steve Paulson, "Roger Penrose on Why Consciousness Does Not Compute," *Nautilus*, April 27, 2017, https://nautil.us/roger-penrose-on-why-con sci ousness-does-not-compute-236591; Max Tegmark, "The Importance of Quantum Decoherence in Brain Processes," *Physical Review E: Statistical Physics, Plasmas, Fluids, and Related Interdisciplinary Topics* 61 (May 2000): 4194–206, https://arxiv.org/pdf/quant-ph/9907009.pdf; Stuart Hameroff, "How Quantum Brain Biology Can Rescue Conscious Free Will," *Frontiers in Integrative Neuroscience* 6, article 93 (October 12, 2012), https://doi.org/10.3389/fnint.2012.00093.

15. 자유 의지에 대해 더 깊이 다룬 내용과 철학과 정치학 분야에서 자유 의지에 관해 상반된 견해를 주장하는 학파들에 대한 내용은 다음을 참고하라. John Green, "Determinism vs. Free Will," Crash Course, YouTube video, August 15, 2016, https://www.youtube.com/watch? v=vCGtkDzELAI; M. S., "Free Will and Politics," *Economist*, January 12, 2012, https://www.economist.com/democracy-in-america/2012/01/12/free-will-and-politics; Timothy O'Connor and Christopher Franklin, "Free Will," in *Stanford Encyclopedia of Philosophy*, ed. Edward N. Zalta (Summer 2019), https://plato.stanford.edu/entries/freewill; Randolph Clarke and Justin Capes, "Incompatibilist (Nondeterministic) Theories of Free Will," in *Stanford Encyclopedia of Philosophy*, ed. Edward N. Zalta (Spring 2017), https://plato.stanford.edu/entries/incompatibilism-theories; Michael McKenna and Justin D. Coates, "Compatibilism," in *Stanford Encyclopedia of Philosophy*, ed. Edward N. Zalta (Winter 2018), https://plato.stanford.edu/entries/compati bilism.

16. 비전문가를 위해 자유 의지와 예정설에 관한 흥미로운 견해를 광범위하게 소개한 내용은 다음을 참고하라. Shaun Nichols, "Free Will Versus the Programmed Brain," *Scientific American*, August 19, 2008, https://www.scientificamerican.com/article/free-will-vs-programmed-brain; Bill Nye, "Hey Bill Nye, Do Humans Have Free Will?," *Big Think*, YouTube video, January 19, 2016, https://www.youtube.com/watch? v=ITdMa2bCaVc; Michio Kaku, "Why Physics Ends the Free Will Debate," *Big Think*, YouTube video, May 20, 2011, https://www.youtube.com/watch? v=Jint5kjoy6I; Stephen Cave, "There's No Such Thing as Free Will," *Atlantic*, June 2016, https://www.theatlantic.com/magazine/archive/2016/06/theres-no-such-thing-as-free-will/480750.

17. Simon Blackburn, *Think: A Compelling Introduction to Philosophy* (Oxford, UK: Oxford University Press, 1999), 85, https://books.google.co.uk/books? id=yEEITQSyxAMC.

18. 세포 자동자에 대한 더 깊은 설명은 다음을 참고하라. Daniel Shiffman, "Cellular Automata," chap. 7 in *The Nature of Code* (Magic Book Project, 2012), https://natureofcode.com/book/chapter-7-cellular-automata; Devin Acker, "Elementary Cellular Automaton," Github.io, accessed March 10, 2023, http://devinacker.github.io/celldemo; Francesco Berto and Jacopo Tagliabue, "Cellular Automata," in *Stanford Encyclopedia of Philosophy*, ed. Edward N. Zalta (Fall 2017), https://plato.stanford.edu/archives/fall2017/entries/cellular-automata.

19. "John Conway's Game of Life," Bitstorm.org, accessed March 10, 2023, https://bitstorm.org/gameoflife; "Life in Life," Phillip Bradbury, YouTube video, May 13, 2012, https://www.youtube.com/watch? v=xP5-iIeKXE8; Amanda Ghassaei, "OTCA Metapixel— Conway's Game of Life," Trybotics, accessed March 10, 2023, https://trybotics.com/proj ect/OTCA-Metapixel-Conways-Game-of-Life-98534.

20. Stephen Wolfram, *A New Kind of Science* (Champaign, IL: Wolfram Media, 2002), 23–41, 58–70.

21. Wolfram, *New Kind of Science*, 56, wolframscience.com/nks.

22. Wolfram, *New Kind of Science*, 56, wolframscience.com/nks.

23. Wolfram, *New Kind of Science*, 23 – 27, 31, wolframscience.com/nks.

24. Wolfram, *New Kind of Science*, 23 – 27, 31, wolframscience.com/nks.

25. 세포 자동자와 복잡성에 관한 울프럼의 기본적인 논문은 다음을 보라. Stephen Wolfram, "Cellular Automata as Models of Complexity," *Nature* 311, no. 5985 (October 1984), https://www.stephenwolfram.com/publications/academic/cellular-automata-models-complexity.pdf.

26. 창발에 관한 짧은 설명은 다음을 참고하라. Emily Driscoll and Lottie Kingslake, "What Is Emergence?," *Quanta Magazine*, YouTube video, December 20, 2018, https://www.youtube.com/watch?v=TlysTnxF_6c.

27. Wolfram, *New Kind of Science*, 31.

28. 시각화 자료와 인터랙티브 툴을 포함해 울프럼 물리학 프로젝트에 대해 더 많은 정보를 얻고 싶으면 www.wolframphysics.org를 방문하라. 매우 전문적이고 자세한 설명을 원한다면 다음을 참고하라. Stephen Wolfram, "A Class of Models with the Potential to Represent Fundamental Physics," *Complex Systems* 29, no. 2 (April 2020): 107 – 536, https://doi.org/10.25088/ComplexSystems.29.2.107.

29. 울프럼이 제기한 미래 예측이 불가능한 형태의 결정론은 겉보기에 무작위적으로 보이는 양자 사건과도 양립할 수 있다. 양자 사건은 결정론적 규칙을 따르더라도 자신의 장래 행동에 대해 유용한 정보를 전혀 내비치지 않는 방식으로 일어난다고 볼 수 있기 때문이다. 양자물리학의 속성을 이용해 우주의 어느 누가 보더라도 정말로 무작위적인 수들을 만들어낼 수는 있지만, 이것들은 4군 세포 자동자처럼 창발적 속성을 지니지 않는다는 점을 지적할 필요가 있다. 다시 말해서, 만약 1과 0의 무작위적이고 가중치 없는 분포가 나오리란 사실을 안다면, 거기서 더 복잡한 것이 나올 수가 없다. 예컨대, 11111111과 같은 긴 숫자열이 나올 수 있지만, 각각의 새로운 숫자는 그 앞에 나온 숫자와 아무 관련이 없다. 따라서 당신은 이전에 나온 숫자에 대해 아무것도 알 필요 없이 10억 번째 자리의 숫자가 1일 확률이 50%라고 즉각 말할 수 있다. 이것은 법칙 자체가 자신이 기술하는 현상의 행동을 완전히 설명하는 일반적인 과학 패러다임과 일치한다. 다음을 참고하라. Xiongfeng Ma et al., "Quantum Random Number Generation," *npj Quantum Information* 2, article 16021 (June 28, 2016), https://www.nature.com/articles/npjqi201621.

30. 11차원 뇌 구조를 발견한 뒤, 동물(그리고 결국에는 사람) 뇌의 지도를 작성하고 디지털 방식으로 재구성하는 작업을 진행 중인 블루 브레인 프로젝트에 대해 더 자세한 설명은 다음을 참고하라. "Blue Brain Team Discovers a Multi-Dimensional Universe in Brain Networks," *Frontiers Science News*, June 12, 2017, https://blog.frontiersin.org/2017/06/12/blue-brain-team-discovers-a-multi-dimensional-universe-in-brain-networks; Michael W. Reimann et al., "Cliques of Neurons Bound into Cavities Provide a Missing Link Between Structure and Function," *Frontiers in Computational Neuroscience* 11, no. 48 (June 12, 2017), https://doi.org/10.3389/fncom.2017.00048.

31. 다음을 참고하라. John Green, "Compatibilism," CrashCourse, YouTube video, August 22, 2016, https://www.youtube.com/watch?v=KETTtiprINU; McKenna and Coates,

"Compatibilism."

32. 이것은 일종의 결정론적 규칙을 따르는 우주에서도 유의미한 수준의 자유 의지가 가능하다고 보는 양립 가능론의 한 형태이다. 다음을 참고하라. Green, "Compatibilism"; McKenna and Coates, "Compatibilism," *Stanford Encyclopedia*.

33. 지난 수십 년 동안 신경과학의 연구를 통해 밝혀진 좌뇌와 우뇌 사이의 관계에 대해 더 자세한 내용을 알고 싶으면 다음을 참고하라. Ned Herrmann, "Is It True That Creativity Resides in the Right Hemisphere of the Brain?," *Scientific American*, January 26, 1998, https://www.scientificamerican.com/article/is-it-true-that-creativit; Dina A. Lienhard, "Roger Sperry's Split Brain Experiments (1959–1968)," *Embryo Project Encyclopedia*, December 27, 2017, https://embryo.asu.edu/pages/roger-sperrys-split-brain-experiments-1959-1968; David Wolman, "The Split Brain: A Tale of Two Halves," *Nature* 483, no. 7389 (March 14, 2012): 260–63, https://www.nature.com/news/the-split-brain-a-tale-of-two-halves-1.10213.

34. Stella de Bode and Susan Curtiss, "Language After Hemispherectomy," *Brain and Cognition* 43, nos. 1–3 (June–August 2000): 135–205.

35. Dana Boatman et al., "Language Recovery After Left Hemispherectomy in Children with Late-Onset Seizures," *Annals of Neurology* 46, no. 4 (April 1999): 579–86, https://www.ac ademia.edu/21485724/Language_recovery_after_left_hemispherectomy_in_children_with_late-onset_seizures.

36. Jing Zhou et al., "Axon Position Within the Corpus Callosum Determines Contralateral Cortical Projection," *Proceedings of the National Academy of Sciences* 110, no. 29 (July 16, 2013): E2714–E2723, https://doi.org/10.1073/pnas.1310233110.

37. Benedict Carey, "Decoding the Brain's Cacophony," *New York Times*, October 31, 2011, https://www.nytimes.com/2011/11/01/science/telling-the-story-of-the-brains-cacophony-of-competing-voices.html; Michael Gazzaniga, "The Split Brain in Man," *Scientific American* 217, no. 2 (August 1967): 24–29, https://doi.org/10.1038%2Fscientificamerican0867-24; Alan Alda and David Huntley, "Pieces of Mind," *Scientific American Frontiers* (PBS, 1997), ctshad, YouTube video, https://www.youtube.com/watch?v=lfGwsAdS9Dc.

38. Michael S. Gazzaniga, "Principles of Human Brain Organization Derived from Split-Brain Studies," *Neuron* 14, no. 2 (February 1995): 217–28, https://doi.org/10.1016/0896-6273(95)90280-5; Roger W. Sperry, "Consciousness, Personal Identity, and the Divided Brain," in *The Dual Brain: Hemispheric Specialization in Humans*, ed. D. F. Benson and Eran Zaidel (New York: Guilford Publications, 1985), 11–25; William Hirstein, "Self-Deception and Confabulation," *Philosophy of Science* 67, no. 3 (September 2000): S418–S429, www.jstor.org/stable/188684.

39. Gazzaniga, "Principles of Human Brain Organization"; Sperry, "Consciousness, Personal Identity, and the Divided Brain"; Hirstein, "Self-Deception and Confabulation."

40. Richard Apps et al., "Cerebellar Modules and Their Role as Operational Cerebellar

Processing Units," *Cerebellum* 17, no. 5 (June 6, 2018): 654–682, https://doi.org/10.1007/s12311-018-0952-3; Jan Voogd, "What We Do Not Know About Cerebellar Systems Neuroscience," *Frontiers in Systems Neuroscience* 8, no. 227 (December 18, 2014), https://doi.org/10.3389/fnsys.2014.00227.

41. 마음의 사회 이론과 그것이 현재의 신경과학과 어떤 관련이 있는지에 대해 더 자세한 내용은 다음을 보라. Marvin Minsky, "The Society of Mind Theory Developed from Teaching," Web of Stories— Life Stories of Remarkable People, YouTube video, October 5, 2016, https://www.youtube.com/watch? v=HU2SZEW4EWg; Marvin Minsky, "Biological Plausibility of the Society of Mind Theory," Web of Stories— Life Stories of Remarkable People, YouTube video, October 31, 2016, https://www.youtube.com/watch? v=e02WbBd0F70; Michael N. Shadlen and Adina L. Roskies, "The Neurobiology of Decision-Making and Responsibility: Reconciling Mechanism and Mindedness," *Frontiers in Neuroscience* 6, no. 56 (April 23, 2012), https://doi.org/10.3389/fnins.2012.00056; Johannes Friedrich and Máté Lengyel, "Goal-Directed Decision Making with Spiking Neurons," *Journal of Neuroscience* 36, no. 5 (February 3, 2016): 1529–46, https://doi.org/10.1523/JNEUROSCI.2854-15.2016; Marvin Minsky, *The Society of Mind* (New York: Simon & Schuster, 1986).

42. Sarvi Sharifi et al., "Neuroimaging Essentials in Essential Tremor: A Systematic Review," *NeuroImage Clinical* 5 (May 2014): 217–31, https://doi.org/10.1016/j.nicl.2014.05.003; Rick C. Helmich, David E. Vaillancourt, and David J. Brooks, "The Future of Brain Imaging in Parkinson's Disease," *Journal of Parkinson's Disease* 8, no. s1 (2018): S47–S51, https://doi.org/10.3233/JPD-181482.

43. 정체성과 변화를 깊이 고찰한 철학에 대해 더 자세한 내용은 다음을 참고하라. Andre Gallois, "Identity Over Time," in *Stanford Encyclopedia of Philosophy*, ed. Edward N. Zalta (Winter 2016), https://plato.stanford.edu/entries/identity-time.

44. Duncan Graham-Rowe, "World's First Brain Prosthesis Revealed," *New Scientist*, March 2003, https://www.newscientist.com/article/dn3488.

45. Robert E. Hampson et al., "Developing a Hippocampal Neural Prosthetic to Facilitate Human Memory Encoding and Recall," *Journal of Neural Engineering* 15, no. 3 (March 28, 2018), https://doi.org/10.1088/1741-2552/aaaed7.

46. 미토콘드리아 교체에 관해 덜 전문적인 설명과 더 전문적인 설명은 다음을 참고하라. Jon Lieff, "Dynamic Relationship of Mitochondria and Neurons," jonlieffmd.com, February 2, 2014, https://jonlieffmd.com/tag/dynamic-of-fission-and-fusion; Thomas Misgeld and Thomas L. Schwarz, "Mitostasis in Neurons: Maintaining Mitochondria in an Extended Cellular Architecture," *Neuron* 96, no. 3 (November 1, 2017): 651–66, https://www.ncbi.nlm.nih.gov/pmc/articles/PMC5687842.

47. Samuel F. Bakhoum and Duane A. Compton, "Kinetochores and Disease: Keeping Microtubule Dynamics in Check!," *Current Opinion in Cell Biology* 24, no. 1 (February 2012): 64–70, https://www.ncbi.nlm.nih.gov/pmc/articles/PMC3294090/#R13; Vincent Meininger and Stephane Binet, "Characteristics of Microtubules at the

Different Stages of Neuronal Differentiation and Maturation," *International Review of Cytology* 114 (1989): 21–79, https://doi.org/10.1016/S0074-7696(08)60858-X.

48. Laurie D. Cohen et al., "Metabolic Turnover of Synaptic Proteins: Kinetics, Interdependencies and Implications for Synaptic Maintenance," *PLoS One* 8, no. 5: e63191 (May 2, 2013), https://doi.org/10.1371/journal.pone.0063191.

49. K. H. Huh and R. J. Wenthold, "Turnover Analysis of Glutamate Receptors Identifies a Rapidly Degraded Pool of the N-methyl-D-aspartate Receptor Subunit, NR1, in Cultured Cerebellar Granule Cells," *Journal of Biological Chemistry* 274, no. 1 (January 1, 1999): 151–57, https://www.ncbi.nlm.nih.gov/pubmed/9867823.

50. Erin N. Star, David J. Kwiatkowski, and Venkatesh N. Murthy, "Rapid Turnover of Actin in Dendritic Spines and its Regulation by Activity," *Nature Neuroscience* 5, no. 3 (March 2002): 239–46, https://www.ncbi.nlm.nih.gov/pubmed/11850630.

51. "Female Reproductive System," Cleveland Clinic, accessed March 10, 2023, https://my.clevelandclinic.org/health/articles/9118-female-reproductive-system; Robert D. Martin, "The Macho Sperm Myth," *Aeon*, August 23, 2018, https://aeon.co/essays/the-idea-that-sperm-race-to-the-egg-is-just-another-macho-myth.

52. Timothy G. Jenkins et al., "Sperm Epigenetics and Aging," *Translational Andrology and Urology* 7, suppl. 3 (July 2018): S328–S335, https://doi.org/10.21037/tau.2018.06.10; Ida Donkin and Romain Barrès, "Sperm Epigenetics and the Influence of Environmental Factors," *Molecular Metabolism* 14 (August 2018): 1–11, https://doi.org/10.1016/j.molmet.2018.02.006.

53. Holly C. Betts et al., "Integrated Genomic and Fossil Evidence Illuminates Life's Early Evolution and Eukaryote Origin," *Nature Ecology & Evolution* 2 (August 20, 2018): 1556–62, https://doi.org/10.1038/s41559-018-0644-x; Elizabeth Pennisi, "Life May Have Originated on Earth 4 Billion Years Ago, Study of Controversial Fossils Suggests," *Science*, December 18, 2017, https://www.sciencemag.org/news/2017/12/life-may-have-originated-earth-4-billion-years-ago-study-controversial-fossils-suggests; Michael Marshall, "Timeline: The Evolution of Life," *New Scientist*, July 14, 2009, https://institutions.newscientist.com/article/dn17453-timeline-the-evolution-of-life.

54. 우리 부모가 만나 나를 임신할 확률은 빼고 생각하더라도, 아이를 만들기 위해 특정 생식세포 2개가 만날 확률은 약 200경분의 1이다. 이것은 부모도 마찬가지고, 조부모도 마찬가지고, 그 위의 조상들도 마찬가지다. 몇 세기 전의 특정 조상을 놓고 생각해보면, 나는 그 사람의 유전자를 전혀 물려받지 않았을 수도 있다. 하지만 유전적 사슬의 연결 고리 중 어느 하나라도 끊어졌더라면, 나의 중간 조상들은 태어나지 않거나 유전병으로 일찍 죽거나 혹은 다른 사람과 결혼했을 수도 있다. 나의 가계도에서 모든 가지는 이러한 불확실성의 칼날 위에 놓여 있다.

따라서 모든 인간 조상의 가지가 죽 이어져 내가 태어날 유전적, 후성유전적 확률은 (아주 대략적으로 말하면) 내 앞에 존재한 모든 조상('특정 조상'뿐만 아니라) 수를 N이라 했을 때 200경^{N}분의 1이다. 100세대 위의 조부모는 부처 시대와 예수 시대 사이의 어느 시기에 살았을 수 있다. 단순히 한 세대 위로 갈수록 조상이 2배씩 늘어난다고 계산하면, 100세대 위의 조부모 수는 약 1.3×10^{30}명이나 되는데, 그때 세계 인구는 4억 명 미만이었다. 이 수수께끼의

답은 근친혼에 있다. 가계도를 죽 거슬러 올라가보면, 조상들이 모두 서로의 먼 친척이라는 사실을 발견하게 된다. 따라서 한 사람이 여러 가지 방식으로 나의 조상이 될 수도 있다. 정상적으로 조상의 수를 셀 때에는 이러한 독특한 개인에 초점을 맞추어야 할 것이다. 하지만 자신의 조상이 되기 힘든 확률을 추정하려면 관계에 초점을 맞추어야 한다. 따라서 만약 그 사람이 나의 여덟 번째와 아홉 번째 조부모에 모두 해당한다면 같은 사람을 두 번 세어야 하는데, 왜냐하면 그 사람이 두 역할을 모두 수행하는 것은 여전히 우연에 달려 있기 때문이다.

호모 사피엔스는 그동안 약 1만 세대 이어져왔기 때문에, 나의 정확한 정체성은 약 $2^{2^{10000}}$(대략 4×10^{3010})명에 이르는 조상의 사건에 달려 있는 셈이다. 따라서 200경을 이 수만큼 거듭제곱한 것이 전체적인 확률을 나타내는 수의 분모에 해당하는데, 그 수는 약 $10^{10^{3011}}$이다. 이 수는 심지어 구골플렉스보다 훨씬 크며, 1 뒤에 붙는 0의 수는 알려진 우주에 존재하는 모든 원자의 수보다 많다. 게다가 이것은 오로지 인류만 고려했을 때의 이야기이다. 옥스퍼드대학교의 생물학자 리처드 도킨스Richard Dawkins는 유성 생식을 한 최초의 우리 조상 중 하나인 선구동물부터 센다면 무려 3억 세대가 흘렀을 거라고 추정한다. 약 40억 년 전에 생명이 시작된 순간부터 그동안 경과한 세대를 엄밀하게 추정할 수 있는 데이터는 없지만, 가장 그럴듯한 추정에 따르면 약 1조 세대에 이른다고 한다. 이 전체 계보의 확률을 나타내는 수치는 어마어마할 정도로 거대해서 우리가 지적으로 가늠하기 불가능한 수준이라고만 이야기하고 넘어가기로 하자. 우리 모두는 우연과 행운의 산 정상에 서 있으며, 이 산은 시간과 공간 속에서 그 바닥을 볼 수 없을 정도로 아주 깊이 뻗어 있다.

인간의 진화와 이러한 추정의 기반을 이루는 증거에 대해 더 자세한 것을 알고 싶으면 다음을 참고하라. Max Ingman et al., "Mitochondrial Genome Variation and the Origin of Modern Humans," *Nature* 408 (December 7, 2000): 713, https://www.eva.mpg.de/fileadmin/content_files/staff/paabo/pdf/Ingman_MitNat_2000.pdf; Donn Devine, "How Long Is a Generation?," Ancestry.ca, March 10, 2023, https://web.archive.org/web/20200111102741/https://www.ancestry.ca/learn/learningcenters/default.aspx?section=lib_Generation; Adam Rutherford, "Ant and Dec's DNA Test Merely Tells Us That We're All Inbred," *Guardian*, November 12, 2019, https://www.theguardian.com/commentisfree/2019/nov/12/ant-and-dec-dna-test-all-inbred-historical-connections; Alva Noë, "DNA, Genealogy and the Search for Who We Are," NPR, January 29, 2016, https://www.npr.org/sections/13.7/2016/01/29/464805509/dna-genealogy-and-the-search-for-who-we-are; Alison Jolly, *Lucy's Legacy: Sex and Intelligence in Human Evolution* (Cambridge, MA: Harvard University Press, 1999), 55, https://books.google.co.uk/books?id=7mSMa2Zl_YkC; Simon Conway Morris, "The Fossils of the Burgess Shale and the Cambrian 'Explosion': Their Implications for Evolution," in *Killers in the Brain: Essays in Science and Technology from the Royal Institution*, ed. Peter Day (Oxford, UK: Oxford University Press, 1999), 22, https://books.google.co.uk/books?id=v3Eo4UqbbYsC; Richard Dawkins and Yan Wong, *The Ancestor's Tale: A Pilgrimage to the Dawn of Evolution* (New York: Houghton Mifflin Harcourt, 2004), 379; John Carl Villanueva, "How Many Atoms Are in the Universe?," *Universe Today*, July 30, 2009, https://www.universetoday.com/36302/atoms-in-the-universe; Tim Urban, "Meet Your Ancestors (All of Them)," *Wait But Why*, December 18, 2013, https://waitbutwhy.

com/2013/12/your-ancestor-is-jellyfish.html.

55. 미세 조정 문제를 과학적으로 잘 설명한 자료는 다음을 참고하라. Leonard Susskind, "Is the Universe Fine-Tuned for Life and Mind?," Closer to Truth, YouTube video, January 8, 2013, https://www.youtube.com/watch?v=2cT4zZIHR3s; Martin J. Rees, "Why Cosmic Fine-Tuning Demands Explanation," Closer to Truth, YouTube video, January 23, 2017, https://www.youtube.com/watch?v=E0zdXj6fSGY; Simon Friedrich, "Fine-Tuning," in *Stanford Encyclopedia of Philosophy*, ed. Edward N. Zalta (Winter 2018), https://plato.stanford.edu/en tries/fine-tuning/#FineTuneCondEarlUniv.

56. 표준 모형에 따르면, 쿼크 6종, 반쿼크 6종, 경입자(렙톤) 6종, 반경입자(반렙톤) 6종, 글루온 8종, 광자, W+ 보손, W-보손, Z 보손, 힉스 보손이 있다. 표준 모형의 이른바 '소립자 동물원'에 관해 더 자세한 내용은 다음을 참고하라. Julian Huguet, "Subatomic Particles Explained in Under 4 Minutes," *Seeker*, YouTube video, December 18, 2014, https://www.youtube.com/watch?v=eD7hXLRqWWM; Peter Kalmus, "The Physics of Elementary Particles: Part I," *Plus Magazine*, April 21, 2015, https://plus.maths.org/content/physics-elementary-particles; Guido Altarelli and James Wells, "Gauge Theories and the Standard Model," in *Collider Physics Within the Standard Model*, vol. 937 of *Lecture Notes in Physics*, ed. James Wells (Cham, Switzerland: Springer Open, 2017), https://doi.org/10.1007/978-3-319-51920-3_1.

57. 자연 발생과 이를 뒷받침하는 1952년의 '밀러-유리' 실험에 관한 유익한 설명은 다음을 보라. Paul Anderson, "Abiogenesis," Bozeman Science, YouTube video, June 25, 2011, https://www.youtube.com/watch?v=W3ceg— uQKM; "What Was the Miller-Urey Experiment," Stated Clearly, YouTube video, October 27, 2015, https://www.youtube.com/watch?v=NNijmxsKGbc.

58. Friedrich, "Fine-Tuning," *Stanford Encyclopedia*; Luke A. Barnes, "The Fine-Tuning of the Universe for Intelligent Life," *Publications of the Astronomical Society of Australia* 29, no. 4 (2012): 529–64, doi:10.1071/AS12015.

59. Friedrich, "Fine-Tuning," *Stanford Encyclopedia*; Lawrence J. Hall et al., "The Weak Scale from BBN," *Journal of High Energy Physics* 2014, no. 12, article 134 (2014), doi.org/10.1007/JHEP12(2014)134; Bernard J. Carr and Martin J. Rees, "The Anthropic Principle and the Structure of the Physical World," *Nature* 278 (April 12, 1979): 605–12, https://www.na ture.com/articles/278605a0.

60. Craig J. Hogan, "Why the Universe Is Just So," *Reviews of Modern Physics* 72, no. 4 (October 1, 2000): 1149–61, https://journals.aps.org/rmp/abstract/10.1103/RevModPhys.72.1149; Craig J. Hogan, "Quarks, Electrons, and Atoms in Closely Related Universes," in *Universe or Multiverse*, ed. Bernard Carr (Cambridge, UK: Cambridge University Press, 2007), 221–30.

61. Hogan, "Why the Universe Is Just So"; Hogan, "Quarks, Electrons, and Atoms," 221–30.

62. Hogan, "Quarks, Electrons, and Atoms," 224.

63. Hogan, "Quarks, Electrons, and Atoms," 224–25.

64. Hogan, "Quarks, Electrons, and Atoms," 224–25.

65. 무거운 원소의 생성에 필요한 중력의 미세 조정을 포함해 물리학 법칙들의 미세 조정을 뒷받침하는 증거를 더 심도 있게 다룬 내용은 다음을 보라. Friedrich, "Fine-Tuning," *Stanford Encyclopedia*; Carr and Rees, "Anthropic Principle and the Structure of the Physical World," 605–12.

66. Michael Brooks, "Gravity Mysteries: Why Is Gravity Fine-Tuned?," *New Scientist*, June 10, 2009, https://www.newscientist.com/article/mg20227123-000.

67. Tim Radford, "Just Six Numbers: The Deep Forces That Shape the Universe by Martin Rees— Review," *Guardian*, June 8, 2012, https://www.theguardian.com/science/2012/jun/08/just-six-numbers-martin-rees-review; Brooks, "Gravity Mysteries: Why Is Gravity Fine-Tuned?"

68. Friedrich, "Fine-Tuning," *Stanford Encyclopedia*; Max Tegmark and Martin J. Rees, "Why Is the Cosmic Microwave Background Fluctuation Level 10^{-5}?," *Astronomical Journal* 499, no. 2 (June 1, 1998): 526–32, https://iopscience.iop.org/article/10.1086/305673/pdf.

69. Friedrich, "Fine-Tuning," *Stanford Encyclopedia*; Tegmark and Rees, "Why Is the Cosmic Microwave Background Fluctuation Level 10^{-5}?"

70. Martin J. Rees, *Just Six Numbers: The Deep Forces That Shape the Universe* (New York: Weidenfeld & Nicholson, 1999), 104.

71. Rees, *Just Six Numbers*, 104

72. Friedrich, "Fine-Tuning," *Stanford Encyclopedia*; Roger Penrose, *The Road to Reality: A Complete Guide to the Laws of the Universe* (New York: Vintage, 2004), 729–30.

73. Tony Padilla, "How Many Particles in the Universe?," Numberphile, YouTube video, July 10, 2017, https://www.youtube.com/watch? v=lpj0E0a0mlU; Villanueva, "How Many Atoms Are in the Universe?"; Jacob Aron, "Number of Ways to Arrange 128 Balls Exceeds Atoms in Universe," *New Scientist*, January 28, 2016, https://www.newscientist.com/article/2075593.

74. Luke Barnes (L.A. Barnes), "The Fine-Tuning of the Universe for Intelligent Life," *Publications of the Astronomical Society of Australia* 29, no. 4 (June 7, 2012): 531, https://www.publish.csiro.au/as/pdf/AS12015.

75. Brad Lemley, "Why Is There Life?," *Discover*, November 2000, http://discovermagazine.com/2000/nov/cover.

76. 무신론자 생물학자 리처드 도킨스와 가톨릭교도 천문학자 조지 코인George Coyne 사이의 흥미진진한 대화를 포함해 인류 원리에 대해 더 자세한 내용은 다음을 참고하라. Roberto Trotta, "What Is the Anthropic Principle?," *Physics World*, YouTube video, January 17, 2014, https://www.youtube.com/watch? v=dWkJ8Pl-8l8; Richard Dawkins and George Coyne, "The Anthropic Principle," jlcamelo, July 9, 2010, https://youtu.be/lm9ZtYkd kEQ? t=102; Joe Rogan and Nick Bostrom, "Joe Rogan Experience #1350— Nick Bostrom," PowerfulJRE, September 11, 2019, https://web.archive.org/web/20190918171740/https://www.youtube.com/watch? v=5c4cv7rVlE8; Christopher

Smeenk and George Ellis, "Philosophy of Cosmology," in *Stanford Encyclopedia of Philosophy*, ed. Edward N. Zalta (Winter 2017), https://plato.stanford.edu/entries/cosmology.

77. Lemley, "Why Is There Life?"

78. GAN을 쉽게 설명한 내용과 죽은 사람을 AI로 재현하는 최신 기술에 관한 몇 가지 흥미로운 정보는 다음을 참고하라. Robert Miles, "Generative Adversarial Networks (GANs)," Computerphile, YouTube video, October 25, 2017, https://www.you tube.com/watch?v=Sw9r8CL98N0; Michael Kammerer, "I Trained an AI to Imitate My Own Art Style. This Is What Happened," *Towards Data Science*, March 28, 2019, https://towardsdatascience.com/i-trained-an-ai-to-imitate-my-own-art-style-this-is-what-hap pened-461785b9a15b; Ana Santos Rutschman, "Artificial Intelligence Can Now Emulate Human Behaviors— Soon It Will Be Dangerously Good," *The Conversation*, April 5, 2019, https://theconversation.com/artificial-intelligence-can-now-emulate-human-behaviors-soon-it-will-be-dangerously-good-114136; Catherine Stupp, "Fraudsters Used AI to Mimic CEO's Voice in Unusual Cybercrime Case," *Wall Street Journal*, August 30, 2019, https://www.wsj.com/articles/fraudsters-use-ai-to-mimic-ceos-voice-in-unusual-cyber crime-case-11567157402; David Nield, "New AI Generates Freakishly Realistic People Who Don't Actually Exist," *Science Alert*, February 19, 2019, https://www.sciencealert.com/ai-is-getting-creepily-good-at-generating-faces-for-people-who-don-t-actually-exist; Alec Radford et al., "Better Language Models and Their Implications," OpenAI, February 14, 2019, https://openai.com/blog/better-language-models; Richard Socher, "Introducing a Conditional Transformer Language Model for Controllable Generation," Salesforce Einstein, accessed March 10, 2023, https://blog.einstein.ai/introducing-a-conditional-transformer-language-model-for-controllable-generation.

79. Jeffrey Grubb, "Google Duplex: A.I. Assistant Calls Local Businesses to Make Appointments," Jeff Grubb's Game Mess, YouTube video, May 8, 2018, https://www.youtube.com/watch? v=D5VN56jQMWM.

80. Monkeypaw Productions and BuzzFeed, "You Won't Believe What Obama Says in This Video," BuzzFeedVideo, YouTube video, April 17, 2018, https://www.youtube.com/watch? v=cQ54GDm1eL0; "Could Deepfakes Weaken Democracy?," *Economist*, YouTube video, October 22, 2019, https://www.youtube.com/watch?v=_m2dRDQEC1A; Kristin Houser, "This 'RoboTrump' AI Mimics the President's Writing Style," *Futurism*, October 23, 2019, https://futurism.com/robotrump-ai-text-generator-trump.

81. "No Country for Old Actors," Ctrl Shift Face, YouTube video, November 13, 2019, https://www.youtube.com/watch? v=Ow_uufCxm1A.

82. Casey Newton, "Speak, Memory," *The Verge*, October 6, 2016, https://www.theverge.com/a/luka-artificial-intelligence-memorial-roman-mazurenko-bot.

83. 불쾌한 골짜기 뒤에 숨어 있는 과학을 명쾌하고 흥미진진하게 조명한 내용은 다음을 참고하

라. Michael Stevens, "Why Are Things Creepy?," Vsauce, YouTube video, July 2, 2013, https://www.you tube.com/watch? v=PEikGKDVsCc.

84. 현실적인 안드로이드 개발과 모라벡의 역설에 관해 더 자세한 내용은 다음을 참고하라. Tim Hornyak, "Insanely Humanlike Androids Have Entered the Workplace and Soon May Take Your Job," CNBC, October 31, 2019, https://www.cnbc.com/2019/10/31/human-like-androids-have-entered-the-workplace-and-may-take-your-job.html; Jade Tan-Holmes, "Moravec's Paradox— Why Are Machines So Smart, Yet So Dumb?," Up and Atom, YouTube video, July 8, 2019, https://www.youtube.com/watch? v=hcfVRkC3Dp0; J. C. Eccles, "Evolution of Consciousness," *Proceedings of the National Academy of Sciences of the United States of America* 89, no. 16 (August 15, 1992): 7320–24, https://www.ncbi.nlm.nih.gov/pmc/articles/PMC49701; Hans Moravec, *Mind Children* (Cambridge, MA: Harvard University Press, 1988), 1–50.

85. John Hawks, "How Has the Human Brain Evolved?," *Scientific American Mind* 24, no. 3 (July 1, 2013): 76, https://doi.org/10.1038/scientificamericanmind0713-76b.

86. "ASIMO World2001-2/3," jnomw, YouTube video, October 28, 2006, https://www.you tube.com/watch? v=Ph_B_5hKRIE.

87. "More Parkour Atlas," BostonDynamics, YouTube video, September 24, 2019, https://www.youtube.com/watch? v=_sBBaNYex3E.

88. "Sophia the Robot by Hanson Robotics," Hanson Robotics Limited, YouTube video, September 5, 2018, https://www.youtube.com/watch? v=BhU9hOo5Cuc; "Meet Little Sophia, Hanson Robotics' Newest Robot," Hanson Robotics Limited, YouTube video, February 11, 2019, https://www.youtube.com/watch? v=7cGRPvN5430; "Ameca Expressions with GPT3/4," Engineered Arts, YouTube video, March 31, 2023, https://www.youtube.com/watch? v=yUszJyS3d7A.

89. Anders Sandberg and Nick Bostrom, *Whole Brain Emulation: A Roadmap*, technical report 2008-3, Future of Humanity Institute, Oxford University (2008), 13, https://www.fhi.ox.ac.uk/brain-emulation-roadmap-report.pdf.

90. Sandberg and Bostrom, *Whole Brain Emulation*, 80–81.

91. 마음 업로딩과 뇌 에뮬레이션과 관련된 추가 자료는 다음을 참고하라. S. A. Graziano, "How Close Are We to Uploading Our Minds?," TED-Ed, YouTube video, October 29, 2019, https://www.youtube.com/watch? v=2DWnvx1NYUA; Trace Dominguez, "How Close Are We to Downloading the Human Brain?," *Seeker*, YouTube video, September 13, 2018, https://www.youtube.com/watch? v=DE5e5zF6a-8; Michio Kaku, "Could We Transport Our Consciousness Into Robots?," *Big Think*, YouTube video, May 31, 2011, https://www.youtube.com/watch? v=tT1vxEpE1aI; Matt O'Dowd, "Computing a Universe Simulation," PBS Space Time, YouTube video, October 10, 2018, https://www.youtube.com/watch? v=0GLgZvTCbaA; Riken, "All-Atom Molecular Dynamics Simulation of the Bacterial Cytoplasm," rikenchannel, YouTube video, June 6, 2017, https://www.youtube.com/watch? v=5JcFgj2gHx8; "Scientists Create First Billion-Atom Biomolecular Simulation," Los Alamos National Lab, YouTube video, April

22, 2019, https://www.youtube.com/watch? v=jmeik65RkJw; "Matrioshka Brains," Isaac Arthur, YouTube video, June 23, 2016, https://www.youtube.com/watch? v=Ef-mxjYkllw; Simon Makin, "The Four Biggest Challenges in Brain Simulation," *Nature* 571, S9 (July 25, 2019), https://www.nature.com/articles/d41586-019-02209-z; Egidio D'Angelo et al., "Realistic Modeling of Neurons and Networks: Towards Brain Simulation," *Functional Neurology* 28, no. 3 (July–September 2013): 153–66, https://www.ncbi.nlm.nih.gov/pmc/articles/PMC3812748; Elon Musk and Neuralink, "An Integrated Brain-Machine Interface Platform with Thousands of Channels," Neuralink working paper, July 17, 2019, https://doi.org/10.1101/703801; Fujitsu, "Supercomputer Used to Simulate 3,000-Atom Nano Device," Phys.org, January 14, 2014, https://phys.org/news/2014-01-supercomputer-simulate-atom-nano-device.html; Anders Sandberg, "Ethics of Brain Emulations," *Journal of Experimental & Theoretical Artificial Intelligence* 26, no. 3 (April 14, 2014): 439–57, https://doi.org/10.1080/0952813X.2014.895113; Ray Kurzweil, *How to Create a Mind: The Secret of Human Thought Revealed* (New York: Viking, 2012).

92. Michael Merzenich, "Growing Evidence of Brain Plasticity," TED video, February 2004, https://www.ted.com/talks/michael_merzenich_on_the_elastic_brain.

제4장 삶은 기하급수적으로 개선되고 있다

1. World Bank Development Research Group, "Poverty Headcount Ratio at $2.15 a Day (2017 PPP) (% of population)," World Bank, accessed March 25, 2023, https://data.world bank.org/indicator/SI.POV.DDAY; World Bank, "Population, Total for World (SPPOPTOTLWLD)," retrieved from FRED, Federal Reserve Bank of St. Louis, updated July 4, 2023, https://fred.stlouisfed.org/series/SPPOPTOTLWLD.

2. UNESCO Institute for Statistics, "Literacy Rate, Adult Total (% of People Ages 15 and Above)," retrieved from Worldbank.org, October 24 2022, https://data.worldbank.org/indi cator/SE.ADT.LITR.ZS.

3. *Progress on Household Drinking Water, Sanitation and Hygiene 2000–2020: Five Years into the SDGs* (Geneva: World Health Organization and United Nations Children's Fund, 2021), 9, https://apps.who.int/iris/rest/bitstreams/1369501/retrieve.

4. World Bank Development Research Group, "Poverty Headcount Ratio at $2.15 a day"; World Bank, "Population, Total for World (SPPOPTOTLWLD)."

5. UNESCO Institute for Statistics, "Literacy Rate, Adult Total."

6. *Progress on Household Drinking Water, Sanitation and Hygiene 2000–2020*, 9.

7. Ray Kurzweil, *The Age of Spiritual Machines: When Computers Exceed Human Intelligence* (New York: Viking, 1999).

8. Ray Kurzweil, *The Singularity Is Near* (New York: Viking, 2005).

9. Peter H. Diamandis and Steven Kotler, *Abundance: The Future Is Better Than You Think* (New

York: Simon & Schuster, 2012).

10. Steven Pinker, *Enlightenment Now: The Case for Reason, Science, Humanism, and Progress* (New York: Penguin, 2018).

11. Andrew Evans, "The First Thanksgiving Travel," *National Geographic*, November 24, 2011, https://www.nationalgeographic.com/travel/digital-nomad/2011/11/24/the-first-thanksgiving-travel.

12. Henry Fairlie, "Henry Fairlie on What Europeans Thought of Our Revolution," *New Republic*, July 3, 2014, https://newrepublic.com/article/118527/american-revolution-what-did-europeans-think; Peter Stanford, "The Street of Ships in New York," *Boating* 21, no. 1 (January 1967): 48, https://books.google.com/books?id=VsMYj3YIKLcC.

13. Vaclav Smil, "Crossing the Atlantic," *IEEE Spectrum*, March 28, 2018, https://spectrum.ieee.org/transportation/marine/crossing-the-atlantic.

14. Frank W. Geels, *Technological Transitions and System Innovations: A Co-evolutionary and Socio-Technical Analysis* (Cambridge, UK: Edward Elgar, 2005), 135, https://books.google.com/books?id=SDfrb7TNX5oC.

15. Steven Ujifusa, *A Man and His Ship: America's Greatest Naval Architect and His Quest to Build the S.S.* United States (New York: Simon & Schuster, 2012), 152, https://books.goo gle.com/books?id=H6KB4q7M938C.

16. John C. Spychalski, "Transportation," in *The Columbia History of the 20th Century*, ed. Richard W. Bulliet (New York: Columbia University Press, 1998), 409, https://books.goo gle.com/books?id=9QsqpvR0nq0C.

17. Jason Paur, "Oct. 4, 1958: 'Comets' Debut Trans-Atlantic Jet Age," *Wired*, October 4, 2010, https://www.wired.com/2010/10/1004first-transatlantic-jet-service-boac.

18. Howard Slutsken, "What It Was Really Like to Fly on Concorde," CNN, March 2, 2019, https://www.cnn.com/travel/article/concorde-flying-what-was-it-like/index.html.

19. "London to New York Flight Duration," Finance.co.uk, accessed April 14, 2023, https://www.finance.co.uk/travel/flight-times-and-durations-calculator/london-to-new-york.

20. 스토리텔링에서 갈등의 역할을 다룬 글과 뉴스에서 부정 편향을 이용하는 증거를 제시한 논문은 다음을 참고하라. Jerry Flattum, "What Is a Story? Conflict— The Foundation of Storytelling," *Script*, March 18, 2013, https://scriptmag.com/features/conflict-the-foundation-of-storytelling; Stuart Soroka, Patrick Fournier, and Lilach Nir, "Cross-National Evidence of a Negativity Bias in Psychophysiological Reactions to News," *Proceedings of the National Academy of Sciences* 116, no. 38 (September 17, 2019): 18888-92, https://doi.org/10.1073/pnas.1908369116.

21. 소셜 미디어 알고리듬이 어떻게 갈등을 강조하고 양극화를 부추기는지 더 자세한 내용은 다음을 참고하라. "Jonathan Haidt: How Social Media Drives Polarization," Amanpour and Company, YouTube video, December 4, 2019, https://www.youtube.com/watch?v=G9ofYEfewNE; Eli Pariser, "How News Feed Algorithms Supercharge Confirmation Bias," *Big Think*, YouTube video, December 18, 2018, https://www.

youtube.com/watch? v=prx9bxzns3g; Jeremy B. Merrill and Will Oremus, "Five Points for Anger, One for a 'Like': How Facebook's Formula Fostered Rage and Misinformation," *Washington Post*, October 26, 2021, https://www.washingtonpost.com/technology/2021/10/26/facebook-angry-emoji-algorithm; Damon Centola, "Why Social Media Makes Us More Polarized and How to Fix It," *Scientific American*, October 15, 2020, https://www.scientificamerican.com/article/why-social-media-makes-us-more-polarized-and-how-to-fix-it.

22. Max Roser, "Economic Growth," Our World in Data, accessed October 11, 2021, https://ourworldindata.org/economic-growth; Ryland Thomas and Nicholas Dimsdale, "A Millennium of UK Data," Bank of England OBRA dataset, 2017, https://www.bankofengland.co.uk/-/media/boe/files/statistics/research-datasets/a-millennium-of-macroeconomic-data-for-the-uk.xlsx; "Inflation Calculator," Bank of England, accessed April 14, 2023, https://www.bankofengland.co.uk/monetary-policy/inflation/inflation-calculator; Stephen Broadberry et al., *British Economic Growth, 1270–1870* (Cambridge, UK: Cambridge University Press, 2015).

23. Roser, "Economic Growth"; Thomas and Dimsdale, "A Millennium of UK Data"; "Inflation Calculator," Bank of England; Broadberry et al., *British Economic Growth*.

24. Roser, "Economic Growth"; Thomas and Dimsdale, "A Millennium of UK Data"; "Inflation Calculator," Bank of England; Broadberry et al., *British Economic Growth*.

25. Roser, "Economic Growth"; Thomas and Dimsdale, "A Millennium of UK Data"; "Inflation Calculator," Bank of England; Broadberry et al., *British Economic Growth*.

26. Peter Nowak, "The Rise of Mean World Syndrome in Social Media," *Globe and Mail*, November 6, 2014, https://www.theglobeandmail.com/life/relationships/the-rise-of-mean-world-syndrome-in-social-media/article21481089.

27. 이 연구에 대해 더 자세한 내용은 다음을 참고하라. Paula McGrath, "Why Good Memories Are Less Likely to Fade," BBC News, May 4, 2014, https://www.bbc.com/news/health-27193607; Colin Allen, "Past Perfect: Why Bad Memories Fade," *Psychology Today*, June 3, 2003, https://www.psychologytoday.com/us/articles/200306/past-perfect-why-bad-memories-fade; W. Richard Walker, John J. Skowronski, and Charles P. Thompson, "Life Is Pleasant— and Memory Helps to Keep It That Way!," *Review of General Psychology* 7, no. 2 (June 2003): 203–10, https://www.apa.org/pubs/journals/releases/gpr-72203.pdf.

28. Walker, Skowronski, and Thompson, "Life Is Pleasant."

29. Timothy D. Ritchie et al., "A Pancultural Perspective on the Fading Affect Bias in Autobiographical Memory," *Memory* 23, no. 2 (February 14, 2014): 278–90, https://doi.org/10.1080/09658211.2014.884138.

30. John Tierney, "What Is Nostalgia Good For? Quite a Bit, Research Shows," *New York Times*, July 8, 2013, https://www.nytimes.com/2013/07/09/science/what-is-nostalgia-good-for-quite-a-bit-research-shows.html.

31. Mike Mariani, "How Nostalgia Made America Great Again," *Nautilus*, April 20, 2017, https://nautil.us/how-nostalgia-made-america-great-again-236556.

32. Ed O'Brien and Nadav Klein, "The Tipping Point of Perceived Change: Asymmetric Thresholds in Diagnosing Improvement Versus Decline," *Journal of Personality and Social Psychology* 112, no. 2 (February 2017): 161–85, https://doi.org/10.1037/pspa0000070.

33. Art Markman, "How Do You Decide Things Are Getting Worse?," *Psychology Today*, February 7, 2017, https://www.psychologytoday.com/nz/blog/ulterior-motives/201702/how-do-you-decide-things-are-getting-worse.

34. Robert P. Jones et al., *The Divide over America's Future: 1950 or 2050? Findings from the 2016 American Values Survey*, Public Religion Research Institute, October 25, 2016, https://www.prri.org/wp-content/uploads/2016/10/PRRI-2016-American-Values-Survey.pdf; Mariani, "How Nostalgia Made America Great Again."

35. Pete Etchells, "Declinism: Is the World Actually Getting Worse?," *Guardian*, January 16, 2015, https://www.theguardian.com/science/head-quarters/2015/jan/16/declinism-is-the-world-actually-getting-worse.

36. Martijn Lampert, Anne Blanksma Çeta, and Panos Papadongonas, *Increasing Knowledge and Activating Millennials for Making Poverty History*, Glocalities global survey report, July 2018, https://xs.motivaction.nl/fileArchive/?f=116335&o=5880&key=4444.

37. Ipsos, "Perceptions Are Not Reality," Ipsos *Perils of Perception* blog, July 8, 2013, https://www.ipsos.com/ipsos-mori/en-uk/perceptions-are-not-reality.

38. Jamiles Lartey et al., "Ahead of Midterms, Most Americans Say Crime Is Up. What Does the Data Say?," Marshall Project, November 5, 2022, https://www.themarshallproject.org/2022/11/05/ahead-of-midterms-most-americans-say-crime-is-up-what-does-the-data-say; Dara Lind, "The US Is Safer Than Ever— and Americans Don't Have any Idea," *Vox*, April 7, 2016, https://www.vox.com/2015/5/4/8546497/crime-rate-america.

39. Julia Belluz, "You May Think the World Is Falling Apart. Steven Pinker Is Here to Tell You It Isn't," *Vox*, September 10, 2016, https://www.vox.com/2016/8/16/12486586/2016-worst-year-ever-violence-trump-terrorism.

40. 카너먼-트버스키의 연구를 쉽게 설명한 영상과 그들이 발표한 논문을 보고 싶다면 다음을 참고하라. "Thinking, Fast and Slow by Daniel Kahneman: Animated Book Summary," FightMediocrity, YouTube video, June 5, 2015, https://www.youtube.com/watch?v=uqXVAo7dVRU; "Thinking Fast and Slow by Daniel Kahneman #2— Heuristics and Biases: Animated Book Summary," One Percent Better, YouTube video, November 12, 2016, https://www.youtube.com/watch?v=Q_wBt5aSRYY; "Kahneman and Tversky: How Heuristics Impact Our Judgment," Intermittent Diversion, YouTube video, June 7, 2018, https://www.youtube.com/watch?v=3IjIVD-KYF4; Richard H. Thaler et al., "The Effect of Myopia and Loss Aversion on Risk Taking: An Experimental Test," *Quarterly Journal of Economics* 112, no. 2 (May 1997): 647–61, https://www.jstor.org/stable/2951249; Daniel Kahneman and Amos Tversky, "The Psychology of Preferences," *Scientific American* 246, no. 1 (January 1981): 160–73; Daniel Kahneman,

Paul Slovic, and Amos Tversky, eds., *Judgment Under Uncertainty: Heuristics and Biases* (Cambridge, UK: Cambridge University Press, 1982); Amos Tversky and Daniel Kahneman, "Judgment Under Uncertainty: Heuristics and Biases," *Science* 185, no. 4157 (September 27, 1974): 1124 – 31, http://doi.org/10.1126/science.185.4157.1124; Daniel Kahneman and Amos Tversky, "On the Study of Statistical Intuitions," *Cognition* 11, no. 2 (March 1982): 123 – 41; Daniel Kahneman and Amos Tversky, "Variants of Uncertainty," *Cognition* 11, no. 2 (March 1982): 143 – 57.

41. Daniel Kahneman, *Thinking, Fast and Slow* (New York: Farrar, Straus and Giroux, 2011), 7; Daniel Kahneman and Amos Tversky, "On the Psychology of Prediction," *Psychological Review* 80, no. 4 (1973): 237 – 51, https://doi.org/10.1037/h0034747.

42. Tversky and Kahneman, "Judgment Under Uncertainty," 1125 – 26.

43. Tversky and Kahneman, "Judgment Under Uncertainty," 1127 – 28.

44. Max Roser and Esteban Ortiz-Ospina, "Literacy," Our World in Data, September 20, 2018, https://ourworldindata.org/literacy; Eltjo Buringh and Jan Luiten van Zanden, "Charting the 'Rise of the West': Manuscripts and Printed Books in Europe, a Long-Term Perspective from the Sixth Through Eighteenth Centuries," *Journal of Economic History* 69, no. 2 (June 2009): 409 – 45, https://doi.org/10.1017/S0022050709000837.

45. Franz H. Bäuml, "Varieties and Consequences of Medieval Literacy and Illiteracy," *Speculum* 55, no. 2 (April 1980): 237 – 65, https://www.jstor.org/stable/2847287; Denise E. Murray, "Changing Technologies, Changing Literacy Communities?," *Language Learning & Technology* 4, no. 2 (September 2000): 39 – 53, https://scholarspace.manoa.hawaii.edu/bit stream/10125/25099/1/04_02_murray.pdf.

46. Roser and Ortiz-Ospina, "Literacy"; Buringh and van Zanden, "Charting the 'Rise of the West,' " 409 – 45.

47. Roser and Ortiz-Ospina, "Literacy"; Sevket Pamuk and Jan Luiten van Zanden, "Standards of Living," in *The Cambridge Economic History of Modern Europe: Volume 1: 1700–1870*, ed. Stephen Broadberry and Kevin H. O'Rourke (New York: Cambridge University Press, 2010), 229.

48. Christelle Garrouste, *100 Years of Educational Reforms in Europe: A Contextual Database*, JRC Scientific and Technical Reports, European Union, 2010, https://publications.jrc.ec.europa.eu/repository/bitstream/JRC57357/reqno_jrc57357.pdf.

49. Roser and Ortiz-Ospina, "Literacy"; Jan Luiten van Zanden et al., eds., *How Was Life?: Global Well-being Since 1820* (Paris: OECD Publishing, 2014), https://doi.org/10.1787/9789264214262-en.

50. Van Zanden et al., *How Was Life?*; United Nations Educational, Scientific and Cultural Organization, *Literacy, 1969–1971: Progress Achieved in Literacy Throughout the World* (Paris: UNESCO, 1972), https://unesdoc.unesco.org/in/rest/annotationSVC/DownloadWatermarkedAttachment/attach_import_c0206949-c3f1-4eac-a189-9c5bcfdac220.

51. Roser and Ortiz-Ospina, "Literacy"; Roy Carr-Hill and José Pessoa, *International Literacy Statistics: A Review of Concepts, Methodology and Current Data* (Montreal: UNESCO Institute for Statistics, 2008), http://uis.unesco.org/sites/default/files/documents/international-literacy-statistics-a-review-of-concepts-methodology-and-current-data-en_0.pdf; van Zanden et al., *How Was Life?*; United Nations Educational, Scientific and Cultural Organization, *Literacy, 1969–1971*; Friedrich Huebler and Weixin Lu, *Adult and Youth Literacy: National, Regional and Global Trends, 1985–2015*, UIS Information Paper (Montreal: UNESCO Institute for Statistics, 2013), http://uis.unesco.org/sites/default/files/documents/adult-and-youth-literacy-national-regional-and-global-trends-1985-2015-en_0.pdf.

52. UNESCO Institute for Statistics, "Literacy Rate, Adult Total"; Central Intelligence Agency, "Field Listing— Literacy," CIA World Factbook, accessed October 11, 2021, https://www.cia.gov/the-world-factbook/field/literacy.

53. National Assessment of Adult Literacy, *A First Look at the Literacy of America's Adults in the 21st Century* (Washington, DC: National Center for Education Statistics, 2005): 5, https://nces.ed.gov/NAAL/PDF/2006470.PDF.

54. Madeline Goodman et al., *Literacy, Numeracy, and Problem Solving in Technology-Rich Environments Among U.S. Adults: Results from the Program for the International Assessment of Adult Competencies 2012: First Look* (NCES 2014-008) (Washington, DC: US Department of Education, 2013), 14, https://nces.ed.gov/pubs2014/2014008.pdf.

55. Roser and Ortiz-Ospina, "Literacy"; Bas van Leeuwen and Jieli van Leeuwen-Li, "Education Since 1820," in *How Was Life?: Global Well-Being Since 1820*, ed. Jan Luiten van Zanden et al. (Paris: OECD Publishing, 2014), http://dx.doi.org/10.1787/9789264214262-9-en; UNESCO Institute for Statistics, "Literacy Rate, Adult Total"; Tom Snyder, ed., *120 Years of American Education: A Statistical Portrait* (Washington, DC: National Center for Education Statistics, 1993), excerpted at http://nces.ed.gov/naal/lit_history.asp.

56. Roser and Ortiz-Ospina, "Literacy"; van Leeuwen and van Leeuwen-Li, "Education Since 1820"; UNESCO Institute for Statistics, "Literacy Rate, Adult Total"; Snyder, ed., *120 Years of American Education*; Buringh and van Zanden, "Charting the 'Rise of the West,' " 409 – 45; Pamuk and van Zanden, "Standards of Living," 229; "Illiteracy, 1870 – 2010, All Countries," Montevideo-Oxford Latin American Economic History Data Base, accessed October 31, 2021, http://moxlad.cienciassociales.edu.uy/en; UNESCO Institute for Statistics, "Literacy Rate, Adult Total (% of People Ages 15 and Above)— Argentina, Brazil," retrieved from Worldbank.org, September 2021, https://data.worldbank.org/indicator/SE.ADT.LITR.ZS? locations=AR-BR.

57. Hannah Ritchie et al., "Global Education," Our World in Data, 2016, accessed October 29, 2021, https://ourworldindata.org/global-education; Jong-Wha Lee and Hanol Lee, "Human Capital in the Long Run," *Journal of Development Economics* 122 (September 2016): 147 – 69, https://doi.org/10.1016/j.jdeveco.2016.05.006, data available at http://www.barrolee.com/Lee_Lee_LRdata_dn.htm.

58. Richie et al., "Global Education"; Lee and Lee, "Human Capital in the Long Run"; Vito

Tanzi and Ludger Schuknecht, *Public Spending in the 20th Century: A Global Perspective* (Cambridge, UK: Cambridge University Press, 2000), https://www.google.com/books/edi tion/Public_Spending_in_the_20th_Century/kHl6xCgd3aAC? gbpv=1.

59. Richie et al., "Global Education"; Lee and Lee, "Human Capital in the Long Run"; Robert J. Barro and Jong Wha Lee, "A New Data Set of Educational Attainment in the World, 1950–2010," *Journal of Development Economics* 104 (September 2013): 184–98, https://doi.org/10.1016/j.jdeveco.2012.10.001, data available at http://www.barrolee.com/data/yrsch2.htm.

60. "Human Development Index and Its Components," United Nations Development Programme, accessed March 19, 2023, available for download at https://hdr.undp.org/sites/default/files/2021-22_HDR/HDR21-22_Statistical_Annex_HDI_Table.xlsx.

61. "Human Development Index and Its Components," United Nations Development Programme.

62. National Center for Education Statistics, "Expenditures of Educational Institutions Related to the Gross Domestic Product, by Level of Institution: Selected Years, 1929–30 Through 2020–21," in *Digest of Education Statistics: 2021*, US Department of Education, March 2023, https://nces.ed.gov/programs/digest/d21/tables/dt21_106.10.asp; "Consumer Price Index, 1913–," Federal Reserve Bank of Minneapolis, accessed April 28, 2023, https://www.minneapolisfed.org/about-us/monetary-policy/inflation-calculator/consumer-price-index-1913-; US Bureau of Labor Statistics, "Consumer Price Index for All Urban Consumers: All Items in U.S. City Average (CPIAUCSL)," retrieved from FRED, Federal Reserve Bank of St. Louis, updated April 12, 2023, https://fred.stlouisfed.org/series/CPI AUCSL.

63. National Center for Education Statistics, "Expenditures of Educational Institutions Related to the Gross Domestic Product"; "Consumer Price Index, 1913–," Federal Reserve Bank of Minneapolis; US Bureau of Economic Analysis, "Population (B230RC0A052NBEA)," retrieved from FRED, Federal Reserve Bank of St. Louis, updated January 26, 2023, https://fred.stlouisfed.org/series/B230RC0A052NBEA; US Bureau of Labor Statistics, "Consumer Price Index for All Urban Consumers."

64. 유엔개발계획은 가장 포괄적이고 권위 있는 데이터를 발표하지만, 그 데이터는 1990년까지만 거슬러 올라간다. 아워 월드 인 데이터의 1870~2017년 데이터세트는 일관성이 떨어지는 방법론을 사용한 더 오래된 자료들을 기반으로 한다. 상대적 변화를 보존하면서 해당 기간의 호환성을 최대화하기 위해 유엔개발계획의 1990~2021년 데이터를 사용하고, 아워 월드 인 데이터의 이전 데이터는 1990년의 유엔 데이터와 일관성을 유지하도록 보정했다. 다음을 참고하라. "Human Development Insights," United Nations Development Programme Human Development Reports, accessed March 22, 2023, https://hdr.undp.org/data-center/country-insights#/ranks; Roser and Ortiz-Ospina, "Global Education"; Lee and Lee, "Human Capital in the Long Run"; Barro and Lee, "New Data Set of Educational Attainment in the World, 1950–2010."

65. 역사를 통해 공중위생에서 수인성 전염병이 어떤 역할을 했는지에 대해 더 자세한 정보는

다음을 참고하라. "What Exactly Is Typhoid Fever?," *Seeker*, YouTube video, August 20, 2019, https://www.youtube.com/watch? v=N1lKW2CYU68; "The Pandemic the World Has Forgotten," *Seeker*, YouTube video, September 8, 2020, https://www.youtube.com/watch? v=hj95IZMl ZWw; "The Story of Cholera," Global Health Media Project, YouTube video, December 10, 2011, https://www.youtube.com/watch? v=jG1VNSCsP5Q; Theodore H. Tulchinsky and Elena A. Varavikova, "A History of Public Health," *The New Public Health*, October 10, 2014, 1 – 42, https://doi.org/10.1016/B978-0-12-415766-8.00001-X.

66. Suzanne Spellen, "From Pakistan to Brooklyn: A Quick History of the Bathroom," *Brownstoner*, November 28, 2016, https://www.brownstoner.com/architecture/victorian-bath room-history-plumbing-brooklyn-architecture-interiors; Anthony Mitchell Sammarco, *The Great Boston Fire of 1872* (Charleston, SC: Arcadia, 1997), 30, https://books.google.com/books? id=v3lzw5d2K8wC; Price V. Fishback, *Soft Coal, Hard Choices: The Economic Welfare of Bituminous Coal Miners, 1890–1930* (New York: Oxford University Press, 1992), 170, https://www.google.com/books/edition/Soft_Coal_Hard_Choices/EjnnCwAAQBAJ; Stanley Lebergott, *Wealth and Want* (Princeton, NJ: Princeton University Press, 1975), 7, https://www.google.com/books/edition/Wealth_and_Want/Lrx9BgAAQBAJ; "Historical Census of Housing Tables: Sewage Disposal," US Census Bureau, 1990, revised October 8, 2021, https://www.census.gov/data/tables/time-series/dec/coh-sewage.html; Gary M. Walton and Hugh Rockoff, *History of the American Economy*, 13th ed. (Boston: Cengage Learning, 2017), 377.

67. Walton and Rockoff, *History of the American Economy*, 377; US Census Bureau, "Historical Census of Housing Tables: Sewage Disposal."

68. 예컨대 다음을 보라. Susan Carpenter, "After Two Years of Eco-Living, What Works and What Doesn't," *Los Angeles Times*, March 11, 2014, https://www.latimes.com/home/la-hm-realist-main-20101016-story.html.

69. Jane Otai, "Happy #WorldToiletDay! Here's What It's Like To Live Without One," NPR, November 19, 2015, https://www.npr.org/sections/goatsandsoda/2015/11/19/456495448/happy-worldtoiletday-here-s-what-it-s-like-to-live-without-one.

70. WHO/UNICEF Joint Monitoring Programme (JMP) for Water Supply, Sanitation and Hygiene, "People Using Safely Managed Sanitation Services (% of Population)," retrieved from worldbank.org, accessed October 12, 2021, https://data.worldbank.org/indicator/SH.STA.SMSS.ZS.

71. Elizabeth Nix, "How Edison, Tesla and Westinghouse Battled to Electrify America," His tory.com, October 24, 2019, https://www.history.com/news/what-was-the-war-of-the-currents; Harold D. Wallace Jr., "Power from the People: Rural Electrification Brought More than Lights," National Museum of American History, February 12, 2016, https://americanhistory.si.edu/blog/rural-electrification; Stanley Lebergott, *The American Economy: Income, Wealth and Want* (Princeton, NJ: Princeton University Press, 1976), 334, https://www.google.com/books/edition/The_American_

Economy/HYV9BgAAQBAJ.

72. Stanley Lebergott, *Pursuing Happiness: American Consumers in the Twentieth Century* (Princeton, NJ: Princeton University Press, 1993), 102, https://www.google.com/books/edition/Pursuing_Happiness/bD0ABAAAQBAJ; US Census Bureau, "Historical Census of Housing Tables: Sewage Disposal"; Marc Jeuland et al., "Water and Sanitation: Economic Losses from Poor Water and Sanitation— Past, Present, and Future," in *How Much Have Global Problems Cost the World?*, ed. Bjørn Lomborg (Cambridge, UK: Cambridge University Press, 2013), 333; David A. Raglin, "Plumbing and Kitchen Facilities in Housing Units," 2015 American Community Survey Research and Evaluation Report Memorandum Series No. ACS15-RER-06, US Census Bureau, May 29, 2015, 3, https://www.cen sus.gov/content/dam/Census/library/working-papers/2015/acs/2015_Raglin_01.pdf; Katie Meehan et al., *Plumbing Poverty in U.S. Cities: A Report on Gaps and Trends in Household Water Access, 2000 to 2017*, King's College London, September 27, 2021, 4, https://kclpure.kcl.ac.uk/portal/files/159767495/Plumbing_Poverty_in_US_Cities.pdf; US Census Bureau, "Total Households (TTLHH)," retrieved from FRED, Federal Reserve Bank of St. Louis, updated November 21, 2022, https://fred.stlouisfed.org/series/TTLHH; WHO/UNICEF Joint Monitoring Programme (JMP) for Water Supply, Sanitation, and Hygiene, "People Using at Least Basic Sanitation Services (% of Population)," retrieved from World bank.org, accessed April 28, 2023, https://data.worldbank.org/indicator/SH.STA.BASS.ZS; WHO/UNICEF Joint Monitoring Programme (JMP) for Water Supply, Sanitation, and Hygiene, "Improved Sanitation Facilities (% of Population with Access)," retrieved from Worldbank.org, updated January 25, 2018, accessed April 28, 2023, originally available at https://databank.worldbank.org/source/millennium-development-goals/Series/SH.STA.ACSN; World Health Organization and United Nations Children's Fund, *Progress on Sanitation and Drinking Water— 2015 Update and MDG Assessment*, World Health Organization, 2015, 14, https://data.unicef.org/wp-content/uploads/2015/12/Progress-on-Sanitation-and-Drinking-Water_234.pdf; *Progress on Household Drinking Water, Sanitation and Hygiene 2000–2020: Five Years into the SDGs* (Geneva: World Health Organization and the United Nations Children's Fund, 2021), 7, https://washdata.org/sites/default/files/2021-07/jmp-2021-wash-households.pdf.

73. 미국의 농촌 지역 전기 보급에 대해 더 자세한 내용은 다음을 참고하라. "On the Line—Rural Electrification Administration Film," Russell Library Audiovisual Collections, YouTube video, June 4, 2018, https://www.youtube.com/watch? v=DbAM-CwOxu0; General Electric, "More Power to the American Farmer—1946," miSci: Museum of Innovation and Science, YouTube video, June 13, 2012, https://www.youtube.com/watch?v=aY5eFQTYkaw; US Department of Agriculture, Rural Electrification Administration, *Rural Lines, USA: The Story of the Rural Electrification Administration's First Twenty-five Years, 1935–1960*, US Department of Agriculture Miscellaneous Publication No. 811 (1960), https://www.google.com/books/edition/Rural_Lines_USA/IBkuAAAAYAAJ;

US Census Bureau, *Historical Statistics of the United States: Colonial Times to 1970*, part 1 (Washington, DC: US Census Bureau, 1975), 827, https://www.census.gov/history/pdf/histstats-colonial-1970.pdf.

74. US Census Bureau, *Historical Statistics of the United States: Colonial Times to 1970*, part 1.

75. Lily Odarno, "Closing Sub-Saharan Africa's Electricity Access Gap: Why Cities Must Be Part of the Solution," World Resources Institute, August 14, 2019, https://www.wri.org/blog/2019/08/closing-sub-saharan-africa-electricity-access-gap-why-cities-must-be-part-solution; Giacomo Falchetta et al., "Satellite Observations Reveal Inequalities in the Progress and Effectiveness of Recent Electrification in Sub-Saharan Africa," *One Earth* 2, no. 4 (April 24, 2020): 364–79, https://doi.org/10.1016/j.oneear.2020.03.007.

76. IEA, IRENA, UNSD, World Bank, and WHO, "Access to Electricity (% of Population)," from *Tracking SDG 7: The Energy Progress Report* (Washington, DC: World Bank, 2023), https://data.worldbank.org/indicator/EG.ELC.ACCS.ZS.

77. Daron Acemoğlu and James A. Robinson, *Why Nations Fail: The Origins of Power, Prosperity, and Poverty* (New York: Crown, 2012).

78. Lebergott, *The American Economy: Income, Wealth and Want*, 334; US Census Bureau, *Historical Statistics of the United States: Colonial Times to 1970*, part 1; IEA, IRENA, UNSD, World Bank, and WHO, "Access to Electricity (% of Population)"; IEA, IRENA, UNSD, World Bank, and WHO, "Access to Electricity (% of Population)—United States," from *Tracking SDG 7: The Energy Progress Report* (Washington, DC: World Bank, 2023), https://data.worldbank.org/indicator/EG.ELC.ACCS.ZS? locations=US; World Bank, "Access to Electricity (% of Population)," Sustainable Energy or All (SE4ALL) database, SE4ALL Global Tracking Framework, retrieved from Worldbank.org, accessed April 28, 2023, originally available at https://data.worldbank.org/indicator/EG.ELC.ACCS.ZS.

79. US Census Bureau, "Selected Communications Media: 1920 to 1998," *Statistical Abstract of the United States*: 1999 (Washington, DC: US Census Bureau, 1999): 885, https://www.census.gov/history/pdf/radioownership1920-1998.pdf.

80. US Census Bureau, "Selected Communications Media: 1920 to 1998."

81. "Kathleen Hall Jamieson on Talk Radio's History and Impact," PBS.org, February 13, 2004, https://web.archive.org/web/20170301204706/https://www.pbs.org/now/politics/talkradiohistory.html; "'Radio' Listening Dominates Audio In-Cat," Edison Research, January 11, 2019, https://www.edisonresearch.com/am-fm-radio-still-dominant-audio-in-car; Aniko Bodroghkozy, ed., *A Companion to the History of American Broadcasting* (Hoboken, NJ: Wiley, 2018).

82. Ezra Klein, "Something Is Breaking American Politics, but It's Not Social Media," *Vox*, April 12, 2017, https://www.vox.com/policy-and-politics/2017/4/12/15259438/social-media-political-polarization; Jeffrey M. Berry and Sarah Sobieraj, "Understanding the Rise of Talk Radio," *PS: Political Science and Politics* 44, no. 4 (October 2011): 762–67, https://www.jstor.org/stable/41319965.

83. "Audio and Podcasting Fact Sheet," Pew Research Center, June 29, 2021, https://www.pe wresearch.org/journalism/fact-sheet/audio-and-podcasting.

84. 텔레비전이 발명된 과정과 초기의 발전 과정을 자세히 소개한 내용은 다음을 참고하라. "The Invention of Television (1929)," British Pathé, YouTube video, April 13, 2014, https://www.youtube.com/watch? v=nwJ2bMATIAM; "The Origins of Television," Nirali Pathak, YouTube video, January 2, 2012, https://www.youtube.com/watch? v=uM7ZD5f9Pb8; "Evolution of Television 1920–2020," Captain Gizmo, YouTube video, December 18, 2018, https://www.youtube.com/watch? v=PveVwQhNnq8; Albert Abramson, *The History of Television, 1880–1941* (Jefferson, NC: McFarland, 1987).

85. 1939년 당시의 텔레비전 발전 상태와 제2차 세계 대전으로 인한 기술 개발의 중단에 대해 더 자세한 내용은 다음을 참고하라. "What Television Was Like in 1939," Smithsonian Channel, YouTube video, December 30, 2013, https://www.youtube.com/watch? v=wj_Mcpff-Ks; BBC, "Close Down of Television Service for the Duration of the War," History of the BBC, accessed April 28, 2023, https://www.bbc.com/historyofthebbc/anniversaries/september/closedown-of-television; "Television Facts and Statistics—1939 to 2000," TVhistory.tv, accessed March 31, 2022, https://web.archive.org/web/20220331223237/http://www.tvhis tory.tv/facts-stats.htm.

86. Lance Venta, "Infinite Dial: Mean Number of Radios In Home Drops in Half Since 2008," Radio Insight, March 20, 2020, https://radioinsight.com/headlines/184900/infinite-dial-mean-number-of-radios-in-home-drops-in-half-since-2008; "Mobile Fact Sheet," Pew Research Center, April 7, 2021, https://www.pewresearch.org/internet/fact-sheet/mobile; US Census Bureau, "Selected Communications Media: 1920 to 1998," 885; Douglas B. Craig, *Fireside Politics: Radio and Political Culture in the United States, 1920–1940* (Baltimore: Johns Hopkins University Press, 2000; paperback, 2006), 12, https://www.google.com/books/edition/Fireside_Politics/haWh203m7aIC; US Census Bureau, "Utilization of Selected Media: 1980 to 2005," *Statistical Abstract of the United States: 2008* (Washington, DC: US Census Bureau, 2007): 704, https://www.census.gov/prod/2007pubs/08abstract/infocomm.pdf; US Census Bureau, "Utilization and Number of Selected Media: 2000 to 2009," *Statistical Abstract of the United States: 2012* (Washington, DC: US Census Bureau, 2011): 712, https://www.google.com/books/edition/Statistical_Abstract_of_the_United_State/pW9NAQAAMAAJ.

87. Cobbett S. Steinberg, *TV Facts*, Facts on File (1980), 142, available in part at "Television Facts and Statistics—1939 to 2000," TVhistory.tv, accessed March 31, 2022, https://web.archive.org/web/20220331223237/http://www.tvhistory.tv/facts-stats.htm.

88. Steinberg, *TV Facts*, 142.

89. Steinberg, *TV Facts*, 142; US Census Bureau, "Total Households (TTLHH)"; Jack W. Plunkett, *Plunkett's Entertainment & Media Industry Almanac 2006* (Houston, TX: Plunkett Research, 2006), 35.

90. 이 글을 쓰고 있는 2023년 현재, 닐슨이 내놓은 최신 공식 추정치는 2021년 상반기까지밖에 없다. 다음을 참고하라. Plunkett, *Plunkett's Entertainment & Media Industry Almanac*

2006, 35; "Nielsen Estimates 121 Million TV Homes in the U.S. for the 2020–2021 TV Season," Nielsen Company, August 28, 2020, https://www.nielsen.com/us/en/insights/article/2020/nielsen-estimates-121-million-tv-homes-in-the-u-s-for-the-2020-2021-tv-season.

91. Rick Porter, "TV Long View: Five Years of Network Ratings Declines in Context," *Hollywood Reporter*, September 21, 2019, https://www.hollywoodreporter.com/live-feed/five-years-network-ratings-declines-explained-1241524; Sapna Maheshwari and John Koblin, "Why Traditional TV Is in Trouble," *New York Times*, May 13, 2018, https://www.nytimes.com/2018/05/13/business/media/television-advertising.html.

92. US Census Bureau, *Historical Statistics of the United States, Colonial Times to 1957* (Washington, DC: US Government Publishing Office, 1960), 491, https://www.google.co.uk/books/edition/Historical_Statistics_of_the_United_Stat/hyI1AAAAIAAJ; US Census Bureau, "Total Households (TTLHH)"; Steinberg, *TV Facts*, 142; Plunkett, *Plunkett's Entertainment & Media Industry Almanac 2006*, 35; "Nielsen: 109.6 Million TV Households in the U.S.," HispanicAd.com, July 30, 2004, http://hispanicad.com/blog/news-article/had/research/nielsen-1096-million-tv-households-us; "Late News," *AdAge*, August 29, 2005, https://adage.com/article/late-news/late-news/104427; TVTechnology, "Nielsen Reports Slight Increase in TV Households," TV Tech, August 28, 2006, https://www.tvtechnology.com/news/nielsen-reports-slight-increase-in-tv-households; Variety Staff, "TV Nation: 112.8 Million Strong," *Variety*, August 23, 2007, https://variety.com/2007/tv/opinion/tv-nation-1128-22127/?jwsource=cl; "Nielsen Reports Growth of 4.4% in Asian and 4.3% in Hispanic U.S. Households for 2008-2009 Television Season," Nielsen Company, August 28, 2008, https://www.nielsen.com/wp-content/uploads/sites/3/2019/04/press_release34.pdf; "114.9 Million U.S. Television Homes Estimated for 2009–2010 Season," Nielsen Company, August 29, 2009, https://www.nielsen.com/us/en/insights/article/2009/1149-million-us-television-homes-estimated-for-2009-2010-season; "Number of U.S. TV Households Climbs by One Million for 2010–11 TV Season," Nielsen Company, August 27, 2010, https://www.nielsen.com/us/en/insights/article/2010/number-of-u-s-tv-households-climbs-by-one-million-for-2010-11-tv-season; Cynthia Littleton, "Nielsen Tackles Web Viewing," *Variety*, February 25, 2013, https://variety.com/2013/digital/news/nielsen-tack les-web-viewing-1118066529; "Nielsen Estimates 115.6 Million TV Homes in the U.S., Up 1.2%," Nielsen Company, May 7, 2013, https://www.nielsen.com/us/en/insights/article/2013/nielsen-estimates-115-6-million-tv-homes-in-the-u-s-up-1-2; "Nielsen Estimates More Than 116 Million TV Homes in the U.S.," Nielsen Company, August 29, 2014, https://www.nielsen.com/us/en/insights/article/2014/nielsen-estimates-more-than-116-million-tv-homes-in-the-us; "Nielsen Estimates 116.4 Million TV Homes in the U.S. for the 2015–16 TV Season," Nielsen Company, August 28, 2015, https://www.nielsen.com/us/en/insights/article/2015/nielsen-estimates-116-4-million-tv-homes-in-the-us-for-the-

2015-16-tv-season; "Nielsen Estimates 118.4 Million TV Homes in the U.S. for the 2016-17 TV Season," Nielsen Company, August 26, 2016, https://www.nielsen.com/us/en/insights/article/2016/nielsen-estimates-118-4-million-tv-homes-in-the-us-for-the-2016-17-season; "Nielsen Estimates 119.6 Million TV Homes in the U.S. for the 2017-18 TV Season," Nielsen Company, August 25, 2017, https://www.nielsen.com/us/en/insights/article/2017/nielsen-estimates-119-6-million-us-tv-homes-2017-2018-tv-season; "Nielsen Estimates 119.9 Million TV Homes in the U.S. for the 2018-2019 TV Season," Nielsen Company, September 7, 2018, https://www.nielsen.com/us/en/insights/article/2018/nielsen-estimates-119-9-million-tv-homes-in-the-us-for-the-2018-19-season; "Nielsen Estimates 120.6 Million TV Homes in the U.S. for the 2019-2020 TV Season," Nielsen Company, August 27, 2019, https://www.nielsen.com/us/en/insights/article/2019/nielsen-estimates-120-6-million-tv-homes-in-the-u-s-for-the-2019-202-tv-season; "Nielsen Estimates 121 Million TV Homes in the U.S. for the 2020-2021 TV Season."

93. 앨테어 8800의 획기적인 영향에 관해 더 자세한 내용은 다음을 참고하라. Jason Fitzpatrick, "The Computer That Changed Everything (Altair 8800)," Computerphile, YouTube video, May 15, 2015, https://www.youtube.com/watch? v=cwEmnfy2BhI; "The PC That Started Microsoft & Apple! (Altair 8800)," ColdFusion, YouTube video, March 18, 2016, https://www.youtube.com/watch? v=X5lpOskKF9I.

94. PC 혁명과 그 중요성에 관한 더 광범위한 역사는 다음을 참고하라. Carrie Anne Philbin, "The Personal Computer Revolution: Crash Course Computer Science #25," CrashCourse, YouTube video, August 23, 2017, https://www.youtube.com/watch? v=M5BZou6C01w; "History of Apple I and Steve Jobs' Personal Computer," *TechCrunch*, YouTube video, April 17, 2017, https://www.youtube.com/watch? v=LTJPdHeibOQ; "History of Microsoft—1975," jonpaulmoen, YouTube video, December 18, 2010, https://www.youtube.com/watch? v=BLaMbaVT22E; Leo Rowe, "History of Personal Computers Part 1," (from *Triumph of the Nerds*, PBS, 1996), Chasing 80, YouTube video, December 17, 2013, https://www.youtube.com/watch? v=AIBr-kPgYuU; Gerard O'Regan, *A Brief History of Computing*, 2nd ed. (London: Springer, 2008).

95. "1984 Apple's Macintosh Commercial," Mac History, YouTube video, February 1, 2012, https://www.youtube.com/watch? v=VtvjbmoDx-I; "Computer and Internet Use in the United States: 1984 to 2009," US Census Bureau, February 2010, https://www.census.gov/data/tables/time-series/demo/computer-internet/computer-use-1984-2009.html.

96. "Internet Host Count History," Internet Systems Consortium, accessed May 18, 2012, https://web.archive.org/web/20120518101749/http://www.isc.org/solutions/survey/history; 3way Labs, "Internet Domain Survey, January, 2019," Internet Systems Consortium, accessed April 28, 2023, http://ftp.isc.org/www/survey/reports/current.

97. "Internet Host Count History," Internet Systems Consortium; 3way Labs, "Internet Domain Survey, January, 2019."

98. Arielle Sumits, "The History and Future of Internet Traffic," Cisco, August 28, 2015, https://blogs.cisco.com/sp/the-history-and-future-of-internet-traffic.

99. "QuickFacts United States," US Census Bureau, accessed April 28, 2023, https://www.census.gov/quickfacts/fact/table/US/HCN010217; Michael Martin, "Computer and Internet Use in the United States: 2018," American Community Survey Reports ACS-49, US Census Bureau, April 2021, https://www.census.gov/newsroom/press-releases/2021/com puter-internet-use.html.

100. 국제전기통신연합(ITU)의 데이터를 바탕으로 추정한 비율이다. 국제전기통신연합은 컴퓨터나 스마트폰, 태블릿(최적의 측정 기준으로 간주할 수 있는)을 소유한 가구 비율 데이터를 직접 수집하진 않지만, 집에서 인터넷 접근이 가능한 가구 비율을 추정한 수치는 최선의 대안이 될 수 있다. 이런 가구들은 모두 일종의 기능 컴퓨터를 소유하고 있으며, 이 추정치에는 컴퓨터를 소유하고 있지만 인터넷 접근 장비가 없는 소수의 가구가 빠져 있으므로, 여기서는 보수적인 수치를 사용하기로 했다. 다음을 참고하라. "Statistics—Individuals Using the Internet," International Telecommunication Union, January 31, 2023, https://www.itu.int/en/ITU-D/Sta tistics/Pages/stat/default.aspx; "Key ICT Indicators for Developed and Developing Countries," *ITU World Telecommunication/ICT Indicators Database*.

101. 이 데이터에는 PC뿐만 아니라 태블릿과 스마트폰처럼 컴퓨터가 내장된 장비도 포함돼 있다. 다음을 참고하라. "Computer and Internet Access in the United States: 2012—Table 4: Households with a Computer and Internet Use: 1984 to 2012," US Census Bureau, February 3, 2014, https://www2.census.gov/programs-surveys/demo/tables/computer-internet/2012/computer-use-2012/table4.xls; Thom File and Camille Ryan, "Computer and Internet Use in the United States: 2013," American Community Survey Reports ACS-28, US Census Bureau, November 2014, 3, https://www.census.gov/content/dam/Census/library/publications/2017/acs/acs-37.pdf; Camille Ryan and Jamie M. Lewis, "Computer and Internet Use in the United States: 2015," American Community Survey Reports ACS-37, US Census Bureau, September 2017, 4, https://www.census.gov/content/dam/Census/library/publications/2017/acs/acs-37.pdf; Martin, "Computer and Internet Use in the United States: 2018"; International Telecommunication Union, "Key ICT Indicators for Developed and Developing Countries, the World and Special Regions (Totals and Penetration Rates)," from *ITU World Telecommunication/ICT Indicators Database*, International Telecommunication Union, November 2020, https://www.itu.int/en/ITU-D/Statistics/Documents/facts/ITU_regional_global_Key_ICT_indicator_aggregates_Nov_2020.xlsx; "Statistics—Individuals Using the Internet," International Telecommunication Union; International Telecommunication Union, "Key ICT Indicators for the World and Special Regions (Totals and Penetration Rates)," ITU World Telecommunication/ICT Indicators database, November 2022, updated February 15, 2023, https://www.itu.int/en/ITU-D/Statistics/Documents/facts/ITU_regional_global_Key_ICT_indicator_aggregates_Nov_2022_revised_15Feb2023.xlsx.

102. "Drug Discovery and Development Process," Novartis, YouTube video, January 14, 2011, https://www.youtube.com/watch? v=3Gl0gAcW8rw; Robert Gaynes, "The Discovery of Penicillin—New Insights After More than 75 Years of Clinical Use," *Emerging Infectious Diseases* 23, no. 5 (May 2017): 849–53, http://dx.doi.org/10.3201/eid2305.161556; Sabrina Barr, "Penicillin Allergy: How Common Is It and What Are the Symptoms," *Independent*, October 23, 2018, https://www.independent.co.uk/life-style/health-and-families/penicil lin-allergy-how-common-symptoms-antibiotic-drug-bacteria-a8597246.html.

103. Dan Usher, *Political Economy* (Malden, MA: Wiley, 2003), 5, https://books.google.com/books? id=-2210y5aPZgC; Max Roser, Hannah Ritchie, and Bernadeta Dadonaite, "Child and Infant Mortality," Our World in Data, November 2019, https://ourworldindata.org/child-mortality; Anthony A. Volk and Jeremy A. Atkinson, "Infant and Child Death in the Human Environment of Evolutionary Adaptation," *Evolution and Human Behavior* 34, no. 3 (May 2013): 182–92, https://doi.org/10.1016/j.evolhumbehav.2012.11.007Get.

104. Mattias Lindgren, "Life Expectancy at Birth," *Gapminder*, accessed April 28, 2023, https://www.gapminder.org/data/documentation/gd004.

105. Toshiko Kaneda, Charlotte Greenbaum, and Carl Haub, *2021 World Population Data Sheet*, Population Reference Bureau, August 2021, https://www.prb.org/wp-content/uploads/2021/08/letter-booklet-2021-world-population.pdf; Lindgren, "Life Expectancy at Birth."

106. 테리 그로스먼과 나는 2009년에 함께 출판한 책《영원히 사는 법》에서 수명 연장의 첫 번째 다리와 두 번째 다리, 세 번째 다리를 자세히 설명했다. 그것은 건강과 안녕에 관한 책이었기 때문에, 이 책에서는 네 번째 다리—백업과 확장을 위해 우리의 의식을 디지털 매체로 확대하는 것—에 대해 더 자세히 설명할 것이다. 다음을 참고하라. Ray Kurzweil and Terry Grossman, *Transcend: Nine Steps to Living Well Forever* (Emmaus, PA: Rodale, 2009).

107. Lindgren, "Life Expectancy at Birth."

108. "Products," Sequencing.com, accessed March 25, 2023, https://web.archive.org/web/20230315065708/https://sequencing.com/products/purchase-kit; Elizabeth Pennisi, "A $100 Genome? New DNA Sequencers Could Be a 'Game Changer' for Biology, Medicine," *Science*, June 15, 2022, https://www.science.org/content/article/100-genome-new-dna-sequencers-could-be-game-changer-biology-medicine; Kris A. Wetterstrand, "The Cost of Sequencing a Human Genome," National Human Genome Research Institute, accessed April 28, 2023, https://www.genome.gov/about-genomics/fact-sheets/Sequencing-Human-Genome-cost; Kris A. Wetterstrand, "DNA Sequencing Costs: Data," National Human Genome Research Institute, November 1, 2021, https://www.genome.gov/about-genomics/fact-sheets/DNA-Sequencing-Costs-Data; Andrew Carroll and Pi-Chuan Chang, "Improving the Accuracy of Genomic Analysis with DeepVariant 1.0," *Google AI Blog*, Google Research, September 18, 2020, https://ai.googleblog.com/2020/09/improvingaccuracy-of-genomic-analysis.html.

109. 임상 분야에 이용되는 인공 지능에 관해 더 자세한 내용은 다음을 참고하라. Bernard Marr, "How Is AI Used in Healthcare—5 Powerful Real-World Examples that Show the Latest Advances," *Forbes*, July 27, 2018, https://www.forbes.com/sites/bernardmarr/2018/07/27/how-is-ai-used-in-healthcare-5-powerful-real-world-examples-that-show-the-latest-advances/#55fa6ef05dfb; Giovanni Briganti and Olivier Le Moine, "Artificial Intelligence in Medicine: Today and Tomorrow," *Frontiers in Medicine* 7, article 27 (February 5, 2020), https://doi.org/10.3389/fmed.2020.00027.

110. 인간의 최대 기대 수명을 120세로 제한하는 요인들에 대해 더 자세한 설명은 제6장을 참고하라. 제6장에 설명했지만, 지난 수십 년 동안의 연구를 통해 노화를 초래하는 특정 생화학적 과정들이 확인되었고, 2023년 현재 그 문제들을 해결하기 위한 연구가 활발하게 진행되고 있다. 급진적인 수명 연장을 실현하기 위해 노화를 즉각 완전히 치료할 필요는 없다. 티핑 포인트는 의학이 매년 우리의 기대 수명을 적어도 1년씩 추가함으로써 사람들이 곡선보다 앞서 나가 이른바 '수명 탈출 속도'에 도달하는 때가 될 것이다.

111. 코로나19 팬데믹 때문에, 이 글을 쓴 2023년 당시에 입수할 수 있었던 영국인의 기대 수명 추정치 중에서 가장 최근의 것은 2020년 자료였다. 다음을 참고하라. "English Life Tables," Office for National Statistics (United Kingdom), September 1, 2015, https://www.ons.gov.uk/file?uri=% 2fpeoplepopulationandcommunity% 2fbirthsdeathsandmarri ages% 2flifeexpectancies% 2fdatasets% 2f2englishlifetables% 2fcurrent/eolselt1to17_tcm77-414359.xls; "National Life Tables, United Kingdom, Period Expectation of Life, Based on Data for the Years 2018–2020," Office for National Statistics (United Kingdom), September 23, 2021, https://www.ons.gov.uk/file?uri=% 2Fpeoplepopulationandcommunity% 2Fbirthsdeathsandmarriages% 2Flifeexpectancies% 2Fdatasets% 2Fnationallifetablesunitedkingdomreferencetables% 2Fcurrent/nationallifetables3yruk.xlsx.

112. 코로나19 팬데믹 때문에, 이 글을 쓴 2023년 당시에 입수할 수 있었던 미국인의 기대 수명 추정치 중에서 가장 최근의 것은 2020년 자료였다. 다음을 참고하라. United Nations Department of Economic and Social Affairs, Population Division, *World Population Prospects 2019—Special Aggregates, Online Edition*, rev. 1. (United Nations, 2019), https://population.un.org/wpp/Download/Files/3_Indicators% 20(Special% 20Aggregates)/EXCEL_FILES/5_Geographical/Mortality/WPP2019_SA5_MORT_F16_1_LIFE_EXPECTANCY_BY_AGE_BOTH_SEXES.XLSX.

113. Max Roser and Esteban Ortiz-Ospina, "Global Extreme Poverty," Our World in Data, March 27, 2017, https://ourworldindata.org/extreme-poverty; François Bourguignon and Christian Morrisson, "Inequality Among World Citizens: 1820–1992," *American Economic Review* 92, no. 4 (September 2002): 727–44, https://doi.org/10.1257/00028280260344443; *PovcalNet: An Online Analysis Tool for Global Poverty Monitoring*, World Bank, March 17, 2020, http://iresearch.worldbank.org/PovcalNet/home.aspx.

114. 전 세계의 발전과 산업화 과정을 명확하고 설득력 있게 요약한 내용과 시각화를 통해 설명한

내용은 다음을 참고하라. Council on Foreign Relations, "Global Development Explained | World101," CFR Education, YouTube video, June 18, 2019, https://www.you tube.com/watch? v=Po0o3Gk9FPQ; "Hans Rosling's 200 Countries, 200 Years, 4 Minutes—the Joy of Stats—BBC Four," BBC, YouTube video, November 26, 2010, https://www.youtube.com/watch? v=jbkSRLYSojo; "The History of International Development | Max Roser | EAGxOxford 2016," Centre for Effective Altruism, YouTube video, April 16, 2017, https://www.youtube.com/watch? v=XbBn8OEqL4k; Max Roser, "The Short History of Global Living Conditions and Why It Matters That We Know It," Our World in Data, accessed October 29, 2021, https://ourworldindata.org/a-history-of-global-living-conditions-in-5-charts; Bourguignon and Morrisson, "Inequality Among World Citizens: 1820 - 1992."

115. 중국과 인도의 농업 부문에서 일어난 급속한(그리고 때로는 끔찍하게 잘못 운영된) 변화에 대해 더 자세한 내용은 다음을 참고하라. Yi Wen, "China's Rapid Rise: From Backward Agrarian Society to Industrial Powerhouse in Just 35 Years," Federal Reserve Bank of St. Louis, April 12, 2016, https://www.stlouisfed.org/publications/regional-economist/april-2016/chi nas-rapid-rise-from-backward-agrarian-society-to-industrial-powerhouse-in-just-35-years; Xiao-qiang Jiao, Nyamdavaa Mongol, and Fu-suo Zhang, "The Transformation of Agriculture in China: Looking Back and Looking Forward," *Journal of Integrative Agriculture* 17, no. 4 (April 2018): 755 - 64, https://doi.org/10.1016/S2095-3119(17)61774-X; Amarnath Tripathi and A. R. Prasad, "Agricultural Development in India Since Independence: A Study on Progress, Performance, and Determinants," *Journal of Emerging Knowledge on Emerging Markets* 1, no. 1 (November 2009): 63 - 92, https://digitalcommons.kennesaw.edu/cgi/viewcontent.cgi? article=1007& context=jekem; M. S. Swaminathan, *50 Years of Green Revolution: An Anthology of Research Papers* (Singapore: World Scientific, 2017); Francine R. Frankel, *India's Green Revolution: Economic Gains and Political Costs* (Princeton, NJ: Princeton University Press, 1971).

116. World Bank Development Research Group, "Poverty Headcount Ratio at $2.15 a Day."

117. World Bank, "Regional Aggregation Using 2011 PPP and $1.9/Day Poverty Line," PovcalNet: The On-line Tool for Poverty Measurement Developed by the Development Research Group of the World Bank, September 1, 2022, https://web.archive.org/web/20220901035616/http://iresearch.worldbank.org/PovcalNet/povDuplicateWB.aspx.

118. "Regional Aggregation Using 2011 PPP," World Bank; Eric W. Sievers, *The Post-Soviet Decline of Central Asia: Sustainable Development and Comprehensive Capital* (London: Rout-ledge Curzon, 2003).

119. David Hulme, "The Making of the Millennium Development Goals: Human Development Meets Results-Based Management in an Imperfect World," (BWPI working paper 16, Brooks World Poverty Institute, December 2007), https://sustainabledevelopment.un.org/content/documents/773bwpi-wp-1607.pdf.

120. 밀레니엄 개발 목표와 그 영향에 관해 더 자세한 내용은 다음을 참고하라. United Nations Department of Economic and Social Affairs, *The Millennium Development Goals Report 2015* (New York: United Nations, April 2016), https://www.un.org/millenniumgoals/2015_MDG_Report/pdf/MDG% 202015% 20rev% 20(July% 201).pdf; Hannah Ritchie and Max Roser, "Now It Is Possible to Take Stock—Did the World Achieve the Millennium Development Goals?," Our World in Data, September 20, 2018, https://ourworldindata.org/mil lennium-development-goals; Charles Kenny, "MDGs to SDGs: Have We Lost the Plot?," Center for Global Development, May 27, 2015, https://www.cgdev.org/publication/mdgs-sdgs-have-we-lost-plot.

121. World Bank Development Research Group, "Poverty Headcount Ratio at $2.15 a Day (2017 PPP) (% of population) – United States," World Bank, accessed April 28, 2023, https://data.worldbank.org/indicator/SI.POV.DDAY? locations=US.

122. Emily A. Shrider et al., *Income and Poverty in the United States: 2020*, Current Population Reports P60-273, US Census Bureau, September 2021, 56, https://www.census.gov/con tent/dam/Census/library/publications/2021/demo/p60-273.pdf.

123. David R. Dickens Jr. and Christina Morales, "Income Distribution and Poverty in Nevada," in *The Social Health of Nevada: Leading Indicators and Quality of Life in the Silver State*, ed. Dmitri N. Shalin (Las Vegas: UNLV Center for Democratic Culture Publications, 2006): 1–24, https://digitalscholarship.unlv.edu/cgi/viewcontent.cgi? article=1019&context=social_health_nevada_reports; Shrider et al., *Income and Poverty in the United States: 2020*, 56.

124. Shrider et al., *Income and Poverty in the United States: 2020*, 14, 17.

125. 미국의 빈곤선이 어떻게 결정되고 수정되는지에 대한 더 자세한 설명은 다음을 참고하라. Institute for Research on Poverty, "What Are Poverty Thresholds and Poverty Guide lines?," University of Wisconsin-Madison, accessed April 28, 2023, https://www.irp.wisc.edu/resources/what-are-poverty-thresholds-and-poverty-guidelines/#:~:text=9902; Institute for Research on Poverty, "How Is Poverty Measured?," Univer sity of Wisconsin–Madison, accessed April 28, 2023, https://www.irp.wisc.edu/resour ces/how-is-poverty-measured.

126. John Creamer et al., US Census Bureau, *Poverty in the United States: 2021* (Washington, DC: US Government Publishing Office, September 2022), 25, https://www.census.gov/content/dam/Census/library/publications/2022/demo/p60-277.pdf.

127. Creamer et al., *Poverty in the United States: 2021*, 25, 36.

128. Creamer et al., *Poverty in the United States: 2021*, 25.

129. "MIT OpenCourseWare at 20," MIT OpenCourseWare, YouTube video, April 12, 2021, https://www.youtube.com/watch? v=0aAEamhJHUI.

130. Creamer et al., *Poverty in the United States: 2021*, 25; World Bank Development Research Group, "Poverty Headcount Ratio at $2.15 a Day—United States."

131. Max Roser and Esteban Ortiz-Ospina, "Global Extreme Poverty—World Population Living in Extreme Poverty, World, 1820 to 2015," Our World in Data, March 27, 2017,

updated 2019, https://ourworldindata.org/grapher/world-population-in-extreme-poverty-absolute; Bourguignon and Morrisson, "Inequality Among World Citizens: 1820–1992"; World Bank Development Research Group, "Poverty Headcount Ratio at $2.15 a Day"; World Bank, "Regional Aggregation Using 2011 PPP and $1.9/Day Poverty Line"; World Bank, Development Research Group, "Poverty Headcount Ratio at $2.15 a day (2017 PPP) (% of population)—United States."

132. Office of the Assistant Secretary for Planning and Evaluation, "HHS Poverty Guidelines for 2023," US Department of Health and Human Services, January 19, 2023, https://aspe.hhs.gov/poverty-guidelines.

133. US Bureau of Economic Analysis, "Personal Income per Capita (A792RC0A052NBEA)," retrieved from FRED, Federal Reserve Bank of St. Louis, updated March 30, 2023, https://fred.stlouisfed.org/series/A792RC0A052NBEA; "Consumer Price Index, 1913–," Federal Reserve Bank of Minneapolis; US Bureau of Labor Statistics, "Consumer Price Index for All Urban Consumers."

134. US Bureau of Economic Analysis, "Personal Income Per Capita (A792RC0A052NBEA)"; Peter H. Lindert and Jeffrey G. Williamson, "American Incomes 1774–1860" (working paper 18396, National Bureau of Economic Research, September 2012), 33, https://www.nber.org/system/files/working_papers/w18396/w18396.pdf; Alexander Klein, "New State-Level Estimates of Personal Income in the United States, 1880–1910," in *Research in Economic History*, vol. 29, ed. Christopher Hanes and Susan Wolcott (Bingley, UK: Emerald Group, 2013), 220, https://doi.org/10.1108/S0363-3268(2013)0000029008; "Consumer Price Index, 1800–," Federal Reserve Bank of Minneapolis, accessed April 28, 2023, https://www.minneapolisfed.org/about-us/monetary-policy/inflation-calculator/consumer-price-index-1800-.

135. Dickens and Morales, "Income Distribution and Poverty in Nevada," 1; Creamer et al., *Poverty in the United States: 2021*, 25.

136. Bourguignon and Morrisson, "Inequality Among World Citizens: 1820–1992"; World Bank Development Research Group, "Poverty Headcount Ratio at $2.15 a Day"; World Bank Development Research Group, "Poverty Headcount Ratio at $2.15 a Day (2017 PPP) (% of population) –United States."

137. Jutta Bolt and Jan Luiten van Zanden, *Maddison Project Database*, version 2020, Groningen Growth and Development Centre, November 2, 2020, https://www.rug.nl/ggdc/histori caldevelopment/maddison/data/mpd2020.xlsx; Jutta Bolt and Jan Luiten van Zanden, "Maddison Style Estimates of the Evolution of the World Economy: A New 2020 Update," (working paper WP-15, Maddison Project, October 2020), https://www.rug.nl/ggdc/his to ricaldevelopment/maddison/publications/wp15.pdf; US Bureau of Economic Analysis, "Real Gross Domestic Product per Capita (A939RX0Q048SBEA)," retrieved from FRED, Federal Reserve Bank of St. Louis, April 27, 2023, https://fred.stlouisfed.org/series/A939RX0Q048SBEA; "Consumer Price Index, 1913–," Federal Reserve Bank of Minneapolis; John J. McCusker, "Colonial

Statistics," in *Historical Statistics of the United States: Earliest Times to the Present*, ed. Susan G. Carter et al. (Cambridge, UK: Cambridge University Press, 2006), V-671; Richard Sutch, "National Income and Product," in *Historical Statistics of the United States: Earliest Times to the Present*, ed. Susan G. Carter et al. (Cambridge, UK: Cambridge University Press, 2006), III-23–25; Leandro Prados de la Escosura, "Lost Decades? Economic Performance in Post-Independence Latin America," *Journal of Latin American Studies* 41, no. 2 (May 2009): 279–307, https://www.jstor.org/stable/27744128; Jutta Bolt et al., "Rebasing 'Maddison': New Income Comparisons and the Shape of Long-Run Economic Development" (working paper 10, Maddison Project, Groningen Growth and Development Centre, 2018), https://www.rug.nl/ggdc/html_publi cations/memorandum/gd174.pdf.

138. Bolt and van Zanden, *Maddison Project Database*; Bolt and van Zanden, "Maddison Style Estimates of the Evolution of the World Economy"; US Bureau of Economic Analysis, "Real Gross Domestic Product per Capita (A939RX0Q048SBEA)"; "Consumer Price Index, 1913–," Federal Reserve Bank of Minneapolis; US Bureau of Labor Statistics, "Consumer Price Index for All Urban Consumers"; McCusker, "Colonial Statistics," V-671; Sutch, "National Income and Product"; Prados de la Escosura, "Lost Decades?"; Bolt et al., "Rebasing 'Maddison.'"

139. Bolt and van Zanden, *Maddison Project Database*; Bolt and van Zanden, "Maddison Style Estimates of the Evolution of the World Economy"; US Bureau of Economic Analysis, "Real Gross Domestic Product Per Capita (A939RX0Q048SBEA)"; "Consumer Price Index, 1913," Federal Reserve Bank of Minneapolis; US Bureau of Labor Statistics, "Consumer Price Index for All Urban Consumers"; McCusker, "Colonial Statistics," V-671; Sutch, "National Income and Product"; Prados de la Escosura, "Lost Decades?"; Bolt et al., "Rebasing 'Maddison.'"

140. Max Roser, "Working Hours," Our World in Data, 2013, https://ourworldindata.org/work ing-hours; Michael Huberman and Chris Minns, "The Times They Are Not Changin': Days and Hours of Work in Old and New Worlds, 1870–2000," *Explorations in Economic History* 44, no. 4 (July 12, 2007): 548, https://personal.lse.ac.uk/minns/Huberman_Minns_EEH_2007.pdf; University of Groningen and University of California, Davis, "Average Annual Hours Worked by Persons Engaged for United States (AVHWPEUSA065NRUG)," retrieved from FRED, Federal Reserve Bank of St. Louis, January 21, 2021, https://fred.stlouisfed.org/series/AVHWPEUSA065NRUG.

141. US Census Bureau, "Real Median Personal Income in the United States (MEPAINUSA672N)," retrieved from FRED, Federal Reserve Bank of St. Louis, updated September 13, 2022, https://fred.stlouisfed.org/series/MEPAINUSA672N; "Consumer Price Index, 1913–," Federal Reserve Bank of Minneapolis; US Bureau of Labor Statistics, "Consumer Price Index for All Urban Consumers."

142. US Bureau of Economic Analysis, "Personal Income Per Capita (A792RC0A052NBEA)"; Lindert and Williamson, "American Incomes 1774–1860"; Klein, "New State-Level

Estimates of Personal Income in the United States, 1880–1910," 220; "Consumer Price Index, 1800–," Federal Reserve Bank of Minneapolis; US Bureau of Labor Statistics, "Consumer Price Index for All Urban Consumers."

143. US Bureau of Economic Analysis, "Personal Income Per Capita (A792RC0A052NBEA)"; Huberman and Minns, "The Times They Are Not Changin'," 548; University of Groningen and University of California, Davis, "Average Annual Hours Worked by Persons Engaged for United States; "Consumer Price Index, 1913–," Federal Reserve Bank of Minneapolis.

144. Bolt and van Zanden, *Maddison Project Database*; US Bureau of Economic Analysis, "Population (B230RC0A052NBEA)"; US Bureau of Economic Analysis, "Personal Income (PI)," retrieved from FRED, Federal Reserve Bank of St. Louis, updated February 24, 2023, https://fred.stlouisfed.org/series/PI; US Bureau of Economic Analysis, "Hours Worked by Full-Time and Part-Time Employees (B4701C0A222NBEA)," retrieved from FRED, Federal Reserve Bank of St. Louis, updated October 12, 2022, https://fred.stlouis fed.org/series/B4701C0A222NBEA; Stanley Lebergott, "Labor Force and Employment, 1800–1960," in *Output, Employment, and Productivity in the United States After 1800*, ed. Dorothy S. Brady (Washington, DC: National Bureau of Economic Research, 1966), 118, https://www.nber.org/chapters/c1567.pdf; US Census Bureau, *Statistical Abstract of the United States: 1999* (Washington, DC: US Census Bureau, 1999): 879, https://www.census.gov/prod/99pubs/99statab/sec31.pdf; Stanley Lebergott, "Labor Force, Employment, and Unemployment, 1929–39 Estimating Methods," *Monthly Labor Review* 67, no. 1 (July 1948): 51, https://www.bls.gov/opub/mlr/1948/article/pdf/labor-force-employment-and-unemployment-1929-39-estimating-methods.pdf; Huberman and Minns, "The Times They Are Not Changin'," 548; US Bureau of Labor Statistics, "Employment Level (CE16OV)," retrieved from FRED, Federal Reserve Bank of St. Louis, updated March 10, 2023, https://fred.stlouisfed.org/series/CE16OV; "Consumer Price Index, 1800–," Federal Reserve Bank of Minneapolis; US Bureau of Labor Statistics, "Consumer Price Index for All Urban Consumers."

145. Huberman and Minns, "The Times They Are Not Changin'," 548.

146. 미국 노동 운동이 근로 시간을 줄이는 데 담당한 역할을 간략하게 설명한 자료와 그 시기의 일부 자료에 대한 자세한 출처를 알고 싶으면 다음을 참고하라. "History of the 40-Hour Workweek," CNBC Make It, YouTube video, May 3, 2017, https://www.youtube.com/watch? v=BcRlq-Hrtc0; "The 40 Hour Work Week," Prosocial Progress Foundation, YouTube video, December 3, 2017, https://www.youtube.com/watch? v=7KtJNYZySjU; Shana Lebowitz and Marguerite Ward, "Most Americans Support Andrew Yang's Call for a 4-Day Workweek—But Before Any Policy Changes, We Should Understand Why the 5-Day, 40-Hour Workweek Was So Revolutionary," *Business Insider*, June 12, 2020, https://www.businessinsider.com/history-of-the-40-hour-workweek-2015-10; George E. Barnett, "Growth of Labor

Organization in the United States, 1897–1914," *Quarterly Journal of Economics* 30, no. 4 (August 1916): 780–95, http://www.jstor.com/stable/1884242; Leo Wolman, *The Growth of American Trade Unions, 1880–1923* (New York: National Bureau of Economic Research, 1924).

147. Huberman and Minns, "The Times They Are Not Changin'," 548.

148. Huberman and Minns, "The Times They Are Not Changin'," 548.

149. Huberman and Minns, "The Times They Are Not Changin'," 548; University of Groningen and University of California, Davis, "Average Annual Hours Worked by Persons Engaged for United States."

150. 이 장 전체에서 나는 미국과 나머지 OECD 국가들의 번영 추세에 과도하게 초점을 맞추었는데, 이들 국가가 나머지 국가들보다 더 중요해서 그런 것이 아니라, 이 글을 쓰고 있을 무렵에 이들 국가가 이 기하급수적 추세에서 훨씬 가파른 지점에 도달했기 때문이다. 게다가 개발도상국에서는 양질의 데이터를 구하기 어려운 경우가 많은데, 이 때문에 가끔 전 세계적인 추세를 엄밀하게 측정하는 데 한계가 있다. 다음을 참고하라. Huberman and Minns, "The Times They Are Not Changin'," 548; University of Groningen and University of California, Davis, "Average Annual Hours Worked by Persons Engaged for United States"; Robert C. Feenstra, Robert Inklaar, and Marcel P. Timmer, *PWT 9.1: Penn World Table Version 9.1*, Groningen Growth and Development Centre, September 26, 2019, https://www.rug.nl/ggdc/productivity/pwt; Robert C. Feenstra, Robert Inklaar, and Marcel P. Timmer, "The Next Generation of the Penn World Table," *American Economic Review* 105, no. 10 (October 2015): 3150–82, http://dx.doi.org/10.1257/aer.20130954; "Kurzarbeit: Germany's Short-Time Work Benefit," International Monetary Fund, June 15, 2020, https://www.imf.org/en/News/Ar ticles/2020/06/11/na061120-kurzarbeit-germanys-short-time-work-benefit.

151. 이러한 변화와 그 장기적 영향에 관해 더 자세한 내용은 다음을 참고하라. Rani Molla, "Office Work Will Never Be the Same," *Vox*, May 21, 2020, https://www.vox.com/recode/2020/5/21/21234242/coronavirus-covid-19-remote-work-from-home-office-reopening; Gil Press, "The Future of Work Post-Covid-19," *Forbes*, July 15, 2020, https://www.forbes.com/sites/gilpress/2020/07/15/the-future-of-work-post-covid-19/#3c9ea15e4baf; Nick Routley, "6 Charts That Show What Employers and Employees Really Think About Remote Working," World Economic Forum, June 3, 2020, https://www.weforum.org/agenda/2020/06/coronavirus-covid19-remote-working-office-employees-employers; Matthew Dey et al., "Ability to Work from Home: Evidence from Two Surveys and Implications for the Labor Market in the COVID-19 Pandemic," *Monthly Labor Review* (US Bureau of Labor Statistics), June 2020, https://doi.org/10.21916/mlr.2020.14.

152. Huberman and Minns, "The Times They Are Not Changin'," 548; University of Groningen and University of California, Davis, "Average Annual Hours Worked by Persons Engaged for United States"; Feenstra, Inklaar, and Timmer, "The Next Generation of the Penn World Table," 3150–82; OECD Statistics, "Average Annual Hours Actually

Worked per Worker," Organisation for Economic Co-operation and Development, retrieved October 22, 2021, https://stats.oecd.org/Index.aspx? DataSetCode=ANHRS.

153. International Labour Office, *Marking Progress Against Child Labour: Global Estimates and Trends 2000–2012* (Geneva, Switzerland: International Labour Organization, 2013), 16, http://www.ilo.org/wcmsp5/groups/public/@ed_norm/@ipec/documents/publication/wcms_221513.pdf.

154. International Labour Office, *Marking Progress Against Child Labour*, 3; International Labour Office, *Global Estimates of Child Labour: Results and Trends, 2012–2016* (Geneva, Switzerland: International Labour Organization, 2017), 9, http://www.ilo.org/wcmsp5/groups/public/---dgreports/---dcomm/documents/publication/wcms_575499.pdf; International Labour Office and United Nations Children's Fund, *Child Labour: Global Estimates 2020, Trends and the Road Forward* (Geneva, Switzerland: ILO and UNICEF, 2021), 23, https://www.ilo.org/wcmsp5/groups/public/---ed_norm/---ipec/documents/publication/wcms_797515.pdf; US Department of Labor, *2021 Findings on the Worst Forms of Child Labor* (Washington, DC: US Department of Labor, 2022), https://www.dol.gov/sites/dolgov/files/ILAB/child_labor_reports/tda2021/2021_TDA_Big_Book.pdf.

155. United Nations Office on Drugs and Crime, *Global Study on Homicide: Executive Summary* (Vienna: United Nations, July 2019), 26–28, https://www.unodc.org/documents/data-and-analysis/gsh/Booklet1.pdf.

156. International Labour Office, *Marking Progress Against Child Labour*, 3; International Labour Office, *Global Estimates of Child Labour: Results and Trends, 2012–2016*, 9; International Labour Office and United Nations Children's Fund, *Child Labour: Global Estimates 2020, Trends and the Road Forward*, 23, 82.

157. 영국의 경우, 1325년에 인구 10만 명당 연간 살인 건수가 21.4명이었다. 1575년에는 5.2명, 1675년에는 3.5명, 1862년에는 1.6명이었고, 그 이후로도 그 아래 수준을 유지했다. 이탈리아의 경우, 1375년에는 71.7명, 1862년에는 7.0명, 2010년에는 0.9명이었다. 다음을 참고하라. Max Roser and Hannah Ritchie, "Homicides," Our World in Data, December 2019, https://ourworldindata.org/homicides; Manuel Eisner, "From Swords to Words: Does Macro-Level Change in Self-Control Predict Long-Term Variation in Levels of Homicide?," *Crime and Justice* 43, no. 1 (September 2014): 80–81, https://doi.org/10.1086/677662; UN Office on Drugs and Crime, "Intentional Homicides (per 100,000 People)—France, Netherlands, Sweden, Germany, Switzerland, Italy, United Kingdom, Spain," retrieved from Worldbank.org, accessed March 25, 2023, https://data.worldbank.org/indicator/VC.IHR.PSRC.P5? end=2020& locations=FR-NL-SE-DE-CH-IT-GB-ES& start=2020& view=bar; "Appendix Tables: Homicide in England and Wales," UK Office for National Statistics, February 9, 2023, https://www.ons.gov.uk/file? uri=/peoplepopulationandcommunity/crimeandjustice/datasets/appendixtableshomicideinenglandandwales/current/homicideyemarch22appendixtables.xlsx.

158. Alexia Cooper and Erica L. Smith, *Homicide Trends in the United States, 1980–2008*

(Washington, DC: US Department of Justice, Bureau of Justice Statistics, November 2011), 2, https://www.bjs.gov/content/pub/pdf/htus8008.pdf; "Crime in the United States: By Volume and Rate per 100,000 Inhabitants, 1999–2018," Federal Bureau of Investigation, accessed April 28, 2023, https://ucr.fbi.gov/crime-in-the-u.s/2018/crime-in-the-u.s.-2018/topic-pages/tables/table-1; Federal Bureau of Investigation, "Crime Data Explorer: Expanded Homicide Offense Counts in the United States," US Department of Justice, Federal Bureau of Investigation, accessed April 28, 2023, https://cde.ucr.cjis.gov/LATEST/webapp/#/pages/explorer/crime/shr; Emily J. Hanson, "Violent Crime Trends, 1990–2021," Congressional Research Service report IF12281, December 12, 2022, https://sgp.fas.org/crs/misc/IF12281.pdf; US Bureau of Economic Analysis, "Population (B230RC0A052NBEA)."

159. 이 표는 주로 아워 월드 인 데이터가 발표한 '1250년부터 2017년까지 장기간에 걸친 서유럽의 살인 발생률'을 토대로 작성한 것이다. 하지만 이 표의 최신 버전은 1950년 이후 세계보건기구의 데이터를 포함하고 있는데, 이 데이터는 공중 보건 목적으로 수집되어 사법적으로 보고된 살인 사건을 상당히 과소평가한 것이다. 따라서 세계보건기구 데이터는 Eisner(2014)의 문서 연구가 주요 출처인 이전 시기의 데이터와 조화가 충분히 잘되는 것은 아니다. 대신에 이 표에서 1990년 이후의 데이터는 대부분 유엔 마약범죄사무소의 국제 살인 통계 데이터베이스를 바탕으로 했다. 2019~2021년 영국 데이터의 경우, 연간 통계가 4월부터 3월까지를 기준으로 작성되었으므로, 나머지 데이터와 기준을 맞추기 위해 가중 평균을 사용해 1월부터 12월까지의 수치를 근사했다. 다음을 참고하라. Roser and Ritchie, "Homicides"; Eisner, "From Swords to Words," 80–81; UN Office on Drugs and Crime, "Intentional Homicides (per 100,000 People)—France, Netherlands, Sweden, Germany, Switzerland, Italy, United Kingdom, Spain"; "Appendix Tables: Homicide in England and Wales," UK Office for National Statistics.

160. 미국에서 금주법이 범죄와 폭력에 미친 영향에 대해 더 자세한 내용은 다음을 참고하라. "How Prohibition Created the Mafia," History, YouTube video, February 21, 2019, https://www.you tube.com/watch? v=N-K60XXaPKw; Dave Roos, "How Prohibition Put the 'Organized' in Organized Crime," History.com, February 22, 2019, https://www.history.com/news/prohi bition-organized-crime-al-capone; Bureau of Justice Statistics, "Key Facts at a Glance: Homicide Rate Trends," US Department of Justice, accessed September 29, 2006, https://web.archive.org/web/20060929061431/http://www.ojp.usdoj.gov/bjs/glance/tables/hmrt tab.htm.

161. 미국에서 마약과의 전쟁이 미친 영향과 그것이 폭력과 어떤 관계가 있는지에 대한 추가 설명은 다음을 참고하라. "Why The War on Drugs Is a Huge Failure," Kurzgesagt—In a Nutshell, YouTube video, March 1, 2016, https://www.youtube.com/watch?v=wJUXLqNHCaI; German Lopez, "The War on Drugs, Explained," *Vox*, May 8, 2016, https://www.vox.com/2016/5/8/18089368/war-on-drugs-marijuana-cocaine-heroin-meth; PBS, "Thirty Years of America's Drug War: A Chronology," *Frontline*, accessed April 28, 2023, https://www.pbs.org/wgbh/pages/frontline/shows/drugs/cron; Bureau of Justice Statistics, "Key Facts at a Glance: Homicide Rate Trends."

162. 깨진 유리창 이론과 사전 예방을 위한 치안 유지 활동에 관해 더 자세한 내용은 다음을 참고하라. George L. Kelling and James Q. Wilson, "Broken Windows: The Police and Neighborhood Safety," *Atlantic*, March 1982, https://www.theatlantic.com/magazine/archive/1982/03/broken-windows/304465/? single_page=true; "Broken Windows Policing," Center for Evidence-Based Crime Policy, accessed April 28, 2023, https://cebcp.org/evidence-based-policing/what-works-in-policing/research-evidence-review/broken-windows-policing; Shankar Vedantam et al., "How a Theory of Crime and Policing Was Born, and Went Terribly Wrong," NPR, November 1, 2016, https://www.npr.org/2016/11/01/500104506/broken-windows-policing-and-the-origins-of-stop-and-frisk-and-how-it-went-wrong; National Academies of Sciences, Engineering, and Medicine, *Proactive Policing: Effects on Crime and Communities* (Washington, DC: National Academies Press, 2018), https://doi.org/10.17226/24928; Kevin Strom, *Research on the Impact of Technology on Policing Strategy in the 21st Century, Final Report* (Research Triangle Park, NC: RTI International, 2017), https://www.ncjrs.gov/pdffiles1/nij/grants/251140.pdf.

163. "Lead for Life—The History of Leaded Gasoline—An Excerpt," from *Late Lessons from Early Warnings*, Jakob Gottschau, YouTube video, September 16, 2013, https://www.you tube.com/watch? v=pqg9jH1xwjI; Jennifer L. Doleac, "New Evidence That Lead Exposure Increases Crime," Brookings Institution, June 1, 2017, https://www.brookings.edu/blog/up-front/2017/06/01/new-evidence-that-lead-exposure-increases-crime.

164. Bureau of Justice Statistics, "Key Facts at a Glance: Homicide Rate Trends"; James Alan Fox and Marianne W. Zawitz, *Homicide Trends in the United States* (Washington, DC: Bureau of Justice Statistics, 2010), 9–10, https://www.bjs.gov/content/pub/pdf/htius.pdf; "Crime in the United States: By Volume and Rate per 100,000 Inhabitants, 1999–2018," Federal Bureau of Investigation; Federal Bureau of Investigation, "Crime Data Explorer: Expanded Homicide Offense Counts in the United States"; Hanson, "Violent Crime Trends, 1990–2021"; US Bureau of Economic Analysis, "Population (B230RC0A052NBEA)."

165. Ann L. Pastore and Kathleen Maguire, eds., *Sourcebook of Criminal Justice Statistics* (Washington, DC: US Department of Justice, Bureau of Justice Statistics, 2005), 278–79, https://www.ojp.gov/pdffiles1/Digitization/208756NCJRS.pdf; "Crime in the United States: By Volume and Rate per 100,000 Inhabitants, 1999–2018," Federal Bureau of Investigation; Federal Bureau of Investigation, "Crime Data Explorer: Expanded Homicide Offense Counts in the United States"; Hanson, "Violent Crime Trends, 1990–2021"; US Bureau of Economic Analysis, "Population (B230RC0A052NBEA)."

166. Steven Pinker, *The Better Angels of Our Nature: Why Violence Has Declined* (New York: Penguin, 2011), 60–91.

167. Pinker, *Better Angels of Our Nature*, 60.

168. Pinker, *Better Angels of Our Nature*, 49, 53, 63–64.

169. Pinker, *Better Angels of Our Nature*, 52 – 53.

170. Pinker, *Better Angels of Our Nature*, 193 – 98.

171. Pinker, *Better Angels of Our Nature*, 175 – 77, 580 – 92; Peter Singer, *The Expanding Circle: Ethics, Evolution, and Moral Progress* (Princeton, NJ: Princeton University Press, 1981).

172. 태양 에너지를 이용한 전기 생산과 에너지 저장을 위한 물질 발견에 AI가 응용된 최근 사례를 자세히 요약한 내용은 다음을 참고하라. Elizabeth Montalbano, "AI Enables Design of Spray-on Coating That Can Generate Solar Energy," *Design News*, December 26, 2019, https://www.designnews.com/materials-assembly/ai-enables-design-spray-coating-can-generate-solar-energy; Shinji Nagasawa, Eman Al-Naamani, and Akinori Saeki, "Computer-Aided Screening of Conjugated Polymers for Organic Solar Cell: Classification by Random Forest," *Journal of Physical Chemistry Letters* 9, no. 10 (May 7, 2018): 2639 – 46, https://doi.org/10.1021/acs.jpclett.8b00635; Geun Ho Gu et al., "Machine Learning for Renewable Energy Materials," *Journal of Materials Chemistry A* 7, no. 29 (April 30, 2019): 17096 – 117, https://doi.org/10.1039/C9TA02356A; Ziyi Luo et al., "A Survey of Artificial Intelligence Techniques Applied in Energy Storage Materials R& D," *Frontiers in Energy Research* 8, no. 116 (July 3, 2020), https://doi.org/10.3389/fenrg.2020.00116; An Chen, Xu Zhang, and Zhen Zhou, "Machine Learning: Accelerating Materials Development for Energy Storage and Conversion," *InfoMat* 2, no. 3 (February 23, 2020): 553 – 76, https://doi.org/10.1002/inf2.12094; Xinyi Yang et al., "Development Status and Prospects of Artificial Intelligence in the Field of Energy Conversion Materials," *Frontiers in Energy Research* 8, no. 167 (July 31, 2020), https://doi.org/10.3389/fenrg.2020.00167; Teng Zhou, Zhen Song, and Kai Sundmacher, "Big Data Creates New Opportunities for Materials Research: A Review on Methods and Applications of Machine Learning for Materials Design," *Engineering* 5, no. 6 (December 2019): 1017 – 26, https://doi.org/10.1016/j.eng.2019.02.011.

173. Hannah Ritchie and Max Roser, "Renewable Energy," Our World in Data, accessed April 28, 2023, https://ourworldindata.org/renewable-energy; International Energy Agency Statistics/OECD, "Electricity Production from Renewable Sources, Excluding Hydroelectric (% of Total)," retrieved from Worldbank.org, 2014, https://data.worldbank.org/indicator/EG.ELC.RNWX.ZS; *BP Statistical Review of World Energy 2021* (London: BP, 2021), 64 – 65, https://www.bp.com/content/dam/bp/business-sites/en/global/corporate/pdfs/energy-economics/statistical-review/bp-stats-review-2021-full-report.pdf; BP, "Statistical Review of World Energy—All Data, 1965 – 2021," from *BP Statistical Review of World Energy 2022* (London: BP, 2022), https://www.bp.com/content/dam/bp/business-sites/en/global/corporate/xlsx/energy-economics/statistical-review/bp-stats-review-2022-all-data.xlsx.

174. *BP Statistical Review of World Energy 2022* (London: BP, 2022): 45, 51, https://www.bp.com/content/dam/bp/business-sites/en/global/corporate/pdfs/energy-economics/statistical-review/bp-stats-review-2022-full-report.pdf; *BP Statistical Review of World Energy 2021*, 64 – 65; *BP Statistical Review of World Energy 2020* (London:

BP, 2020), 52–53, 59, 61, https://www.bp.com/content/dam/bp/business-sites/en/global/corporate/pdfs/energy-economics/statistical-review/bp-stats-review-2020-full-report.pdf; BP, "Statistical Review of World Energy—All Data, 1965–2021"; International Energy Agency Statistics/OECD, "Electric Power Consumption (kWh Per Capita)," retrieved from Worldbank.org, 2014, https://data.worldbank.org/indicator/EG.USE.ELEC.KH.PC; United Nations Department of Economic and Social Affairs, Population Division, "Total Population—Both Sexes," *World Population Prospects 2019*, online ed. rev. 1 (New York: United Nations, 2019), https://population.un.org/wpp/Download/Files/1_Indicators% 20(Standard)/EXCEL_FILES/1_Population/WPP2019_POP_F01_1_TOTAL_POPULATION_BOTH_SEXES.xlsx; Ritchie and Roser, "Renewable Energy."

175. "Solar (Photovoltaic) Panel Prices vs. Cumulative Capacity," Our World in Data, accessed March 25, 2023, https://ourworldindata.org/grapher/solar-pv-prices-vs-cumulative-capacity; Gregory F. Nemet, "Interim Monitoring of Cost Dynamics for Publicly Supported Energy Technologies," *Energy Policy* 37, no. 3 (March 2009): 825–35, https://doi.org/10.1016/j.enpol.2008.10.031; J. Doyne Farmer and François Lafond, "How Predictable Is Technological Progress?," *Research Policy* 45, no. 3 (April 2016): 647–65, https://doi.org/10.1016/j.respol.2015.11.001; "IRENASTAT Online Data Query Tool," International Renewable Energy Agency, accessed March 25, 2023, https://www.irena.org/Data/Downloads/IRE NASTAT; IRENA, *Renewable Power Generation Costs in 2021* (Abu Dhabi: International Renewable Energy Agency, 2022), https://www.irena.org/-/media/Files/IRENA/Agency/Publication/2022/Jul/IRENA_Power_Generation_Costs_2021.pdf? rev=34c22a4b244d434da0accde7de7c73d8; "Consumer Price Index, 1913–," Federal Reserve Bank of Minneapolis; US Bureau of Labor Statistics, "Consumer Price Index for All Urban Consumers."

176. Molly Cox, "Key 2020 US Solar PV Cost Trends and a Look Ahead," Greentech Media, December 17, 2020, https://www.greentechmedia.com/articles/read/key-2020-us-solar-pv-cost-trends-and-a-look-ahead.

177. "Solar (Photovoltaic) Panel Prices vs. Cumulative Capacity," Our World in Data; Nemet, "Interim Monitoring of Cost Dynamics for Publicly Supported Energy Technologies," 825–35; Farmer and Lafond, "How Predictable Is Technological Progress?"; "IRENASTAT Online Data Query Tool"; IRENA, *Renewable Power Generation Costs in 2021*; François Lafond et al., "How Well Do Experience Curves Predict Technological Progress? A Method for Making Distributional Forecasts," *Technological Forecasting & Social Change* 128 (March 2018): 104–17, https://doi.org/10.1016/j.techfore.2017.11.001; Sandra Enkhardt, "Global Solar Capacity Additions Hit 268 GW in 2022, Says BNEF," *PV Magazine*, December 23, 2022, https://www.pv-magazine.com/2022/12/23/global-solar-capacity-additions-hit-268-gw-in-2022-says-bnef.

178. "Solar (Photovoltaic) Panel Prices vs. Cumulative Capacity," Our World in Data; Nemet, "Interim Monitoring of Cost Dynamics for Publicly Supported Energy

Technologies," 825–35; Farmer and Lafond, "How Predictable Is Technological Progress?"; "IRENASTAT Online Data Query Tool"; IRENA, Renewable Power Generation Costs in 2021; Lafond et al., "How Well Do Experience Curves Predict Technological Progress?," 104–17; Enkhardt, "Global Solar Capacity Additions Hit 268 GW in 2022, Says BNEF."

179. Hannah Ritchie and Max Roser, "Renewable Energy—Renewable Energy Generation, World," Our World in Data, accessed April 28, 2023, https://ourworldindata.org/grapher/modern-renewable-energy-consumption? country=~OWID_WRL; Ritchie and Roser, "Renewable Energy—Solar Power Generation"; "World Electricity Generation by Fuel, 1971–2017," International Energy Agency, November 26, 2019, https://www.iea.org/data-and-statistics/charts/world-electricity-generation-by-fuel-1971-2017; *BP Statistical Review of World Energy 2022*, 45, 51; BP, "Statistical Review of World Energy—All Data, 1965–2021"; "Share of Low-Carbon Sources and Coal in World Electricity Generation, 1971–2021," International Energy Agency, April 19, 2021, https://www.iea.org/data-and-statistics/charts/share-of-low-carbon-sources-and-coal-in-world-electricity-generation-1971-2021.

180. Ryan Wiser et al., "Land-Based Wind Market Report: 2022 Edition," US Department of Energy, August 2022, 50, https://doi.org/10.2172/1882594; "Consumer Price Index, 1913–," Federal Reserve Bank of Minneapolis; US Bureau of Labor Statistics, "Consumer Price Index for All Urban Consumers."

181. Our World in Data, "Wind Power Generation," Our World in Data, accessed March 25, 2023, https://ourworldindata.org/grapher/wind-generation? tab=chart; *BP Statistical Review of World Energy 2022*; "Yearly Electricity Data," Ember, March 28, 2023, https://ember-climate.org/data-catalogue/yearly-electricity-data; Charles Moore, "European Electricity Review 2022," Ember, February 1, 2022, https://ember-climate.org/insights/re search/european-electricity-review-2022.

182. "Renewable Energy Generation, World," Our World in Data; *BP Statistical Review of World Energy 2022*.

183. "Renewable Energy Generation, World," Our World in Data; *BP Statistical Review of World Energy 2022*, 45, 51; "World Electricity Generation by Fuel, 1971–2017," International Energy Agency.

184. For a closer look at the history of the Magna Carta and its effect on the American founding, see "800 Years of Magna Carta," British Library, YouTube video, March 10, 2015, https://www.youtube.com/watch? v=RQ7vUkbtlQA; Nicholas Vincent, "Consequences of Magna Carta," British Library, March 13, 2015, https://www.bl.uk/magna-carta/articles/consequences-of-magna-carta; Dave Roos, "How Did Magna Carta Influence the U.S. Constitution?," History.com, September 30, 2019, https://www.history.com/news/magna-carta-influence-us-constitution-bill-of-rights.

185. 구텐베르크의 인쇄기와 그것이 유럽 문명에 미친 영향에 대해 더 자세한 정보는 다음을 참고하라. Dave Roos, "7 Ways the Printing Press Changed the World," History.com,

September 3, 2019, https://www.history.com/news/printing-press-renaissance; Jeremiah Dittmar, "Information Technology and Economic Change: The Impact of the Printing Press," VoxEU, February 11, 2011, https://voxeu.org/article/information-technology-and-economic-change-impact-printing-press; Patrick McGrady, "The Medieval Invention That Changed the Course of History: The Machine That Made Us," Timeline—World History Documentaries, YouTube video, August 25, 2018, https://www.youtube.com/watch? v=uQ88yC35NjI; Jeremiah Dittmar and Skipper Seabold, "Gutenberg's Moving Type Propelled Europe Towards the Scientific Revolution," *LSE Business Review*, March 19, 2019, https://blogs.lse.ac.uk/businessreview/2019/03/19/gutenbergs-moving-type-pro pelled-europe-towards-the-scientific-revolution.

186. 영국 의회의 기원과 초기의 발전 과정을 훌륭하게 요약한 내용은 다음을 참고하라. Gwilym Dodd, "The Birth of Parliament," BBC, February 17, 2011, https://www.bbc.co.uk/history/british/middle_ages/birth_of_parliament_01.shtml.

187. 영국 내전과 1689년의 권리 장전에 관한 추가 자료는 다음을 참고하라. John Green, "English Civil War: Crash Course European History #14," CrashCourse, YouTube video, August 6, 2019, https://www.youtube.com/watch? v=dyk3bI_Y68Y; Avalon Project at Yale Law School, "English Bill of Rights 1689," Lillian Goldman Law Library, accessed April 28, 2023, https://avalon.law.yale.edu/17th_century/england.asp; Geoffrey Lock, "The 1689 Bill of Rights," *Political Studies* 37, no. 4 (December 1, 1989), https://doi.org/10.1111/j.1467-9248.1989.tb00288.x; Peter Ackroyd, *Civil War: The History of England*, vol. 3 (New York: St. Martin's, 2014).

188. Neil Johnston, "The History of the Parliamentary Franchise" (research paper 13/14, UK House of Commons Library, March 1, 2013), http://researchbriefings.files.parliament.uk/documents/RP13-14/RP13-14.pdf; Roser and Ortiz-Ospina, "Literacy"; Pamuk and van Zanden, "Standards of Living," 229.

189. Dalibor Rohac, "Mechanism Design in the Venetian Republic," Cato Institute, July 17, 2013, https://www.cato.org/publications/commentary/mechanism-design-venetian-repub lic; Thomas F. Madden, *Venice: A New History* (New York: Penguin, 2012).

190. Anna Grześkowiak-Krwawicz, *Queen Liberty: The Concept of Freedom in the Polish-Lithuanian Commonwealth* (Leiden, Netherlands: Brill, 2012).

191. Steve Umhoefer, "Mark Pocan Says Less than 25 Percent of Population Could Vote When Constitution Was Written," Politifact, April 16, 2015, https://www.politifact.com/fact checks/2015/apr/16/mark-pocan/mark-pocan-says-less-25-percent-population-could-v.

192. 초기 미국인의 투표권에 대해, 간략한 설명부터 더 상세한 설명까지 추가 정보는 다음을 참고하라. "Who Voted in Early America?," Constitutional Rights Foundation, accessed April 28, 2023, https://www.crf-usa.org/bill-of-rights-in-action/bria-8-1-b-who-voted-in-early-america#.UW36ebWsiSo; Donald Ratcliffe, "The Right to Vote and the Rise of Democracy, 1787–1828," *Journal of the Early Republic* 33, no. 2 (Summer 2013): 219–54, https://www.jstor.org/stable/24768843.

193. 19세기 중엽에 유럽에서 열화같이 일어났다가 실패로 돌아간 자유주의 운동에 대해 더 자세한 내용은 다음을 참고하라. John Green, "Revolutions of 1848: Crash Course European History #26," CrashCourse, YouTube video, November 19, 2019, https://www.youtube.com/watch? v=cXTaP1BD1YY; "Alexander II—History of Russia in 100 Minutes (Part 17 of 36)," Smart History of Russia, YouTube video, July 21, 2017, https://www.youtube.com/watch? v=cqGBRn7oBEg; "Alexander III—History of Russia in 100 Minutes (Part 18 of 36)," Smart History of Russia, YouTube video, July 21, 2017, https://www.youtube.com/watch? v=XGCzmjwfSSs; Mike Rapport, *1848: Year of Revolution* (New York: Basic Books, 2009); Paul Bushkovitch, *A Concise History of Russia* (New York: Cambridge University Press, 2011).

194. "People Living in Democracies and Autocracies, World," Our World in Data, accessed March 29, 2023, https://ourworldindata.org/grapher/people-living-in-democracies-autoc racies? country=~OWID_WRL; "The V-Dem Dataset (v13)," V-Dem (Varieties of Democracy), accessed March 25, 2023, https://v-dem.net/data/the-v-dem-dataset; Bastian Herre, "Scripts and Datasets on Democracy," GitHub, accessed March 25, 2023, https://github.com/owid/notebooks/tree/main/BastianHerre/democracy; Anna Lührmann et al., "Regimes of the World (RoW): Opening New Avenues for the Comparative Study of Political Regimes," *Politics and Governance* 6, no. 1 (March 19, 2018): 60–77, https://doi.org/10.17645/pag.v6i1.1214.

195. "People Living in Democracies and Autocracies, World," Our World in Data; "The V-Dem Dataset (v13)," V-Dem; Lührmann et al., "Regimes of the World (RoW): Opening New Avenues."

196. "People Living in Democracies and Autocracies, World," Our World in Data; "The V-Dem Dataset (v13)," V-Dem; Herre, "Scripts and Datasets on Democracy"; Lührmann et al., "Regimes of the World (RoW): Opening New Avenues."

197. "People Living in Democracies and Autocracies, World," Our World in Data; "The V-Dem Dataset (v13)," V-Dem; Herre, "Scripts and Datasets on Democracy"; Lührmann et al., "Regimes of the World (RoW): Opening New Avenues."

198. "People Living in Democracies and Autocracies, World," Our World in Data; "The V-Dem Dataset (v13)," V-Dem; Herre, "Scripts and Datasets on Democracy"; Lührmann et al., "Regimes of the World (RoW): Opening New Avenues."

199. Bradley Honigberg, "The Existential Threat of AI-Enhanced Disinformation Operations," *Just Security*, July 8, 2022, https://www.justsecurity.org/82246/the-existential-threat-of-ai-enhanced-disinformation-operations; Tiffany Hsu and Stuart A. Thompson, "Disinformation Researchers Raise Alarms About A.I. Chatbots," *New York Times*, February 13, 2023, https://www.nytimes.com/2023/02/08/technology/ai-chatbots-disinformation.html.

200. 이 표에는 두 가지 유용한 데이트세트에서 나온 데이터가 포함돼 있다. 아워 월드 인 데이터는 1800년부터 2022년까지 아주 오랜 기간에 걸친 추정치를 제공한다. 이 추정치는 주로 그 사회의 독재 수준을 바탕으로 작성되었으며 다소 느슨한 근사치도 포함하는

데, 특히 제2차 세계 대전 이전 기간이 그렇다. 이코노미스트 인텔리전스 유닛은 정치 참여와 시민의 자유 같은 다양한 요소에 대한 더 세부적인 정보를 바탕으로 해당 국가가 민주주의 체제인지 평가한다. 하지만 2006년 이후의 데이터만 제공한다는 한계가 있다. 두 데이트세트는 서로 다른 방법론과 기준을 사용하고, 또 서로 겹치는 시기에서 둘 사이에 일관성 있는 관계가 없기 때문에, 둘을 이어붙여 하나의 데이터세트로 만드는 것은 적절하지 않다. 대신에 둘을 함께 표에 나타내기로 했다. 아워 월드 인 데이터의 데이터는 전체적인 추세에 대해 더 장기적인 시각을 제시하는 반면, 이코노미스트 인텔리전스 유닛 데이터는 더 최근 시기의 민주화에 대해 더 정확한 그림을 제공한다. 2015년 이후에 일어난 민주주의의 후퇴는 인도가 '선거 독재'로 부르는 상태로 빠져들면서 민주주의가 퇴행한 것이 주요인이라는 사실에 주목하라. 다음을 참고하라. "People Living in Democracies and Autocracies, World," Our World in Data; "The V-Dem Dataset (v13)," V-Dem; Herre, "Scripts and Datasets on Democracy"; Lührmann et al., "Regimes of the World (RoW): Opening New Avenues"; Laza Kekic, "The World in 2007: The Economist Intelligence Unit's Index of Democracy," *Economist*, November 15, 2006, 6, https://www.economist.com/media/pdf/DEMOCRACY_INDEX_2007_v3.pdf; *The Economist Intelligence Unit's Index of Democracy 2008* (London: Economist Intelligence Unit, 2008), 2, https://graphics.eiu.com/PDF/Democracy% 20Index% 202008.pdf; *Democracy Index 2010: Democracy in Retreat* (London: Economist Intelligence Unit, 2010), 1, https://graphics.eiu.com/PDF/Democracy_Index_2010_web.pdf; *Democracy Index 2011: Democracy Under Stress* (London: Economist Intelligence Unit, 2011), 2, https://www.eiu.com/public/topical_report.aspx? campaignid=DemocracyIndex2011; *Democracy Index 2012: Democracy at a Standstill* (London: Economist Intelligence Unit, 2012), 2, https://web.archive.org/web/20170320185156/http://pages.eiu.com/rs/eiu2/images/Democ racy-Index-2012.pdf; *Democracy Index 2013: Democracy in Limbo* (London: Economist Intelligence Unit, 2013), 2, https://www.eiu.com/public/topical_report.aspx? campaignid=Democracy0814; *Democracy Index 2014: Democracy and Its Discontents* (London: Economist Intelligence Unit, 2014), 2, https://www.eiu.com/public/topical_report.aspx? campaignid=Democracy0115; *Democracy Index 2015: Democracy in an Age of Anxiety* (London: Economist Intelligence Unit, 2015), 1, https://web.archive.org/web/20160305143559/http://www.yabiladi.com/img/content/EIU-Democracy-Index-2015.pdf; *Democracy Index 2016: Revenge of the "Deplorables,"* (London: Economist Intelligence Unit, 2016), 2, https://www.eiu.com/public/topical_report.aspx? campaignid=DemocracyIndex2016; *Democracy Index 2017: Free Speech Under Attack* (London: Economist Intelligence Unit, 2017), 2, https://www.eiu.com/public/topical_report.aspx? campaignid=DemocracyIndex2017; *Democracy Index 2018: Me Too?* (London: Economist Intelligence Unit, 2018), 2, https://www.eiu.com/public/topical_report.aspx? campaignid=democracy2018; *Democracy Index 2019: A Year of Democratic Setbacks and Popular Protest* (London: Economist Intelligence Unit, 2019), 3, https://www.eiu.com/public/topical_report.aspx? campaignid=democracyindex2019; *Democracy Index 2020: In Sickness and in Health?* (London: Economist Intelligence Unit,

2020), 3, https://pages.eiu.com/rs/753-RIQ-438/images/democracy-index-2020.pdf; *Democracy Index 2021: The China Challenge* (London: Economist Intelligence Unit, 2020), 4, https://www.eiu.com/n/campaigns/democracy-index-2021; *Democracy Index 2022: Frontline Democracy and the Battle for Ukraine* (London: Economist Intelligence Unit, 2020), 3, https://www.eiu.com/n/campaigns/democracy-index-2022.

201. 이 책에 나오는 모든 계산 비용의 계산 출처는 부록을 참고하라.

202. 이 책에 나오는 모든 계산 비용의 계산 출처는 부록을 참고하라.

203. Joshua Ho and Andrei Frumusanu, "Understanding Qualcomm's Snapdragon 810: Performance Review," Anandtech, February 12, 2015, https://www.anandtech.com/show/8933/snapdragon-810-performance-preview/5. See the appendix for the sources used for all the historical cost-of-computation calculations in this book.

204. 이 책에 나오는 모든 계산 비용의 계산 출처는 부록을 참고하라.

205. Paul E. Ceruzzi, *A History of Modern Computing*, 2nd ed. (Cambridge, MA: MIT Press, 1990), 73, https://www.google.com/books/edition/A_History_of_Modern_Computing/x1YESXanrgQC; "Reference/FAQ/Products and Services," IBM, April 28, 2023, https://www.ibm.com/ibm/history/reference/faq_0000000011.html; "Consumer Price Index, 1913 – ," Federal Reserve Bank of Minneapolis.

206. Kyle Wiggers, "Apple Unveils the A16 Bionic, Its Most Powerful Mobile Chip Yet," *TechCrunch*, September 7, 2022, https://techcrunch.com/2022/09/07/apple-unveils-new-mobile-chips-including-the-a16-bionic; Nick Guy and Roderick Scott, "Which iPhone Should I Buy?," *New York Times*, October 28, 2022, https://www.nytimes.com/wirecutter/reviews/the-iphone-is-our-favorite-smartphone.

207. Gordon Moore, "Cramming More Components onto Integrated Circuits," *Electronics* 38, no. 8 (April 19, 1965), https://archive.computerhistory.org/resources/access/text/2017/03/102770822-05-01-acc.pdf; "1965: 'Moore's Law' Predicts the Future of Integrated Circuits," Computer History Museum, accessed April 28, 2023, https://www.computerhis tory.org/siliconengine/moores-law-predicts-the-future-of-integrated-circuits; Fernando J. Corbató et al., *The Compatible Time-Sharing System: A Programmer's Guide* (Cambridge, MA: MIT Press, 1990), http://www.bitsavers.org/pdf/mit/ctss/CTSS_ProgrammersGuide.pdf.

208. Robert W. Keyes, "Physics of Digital Devices," *Reviews of Modern Physics* 61, no. 2 (April 1, 1989): 279 – 98, https://doi.org/10.1103/RevModPhys.61.279.

209. "Wikipedia: Size Comparisons," *Wikipedia: The Free Encyclopedia*, Wikimedia Foundation, accessed April 28, 2023, https://en.wikipedia.org/wiki/Wikipedia:Size_comparisons#Wikipedia.

210. 많은 물리적 제품이 정보 기술로 전환되는 과정에 대해 더 자세한 내용은 제6장에서 다룰 것이다.

211. K. Eric Drexler, *Radical Abundance: How a Revolution in Nanotechnology Will Change Civilization* (New York: PublicAffairs, 2013), 168 – 72.

212. 배양육에 대한 심층적 내용과 현재의 육류 생산이 미치는 영향에 대해 더 자세한 내용은 다음

을 참고하라. "The Meat of the Future: How Lab-Grown Meat Is Made," *Eater*, YouTube video, October 2, 2015, https://www.youtube.com/watch? v=u468xY1T8fw; "Inside the Quest to Make Lab Grown Meat," *Wired*, YouTube video, February 16, 2018, https://www.youtube.com/watch? v=QO9SS1NS6MM; Mark Post, "Cultured Beef for Food-Security and the Environment: Mark Post at TEDxMaastricht," TEDx Talks, YouTube video, May 11, 2014, https://www.youtube.com/watch? v=FITvEUSJ8TM; Julian Huguet, "This Breakthrough in Lab-Grown Meat Could Make It Look Like Real Flesh," *Seeker*, YouTube video, November 14, 2019, https://www.youtube.com/watch? v=1lUuDi_s_Zo; "How Close Are We to Affordable Lab-Grown Meat?," PBS Terra, YouTube video, August 25, 2022, https://www.youtube.com/watch? v=M-weFARkGi4; "Can Lab-Grown Steak be the Future of Meat? | Big Business | Business Insider," Insider Business, YouTube video, July 17, 2022, https://www.youtube.com/watch? v=UQejwvnog0M; Leah Douglas, "Lab-Grown Meat Moves Closer to American Dinner Plates," Reuters, January 23, 2023, https://www.reuters.com/business/retail-consumer/lab-grown-meat-moves-closer-american-dinner-plates-2023-01-23; "Yearly Number of Animals Slaughtered for Meat, World, 1961 to 2020," Our World in Data, accessed March 25, 2023, https://ourworldindata.org/grapher/animals-slaughtered-for-meat; "Global Meat Production, 1961 to 2020," Our World in Data, accessed March 25, 2023, https://ourworldindata.org/grapher/global-meat-production; FAOSTAT, Food and Agriculture Organization of the United Nations, accessed March 25, 2023, http://www.fao.org/faostat/en/#data; Xiaoming Xu et al., "Global Greenhouse Gas Emissions from Animal-Based Foods Are Twice Those of Plant-Based Foods," *Nature Food* 2 (September 13, 2021): 724-32, https://www.fao.org/3/cb7033en/cb7033en.pdf.

213. "GLEAM v3.0 Dashboard—Emissions—Global Emissions from Livestock in 2015," Food and Agriculture Organization of the United Nations, accessed March 29, 2023, https://foodandagricultureorganization.shinyapps.io/GLEAMV3_Public.

214. 메타버스 개념에 더 자세한 내용은 다음을 참고하라. John Herrman and Kellen Browning, "Are We in the Metaverse Yet?," *New York Times*, July 10, 2021, https://www.nytimes.com/2021/07/10/style/metaverse-virtual-worlds.html; Rabindra Ratan and Yiming Lei, "The Metaverse: From Science Fiction to Virtual Reality," *Big Think*, August 13, 2021, https://bigthink.com/the-future/metaverse; Casey Newton, "Mark in the Metaverse," *The Verge*, July 22, 2021, https://www.theverge.com/22588022/mark-zuckerberg-facebook-ceo-metaverse-interview.

215. Hannah Ritchie, "Half of the World's Habitable Land Is Used for Agriculture," Our World in Data, November 11, 2019, https://ourworldindata.org/global-land-for-agriculture; Erle C. Ellis et al., "Anthropogenic Transformation of the Biomes, 1700 to 2000, *Global Ecology and Biogeography* 19, no. 5 (September 2010): 589-606, https://doi.org/10.1111/j.1466-8238.2010.00540.x; "Food and Agriculture Data," FAOSTAT, Food and Agriculture Organization of the United Nations, accessed April 28, 2023, http://

www.fao.org/faostat/en/#home.

216. Ritchie, "Half of the World's Habitable Land Is Used for Agriculture"; Ellis et al., "Anthropogenic Transformation of the Biomes"; "Food and Agriculture Data," FAOSTAT.

217. Jackson Burke, "As Working from Home Becomes More Widespread, Many Say They Don't Want to Go Back," CNBC, April 24, 2020, https://www.cnbc.com/2020/04/24/as-working-from-home-becomes-more-widespread-many-say-they-dont-want-to-go-back.html.

218. 나노 규모의 특징을 가진 재료가 태양광 발전 효율을 높이는 데 어떻게 사용되는지 더 자세한 것을 알고 싶으면 다음을 참고하라. Maren Hunsberger, "Carbon Nanotubes Might Be the Secret Boost Solar Energy Has Been Looking For," *Seeker*, YouTube video, September 16, 2019, https://www.youtube.com/watch? v=EwiDGxkD9_c; Matt Ferrell, "How Carbon Nanotubes Might Boost Solar Energy—Explained," *Undecided with Matt Ferrell*, YouTube video, July 7, 2020, https://www.youtube.com/watch? v=lnZpaunXhGc; David Grossman, "Carbon Nanotubes Could Increase Solar Efficiency to 80 Percent," *Popular Mechanics*, July 25, 2019, https://www.popularmechanics.com/science/green-tech/a28506867/carbon-nanotubes-solar-efficiency; Nasim Tavakoli and Esther Alarcon-Llado, "Combining 1D and 2D Waveguiding in an Ultrathin GaAs NW/Si Tandem Solar Cell," *Optics Express* 27, no. 12 (June 10, 2019): A909–A923, https://doi.org/10.1364/OE.27.00A909.

219. Mark Hutchins, "A Quantum Dot Solar Cell with 16.6% Efficiency," *PV Magazine*, February 19, 2020, https://www.pv-magazine.com/2020/02/19/a-quantum-dot-solar-cell-with-16-6-efficiency; C. Jackson Stolle, Taylor B. Harvey, and Brian A. Korgel, "Nanocrystal Photovoltaics: A Review of Recent Progress," *Current Opinion in Chemical Engineering* 2, no. 2 (May 2013): 160–67, https://doi.org/10.1016/j.coche.2013.03.001.

220. Qiulin Tan et al., "Nano-Fabrication Methods and Novel Applications of Black Silicon," *Sensors and Actuators A: Physical* 295 (August 15, 2019): 560–73, https://doi.org/10.1016/j.sna.2019.04.044.

221. Stephen Y. Chou and Wei Ding, "Ultrathin, High-Efficiency, Broad-Band, Omni-Acceptance, Organic Solar Cells Enhanced by Plasmonic Cavity with Subwavelength Hole Array," *Optics Express* 21, no. S1 (January 14, 2013): A60–A76, https://doi.org/10.1364/OE.21.000A60.

222. David L. Chandler, "Solar Power Heads in a New Direction: Thinner," MIT News, June 26, 2013, http://news.mit.edu/2013/thinner-solar-panels-0626; Marco Bernardi, Maurizia Palummo, and Jeffrey C. Grossman, "Extraordinary Sunlight Absorption and One Nanometer Thick Photovoltaics Using Two-Dimensional Monolayer Materials," *Nano Letters* 13, no. 8 (June 10, 2013): 3664–70, https://doi.org/10.1021/nl401544y.

223. Andy Extance, "The Dawn of Solar Windows," *IEEE Spectrum*, January 24, 2018, https://spectrum.ieee.org/energy/renewables/the-dawn-of-solar-windows; Glenn McDonald, "This Liquid Coating Turns Windows Into Solar Panels," *Seeker*, September

1, 2017, https://www.seeker.com/earth/energy/clear-liquid-coating-turns-windows-into-solar-panels.

224. "Renewable Energy Generation, World," Our World in Data; *BP Statistical Review of World Energy 2022*, 45, 51; "World Electricity Generation by Fuel, 1971–2017," International Energy Agency.

225. "Renewable Energy Generation, World," Our World in Data; *BP Statistical Review of World Energy 2022*, 45, 51; "World Electricity Generation by Fuel, 1971–2017," International Energy Agency.

226. "Renewable Energy Generation, World," Our World in Data; *BP Statistical Review of World Energy 2022*, 45, 51; "World Electricity Generation by Fuel, 1971–2017," International Energy Agency.

227. "Lazard's Levelized Cost of Energy Analysis—Version 15.0," Lazard, October 2021, 9, https://www.lazard.com/media/sptlfats/lazards-levelized-cost-of-energy-version-150-vf.pdf; Mark Bolinger et al., "Levelized Cost-Based Learning Analysis of Utilityscale Wind and Solar in the United States," *iScience* 25, no. 6 (May 2022): 4, https://doi.org/10.1016/j.isci.2022.104378; Jeffrey Logan et al., *Electricity Generation Baseline Report* (technical report NREL/TP-6A20-67645, National Renewable Energy Laboratory, January 2017), 6, https://www.nrel.gov/docs/fy17osti/67645.pdf; "Lazard's Levelized Cost of Energy Analysis—Version 11.0," Lazard, 2017, 2, 10, https://www.lazard.com/media/450337/laz ard-levelized-cost-of-energy-version-110.pdf; Center for Sustainable Systems, "Wind Energy Factsheet" (pub. no. CSS07-09, University of Michigan, August 2019), http://css.umich.edu/sites/default/files/Wind% 20Energy_CSS07-09_e2019.pdf; "Renewable Energy Generation, World," Our World in Data; *BP Statistical Review of World Energy 2022*, 45, 51; "World Electricity Generation by Fuel, 1971–2017," International Energy Agency.

228. Alexis De Vos, "Detailed Balance Limit of the Efficiency of Tandem Solar Cells," *Journal of Physics D: Applied Physics* 13, no. 5 (1980): 845, https://doi.org/10.1088/0022-3727/13/5/018; "Best Research-Cell Efficiency Chart," National Renewable Energy Laboratory, accessed April 28, 2023, https://www.nrel.gov/pv/cell-efficiency.html.

229. Marcelo De Lellis, "The Betz Limit Applied to Airborne Wind Energy," *Renewable Energy* 127 (November 2018): 32–40, https://doi.org/10.1016/j.renene.2018.04.034.

230. Ritchie and Roser, "Renewable Energy—Renewable Energy Generation, World"; Ritchie and Roser, "Renewable Energy—Solar Power Generation"; "World Electricity Generation by Fuel, 1971–2017," International Energy Agency; *BP Statistical Review of World Energy 2022*, 45, 51; BP, "Statistical Review of World Energy—All Data, 1965–2021"; "Share of Low-Carbon Sources and Coal in World Electricity Generation, 1971–2021," International Energy Agency.

231. Science on a Sphere, "Energy on a Sphere," National Oceanic and Atmospheric Administration, accessed May 30, 2021, http://web.archive.org/web/20210530160109/https://sos.noaa.gov/datasets/energy-on-a-sphere.

232. Jeff Tsao, Nate Lewis, and George Crabtree, "Solar FAQs" (working draft, US Department of Energy, April 20, 2006), 9–12, https://web.archive.org/web/20200424084337/https://www.sandia.gov/~jytsao/Solar% 20FAQs.pdf.

233. *BP Statistical Review of World Energy 2022*, 8.

234. Ritchie and Roser, "Renewable Energy—Renewable Energy Generation, World"; Ritchie and Roser, "Renewable Energy—Solar Power Generation"; "World Electricity Generation by Fuel, 1971–2017," International Energy Agency; *BP Statistical Review of World Energy 2022*, 45, 51; BP, "Statistical Review of World Energy—All Data, 1965–2021"; "Share of Low-Carbon Sources and Coal in World Electricity Generation, 1971–2021," International Energy Agency.

235. Will de Freitas, "Could the Sahara Turn Africa into a Solar Superpower?," World Economic Forum, January 17, 2020, https://www.weforum.org/agenda/2020/01/solar-panels-sahara-desert-renewable-energy.

236. 에너지 저장 부문에서 떠오르는 여러 가지 기술을 전반적으로 개관한 내용은 다음을 참고하라. "Fact Sheet | Energy Storage (2019)," Environmental and Energy Study Institute, February 22, 2019, https://www.eesi.org/papers/view/energy-storage-2019.

237. Andy Colthorpe, "Behind the Numbers: The Rapidly Falling LCOE of Battery Storage," *Energy Storage News*, May 6, 2020, https://www.energy-storage.news/behind-the-numbers-the-rapidly-falling-lcoe-of-battery-storage; "Levelized Costs of New Generation Resources in the Annual Energy Outlook 2022," US Energy Information Administration, March 2022, https://www.eia.gov/outlooks/aeo/pdf/electricity_generation.pdf.

238. 미국 대규모 에너지 저장 시스템의 가파른 성장에 대해 더 자세한 내용은 다음을 참고하라. "Battery Storage in the United States: An Update on Market Trends," US Energy Information Administration, August 16, 2021, https://www.eia.gov/analysis/studies/electricity/batterystor age; *Energy Storage Grand Challenge: Energy Storage Market Report*, US Department of Energy technical report DOE/GO-102020-5497 (December 2020), https://www.energy.gov/sites/default/files/2020/12/f81/Energy% 20Storage% 20Market% 20Report% 202020_0.pdf.

239. "Lazard's Levelized Cost of Storage Analysis—Version 7.0," Lazard, 2021, 6, https://web.archive.org/web/20220729095608/https://www.lazard.com/media/451882/lazards-levelized-cost-of-storage-version-70-vf.pdf; "Lazard's Levelized Cost of Storage Analysis—Version 6.0," Lazard, 2020, 6, https://web.archive.org/web/20221006123556/https://www.lazard.com/media/451566/lazards-levelized-cost-of-storage-version-60-vf2.pdf; "Lazard's Levelized Cost of Storage Analysis—Version 5.0," Lazard, 2019, 4, https://web.archive.org/web/20221104121921/https://www.lazard.com/media/451087/lazards-levelized-cost-of-storage-version-50-vf.pdf; "Lazard's Levelized Cost of Storage Analysis—Version 4.0," Lazard, 2018, 11, https://www.lazard.com/media/sckbar5m/lazards-level ized-cost-of-storage-version-40-vfinal.pdf; "Lazard's Levelized Cost of Storage Analysis—Version 3.0,"

Lazard, 2017, 12, https://www.scribd.com/document/413797533/Lazard-Levelized-Cost-of-Storage-Version-30; "Lazard's Levelized Cost of Storage Analysis—Version 2.0," Lazard, 2016, 11, https://web.archive.org/web/20221104121905/https://www.lazard.com/media/438042/lazard-levelized-cost-of-storage-v20.pdf; "Lazard's Levelized Cost of Storage Analysis—Version 1.0," Lazard, 2015, 9, https://web.archive.org/web/20221105052132/https://www.lazard.com/media/2391/lazards-levelized-cost-of-storage-analysis-10.pdf; "Consumer Price Index, 1913-," Federal Reserve Bank of Minneapolis; US Bureau of Labor Statistics, "Consumer Price Index for All Urban Consumers."

240. US Energy Information Administration, *Electric Power Annual 2021* (Washington, DC: US Department of Energy, November 2022), 64, https://web.archive.org/web/20230201194905/http://www.eia.gov/electricity/annual/pdf/epa.pdf; US Energy Information Administration, *Electric Power Annual 2020* (Washington, DC: US Department of Energy, October 2021), 64, https://web.archive.org/web/20220301172156/http://www.eia.gov/electricity/annual/pdf/epa.pdf.

241. "Key Facts from JMP 2015 Report," World Health Organization, 2015, https://web.ar chive.org/web/20211209095710/https://www.who.int/water_sanitation_health/publica tions/JMP-2015-keyfacts-en-rev.pdf.

242. "Key Facts from JMP 2015 Report," World Health Organization, 2015; *Progress on Household Drinking Water, Sanitation and Hygiene 2000–2020*, 7-8.

243. 이 글을 쓰고 있던 시점에 입수할 수 있었던 양질의 최근 데이터는 2019년도 자료였는데, 코로나19가 건강 계측 데이터 수집을 방해한 영향이 컸을 것이다. 다음을 참고하라. Institute for Health Metrics and Evaluation, "GBD Results Tool," Global Heath Data Exchange, accessed April 28, 2023, http://ghdx.healthdata.org/gbd-results-tool; World Health Organization, "Diarrhoeal Disease," World Health Organization, May 2, 2017, https://www.who.int/news-room/fact-sheets/detail/diarrhoeal-disease.

244. 빌 게이츠와 토크쇼 진행자 지미 팰런이 자니키 옴니 프로세서로 하수를 처리한 물을 마시는 흥미진진한 영상을 포함해 이 기술들에 대해 더 자세한 내용은 다음을 참고하라. Bill Gates, "Janicki Omniprocessor," *GatesNotes*, YouTube video, January 5, 2015, https://www.youtube.com/watch? v=bVzppWSIFU0; "Bill Gates and Jimmy Drink Poop Water," *The Tonight Show Starring Jimmy Fallon*, YouTube video, January 22, 2015, https://www.you tube.com/watch? v=FHgsL0dpQ-U; Stephen Beacham, "How the LifeStraw Is Eradicating an Ancient Disease," CNET, April 9, 2020, https://www.cnet.com/news/how-the-lifestraw-is-eradicating-an-ancient-disease; "Lifestraw Challenge: Drinking Pee, Backwash & More!," Vat19, YouTube video, June 2, 2017, https://www.youtube.com/watch? v=_mkUTSGCF3I; Rebecca Paul, "6 Water-purifying Devices for Clean Drinking Water in the Developing World," *Inhabitat*, November 8, 2013, https://inhabitat.com/6-water-purifying-devices-for-clean-drinking-water-in-the-developing-world.

245. 다음을 참고하라. "Roving Blue O-Pen Silver Advanced Portable Water Purification

Device," Roving Blue Inc., YouTube video, November 5, 2018, https://www.youtube.com/watch? v=XeT p1iKQW28; Laurel Wilson, "Church Volunteers Install Water Systems in Other Countries," *Bowling Green Daily News*, December 27, 2014, https://www.bgdailynews.com/news/church-volunteers-install-water-systems-in-other-countries/article_969f45ad-7694-54af-8cb3-155e67ca54ad.html.

246. Aimee M. Gall et al., "Waterborne Viruses: A Barrier to Safe Drinking Water," *PLoS Pathogens* 11, no. 6, article e1004867 (June 25, 2015), https://doi.org/10.1371/journal.ppat.1004867.

247. "Microfiber Matters," Minnesota Pollution Control Agency, February 4, 2019, https://www.pca.state.mn.us/featured/microfiber-matters.

248. 딘 케이먼의 슬링샷 기술에 대해 더 자세한 내용은 다음을 참고하라. "Slingshot Water Purifier," Atlas Initiative Group, YouTube video, February 11, 2012, https://www.youtube.com/watch? v=Uk_T9MiZKRs; Tom Foster, "Pure Genius: How Dean Kamen's Invention Could Bring Clean Water to Millions," *Popular Science*, June 16, 2014, https://www.popsci.com/article/science/pure-genius-how-dean-kamens-invention-could-bring-clean-water-millions.

249. 스털링 엔진의 작동 방식과 중요한 이점을 길지만 명쾌하고 흥미진진하게 소개하는 영상은 다음을 보라. "Stirling Engines—The Power of the Future?," Lindybeige, YouTube video, November 28, 2016, https://www.youtube.com/watch? v=vGlDsFAOWXc.

250. 농업의 탄생에 관한 과학적 증거에 대해 더 자세한 내용은 다음을 참고하라. Rhitu Chatterjee, "Where Did Agriculture Begin? Oh Boy, It's Complicated," NPR, July 15, 2016, https://www.npr.org/sections/thesalt/2016/07/15/485722228/where-did-agriculture-begin-oh-boy-its-complicated; Ainit Snir et al., "The Origin of Cultivation and Proto-Weeds, Long Before Neolithic Farming," *PLOS One* 10, no. 7 (July 22, 2015), https://doi.org/10.1371/journal.pone.0131422.

251. David A. Pietz, Dorothy Zeisler-Vralsted, *Water and Human Societies* (Cham, Switzerland: Springer International Publishing, 2021), 55-57.

252. National Agricultural Statistics Service, "Corn, Grain—Yield, Measured in Bu/Acre," Quick Stats, US Department of Agriculture, accessed April 28, 2023, https://quickstats.nass.usda.gov/results/FBDE769A-0982-37DB-BA6D-A312ABDAA2B6; National Agricultural Statistics Service, "Corn and Soybean Production Down in 2022, USDA Reports Corn Stocks Down, Soybean Stocks Down from Year Earlier Winter Wheat Seedings Up for 2023," US Department of Agriculture, January 12, 2023, https://www.nass.usda.gov/Newsroom/2023/01-12-2023.php.

253. Hannah Ritchie and Max Roser, "Crop Yields," Our World in Data, updated September 2019, https://ourworldindata.org/crop-yields; Hannah Ritchie and Max Roser, "Land Use," Our World in Data, September 2019, https://ourworldindata.org/land-use; "Food and Agriculture Data," FAOSTAT.

254. Lebergott, "Labor Force and Employment, 1800-1960," 119; Organisation for Economic Co-operation and Development, "Employment by Economic Activity:

Agriculture: All Persons for the United States (LFEAAGTTUSQ647S)," retrieved from FRED, Federal Reserve Bank of St. Louis, updated April 20, 2023, https://fred.stlouisfed.org/series/LFEAAGTTUSQ647S; US Bureau of Labor Statistics, "Civilian Labor Force Level (CLF16OV)," retrieved from FRED, Federal Reserve Bank of St. Louis, updated April 7, 2023, https://fred.stlouisfed.org/series/CLF16OV.

255. 현재의 수직 농업 산업과 단기 전망에 관해 더 자세한 내용은 다음을 참고하라. "Why Vertical Farming Is the Future of Food," RealLifeLore2, YouTube video, May 17, 2020, https://www.youtube.com/watch? v=IBleQycVanU; "This Farm of the Future Uses No Soil and 95% Less Water," Seeker Stories, YouTube video, July 5, 2016, https://www.youtube.com/watch? v=-_tvJtUHnmU; Stuart Oda, "Are Indoor Vertical Farms the Future of Agriculture?," TED, YouTube video, February 7, 2020, https://www.youtube.com/watch? v=z9jXW9r1xr8; David Roberts, "This Company Wants to Build a Giant Indoor Farm Next to Every Major City in the World," *Vox*, April 11, 2018, https://www.vox.com/energy-and-environment/2017/11/8/16611710/vertical-farms; Selina Wang, "This High-Tech Vertical Farm Promises Whole Foods Quality at Walmart Prices," *Bloomberg*, September 6, 2017, https://www.bloomberg.com/news/features/2017-09-06/this-high-tech-vertical-farm-promises-whole-foods-quality-at-walmart-prices.

256. 수직 농업 기술에 대해 추가로 짧은 설명을 원하면 다음을 참고하라. Kyree Leary, "Crops Are Harvested Without Human Input, Teasing the Future of Agriculture," *Futurism*, February 26, 2018, https://futurism.com/automated-agriculture-uk; "Growing Up: How Vertical Farming Works," B1M, YouTube video, March 6, 2019, https://www.youtube.com/watch? v=QT4TWbPLrN8.

257. William Park, "How Far Can Vertical Farming Go?," BBC, January 11, 2023, https://www.bbc.com/future/article/20230106-what-if-all-our-food-was-grown-in-indoor-vertical-farms; Ian Frazier, "The Vertical Farm," *New Yorker*, January 1, 2017, https://www.newy orker.com/magazine/2017/01/09/the-vertical-farm.

258. 고섬 그린스와 에어로팜스처럼 물을 효율적으로 사용하는 수직 농업 사업에 관해 더 자세한 내용을 알고 싶으면 다음을 참고하라. Brian Heater, "Gotham Greens Just Raised $310M to Expand Its Greenhouses Nationwide," *TechCrunch*, September 12, 2022, https://techcrunch.com/2022/09/12/go tham-greens-just-raised-310m-to-expand-its-greenhouses-nationwide; "Our Farms," Gotham Greens, accessed March 31, 2023, https://www.gothamgreens.com/our-farms; "This Future Farm Uses No Soil and 95% Less Water," FutureWise, YouTube video, June 26, 2018, https://www.youtube.com/watch? v=SHkwXRMLcmE.

259. Laura Reiley, "Indoor Farming Looks Like It Could Be the Answer to Feeding a Hot and Hungry Planet. It's Not That Easy," *Washington Post*, November 19, 2019, https://www.washingtonpost.com/business/2019/11/19/indoor-farming-is-one-decades-hottest-trends-regulations-make-success-elusive.

260. Ritchie, "Half of the World's Habitable Land Is Used for Agriculture"; Ellis et al.,

"Anthropogenic Transformation of the Biomes"; "Food and Agriculture Data," FAOSTAT.

261. 3D 프린팅의 초기 역사에 대해 더 자세한 내용은 다음을 참고하라. Drew Turney, "History of 3D Printing: It's Older Than You Think," *Design and Make with Autodesk*, August 31, 2021, https://www.autodesk.com/redshift/history-of-3d-printing; Leo Gregurić, "History of 3D Printing: When Was 3D Printing Invented?," *All3DP*, December 10, 2018, https://web.ar chive.org/web/20211227053912/https://all3dp.com/2/history-of-3d-printing-when-was-3d-printing-invented/.

262. 3D 프린팅 자체의 과정에 대해 더 자세한 내용은 다음을 참고하라. "How Does 3D Printing Work? | The Deets," *Digital Trends*, YouTube video, September 22, 2019, https://www.youtube.com/watch? v=dGajFRaS834; Rebecca Matulka and Matty Green, "How 3D Printers Work," Department of Energy, June 19, 2014, https://www.energy.gov/articles/how-3d-printers-work.

263. 이 산업의 추세에 관한 3D 프린팅 전문가들의 광범위한 견해와 제작된 실물 크기의 해상도 증가를 보여주는 사진은 다음을 참고하라. Michael Petch, "80 Additive Manufacturing Experts Predict the 3D Printing Trends to Watch in 2020," 3DPrintingIndustry.com, January 15, 2020, https://3dprintingindustry.com/news/80-additive-manufacturing-experts-predict-the-3d-printing-trends-to-watch-in-2020-167177; Leo Gregurić, "The Smallest 3D Printed Things," *All3DP*, January 30, 2019, https://all3dp.com/2/the-smallest-3d-printed-things.

264. "How It Works," FitMyFoot, accessed June 29, 2022, https://web.archive.org/web/20220629040739/https://fitmyfoot.com/pages/how-it-works.

265. 고객의 신체에 딱 맞게 주문 제작하는 데 3D 프린팅이 쓰이는 사례는 다음을 참고하라. "IKEA Partnering with eSports Academy to Scan Bodies and 3D-Print Chairs," NowThis, September 15, 2018, https://nowthisnews.com/videos/future/ikea-and-esports-academy-are-making-3d-printed-chairs; Bianca Britton, "The 3D-Printed Wheelchair: A Revolution in Comfort?," CNN, January 24, 2017, https://money.cnn.com/2017/01/24/technol ogy/3d-printed-wheelchair-benjamin-hubert-layer/index.html; Clare Scott, "Knife Maker Points to 3D Printing as Alternative Method of Craftsmanship," 3DPrint.com, October 16, 2018, https://3dprint.com/227502/knife-maker-uses-3d-printing.

266. 의료용 이식물 제작에 3D 프린팅이 사용되는 사례는 다음을 참고하라. "3D Printed Implants Could Help Patients with Bone Cancer," Insider, YouTube video, November 7, 2017, https://www.youtube.com/watch? v=jcp-aaa1PBk; "3D Printed Lattices Improve Orthopaedic Implants," Renishaw, YouTube video, November 28, 2019, https://www.youtube.com/watch? v=2rm_3rUl3QE; AMFG, "Application Spotlight: 3D Printing for Medical Implants," Autonomous Manufacturing Ltd., August 15, 2019, https://amfg.ai/2019/08/15/application-spotlight-3d-printing-for-medical-implants.

267. *The Carbon Footprint of Global Trade: Tackling Emissions from International Freight Transport*

(Brussels: International Transport Forum, 2016), 2, https://www.itf-oecd.org/sites/default/files/docs/cop-pdf-06.pdf.

268. Dean Takahashi, "Dyndrite Launches GPU-Powered Improvements for Better 3D Printing Speed and Quality," *VentureBeat*, November 18, 2019, https://venturebeat.com/2019/11/18/dyndrite-launches-gpu-powered-improvements-for-better-3d-printing-speed-and-quality; Agiimaa Kruchkin, "Innovation in Creation: Demand Rises While Prices Drop for 3D Printing Machines," *Manufacturing Tomorrow*, February 16, 2016, https://www.manufacturingtomorrow.com/article/2016/02/innovation-in-creation-demand-rises-while-prices-drop-for-3d-printing-machines/7631.

269. "Profiles of 15 of the World's Major Plant and Animal Fibres," Food and Agriculture Organization of the United Nations, accessed April 28, 2023, http://www.fao.org/natural-fibres-2009/about/15-natural-fibres/en.

270. 다음을 참고하라. "Cytosurge FluidFM μ3Dprinter, World's First 3D Printer at Sub-Micron Direct Metal Printing," Charbax, YouTube video, May 21, 2017, https://www.youtube.com/watch? v=n9oO6EiBt40; Sam Davies, "Nanofabrica Announces Commercial Launch of Micro-Level Resolution Additive Manufacturing Technology," *TCT Magazine*, March 14, 2019, https://www.tctmagazine.com/additive-manufacturing-3d-printing-news/nanofab rica-micro-level-resolution-additive-manufacturing.

271. 3D 프린팅으로 만든 직물에 관해 더 자세한 내용은 다음을 보라. Zachary Hay, "3D Printed Fabric: The Most Promising Projects," *All3DP*, November 7, 2019, https://all3dp.com/2/3d-printed-fabric-most-prom ising-project; Roni Jacobson, "The Shattering Truth of 3D-Printed Clothing," *Wired*, May 12, 2017, https://www.wired.com/2017/05/the-shattering-truth-of-3d-printed-clothing.

272. Danny Paez, "An Incredible New 3D Printer Is 100X Faster Than What Was Possible: Video," *Inverse*, January 26, 2019, https://www.inverse.com/article/52721-high-speed-3d-printing-mass-production; Mark Zastrow, "3D Printing Gets Bigger, Faster and Stronger," *Nature* 578, no. 7793 (February 5, 2020), https://doi.org/10.1038/d41586-020-00271-6; "Prediction 5: 3D Printing Reaches the 'Plateau of Productivity,' " Deloitte, 2019, https://www.deloitte.co.uk/tmtpredictions/predictions/3d-printing.

273. 신체 기관을 만드는 3D 프린팅 과정에 관해 더 자세한 내용은 다음을 참고하라. Amanda Deisler, "This 3D Bioprinted Organ Just Took Its First 'Breath,' " *Seeker*, YouTube video, May 3, 2019, https://www.youtube.com/watch? v=V0rIP_u1JPQ; NIH Research Matters, "3D-Printed Scaffold Engineered to Grow Complex Tissues," National Institutes of Health, April 7, 2020, https://www.nih.gov/news-events/nih-research-matters/3d-printed-scaffold-engineered-grow-complex-tissues; Luis Diaz-Gomez et al., "Fiber Engraving for Bioink Bioprinting Within 3D Printed Tissue Engineering Scaffolds," *Bioprinting* 18, article e00076 (June 2020), https://doi.org/10.1016/j.bprint.2020.e00076Get; Luke Dormehl, "Ceramic Ink Could Let Doctors 3D Print

Bones Directly into a Patient's Body," *Digital Trends*, January 30, 2021, https://www.digitaltrends.com/news/ceramic-ink-3d-printed-bones.

274. 내 친구이자 CEO인 마틴 로스블랫의 통찰력 있는 인터뷰 내용을 포함해 유나이티드 테라퓨틱스의 연구에 관한 추가 정보는 다음을 참고하라. CNBC Squawk Box, "Watch CNBC's Full Interview with United Therapeutics CEO Martine Rothblatt," CNBC, June 25, 2019, https://www.cnbc.com/video/2019/06/25/watch-cnbcs-full-interview-with-united-therapeutics-ceo-martine-rothblatt.html; Antonio Regalado, "Inside the Effort to Print Lungs and Breathe Life into Them with Stem Cells," *MIT Technology Review*, June 28, 2018, https://www.technologyreview.com/2018/06/28/240446/inside-the-effort-to-print-lungs-and-breathe-life-into-them-with-stem-cells.

275. 장기 이식이 종종 실패하는 이유에 대한 추가 설명은 다음을 보라. "Why Do Organ Transplants Fail So Often," Julia Wilde, YouTube video, July 12, 2015, https://www.youtube.com/watch? v=LQ0K02m6_KM; Amy Shira Teitel, "Your Body Is Designed to Attack a New Organ, Now We Know Why," *Seeker*, YouTube video, July 22, 2017, https://www.you tube.com/watch? v=yfDL9PWubCs; "Lowering Rejection Risk in Organ Transplants," Mayo Clinic, YouTube video, March 18, 2014, https://www.youtube.com/watch? v=bUz3X9ZYd5s.

276. Elizabeth Ferrill and Robert Yoches, "IP Law and 3D Printing: Designers Can Work Around Lack of Cover," *Wired*, September 2013, https://www.wired.com/insights/2013/09/ip-law-and-3d-printing-designers-can-work-around-lack-of-cover; Michael K. Henry, "How 3D Printing Challenges Existing Intellectual Property Law," Henry Patent Law Firm, August 13, 2018, https://henry.law/blog/3d-printing-challenges-patent-law.

277. Jake Hanrahan, "3D-Printed Guns Are Back, and This Time They Are Unstoppable," *Wired*, May 20, 2019, https://www.wired.co.uk/article/3d-printed-guns-blueprints.

278. 이 방법에 관해 더 자세한 정보는 다음을 참고하라. Innovative Manufacturing and Construction Research Centre, "Future of Construction Process: 3D Concrete Printing," Concrete Printing, YouTube video, May 30, 2010, https://www.youtube.com/watch? v=EfbhdZK PHro; Nathalie Labonnote et al., "Additive Construction: State-of-the-Art, Challenges and Opportunities," *Automation in Construction* 72, no. 3 (December 2016): 347-66, https://doi.org/10.1016/j.autcon.2016.08.026.

279. 이 분야에서 최근에 일어난 발전을 개략적으로 설명한 내용은 다음을 참고하라. Sriram Renganathan, "3D Printed House/Construction Materials: What Are They?," *All3DP*, April 23, 2019, https://all3dp.com/2/3d-printing-in-construction-what-are-3d-printed-houses-made-of.

280. Melissa Goldin, "Chinese Company Builds Houses Quickly with 3D Printing," *Mashable*, April 28, 2014, https://mashable.com/2014/04/28/3d-printing-houses-china.

281. 3D 프린팅으로 전체 건물 뼈대를 만드는 과정을 저속 촬영한 인상적인 영상은 다음을 보라. "The Biggest 3D Printed Building," Apis Cor, YouTube video, October 24, 2019, https://www.youtube.com/watch? v=69HrqNnrfh4.

282. Rick Stella, "It's Hideous, But This 3D-Printed Villa in China Can Withstand a Major Quake," *Digital Trends*, July 11, 2016, https://www.digitaltrends.com/home/3d-printed-chi nese-villas-huashang-tenda.

283. Emma Bowman, "3D-Printed Homes Level Up with a 2-Story House in Houston," NPR, January 16, 2023, https://www.npr.org/2023/01/16/1148943607/3d-print ed-homes-level-up-with-a-2-story-house-in-houston; "Habitat for Humanity Home Completed," Alquist, accessed December 6, 2022, https://web.archive.org/web/20221206002108/https://www.alquist3d.com/habitat; "How Concrete Homes Are Built with a 3D Printer," Insider Art, YouTube video, June 28, 2022, https://www.youtube.com/watch? v=vL2KoMNzGTo.

284. Wetterstrand, "The Cost of Sequencing a Human Genome"; Kris A. Wetterstrand, "DNA Sequencing Costs: Data," National Human Genome Research Institute, November 19, 2021, https://www.genome.gov/about-genomics/fact-sheets/DNA-Sequencing-Costs-Data; National Research Council Committee on Mapping and Sequencing the Human Genome, *Mapping and Sequencing the Human Genome*, chap. 5 (Washington, DC: National Academies Press, 1988), https://www.ncbi.nlm.nih.gov/books/NBK218256; E. Y. Chan (Applied Biosystems), email to author, October 7, 2008.

285. 암 면역 요법에 관해 더 깊은 내용은 다음을 참고하라. "How Does Cancer Immunotherapy Work?," MD Anderson Cancer Center, YouTube video, April 20, 2017, https://www.you tube.com/watch? v=CwaMZCu4kpI; "Tumour Immunology and Immunotherapy," Nature Video, YouTube video, September 17, 2015, https://www.youtube.com/watch? v=K09xzIQ8zsg; Alex D. Waldman, Jill M. Fritz, and Michael J. Lenardo, "A Guide to Cancer Immunotherapy: From T Cell Basic Science to Clinical Practice," *Nature Reviews Immunology* 20 (2020): 651–68, https://doi.org/10.1038/s41577-020-0306-5.

286. CAR-T 세포 요법과 이것이 암 치료에 제시하는 흥미로운 가능성에 대한 추가 설명은 다음을 보라. "CAR T-Cell Therapy: How Does It Work?," Dana-Farber Cancer Insti tute, YouTube video, August 31, 2017, https://www.youtube.com/watch? v=OadAW99s4Ik; Carl June, "A 'Living Drug' That Could Change the Way We Treat Cancer," TED, YouTube video, October 2, 2019, https://www.youtube.com/watch? v=7qWvVcBZzRg.

287. 유도만능줄기세포 요법에 관한 최근 연구를 대표적으로 보여주는 내용은 다음을 참고하라. Krista Conger, "Old Human Cells Rejuvenated with Stem Cell Technology," Stanford Medicine, March 24, 2020, https://med.stanford.edu/news/all-news/2020/03/old-human-cells-rejuvenated-with-stem-cell-technology.html; Qiliang Zhou et al., "Trachea Engineering Using a Centrifugation Method and Mouse-Induced Pluripotent Stem Cells," *Tissue Engineering Part C: Methods* 24, no. 9 (September 14, 2018): 524–33, https://doi.org/10.1089/ten.TEC.2018.0115; Kazuko Kikuchi et al., "Craniofacial Bone Regeneration Using iPS Cell-Derived Neural Crest Like Cells,"

Journal of Hard Tissue Biology 27, no. 1 (January 1, 2018): 1–10, https://doi.org/10.2485/jhtb.27.1; "The World's First Allogeneic iPS-Derived Retina Cell Transplant," Japan Agency for Medical Research and Development, September 20, 2018, https://www.amed.go.jp/en/seika/fy2018-05.html; Hiroo Kimura et al., "Stem Cells Purified from Human Induced Pluripotent Stem Cell-Derived Neural Crest-Like Cells Promote Peripheral Nerve Regeneration," *Scientific Reports* 8, no. 1, article 10071 (July 3, 2018), https://doi.org/10.1038/s41598-018-27952-7; Suman Kanji and Hiranmoy Das, "Advances of Stem Cell Therapeutics in Cutaneous Wound Healing and Regeneration," *Mediators of Inflammation*, article 5217967 (October 29, 2017), https://doi.org/10.1155/2017/5217967; David Cyranoski, "'Reprogrammed' Stem Cells Approved to Mend Human Hearts for the First Time," *Nature* 557, no. 7707 (May 29, 2018): 619–20, https://doi.org/10.1038/d41586-018-05278-8; Yue Yu et al., "Application of Induced Pluripotent Stem Cells in Liver Diseases," *Cell Medicine* 7, no. 1 (April 22, 2014): 1–13, https://doi.org/10.3727/215517914X680056; Susumu Tajiri et al., "Regenerative Potential of Induced Pluripotent Stem Cells Derived from Patients Undergoing Haemodialysis in Kidney Regeneration," *Scientific Reports* 8, no. 1, article 14919 (October 8, 2018), https://doi.org/10.1038/s41598-018-33256-7; Sharon Begley, "Cancer-Causing DNA Is Found in Some Sem Cells Being Used in Patients," *STAT News*, April 26, 2017, https://www.statnews.com/2017/04/26/stem-cells-cancer-mutations.

288. 인간의 면역계 진화에 영향을 미친 그 밖의 요인에 대해 더 자세한 내용은 다음을 참고하라. Jorge Domínguez-Andrés and Mihai G. Netea, "Impact of Historic Migrations and Evolutionary Processes on Human Immunity," *Trends in Immunology* 40, no. 12 (November 27, 2019): P1105–P1119, https://doi.org/10.1016/j.it.2019.10.001.

289. 제1형 당뇨병이 인체 내에서 어떻게 작용하는지에 대한 명쾌한 설명은 다음을 보라. "Type 1 Diabetes | Nucleus Health," Nucleus Medical Media, YouTube video, January 10, 2012, https://www.youtube.com/watch?v=jxbbBmbvu7I.

290. 이 연구에 대한 비전문가를 위한 설명과 주요 연구에 관한 링크는 다음을 참고하라. Todd B. Kashdan, "Why Do People Kill Themselves? New Warning Signs," *Psychology Today*, May 15, 2014, https://www.psychologytoday.com/us/blog/curious/201405/why-do-people-kill-themselves-new-warning-signs.

제5장 일자리의 미래: 좋은 쪽 혹은 나쁜 쪽?

1. 이 급속한 발전에 대해 더 자세한 정보는 다음을 참고하라. Alex Davies, "An Oral History of the Darpa Grand Challenge, the Grueling Robot Race That Launched the Self-Driving Car," *Wired*, August 3, 2017, https://www.wired.com/story/darpa-grand-challenge-2004-oral-history; Joshua Davies, "Say Hello to Stanley," *Wired*, January 1, 2006, https://www.wired.com/2006/01/stanley; Ronan Glon and Stephen Edelstein, "The

History of Self-Driving Cars," *Digitaltrends*, July 31, 2020, https://www.digitaltrends.com/cars/history-of-self-driving-cars-milestones.

2. Kristen Korosec, "Waymo's Driverless Taxi Service Can Now Be Accessed on Google Maps," *TechCrunch*, June 3, 2021, https://techcrunch.com/2021/06/03/waymos-driverless-taxi-service-can-now-be-accessed-on-google-maps; Rebecca Bellan, "Waymo Launches Robotaxi Service in San Francisco," *TechCrunch*, August 24, 2021, https://techcrunch.com/2021/08/24/waymo-launches-robotaxi-service-in-san-francisco; Jonathan M. Gitlin, "Self-Driving Waymo Trucks to Haul Loads Between Houston and Fort Worth," *Ars Technica*, June 10, 2021, https://arstechnica.com/cars/2021/06/self-driving-waymo-trucks-to-haul-loads-between-houston-and-fort-worth; Dug Begley, "More Computer-Controlled Trucks Coming to Test-Drive I-45 Between Dallas and Houston," *Houston Chronicle*, August 25, 2022, https://www.houstonchronicle.com/news/houston-texas/transportation/ar ticle/More-computer-controlled-trucks-coming-to-17398269.php.

3. "Next Stop for Waymo One: Los Angeles," Waymo, October 19, 2022, https://blog.waymo.com/2022/10/next-stop-for-waymo-one-los-angeles.html.

4. Aaron Pressman, "Google's Waymo Reaches 20 Million Miles of Autonomous Driving," *Fortune*, January 7, 2020, https://fortune.com/2020/01/07/googles-waymo-reaches-20-million-miles-of-autonomous-driving.

5. Will Knight, "Waymo's Cars Drive 10 Million Miles a Day in a Perilous Virtual World," *MIT Technology Review*, October 10, 2018, https://www.technologyreview.com/s/612251/waymos-cars-drive-10-million-miles-a-day-in-a-perilous-virtual-world; Alexis C. Madrigal, "Inside Waymo's Secret World for Training Self-Driving Cars," *Atlantic*, August 23, 2017, https://www.theatlantic.com/technology/archive/2017/08/inside-waymos-secret-test ing-and-simulation-facilities/537648; John Krafcik, "Waymo Livestream Unveil: The Next Step in Self-Driving," Waymo, YouTube video, March 27, 2018, https://www.youtube.com/watch?v=-EBcpIvPWnY; Mario Herger, "2020 Disengagement Reports from California," The Last Driver License Holder, February 9, 2021, https://thelastdriverlicenseholder.com/2021/02/09/2020-disengagement-reports-from-california; "Off Road, but Not Offline: How Simulation Helps Advance Our Waymo Driver," Waymo, April 28, 2020, https://blog.waymo.com/2020/04/off-road-but-not-offline—simulation27.html; Kris Holt, "Waymo's Autonomous Vehicles Have Clocked 20 Million Miles on Public Roads," *Engadget*, August 19, 2021, https://www.engadget.com/waymo-autonomous-vehicles-update-san-francisco-193934150.html.

6. 엄밀히 말하면, '심층' 신경망은 적게는 3층만으로 이루어질 수 있지만, 지난 10년 동안 컴퓨팅 파워가 크게 발전하면서 더 심층적인 신경망의 실현이 가능해졌다. 알파고의 핵심 요소 중 하나는 13층짜리 신경망인데, 알파고는 2015~2016년에 그것을 사용해 세계 최고의 인간 바둑 기사들에게 승리를 거두었다. 이 신경망이 제대로 효과를 발휘하려면 엄청난 양의 데이터가 필요했는데, 그래서 연구자들은 컴퓨터 처리 장치 하나당 초당 최대 1000판의 대국을 시

뮬레이션하여 알파고를 훈련시켰다. 2017년에 알파고 제로는 79층짜리 신경망으로 약 2900만 판의 대국을 시뮬레이션했고, 원조인 알파고와 100판의 대국을 벌여 100 대 0으로 이겼다. 현재 일부 AI 계획은 100층 이상의 신경망을 사용한다. 층이 더 많다고 해서 반드시 지능이 더 뛰어난 것은 아니지만, 층이 추가될수록 정교함과 추상 능력이 더해진다고 생각할 수 있다. 만약 어떤 대상이 충분히 복잡하고 그것에 관한 데이터가 충분히 있다면, 층이 많은 신경망은 얕은 신경망이 놓칠 수 있는 숨겨진 패턴을 발견하는 경우가 많다. 이것은 더 광범위한 의미에서 AI에 매우 중요한 개념이며, 의료와 재료과학을 비롯해 많은 분야가 정보 기술로 변하고 있는 한 가지 핵심 이유이다. 말하자면, 계산 비용이 저렴해짐에 따라 더 깊은 심층 신경망의 사용이 실용적으로 변해가고 있다. 데이터 수집과 저장 비용이 저렴해지면서 심층 신경망에 충분한 데이터를 입력하는 것이 가능해져 더 많은 분야에서 그 잠재력을 활용할 수 있다. 딥러닝이 더 광범위하게 활용됨에 따라 이 분야들은 기하급수적으로 증가하는 지능에서 큰 혜택을 얻을 것이다. 다음을 참고하라. "AlphaGo," Google DeepMind, accessed January 30, 2023, https://deepmind.com/re search/case-studies/alphago-the-story-so-far; "AlphaGo Zero: Starting from Scratch," Google DeepMind, October 18, 2017, https://deepmind.com/blog/article/alphago-zero-starting-scratch; Tom Simonite, "This More Powerful Version of AlphaGo Learns On Its Own," *Wired*, October 18, 2017, https://www.wired.com/story/this-more-powerful-version-of-alphago-learns-on-its-own; David Silver et al., "Mastering the Game of Go with Deep Neural Networks and Tree Search," *Nature* 529, no. 7587 (January 27, 2016): 484-89, https://doi.org/10.1038/nature16961; Christof Koch, "How the Computer Beat the Go Master," *Scientific American*, March 19, 2016, https://www.scientificamerican.com/article/how-the-computer-beat-the-go-master; Josh Patterson and Adam Gibson, *Deep Learning: A Practitioner's Approach* (Sebastopol, CA: O'Reilly, 2017), 6-8, https://books.google.com/books? id=qrcuDwAAQBAJ; Thomas Anthony, Zheng Tian, and David Barber, "Thinking Fast and Slow with Deep Learning and Tree Search," 31st Conference on Neural Information Processing Systems (NIPS 2017), revised December 3, 2017, https://arxiv.org/pdf/1705.08439.pdf; Kaiming He et al., "Deep Residual Learning for Image Recognition," 2016 IEEE Conference on Computer Vision and Pattern Recognition, December 10, 2015, https://arxiv.org/pdf/1512.03385.pdf.

7. Holt, "Waymo's Autonomous Vehicles Have Clocked 20 Million Miles on Public Roads."

8. 2021년, 미국의 고용 노동자는 약 1억 5500만 명이었다. 그중에서 349만 명은 온갖 종류의 트럭 운전기사였고, 83만 2600명은 여객 차량 운전기사였는데, 이 둘을 합친 비율이 약 2.7%이다. 다음을 참고하라. US Bureau of Labor Statistics, "Employment Status of the Civilian Population by Sex and Age," US Department of Labor, accessed April 7, 2023, https://www.bls.gov/news.release/empsit.t01.htm; Jennifer Cheeseman Day and Andrew W. Hait, "America Keeps On Truckin': Number of Truckers at All-Time High," US Census Bureau, June 6, 2019, https://www.census.gov/library/stories/2019/06/america-keeps-on-trucking.html; US Bureau of Labor Statistics, US Department of Labor, "30 Percent of Civilian Jobs Require Some Driving in 2016," *The Economics Daily*, June 27,

2017, https://www.bls.gov/opub/ted/2017/30-percent-of-civilian-jobs-require-some-driving-in-2016.htm.

9. "Economics and Industry Data," American Trucking Associations, accessed April 20, 2023, https://www.trucking.org/economics-and-industry-data; US Bureau of Labor Statistics, "Occupational Outlook Handbook, Passenger Vehicle Drivers—Summary," US Department of Labor, accessed January 30, 2023, https://www.bls.gov/ooh/transportation-and-material-moving/passenger-vehicle-drivers.htm.

10. Mark Fahey, "Driverless Cars Will Kill the Most Jobs in Select US States," CNBC, September 2, 2016, https://www.cnbc.com/2016/09/02/driverless-cars-will-kill-the-most-jobs-in-select-us-states.html.

11. Fahey, "Driverless Cars Will Kill the Most Jobs in Select US States."

12. Cheeseman Day and Hait, "America Keeps on Truckin'."

13. Bureau of Transportation Statistics, *Transportation Economic Trends*, US Department of Transportation, accessed April 20, 2023, https://data.bts.gov/stories/s/caxh-t8jd.

14. Carl Benedikt Frey and Michael A. Osborne. "The Future of Employment: How Susceptible Are Jobs to Computerisation?" (Oxford Martin School, September 17, 2013), 2, 36–38, https://www.oxfordmartin.ox.ac.uk/downloads/academic/The_Future_of_Employ ment.pdf.

15. Frey and Osborne, "Future of Employment: How Susceptible Are Jobs to Compu terisation?," 57-72.

16. Frey and Osborne, "Future of Employment: How Susceptible Are Jobs to Compu terisation?," 57-72.

17. Frey and Osborne, "Future of Employment: How Susceptible Are Jobs to Compu terisation?," 57-72.

18. Frey and Osborne, "Future of Employment: How Susceptible Are Jobs to Compu terisation?," 57-72.

19. Ljubica Nedelkoska and Glenda Quintini, "Automation, Skills Use and Training," OECD Social, Employment and Migration Working Papers no. 202 (March 8, 2018), 7-8, https://doi.org/10.1787/2e2f4eea-en.

20. Nedelkoska and Quintini, "Automation, Skills Use and Training," 7-8.

21. "A New Study Finds Nearly Half of Jobs Are Vulnerable to Automation," *Economist*, April 24, 2018, https://www.economist.com/graphic-detail/2018/04/24/a-study-finds-nearly-half-of-jobs-are-vulnerable-to-automation; Frey and Osborne, "Future of Employment: How Susceptible Are Jobs to Computerisation?"

22. Alexandre Georgieff and Anna Milanez, "What Happened to Jobs at High Risk of Automation?," OECD Social, Employment and Migration Working Papers no. 255 (OECD Publishing, May 21, 2021), https://doi.org/10.1787/10bc97f4-en.

23. McKinsey & Company, "The Economic Potential of Generative AI: The Next Productivity Frontier," McKinsey & Company, June 2023: 37-41, https://www.mckinsey.com/capabilities/mckinsey-digital/our-insights/the-economic-potential-

of-generative-ai-the-next-productivity-frontier#introduction.

24. Richard Conniff, "What the Luddites Really Fought Against," *Smithsonian*, March 2011, https://www.smithsonianmag.com/history/what-the-luddites-really-fought-against-264412.

25. "Hidden Histories: Luddites—A Short History of One of the First Labor Movements," WRIR.org, May 23, 2010, https://www.wrir.org/2010/05/23/hidden-histories-luddites-a-short-history-of-one-of-the-first-labor-movemen; Conniff, "What the Luddites Really Fought Against"; Bill Kovarik, *Revolutions in Communication: Media History from Gutenberg to the Digital Age* (New York: Bloomsbury, 2015), 8, https://books.google.com/books? id=F6ugBQAAQBAJ; Jessica Brain, "The Luddites," Historic UK, accessed April 20, 2023, https://www.historic-uk.com/HistoryUK/HistoryofBritain/The-Luddites.

26. Conniff, "What the Luddites Really Fought Against"; Brain, "The Luddites."

27. Brain, "The Luddites"; Kevin Binfield, ed., *Writings of the Luddites* (Baltimore: Johns Hopkins University Press, 2004); Frank Peel, *The Risings of the Luddites* (Heckmondwike, UK: T. W. Senior, 1880).

28. Stanley Lebergott, "Labor Force and Employment, 1800–1960," in *Output, Employment, and Productivity in the United States After 1800*, ed. Dorothy S. Brady (Washington, DC: National Bureau of Economic Research, 1966), 119, https://www.nber.org/chapters/c1567.pdf; US Bureau of Labor Statistics, "All Employees, Manufacturing (MANEMP)," retrieved from FRED, Federal Reserve Bank of St. Louis, updated April 7, 2023, https://fred.stlouisfed.org/series/MANEMP; Organisation for Economic Co-operation and Development, "Employment by Economic Activity: Agriculture: All Persons for the United States (LFEAAGTTUSQ647S)," retrieved from FRED, Federal Reserve Bank of St. Louis, updated April 20, 2023, https://fred.stlouisfed.org/series/LFEAAGTTUSQ647S; US Bureau of Labor Statistics, "Civilian Labor Force Level (CLF16OV)," retrieved from FRED, Federal Reserve Bank of St. Louis, updated April 7, 2023, https://fred.stlouisfed.org/series/CLF16OV.

29. Lebergott, "Labor Force and Employment, 1800–1960," 118; US Census Bureau, "Historical National Population Estimates July 1, 1900 to July 1, 1999," Population Estimates Program, Population Division, US Census Bureau, revised June 28, 2000, https://www2.census.gov/programs-surveys/popest/tables/1900-1980/national/totals/popclockest.txt.

30. US Bureau of Labor Statistics, "Civilian Labor Force Level (CLF16OV)"; US Bureau of Economic Analysis, "Population (B230RC0A052NBEA)," retrieved from FRED, Federal Reserve Bank of St. Louis, updated January 26, 2023, https://fred.stlouisfed.org/series/B230RC0A052NBEA.

31. Michael Huberman and Chris Minns, "The Times They Are Not Changin': Days and Hours of Work in Old and New Worlds, 1870–2000," *Explorations in Economic History* 44, no. 4 (July 12, 2007): 548, https://personal.lse.ac.uk/minns/Huberman_

Minns_EEH_2007.pdf; University of Groningen and University of California, Davis, "Average Annual Hours Worked by Persons Engaged for United States (AVHWPEUSA065NRUG)," retrieved from FRED, Federal Reserve Bank of St. Louis, updated January 21, 2021, https://fred.stlouisfed.org/series/AVHWPEUSA065NRUG; Robert C. Feenstra, Robert Inklaar, and Marcel P. Timmer, "The Next Generation of the Penn World Table," *American Economic Review* 105, no. 10 (2015): 3150–82, https://www.rug.nl/ggdc/docs/the_next_genera tion_of_the_penn_world_table.pdf.

32. US Bureau of Labor Statistics, "Personal Income Per Capita (A792RC0A052NBEA)," retrieved from FRED, Federal Reserve Bank of St. Louis, updated March 30, 2023, https://fred.stlouisfed.org/series/A792RC0A052NBEA; "CPI Inflation Calculator," US Bureau of Labor Statistics, accessed April 20, 2023, https://data.bls.gov/cgi-bin/cpicalc.pl; US Bureau of Labor Statistics, "Civilian Labor Force Level (CLF16OV)"; US Bureau of Labor Statistics, "Real Median Personal Income in the United States (MEPAINUSA672N)," retrieved from FRED, Federal Reserve Bank of St. Louis, updated September 13, 2022, https://fred.stlouisfed.org/series/MEPAINUSA672N.

33. Lebergott, "Labor Force and Employment, 1800–1960," 118; US Bureau of Economic Analysis, "Population (B230RC0A052NBEA)."

34. US Bureau of Labor Statistics, "Personal Income Per Capita (A792RC0A052NBEA)"; US Bureau of Labor Statistics, "Civilian Labor Force Level (CLF16OV)"; US Bureau of Economic Analysis, "Population (B230RC0A052NBEA)."

35. US Bureau of Labor Statistics, "Real Median Personal Income in the United States (MEPAINUSA672N)."

36. Huberman and Minns, "The Times They Are Not Changin'," 548.

37. US Bureau of Labor Statistics, "Total Wages and Salaries, BLS (BA06RC1A027NBEA)," retrieved from FRED, Federal Reserve Bank of St. Louis, updated October 12, 2022, https://fred.stlouisfed.org/series/BA06RC1A027NBEA; US Bureau of Labor Statistics, "Hours Worked by Full-Time and Part-Time Employees (B4701C0A222NBEA)," retrieved from FRED, Federal Reserve Bank of St. Louis, updated October 12, 2022, https://fred.stlouisfed.org/series/B4701C0A222NBEA.

38. US Bureau of Labor Statistics, "Personal Income (PI)," retrieved from FRED, Federal Reserve Bank of St. Louis, updated March 31, 2023, https://fred.stlouisfed.org/series/PI.

39. 예컨대 다음을 보라. Microeconomix, *The App Economy in the United States* (London: Deloitte, August 17, 2018), 4, https://actonline.org/wp-content/uploads/Deloitte-The-App-Economy-in-US.pdf.

40. Lebergott, "Labor Force and Employment, 1800–1960," 119.

41. F. M. L. Thompson, "The Second Agricultural Revolution, 1815–1880," *Economic History Review* 21, no. 1 (April 1968): 62–77, https://www.jstor.org/stable/2592204; Norman E. Borlaug, "Contributions of Conventional Plant Breeding to Food Production," *Science* 219, no. 4585 (February 11, 1983): 689–93, https://science.sciencemag.org/content/

sci/219/4585/689.full.pdf.

42. 산업화가 농업을 어떻게 변화시켰는지 더 깊이 고찰한 내용은 다음을 보라. "Causes of the Industrial Revolution: The Agricultural Revolution," ClickView, YouTube video, August 10, 2015, https://www.youtube.com/watch? v=6QKIts2_yJ0; John Green, "Coal, Steam, and the Industrial Revolution: Crash Course World History #32," CrashCourse, YouTube video, August 30, 2012, https://www.youtube.com/watch? v=zhL5DCizj5c; John Green, "The Industrial Economy: Crash Course US History #23," CrashCourse, YouTube video, July 25, 2013, https://www.youtube.com/watch? v=r6tRp-zRUJs; "Mechanization on the Farm in the Early 20th Century," Iowa PBS, YouTube video, April 28, 2015, https://www.youtube.com/watch? v=SI9K8ZJqAwE; "Cyrus McCormick," PBS, accessed April 20, 2023, https://www.pbs.org/wgbh/theymadeamerica/whomade/mccormick_hi.html; Mark Overton, *Agricultural Revolution in England: The Transformation of the Agrarian Economy 1500–1850* (Cambridge, UK: Cambridge University Press, 1996).

43. Lebergott, "Labor Force and Employment, 1800-1960," 119.

44. Hannah Ritchie and Max Roser, "Crop Yields," Our World in Data, updated 2022, https://ourworldindata.org/crop-yields; Sarah E. Cusick and Michael K. Georgieff, "The Role of Nutrition in Brain Development: The Golden Opportunity of the 'First 1000 Days,' " *Journal of Pediatrics* 175 (August 2016): 16 – 21, https://www.ncbi.nlm.nih.gov/pmc/articles/PMC4981537; Gary M. Walton and Hugh Rockoff, *History of the American Economy*, 11th ed. (Boston: Cengage Learning, 2009), 1-15.

45. "Provisional Cereal and Oilseed Production Estimates for England 2022," Department for Environment Food & Rural Affairs (UK), December 21, 2022, https://www.gov.uk/govern ment/statistics/cereal-and-oilseed-rape-production/provisional-cereal-and-oilseed-production-estimates-for-england-2022.

46. "UK Population Estimates 1851 to 2014," Office for National Statistics (UK), July 6, 2015, https://www.ons.gov.uk/peoplepopulationandcommunity/populationandmigration/popu lationestimates/adhocs/004356ukpopulationestimates1851to2014; Central Intelligence Agency, "Explore All Countries—United Kingdom," CIA World Factbook, November 29, 2022, https://web.archive.org/web/20221207065501/https://www.cia.gov/the-world-factbook/countries/united-kingdom.

47. Organisation for Economic Co-operation and Development, "Employment by Economic Activity: Agriculture"; US Bureau of Labor Statistics, "Civilian Labor Force Level (CLF16OV)"; International Labour Organization, "Employment in Agriculture (% of Total Employment) (Modeled ILO Estimate)," Worldbank.org, January 29, 2021, https://data.worldbank.org/indicator/SL.AGR.EMPL.ZS? locations=US.

48. 자동화 영농 기술에 대한 흥미로운 설명은 다음을 참고하라. Kyree Leary, "Crops Are Harvested Without Human Input, Teasing the Future of Agriculture," *Futurism*, February 26, 2018, https://futurism.com/automated-agriculture-uk; "Growing

Up: How Vertical Farming Works," B1M, YouTube video, March 6, 2019, https://www.youtube.com/watch? v=QT4TWbPLrN8; "The Future of Farming," The Daily Conversation, YouTube video, May 17, 2017, https://www.youtube.com/watch? v=Qmla9NLFBvU; Michael Larkin, "Labor Terminators: Farming Robots Are About To Take Over Our Farms," *Investor's Business Daily*, August 10, 2018, https://www.investors.com/news/farm ing-robot-agriculture-technology.

49. Lebergott, "Labor Force and Employment, 1800-1960," 119; US Census Bureau, *Statistical Abstract of the United States: 1999* (Washington, DC: US Census Bureau, 1999): 879, https://www.census.gov/prod/99pubs/99statab/sec31.pdf; US Bureau of Labor Statistics, "Percent of Employment in Agriculture in the United States (USAPEMANA)," retrieved from FRED, Federal Reserve Bank of St. Louis, updated June 10, 2013, https://fred.stlou isfed.org/series/USAPEMANA; International Labour Organization, "Employment in Agriculture."

50. Lebergott, "Labor Force and Employment, 1800-1960," 119.

51. Benjamin T. Arrington, "Industry and Economy During the Civil War," National Park Service, August 23, 2017, https://www.nps.gov/articles/industry-and-economy-during-the-civil-war.htm; Lebergott, "Labor Force and Employment, 1800-1960," 119.

52. 조립 라인의 발전과 그것이 2차 산업 혁명에서 수행한 역할을 생생하게 설명한 내용은 다음을 참고하라. John Green, "Ford, Cars, and a New Revolution: Crash Course History of Science #28," CrashCourse, YouTube video, November 12, 2018, https://www.youtube.com/watch? v=UPvwpYeOJnI.

53. Lebergott, "Labor Force and Employment, 1800-1960," 119.

54. Lebergott, "Labor Force and Employment, 1800-1960," 119; US Bureau of Labor Statistics, "Civilian Labor Force Level (CLF16OV)"; US Bureau of Labor Statistics, "All Employees, Manufacturing (MANEMP)"; US Bureau of Labor Statistics, "Manufacturing Sector: Real Output (OUTMS)," retrieved from FRED, Federal Reserve Bank of St. Louis, updated March 2, 2023, https://fred.stlouisfed.org/series/OUTMS.

55. 컨테이너 운송의 발달과 그 영향을 흥미진진하게 설명한 것은 다음을 보라. *Wall Street Journal*, "How a Steel Box Changed the World: A Brief History of Shipping," YouTube video, January 24, 2018, https://www.youtube.com/watch? v=0MUkgDIQdcM; PolyMatter, "How Container Ships Work," YouTube video, November 2, 2018, https://www.youtube.com/watch? v=DY9VE3i-KcM.

56. US Bureau of Labor Statistics, "Manufacturing Sector: Real Output per Hour of All Persons (OPHMFG)," retrieved from FRED, Federal Reserve Bank of St. Louis, updated March 2, 2023, https://fred.stlouisfed.org/series/OPHMFG.

57. US Bureau of Labor Statistics, "All Employees, Manufacturing (MANEMP)."

58. US Bureau of Labor Statistics, "All Employees, Manufacturing (MANEMP)"; US Bureau of Labor Statistics, "Manufacturing Sector: Real Output (OUTMS)."

59. US Bureau of Labor Statistics, "All Employees, Manufacturing (MANEMP)."

60. US Bureau of Labor Statistics, "Manufacturing Sector: Real Output (OUTMS)."
61. US Bureau of Labor Statistics, "All Employees, Manufacturing (MANEMP)"; US Bureau of Labor Statistics, "Manufacturing Sector: Real Output (OUTMS)."
62. US Bureau of Labor Statistics, "All Employees, Manufacturing (MANEMP)"; US Bureau of Labor Statistics, "Civilian Labor Force Level (CLF16OV)"; Lebergott, "Labor Force and Employment, 1800-1960," 119-20.
63. US Bureau of Labor Statistics, "All Employees, Manufacturing (MANEMP)"; US Bureau of Labor Statistics, "Civilian Labor Force Level (CLF16OV)."
64. 사용할 수 있는 데이터는 이 그래프에 나타난 것보다 제조업 부문에서 훨씬 급작스러운 고용 하락을 초래했을 가능성이 높은 대공황의 영향을 제대로 반영하지 못했다는 사실에 유의하라. 이런 점은 짧은 기간이지만 제조업 부문 고용을 크게 증가시킨 제2차 세계 대전의 영향도 마찬가지인데, 그 영향은 노동통계국의 전체 노동 인구 데이터에 나타나지 않는다(그 시기까지 거슬러 올라가는 데이터 자체가 없으므로). 다음을 참고하라. US Bureau of Labor Statistics, "All Employees, Manufacturing (MANEMP)"; US Bureau of Labor Statistics, "Civilian Labor Force Level (CLF16OV)"; Lebergott, "Labor Force and Employment, 1800 - 1960," 119 - 20.
65. US Bureau of Labor Statistics, "Labor Force Participation Rate (CIVPART)," retrieved from FRED, Federal Reserve Bank of St. Louis, updated September 3, 2021, https://fred.stlouisfed.org/series/CIVPART; US Bureau of Labor Statistics, "Civilian Labor Force Level (CLF16OV)."
66. International Labour Organization, "Labor Force, Female (% of Total Labor Force)—United States," retrieved from Worldbank.org, September 2019, https://data.worldbank.org/indicator/SL.TLF.TOTL.FE.ZS? locations=US; US Bureau of Labor Statistics, "Labor Force Participation Rate (CIVPART)"; US Bureau of Labor Statistics, "Civilian Labor Force Participation Rate: Women (LNS11300002)," retrieved from FRED, Federal Reserve Bank of St. Louis, updated April 7, 2023, https://fred.stlouisfed.org/series/LNS11300002.
67. US Bureau of Labor Statistics, "Labor Force Participation Rate (CIVPART)."
68. Federal Interagency Forum on Child and Family Statistics, *America's Children: Key National Indicators of Well-Being, 2021* (Washington, DC: US Government Printing Office, 2021): 81, https://web.archive.org/web/20220721170310/https://www.childstats.gov/pdf/ac2021/ac_21.pdf.
69. Federal Interagency Forum on Child and Family Statistics, *America's Children*, 81.
70. Federal Interagency Forum on Child and Family Statistics, *America's Children*, 81.
71. US Bureau of Labor Statistics, "Civilian Labor Force Level (CLF16OV)"; US Bureau of Labor Statistics, "Population, Total for United States (POPTOTUSA647NWDB)," retrieved from FRED, Federal Reserve Bank of St. Louis, updated July 5, 2022, https://fred.stlouisfed.org/series/POPTOTUSA647NWDB.
72. US Bureau of Labor Statistics, "Civilian Labor Force Level (CLF16OV)"; US Bureau of Labor Statistics, "Population, Total for United States (POPTOTUSA647NWDB)"; "U.S.

and World Population Clock," US Census Bureau, updated April 20, 2023, https://www.census.gov/popclock.

73. US Bureau of Labor Statistics, "Civilian Labor Force Level (CLF16OV)"; US Census Bureau, *Statistical Abstract of the United States: 1999*, 879; Lebergott, "Labor Force and Employment, 1800–1960," 118; "U.S. and World Population Clock," US Census Bureau; US Bureau of Labor Statistics, "Population, Total for United States (POPTOTUSA647NWDB)"; US Census Bureau, "Resident Population of the United States," US Census Bureau, accessed April 20, 2023, https://www2.census.gov/library/visualizations/2000/dec/2000-resident-population/unitedstates.pdf.

74. National Center for Education Statistics, "Enrollment in Elementary, Secondary, and Degree-Granting Postsecondary Institutions, by Level and Control of Institution: Selected Years, 1869–70 Through Fall 2030," US Department of Education, 2021, https://nces.ed.gov/programs/digest/d21/tables/dt21_105.30.asp; Tom Snyder, ed., *120 Years of American Education: A Statistical Portrait* (Washington, DC: National Center for Education Statistics, 1993), 64, http://web20kmg.pbworks.com/w/file/fetch/66806781/120% 20Years% 20of% 20American% 20Education% 20A% 20Statistical% 20Portrait.pdf.

75. National Center for Education Statistics, "Enrollment in Elementary, Secondary, and Degree-Granting Postsecondary Institutions."

76. National Center for Education Statistics, "Total and Current Expenditures per Pupil in Public Elementary and Secondary Schools: Selected Years, 1919-20 Through 2018-19," US Department of Education, September 2021, https://nces.ed.gov/programs/digest/d21/tables/dt21_236.55.asp; "Consumer Price Index, 1913–," Federal Reserve Bank of Minneapolis, accessed April 20, 2023, https://www.minneapolisfed.org/about-us/monetary-policy/inflation-calculator/consumer-price-index-1913-; US Bureau of Labor Statistics, "Consumer Price Index for All Urban Consumers: All Items in U.S. City Average (CPIAUCSL)," retrieved from FRED, Federal Reserve Bank of St. Louis, updated April 12, 2023, https://fred.stlouisfed.org/series/CPIAUCSL.

77. National Center for Education Statistics, "Total and Current Expenditures per Pupil in Public Elementary and Secondary Schools"; "Consumer Price Index, 1913–," Federal Reserve Bank of Minneapolis; US Bureau of Labor Statistics, "Consumer Price Index for All Urban Consumers: All Items in U.S. City Average."

78. National Center for Education Statistics, *120 Years of American Education: A Statistical Portrait*, 65.

79. 대다수 세계적 추세가 올바른 방향으로 흘러가고 있는 이유를 최근에 분석한 영향력 있는 몇 가지 연구는 다음을 참고하라. Max Roser, "Most of Us Are Wrong About How the World Has Changed (Especially Those Who Are Pessimistic About the Future)," Our World in Data, July 27, 2018, https://ourworldindata.org/wrong-about-the-world; "Why Are We Working on Our World in Data?," Our World in Data, July 20, 2017, https://ourworldindata.org/mo tivation; Steven Pinker, "Is the World Getting Better or

Worse? A Look at the Numbers," TED video, April 2018, https://www.ted.com/talks/steven_pinker_is_the_world_getting_better_or_worse_a_look_at_the_numbers.

80. 에릭 브리뇰프슨의 견해를 더 자세히 알고 싶으면 다음을 참고하라. Erik Brynjolfsson, "The Key to Growth? Race with the Machines," TED, February 2013, https://www.ted.com/talks/erik_brynjolfs son_the_key_to_growth_race_with_the_machines; Erik Brynjolfsson et al., Mind vs Machine: Implications for Productivity, Wages and Employment from AI," The Artificial Intelligence Channel, YouTube video, November 20, 2017, https://www.youtube.com/watch?v=roemLDPy_Ww; Erik Brynjolfsson and Andrew McAfee, *The Second Machine Age: Work, Progress, and Prosperity in a Time of Brilliant Technologies* (New York: W.W. Norton, 2014).

81. 1950년대 이후에 나타난 탈숙련화 추세를 데이터를 기반으로 쉽게 설명한 내용은 다음을 보라. David Kunst, "Deskilling Among Manufacturing Production Workers," VoxEU, August 9, 2019, https://voxeu.org/article/deskilling-among-manufacturing-production-workers.

82. 고숙련화와 핏마이풋 제화 과정에 대해 더 자세한 내용은 다음을 참고하라. Pablo Illanes et al., "Retraining and Reskilling Workers in the Age of Automation," McKinsey Global Institute, January 2018, https://www.mckinsey.com/featured-insights/future-of-work/retrain ing-and-reskilling-workers-in-the-age-of-automation; "The Science and Technology of FitMyFoot," FitMyFoot, accessed April 20, 2023, https://fitmyfoot.com/pages/science.

83. Jack Kelly, "Wells Fargo Predicts That Robots Will Steal 200,000 Banking Jobs Within the Next 10 Years," *Forbes*, October 8, 2019, https://www.forbes.com/sites/jackkelly/2019/10/08/wells-fargo-predicts-that-robots-will-steal-200000-banking-jobs-within-the-next-10-years/#237ecaba68d7; James Bessen, "How Computer Automation Affects Occupations: Technology, Jobs, and Skills," Boston University School of Law (Law & Economics working paper no. 15-49, November 13, 2015), 5, https://www.bu.edu/law/files/2015/11/NewTech-2.pdf.

84. G. M. Filisko, "Paralegals and Legal Assistants Are Taking on Expanded Duties," *ABA Journal*, November 1, 2014, http://www.abajournal.com/magazine/article/techno_change_o_paralegal_legal_assistant_duties_expand; Jean O'Grady, "Analytics, AI and Insights: 5 Innovations That Redefined Legal Research Since 2010," Above the Law, January 2, 2020, https://abovethelaw.com/2020/01/analytics-ai-and-insights-5-innovations-that-redefined-legal-research-since-2010.

85. Kevin Roose, "A.I.-Generated Art Is Already Transforming Creative Work," *New York Times*, October 21, 2022, https://www.nytimes.com/2022/10/21/technology/ai-generated-art-jobs-dall-e-2.html.

86. 자본과 노동의 차이를 빠르고 쉽게 설명한 내용은 다음을 참고하라. BBC, "Methods of Production: Labour and Capital," BBC Bitesize, accessed January 30, 2023, https://www.bbc.co.uk/bitesize/guides/zth78mn/revision/5; Sal Khan, "What Is Capital?," Khan Academy, accessed April 20, 2023, https://www.khanacademy.org/economics-finance-domain/macroeconomics/macroeconomics-income-inequality/piketty-capital/v/what-is-capital; Catherine Rampell, "Companies Spend on Equipment, Not Workers," *New York Times*, June 9, 2011, https://www.nytimes.com/2011/06/10/business/10capital.html; Tim Harford, "What Really Powers Innovation: High Wages," *Financial Times*, January 11, 2013, https://www.ft.com/content/b7ad1c68-59fb-11e2-b728-00144feab49a.

87. US Bureau of Labor Statistics, "Nonfarm Business Sector: Real Output per Hour of All Persons (OPHNFB)," retrieved from FRED, Federal Reserve Bank of St. Louis, updated March 2, 2023, https://fred.stlouisfed.org/series/OPHNFB.

88. US Bureau of Labor Statistics, "Nonfarm Business Sector: Real Output per Hour of All Persons (OPHNFB)."

89. Soon-Yong Choi and Andrew B. Whinston, "The IT Revolution in the USA: The Current Situation and the Problems," in *The Internet Revolution: A Global Perspective*, ed. Emanuele Giovannetti, Mitsuhiro Kagami, and Masatsugu Tsuji (Cambridge, UK: Cambridge University Press, 2003), 219, https://books.google.com/books?id=1f6wD7gezP4C.

90. US Bureau of Labor Statistics, "Nonfarm Business Sector: Real Output per Hour of All Persons (OPHNFB)."

91. "Descriptions of General Purpose Digital Computers," *Computers and Automation* 4, no. 6 (June 1965): 76, https://web.archive.org/web/20190723025854/http://www.bitsavers.org/pdf/computersAndAutomation/196506.pdf.

92. Brynjolfsson and McAfee, *The Second Machine Age*; Tim Worstall, "Trying to Understand Why Marc Andreessen and Larry Summers Disagree Using Facebook," *Forbes*, January 15, 2015, https://www.forbes.com/sites/timworstall/2015/01/15/trying-to-understand-why-marc-andreessen-and-larry-summers-disagree-using-facebook/#1ec456d05b4e.

93. GDP와 한계 비용에 대해 더 자세한 내용은 다음을 참고하라. Tim Callen, "Gross Domestic Product: An Economy's All," International Monetary Fund, December 18, 2018, https://www.imf.org/exter nal/pubs/ft/fandd/basics/gdp.htm; Alicia Tuovila, "Marginal Cost of Production," Investopedia, September 20, 2019, https://www.investopedia.com/terms/m/marginalcostofpro duction.asp; Sal Khan, "Marginal Revenue and Marginal Cost," Khan Academy, accessed April 20, 2023, https://www.khanacademy.org/economics-finance-domain/ap-microeconomics/production-cost-and-the-perfect-competition-model-temporary/short-run-production-costs/v/marginal-revenue-and-marginal-cost; Jeremy Rifkin, *The Zero Marginal Cost Society: The Internet of Things, the Collaborative Commons, and the Eclipse of Capitalism* (New York: St. Martin's, 2014).

94. 이 책에 나오는 모든 계산 비용의 계산 출처는 부록을 참고하라.

95. "Introducing the AMD Radeon RX 7900 XT," AMD, accessed January 30, 2023, https://www.amd.com/en/products/graphics/amd-radeon-rx-7900xt; Michael Justin Allen

Sexton, "AMD Radeon RX 7900 XT Review," *PC Magazine*, December 17, 2022, https://www.pcmag.com/reviews/amd-radeon-rx-7900-xt.

96. 이 책에 나오는 모든 계산 비용의 계산 출처는 부록을 참고하라.

97. US Bureau of Labor Statistics, "A Review of Hedonic Price Adjustment Techniques for Products Experiencing Rapid and Complex Quality Change," US Bureau of Labor Statistics, September 15, 2022, https://www.bls.gov/cpi/quality-adjustment/hedonic-price-adjustment-techniques.htm; Dave Wasshausen and Brent R. Moulton, "The Role of Hedonic Methods in Measuring Real GDP in the United States," Bureau of Economic Analysis, October 2006, https://www.bea.gov/system/files/papers/P2006-6_0.pdf.

98. Erik Brynjolfsson, Avinash Collis, and Felix Eggers, "Using Massive Online Choice Experiments to Measure Changes in Well-Being," *Proceedings of the National Academy of Sciences* 116, no. 15 (April 9, 2019): 7250–55, https://doi.org/10.1073/pnas.1815663116.

99. Tim Worstall, "Is Facebook Worth $8 Billion, $100 Billion or $800 Billion to the US Economy?," *Forbes*, January 23, 2015, https://www.forbes.com/sites/timworstall/2015/01/23/is-facebook-worth-8-billion-100-billion-or-800-billion-to-the-us-economy/? sh=6a50d f5a16ce; Worstall, "Trying to Understand Why Marc Andreessen and Larry Summers Disagree Using Facebook."

100. Worstall, "Is Facebook Worth $8 Billion."

101. Jasmine Enberg, "Social Media Update Q1 2021," eMarketer, March 30, 2021, https://www.emarketer.com/content/social-media-update-q1-2021.

102. "Social Media Fact Sheet," Pew Research Center, April 7, 2021, https://www.pewresearch.org/internet/fact-sheet/social-media; Stella U. Ogunwoleet al., "Population Under Age 18 Declined Last Decade" US Census Bureau, August 12, 2021, https://www.census.gov/library/stories/2021/08/united-states-adult-population-grew-faster-than-nations-total-population-from-2010-to-2020.html; "Minimum Wage," US Department of Labor, accessed April 20, 2023, https://www.dol.gov/general/topic/wages/minimumwage; John Gramlich, "10 Facts About Americans and Facebook," Pew Research Center, June 1, 2021, https://www.pewresearch.org/fact-tank/2021/06/01/facts-about-americans-and-facebook.

103. Simon Kemp, "Digital 2020: 3.8 Billion People Use Social Media," We Are Social, January 30, 2020, https://web.archive.org/web/20210808051917/https://wearesocial.com/blog/2020/01/digital-2020-3-8-billion-people-use-social-media; Paige Cooper, "43 Social Media Advertising Statistics That Matter to Marketers in 2020," Hootsuite, April 23, 2020, https://web.archive.org/web/20200729070657/https://blog.hootsuite.com/social-media-advertising-stats.

104. US Bureau of Labor Statistics, "Consumer Price Index for All Urban Consumers: Medical Care in U.S. City Average (CPIMEDSL)," retrieved from FRED, Federal Reserve Bank of St. Louis, updated April 12, 2023, https://fred.stlouisfed.org/series/CPIMEDSL#0; US Bureau of Labor Statistics, "Consumer Price Index for All Urban

Consumers: All Items in U.S. City Average (CPIAUCSL)"; Xavier Jaravel, "The Unequal Gains from Product Innovations: Evidence from the U.S. Retail Sector," *Quarterly Journal of Economics* 134, no. 2 (May 2019): 715–83, https://doi.org/10.1093/qje/qjy031; Peter H. Diamandis and Steven Kotler, *Abundance: The Future Is Better Than You Think* (New York: Simon & Schuster, 2012).

105. US Bureau of Labor Statistics, "Labor Force Participation Rate (CIVPART)."

106. 이 정의들과 그 바탕을 이루는 데이터를 간단하게 설명한 것은 다음을 보라. Clay Halton, "Civilian Labor Force," Investopedia, July 23, 2019, https://www.investopedia.com/terms/c/civil ian-labor-force.asp; US Census Bureau, "Growth in U.S. Population Shows Early Indication of Recovery amid COVID-19 Pandemic," US Census Bureau press release CB22-214, December 22, 2022, https://www.census.gov/newsroom/press-releases/2022/2022-popula tion-estimates.html; "Population, Total—United States," World Bank, accessed April 20, 2023, https://data.worldbank.org/indicator/SP.POP.TOTL? locations=US; US Bureau of Labor Statistics, "Civilian Labor Force Level (CLF16OV)."

107. US Census Bureau, "Growth in U.S. Population Shows Early Indication of Recovery amid COVID-19 Pandemic"; US Bureau of Labor Statistics, "Civilian Labor Force Level (CLF16OV)."

108. 데이터 출처는 다음과 같다. US Bureau of Labor Statistics, "Labor Force Participation Rate (CIVPART)."

109. Lauren Bauer et al., "All School and No Work Becoming the Norm for American Teens," Brookings Institution, July 2, 2019, https://www.brookings.edu/blog/up-front/2019/07/02/all-school-and-no-work-becoming-the-norm-for-american-teens; Mitra Toossi, "Labor Force Projections to 2022: The Labor Force Participation Rate Continues to Fall," *Monthly Labor Review*, US Bureau of Labor Statistics, December 2013, https://www.bls.gov/opub/mlr/2013/article/labor-force-projections-to-2022-the-labor-force-participation-rate-continues-to-fall.htm.

110. Jonnelle Marte, "Aging Boomers Explain Shrinking Labor Force, NY Fed Study Says," *Bloomberg*, March 30, 2023, https://www.bloomberg.com/news/articles/2023-03-30/aging-boomers-explain-shrinking-labor-force-ny-fed-study-says; Richard Fry, "The Pace of Boomer Retirements Has Accelerated in the Past Year," Pew Research Center, November 9, 2020, https://www.pewresearch.org/short-reads/2020/11/09/the-pace-of-boomer-retire ments-has-accelerated-in-the-past-year.

111. US Bureau of Labor Statistics, "Civilian Labor Force Participation Rate: 25 to 54 years (LNU01300060)," retrieved from FRED, Federal Reserve Bank of St. Louis, updated April 7, 2023, https://fred.stlouisfed.org/series/LNU01300060.

112. Organisation for Economic Co-operation and Development, "Working Age Population: Aged 25–54: All Persons for the United States (LFWA25TTUSM647N)," retrieved from FRED, Federal Reserve Bank of St. Louis, updated April 20, 2023, https://fred.stlouisfed.org/series/LFWA25TTUSM647N.

113. US Bureau of Labor Statistics, "Civilian Labor Force Participation Rate: 25 to 54 years (LNU01300060)."

114. 미국의 55세 이상 연령층 경제 활동 인구 비율이 증가하고 있긴 하지만, 순 효과는 전체적인 경제 활동 인구 비율 감소로 나타나고 있다는 사실에 주목할 필요가 있다. 그 이유는 55세 이상 인구 집단의 전체 참가율이 그보다 더 젊은 인구 집단보다 훨씬 낮은 데다가 그 인구 집단의 크기가 증가하고 있기 때문이다(베이비붐 세대가 그들이 대체하는 세대보다 훨씬 더 큰 인구 집단이어서). 다음을 참고하라. US Census Bureau, "65 and Older Population Grows Rapidly as Baby Boomers Age," US Census Bureau press release CB20-99, June 25, 2020, https://www.census.gov/newsroom/press-releases/2020/65-older-popu lation-grows.html; William E. Gibson, "Age 65+ Adults Are Projected to Outnumber Children by 2030," AARP, March 14, 2018, https://www.aarp.org/home-family/friends-family/info-2018/census-baby-boomers-fd.html; US Bureau of Labor Statistics, "Civilian Labor Force Participation Rate by Age, Sex, Race, and Ethnicity," US Bureau of Labor Statistics, updated September 8, 2022, https://www.bls.gov/emp/tables/civilian-labor-force-partici pation-rate.htm.

115. "Life Expectancy at Birth, Total (Years)—United States," World Bank, accessed April 20, 2023, https://data.worldbank.org/indicator/SP.DYN.LE00.IN? locations=US.

116. 미국 노동 인구의 변화에 대해 더 자세한 내용은 다음을 참고하라. Audrey Breitwieser, Ryan Nunn, and Jay Shambaugh, "The Recent Rebound in Prime-Age Labor Force Participation," Brookings Institution, August 2, 2018, https://www.brookings.edu/blog/up-front/2018/08/02/the-recent-rebound-in-prime-age-labor-force-participation; Jo Harper, "Automation Is Coming: Older Workers Are Most at Risk," Deutsche Welle, July 24, 2018, https://www.dw.com/en/automation-is-coming-older-workers-are-most-at-risk/a-44749804; Peter Gosselin, "If You're Over 50, Chances Are the Decision to Leave a Job Won't Be Yours," *ProPublica*, December 28, 2018, https://www.propublica.org/article/older-workers-united-states-pushed-out-of-work-forced-retirement; Karen Harris, Austin Kimson, and Andrew Schwedel, "Labor 2030: The Collision of Demographics, Automation and Inequality," Bain & Co., February 7, 2018, https://www.bain.com/insights/labor-2030-the-collision-of-demographics-automation-and-inequality; Alana Semuels, "This Is What Life Without Retirement Savings Looks Like," *Atlantic*, February 22, 2018, https://www.theatlantic.com/business/ar chive/2018/02/pensions-safety-net-california/553970.

117. "Top 100 Cryptocurrencies by Market Capitalization," CoinMarketCap, accessed April 20, 2023, https://coinmarketcap.com.

118. "USD Exchange Trade Volume," Blockchain.com, accessed July 31, 2023, https://www.blockchain.com/charts/trade-volume? timespan=all.

119. "USD Exchange Trade Volume," Blockchain.com.

120. Bank for International Settlements, *BIS Quarterly Review: International Banking and Financial Market Developments* (Bank for International Settlements, December 2022), 16, https://www.bis.org/publ/qtrpdf/r_qt2212.pdf.

121. "Top 100 Cryptocurrencies by Market Capitalization," CoinMarketCap; "Bitcoin Price," Coinbase, accessed April 20, 2023, https://www.coinbase.com/price/bitcoin.

122. "Bitcoin Price," Coinbase.

123. "Bitcoin Price," Coinbase.

124. "Bitcoin Price," Coinbase.

125. 점점 커져가는 인플루언서의 경제적 역할에 대해 더 자세한 내용은 다음을 참고하라. "How Big Is the Influencer Economy?," *TechCrunch*, YouTube video, November 13, 2019, https://www.youtube.com/watch?v=RJBn2JDfDS0.

126. Sarah Perez, "iOS App Store Has Seen Over 170B Downloads, Over $130B in Revenue Since July 2010," *TechCrunch*, May 31, 2018, https://techcrunch.com/2018/05/31/ios-app-store-has-seen-over-170b-downloads-over-130b-in-revenue-since-july-2010.

127. "Number of Available Applications in the Google Play Store from December 2009 to September 2022," Statista, updated March 2023, https://www.statista.com/statistics/266210/number-of-available-applications-in-the-google-play-store.

128. "Number of Available Applications in the Google Play Store," Statista.

129. Trevor Mogg, "App Economy Creates Nearly Half a Million US Jobs," *Digital Trends*, February 7, 2012, https://web.archive.org/web/20170422014624/https://www.digitaltrends.com/android/app-economy-creates-nearly-half-a-million-us-jobs.

130. Microeconomix, *App Economy in the United States*, 4.

131. ACT: The App Association, *State of the U.S. App Economy: 2020*, 7th ed. (Washington, DC: ACT: The App Association, 2021), 4, https://actonline.org/wp-content/uploads/2020-App-economy-Report.pdf.

132. Frey and Osborne, "Future of Employment: How Susceptible Are Jobs to Computerisation?"

133. Dusty Stowe, "Why Star Trek: The Original Series Was Cancelled After Season 3," *Screen Rant*, May 21, 2019, https://screenrant.com/star-trek-original-series-cancelled-season-3-reason-why.

134. Kayla Cobb, "From 'South Park' to 'BoJack Horseman,' Tracking the Rise of Continuity in Adult Animation," *Decider*, December 16, 2015, https://decider.com/2015/12/16/tracking-the-rise-of-continuity-in-animated-comedies; Gus Lubin, "'BoJack Horseman' Creators Explain Why Netflix Is So Much Better Than TV," *Business Insider*, October 3, 2014, https://www.businessinsider.com/why-bojack-horseman-went-to-netflix-2014-9.

135. International Telecommunication Union, "Key ICT Indicators for Developed and Developing Countries."

136. 미국에서 사회 보장 제도가 도입된 배경과 이 제도의 목표에 대해 더 자세한 내용은 다음을 참고하라. Craig Benzine, "Social Policy: Crash Course Government and Politics #49," CrashCourse, YouTube video, February 27, 2016, https://www.youtube.com/watch?

v=mlxLX8Fto_A; "Here's How the Great Depression Brought on Social Security," History, YouTube video, April 26, 2018, https://www.youtube.com/watch? v=cdE_EV3wnXM; "Historical Background and Development of Social Security," Social Security Administration, accessed April 20, 2023, https://www.ssa.gov/history/briefhistory3.html.

137. 코로나19 팬데믹으로 인한 데이터 혼란 때문에, 이 글을 쓰고 있는 시점에서 사회 안전망 통계에 관한 양질의 자료를 얻을 수 있는 최근 시기는 2019년이다. 더 최근의 데이터는 국가 간 비교가 어려운데, 팬데믹과 관련된 경제적 지원의 예산 항목이 나라마다 다르기 때문이다. 다음을 참고하라. Organisation for Economic Co-operation and Development, "Social Expenditure Database (SOCX)," OECD.org, January 2023, https://www.oecd.org/social/expenditure.htm.

138. Organisation for Economic Co-operation and Development, "Social Expenditure Database."

139. Organisation for Economic Co-operation and Development, "Social Expenditure Database."

140. "GDP (Current US$)—United Kingdom," World Bank, accessed April 20, 2023, https://data.worldbank.org/indicator/NY.GDP.MKTP.CD? locations=GB; "Population, Total—United Kingdom," World Bank, accessed April 20, 2023, https://data.worldbank.org/indi cator/SP.POP.TOTL? locations=GB.

141. Organisation for Economic Co-operation and Development, "Social Expenditure Database"; "GDP (Current US$)—United States," World Bank, accessed April 20, 2023, https://data.worldbank.org/indicator/NY.GDP.MKTP.CD? locations=US.

142. "Population, Total—United States," World Bank.

143. Noah Smith, "The U.S. Social Safety Net Has Improved a Lot," *Bloomberg*, May 16, 2018, https://www.bloomberg.com/opinion/articles/2018-05-16/the-u-s-social-safety-net-has-improved-a-lot.

144. 미국의 정부 지출은 지방 정부와 주 정부와 연방 정부 차원을 총망라해 정확하게 측정하기가 아주 어렵고, 20세기 초의 데이터는 더 최근의 데이터와 완벽한 비교 대상이 아니다. 따라서 최선의 추정치는 어느 정도 추측에 의존하지 않을 수 없으며, 단일 방법론 중에서 분명하게 최선인 것이 없는 상황에서 적절한 방법론을 선택해야 한다. 특히 사회 안전망의 일부로 인정되는 지출을 측정할 때 이런 상황에 맞닥뜨리게 된다. 그래서 이 장에서 제시한 안전망 지출 데이터는 결정적인 것으로 간주해서는 안 되며, 대략적인 근사치로 받아들여야 한다. 기반을 이루는 출처들에 사용된 방법론적 차이 때문에 미국의 연도별 '사회 안전망' 데이터는 OECD의 사회복지 지출 데이터베이스Social Expenditure Database가 측정한 현재 미국의 '사회 복지 지출'과 정확히 일치하지 않는다는 사실에도 유의하라. 그럼에도 불구하고, 전반적인 추세(어느 당이 집권하건 상관없이 사회 안전망이 계속 팽창해온)는 아주 명백하다.

145. US Census Bureau, "Historical National Population Estimates, July 1, 1900 to July 1, 1999"; US Bureau of Economic Analysis, "Population (B230RC0A052NBEA)"; "U.S. and World Population Clock—July 1, 2021," US Census Bureau, updated January 30, 2023, https://www.census.gov/popclock; US Bureau of Economic Analysis,

"Gross Domestic Product (GDP)," retrieved from FRED, Federal Reserve Bank of St. Louis, updated March 30, 2023, https://fred.stlouisfed.org/series/GDP; "Consumer Price Index, 1913–," Federal Reserve Bank of Minneapolis; Christopher Chantrill, "Government Spending Chart," usgovernmentspending.com, accessed April 20, 2023, https://www.usgovern men tspending.com/spending_chart_1900_2021USk_22s2li011mcny_10t40t00t; "CPI Inflation Calculator" for July 2012–July 2021, US Bureau of Labor Statistics, accessed April 20, 2023, https://www.bls.gov/data/inflation_calculator.htm; Christopher Chantrill, "Government Spending Chart," usgovernmentspending.com, accessed April 20, 2023, https://www.usgovernmentspending.com/spending_chart_1900_2021USk_22s2li011mcny_F0t; Jutta Bolt and Jan Luiten van Zanden, *Maddison Project Database*, version 2020, Groningen Growth and Development Centre, November 2, 2020, https://www.rug.nl/ggdc/histori caldevelopment/maddison/releases/maddison-project-database-2020; Jutta Bolt and Jan Luiten van Zanden, "Maddison Style Estimates of the Evolution of the World Economy. A New 2020 Update" (working paper WP-15, Maddison Project, October 2020), https://www.rug.nl/ggdc/historicaldevelopment/maddison/publications/wp15.pdf; John J. Mc-Cusker, "Colonial Statistics," in *Historical Statistics of the United States: Earliest Times to the Present*, ed. Susan G. Carter et al. (Cambridge, UK: Cambridge University Press, 2006), V-671; Richard Sutch, "National Income and Product," in *Historical Statistics of the United States: Earliest Times to the Present*, ed. Susan G. Carter et al. (Cambridge, UK: Cambridge University Press, 2006), III-23-25; Leandro Prados de la Escosura, "Lost Decades? Economic Performance in Post-Independence Latin America," *Journal of Latin American Studies* 41, no. 2 (May 2009): 279-307, https://www.jstor.org/stable/27744128; "CPI Inflation Calculator" for July 2011–July 2021, US Bureau of Labor Statistics, accessed January 30, 2023, https://www.bls.gov/data/inflation_calculator.htm; US Bureau of Labor Statistics, "Consumer Price Index for All Urban Consumers: All Items in U.S. City Average (CPIAUCSL)"; US Bureau of Economic Analysis, "Real Gross Domestic Product per Capita (A939RX0Q048SBEA)," retrieved from FRED, Federal Reserve Bank of St. Louis, updated March 30, 2023, https://fred.stlouisfed.org/series/A939RX0Q048SBEA.

146. 이 그래프의 출처는 앞의 145번을 참고하라.

147. 이 그래프의 출처는 앞의 145번을 참고하라.

148. 이 그래프의 출처는 앞의 145번을 참고하라.

149. 우리의 대화를 보고 싶으면 다음을 참고하라. Ray Kurzweil and Chris Anderson, "Ray Kurzweil on What the Future Holds Next," *The TED Interview* podcast, December 2018, https://www.ted.com/talks/the_ted_interview_ray_kurzweil_on_what_the_future_holds_next.

150. 보편적 기본 소득(혹은 이와 관련이 있는 '보편적 기본 서비스' 개념)을 확립하기 위해 점점 강해지는 운동과 이러한 제안의 타당성을 뒷받침하는 근거에 대해 더 자세한 내용은 다음을 참고하라. Will Bedingfield, "Universal Basic Income, Explained," *Wired*,

August 25, 2019, https://www.wired.co.uk/article/universal-basic-income-explained; Karen Yuan, "A Moral Case for Giving People Money," *Atlantic*, August 22, 2018, https://www.theatlantic.com/mem bership/archive/2018/08/a-moral-case-for-giving-people-money/568207; Annie Lowrey, "Stockton's Basic-Income Experiment Pays Off," *Atlantic*, March 3, 2021, https://www.theatlantic.com/ideas/archive/2021/03/stocktons-basic-income-experiment-pays-off/618174; Dylan Matthews, "Basic Income: The World's Simplest Plan to End Poverty, Explained," *Vox*, April 25, 2016, https://www.vox.com/2014/9/8/6003359/basic-income-negative-income-tax-questions-explain; Sigal Samuel, "Everywhere Basic Income Has Been Tried, in One Map," *Vox*, October 20, 2020, https://www.vox.com/future-perfect/2020/2/19/21112570/universal-basic-income-ubi-map; Ian Gough, "Move the Debate from Universal Basic Income to Universal Basic Services," UNESCO Inclusive Poverty Lab, January 19, 2021, https://en.unesco.org/inclusivepolicylab/analytics/move-debate-universal-basic-income-universal-basic-services.

151. Derek Thompson, "A World Without Work," *Atlantic*, July/August 2015, https://www.the atlantic.com/magazine/archive/2015/07/world-without-work/395294.

152. 이 책에 나오는 모든 계산 비용의 계산 출처는 부록을 참고하라. Jaravel, "The Unequal Gains from Product Innovations," 715–83; Diamandis and Kotler, *Abundance*.

153. US Bureau of Labor Statistics, "Consumer Price Index for All Urban Consumers: Medical Care in U.S. City Average (CPIMEDSL)"; US Bureau of Labor Statistics, "Consumer Price Index for All Urban Consumers: All Items in U.S. City Average (CPIAUCSL)"; "Consumer Price Index, 1913–," Federal Reserve Bank of Minneapolis; US Bureau of Labor Statistics, "Consumer Price Index for All Urban Consumers: All Items in U.S. City Average (CPIAUCSL)."

154. US Bureau of Labor Statistics, "Consumer Price Index for All Urban Consumers: Medical Care in U.S. City Average (CPIMEDSL)"; US Bureau of Labor Statistics, "Consumer Price Index for All Urban Consumers: All Items in U.S. City Average (CPIAUCSL)"; "Consumer Price Index, 1913–," Federal Reserve Bank of Minneapolis.

155. 통치와 번영의 관계에 대해 아주 유익한 책은 다음을 참고하라. Daron Acemoglu and James A. Robinson, *Why Nations Fail: The Origins of Power, Prosperity, and Poverty*(New York: Crown, 2012).

156. 매슬로의 욕구 단계 이론과 그 의미를 쉽고 생생하게 설명한 것은 다음을 참고하라. "Why Maslow's Hierarchy of Needs Matters," The School of Life, YouTube video, April 10, 2019, https://www.youtube.com/watch?v=L0PKWTta7lU.

157. Sandra L. Colby and Jennifer M. Ortman, *Projections of the Size and Composition of the U.S. Population: 2014 to 2060*, Current Populations Reports, P25-1143, US Census Bureau, March 2015, 6, https://www.census.gov/content/dam/Census/library/publications/2015/demo/p25-1143.pdf; US Census Bureau, "American Fact Finder, Table B24010—Sex by Occupation for the Civilian Employed Population 16 Years and Over," 2017 American Community Survey 1-Year Estimates, https://factfinder.census.

gov/faces/tableservices/jsf/pages/productview.xhtml? src=bkmk.

158. Skip Descant, "Autonomous Vehicles to Have Huge Impact on Economy, Tech Sector," *Government Technology*, June 27, 2018, https://www.govtech.com/fs/automation/Autono mous-Vehicles-to-Have-Huge-Impact-on-Economy-Tech-Sector.html; Kirsten Korosec, "Intel Predicts a $7 Trillion Self-Driving Future," *The Verge*, June 1, 2017, https://www.theverge.com/2017/6/1/15725516/intel-7-trillion-dollar-self-driving-autonomous-cars; Adam Ozimek, "The Massive Economic Benefits of Self-Driving Cars," *Forbes*, November 8, 2014, https://www.forbes.com/sites/modeledbehavior/2014/11/08/the-massive-economic-benefits-of-self-driving-cars/#723609f53273.

159. 2021년에 미국에서 교통사고로 사망한 사람은 4만 2915명이었다. 이 중에서 인간의 실수 때문에 일어난 비율이 얼마인지에 대해서는 논란이 계속되고 있지만, 압도적인 다수(아마도 90%에서 99% 사이)의 사고가 인간의 실수가 원인이라는 것은 명백하다. 충분한 능력을 지닌 AI로 제어되는 자율 주행 차량은 이러한 사고를 대부분 예방할 수 있다. 다음을 참고하라. Bryant Walker Smith, "Human Error as a Cause of Vehicle Crashes," Center for Internet and Society, Stanford Law School, December 18, 2013, https://cyberlaw.stanford.edu/blog/2013/12/human-error-cause-vehicle-crashes; David Zipper, "The Deadly Myth That Human Error Causes Most Car Crashes," *Atlantic*, November 26, 2021, https://www.theatlantic.com/ideas/archive/2021/11/deadly-myth-human-error-causes-most-car-crashes/620808; National Highway Traffic Safety Administration, "Critical Reasons for Crashes Investigated in the National Motor Vehicle Crash Causation Survey," NHTSA National Center for Statistics and Analysis report DOT HS 812 115, US Department of Transportation, February 2015, https://crashstats.nhtsa.dot.gov/Api/Pub lic/ViewPublication/812115; National Highway Traffic Safety Administration, "Early Estimates of Motor Vehicle Traffic Fatalities and Fatality Rate by Sub-Categories in 2021," NHTSA National Center for Statistics and Analysis report DOT HS 813 298, US Department of Transportation, May 2022, https://crashstats.nhtsa.dot.gov/Api/Public/ViewPubli cation/813298.

160. Carl Benedikt Frey et al., "Political Machinery: Did Robots Swing the 2016 US Presidential Election?," *Oxford Review of Economic Policy* 34, no. 3 (2018): 418–42, https://www.ox fordmartin.ox.ac.uk/downloads/academic/Political_Machinery_July_2018.pdf.

161. 전 세계의 장기적 폭력 감소 추세에 대해 더 자세한 내용은 다음을 참고하라. Max Roser and Hannah Ritchie, "Homicides," Our World in Data, December 2019, https://ourworldindata.org/homicides; Manuel Eisner, "From Swords to Words: Does Macro-Level Change in Self-Control Predict Long-Term Variation in Levels of Homicide?," *Crime and Justice* 43, no. 1 (September 2014): 80–81; UN Office on Drugs and Crime, "Intentional Homicides (Per 100,000 People)—France, Netherlands, Sweden, Germany, Switzerland, Italy, United Kingdom, Spain," retrieved from Worldbank.org, accessed April 20, 2023, https://data.worldbank.org/indicator/VC.IHR.PSRC.P5? end=2020&

locations=FR-NL-SE-DE-CH-IT-GB-ES& start=2020& view=bar; "Appendix Tables: Homicide in England and Wales," UK Office for National Statistics, February 9, 2023, https://www.ons.gov.uk/file? uri=/peoplepopulationandcommunity/crimeandjustice/datasets/appendixta bleshomicideinenglandandwales/current/homicideyemarch22appendixtables.xlsx; European Commission, *Investing in Europe's Future: Fifth Report on Economic, Social and Territorial Cohesion* (Luxembourg: Publications Office of the European Union, 2010), https://ec.europa.eu/regional_policy/sources/docoffic/official/reports/cohesion5/pdf/5cr_part1_en.pdf; *Global Study on Homicide*, United Nations Office on Drugs and Crime, 2019, https://www.unodc.org/documents/data-and-analysis/gsh/Booklet1.pdf; *Global Study on Homicide*, United Nations Office on Drugs and Crime, 2011, http://www.unodc.org/docu ments/data-and-analysis/statistics/Homicide/Globa_study_on_homicide_2011_web.pdf; Steven Pinker, *The Better Angels of Our Nature: Why Violence Has Declined* (New York: Penguin, 2011).

162. 이 견해를 더 확장한 핑커의 심도 높은 강연은 다음을 보라. "Steven Pinker: Better Angels of Our Nature," Talks at Google, YouTube video, November 1, 2011, https://www.youtube.com/watch? v=_gGf7fXM3jQ.

163. 나는 이러한 예측 중 대부분을 1990년대에 출판된 내 책《지적 기계의 시대》에서 했다. 다음을 참고하라. Raymond Kurzweil, *The Age of Intelligent Machines* (Cambridge, MA: MIT Press, 1990), 429-34.

164. Kurzweil, *Age of Intelligent Machines*, 432-34.

165. Alex Shashkevich, "Meeting Online Has Become the Most Popular Way U.S. Couples Connect, Stanford Sociologist Finds," Stanford News, August 21, 2019, https://news.stan ford.edu/2019/08/21/online-dating-popular-way-u-s-couples-meet; Michael J. Rosenfeld, Reuben J. Thomas, and Sonia Hausen, "Disintermediating Your Friends: How Online Dating in the United States Displaces Other Ways of Meeting," *Proceedings of the National Academy of Sciences* 116, no. 36 (September 3, 2019): 17753-58, https://doi.org/10.1073/pnas.1908630116.

166. 설령 2024년형 스마트폰이 1924년의 통신 서비스에 접속할 수 없다 하더라도, 영어 위키백과의 모든 텍스트를 기본 메모리에 저장할 수 있다. 측정 방법에 따라 차이가 있지만 위키백과를 다운로드받는 데에는 약 150기가바이트가 필요한데, 최신 아이폰의 저장 용량은 최대 1테라바이트에 이른다. 다음을 참고하라. Nick Lewis and Matt Klein, "How to Download Wikipedia for Offline, At-Your-Fingertips Reading," *How-To Geek*, March 25, 2022, https://www.howtogeek.com/260023/how-to-download-wikipedia-for-offline-at-your-fingertips-reading; "Buy iPhone 14 Pro," Apple, accessed April 20, 2023, https://www.apple.com/shop/buy-iphone/iphone-14-pro/6.7-inch-display-1tb-space-black-unlocked.

167. 분명히 하기 위해 말하자면, 여기서 내가 말하는 단계는 인간과 AI의 공생 관계가 점점 깊어지고 물질적 풍요에 도달하는 단계이다. 이 장 앞부분에서 설명했듯이, 그때까지는 AI가 현재의 경제 패러다임에 존재하는 많은 과제와 일자리에서 인간을 대체하면서 분명히 큰 혼란과 경쟁이 벌어질 것이다.

제6장 향후 30년의 건강과 안녕

1. 세계 굴지의 바이오시뮬레이션 회사 중 하나인 인실리코 메디슨은 '파마.AI' Pharma.AI라는 AI 플랫폼을 개발했고 이를 이용해 'INS018_055'라는 소형 분자 의약품을 만들었는데, 이 약은 현재 특발폐섬유증이라는 희귀 폐 질환 치료를 위한 제2상 임상 시험에 들어갔다. 세계 최초로 이 AI는 단순히 인간 연구자들을 보조하는 데 그치지 않고 의약품을 처음부터 끝까지 설계했다. 이것은 질병 치료를 위해 새로운 생체 분자 표적을 확인했을 뿐만 아니라, 그 표적에 작용하는 분자까지 찾아냈다는 뜻이다. 인실리코 메디슨의 연구를 흥미롭게 소개한 내용은 다음을 참고하라. "How AI Is Accelerating Drug Discovery," YouTube video, April 3, 2023, https://www.youtube.com/watch?v=mqB vitxD05M; Hayden Field, "The First Fully A.I.-Generated Drug Enters Clinical Trials in Human Patients," CNBC, June 29, 2023, https://www.cnbc.com/2023/06/29/ai-generated-drug-begins-clinical-trials-in-human-patients.html.
2. AI 주도 의약품 발견에 관한 추가 자료는 다음을 참고하라. Vanessa Bates Ramirez, "Drug Discovery AI Can Do in a Day What Currently Takes Months," SingularityHub, May 7, 2017, https://singularityhub.com/2017/05/07/drug-discovery-ai-can-do-in-a-day-what-currently-takes-months; "MIT Quest for Intelligence Launch: AI-Driven Drug Discovery," Massachusetts Institute of Technology, YouTube video, March 9, 2018, https://www.youtube.com/watch? v=aqMRrRS_0JY; "Developer Spotlight: Opening a New Era of Drug Discovery with Amber," NVIDIA Developer, YouTube video, July 29, 2019, https://www.youtube.com/watch? v=FqnPGHdh7iM; "We're Teaching Robots and AI to Design New Drugs," SciShow, YouTube video, September 30, 2021, https://www.youtube.com/watch? v=eRXqD-7FANg; Francesca Properzi et al., "Intelligent Drug Discovery: Powered by AI" (Deloitte Centre for Health Solutions, 2019), https://www2.deloitte.com/con tent/dam/insights/us/articles/32961_intelligent-drug-discovery/DI_Intelligent-Drug-Discovery.pdf; Nic Fleming, "How Artificial Intelligence Is Changing Drug Discovery," *Nature* 557, no. 7707 (May 31, 2018): S55–S57, https://doi.org/10.1038/d41586-018-05267-x; David H. Feedman, "Hunting for New Drugs with AI," *Nature* 576, no. 7787 (December 18, 2019): S49–S53, https://www.nature.com/articles/d41586-019-03846-0.
3. Abhimanyu S. Ahuja, Vineet Pasam Reddy, and Oge Marques, "Artificial Intelligence and COVID-19: A Multidisciplinary Approach," *Integrative Medicine Research* 9, no. 3, article 100434 (May 27, 2020), https://doi.org/10.1016/j.imr.2020.100434; Jared Sagoff, "Argonne's Researchers and Facilities Playing a Key Role in the Fight Against COVID-19," Argonne National Laboratory, April 27, 2020, https://www.anl.gov/article/argonnes-researchers-and-facilities-playing-a-key-role-in-the-fight-against-covid19.
4. Jean-Louis Reymond and Mahendra Awale, "Exploring Chemical Space for Drug Discovery Using the Chemical Universe Database," *ACS Chemical Neuroscience* 3, no. 9 (April 25, 2012): 649–57, https://doi.org/10.1021/cn3000422.

5. Chi Heem Wong, Kien Wei Siah, and Andrew W. Lo, "Estimation of Clinical Trial Success Rates and Related Parameters," *Biostatistics* 20, no. 2 (January 31, 2018): 273–86, https://doi.org/10.1093/biostatistics/kxx069.
6. "The Drug Development Process: Step 3: Clinical Resarch," US Food and Drug Administration, accessed October 20, 2022, https://www.fda.gov/patients/drug-development-process/step-3-clinical-research; Stuart A. Thompson, "How Long Will a Vaccine Really Take?," *New York Times*, April 30, 2020, https://www.nytimes.com/interactive/2020/04/30/opinion/coronavirus-covid-vaccine.html; Institute of Medicine Forum on Drug Discovery, Development, and Translation, "The State of Clinical Research in the United States: An Overview," in *Transforming Clinical Research in the United States* (Washington, DC: National Academies Press, 2010), https://www.ncbi.nlm.nih.gov/books/NBK50886; Thomas J. Moore et al., "Estimated Costs of Pivotal Trials for Novel Therapeutic Agents Approved by the US Food and Drug Administration, 2015–2016," *JAMA Internal Medicine* 178, no. 11(November 2018): 1451–57, https://doi.org/10.1001/jamainternmed.2018.3931; Olivier J. Wouters, Martin McKee, Jeroen Luyten, "Estimated Research and Development Investment Needed to Bring a New Medicine to Market, 2009–2018," *Journal of the American Medical Association* 323, no. 9 (March 3, 2020): 844–53, https://doi.org/10.1001/jama.2020.1166; *Biopharmaceutical Research & Development: The Process Behind New Medicines*, PHRMA, accessed October 20, 2022, https://web.archive.org/web/20230306041340/http://phrma-docs.phrma.org/sites/default/files/pdf/rd_brochure_022307.pdf.
7. David Sparkes and Rhett Burnie, "AI Invents More Effective Flu Vaccine in World First, Adelaide Researchers Say," Australian Broadcasting Corporation, July 2, 2019, https://www.abc.net.au/news/2019-07-02/computer-invents-flu-vaccine-in-world-first/11271170; Andrew Tarantola, "How AI Is Stopping the Next Great Flu Before It Starts," *Engadget*, February 14, 2020, https://www.engadget.com/2020/02/14/how-ai-is-helping-halt-the-flu-of-the-future.
8. Tarantola, "How AI is Stopping the Next Great Flu Before It Starts."
9. Ian Sample, "Powerful Antibiotic Discovered Using Machine Learning for First Time," *Guardian*, February 20, 2020, https://www.theguardian.com/society/2020/feb/20/antibi otic-that-kills-drug-resistant-bacteria-discovered-through-ai.
10. Sample, "Powerful Antibiotic Discovered Using Machine Learning for First Time."
11. "Moderna's Work on a Potential Vaccine Against COVID-19," Moderna, 2020, https://www.sec.gov/Archives/edgar/data/1682852/000119312520074867/d884510dex991.htm.
12. 모더나가 백신 개발에 AI를 활용하는 것에 대해 더 자세한 내용은 다음을 참고하라. "AI and the COVID-19 Vaccine: Moderna's Dave Johnson," *Me, Myself, and AI* podcast, ep. 209 (July 13, 2021), https://sloanreview.mit.edu/audio/ai-and-the-covid-19-vaccine-modernas-dave-johnson; "Moderna on AWS," Amazon Web Services, accessed October 20, 2022, https://aws.ama zon.com/solutions/case-studies/innovators/

moderna; Bryce Elder, "Will Big Tobacco Save Us from the Coronavirus?," *Financial Times*, April 1, 2020, https://www.ft.com/content/f909fb16-f514-47da-97dc-c03e752dd2e1.

13. Gary Polakovic, "Artificial Intelligence Aims to Outsmart the Mutating Corona virus," *USC News*, February 5, 2021, https://news.usc.edu/181226/artificial-intelligence-ai-coronavirus-vaccines-mutations-usc-research; Zikun Yang et al., "An *In Silico* Deep Learning Approach to Multi-Epitope Vaccine Design: A SARS-CoV-2 Case Study," *Scientific Reports* 11, article 3238 (February 5, 2021), https://doi.org/10.1038/s41598-021-81749-9.

14. 유익한 시각화 영상을 포함해 단백질 접힘 문제를 더 깊이 고찰한 내용은 다음을 참고하라. "The Protein Folding Revolution," *Science Magazine*, YouTube video, July 21, 2016, https://www.youtube.com/watch? v=cAJQbSLlonI; "Protein Structure," Professor Dave Explains, YouTube video, August 27, 2016, https://www.youtube.com/watch? v=EweuU2fEgjw; Ken Dill, "The Protein Folding Problem: A Major Conundrum of Science: Ken Dill at TEDxSBU," TEDx Talks, YouTube video, October 22, 2013, https://www.youtube.com/watch? v=zm-3kovWpNQ; Ken A. Dill et al., "The Protein Folding Problem," *Annual Review of Biophysics* 37 (June 9, 2008): 289 – 316, https://doi.org/10.1146/an nurev.biophys.37.092707.153558; Andrew W. Senior et al., "Improved Protein Structure Prediction Using Potentials from Deep Learning," *Nature* 577, no. 7792 (January 15, 2020), https://doi.org/10.1038/s41586-019-1923-7.

15. 원래의 알파폴드가 단백질 접힘 문제에서 큰 진전을 이룬 방법을 더 자세히 소개한 내용은 다음을 참고하라. Andrew W. Senior et al., "AlphaFold: Using AI for Scientific Discovery," DeepMind, January 15, 2020, https://deepmind.com/blog/article/AlphaFold-Using-AI-for-scientific-discovery; Andrew Senior, "AlphaFold: Improved Protein Structure Prediction Using Potentials from Deep Learning," Institute for Protein Design, YouTube video, August 23, 2019, https://www.youtube.com/watch? v=uQ1uVbrIv-Q; Greg Williams, "Inside DeepMind's Epic Mission to Solve Science's Trickiest Problem," *Wired*, August 6, 2019, https://www.wired.co.uk/article/deepmind-protein-folding; Senior et al., "Improved Protein Structure Prediction Using Potentials from Deep Learning," 706-10.

16. Ian Sample, "Google's DeepMind Predicts 3D Shapes of Proteins," *Guardian*, December 2, 2018, https://www.theguardian.com/science/2018/dec/02/google-deepminds-ai-program-alphafold-predicts-3d-shapes-of-proteins; Matt Reynolds, "DeepMind's AI Is Getting Closer to Its First Big Real-World Application," *Wired*, January 15, 2020, https://www.wired.co.uk/article/deepmind-protein-folding-alphafold.

17. 알파폴드 2와 그것을 다룬 과학 논문에 대해 더 자세한 설명은 다음을 참고하라. "AlphaFold: The Making of a Scientific Breakthrough," DeepMind, YouTube video, November 30, 2020, https://www.youtube.com/watch? v=gg7WjuFs8F4; "DeepMind Solves Protein Folding | AlphaFold 2," Lex Fridman, YouTube video, December 2, 2020, https://

www.youtube.com/watch?v=W7wJDJ56c88; Ewen Callaway, "'It Will Change Everything': DeepMind's AI Makes Gigantic Leap in Solving Protein Structures," *Nature* 588, no. 7837 (November 30, 2020): 203–4, https://doi.org/10.1038/d41586-020-03348-4; Demis Hassabis, "Putting the Power of AlphaFold into the World's Hands," DeepMind, July 22, 2022, https://deepmind.com/blog/article/putting-the-power-of-alphafold-into-the-worlds-hands; John Jumper et al., "Highly Accurate Protein Structure Prediction with AlphaFold," *Nature* 596, no. 7873 (July 15, 2021): 583–89, https://doi.org/10.1038/s41586-021-03819-2.

18. Mohammed AlQuraishi, "Protein-Structure Prediction Revolutionized," *Nature* 596, no. 7873 (August 23, 2021): 487–88, https://doi.org/10.1038/d41586-021-02265-4.

19. Hassabis, "Putting the Power of AlphaFold into the World's Hands"; Jumper et al., "Highly Accurate Protein Structure Prediction with AlphaFold."

20. 이 방법들을 비교적 간단하게 설명한 것은 다음을 참고하라. National Cancer Institute, "CAR T Cells: Engineering Patients' Immune Cells to Treat Their Cancers," National Institutes of Health, March 10, 2022, https://www.cancer.gov/about-cancer/treatment/research/car-t-cells; "BiTE: The Engager," Amgen, 2022, https://www.amgenoncology.com/resources/BiTE-the-Engager.pdf; "Immune Checkpoint Inhibitor Cancer Treatment," Memorial Sloan Kettering Cancer Center, accessed October 20, 2022, https://www.mskcc.org/can cer-care/diagnosis-treatment/cancer-treatments/immunotherapy/checkpoint-inhibitors.

21. Robert C. Sterner and Rosalie M. Sterner, "CAR-T Cell Therapy: Current Limitations and Potential Strategies," *Blood Cancer Journal* 11, article 69 (April 6, 2021), https://doi.org/10.1038/s41408-021-00459-7.

22. 신경병성 질환의 이론적 메커니즘을 간결하게 요약한 것은 다음을 참고하라. "Alzheimer's Disease," Mayo Clinic, February 19, 2022, https://www.mayoclinic.org/dis eases-conditions/alzheimers-disease/symptoms-causes/syc-20350447; "Parkinson's Disease," Mayo Clinic, July 8, 2022, https://www.mayoclinic.org/diseases-conditions/parkinsons-disease/symptoms-causes/syc-20376055.

23. "About Mental Health," Centers for Disease Control and Prevention, June 28, 2021, https://www.cdc.gov/mentalhealth/learn/index.htm.

24. 일반적인 정신 질환 치료제의 한계에 대해 더 자세한 내용은 다음을 보라. Melinda Wenner Moyer, "How Much Do Antidepressants Help, Really?," *New York Times*, April 21, 2022, https://www.nytimes.com/2022/04/21/well/antidepressants-ssri-effectiveness.html; Harvard Health Publishing, "What Are the Real Risks of Antidepressants?," Harvard Medical School, August 17, 2021, https://www.health.harvard.edu/newsletter_article/what-are-the-real-risks-of-antidepressants; Krishna C. Vadodaria et al., "Altered Serotonergic Circuitry in SSRI-Resistant Major Depressive Disorder Patient-Derived Neurons," *Molecular Psychiatry* 24 (March 22, 2019): 808–18, https://doi.org/10.1038/s41380-019-0377-5.

25. 의료 분야에서 인실리코 시뮬레이션 도입에 관한 추가 정보는 다음을 참고하라. Fleming,

"How Artificial Intelligence Is Changing Drug Discovery"; Madhumita Murgia, "AI-Designed Drug to Enter Human Clinical Trial for First Time," *Financial Times*, January 30, 2020, https://www.ft.com/content/fe55190e-42bf-11ea-a43a-c4b328d9061c; Osman N. Yogurtcu et al., "TCPro Simulates Immune System Response to Biotherapeutic Drugs," US Food and Drug Administration, September 17, 2019, https://www.fda.gov/vaccines-blood-biologics/science-research-biologics/tcpro-simulates-immune-system-response-biotherapeutic-drugs; Tina Morrison, "How Simulation Can Transform Regulatory Pathways," US Food and Drug Administration, August 14, 2018, https://www.fda.gov/science-research/about-science-research-fda/how-simulation-can-transform-regulatory-pathways; Anna Edney, "Computer-Simulated Tests Eyed at FDA to Cut Drug Approval Costs," *Bloomberg*, July 7, 2017, https://www.bloomberg.com/news/articles/2017-07-07/drug-agency-looks-to-computer-simulations-to-cut-testing-costs; "Virtual Bodies for Real Drugs: In Silico Clinical Trials Are the Future," *The Medical Futurist*, August 10, 2019, https://medicalfuturist.com/in-silico-trials-are-the-future; Pratik Shah et al., "Artificial Intelligence and Machine Learning in Clinical Development: A Translational Perspective," *NPJ Digital Medicine* 2, no. 69 (July 26, 2019), https://doi.org/10.1038/s41746-019-0148-3; Neil Savage, "Tapping into the Drug Discovery Potential of AI," *Biopharma Dealmakers* 15, no. 2 (May 27, 2021), https://doi.org/10.1038/d43747-021-00045-7.

26. Ray Kurzweil, "AI-Powered Biotech Can Help Deploy a Vaccine in Record Time," *Wired*, May 19, 2020, https://www.wired.com/story/opinion-ai-powered-biotech-can-help-deploy-a-vaccine-in-record-time; Aaron Dubrow, "AI Fast-Tracks Drug Discovery to Fight COVID-19," Texas Advanced Computing Center, April 22, 2020, https://www.tacc.utexas.edu/-/ai-fast-tracks-drug-discovery-to-fight-covid-19; Thompson, "How Long Will a Vaccine Really Take?"; Tina Morrison et al., "Advancing Regulatory Science with Computational Modeling for Medical Devices at the FDA's Office of Science and Engineering Laboratories," *Frontiers in Medicine* 5, article 241 (September 25, 2018), https://doi.org/10.3389/fmed.2018.00241.

27. "The Drug Development Process: Step 3: Clinical Resarch," US Food and Drug Administration.

28. Daniel Bastardo Blanco, "Our Cells Are Filled with 'Junk DNA'—Here's Why We Need It," *Discover*, August 13, 2019, https://www.discovermagazine.com/health/our-cells-are-filled-with-junk-dna-heres-why-we-need-it.

29. Jian Zhou et al., "Whole-Genome Deep-Learning Analysis Identifies Contribution of Noncoding Mutations to Autism Risk," *Nature Genetics* 51, no. 6 (May 27, 2019): 973-80, https://doi.org/10.1038/s41588-019-0420-0; Thomas Sumner, "New Causes of Autism Found in 'Junk' DNA," Simons Foundation, May 27, 2019, https://www.simonsfounda tion.org/2019/05/27/autism-noncoding-mutations.

30. Sumner, "New Causes of Autism Found in 'Junk' DNA."

31. Nancy Fliesler, "Using Multiple Data Streams and Artificial Intelligence to 'Nowcast' Local Flu Outbreaks," *Vector*, Boston Children's Hospital, January 14, 2019, https://web.archive.org/web/20210121214157/https://vector.childrenshospital.org/2019/01/local-flu-prediction-argonet.
32. Fliesler, "Using Multiple Data Streams and Artificial Intelligence to 'Nowcast' Local Flu Outbreaks."
33. Fliesler, "Using Multiple Data Streams and Artificial Intelligence to 'Nowcast' Local Flu Outbreaks."
34. Fliesler, "Using Multiple Data Streams and Artificial Intelligence to 'Nowcast' Local Flu Outbreaks"; Fred S. Lu et al., "Improved State-Level Influenza Nowcasting in the United States Leveraging Internet-Based Data and Network Approaches," *Nature Communications* 10, article 147 (January 11, 2019), https://doi.org/10.1038/s41467-018-08082-0.
35. CheXNet 및 그 뒤를 이은 CheXpert에 대한 더 자세한 내용은 다음을 참고하라. "CheXNet and Beyond," Matthew Lungren, YouTube video, November 10, 2018, https://www.youtube.com/watch? v=JqYte9UMJCg; Pranav Rajpurkar et al., "CheXNet: Radiologist-Level Pneumonia Detection on Chest X-Rays with Deep Learning," Stanford Machine Learning Group working paper, November 14, 2017, https://arxiv.org/pdf/1711.05225v1.pdf; Jeremy Irvin et al., "CheXpert: A Large Chest Radiograph Dataset with Uncertainty Labels and Expert Comparison," *Proceedings of the AAAI Conference on Artificial Intelligence* 33, no. 1 (July 17, 2019): AAAI-10, IAAI-19, EAAI-20, https://www.aaai.org/ojs/index.php/AAAI/article/view/3834.
36. Huiying Liang et al., "Evaluation and Accurate Diagnoses of Pediatric Diseases Using Artificial Intelligence," *Nature Medicine* 25, no. 3 (February 11, 2019): 433-38, https://doi.org/10.1038/s41591-018-0335-9.
37. Dimitrios Mathios et al., "Detection and Characterization of Lung Cancer Using Cell-Free DNA Fragmentomes," *Nature Communications* 12, article 5060 (August 20, 2021), https://doi.org/10.1038/s41467-021-24994-w.
38. Sophie Bushwick, "Algorithm That Detects Sepsis Cut Deaths by Nearly 20 Percent," *Scientific American*, August 1, 2022, https://www.scientificamerican.com/article/algorithm-that-detects-sepsis-cut-deaths-by-nearly-20-percent; Roy Adams et al., "Prospective, Multi-Site Study of Patient Outcomes After Implementation of the TREWS Machine Learning-Based Early Warning System for Sepsis," *Nature Medicine* 28 (July 21, 2022): 1455-60, https://doi.org/10.1038/s41591-022-01894-0; Katharine E. Henry et al., "Factors Driving Provider Adoption of the TREWS Machine Learning-Based Early Warning System and Its Effects on Sepsis Treatment Timing," *Nature Medicine* 28 (July 21, 2022), 1447-54, https://doi.org/10.1038/s41591-022-01895-z.
39. Lungren, "CheXNet and Beyond"; Rajpurkar et al., "CheXNet: Radiologist-Level Pneumonia Detection"; Irvin et al., "CheXpert: A Large Chest Radiograph Dataset with Uncertainty Labels and Expert Comparison," AAAI-10, IAAI-19, EAAI-20; Thomas

Davenport and Ravi Kalakota, "The Potential for Artificial Intelligence in Healthcare," *Future Healthcare Journal* 6, no. 2 (June 2019): 94–98, https://doi.org/10.7861/futurehosp.6-2-94.

40. Dario Amodei and Danny Hernandez, "AI and Compute," OpenAI, May 16, 2018, https://openai.com/blog/ai-and-compute.

41. Eliza Strickland, "Autonomous Robot Surgeon Bests Humans in World First," *IEEE Spectrum*, May 4, 2016, https://spectrum.ieee.org/the-human-os/robotics/medical-robots/au to nomous-robot-surgeon-bests-human-surgeons-in-world-first.

42. Alice Yan, "Chinese Robot Dentist Is First to Fit Implants in Patient's Mouth Without Any Human Involvement," *South China Morning Post*, September 21, 2017, https://www.scmp.com/news/china/article/2112197/chinese-robot-dentist-first-fit-implants-patients-mouth-without-any-human.

43. 일론 머스크가 뉴럴링크의 자동 전극 이식 기술을 설명하는 영상은 다음을 보라. "Neuralink: Elon Musk's Entire Brain Chip Presentation in 14 Minutes (Supercut)," CNET, YouTube video, August 28, 2020, https://www.youtube.com/watch?v=CLUWDLKAF1M.

44. Wallace P. Ritchie Jr., Robert S. Rhodes, and Thomas W. Biester, "Work Loads and Practice Patterns of General Surgeons in the United States, 1995–1997," *Annals of Surgery* 230, no. 4 (October 1999): 533–43, https://doi.org/10.1097/00000658-199910000-00009.

45. Hans Moravec, *Mind Children: The Future of Robot and Human Intelligence* (Cambridge, MA: Harvard University Press, 1988).

46. Peter Weibel, "Virtual Worlds: The Emperor's New Bodies," in *Ars Electronica: Facing the Future*, ed. Timothy Druckery (Cambridge, MA: MIT Press, 1999), 215, https://monos kop.org/images/4/47/Ars_Electronica_Facing_the_Future_A_Survey_of_Two_Decades_1999.pdf.

47. "Neuron Firing Rates in Humans," AI Impacts, April 14, 2015, https://aiimpacts.org/rate-of-neuron-firing; Suzana Herculano-Houzel, "The Human Brain in Numbers: A Linearly Scaled-up Primate Brain," *Frontiers in Human Neuroscience* 3, no. 31 (November 9, 2009), https://doi.org/10.3389/neuro.09.031.2009; David A. Drachman, "Do We Have Brain to Spare?," *Neurology* 64, no. 12 (June 27, 2005), https://doi.org/10.1212/01.WNL.0000166914.38327.BB; Antony Leather, "Intel Fires Back at AMD with Fastest Ever Processors: Mobile CPUs with up to 8 Cores and 5.3GHz Inbound," *Forbes*, April 2, 2020, https://www.forbes.com/sites/antonyleather/2020/04/02/intel-fires-back-at-amd-with-fastest-ever-processors-mobile-cpus-with-up-to-8-cores-and-53ghz-inbound/#210c5243643d.

48. Mladen Božanić and Saurabh Sinha, "Emerging Transistor Technologies Capable of Terahertz Amplification: A Way to Re-Engineer Terahertz Radar Sensors," *Sensors* 19, no. 11 (May 29, 2019), https://doi.org/10.3390/s19112454; "Intel Core i9-10900K Processor," Intel, accessed December 23, 2022, https://ark.intel.com/content/www/us/en/ark/products/199332/intel-core-i910900k-processor-20mcache-up-to-5-30-ghz.html.

49. Ray Kurzweil, *The Singularity Is Near* (New York: Viking, 2005), 125; Moravec, *Mind Children*, 59.

50. "June 2022," Top500.org, accessed October 20, 2022, https://www.top500.org/lists/top500/2022/06.

51. 파인먼이 1959년 12월 29일에 한 강연을 면밀하게 각색한 글은 다음을 보라. Richard Feynman, "There's Plenty of Room at the Bottom," *Engineering and Science* 23, no. 5 (February 1960): 22 – 26, 30 – 36, http://calteches.library.caltech.edu/47/2/1960Bottom.pdf.

52. Feynman, "There's Plenty of Room at the Bottom," 22 – 26, 30 – 36.

53. John von Neumann, *Theory of Self-reproducing Automata* (Urbana, IL: University of Illinois Press, 1966), https://archive.org/details/theoryofselfrepr00vonn_0/mode/2up; John G. Kemeny, "Man Viewed as a Machine," *Scientific American* 192, no. 4 (April 1955): 58 – 67, in nearly complete form at https://dijkstrascry.com/sites/default/files/papers/JohnKemenyManViewedasaMachine.pdf.

54. Von Neumann, *Theory of Self-reproducing Automata*, 251 – 96, 377.

55. 이 개념을 다룬 드렉슬러의 책들은 다음을 보라. K. Eric Drexler, *Engines of Creation: The Coming Era of Nanotechnology* (New York: Anchor Press/Doubleday, 1986); K. Eric Drexler, *Nanosystems: Molecular Machinery, Manufacturing, and Computation* (Hoboken, NJ: Wiley, 1992).

56. Drexler, *Engines of Creation*, 18 – 19, 105 – 8, 247.

57. Drexler, *Nanosystems*, 343 – 66.

58. Drexler, *Nanosystems*, 354 – 55.

59. Ralph C. Merkle, et al., "Mechanical Computing Systems Using Only Links and Rotary Joints," *Journal of Mechanisms and Robotics*, Vol. 10, no. 6, article 061006, September 17, 2018, arXiv:1801.03534v2 [cs.ET], March 25, 2019, https://arxiv.org/pdf/1801.03534.pdf.

60. 머클 팀이 '분자 기계 논리 게이트'를 위해 만든 설계는 8만 7595개의 탄소 원자와 3만 3100개의 수소 원자로 이루어져 있다. 부피는 약 27나노미터 × 32나노미터 × 7나노미터, 즉 6048세제곱나노미터를 차지한다. 이것은 부피 1리터당 약 1.65×10^{20}(1해 6500경)개의 논리 게이트에 해당한다. 설계된 동작 주파수가 100MHz일 때, 이것은 계산 부피 1리터당 10^{28}회의 논리 게이트 연산을 시사한다. 이것은 공학적 한계를 배제한 이론적 최대치라는 사실을 명심하라. 나노 수준 컴퓨터가 실제로 이 최대치에 얼마나 가까이 다가갈지는 두고 보아야 할 일이다. 다음을 참고하라. Merkle et al., "Mechanical Computing Systems Using Only Links and Rotary Joints," arXiv, 24 – 27; Drexler, *Nanosystems*, 370 – 71.

61. 머클 팀에 따르면, 앞에서 설명한 논리 게이트의 각 연산은 약 10^{-26}J(로터리 조인트 하나당 소모 에너지 10^{-27}J보다 10배 더 많은 수준)의 에너지를 소모할 것이다. 따라서 이 가상의 1리터짜리 컴퓨터에서 초당 10^{28}회의 연산은 100와트 수준의 에너지를 소모할 것이다. 다음을 참고하라. Merkle et al., "Mechanical Computing Systems Using Only Links and Rotary Joints," arXiv, 24 – 27.

62. Liqun Luo, "Why Is the Human Brain So Efficient?," Nautilus, April 12, 2018, http://

nautil.us/issue/59/connections/why-is-the-human-brain-so-efficient.

63. Ralph C. Merkle, "Design Considerations for an Assembler," Nanotechnology 7, no. 3 (September 1996): 210-15, https://doi.org/10.1088/0957-4484/7/3/008, mirrored in similar version at http://www.zyvex.com/nanotech/nano4/merklePaper.html.

64. Merkle, "Design Considerations for an Assembler," 210-15; Ralph. C. Merkle, "Self Rep-licating Systems and Molecular Manufacturing," *Journal of the British Interplanetary Society* 45, no. 12 (December 1992): 407-13. 수정한 버전은 http://www.zyvex.com/nanotech/selfRepJBIS.html에서 볼 수 있다; Neil Jacobstein, "Foresight Guidelines for Responsible Nanotechnology Development," Foresight Institute, April 2006, https://foresight.org/guidelines/current.php.

65. Robert A. Freitas Jr., "The Gray Goo Problem," KurzweilAI.net, March 20, 2001, https://www.kurzweilai.net/the-gray-goo-problem; Robert A. Freitas Jr., "Some Limits to Global Ecophagy by Biovorous Nanoreplicators, with Public Policy Recommendations," Foresight Institute, April 2000, http://www.rfreitas.com/Nano/Ecophagy.htm.

66. James Lewis, "Ultrafast DNA Robotic Arm: A Step Toward a Nanofactory?," Foresight Institute, January 25, 2018, https://foresight.org/ultrafast-robotic-arm-step-toward-nanofactory; Kohji Tomita et al., "Self-Description for Construction and Execution in Graph Rewriting Automata," in *Advances in Artificial Life: 8th European Conference, ECAL 2005, Canterbury, UK, September 5–9, 2005, Proceedings*, ed. Mathieu S. Capcarrere et al. (Heidelberg, Germany: Springer Science & Business Media, 2005), 705-14.

67. 나노 수준 기계와 기계 부품을 만들려는 시도에서 일어난 성공적인 성과에 대해 더 자세한 내용은 다음을 참고하라. Eric Drexler, "Big Nanotech: Building a New World with Atomic Precision," *Guardian*, October 21, 2013, https://www.theguardian.com/science/small-world/2013/oct/21/big-nanotech-atomically-precise-manufacturing-apm; Mark Peplow, "The Tiniest Lego: A Tale of Nanoscale Motors, Rotors, Switches and Pumps," *Nature* 525, no. 7567 (September 2, 2015): 18-21, https://doi.org/10.1038/525018a; Carlos Manzano et al., "Step-by-Step Rotation of a Molecule-Gear Mounted on an Atomic-Scale Axis," *Nature Materials* 8, no. 6 (June 14, 2009): 576-79, https://doi.org/10.1038/nmat2467; Babak Kateb and John D. Heiss, *The Textbook of Nanoneuroscience and Nanoneurosurgery* (Boca Raton, FL: CRC Press, 2013): 500-501, https://www.google.com/books/edition/The_Textbook_of_Nanoneuroscience_and_Nan/rCbOBQAAQBAJ; Torben Jasper-Toennies et al., "Rotation of Ethoxy and Ethyl Moieties on a Molecular Platform on Au(111)," *ACS Nano* 14, no. 4 (February 19, 2020): 3907-16, https://doi.org/10.1021/acsnano.0c00029; Kwanoh Kim et al., "Man-Made Rotary Nanomotors: A Review of Recent Development," *Nanoscale* 8, no. 20 (May 19, 2016): 10471-90, https://doi.org/10.1039/c5nr08768f; The Optical Society, "Nanoscale Machines Convert Light into Work," Phys.org, October 8, 2020, https://phys.org/news/2020-10-nanoscale-machines.html.

68. 드렉슬러와 스몰리의 원래 토론과 나의 해설, 드렉슬러가 한 두 차례의 강연, 분자 어셈

블러를 향해 나아가는 최근의 연구 사례는 다음을 참고하라. Richard E. Smalley, "Of Chemistry, Love and Nanobots," *Scientific American*, September 2001, https://www.scientificamerican.com/article/of-chemistry-love-and-nanobots; Rudy Baum, "Nanotechnology: Drexler and Smalley Make the Case for and Against 'Molecular Assemblers,' " *Chemical & Engineering News* 81, no. 48 (September 8, 2003): 37-42, https://web.archive.org/web/20230116122623/http://pubsapp.acs.org/cen/coverstory/8148/8148coun terpoint.html; Eric Drexler, "Transforming the Material Basis of Civilization | Eric Drexler | TEDxISTAlameda," TEDx Talks, YouTube video, November 16, 2015, https://www.youtube.com/watch? v=Q9RiB_o7Szs; Eric Drexler, "Dr. Eric Drexler—The Path to Atomically Precise Manufacturing," The Artificial Intelligence Channel, YouTube video, September 18, 2017, https://www.youtube.com/watch? v=dAA-HWMaF9o; UT-Battelle, *Productive Nanosystems: A Technology Roadmap*, Battelle Memorial Institute and Foresight Nanotech Institute, 2007, https://foresight.org/wp-content/uploads/2023/05/Nanotech_Roadmap_2007_main.pdf; James Lewis, "Atomically Precise Manufacturing as the Future of Nanotechnology," Foresight Institute, March 8, 2015, https://foresight.org/atomi cally-precise-manufacturing-as-the-future-of-nanotechnology; Xiqiao Wang et al., "Atomic-Scale Control of Tunneling in Donor-Based Devices," *Communications Physics* 3, article 82 (May 11, 2020), https://doi.org/10.1038/s42005-020-0343-1; "Paving the Way for Atomically Precise Manufacturing," UT Dallas, YouTube video, February 9, 2018, https://www.youtube.com/watch? v=or3jYNZ6fn8; University of Texas at Dallas, "Microscopy Breakthrough Paves the Way for Atomically Precise Manufacturing," Phys.org, February 12, 2018, https://phys.org/news/2018-02-microscopy-breakthrough-paves-atomically-precise.html; Kiel University, "Towards a Light Driven Molecular Assembler," Phys.org, July 23, 2019, https://phys.org/news/2019-07-driven-molecular.html; Jonathan Wyrick et al., "Atom-by-Atom Fabrication of Single and Few Dopant Quantum Devices," *Advanced Functional Materials* 29, no. 52 (August 14, 2019), https://doi.org/10.1002/adfm.201903475; Farid Tajaddodianfar et al., "On the Effect of Local Barrier Height in Scanning Tunneling Microscopy: Measurement Methods and Control Implications," *Review of Scientific Instruments* 89, no. 1, article 013701 (January 2, 2018), https://doi.org/10.1063/1.5003851.

69. Ray Kurzweil, "The Drexler-Smalley Debate on Molecular Assembly," KurzweilAI.net, December 1, 2003, https://www.kurzweilai.net/the-drexler-smalley-debate-on-molecular-assembly.

70. Drexler, *Nanosystems*, 398-410.

71. Drexler, *Nanosystems*, 238-49, 458-68.

72. Drexler, *Engines of Creation*; Drexler, *Nanosystems*; Dexter Johnson, "Diamondoids on Verge of Key Application Breakthroughs," *IEEE Spectrum*, March 31, 2017, https://spectrum.ieee.org/nanoclast/semiconductors/materials/diamondoids-on-verge-of-keyapplication-breakthroughs.

73. Neal Stephenson, *The Diamond Age: Or, a Young Lady's Illustrated Primer* (New York: Bantam, 1995).

74. Matthew A. Gebbie et al., "Experimental Measurement of the Diamond Nucleation Landscape Reveals Classical and Nonclassical Features," *Proceedings of the National Academy of Sciences* 115, no. 33 (August 14, 2018): 8284-89, https://doi.org/10.1073/pnas.1803654115.

75. Hongyao Xie et al., "Large Thermal Conductivity Drops in the Diamondoid Lattice of $CuFeS_2$ by Discordant Atom Doping," *Journal of the American Chemical Society* 141, no. 47 (November 2, 2019): 18900-909, https://doi.org/10.1021/jacs.9b10983; Shenggao Liu, Jeremy Dahl, and Robert Carlson, "Heteroatom-Containing Diamondoid Transistors," U.S. Patent 7,402,835 (filed July 16, 2003; issued July 22, 2008), US Patent and Trademark Office, https://patents.google.com/patent/US7402835B2/en.

76. 예컨대 다음을 참고하라. Robert A. Freitas Jr., "A Simple Tool for Positional Diamond Mechanosynthesis, and Its Method of Manufacture," U.S. Patent 7,687,146 (filed February 11, 2005; issued March 30, 2010), US Patent and Trademark Office, https://patents.google.com/patent/US7687146B1/en; Samuel Stolz et al., "Molecular Motor Crossing the Frontier of Classical to Quantum Tunneling Motion," *Proceedings of the National Academy of Sciences* 117, no. 26 (June 15, 2020): 14838-42, https://doi.org/10.1073/pnas.1918654117; Haifei Zhan et al., "From Brittle to Ductile: A Structure Dependent Ductility of Diamond Nanothread," *Nanoscale* 8, no. 21 (May 10, 2016): 11177-84, https://doi.org/10.1039/C6NR02414Ad.

77. 이 제안에 대해 더 자세한 내용과 나노기술을 다룬 머클의 다른 논문들의 링크는 다음을 참고하라. Ralph C. Merkle, "A Proposed 'Metabolism' for a Hydrocarbon Assembler," *Nanotechnology* 8, no. 4 (December 1997): 149-62, https://iopscience.iop.org/article/10.1088/0957-4484/8/4/001/meta, mirrored at http://www.zyvex.com/nanotech/hydro CarbonMetabolism.html; "Papers by Ralph C. Merkle," Merkle.com, accessed October 20, 2022, http://www.merkle.com/merkleDir/papers.html.

78. Merkle, "A Proposed 'Metabolism' for a Hydrocarbon Assembler."

79. 탄소 나노튜브만 사용해 1만 4000개의 트랜지스터로 구성된 컴퓨터 칩을 만들려는 인상적인 MIT 계획을 포함해 그래핀, 탄소 나노튜브, 탄소 나노실 연구에서 일어난 진전을 보여주는 몇몇 사례는 다음을 참고하라. "The Graphene Times," *Nature Nanotechnology* 14, no. 10, article 903 (October 3, 2019), https://doi.org/10.1038/s41565-019-0561-4; "Nova: Car bon Nanotubes," Mangefox, YouTube video, January 28, 2011, https://www.youtube.com/watch? v=19nzPt62UPg; Elizabeth Gibney, "Biggest Carbon-Nanotube Chip Yet Says 'Hello, World!,' " *Nature*, August 28, 2019, https://doi.org/10.1038/d41586-019-02576-7; Haifei Zhan et al., "The Best Features of Diamond Nanothread for Nanofibre Applications," *Nature Communications* 8, article 14863 (March 17, 2017), https://doi.org/10.1038/ncomms14863; Haifei Zhan et al., "High Density Mechanical Energy Storage with Carbon Nanothread Bundle," *Nature Communications* 11, article

1905 (April 20, 2020), https://doi.org/10.1038/s41467-020-15807-7; Keigo Otsuka et al., "Deterministic Transfer of Optical-Quality Carbon Nanotubes for Atomically Defined Technology," *Nature Communications* 12, article 3138 (May 25, 2021), https://doi.org/10.1038/s41467-021-23413-4.

80. 지금까지 다이아몬도이드 기반 기계 합성을 수행하는 방법에 관한 가장 상세한 연구는 아마도 로버트 프레이타스와 랠프 머클이 2008년에 발표한, 다목적 나노 제조에 필요한 반응 경로 연구일 것이다. 다음을 참고하라. Robert A. Freitas Jr. and Ralph C. Merkle, "A Minimal Toolset for Positional Diamond Mechanosynthesis," *Journal of Computational and Theoretical Nanoscience* 5, no. 5 (May 2008): 760-862, https://doi.org/10.1166/jctn.2008.2531, mirrored at http://www.molecularassembler.com/Papers/MinToolset.pdf.

81. Masayuki Endo and Hiroshi Sugiyama, "DNA Origami Nanomachines," *Molecules* 23, no. 7 (article 1766), July 18, 2018, https://doi.org/10.3390/molecules23071766; Fei Wang et al., "Programming Motions of DNA Origami Nanomachines," *Small* 15, no. 26, article 1900013 (March 25, 2019), https://doi.org/10.1002/smll.201900013.

82. Suping Li et al., "A DNA Nanorobot Functions as a Cancer Therapeutic in Response to a Molecular Trigger *In Vivo*," *Nature Biotechnology* 36, no. 3 (February 12, 2018): 258-64, https://doi.org/10.1038/nbt.4071; Stephanie Lauback et al., "Real-Time Magnetic Actuation of DNA Nanodevices via Modular Integration with Stiff Micro-Mevers," *Nature Communications* 9, no. 1, article 1446 (April 13, 2018), https://doi.org/10.1038/s41467-018-03601-5.

83. Liang Zhang, Vanesa Marcos, and David A. Leigh, "Molecular Machines with Bio-Inspired Mechanisms," *Proceedings of the National Academy of Sciences* 115, no. 38 (February 26, 2018), https://doi.org/10.1073/pnas.1712788115.

84. Christian E. Schafmeister, "Molecular Lego," *Scientific American*, February 2007, https://www.scientificamerican.com/article/molecular-lego.

85. Matthias Koch et al., "Spin Read-Out in Atomic Qubits in an All-Epitaxial Three-Dimensional Transistor," *Nature Nanotechnology* 14, no. 2 (January 7, 2019): 137-40, https://doi.org/10.1038/s41565-018-0338-1.

86. Mukesh Tripathi et al., "Electron-Beam Manipulation of Silicon Dopants in Graphene," *Nano Letters* 18, no. 8 (June 27, 2018): 5319-23, https://doi.org/10.1021/acs.nanolett.8b02406.

87. John N. Randall et al., "Digital Atomic Scale Fabrication an Inverse Moore's Law—A Path to Atomically Precise Manufacturing," *Micro and Nano Engineering* 1 (November 2018): 1-14, https://doi.org/10.1016/j.mne.2018.11.001.

88. Roshan Achal et al., "Lithography for Robust and Editable Atomic-Scale Silicon Devices and Memories," *Nature Communications* 9, no. 1, article 2778 (July 23, 2018), https://doi.org/10.1038/s41467-018-05171-y.

89. Chalmers University of Technology, "Graphene and Other Carbon Nanomaterials Can Replace Scarce Metals," Phys.org, September 19, 2017, https://phys.org/

news/2017-09-graphene-carbon-nanomaterials-scarce-metals.html; Rickard Arvisson and Björn A. Sandén, "Carbon Nanomaterials as Potential Substitutes for Scarce Metals," *Journal of Cleaner Production* 156 (July 10, 2017): 253-61, https://doi.org/10.1016/j.jclepro.2017.04.048.

90. K. Eric Drexler, *Radical Abundance: How a Revolution in Nanotechnology Will Change Civilization* (New York: PublicAffairs, 2013), 168-72.

91. Paul Sullivan, "A Battle over Diamonds: Made by Nature or in a Lab?," *New York Times*, February 9, 2018, https://www.nytimes.com/2018/02/09/your-money/synthetic-diamond-jewelry.html.

92. Milton Esterow, "Art Experts Warn of a Surging Market in Fake Prints," *New York Times*, January 24, 2020, https://www.nytimes.com/2020/01/24/arts/design/fake-art-prints.html; Kelly Crow, "Leonardo da Vinci Painting 'Salvator Mundi' Smashes Records with $450.3 Million Sale," *Wall Street Journal*, November 16, 2017, https://www.wsj.com/articles/leonardo-da-vinci-painting-salvator-mundi-sells-for-450-3-million-1510794281.

93. Ray Kurzweil and Terry Grossman, *Transcend: Nine Steps to Living Well Forever* (Emmaus, PA: Rodale, 2009).

94. 노화의 이해와 치료를 목표로 한 최근의 생물노화학 연구에 대해 더 자세한 내용은 다음을 참고하라. "Why Age? Should We End Aging Forever?," Kurzgesagt—In a Nutshell, YouTube video, October 20, 2017, https://www.youtube.com/watch?v=GoJsr4IwCm4; "How to Cure Aging—During Your Lifetime?," Kurzgesagt—In a Nutshell, YouTube video, November 3, 2017, https://www.youtube.com/watch? v=MjdpR-TY6QU; "Daphne Koller, Chief Computing Officer, Calico Labs," CB Insights, YouTube video, January 18, 2018, https://www.youtube.com/watch?v=0EIZ8wJYAEA; "Ray Kurzweil—Physical Immortality," Aging Reversed, YouTube video, January 3, 2017, https://www.youtube.com/watch? v=BUExzREe9oo; Peter H. Diamandis, "Nanorobots: Where We Are Today and Why Their Future Has Amazing Potential," SingularityHub, May 16, 2016, https://singu larityhub.com/2016/05/16/nanorobots-where-we-are-today-and-why-their-future-has-amazing-potential.

95. Nicola Davis, "Human Lifespan Has Hit Its Natural Limit, Research Suggests," *Guardian*, October 5, 2016, https://www.theguardian.com/science/2016/oct/05/human-lifespan-has-hit-its-natural-limit-research-suggests; Craig R. Whitney, "Jeanne Calment, World's Elder, Dies at 122," *New York Times*, August 5, 1997, https://www.nytimes.com/1997/08/05/world/jeanne-calment-world-s-elder-dies-at-122.html.

96. "Actuarial Life Table," US Social Security Administration, accessed October 20, 2022, https://www.ssa.gov/oact/STATS/table4c6.html.

97. France Meslé and Jacques Vallin, "Causes of Death at Very Old Ages, Including for Supercentenarians," in *Exceptional Lifespans*, ed. Heiner Maier et al. (Cham, Switzerland: Springer, 2020): 72-82, https://link.springer.com/content/pdf/10.1007/978-3-030-49970-9.pdf? pdf=button.

98. "Aubrey De Grey—Living to 1,000 Years Old," Aging Reversed, YouTube video, May 26, 2018, https://www.youtube.com/watch? v=ZkMPZ8obByw; "One-on-One: An Investigative Interview with Aubrey de Grey—44th St. Gallen Symposium," StGallenSymposium, YouTube video, May 8, 2014, https://www.youtube.com/watch? v=DkBfT_EPBIo; "Aubrey de Grey, PhD: 'The Science of Curing Aging,' " Talks at Google, YouTube video, January 4, 2018, https://www.youtube.com/watch? v=S6ARUQ5LoUo.

99. "A Reimagined Research Strategy for Aging," SENS Research Foundation, accessed December 27, 2022, https://web.archive.org/web/20221118080039/https://www.sens.org/our-research/intro-to-sens-research.

100. "Longevity: Reaching Escape Velocity," Foresight Institute, YouTube video, December 12, 2017, https://www.youtube.com/watch? v=M4b19vZ57U4.

101. Richard Zijdeman and Filipa Ribeira da Silva, "Life Expectancy at Birth (Total)," IISH Data Collection, V1 (2015), https://hdl.handle.net/10622/LKYT53.

102. Robert A. Freitas Jr., "The Life-Saving Future of Medicine," *Guardian*, March 28, 2014, https://www.theguardian.com/what-is-nano/nano-and-the-life-saving-future-of-medicine.

103. Jacqueline Krim, "Friction at the Nano-Scale," *Physics World*, February 2, 2005, https://physicsworld.com/a/friction-at-the-nano-scale.

104. Rose Eveleth, "There Are 37.2 Trillion Cells in Your Body," *Smithsonian Magazine*, October 24, 2013, https://www.smithsonianmag.com/smart-news/there-are-372-trillion-cells-in-your-body-4941473.

105. 면역계와 호르몬에 관해 유익하고 쉬운 설명은 다음을 참고하라. "How the Immune System Actually Works—Immune," Kurzgesagt—In a Nutshell, YouTube video, August 10, 2021, https://www.youtube.com/watch? v=lXfEK8G8CUI; "How Does Your Immune System Work?—Emma Bryce," TED-Ed, YouTube video, January 8, 2018, https://www.youtube.com/watch? v=PSRJfaAYkW4; "How Do Your Hormones Work?—Emma Bryce," TED-Ed, YouTube video, June 21, 2018, https://www.youtube.com/watch? v=-SPRPkLoKp8.

106. 폐에 관해 유익하고 쉬운 설명은 다음을 참고하라. "How Do Lungs Work?—Emma Bryce," TED-Ed, YouTube video, November 24, 2014, https://www.youtube.com/watch? v=8NUxvJS-_0k.

107. 콩팥에 관해 유익하고 쉬운 설명은 다음을 참고하라. "How Do Your Kidneys Work?—Emma Bryce," TED-Ed, YouTube video, February 9, 2015, https://www.youtube.com/watch? v=FN3MFhYPWWo.

108. 소화계에 관해 유익하고 쉬운 설명은 다음을 참고하라. "How Your Digestive System Works—Emma Bryce," TED-Ed, YouTube video, December 14, 2017, https://www.youtube.com/watch? v=Og5xAdC8EUI.

109. 췌장의 역할과 기능에 관해 유익하고 쉬운 설명은 다음을 참고하라. "What Does the Pancreas Do?—Emma Bryce," TED-Ed, YouTube video, February 19, 2015, https://

www.youtube.com/watch? v=8dgoeYPoE-0.

110. George Dvorsky, "FDA Approves World's First Automated Insulin Pump for Diabetics," *Gizmodo*, September 29, 2016, https://gizmodo.com/fda-approves-worlds-first-automated-insulin-pump-for-di-1787227150.

111. 당뇨병에서 호르몬의 역할에 관해 유익하고 쉬운 설명은 다음을 참고하라. "Role of Hormones in Diabetes," Match Health, YouTube video, December 6, 2013, https://www.you tube.com/watch? v=sPwoMm9cv1M; Matthew McPheeters, "What Is Diabetes Mellitus? | Endocrine System Diseases | NCLEX-RN," Khan Academy Medicine, YouTube video, May 14, 2015, https://www.youtube.com/watch? v=ulxyWZf7BWc.

112. 수면과 호르몬 사이의 관계를 비전문가를 위해 짧게 설명한 것은 다음을 참고하라. Hormone Health Network, "Sleep and Circadian Rhythm," Hormone.org, Endocrine Society, June 2019, https://www.hormone.org/your-health-and-hormones/sleep-and-circadian-rhythm.

113. 암의 재발과 암 줄기세포에 관한 더 자세한 내용은 다음을 참고하라. "Why Is It So Hard to Cure Cancer?—Kyuson Yun," TED-Ed, YouTube video, October 10, 2017, https://www.you tube.com/watch? v=h2rR77VsF5c; "Recurrent Cancer: When Cancer Comes Back," National Cancer Institute, January 18, 2016, https://www.cancer.gov/types/recurrent-cancer; Kyle Davis, "Investigating Why Cancer Comes Back," National Human Genome Research Institute, September 8, 2015, https://www.genome.gov/news/news-release/Investigating-why-cancer-comes-back.

114. Zuoren Yu et al., "Cancer Stem Cells," *International Journal of Biochemical Cell Biology* 44, no. 12 (December 2012): 2144-51, https://doi.org/10.1016/j.biocel.2012.08.022.

115. "How Does Chemotherapy Work?—Hyunsoo Joshua No," TED-Ed, YouTube video, December 5, 2019, https://www.youtube.com/watch? v=RgWQCGX3MOk; "Why People with Cancer Are More Likely to Get Infections," American Cancer Society, March 13, 2020, https://www.cancer.org/treatment/treatments-and-side-effects/physical-side-effects/low-blood-counts/infections/why-people-with-cancer-are-at-risk.html.

116. Nirali Shah and Terry J. Fry, "Mechanisms of Resistance to CAR T Cell Therapy," *Nature Reviews Clinical Oncology* 16 (March 5, 2019): 372-85, https://doi.org/10.1038/s41571-019-0184-6; Robert Vander Velde et al., "Resistance to Targeted Therapies as a Multifactorial, Gradual Adaptation to Inhibitor Specific Selective Pressures," *Nature Communications* 11, article 2393 (May 14, 2020), https://doi.org/10.1038/s41467-020-16212-w.

117. 비전문가를 위해 세포 생식을 훌륭하게 설명한 것은 다음을 참고하라. Hank Green, "Mitosis: Splitting Up Is Complicated—Crash Course Biology #12," CrashCourse, YouTube video, April 16, 2012, https://www.youtube.com/watch? v=L0k-enzoeOM.

118. 현재의 패러다임 안에서 가장 유망한 유전자 편집 방법 중 하나인 크리스퍼를 간단하게 소개한 내용은 다음을 참고하라. Brad Plumer et al., "A Simple Guide to CRISPR, One of the Biggest Science Stories of the Decade," *Vox*, updated December 27, 2018, https://

www.vox.com/2018/7/23/17594864/crispr-cas9-gene-editing.

119. Eveleth, "There Are 37.2 Trillion Cells in Your Body."

120. 이 과정을 개략적으로 설명한 내용은 다음을 참고하라. "Regulation of Gene Expression: Operons, Epigenetics, and Transcription Factors," Professor Dave Explains, YouTube video, October 15, 2017, https://www.youtube.com/watch?v=J9jhg90A7Lw.

121. Bert M. Verheijen and Fred W. van Leeuwen, "Commentary: The Landscape of Transcription Errors in Eukaryotic Cells," *Frontiers in Genetics* 8, article 219 (December 14, 2017), https://doi.org/10.3389/fgene.2017.00219.

122. Patricia Mroczek, "Nanoparticle Chomps Away Plaques That Cause Heart Attacks," MSUToday, Michigan State University, January 27, 2020, https://msutoday.msu.edu/news/2020/nanoparticle-chomps-away-plaques-that-cause-heart-attacks; Alyssa M. Flores, *Nature Nanotechnology* 15, no. 2 (January 27, 2020): 154-61, https://doi.org/10.1038/s41565-019-0619-3; Ira Tabas and Andrew H. Lichtman, "Monocyte-Macrophages and T Cells in Atherosclerosis," *Immunity* 47, no. 4 (October 17, 2017): 621-34, https://doi.org/10.1016/j.immuni.2017.09.008.

123. American Stroke Association "Understanding Diagnosis and Treatment of Cryptogenic Stroke: A Health Care Professional Guide," American Heart Association, 2019, https://web.archive.org/web/20211023144019/https://www.stroke.org/-/media/stroke-files/crypto genic-professional-resource-files/crytopgenic-professional-guide-ucm-477051.pdf.

124. 단백질 접힘을 초보자 수준에서 생생하게 설명한 내용은 다음을 보라. "Protein Structure and Folding," Amoeba Sisters, YouTube video, September 24, 2018, https://www.youtube.com/watch?v=hok2hyED9go.

125. 생물학적 신경세포의 (매우 이론적인) 최대 발화 속도는 1000헤르츠 부근인 반면, 랠프 머클의 나노 규모 기계식 계산 시스템은 그보다 10만 배나 빠른 약 100메가헤르츠에 이를 수 있다. 우리 몸의 콜라겐 원섬유는 인장 강도가 약 90메가파스칼인 반면, 다중 벽 탄소 나노튜브는 실험에서 약 63기가파스칼에 이르렀고, 다이아몬드 나노바늘은 최대 98기가파스칼에 이르렀으며, 다이아몬도이드의 이론적 최대치는 약 100기가파스칼이어서 모두 콜라겐보다 대략 1000배 강하다. 다음을 참고하라. "Neuron Firing Rates in Humans," AI Impacts; Ralph C. Merkle et al., "Mechanical Computing Systems Using Only Links and Rotary Joints," 24-27; Yehe Liu, Roberto Ballarini, and Steven J. Eppell, "Tension Tests on Mammalian Collagen Fibrils," *Interface Focus* 6, no. 1, article 20150080 (February 6, 2016), https://doi.org/10.1098/rsfs.2015.0080; Min-Feng Yu et al., "Strength and Breaking Mechanism of Multiwalled Carbon Nanotubes Under Tensile Load," *Science* 287, no. 5453 (January 28, 2000): 637-40, https://doi.org/10.1126/sci ence.287.5453.637; Amit Banerjee et al., "Ultralarge Elastic Deformation of Nanoscale Diamond," *Science* 360, no. 6386 (April 20, 2018): 300-302, https://doi.org/10.1126/sci ence.aar4165; Drexler, *Nanosystems*, 24-35, 142-43.

126. Robert A. Freitas, "Exploratory Design in Medical Nanotechnology: A Mechanical Artificial Red Cell," *Artificial Cells, Blood Substitutes, and Biotechnology* 26, no. 4 (1998):

411-30, https://doi.org/10.3109/10731199809117682.

127. Freitas, "Exploratory Design in Medical Nanotechnology," 426; Robert A. Freitas Jr., "Respirocytes: A Mechanical Artificial Red Cell: Exploratory Design in Medical Nanotechnology," Foresight Institute/Institute for Molecular Manufacturing," April 17, 1996, https://web.archive.org/web/20210509160649/https://foresight.org/Nanomedicine/Respirocytes.php.

128. Herculano-Houzel, "The Human Brain in Numbers"; Drachman, "Do We Have Brain to Spare?"; Hervé Lemaître et al., "Normal Age-Related Brain Morphometric Changes: Nonuniformity Across Cortical Thickness, Surface Area and Grey Matter Volume?," *Neurobiology of Aging* 33, no. 3 (March 2012): 617.e1-617.e9, https://doi.org/10.1016/j.neurobiolaging.2010.07.013; Merkle et al., "Mechanical Computing Systems Using Only Links and Rotary Joints," 24-27.

129. "Neuron Firing Rates in Humans," AI Impacts; Merkle et al., "Mechanical Computing Systems Using Only Links and Rotary Joints," 24-27; Drexler, *Nanosystems*, 370-71.

130. Herculano-Houzel, "The Human Brain in Numbers"; Drachman, "Do We Have Brain to Spare?"; "Firing Behavior and Network Activity of Single Neurons in Human Epileptic Hypothalamic Hamartoma," *Frontiers in Neurology* 2, no. 210 (December 27, 2013), https://doi.org/10.3389/fneur.2013.00210; Ernest L. Abel, *Behavioral Teratogenesis and Behavioral Mutagenesis: A Primer in Abnormal Development* (New York: Plenum Press, 1989), 113, https://books.google.co.uk/books? id=gV0rBgAAQBAJ; Anders Sandberg and Nick Bostrom, *Whole Brain Emulation: A Roadmap*, technical report 2008-3, Future of Humanity Institute, Oxford University (2008), 80, https://www.fhi.ox.ac.uk/brain-emulation-roadmap-report.pdf; see the appendix for the sources used for all the cost-of-computation calculations in this book.

131. Herculano-Houzel, "The Human Brain in Numbers"; Drachman, "Do We Have Brain to Spare?"; "Firing Behavior and Network Activity of Single Neurons in Human Epileptic Hypothalamic Hamartoma"; Abel, *Behavioral Teratogenesis and Behavioral Mutagenesis*; Sandberg and Bostrom, *Whole Brain Emulation*, 80; see the appendix for the sources used for all the cost-of-computation calculations in this book.

제7장 위험

1. Bill McKibben, "How Much Is Enough? The Environmental Movement as a Pivot Point in Human History," Harvard Seminar on Environmental Values, October 18, 2000, 11, http://docshare04.docshare.tips/files/9552/95524564.pdf.

2. Robert M. Pirsig, *Zen and the Art of Motorcycle Maintenance* (New York: Quill, 1999, 26; first published by William Morrow, 1974). 피어시그의 작품은 동양과 서양의 사상을 혼합하고, 삶의 경험이 지식과 사상을 만들어내는지에 초점을 맞춘 '질의 형이상학'Metaphysics of Quality이라는 철학적 틀을 소개한다. 이 책은 지금까지 가장 많이 팔린 철학서 중 하나이다.

다음도 참고하라. Tim Adams, "The Interview: Robert Pirsig," *Guardian*, November 19, 2006, https://www.theguardian.com/books/2006/nov/19/fiction.

3. Hans M. Kristensen and Matt Korda, "Status of World Nuclear Forces," Federation of American Scientists, March 2, 2022, https://fas.org/issues/nuclear-weapons/status-world-nuclear-forces.
4. Hans M. Kristensen, "Alert Status of Nuclear Weapons," Briefing to Short Course on Nuclear Weapon and Related Security Issues, George Washington University Elliott School of International Affairs, April 21, 2017, 2, https://uploads.fas.org/2014/05/Brief2017_GWU_2s.pdf.
5. 알렉스 웰러스타인Alex Wellerstein이 만든 뉴크맵Nukemap이라는 흥미로운 인터랙티브 도구를 사용해 핵전쟁의 효과를 직접 탐구할 수 있다. https://nuclearsecrecy.com/nukemap. 다음도 참고하라. Kyle Mizokami, "335 Million Dead: If America Launched an All-Out Nuclear War," *National Interest*, March 13, 2019, https://nationalinterest.org/blog/buzz/335-million-dead-if-america-launched-all-out-nuclear-war-57262; Dylan Matthews, "40 Years Ago Today, One Man Saved Us from World-Ending Nuclear War," *Vox*, September 26, 2023, https://www.vox.com/2018/9/26/17905796/nuclear-war-1983-stanislav-petrov-soviet-union; Owen B. Toon et al., "Rapidly Expanding Nuclear Arsenals in Pakistan and India Portend Regional and Global Catastrophe," *Science Advances* 5, no. 10 (October 2, 2019), https://advances.sciencemag.org/content/5/10/eaay5478.
6. Seth Baum, "The Risk of Nuclear Winter," Federation of American Scientists, May 29, 2015, https://fas.org/pir-pubs/risk-nuclear-winter; Bryan Walsh, "What Could a Nuclear War Do to the Climate—and Humanity?," *Vox*, August 17, 2022, https://www.vox.com/future-perfect/2022/8/17/23306861/nuclear-winter-war-climate-change-food-starvation-existential-risk-russia-united-states.
7. Anders Sandberg and Nick Bostrom, *Global Catastrophic Risks Survey*, technical report 2008-1, Future of Humanity Institute, Oxford University (2008): 1, https://www.fhi.ox.ac.uk/reports/2008-1.pdf.
8. Kristensen and Korda, "Status of World Nuclear Forces"; Arms Control Association, "Nuclear Weapons: Who Has What at a Glance," Arms Control Association, June 2023, https://www.armscontrol.org/factsheets/Nuclearweaponswhohaswhat.
9. 이와 관련된 핵 군축 협정을 유용하게 요약한 것은 다음을 참고하라. "U.S.-Russian Nuclear Arms Control Agreements at a Glance," Arms Control Association, August 2019, https://www.armscontrol.org/factsheets/USRussiaNuclearAgreements.
10. Max Roser and Mohamed Nagdy, "Nuclear Weapons," Our World in Data, 2019, https://ourworldindata.org/nuclear-weapons; Hans M. Kristensen and Robert S. Norris, "The Bulletin of the Atomic Scientists' Nuclear Notebook," Federation of American Scientists, 2019, https://thebulletin.org/nuclear-notebook-multimedia; Kristensen and Korda, "Status of World Nuclear Forces."
11. Treaty Banning Nuclear Weapon Tests in the Atmosphere, in Outer Space, and Under

Water, October 10, 1963, https://treaties.un.org/doc/Publication/UNTS/Volume%20480/volume-480-I-6964-English.pdf.

12. 이와 관련된 국제법을 유용하게 요약한 것은 다음을 참고하라. "International Legal Agreements Relevant to Space Weapons," Union of Concerned Scientists, February 11, 2004, https://www.ucsusa.org/nuclear-weapons/space-weapons/international-legal-agreements.

13. 학자들은 수십 년 전에 이 사실을 인식하기 시작했다. 예컨대 다음을 참고하라. Martin E. Hellman, "Arms Race Can Only Lead to One End: If We Don't Change Our Thinking, Someone Will Drop the Big One," *Houston Post*, April 4, 1985. 인터넷에서는 비슷한 형태의 내용을 다음에서 볼 수 있다. https://ee.stanford.edu/~hellman/opinion/inevitability.html.

14. 상호 확증 파괴 전략이 어떻게 작동하는지 명확하고 간결하게 요약한 내용은 다음을 보라. "Mutually Assured Destruction: When the Only Winning Move Is Not to Play," *Farnam Street*, June 2017, https://fs.blog/2017/06/mutually-assured-destruction.

15. 미국의 미사일 방어 계획에 대해 더 자세한 내용은 다음을 참고하라. "Current U.S. Missile Defense Programs at a Glance," Arms Control Association, August 2019, https://www.armscontrol.org/factsheets/usmissiledefense.

16. Alan Robock and Owen Brian Toon, "Self-Assured Destruction: The Climate Impacts of Nuclear War," *Bulletin of the Atomic Scientists* 68, no. 5 (September 1, 2012): 66–74, https://thebulletin.org/2012/09/self-assured-destruction-the-climate-impacts-of-nuclear-war.

17. Valerie Insinna, "Russia's Nuclear Underwater Drone Is Real and in the Nuclear Posture Review," *DefenseNews*, January 12, 2018, https://www.defensenews.com/space/2018/01/12/russias-nuclear-underwater-drone-is-real-and-in-the-nuclear-posture-review; Douglas Barrie and Henry Boyd, "Burevestnik: US Intelligence and Russia's 'Unique' Cruise Missile," International Institute for Strategic Studies, February 5, 2021, https://www.iiss.org/blogs/military-balance/2021/02/burevestnik-russia-cruise-missile.

18. Richard Stone, "'National Pride Is at Stake.' Russia, China, United States Race to Build Hypersonic Weapons," *Science*, January 8, 2020, https://www.science.org/content/article/national-pride-stake-russia-china-united-states-race-build-hypersonic-weapons.

19. Joshua M. Pearce and David C. Denkenberger, "A National Pragmatic Safety Limit for Nuclear Weapon Quantities," *Safety* 4, no. 2 (2018): 25, https://www.mdpi.com/2313-576X/4/2/25.

20. "Safety Assistance System Warns of Dirty Bombs," Fraunhofer, September 1, 2017, https://www.fraunhofer.de/en/press/research-news/2017/september/safety-assistance-system-warns-of-dirty-bombs-.html.

21. Jaganath Sankaran, "A Different Use for Artificial Intelligence in Nuclear Weapons Command and Control," War on the Rocks, April 25, 2019, https://warontherocks.

com/2019/04/a-different-use-for-artificial-intelligence-in-nuclear-weapons-command-and-control; Jill Hruby and M. Nina Miller, "Assessing and Managing the Benefits and Risks of Artificial Intelligence in Nuclear-Weapon Systems," Nuclear Threat Initiative, August 26, 2021, https://www.nti.org/analysis/articles/assessing-and-managing-the-benefits-and-risks-of-artificial-intelligence-in-nuclear-weapon-systems.

22. 흑사병과 그 밖의 감염병 창궐을 간단하고 쉽게 설명한 내용은 다음을 참고하라. Jenny Howard, "Plague, Explained," *National Geographic*, August 20, 2019, https://www.nationalgeographic.com/science/health-and-human-body/human-diseases/the-plague.

23. "Historical Estimates of World Population," US Census Bureau, July 5, 2018, https://www.census.gov/data/tables/time-series/demo/international-programs/historical-est-worldpop.html.

24. Elizabeth Pennisi, "Black Death Left a Mark on Human Genome," *Science*, February 3, 2014, https://www.sciencemag.org/news/2014/02/black-death-left-mark-human-genome.

25. Gene therapy, for example, has beneficial purposes and intentions but often uses modified viruses to accomplish its goals. For a short overview, see "Gene Therapy Inside Out," US Food and Drug Administration, YouTube video, December 19, 2017, https://www.youtube.com/watch?v=GbJasFgJkLg.

26. 생물 테러의 위험을 쉽게 요약한 내용은 다음을 보라. R. Daniel Bressler and Chris Bakerlee, "'Designer Bugs': How the Next Pandemic Might Come from a Lab," *Vox*, December 6, 2018, https://www.vox.com/future-perfect/2018/12/6/18127430/superbugs-biotech-pathogens-biorisk-pandemic.

27. 아실로마 회의와 그 결과로 나온 원칙을 더 자세히 파고든 사례 연구는 다음을 참고하라. M. J. Peterson, "Asilomar Conference on Laboratory Precautions When Conducting Recombinant DNA Research—Case Summary," International Dimensions of Ethics Education in Science and Engineering Case Study Series, June 2010, https://scholarworks.umass.edu/cgi/viewcontent.cgi?article=1023&context=edethicsinscience.

28. Alan McHughen and Stuart Smyth, "US Regulatory System for Genetically Modified [Genetically Modified Organism (GMO), rDNA or Transgenic] Crop Cultivars," *Plant Biotechnology Journal* 6, no. 1 (January 2008): 2–12, https://doi.org/10.1111/j.1467-7652.2007.00300.x.

29. 국제신속대응팀의 활동에 대해 더 자세한 내용은 다음을 참고하라. Tasha Stehling-Ariza et al., "Establishment of CDC Global Rapid Response Team to Ensure Global Health Security," *Emerging Infectious Diseases* 23, no. 13 (December 2017), https://wwwnc.cdc.gov/eid/article/23/13/17-0711_article; Centers for Disease Control and Prevention, "Global Rapid Response Team Expands Scope to U.S. Response," *Updates from the Field* 30 (Fall 2020), https://www.cdc.gov/globalhealth/healthprotection/fieldupdates/fall-

2020/grrt-response-covid.html.

30. 생물 테러 위험에 대응하는 국립생물학연구기관연맹과 미육군감염병의학연구소의 활동에 대해 더 자세한 내용은 두 기관의 웹사이트인 https://www.nicbr.mil와 https://www.usamriid.army.mil를 참고하라.

31. Françoise Barré-Sinoussi et al., "Isolation of a T-Lymphotropic Retrovirus from a Patient at Risk for Acquired Immune Deficiency Syndrome (AIDS)," *Science* 220, no. 4599 (May 20, 1983): 868–71, https://www.jstor.org/stable/1690359; Jean K. Carr et al., "Full-Length Sequence and Mosaic Structure of a Human Immunodeficiency Virus Type 1 Isolate from Thailand," *Journal of Virology* 70, no. 9 (August 31, 1996): 5935–43, https://www.ncbi.nlm.nih.gov/pmc/articles/PMC190613; Kristen Philipkoski, "SARS Gene Sequence Unveiled," *Wired*, April 15, 2003, https://www.wired.com/2003/04/sars-gene-sequence-unveiled; Cameron Walker, "Rapid Sequencing Method Can Identify New Viruses Within Hours," *Discover*, December 11, 2013, https://web.archive.org/web/20201111180212; "Rapid Sequencing of RNA Virus Genomes," Nanopore Technologies, 2018, https://nano poretech.com/resource-centre/rapid-sequencing-rna-virus-genomes.

32. Darren J. Obbard et al., "The Evolution of RNAi as a Defence Against Viruses and Transposable Elements," *Philosophical Transactions of the Royal Society B: Biological Sciences* 364, no. 1513 (99–115), https://www.ncbi.nlm.nih.gov/pmc/articles/PMC2592633.

33. 전통적인 항원 기반 백신의 작용 방식을 간략하게 설명한 내용은 다음을 참고하라. "Understanding How Vaccines Work," Centers for Disease Control, July 2018, https://www.cdc.gov/vac cines/hcp/conversations/understanding-vacc-work.html.

34. Ray Kurzweil, "AI-Powered Biotech Can Help Deploy a Vaccine in Record Time," *Wired*, May 19, 2020, https://www.wired.com/story/opinion-ai-powered-biotech-can-help-deploy-a-vaccine-in-record-time.

35. Asha Barbaschow, "Moderna Leveraging Its 'AI Factory' to Revolutionise the Way Diseases Are Treated," *ZDNet*, May 17, 2021, https://www.zdnet.com/article/moderna-leveraging-its-ai-factory-to-revolutionise-the-way-diseases-are-treated.

36. Barbaschow, "Moderna Leveraging Its 'AI Factory' "; "Moderna COVID-19 Vaccine," US Food and Drug Administration, December 18, 2020, https://www.fda.gov/emergency-preparedness-and-response/coronavirus-disease-2019-covid-19/moderna-covid-19-vaccine.

37. Philip Ball, "The Lightning-Fast Quest for COVID Vaccines—and What It Means for Other Diseases," *Nature* 589, no. 7840 (December 18, 2020): 16–18, https://www.nature.com/articles/d41586-020-03626-1.

38. 이 가능성을 뒷받침하는 증거와 부정하는 증거를 개략적으로 설명한 것은 다음을 참고하라. Amy Maxmen and Smriti Mallapaty, "The COVID Lab-Leak Hypothesis: What Scientists Do and Don't Know," *Nature* 594, no. 7863 (June 8, 2021): 313–15, https://www.nature.com/articles/d41586-021-01529-3; Jon Cohen, "Call of the Wild," *Science* 373, no. 6559 (September 2, 2021): 1072–77, https://www.science.org/content/

article/why-many-scientists-say-unlikely-sars-cov-2-originated-lab-leak.

39. James Pearson and Ju-Min Park, "North Korea Overcomes Poverty, Sanctions with Cut-Price Nukes," Reuters, January 11, 2016, https://www.reuters.com/article/us-northkorea-nuclear-money-idUSKCN0UP1G820160111.

40. Lord Lyell, "Chemical and Biological Weapons: The Poor Man's Bomb," draft general report, Science and Technology Committee (96) 8, North Atlantic Assembly, October 4, 1996, https://irp.fas.org/threat/an253stc.htm.

41. United Nations Secretary-General, "Chemical and Bacteriological (Biological) Weapons and the Effects of Their Possible Use: Report of the Secretary-General," United Nations, August 1969; discussed in Gregory Koblentz, "Pathogens as Weapons: The International Security Implications of Biological Warfare," *International Security* 28, no. 3 (Winter 2003/2004): 88, https://doi.org/10.1162/016228803773100084.

42. 나노기술이 해로운 결과를 초래할 수 있는 잠재적 응용 사례를 뛰어난 통찰력으로 깊이 고찰한 것은 다음을 참고하라. Louis A. Del Monte, *Nanoweapons: A Growing Threat to Humanity* (Lincoln: University of Nebraska Press, 2017).

43. K. Eric Drexler, *Engines of Creation: The Coming Era of Nanotechnology* (New York: Anchor Press/Doubleday, 1986), 172.

44. Ralph C. Merkle, "Self Replicating Systems and Low Cost Manufacturing," Zyvex.com, accessed March 5, 2023, http://www.zyvex.com/nanotech/selfRepNATO.html.

45. 이논 바-온Yinon M. Bar-On과 롭 필립스Rob Phillips, 론 마일로Ron Milo는 살아 있는 모든 종류의 생물을 합친 지구의 총 생물량에는 550기가톤의 탄소(살아 있던 물질에서 생긴 석탄처럼 지하에 매장된 탄소는 제외한 수치)가 포함돼 있다고 추정한다. 이것은 탄소 5.5×10^{17}g에 해당하는 양이다. 탄소의 평균 원자량이 12.011이므로 탄소 원자의 수는 $5.5 \times 10^{17} \div 12.011 = 4.6 \times 10^{16}$몰이다. 이 수치에다 아보가드로수(원자 1몰에 들어 있는 원자의 수) 6.022×10^{23}을 곱하면, 지구의 총 생물량에 포함된 탄소 원자의 수가 2.8×10^{40}개로 나온다. 대기와 토양, 땅속에 매장된 탄화수소를 포함한 전체 유기 탄소의 양은 이보다 훨씬 많겠지만, 그레이 구 시나리오에서 나노봇이 이 중 얼마나 많은 유기 탄소에 쉽게 접근할 수 있을지는 판단하기가 훨씬 더 어렵다. 다음을 참고하라. Yinon M. Bar-On et al., "The Biomass Distribution on Earth," *PNAS* 115, no. 25 (June 19, 2018): 6506–11, https://doi.org/10.1073/pnas.1711842115.

46. 나노기술 전문가 로버트 프레이타스는 자기 복제 나노봇이 약 7000만 개의 탄소를 포함할 것이라고 추정한다. 이것은 어디까지나 추정치이지만, 우리가 얻을 수 있는 최선의 추정치이며, 이러한 시나리오를 고려할 때 일반적인 지침으로 삼을 수 있다. 다음을 참고하라. Robert A. Freitas Jr., "Some Limits to Global Ecophagy by Biovorous Nanoreplicators, with Public Policy Recommendations," Foresight Institute, April 2000, http://www.rfreitas.com/Nano/Ecophagy.htm.

47. 이것은 탄소 분포가 다소 균일하고 연속적이라고 가정했을 때 나오는 평균이지만, 실제 시나리오는 지역적 조건에 따라 달라질 수 있다. 어떤 장소에서는 더 적은 세대가 지난 뒤에 사용 가능한 탄소 공급이 바닥날 수 있다. 그런가 하면 다른 장소에서는 모든 탄소를 변화시키는 데 더 많은 세대가 필요할 수 있고, 따라서 시간이 약간 더 걸릴 수 있다.

48. Freitas, "Some Limits to Global Ecophagy by Biovorous Nanoreplicators."

49. Freitas, "Some Limits to Global Ecophagy by Biovorous Nanoreplicators."

50. Robert A. Freitas Jr. and Ralph C. Merkle, *Kinematic Self-Replicating Machines* (Austin, TX: Landes Bioscience, 2004), http://www.molecularassembler.com/KSRM/4.11.3.3.htm.

51. 수정된 지침과 그 일부 배경을 알고 싶으면 다음을 보라. Neil Jacobstein, "Foresight Guidelines for Responsible Nanotechnology Development," Foresight Institute, 2006, http://www.imm.org/policy/guidelines.

52. 다양한 나노기술 시나리오를 묘사하기 위해 만들어진 '블루 구'와 '그레이 구'처럼 흥미로운 용어에 대해 더 자세한 내용은 다음을 참고하라. Chris Phoenix, "Goo vs. Paste," *Nanotechnology Now*, September 2002, http://www.nanotech-now.com/goo.htm.

53. Freitas, "Some Limits to Global Ecophagy by Biovorous Nanoreplicators."

54. Bill Joy, "Why the Future Doesn't Need Us," *Wired*, April 1, 2000, https://www.wired.com/2000/04/joy-2.

55. World Health Organization, "WHO Coronavirus Dashboard," World Health Organization, accessed October 16, 2023, https://covid19.who.int.

56. Miles Brundage et al., *The Malicious Use of Artificial Intelligence: Forecasting, Prevention, and Mitigation* (Oxford, UK: Future of Humanity Institute, February 2018), https://img1.wsimg.com/blobby/go/3d82daa4-97fe-4096-9c6b-376b92c619de/downloads/MaliciousUseofAI.pdf? ver=1553030594217.

57. Evan Hubinger, "Clarifying Inner Alignment Terminology," AI Alignment Forum, November 9, 2020, https://www.alignmentforum.org/posts/SzecSPYxqRa5GCaSF/clarifying-inner-alignment-terminology; Paul Christiano, "Current Work in AI Alignment," Effective Altruism, accessed March 5, 2023, https://www.effectivealtruism.org/articles/paul-christiano-current-work-in-ai-alignment.

58. Hubinger, "Clarifying Inner Alignment Terminology"; Christiano, "Current Work in AI Alignment."

59. 모방 일반화를 비교적 쉬우면서도 깊이 있게 설명한 것은 다음을 참고하라. Beth Barnes, "Imitative Generalisation (AKA 'Learning the Prior')," AI Alignment Forum, January 9, 2021, https://www.alignmentforum.org/posts/JKj5Krff5oKMb8TjT/imitative-generalisation-aka-learning-the-prior 1.

60. Geoffrey Irving and Dario Amodei, "AI Safety via Debate," OpenAI, May 3, 2018, https://openai.com/blog/debate.

61. 이 개념의 주요 창시자가 훌륭한 통찰력으로 반복 증폭을 설명하는 일련의 게시물은 다음을 참고하라. Paul Christiano, "Iterated Amplification," AI Alignment Forum, October 29, 2018, https://www.alignmentforum.org/s/EmDuGeRw749sD3GKd.

62. AI 안전의 기술적 어려움에 관해 더 자세한 내용은 다음을 참고하라. Dario Amodei et al., "Concrete Problems in AI Safety," arXiv:1606.06565v2 [cs.AI], July 25, 2016, https://arxiv.org/pdf/1606.06565.pdf.

63. 정기적으로 업데이트되는 서명자 목록과 함께 아실로마 AI 원칙 전문을 직접 보고 싶으면 다음을 참고하라. "Asilomar AI Principles," Future of Life Institute, 2019, https://future

oflife.org/ai-principles.

64. 인터넷의 아버지 중 한 명인 빈트 서프Vint Cerf는 인터넷의 발명에서 방위고등연구계획국이 담당한 역할을 설명한 글을 썼다. 다음을 참고하라. Vint Cerf, "A Brief History of the Internet and Related Networks," Internet Society, accessed March 5, 2023, https://www.internetsociety.org/in ternet/history-internet/brief-history-internet-related-networks.

65. "Asilomar AI Principles," Future of Life Institute.

66. "Lethal Autonomous Weapons Pledge," Future of Life Institute, 2019, https://futureoflife.org/lethal-autonomous-weapons-pledge.

67. Kelley M. Sayler, "Defense Primer: U.S. Policy on Lethal Autonomous Weapon Systems" (report IF11150, Congressional Research Service, updated November 14, 2022), https://crsreports.congress.gov/product/pdf/IF/IF11150.

68. *Department of Defense Directive 3000.09—Autonomy in Weapon Systems*, US Department of Defense, November 21, 2012 (effective January 25, 2023), https://www.esd.whs.mil/Por tals/54/Documents/DD/issuances/dodd/300009p.pdf.

69. Erico Guizzo and Evan Ackerman, "Do We Want Robot Warriors to Decide Who Lives or Dies?," *IEEE Spectrum*, May 31, 2016, https://spectrum.ieee.org/robotics/military-robots/do-we-want-robot-warriors-to-decide-who-lives-or-dies.

70. Guizzo and Ackerman, "Do We Want Robot Warriors to Decide Who Lives or Dies?"

71. Bureau of Arms Control, Verification and Compliance, "Political Declaration on Responsible Military Use of Artificial Intelligence and Autonomy," US Department of State, February 16, 2023, https://www.state.gov/political-declaration-on-responsible-military-use-of-artificial-intelligence-and-autonomy.

72. Brian M. Carney, "Air Combat by Remote Control," *Wall Street Journal*, May 12, 2008, https://www.wsj.com/articles/SB121055519404984109.

73. "Supporters of a Ban on Killer Robots," Campaign to Stop Killer Robots, updated May 18, 2021, https://web.archive.org/web/20210518133318/https://www.stopkillerrobots.org/endorsers.

74. Brian Stauffer, "Stopping Killer Robots: Country Positions on Banning Fully Autonomous Weapons and Retaining Human Control," Human Rights Watch, August 10, 2020, https://www.hrw.org/report/2020/08/10/stopping-killer-robots/country-positions-banning-fully-autonomous-weapons-and.

75. AI의 투명성 문제를 이해하는 데 도움을 주는 비유로 수학에서 문제의 답을 찾는 것과 그 답이 옳은지 입증하는 것의 차이를 들 수 있다. 어떤 경우에는 컴퓨터가 발견한 답을 인간이 입증하기가 쉽다. 예컨대, 만약 어떤 프로그램에 100만보다 작은 수 중에서 가장 큰 홀수를 찾으라고 지시했을 때, 99만 9999가 정말로 이 기준에 부합한다는 것은 우리가 아주 쉽게 확인할 수 있다. 반면에 100만보다 작은 수 중에서 가장 큰 소수를 찾으라고 지시했을 때, 99만 9983이 정말로 소수인지 우리가 확인하는 데에는 상당한 어려움이 따를 것이다. 이와 비슷하게, AI가 그것을 만든 사람이 명확하게 정의한 파라미터로부터 알고리듬을 통해 답을 내놓았을 때, 프로그래머가 '그 속을 들여다보면서' 정확하게 어떤 요소가 그 답을 이끌어냈는지 확인하기

는 쉽다. 예컨대, 정해진 규칙을 바탕으로 판세를 평가하는 바둑 프로그램은 프로그래머에게 정확히 어떤 이유 때문에 어떤 수가 최선의 수라고 판단했는지 알려줄 수 있다. 하지만 딥러닝 같은 연결주의 접근법의 경우, 완전한 '이유'는 인간 프로그래머와 AI 모두 알 수 없는 경우가 많다. 신경망이 내놓은 임의적인 해결책이 어떻게 도달한 결론인지 인간이 이해할 수 있는 이유를 대면서 입증할 수 있는 보편적인 기술은 아마도 없을 것이다. 이른바 AI의 '블랙박스 문제'에 대해 더 자세한 내용은 다음을 참고하라. Will Knight, "The Dark Secret at the Heart of AI," *MIT Technology Review*, April 11, 2017, https://www.technologyreview.com/s/604087/the-dark-secret-at-the-heart-of-ai.

76. Paul Christiano, "Eliciting Latent Knowledge," AI Alignment, *Medium*, February 25, 2022, https://ai-alignment.com/eliciting-latent-knowledge-f977478608fc.

77. John-Clark Levin and Matthijs M. Maas, "Roadmap to a Roadmap: How Could We Tell When AGI Is a 'Manhattan Project' Away?," arXiv:2008.04701 [cs.CY], August 6, 2020, https://arxiv.org/pdf/2008.04701.pdf.

78. "The Bletchley Declaration by Countries Attending the AI Safety Summit, 1-2 November 2023," UK Government, November 1, 2023, https://www.gov.uk/government/publications/ai-safety-summit-2023-the-bletchley-declaration/the-bletchley-declaration-by-countries-attending-the-ai-safety-summit-1-2-november-2023.

79. 장기적인 전 세계 폭력 감소 추세에 대해 더 깊이 알고 싶다면, 내 친구인 스티븐 핑커의 걸작 《우리 본성의 선한 천사》에서 유용하고 데이터가 풍부한 통찰을 많이 발견할 수 있다.

80. 새로운 기술의 위협에 대한 두려움 때문에 발전하고 있는 반기술 정서를 잘 다룬 글은 다음을 참고하라. Lawrence Lessig, "Stamping Out Good Science," *Wired*, July 1, 2004, https://www.wired.com/2004/07/stamping-out-good-science.

81. Walter Suza, "I Fight Anti-GMO Fears in Africa to Combat Hunger," *The Conversation*, February 7, 2019, https://theconversation.com/i-fight-anti-gmo-fears-in-africa-to-combat-hunger-109632; Editorial Board, "There's No Choice: We Must Grow GM Crops Now," *Guardian*, March 16, 2014, https://www.theguardian.com/commentisfree/2014/mar/16/gm-crops-world-food-famine-starvation.

82. 이러한 비판들 중에서 대표적인 것을 보려면 다음을 참고하라. Joël de Rosnay, "Artificial Intelligence: Transhumanism Is Narcissistic. We Must Strive for Hyperhumanism," Crossroads to the Future, April 26, 2015, https://web.archive.org/web/20230322182945/https://www.crossroads-to-the-future.com/articles/artificial-intelligence-transhumanism-is-narcissistic-we-must-strive-for-hyperhumanism; Wesley J. Smith, "Jeffrey Epstein, a Narcissistic Transhumanist," *National Review*, August 1, 2019, https://www.nationalreview.com/cor ner/jeffrey-epstein-a-narcissistic-transhumanist; Sarah Spiekermann, "Why Transhumanism Will Be a Blight on Humanity and Why It Must Be Opposed," The Privacy Surgeon, July 6, 2017, https://web.archive.org/web/20180212062523/http://www.privacysurgeon.org/blog/incision/why-transhumanism-will-be-a-blight-on-humanity-and-why-it-must-be-opposed.

83. 2021년에 전 세계의 1차 에너지 총소비량은 약 595.15엑사줄로, 16만 5320테라와트시에 해

당한다. 이것은 18.8테라와트의 에너지를 1년 내내 쓰는 것과 같다. 이에 비해, 지구에 끊임없이 날아오는 태양 에너지는 17만 3000테라와트에서 17만 5000테라와트로 추정된다. 샌디아 국립연구소는 그중에서 지표면에 도달하는 것은 약 8만 9300테라와트이며, 또 그중에서 이론적으로 지표면에 설치한 광전지로 추출할 수 있는 에너지는 5만 8300테라와트라고 추정한다. 이들의 연구는 2006년의 기술로도 햇빛이 잘 내리쬐는 땅에서 최대 7500테라와트의 에너지를 생산할 수 있다고 평가했다. 이 능력의 불과 0.25%만 끌어내더라도 현재 우리가 모든 자원(전기뿐만 아니라, 전기로 먼저 전환하지 않고 사용하는 모든 연료까지 포함해)에서 사용하는 에너지를 충당할 수 있다. 다음을 참고하라. *BP Statistical Review of World Energy 2022* (London: BP, 2022), https://www.bp.com/content/dam/bp/business-sites/en/global/corporate/pdfs/energy-economics/statistical-review/bp-stats-review-2022-full-report.pdf, 9; Jeff Tsao et al., "Solar FAQs," US Department of Energy (working paper SAND 2006-2818P, Sandia National Laboratories 2006), 9, https://web.archive.org/web/20200424084337/https://www.sandia.gov/~jytsao/Solar% 20FAQs.pdf.

84. 세계 최고의 미래학자들이 존재론적 위험—즉, 문명을 완전히 파괴할 수 있는 사건이나 모든 인류를 멸종시킬 만한 사건—을 어떻게 생각하는지 잘 요약한 두 편의 글은 다음을 보라. Sebastian Farquhar et al., *Existential Risk: Diplomacy and Governance*, Global Priorities Project, 2017, https://www.fhi.ox.ac.uk/wp-content/uploads/Existential-Risks-2017-01-23.pdf; Nick Bostrom, "Existential Risks: Analyzing Human Extinction Scenarios and Related Hazards," *Journal of Evolution and Technology* 9, no. 1 (2002), https://www.nickbostrom.com/existential/risks.html.

찾아보기

* 이탤릭체로 표시된 페이지 숫자는 그림이나 도표를 가리킨다.

ㄱ

ㄴ

ㄷ

ㄹ

ㅁ

ㅂ

ㅅ

ㅇ

ㅈ

ㅊ

ㅋ

ㅌ

ㅍ

ㅎ